| 항공기상(Aviation Weather) |

조종사에게 항공기상은 매 순간 Go/No-go를 결심해야 하는 중대한 항공안전 위험요소이다. -저자-

이강희

청주대학교 영문과, (학점제) 심리학, 육군3사관학교, 장교영어반, (미)항공고등군사반 수료, 육군항공학교 헬리콥터 이론 및 비행교관, FAA 이론 및 비행교관(비행기), 비행연구원 설립 및 집필활동(1996~현재). 저서 및 역서로는 『운항학 개론』, 『계기비행』, 『계기절차 지침서』, 『항공우주용어사전』, 『제트엔진』, 『항공기 I』, 『항법개론』, 『항공상식』, 『항공교육』, 『항공기상』, 『항공정보지침서(AIM)』, 『조종사 입문서』, 『헬리콥터 비행과 역학』, 『항공무선통신』, 『가스터빈엔진(제트엔진)에 도전하다』, 『드론기술 Q&A와 전문용어』, 『VFR 항공도 범례집』, 『IFR 항로도와 계기접근차트 범례집』 『비행착각』 『여객기와 전투기 터보팬 엔진』 기타 문제집

▣ 항공기상(Aviation weather)(4판)

4판 발행 2023년 3월 3일
저자 이강희
펴낸 곳 비행연구원
정가 26,000원
등록번호 1996년 6월 12일 제17-174호
홈페이지/e-mail www.flightin.com / flight-in@hanmail.net
YouTube 비행연구원
ISBN 978-89-87015-89-7 93550

- 초판: 2007.10.10
- 2판: 2015.3.1
- 3판: 2018.3.23

세계적 수준의 반도체와 디지털 컴퓨터 그리고 첨단 복합소재를 기반으로 한 국산 항공기는 재래식 항공기 개념을 초월할 수 있는 장점을 갖추게 될 것이다. 앞으로 항공기 활동은 더욱 증가할 것으로 예상할 수 있지만 동시에 항공안전을 강조하지 않을 수 없는 것도 항공인에게 주어진 과제이다.

기상은 조종사에게 당면한 최우선 과제이다. 실제 항공기 운항을 지연시키거나 항공사고의 직접 혹은 간접 원인이 기상이라는 점을 고려한다면 그 어느 분야보다 중요시되어야 한다. 항공전자와 디스플레이 기술은 조종실 환경을 극적으로 바꾸어 놓았다. 이에 조종실 디스플레이를 통해서 탑재 혹은 지상 기상 레이더 영상을 볼 수 있다. 따라서 조종사, 운항관리사, 관제사 그리고 관련 종사자는 레이더 이미지를 판독할 수 있는 능력을 갖춘다면 악기상을 피하는 데 매우 유용하게 활용할 수 있을 것이다. 항공기상은 응용 기상학의 한 분야이다. 항공기상을 체계적으로 정리하고 최신 자료들을 바탕으로 이 책을 완성하게 되었다.

이번 개정판에서는 항공기 자동화에 따른 항공기상업무의 전문성을 강화하였다. 아울러 원어를 더 많이 수록하여 영어 능력과 기상 서비스의 판독 능력 향상에 기여하도록 하였다. 이 책은 기상현상을 이해하고 기상청에서 제공하는 각종 일기도를 판독하여 이를 현장에서 활용할 수 있는 능력을 갖추는 데 초점을 두었다. 전문내용과 함께 약 280여 개의 그림은 내용을 이해하는 데 큰 도움이 될 것이다.

전문분야이지만 자주 사용하고 접함으로써 우리말 용어가 생소하게 여겨지지 않고 자리 잡아가고 있는 것은 매우 다행이라 생각한다. 독자분들께서도 학습 중 전문용어에 관해서 더욱 쉽고 간결한 우리말 용어가 있다면 주저 없이 제시해 줄 것을 당부드리며 항공인 여러분의 뜻하는바 모두 이루어지길 기원한다.

이 강 희

【 제1부 】

| 제1부 |

제1장 지구과학

1.1 지 구

1.1.1 태양계

지구(earth)는 태양계(solar system) 행성(planets) 중의 하나로 인류(human)가 사는 천체(celestial body)이다. 지구는 인류뿐만 아니라 동식물이 생존할 수 있는 최적의 조건을 갖추고 있다. 태양계의 측면에서 보았을 때 지구도 하나의 행성에 불과한 것으로 [그림 1-1]과 같이 태양을 중심으로 8개의 행성이 공전하고 있다. 이들 8개의 행성은 태양 인력(attraction)으로 태양 주위를 돌고 있으며 태양으로부터 수성-금성-**지구**-화성-목성-토성-천왕성-해왕성의 순서로 정렬되어 있다. 비록 지구가 태양계의 한 천체에 불과하지만, 지구는 우주 전체에서 가장 고등생물이 서식하는 유일한 존재이다.

지구의 환경은 엷은 대기층으로 둘러싸여 있고 한 개의 위성(satellite)이 있는 데 이것이 달(moon)이며, 지구 특유의 지구 자기장(earth's magnetic)을 갖고 있다. 인류의 과학은 지구를 돌고 있는 달 탐사를 위한 우주왕복선(space shuttle)을 발진시켰고, 이를 넘어 또 다른 행성인 화성과 토성까지도 탐사선을 보내 이들 행성의 신비를 하나씩 밝혀내고 있다. 1세기 전에 비행기의 발달은 수십 미터의 비행으로 만족해야 했지만, 이제는 달을 왕복할 수 있는 우주왕복선의 개발에 이르렀다. 비록 이들 우주왕복선을 논하지 않더라도 항공기(aircraft)의 발달은 무착륙으로 지구를 한 바퀴 비행할 수 있을 정도가 되었다. 이제 항공기를 조종하는 조종사뿐만 아니라 운용자들도 이 같은 운용 환경의 변화에 따라 지구에 대한 전반적인 지식이 요구된다.

[주1] 천체; 천문학의 연구 대상으로 우주를 구성하는 태양, 행성, 위성, 달, 혜성, 소행성, 항성, 성단, 성운 등을 말한다.

[주2] 행성; 태양 주위를 공전하면서 스스로 에너지를 생성하지 못하고 태양빛을 반사하여 빛을 발하는 천체이다.

[주3] 명왕성; 2006년 8월 국제천문연맹으로부터 행성의 지위를 박탈하고 왜소 행성으로 지정되었다.

[주4] 지구자기장; 지구 주변에 형성된 자기장. 지구는 내부에 커다란 자석이 있는 것처럼 자기장을 형성한다. 나침반이 북쪽을 지시하는 것은 이 지구 자기장의 영향 때문이다. 지구가 커다란

-

막대자석과 같이 자기장을 만드는 이유는 아직 확실하지 않지만, 지구 내핵에 있는 물질의 회전에 의한 것으로 보고 있다.

1.1.2 지구의 모양

하늘을 날고자 하는 인간의 끊임없는 도전으로 시작된 항공기는 두 차례의 세계대전을 치르면서 군사적 중요성이 강조되었고, 국가적 차원에서 항공기 개발에 막대한 자본의 투자와 기술 개발에 전력하면서 획기적인 발전을 거듭해 왔다. 군사 목적으로는 최첨단 전자장비를 갖춘 스텔스 전투기의 개발과 민간 항공에서는 초대형 초고속 항공기의 개발이 속속 발표되고 있다. 이들 초정밀 초대형 항공기 개발의 틈새에서 항공 대중화의 발판이 되는 일반 항공(general aviation)뿐만 아니라 초경량 항공기(ultralight aircraft)가 개발되어 순수한 민간 레저용으로 주목받고 있다.

지구는 어떠한 형태를 띠고 있을까? 그동안의 교육과정을 통해서 학습되었겠지만, 지구는 완전한 원형 형태를 갖춘 구체로 간주하지 않는다. 지구는 대략 둥그런 모양이지만 지구의 한 가운데를 중심으로 가로축과 세로축의 거리가 약간 다른 타원체 모양을 이루고 있음을 알 수 있다. 타원체의 지구 모형을 분석했을 때 가로로 중앙을 절단하여 위쪽을 북반구(north hemisphere)라 하고 아래쪽을 남반구(south hemisphere)라 하고 북반구와 남반구의 중앙을 적도(equator)라 한다. 그리고 지구 중심을 통과하는 세로축으로 구분했을 때 북쪽 끝부분과 남쪽 끝부분이 지정된다.

여기서 북쪽 끝부분을 북극(north pole)이라 하고 남쪽 끝부분을 남극(south pole)이라 한다. 다시 지구 모양을 분석했을 때 적도는 대권(great circle)으로서 반드시 지구 중심을 통과하는 가상선이고 북극과 남극을 통과하는 세로축 역시 지구 중심을 통과하는 선이다. 적도의 직경은 12,756.270km(반지름 6,378.135km) 그리고 양극의 직경은 12,713.500km

(반지름 6,357.750km)이다. 여기서 알 수 있듯이 가로세로비는 약 0.996이고 타원율은 0.003 정도가 되기 때문에 극지방이 적도지방보다 약간 평평한 타원체(elliptical)가 된다. 비록 약간의 차이가 있다 할지라도 거대한 지구 전체로 보았을 때 매우 작은 수치이므로 이를 무시하고 원으로 간주하여 활용하기도 한다.

[주5] 우주왕복선; 2011년 7월 아틀란티스호의 33번째 우주비행을 마지막으로 1981년부터 2011년까지 30년 동안 진행되어온 미국의 우주왕복선

[주6] F-22(랩터); 초정밀 전자장비와 최고의 기동성에 스텔스 성능을 갖춘 현존 최고 성능의 전투기

[주7] A-380; 승객 853명을 태우고 시속 900km로 비행할 수 있는 4발 엔진 2층 초대형 민간항공기

[주8] B787(드림라이너); A380의 경쟁 기종으로 개발된 최고의 쌍발엔진 민간항공기

[주9] 대권; 지구 중심을 통과하는 원으로 적도는 대표적인 대권이다. 이에 비해 소권은 지구 중심을 통과하지 않는 원이다.

1.1.3 자전과 공전

지구는 인간이 서 있는 위치에서 보았을 때 평평한 지표면에 정지된 것 같이 느껴지지만 주지하는 바와 같이 끊임없이 회전 운동을 반복한다. 이는 태양계의 한 행성으로서 태양 인력에 의한 회전 운동으로 자전(rotation)과 공전(revolution)이 있다. 자전(rotation)이란 지축을 중심으로 회전하는 운동이다. 지축이란 앞서 언급한 것과 같이 지구 중심을 통과하고 북극과 남극을 연하는 가상 축으로 지구는 이 지축을 중심으로 회전한다.

지구의 자전 속도는 적도를 기준으로 했을 때 초당 약 465.11m(m/s)의 속도로 회전한다. 예를 들어 B-747 항공기의 순항 속도가 969km/h라 했을 때 이를 초당 산출하면 약 269m(m/s)가 된다. 지구의 자전 속도가 B-747 항공기의 약 1.7배 정도 빠르게 회전하고 있는 것으로 보아 얼마나 빠른 속도로 회전하고 있는지 비교하여 판단할 수 있다. 공전(revolution)은 [그림1-1]과 같이 행성의 일원으로 태양 주위를 일정한 궤도를 그리면서 회전하는 운동이다. 지구는 자전 운동을 하면서 궤도의 한 위치에서 원래의 위치로 정확하게 돌아오는 데 약 365일이 소요된다.

지구의 공전 속도는 평균 초당 29.783km(km/s)로 회전하고 지구의 자전 속도와는 비교가 되지 않을 정도로 빠르게 태양 주위를 돌고 있다. 이 같은 지구의 자전과 공전이 계속되면서 자전에 의한 낮과 밤이 연속적으로 바뀌고 공전으로 사계절(four season)이 연속해서 바뀌는 현상이 계속된다. 이 같은 지구의 운동은 지구 환경과 기상(weather) 및 기후(climate)의 변화에 큰 영향을 미치는 요소이기 때문에 기상학뿐만 아니라 항공기를 운용하는 항공인 모두는 기초적인 지식이 필요한 이유이다.

지구 모양에서 간과할 수 없는 것 중 하나는 지구 모형에서 보는 것과 같이 지축을 중심으로 오른쪽으로 약 23.5° 정도가 기울어 있는 것을 볼 수 있다. 이를 자전축 기울기라 하고 이 자전축 기울기는 태양으로부터 받아들이는 태양 복사열의 변화를 초래하는 요인이기도 하다.

-

1.1.4 지구의 구성 물질

지금까지는 태양계의 한 행성으로써의 지구였다면 이제는 지구의 표면이 어떻게 이루어졌는지에 대한 지식이 필수적이다. 항공과 우주는 그 자체로 지표면 위의 대기에서 운용되기 때문이다. 지구의 전체 표면을 분석했을 때 [그림1-2]와 같이 약 29.2%는 육지(land)로 구성되어 있고 나머지 70.8%는 물(water)로 구성되어 있다. 지구 전체의 환경을 한눈에 볼 수 있는 지구의를 놓고 보았을 때 육지보다 파란색으로 채색된 물의 비율이 훨씬 높다는 것을 알 수 있다. 지구의 표면(surface)은 5개의 대양(oceans)과 6개의 대륙(continents)으로 구분한다. 이들 대륙과 대양은 기상 변화의 발원지(source)로 작용하기 때문에 기상학을 연구하는 사람이나 조종사 모두에게 매우 중요하다. 이처럼 대륙과 대양을 다루게 되는 것은 세계일주비행이 실용화 단계에 접어들었고 실제 대륙을 오가는 조종사나 이를 운용하는 운용자 모두는 대륙과 대양의 기상 및 기후 변화에 익숙해 있어야 하기 때문이다.

[주10] 자전과 공전 속도 비교(대략)

• 음속: 340 m/s • 자전 465 m/s

• 공전 30 km/s • B747 269 m/s(최대속도 기준)

[주11] 기상과 기후; 비가 내리기 위해서는 풍부한 증발이 이루어져야 하고 구름이 형성되어야 한다. 이 같은 현상을 연구하는 것은 기상이다. 특정 지역의 기상 자료를 수년간 연구하여 예측할 수 있는 통계 자료는 기후이다.

1.1.5 해수면

물은 유체(liquid)이다. 유체는 어떠한 용기에 담더라도 표면은 [그림1-3]과 같이 수평을 이룬다. 이 같은 유체의 특성 그리고 지표면의 70% 이상인 점을 고려했을 때 지구 표면의 높

이를 측정하기 위한 하나의 기준으로 선정되기에 충분하다. 따라서 해수면의 높이를 "0m"로 선정한다. 해수면의 높이는 어느 지역에서나 똑같을 수 없다. 예를 들어 팔당댐에서 홍수기에 수위 조절을 위해서 초당 수천 톤의 물을 방류한다고 해서 한강 전체의 수위가 동시에 올라가는 것이 아닌 것과 같이 지구상의 어느 해양에서는 비가 내려 해수면이 증가하기도 할 것이나 다른 해양에서는 증발 현상이 발생할 수 있어 전체 해양의 해수면이 동일하다고 할 수 없다. 이 같은 점을 고려하여 각국에서는 해수면의 기준을 선정하여 활용하는 데 우리나라에서는 인천만의 평균해수면의 높이를 "0m"로 선정하였고, 실제 높이를 알기 위해서 인하대학교 구내에 수준원점의 높이를 26.6871m로 지정하여 활용하고 있다. 예를 들어 백두산의 높이는 국내에서 발행된 지도에는 2,744m이고 북한에서 발행된 지도는 2,750m로 약간 다르다. 이는 앞에서 언급한 기준을 어떻게 선정하는가에 따라 다르다는 것을 알 수 있다.

1.1.6 지자기

지구는 [그림1-4]와 같이 하나의 거대한 자석(magnet)이다. 막대자석을 실에 매달아 관찰했을 때 명백하게 어느 한 방향으로 정렬(alignment)되는 것을 관찰할 수 있다. 따라서 북극은 지리적으로 지구 타원체의 끝부분이면서 자성체의 북극(north pole)이 되고 반대는 남극(south pole)이 된다. 이는 항공기 항공로(airway)를 결정하는 중요한 요소가 된다. 모든 항공기에는 방향을 지시해 주는 나침반(compass)이 있다. 자기의 특성을 활용한다 하여 자기나침반(magnetic compass)이라고도 한다. 나침반은 외부의 전원 또는 동력원을 공급받지 않고도 동서남북을 지시해 주는 양호한 방향지시계(directional indicator)로 활용된다.

[주12] 기상 7대 요소; 기온, 기압, 습도, 구름, 강수, 시정, 바람

[주13] 5대양(Oceans)

- *태평양(Pacific ocean)*
- *대서양(Atlantic ocean)*
- *인도양(Indian ocean)*
- *북극해(North sea)*
- *남극해(Antarctic ocean)*

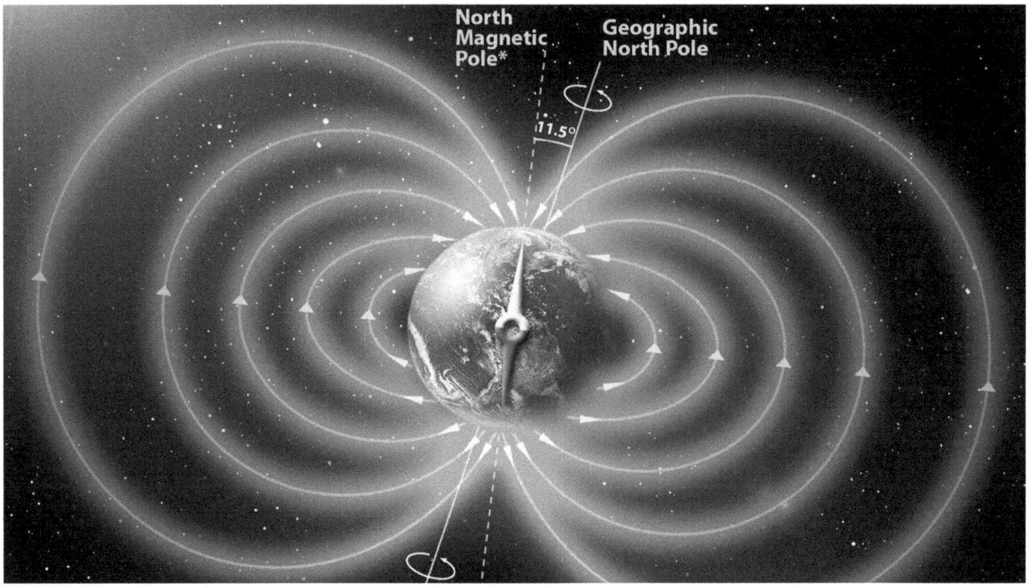

-

[주14] 6대주(Continents)

- *아시아(Asia)*
- *유럽(Europe)*
- *오세아니아(Oceania)*
- *아프리카(Africa)*
- *남아메리카(South America)*
- *북아메리카(North America)*

거대한 자성체로서 자기력(magnetism)의 흐름이 끊임없이 발생하는 데 이 보이지 않는 선을 [그림1-4]에서 보는 것과 같이 자력선(lines of magnetism)이라 하고 자기력의 영향권 하에 있는 구역을 자기장(magnetic field)이라 한다. 자력선은 남극에서 북극으로 흐르면서 자성을 띤 물체를 정렬시킨다. 자력선의 흐름을 가시적으로 표현했을 때 그림에서 보는 것과 같이 남쪽에서 흘러나와 북쪽으로 흘러 들어가고 있는 것을 알 수 있다. 나침반 지시침의 움직임을 관찰했을 때 적도(equator)에서 지시침은 자북 축과 평행하게 놓이게 되지만 극 쪽으로 갈수록 지시침(needle)이 굽어지는 현상을 관찰할 수 있다. 이처럼 지시침의 굽어진 각도를 자기 복각(magnetic dip)이라 한다.

1.1.7 방 위

공중에서 방향을 결정하는 것을 방향결정(orientation)이라 한다. 방향결정의 중요 수단은 나침반이다. 항공기에서 사용되는 나침반(magnetic compass)은 [그림1-5]와 같이 나침반 문자판이 주축에 자유롭게 매달려 있는 구조로 되어 있다. 이를 작동시키기 위한 외부의 어떠한 전원이 필요하지 않은 방향지시계(directional indicator)이다. 나침반은 수평 상태에 있을 때만 가장 정확하게 지시한다. 그러나 항공기의 기동 특성상 수평비행(level flight) 상태를

유지하기가 어렵다. 예를 들어 선회(turning) 중이라면 항공기 동체는 좌·우측 어느 방향으로나 기울어 있을 것이고 이를 옆놀이 또는 롤링(rolling)이라 한다. 또한, 속도에 따라서 기수의 숙여짐과 들림(nose up and down) 현상인 앞놀이 또는 피칭(pitching) 운동을 초래하기 때문에 정확한 수평 상태를 유지하기가 어렵다. 또한, 수평으로 회전하면서 방위를 지시하기 때문에 순간순간 조종사가 이를 판독하기가 매우 어렵다. 이를 위해서 [그림1-6]과 같은 종속 자이로(slaved gyro)의 특성을 활용한 자이로 방향지시계가 개발되어 활용되고 있다. 자이로 방향지시계는 방위판(compass rose)이 수직으로 회전하면서 방위를 지시하기 때문에 전체적인 방위(azimuth)를 한눈에 판독하기 쉽다. 자이로 방향지시계는 자이로의 고유 오차(errors)가 발생하기 때문에 이를 수정하기 위해서 나침반의 방위를 주기적으로 적용해 주어야 정확한 방위를 지시한다. 항공기 운항에 활용되는 방위는 조건에 따라 다음과 같은 방법으로 지시되거나 지정된다.

(1) 자북(magnetic north)

지구의 자기장에 의한 방위이다. 나침반의 방위 지시침(needle)이 지시하는 방위는 자북을 기준으로 지시된다. 항공기에 사용되는 모든 나침반은 자북을 지시하고 자북 방위를 따라 비행했을 때 항공기는 자기 북극(magnetic north pole)에 도달하게 될 것이다.

- 항공기 기수방위 지시계(heading indicator)
- 관제사가 제공하는 바람방향(wind direction)
- 계기비행 순항항로 항로도(IFR enroute charts)
- 계기접근 차트(approach charts)

(2) 진북(true north)

항공기의 항법을 위해서 제작되는 시계비행 항공도는 지리적 북극(geographic north pole)을 기준으로 제작된다. 따라서 항공도에 표시된 북극 방위를 따라 비행했을 때 항공기는 지리적 북극에 도달하게 된다. 자기 북극과 지리적 북극이 동일하다면 문제가 없으나 두 북극은 상당한 차이가 발생하기 때문에 이를 수정해 주지 않으며 원하는 목적지에 도달할 수가 없다. 이처럼 자북과 진북의 차이를 편각(variation)이라 한다.

(3) 편각(variation)

시계비행 항공도는 진북(true north)을 기준으로 제작되고 항공기 나침반은 자북(magnetic north)을 지시한다. 자북과 진북은 상당한 지리적 차이가 발생하기 때문에 항공기의 시계비행 항법에서는 이들의 차이를 반드시 수정해 주어야 한다. 항공도에서 편각이 발생하지 않는 가상선을 무편각선이라 하고 동쪽 또는 서쪽으로 표시된다. 편각은 항공도 및 항로도에 그려져 있으며 대한민국의 편각은 지역에 따라 7°W에서 7°30'W가 적용된다.

(4) 시계방향 방향 지시

방향을 지시하는 기준으로써 시계방향에 의한 방법이 있다. 조종사와 관제사 사이에 주로 사용되는 용어로 기수가 12시 방향이 되고 3시 방향은 오른쪽 그리고 9시 방향은 왼쪽을 지시한다. 6시 방향은 항공기의 꼬리(tail) 방향을 지시한다. 이 같은 방향 지시는 대략적인 방향을 지시하는 것으로 항공교통정보(air traffic information)를 발령할 때 적용된다. 예를 들어 "... traffic, two o'clock C one thirty, one zero thousand, to southbound..."와 같은 지시가 의미하는 것은 2시 방향, C-130 항공기, 고도 10,000피트에서 남쪽으로 향하고 있으니 확인할 것을 지시하는 것이다. 때로는 이 같은 방향 지시가 레이더 관제사에 의해서 지시될 때 레이더 관제사는 화면에 나타난 항공기 항적(track)을 기준으로 발령되기 때문에 실제 조종사는 공중에 존재하는 바람의 영향을 고려한 편류 수정(draft correction)을 적용하고 있다면 조종사는 이를 고려하여 적용할 수 있어야 한다.

[주15] 방위지시계; 항공기의 비행 방위를 지시해 주는 비행계기로 자이로의 특성을 적용한 기수방위 지시계가 활용된다.

[주16] 나침반; 항공기의 실제 기수방위를 지시하는 계기로 사용되지 않고 단지 방위 참고로만 활용된다.

[주17] 옆놀이/롤링(rolling); 동체가 좌측이나 우측으로 기우는 것으로 항공기는 선회하는 힘이 발생한다.

[주18] 앞놀이/피칭(pitching); 기수가 앞으로 숙여지거나 들리는 운동으로 항공기의 상승 및 강하를 초래한다.

[주19] 빗놀이/요잉(yawing); 기수가 좌측 또는 우측으로 향하는 현상으로 항공기는 게걸음과 같은 비행을 하게 된다.

1.1.8 중 력

중력(gravity)이란 지구 표면 근처의 모든 물체를 지구 중심으로 끌어당기는 힘이다. 현재

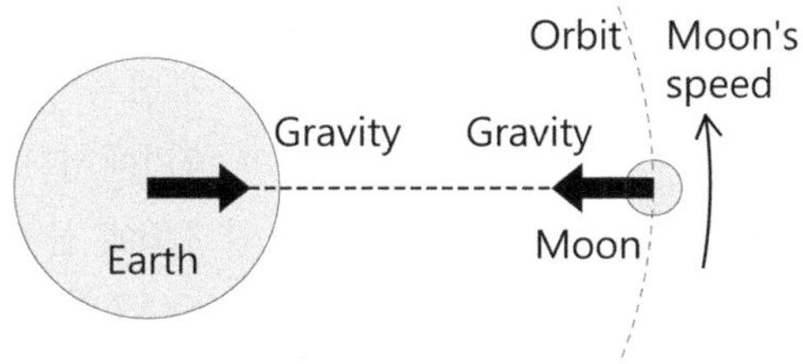

당신이 서 있는 지표상에서 지구 중심으로 끌어당기는 힘(attraction)이라면 이해하기 어려울 것이나 [그림1-7, 8]과 같이 둥그런 지구의를 놓고 보았을 때 지구가 물체를 지구 중심으로 끌어당기는 힘의 존재를 이해할 수 있을 것이다. 예를 들어 북반구의 어느 상공에서 수평비행 중인 비행기와 남반구 상공에 수평비행 중인 비행기는 동일한 감각을 경험하고 있다. 지구의를 놓고 보았을 때 북반구와 남반구 상공에 떠 있는 비행기는 거꾸로 서 있는 것과 같이 된다. 그렇다면 거꾸로 서 있는 사람은 왜 떨어지지 않고 현재 서 있는 것과 같은 느낌이 드는가? 이 같은 문제를 풀어줄 수 있는 것이 중력이다. 중력은 지구 중심으로 작용하는 힘이고 지구 표면 어느 곳에서나 동일하게 작용하며 [그림1-7, 8]과 같이 지구 중심의 연직 방향으로 작용하고 있다. 이를 뒷받침해 줄 수 있는 것이 만유인력이다. 즉, 질량을 가진 모든 물체는 서로 당기는 힘이 존재하고 여기서 특히 지구가 물체를 당기는 힘을 중력이라 한다.

지구는 자전이라는 회전 운동을 한다. 이는 원심력(centrifugal force)이 존재한다는 것이고 만유인력과 원심력의 합력을 중력이라고 정의할 수 있다. 비록 중력이 눈에 보이는 물체만으로 한정하는 것은 아니다. 예를 들어 대기를 구성하고 있는 기체 역시 중력의 영향을 받고 있어 지표면에서 가까울수록 그 밀도가 높아지고 지표면으로부터 높이가 증가할수록 공기밀도(density)가 감소하는 것 역시 중력의 영향으로 볼 수 있다. 중력의 영향을 고려해야 하는 것으로 무게와 질량의 관계를 보자. 중력이 동일하게 작용하는 곳에서 무게(weight)와 질량(mass)은 같은 값을 갖는다. 질량은 물질 고유의 양(amount)으로 장소나 상태에 따라 달라지지 않는다. 그러나 무게 또는 중량은 지구가 물체를 당기는 힘으로 정의할 수 있기 때문에 중

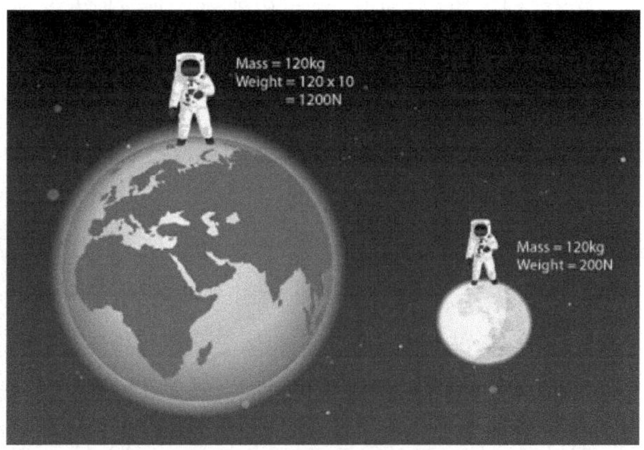

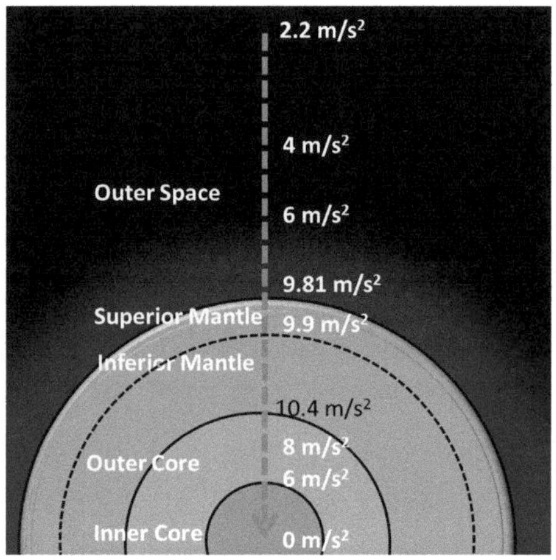

력이 다르다면 같은 물체라 하더라도 질량과 무게 값은 다르다. 이 같은 명백한 사실은 [그림 1-8, 오른쪽]과 같이 지구와 달의 중력에서 보았을 때 달의 중력은 지구 중력의 약 1/6에 불과하다. 따라서 지구에서의 질량이 6,000kg인 항공기의 무게는 6,000kg이라고 할 수 있지만 동일한 물체를 달에서 측정했을 때 질량은 6,000kg으로 변화가 없지만, 무게 또는 중량은 지구보다 1/6의 1,000kg이 된다는 것을 의미한다. 공중에 떠 있는 항공기에는 양력과 무게(중력) 그리고 추력과 항력의 4개의 힘이 조화되어 비행이 가능하다. 여기서 무게만을 놓고 분석했을 때 항공기를 지구 중심으로 끌어당기는 힘이 존재하기에 항공기는 지속해서 지표면 위를 비행할 수 있다. 중력은 지구상에서 인위적으로 느낄 수 없으며 이 보이지 않는 힘의 존재를 없앨 수도 없다. 다만 중력이 없는 조건을 만들 수는 있다. 이처럼 중력이 없는 상태를 무중력이라 한다.

[주20] 항공도; 완벽한 지도의 형태를 갖추었고 단지 항공에 필수적인 자료들이 추가된 지도이다. 축척에 따라 1:25만, 1:50만 그리고 1:100만 항공도가 활용된다. ※ aeronautical chart

[주21] 항로도; 완벽한 지도의 형태가 아니고 주요 공항을 연결하는 항로와 이에 필수적인 자료들이 그려진 도면으로 IFR 항로를 표기한 것은 항로도로 구분한다. ※ IFR en route chart(IFR 순항항로도)

1.1.9 무중력

과학 기술의 발달로 우주비행이 가능해졌고 통신수단의 발달로 우주선에서 우주인의 활동을 관찰할 수 있다. 무중력(weightless) 상태의 우주비행사는 지구에서는 상상할 수 없는 행동을 할 수 있으며, 물이 들어 있는 컵을 거꾸로 뒤집었을 때 물이 쏟아지지 않는 것은 바로 중력이 없기 때문이다. 우주 공간에서 이동할 때 한번 움직이기 시작하면 어떠한 저항력도 작용하지 않기 때문에 정지하기 위해서는 주변 고정 물체를 잡지 않으면 안 된다. 또한, 인체의 감각을 감지하는 내이(inner ear)의 전정기관에서 중력으로 인한 변화를 감지할 수 없어 몸이 기울어졌는지를 판단할 수 없다. 또한, 이 같은 무중력 상태에서 무게의 존재가 없으므로 찬 공기와 더운 공기의 무게 차로 인한 대류(convection) 현상이 발생하지 않는 것으로 보아 무중력 상태에서는 바람이 형성되지 않는다. 일상

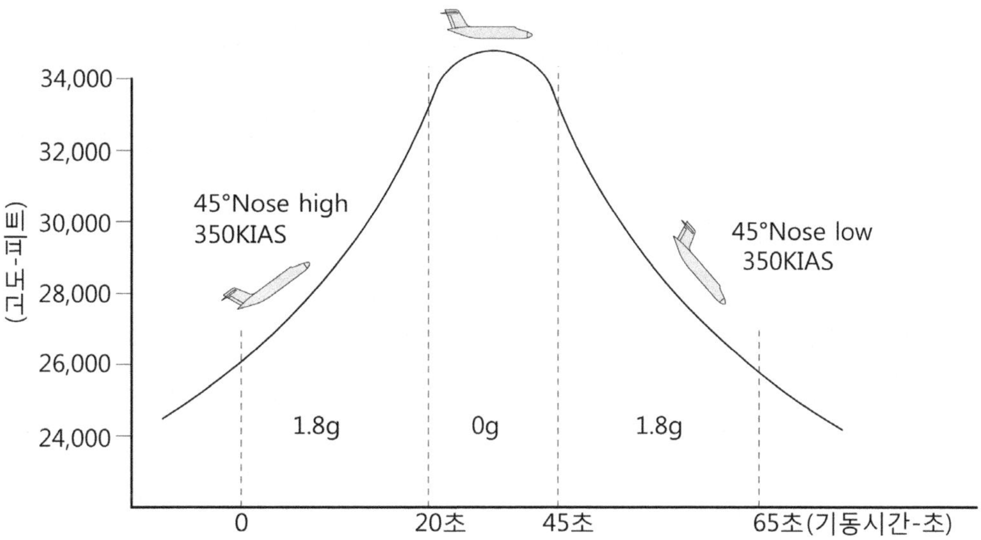

생활에서도 무중력 상태를 간접적으로 경험해 볼 수 있다. 예를 들어 엘리베이터가 내려갈 때 순간적으로 무게가 가벼워지는 감각(sense)을 느끼게 되는 것은 무중력 상태를 경험한 것이다. 특히 조종사는 [그림1-11]과 같은 무중력 상황을 자주 경험해 보았을 것이다. 실속 회복(stall recovery) 훈련이나 스핀(spin) 도중에 기수가 지상을 향해서 수직으로 급강하할 때 경험하거나 급상승 및 급강하 기동이 수행되는 전투기 조종사라면 무중력 상태를 더 자주 경험하게 될 것이기 때문에 이를 대비한 훈련과 [그림1-10]과 같은 여압복을 착용하고 비행해야 한다.

[주23] 적도; 북극과 남극에서 지구 중심으로 동일한 거리에 있는 지점들을 연결한 가상 원

[주24] 평행위도; 적도를 기준으로 일정한 간격으로 평행하게 그려진 원

[주25] 항공기에 작용하는 힘(수평직선비행); 양력(lift)=무게(weight), 추력(thrust)=항력(drag)

[주26] 실속(stall); 날개의 받음각이 너무 커 양력을 상실하고 속도를 상실하는 현상

[주27] 스핀(spin); 양 날개의 실속 상태에서 어느 한쪽의 빗놀이가 발생했을 때 나선 항적을 그리면서 수직으로 하강하는 현상

[주28] 소권(small circle); 지구의 중심을 통과하지 않는 무수한 원으로 적도를 제외한 위도는 모두 소권이다.

[주29] 자오선(meridian); 적도를 수직으로 통과하는 선으로 북극과 남극을 연결하는 가상선

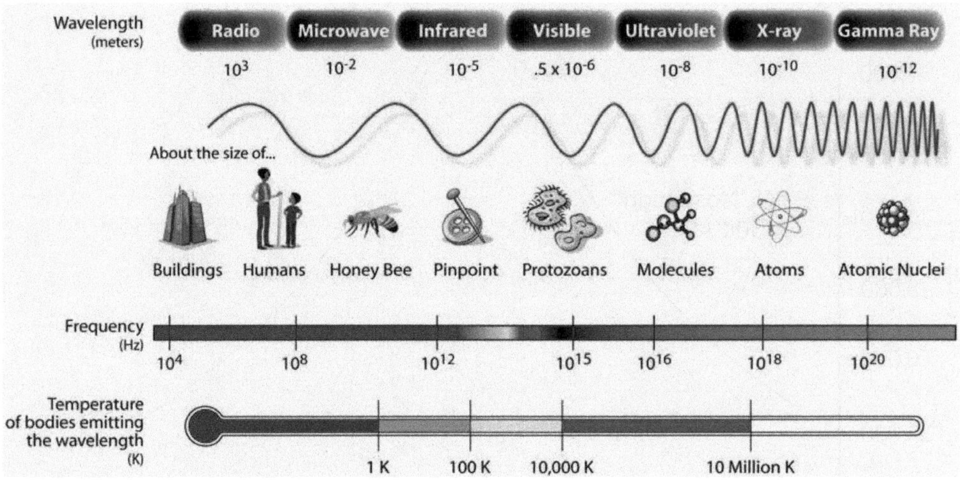

-

1.2 태 양

1.2.1 개 요

태양(sun)은 [그림1-1]에서 보는 것과 같이 태양계의 중심으로 주변에는 지구를 포함한 8개의 행성과 위성 및 혜성 등을 거느린 항성이다. 태양은 지구에서 가장 가까이 있는 항성으로서 지구 기상과 생명체의 주요 에너지원(source)이다. 태양으로부터 [그림1-12]와 같이 마이크로웨이브(microwave), 적외선(infra-red), 가시선(visible), 자외선(ultraviolet), 광선(X-ray), 무선파 형태의 전자기 에너지(electromagnetic energy)를 방사한다. 이들 파장에서 인간이 볼 수 있는 가시광은 [그림1-13]과 같은 영역이다. 태양에서 방사된 에너지가 지구에 전달되고 이들 에너지에 의해서 주요 기상현상이 초래된다. 태양광으로부터 열에너지(heat energy)는 복사(radiation), 전도(conduction) 그리고 대류(convection) 현상에 의해서 지구까지 전달되고 대기에서 재분배된다. 태양에서 지구까지 전달되는 태양 에너지는 지구의 위치에 따라 전달되는 각도가 다르게 형성된다. 태양으로부터 지구에 도달하는 각도를 입사각(angle of incidence)이라 하고 태양과 지구가 직각 위치에 놓여 있을 때 태양 에너지는 가장 크다. 예를 들어 입사각 90°와 45° 일 때를 비교했을 때 입사각이 45° 일 때의 면적은 약 40%가 증가하지만, 태양열의 강도는 약 30%

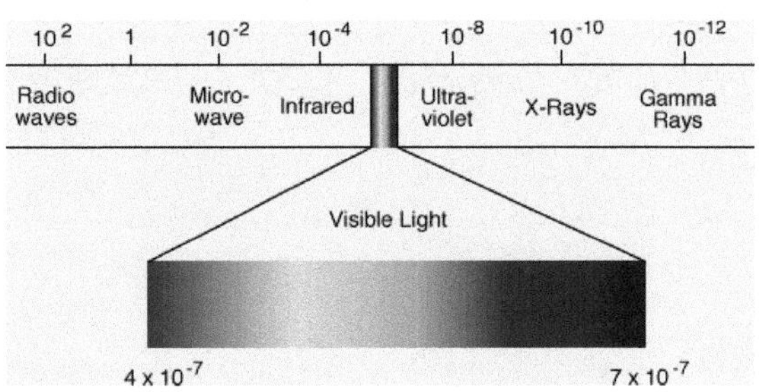

-

정도가 감소한다는 것을 의미한다.

1.2.2 복사(radiation)

복사(radiation)란 절대 영도(absolute zero; -273.15℃) 이상의 모든 물체는 주변 환경에 광속(speed of light)으로 이동하는 전자기 파장(electromagnetic wave)의 형태로 에너지를 방출한다. 이들 물체에서 복사되는 파장길이에 따라 수많은 복사의 종류가 있다. 예를 들어 인간의 눈으로 볼 수 있는 가시광(visible light)의 전자기 파장의 길이는 0.40~0.71 마이크로미터(㎛)이다. 일반적으로 우수한 복사 능력이 있는 물체는 우수한 흡수 능력이 있는 것으로 알려져 있다. 반대로 불량한 복사 능력이 있는 물체는 흡수 능력 역시 떨어진다는 것으로 이를 키르히호프의 법칙(Kirchhoff's law)이라고 한다. 자연 상태의 어떤 물체는 거의 완벽하게 복사 또는 흡수하는 능력이 있는 것으로 알려져 있고 이를 흑체(black body)라 한다. 태양이나 지구의 복사 특성은 흑체와 유사한 특성이 있다. 어느 한 물체의 최대 복사 파장길이는 절대 온도에 반비례한다. 따라서 물체 온도가 높다면 방출되는 파장길이는 작아진다. 태양에서 복사되는 에너지는 단파 파장길이(short wavelength)이고 지구에서 복사되는 에너지는 장파 파장길이(long wavelength)이다.

[주30] 항성; 태양과 같이 핵융합 반응으로 스스로 빛을 발하는 천체

[주31] 위성; 행성의 인력으로 일정 궤도로 돌고 있는 천체

[주32] 입사각과 면적; 입사각에 따른 면적의 증가는 빛의 강도를 감소시킨다.

[주33] 마이크로미터(㎛); = 0.000001 m =10^{-6}m

(1) 역제곱 법칙

역제곱 법칙(inverse square law)이란 물체의 복사량이 전달되는 과정에서 에너지의 강도(intensity)는 에너지원으로부터 해당 면적의 거리 제곱에 반비례한다. 이는 [그림1-14]에서 보는 것과 같이 광원으로부터 “d” 위치에 있는 면적을 통과한 빛의 강도가 “3d” 위치를 통과하면서 강도는 9배로 감소한다는 것을 의미한다. 예를 들어 광원으로부터 90,000 단위의 빛이 방출되었다고 가정한다면 거리에 따라 강도는 다음과 같이 산출된다.

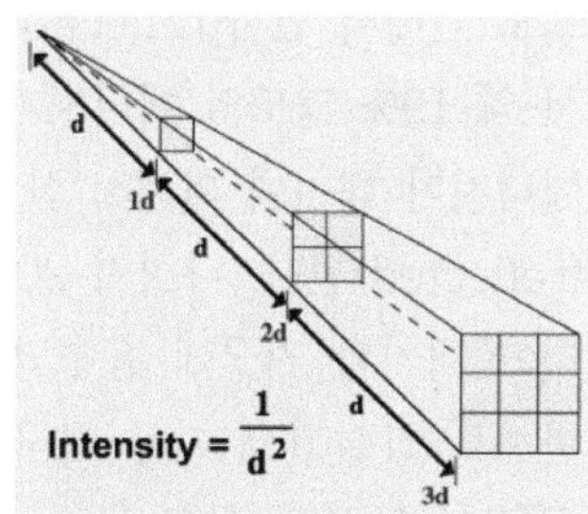

- 1d = 90,000 단위
- 2d = 90,000/2^2 = 90,000/4 = 22,500 단위
- 3d = 90,000/3^2 = 90,000/9 = 10,000 단위
- 4d = 90,000/4^2 = 90,000/16 = 5625 단위

결론적으로 태양열이 지구까지 전달되는 과정에서 거리에 따라 에너지의 강도가 급격히 감소한다는 것을 의미한다.

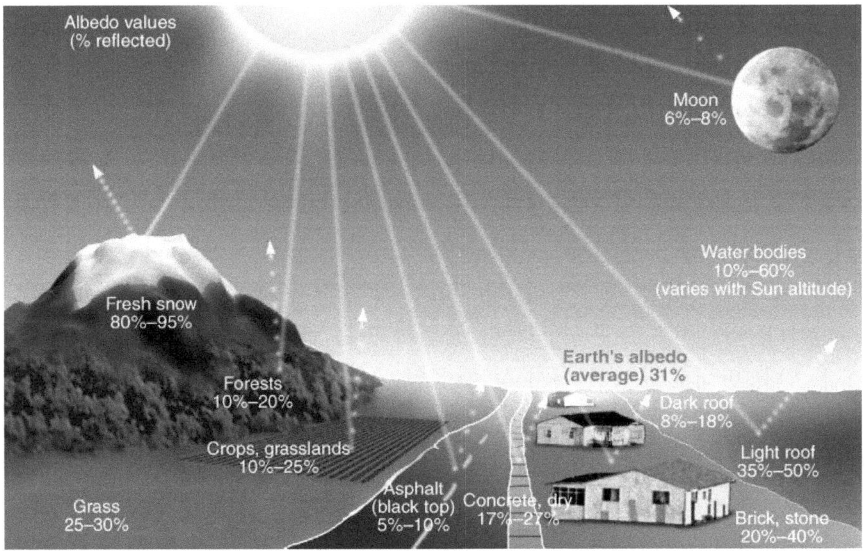

(2) 태양 알베도

태양으로부터 에너지의 전달은 복사(radiation)가 진행되고 지표면에 도달된 태양 복사는 위도(latitude), 계절 등 여러 가지 요인에 따라 다르다. 태양 에너지가 지구의 대기에 진입하면 [그림1-15]와 같이 약 51% 정도의 에너지만 지구에 흡수되고 나머지 에너지는 여러 요인으로 인해서 반사(reflection) 및 산란(scattering)한다. 태양 광선이 지구의 대기에 진입하면서 약 19% 정도의 에너지가 대기의 가스나 구름 등으로 흡수(absorbed)된다. 약 6% 정도의 에너지가 대기에 의해서 산란(scattered)하고, 약 4% 정도의 에너지가 지표면에 의해서 반사(reflected)된다. 나머지 20%의 에너지는 구름과 다른 입자에 의해 반사되거나 산란한다. 그리고 대기와 지구에 흡수되는 에너지를 제외한 약 30% 정도의 에너지가 지표면으로부터의 반사로 상실되고 이를 지구의 알베도(albedo)라 한다.

[주34] 알베도; 물체 또는 천체가 빛을 반사하는 정도를 수치화한 것으로 반사율이라고도 한다. 주요 물질의 종류에 따른 알베도는 다음과 같다.

- *눈; 95%*
- *구름; 60%*
- *지구와 대기; 30%*
- *수면; 10%*
- *어두운 지표면; 4%*

1.2.3 전 도

전도(conduction)란 물체에 직접 접촉(contact)되어 열에너지가 전달되는 과정이다. 예를 들어 철(iron)로 제조된 물체는 열전도가 매우 잘 진행된다. 그러나 나무와 같은 물질은 열의 전달이 잘되지 않고 공기 역시 열전도율이 낮지만, 대부분 주요 에너지는 공기의 전도로 전달

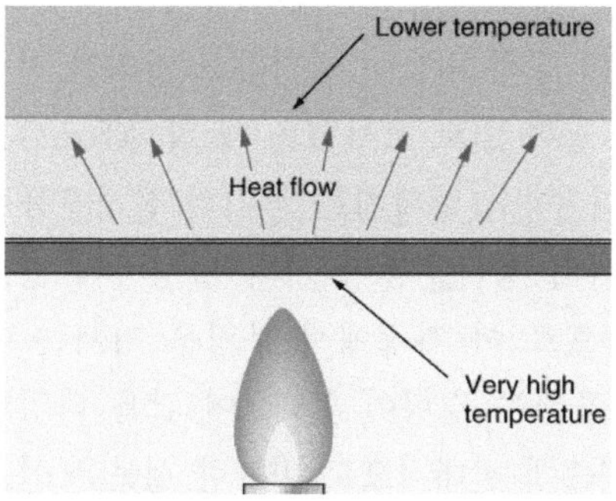

-

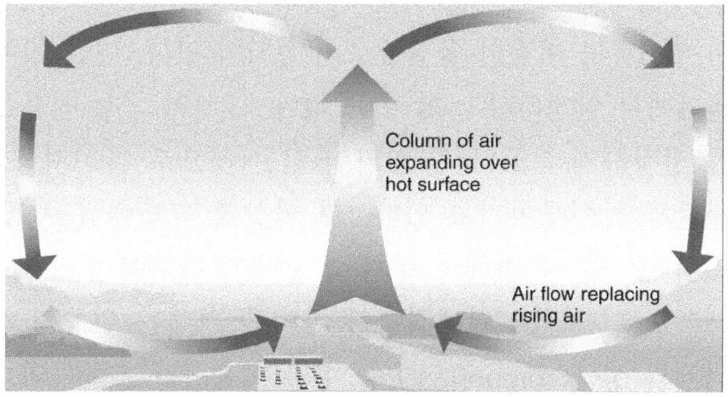

-

된다. 태양 복사로 가열된 지표면은 즉시 지표면 위의 공기를 전도로 가열시키고, 반대로 야간에 냉각된 지표면은 주변의 가열된 공기로부터 열을 흡수하여 냉각시킨다. 아래의 전도율 비교 [표]에서 보는 것과 같이 공기의 열전도율이 매우 낮아 공간을 형성하여 양호한 단열재로 활용하기도 하지만 실제 지표면이 가열될 때 수 cm 상공의 공기만을 가열시킬 수 있고 공기는 이들 열 세포(thermal cell)를 이동시켜 바람, 안개, 구름 등과 같은 주요 기상현상을 발생시키는 요인이기 때문에 매우 중요한 과정이다.

은	427	물	0.60(20℃)
철	80	공기	0.023(20℃)
모래	2.6	수목	0.08

1.2.4 대류(convection)

가열된 공기는 팽창하고 밀도가 낮아져 상승하고 반대로 냉각된 공기는 수축하고 밀도가 높아져 밑으로 가라앉는 경향이 있다. 가열된 공기와 냉각된 공기의 수직 순환 형태를 대류라 한다. 지구상에서 대류 현상이 없다고 가정했을 때 극지방에서는 극도로 추울 것이고 적도 지방에서는 극도로 뜨거울 것이나 수직과 수평적 대류가 발생하여 상반된 공기를 순환함으로써 적절한 기온을 유지할 수 있다. 기상학에서 대기의 수직적 이동(vertical movement)을 대류(convection)라 하고 수평적 이동(horizontal movement)을 이류(advection)라 한다.

1.3 대 기

1.3.1 개 요

대기(atmosphere)란 지구 중력(gravity)으로 인해서 지구를 둘러쌓고 있는 기체이다. 이 같은 기체(gas)는 어느 한 물질로만 구성된 것이 아니라 다양한 기체로 구성되어 있다. 대기를 구성하고 있는 대표적인 기체의 성분으로는 질소(N_2)가 약 78%, 산소(O_2)가 약 21% 그리고 약 1%는 미량의 물질들로 구성되어 있다. 이들 기체의 구성 비율이 대기라고 정의된 지구 둘레에서 일정하다고 할 수는 없다. 공기의 구성 성분을 높이 별로 조사했을 때 약 80km까지는 일정하게 분포(균질권)되어 있는 것으로 알려져 있다. 이 높이까지는 공기의 상하운동이 활발하게 이루어지고 있다. 그 이상의 고도에서는 공기의 상하운동이 거의 발생하지 않고 단지 공기분자 자체의 분자 운동만이 이루어지기 때문으로 이 과정에서 무거운 기체는 아래쪽으로 그리고 상대적으로 가벼운 기체는 위쪽에 분포되는 경향이 있다. 이 같은 다양한 기체의 성분(component) 중 항공기 운항과 조종사의 생존에 절대적으로 필요한 성분은 산소(oxygen)이다. 항공기 엔진은 연료와 적절한 산소의 결합으로 항공기 운항에 필요한 출력(output)을 발생할 수 있기 때문이고, 고고도에서 조종사와 승객의 호흡에 절대적인 영향을 미치게 되는 것 역시 산소이다.

(1) 질 소

대기 중에 가장 많이 존재하는 원소로서 식물의 성장에 필수 에너지원을 공급한다. 질소는 산소와 달리 인간의 호흡과 엔진의 동력원과는 관련이 없는 것으로 알려져 있다.

(2) 산 소

공기를 구성하는 물질 중 두 번째로 많이 존재하는 산소는 인간의 생존과 항공기 동력원을 제공하는 연료의 연소(burning)와 밀접한 관계가 있다. 항공기의 동력원으로 활용되고 있는 엔진은 가솔린을 연소시켜 힘을 발생시킨다. 대부분 중소형 항공기는 왕복엔진(reciprocal engine)을 장착하고 있으며 실린더 내부에 공기와 연료의 혼합가스를 분사하고 피스톤이 이를 압축하여 폭발하는 힘을 동력원으로 하고 있다. 실린더에 공급되는 혼합가스는 공기와 가솔린이 정밀하게 혼합된 가스 형태의 연료이다. 공기와 연료의 혼합비가 12:1의 비율을 유지했을 때 최대의 동력을 발휘할 수 있다. 이 과정에서 산소의 존재가 연소력을 제공하고 이보다 높은 혼합비 또는 낮은 혼합비는 엔진 성능에 즉각 영향을 준다.

왕복엔진에는 공기/연료의 혼합비를 인위적으로 조정하는 장치를 갖추고 있다. 이는 고도가 높아짐에 따라 절대 산소량에 변화가 발생할 수 있기 때문이다. 예를 들어 고도가 18,000피트로 높아지면 공기밀도는 해수면의 절반으로 감소하기 때문에 연료가 상대적으로 많아지는 상태가 된다. 이를 농후(rich) 혼합비라 하고 반대로 고고도에서 해수면으로 강하했을 때 공기밀도가 상대적으로 증가하여 혼합가스의 양은 적정보다 공기량이 많아지는 상태가 되고 이를 희박(lean) 혼합비라 한다. 왕복엔진을 장착한 비행기가 공기가 희박한 고고도 비행을 위해서는 공기/연료 혼합비에서 공기량을 강제로 증대시켜 줄 수 있는 장치(과급기 또는 터보과급기)를 장착해야 한다.

최근에 개발된 고성능 항공기들의 동력원은 가스터빈엔진(gas turbine engine)을 장착하고 있다. 가스터빈엔진의 기본 원리는 흡입한 공기를 고압으로 압축하고 이를 연소시켜 고온고압의 배기가스를 분출하면서 그 반작용으로 추력(thrust)을 얻는 원리이다. 여기서도 공기는 연료를 연소시키는 결정적인 역할을 하고 있으며 공기가 없다면 연료를 연소시킬 수 없다.

공기를 흡입하여 연료를 연소시켜 동력을 얻는 엔진을 흡기엔진이라 한다. 흡기엔진의 한계는 공기의 존재가 가능한 고도까지로 한정된다.

[주35] 공기밀도; 단위 면적에 존재하는 공기분자의 수, 고도 5.5km에서 공기밀도는 절반으로 감소한다.

[주36] 공기 1%의 기체 성분

아르곤(Ar): 0.93	네온(Ne): 0.0018	헬륨(He): 0.0005
수소(H_2): 0.00006	크세논(Xe): 0.000009	수증기(H_2O): 0~4
이산화탄소(CO_2): 0.037	메탄(CH_4): 0.00017	산화질소(N_2O): 0.00003
오존(O_3): 0.000004		

[주37] 항공기 엔진의 분류

- *왕복엔진*
- *가스터빈엔진; 터보제트, 터보팬, 터보프롭, 터보축*

산소가 인체에 미치는 영향은 치명적이다. 인간은 호흡을 통해서 공기를 폐(lung)로 흡입하고 흡입된 산소는 혈액 속에서 산소를 운반하는 역할을 한다. 인체 내의 산소 부족 현상을 저산소증(hypoxia)이라 한다. 공기 중에 산소의 양이 16% 이하가 되면 생명체는 상당한 위험에 처할 수 있다. 고고도 비행이 일상화되어 있는 현실에서 조종사나 승객은 언제든지 이 같은 저산소증에 노출될 수 있다. [그림1-18]은 고고도에서 조종사와 승객이 유지할 수 있는 유용의식시간은 매우 중요하다.

(3) 저산소증(hypoxia)

저산소증은 두뇌(brain)와 다른 기관의 기능 저하를 일으킬 수 있는 체내의 산소 결핍 상태이다. 고도가 증가함에 따라 기압고도(pressure altitude)는 점차 감소한다. 기압고도의 감소는 상대적인 공기밀도가 감소하는 원인이 된다. 실제 대기 속의 산소 밀도는 지상에서 성층권까지 약 21%로 일정하게 존재한다. 야간 시력(night vision)의 악화(deterioration)가 5,000피트 이하에서도 발생하지만, 건강한 조종사는 12,000피트 이하에서는 거의 발생하지 않는다. 일반적인 객실 기압(cabin pressure)에 따른 저산소증의 영향은 다음과 같다.

① 고도 12,000~15,000피트에서는 판단력, 기억력, 경계심, 수족 불일치와 계산능력 저하, 두통, 현기증, 어지러움과 황홀감 또는 호전성(belligerence)이 발생한다. 고도 15,000피트에서 15분 이내 심각하게 악화한다.
② 고도 15,000피트 이상에서는 동공수축, 손톱과 입술이 검푸르게 착색된다.
③ 고도 18,000피트에서 20~30분 이내 그리고 고도 22,000피트에서 5~12분 이내에 적절한 보호 조치능력을 상실하고 의식 불명이 될 수 있다.

비행 중 무의식적으로 또는 습관적으로 수행되는 행위에서도 저산소증의 가능성을 증대시킨다. 다음 사항들은 저산소증에 영향을 줄 수 있는 요소들이다.

① 담배 또는 배기가스로부터 흡입한 일산화탄소

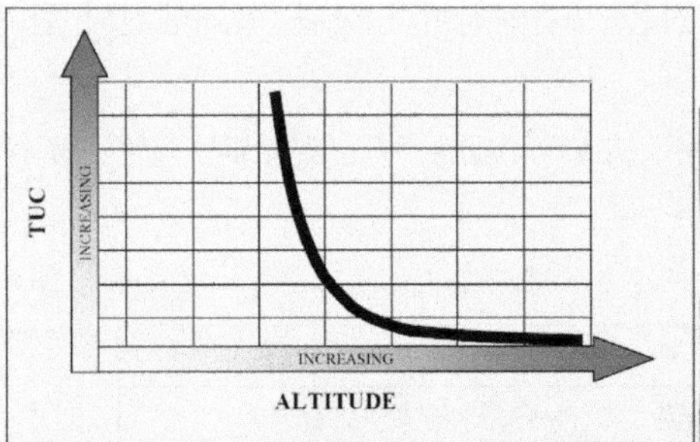

ALTITUDE	TUC/EPT	Following Rapid Decompression
18,000	20–30 min	10–15 min
22,000	10 min	5–6 min
25,000	3–5 min	1.5–2.5 min
28,000	2.5–3 min	1–1.5 min
30,000	1–2 min	30 s–1 min
35,000	30 s–1 min	15–30 s
40,000	15–20 s	Nominal
43,000	9–12 s	Nominal
50,000	9–12 s	Nominal

② 헤모글로빈 결핍
③ 소량의 알코올
④ 항히스타민, 안정제, 진정제 등과 같은 특정 약품
⑤ 매우 덮거나 추운 날씨, 신체 열 등은 산소의 필요성을 증가시킬 수 있다.

저산소증의 영향은 점진적으로 발생하기 때문에 저산소증의 인지가 곤란하며 조종사에게 상당한 위험을 초래할 수 있다. 이 같은 저산소증은 발생 요인을 충분히 인지하고 예방하는 것이 가장 좋은 방법이 될 것이다. 저산소증은 조종사의 판단력, 주의력, 근육 운동 및 계산능력을 떨어뜨리고 두통, 졸음, 현기증, 행복 도취감은 물론 호전성(belligerence)과 같은 증상이 발생한다.

- 주간 10,000피트(야간 5,000피트) 이상 보충산소 사용
- 고도 12,500~14,000피트: 30분 비행 후 필수 비행승무원 보충산소 사용
- 고도 14,000~15,000피트: 즉시 필수 비행승무원 보충산소 사용
- 고도 15,000피트 이상: 전 탑승객 보충산소 사용

(4) 감압(depressurization)

고도의 증가로 인한 기압의 감소 역시 저산소증을 일으키는 요인이기 때문에 고성능 항공기의 기내는 기압이 약 7,000피트 정도가 될 수 있도록 실내 기압을 상승시킨다. 이 때문에 항공기가 고도 30,000피트 상공을 비행하고 있다 할지라도 조종사나 승객은 지상에 있는 것과 동일한 상태에서 편안한 여행을 할 수 있다. 그러나 조종실 기압이 떨어진다면 조종실 공기 역시 빠져나가 저산소증에 노출될 수 있어 보충산소(supplemental oxygen)를 공급받아야 한다. 어떠한 이유에 의해서 감압(depressurization) 현상이 발생했을 때 조종사는 물론 탑승

객들은 즉시 보충산소를 공급받아야 한다. 이 같은 상황에서 보충산소 공급을 받지 않고 산소마스크(oxygen mask)를 착용하는 것과 같은 유용한 과업(usefully tasks)을 수행하는 데 가용한 시간을 [그림1-18]과 같이 유용의식시간(time of useful consciousness)이라 한다. 특히 고고도 여압 항공기(pressurized aircraft)를 운용하는 조종사에게 이 시간은 매우 중요하다. 왜냐하면, 이 시간 이내에 산소마스크를 착용하고 산소를 공급받아야 하기 때문이다. 이 같은 상황에서는 탑승객의 의식보다는 조종사의 의식이 우선 고려되어야 한다. 이는 조종사는 다른 탑승객의 안전을 책임지고 있기 때문이다. 그러나 고도가 점차 감소하여 10,000피트 이하까지 강하했다면 보충산소를 사용할 필요가 없다.

[주38] 시력; 원추세포는 주간시력, 간상세포는 야간시력

[주39] 알코올과 비행 금지; 알코올성 음료를 섭취한 후 8시간 이내, 혈중알코올농도 수치는 0.04%(국내 0.02%) 이상

[주40] 일산화탄소; 무색, 무취, 무미한 가스이고 혈액에서 산소를 운반하는 헤모글로빈과 높은 친화력이 있어 혈액 속에 흡수되면 산소를 전달하는 능력을 감소시켜 저산소증을 유발한다.

[주41] 항공용 산소; 의료용 산소에는 약간의 수분이 존재하기 때문에 항공용 산소로는 사용할 수 없다. 고고도에서 극도로 낮은 기온에 노출되었을 때 미량의 수분이라 할지라도 급속히 얼어버릴 수 있기 때문이다.

1.4 대기권

1.4.1 개 요

대기는 지구를 둘러싸고 있는 기체라고 정의했지만, 지표면에서 수십 킬로미터에서 수백 킬로미터까지 동일하다고 할 수는 없다. 높이에 따라 특성이 다르게 나타날 수 있어서 이를 바탕으로 권역별로 구분하고 있다. 이는 잘 알려진 바와 같이 대류권, 성층권, 중간권, 열권으로 분류하고 그 이상의 높이는 극외권으로 명명한다. 또한, 각 층 사이를 대류권계면, 성층권계면, 중간권계면으로 분류한다. [그림1-19]는 대기권을 높이에 따라 분류한 것이다. 그림에서 보는 것과 같이 대부분의 일반 항공기(general aviation)는 대류권에서 운항하고 고성능 항공기는 성층권 하단의 높이에서 운항하기 때문에 조종사 또는 운용자는 대류권은 물론이고 성층권까지 집중적으로 연구하게 될 것이다.

1.4.2 대류권

대류권(troposphere)은 [그림1-19]와 같이 지표면부터 형성된 공기의 층으로 그 높이는 대략 10~15km 정도이고, 평균 높이는 약 12km 정도가 된다. 이 같은 대류권의 높이는 지구의 위치에 따라 다르다. 적도 상공 대류권 높이는 약 15km지만 극지방의 대류권 높이 약 8km 정도로 차이가 있다. 또한, 동일한 지역에서도 계절에 따라 여름철에는 겨울철보다 높게 형성된다. 이처럼 높이가 다른 주원인은 기온에 따른 공기밀도의 분포가 다르기 때문이다. 적

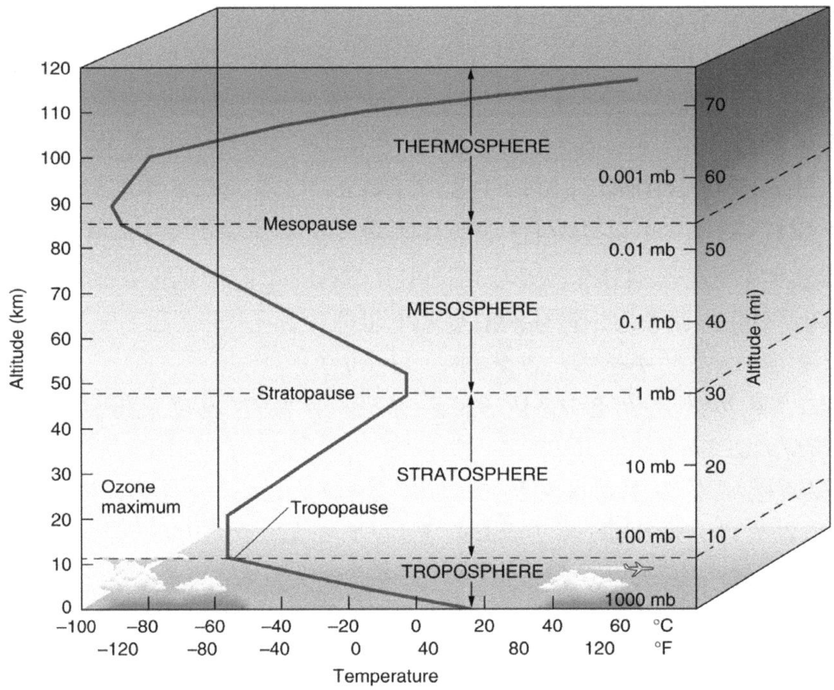

도를 포함한 중위도 지역에서는 매우 높은 기온 현상으로 인하여 강한 대류(convection) 현상이 발생하여 대류권계면이 상승하고, 극지방에서는 태양 복사에너지보다 지표면에서의 복사에너지가 더 많아서 대류 현상이 상대적으로 작아 대류권계면이 낮아지는 원인이 된다. 그림에서 보는 것과 같이 대류권에서의 기온 선은 고도가 높아지면서 감소하는 추세가 나타나고 이 같은 기온의 감소 현상을 기온감률(lapse rate)이라 한다. 대류권에서 기온감률은 6.5℃/km 비율(1,000피트 당 2℃)로 감소하고 고도가 높아질수록 풍속이 증가한다. 대류권에서는 지표면에서 발생하는 모든 기상현상이 발생하기 때문에 항공뿐만 아니라 일상생활과 매우 밀접한 관계가 있다.

1.4.3 대류권계면

대류권계면(tropopause)은 대류권과 성층권 사이의 경계층이다. 평균 높이는 17km이지만 적도지방에서는 16~18km로 높지만, 위도가 높아질수록 점차 낮아져 극지방에서는 약 6~8km까지 낮아진다. 이 같은 뚜렷한 높이에 따른 대류권계면은 2개의 권계면을 형성한다. 하나는 적도에서 중위도까지를 열대권계면이라 하고 또 다른 하나는 중위도(mid-latitude)에서 극까지를 극권계면으로 구분한다. 이들 두 권계면이 서로 연결되기보다 서로 분리되어 있어 분리된 구역에서 강한 난기류(turbulence)가 발생한다. 대류권계면에서는 기온 변화

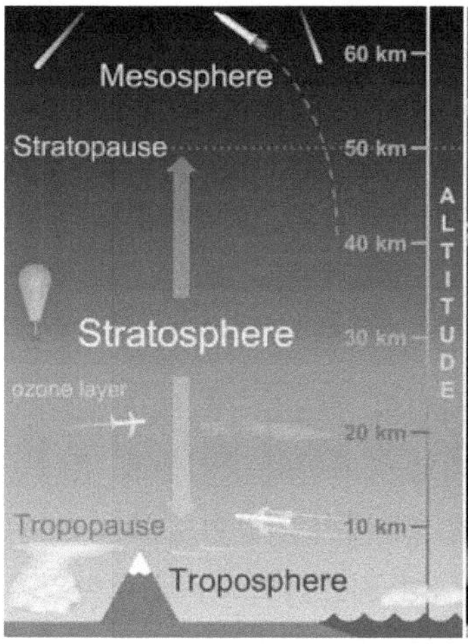

그래프에서 보는 것과 같이 기온 변화가 거의 없음을 알 수 있다. 대류권계면은 제트기류(jet streams), 청천난기류(clear air turbulence; CAT) 또는 뇌우(thunderstorms)를 일으키는 기상현상과 관계있으므로 조종사에게 매우 중요하다. 대류권계면의 높이는 위치와 계절에 따라 다르다. 겨울에 극지방에서는 더욱 낮아지고, 여름에 적도 지방에서는 더욱 높아진다. 대류권계면 위의 층이 성층권이고 고도의 증가에 따라 처음에는 기온 변화가 서서히 발생한 후 점차 증가한다. 성층권 상부에 성층권계면(stratopause)이 존재하고 대략적인 높이는 약 160,000피트(MSL)이다. 성층권계면에서의 기온은 최대치에 도달한다.

[주42] 공기의 분포; 공기의 약 90%는 지면으로부터 약 30km 이내에 분포되어 있고, 지표면으로부터 80km 이내의 고도에 균등하게 분포되어 있다. 이를 균질권이라 한다.

[주43] 대기의 분류 기준; 기온에 따른 높이로 분류한다.

[주44] 대류권계면의 주요 기상현상; 제트기류, 청천난기류, 뇌우

1.4.4 성층권

성층권(stratosphere)은 대류권 위의 공간으로 지표면으로부터 약 50km까지의 층이다. 성층권의 하단은 매우 안정되어 있어 기상 변화를 일으킬 수 있는 대류 현상이 없다. 특히 성층권은 지구 생물에 매우 유해한 강한 자외선을 흡수하는 오존층(ozone layer)이 형성된다. 이 같은 오존층(O_3)은 대략 25km 상공에 존재한다. [그림1-19, 20]과 같이 성층권의 하단은 기온 변화가 거의 없이 일정하지만, 일정 높이에 도달해서는 증가하기 시작하여 상부에 도달했을 때 최대로 기온이 증가하는 것을 알 수 있다. 이처럼 성층권 상부에서 기온이 높아지는 원인은 오존층이 태양의 자외선을 흡수하기 때문이다.

1.4.5 성층권계면

성층권계면(stratopause)은 성층권과 중간권 사이의 층(layer)으로 지표면으로부터 약 50km의 층이다. 성층권에서는 오존층이 존재하기 때문에 기온역전 현상이 최고에 도달하여 [그림1-19, 20]과 같이 거의 0℃까지 증가한 후 중간권부터 기온은 다시 감소하기 시작한다.

1.4.6 중간권

중간권(mesosphere)은 아래로는 성층권과 위로는 열권 사이의 층으로 지표면으로부터 약 50~80km 사이의 고도 층이다. 성층권계면에서 기온이 최대로 증가하여 중간권에 접어들면서 고도가 증가함에 따라 기온은 다시 감소하기 시작한다. 중간권에서 기온이 감소하는 원인은 태양으로부터 태양 에너지를 거의 받을 수 없을 뿐만 아니라 지표면으로부터 복사열을 받을 수 없는 높이에 있기 때문이다. 중간권 상부의 기온은 -90℃ 정도지만 때로는 -130℃까지 감소한다. 중간권에서는 유성과 야광운이 나타난다.

1.4.7 열 권

열권(thermosphere)은 중간권계면 위의 층으로 지표면으로부터 약 90~1,000km 사이의 공간이다. [그림1-19]와 같이 중간권계면 상부에서 기온의 변화가 거의 없다가 열권에 진입해서부터는 비교적 급격히 상승하는 경향이 나타난다. 일정 고도 이상에서는 완만하게 증가하는 현상이 발생하고 있음을 알 수 있다. 이 같은 기온의 상승 원인은 열권에는 공기밀도가 매우 희박하므로 공기 분자끼리 충돌하는 현상이 발생하지 않는 것으로 알려져 있다. 열권의 하부에서는 태양의 자외선과 X-선에 의해서 대기가 강하게 전리되어 이 층을 전리층이라 한다. 전리층(ionosphere layer)은 [그림1-21]과 같이 전파를 반사하는 특성이 있어 원거리 통신에 매우 유용하게 활용되고 있는 층이기도 하다. 전리층은 다시 D, E, F층으로 나누어지고 이 중 E층은 고도가 약 90~130km로 AM(방송파)을 반사하고, F층은 고도가 약 150~300km의 공간으로 FM을 반사하는 것으로 알려져 있다.

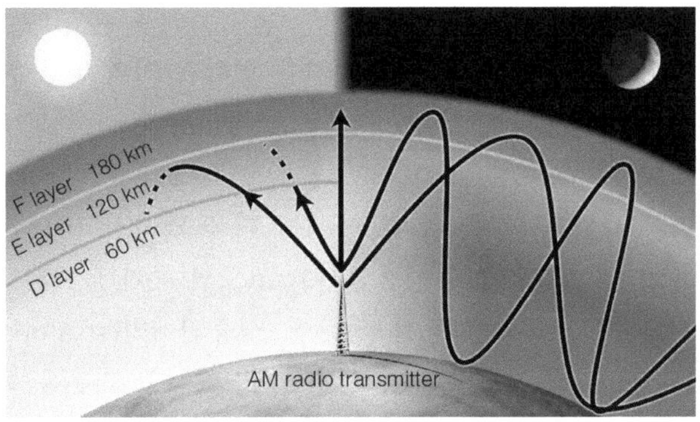

1.4.8 외기권

극외권 또는 외기권(exosphere)은 지표면으로부터 약 500km 높이의 층으로 안에는 열권과 접해있고 밖으로는 밴앨런 복사대로 구성된다. 이 층에서는 인공위성이나 극광(aurora)이 나타난다.

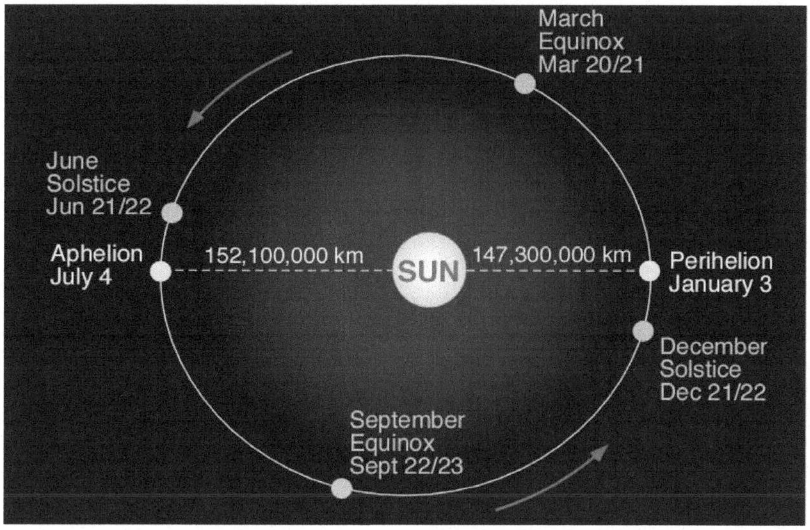

[주45] 성층권 기온역전; 오존이 자외선을 흡수하고 흡수된 에너지가 성층권을 가열하여 기온역전을 초래한다.

[주46] 전리; 전기가 물에 흐를 때 수소와 산소로 분리되는 것과 같이 화학화합물이 감소하는 현상을 의미한다.

1.5 지구-태양의 기하학적 운동

1.5.1 공전의 형태

지구는 지축(earth's axis)을 기준으로 자전(rotation)을 하면서 동시에 태양을 중심으로 공전(revolution)한다. 지구가 태양 주위를 한 바퀴 회전하는 데는 정확하게 365.25일이 걸린다. 지구가 태양 주위를 회전할 때 형성되는 궤도(orbit)는 완전한 원형이 아닌 타원체(elliptical)이다. 태양 주위를 회전하는 타원 궤도(elliptical orbit)를 분석했을 때 [그림1-22]와 같이 태양으로부터의 거리가 다르다. 그러나 이 같은 지구로부터의 거리가 계절적 요인이 되는 것은 아니다. 왜냐하면, 지구가 받아들이는 태양복사의 총량은 6%에 불과하기 때문이다. 타원 궤도 상에서 지구가 태양과 가장 가까운 위치에 있는 지점과 가장 먼 거리에 있는 지점이 있다. 가장 가까운 위치를 근일점(perihelion)이라 하고 가장 먼 거리에 있을 때의 위치를 원일점(aphelion)이라 한다. 지구와 태양의 기하학적 관계에서 원일점은 7월 4일 그리고 근일점은 1월 3일이 가장 먼 거리에 위치한다. 또한, 태양이 적도로부터 북(남)쪽으로 가장 멀리 있을 때를 지점(solstice)이라 하고 하지는 6월 21/22 그리고 동지는 12월 21/22에 도달한다.

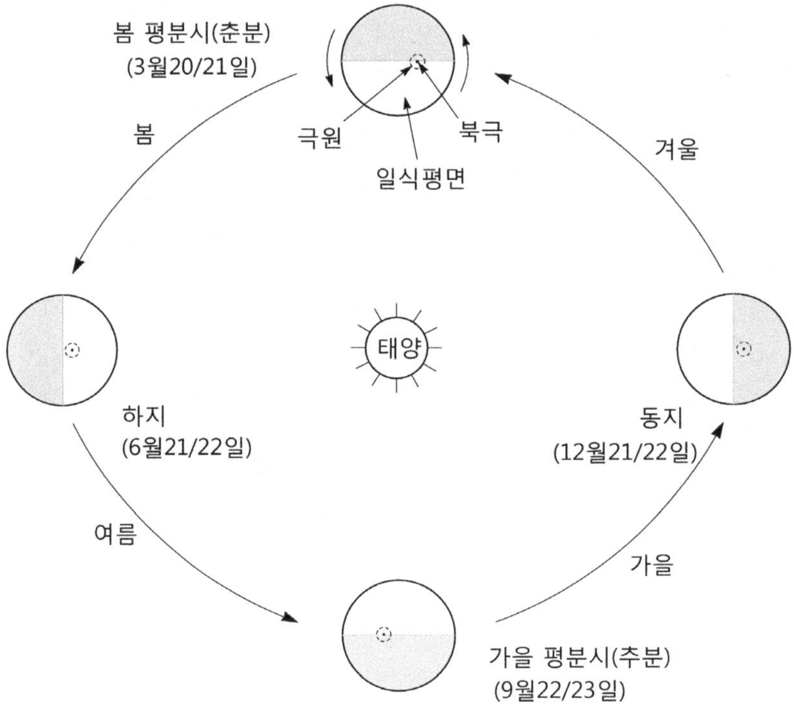

1.5.2 지축의 경사

지구의 축은 일식평면(plane of ecliptic)에 대해서 수직이 아닌 23.5°의 고정된 경사각을 이루고 있다. 비록 고정된 경사각으로 자전과 공전을 하고 있지만, 지축의 북쪽 끝(북극)은 항상 북극성(north star)을 지향하고 있다. 지축이 기울어진 상태에서 자전과 공전의 관계를 직상공에서 관찰했을 때 [그림1-23]과 같다. 지구가 태양 주위를 회전할 때 태양의 빛을 받는 일식평면(그림에서 상대적으로 하얀 부분)은 지축의 각도와 관계없이 일정하다. 그러나 태양에 대한 지축(그림에서 북극으로 표시된 부분)의 상대적 위치는 회전함에 따라 그 위치가 변화되고 있다. [그림1-23]의 왼쪽 지구의 지축은 일식평면(그림에서 상대적으로 하얀 부분)에 놓여 있다. 그러나 오른쪽 지구의 상태에서 지축은 일식평면 반대쪽(그림에서 상대적으로 어두운 부분)에 위치해 있다.

이를 좀 더 이해하기 쉽게 태양과 지구를 수평 위치로 놓고 연상했을 때는 [그림1-24]의 위 그림과 같은 상태가 된다. 지구가 태양의 어느 위치에 있든지 일식평면은 일정하지만, 지축의 위치는 서로 반대쪽에 놓여 있다는 것을 알 수 있다. 이 상태의 지구와 태양의 기하학적 위치가 각각 하지(summer solstice)와 동지(winter solstice)의 관계이다. 하지는 6월 21/22일이 되고 지구는 [그림1-24, 위]와 같이 북극이 태양 쪽으로 23.5°가 기울어진 상태이다. 이때 적도 북쪽의 모든 지방의 낮 길이가 12시간보다 길고 적도 남쪽 지방은 낮의 길이가 12시

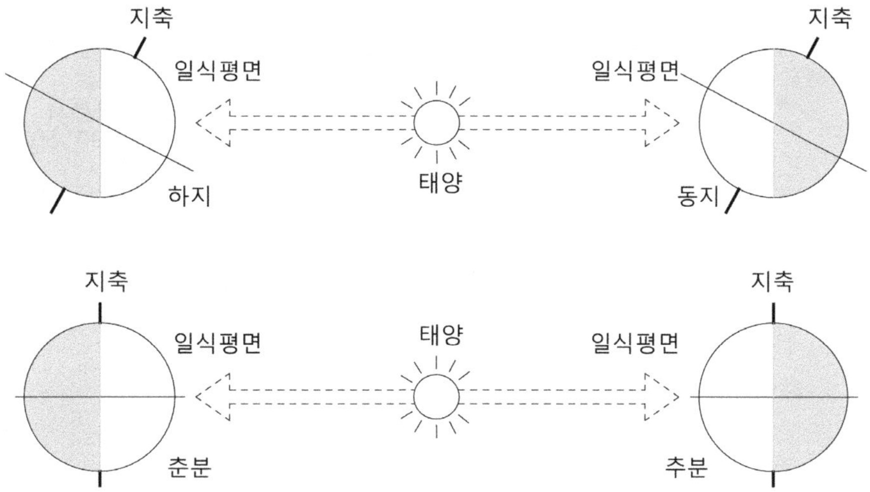

간보다 짧다. 동지는 12월 21/22일이 되고 지구는 남극이 태양 쪽으로 23.5°가 기울어진 상태이다. 이때 적도 북쪽의 모든 지방의 낮 길이는 12시간보다 짧고 적도 남쪽 지방의 낮 길이는 12시간보다 길다.

하지와 동지에서 북(남)위가 66.5° 이상의 지방에는 24시간 주간이 되거나 24시간 야간이 된다. 지구의 위치가 [그림1-24, 위]와 같이 하지(summer solstice)에 놓여 있을 때 [그림1-26]의 오른쪽 그림과 같이 북위 66.5° 이상의 지방은 지구가 자전하더라도 24시간 태양의 일식평면에 노출되어 낮은 길이는 24시간이 된다. 반대로 남위 66.5° 이상에서는 밤의 길이가 24시간이 되는 위치가 된다. 동지에는 66.5° 이상의 북극 지방은 24시간 밤이 되고 남극 지방에서는 24시간 낮이 되는 현상이 된다.

지구와 태양의 역학 관계에서 낮의 길이가 정확하게 12시간이 되는 평분시(equinox) 위치가 존재한다. 가을 평분시(추분)와 봄 평분시(춘분) 위치가 있으며 이때 지축은 [그림1-24]의 아래 그림과 같이 태양과 수직 위치에 놓이게 된다. 가을 평분시(추분)는 9월22/23일이 되고 봄 평분시(춘분)는 3월 20/21일이 된다. 이 같은 지구와 태양의 기하학적 관계가 수평선 위에 떠 있는 태양의 높이를 연중 변하게 하고 이는 곧 태양 에너지의 강도와 지속시간(intensity and duration)이 변화하여 계절(season)의 순환이 된다. [그림1-26, 왼쪽]

1.5.3 지축과 태양 고도

계절적 변화의 주원인으로 수평선 위에 떠 있는 태양의 고도와 위치는 밀접한 관계가 있다. 태양이 정중앙에 놓여 있을 때 가장 강한 태양 복사열을 받아들일 수 있다. 지구상의 어느 위치에 있든지 연중 최대로 변할 수 있는 태양 고도(solar altitude)는 47°(23.5 × 2)이다. 이는 지축이 북극과 남극의 기울기가 23.5°이기 때문이다. 예들 들어 [그림1-25]와 같이 적도를 기준으로 했을 때 태양은 평분시(춘분과 추분)에 90°가 되고 하지와 동지에는 66.5°가 되

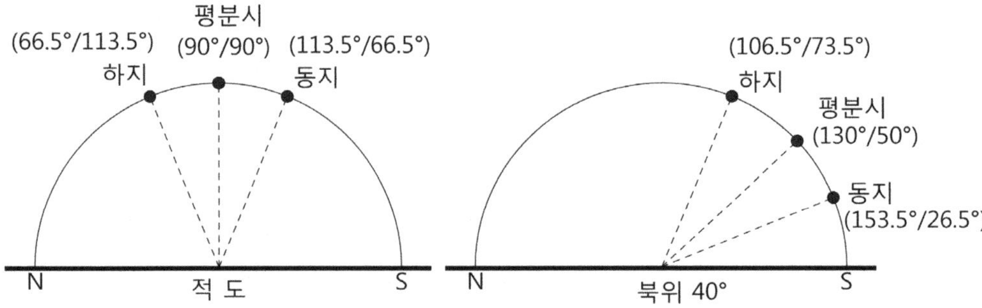

어 태양 고도의 변화는 47°가 된다. 다음은 북위 40°를 기준으로 했을 때 평분시는 50°이고 하지(summer solstice)는 73.5° 그리고 동지(winner solstice)는 26.5°가 된다. 이때 수평선 상의 태양은 [그림1-25]와 같은 위치에 놓이게 되고 적도 지방의 태양 위치와 비교했을 때 상당히 기울어진 상태임을 알 수 있다. 지구상의 위치에서 태양이 직상공에 놓여 있을 때를 태양 정오(solar noon)라 한다.

지구의 위치가 평분시에 도달했을 때 적도에서 태양은 직상공인 태양 정오에 위치한다. 여름 지점(하지) 중에 태양 정오는 북극이 태양 쪽으로 23.5°가 기울어 있어 하지선(Tropic of Cancer)으로 이동한다. 반대로 겨울 지점(동지)에는 남극이 태양 쪽으로 기울어 있어 태양 정오는 동지선(Tropic of Capricorn)으로 이동한다. 평분시에서 적도 직상공에 태양이 위치하고 태양 높이는 적도로부터 멀어지면서 경사지기 시작한다. [그림1-26]에서 관찰할 수 있는 것은 위도의 변화량과 태양 높이 기울기의 변화량이 동일하다는 사실이다. 예를 들어 북위 23.5°에서 태양 높이의 기울기는 66.5°가 되었다. [그림1-26]의 오른쪽은 하지의 태양 높이 각도(solar height angle)를 보여주고 있다. 이때는 태양이 하지선(Tropic of Cancer)에서 태양 정오가 된다. 평분시와 비교했을 때 태양 높이의 경사는 23.5° 이상의 최대 태양 높이(solar height)를 갖는다. 또한, 북극 원 위의 지방에서는 낮의 길이가 24시간이 된다. 하지선

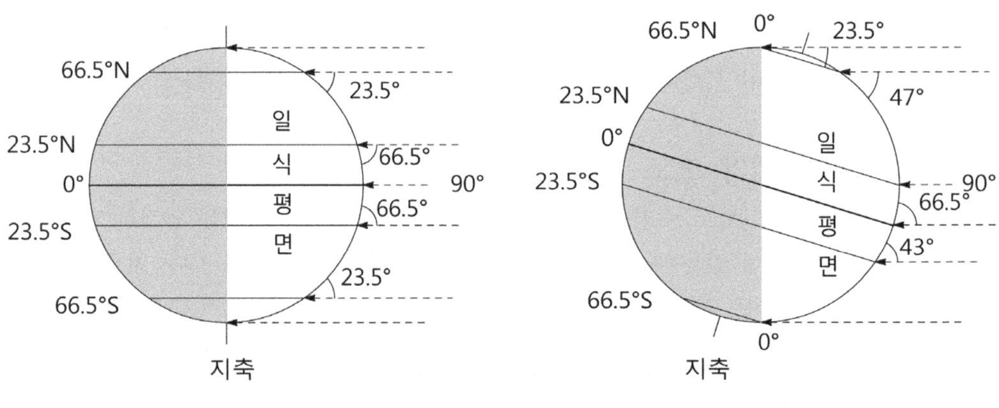

아래의 태양 정오 각도는 위도 당 1°씩 떨어진다. 남극 원에서 최대 태양 높이는 0°가 되고 지구상의 남쪽 부근에서는 밤의 길이가 24시간이 된다.

[주47] 일일 최고 기온; 태양 복사에너지를 가장 많이 받는 시간은 12시이다. 지구복사 에너지가 가장 많은 오후 2시가 최고 기온을 기록한다.

1.6 물의 순환

1.6.1 물과 대기

구름이나 안개를 구성하는 것은 물방울(water droplet)이다. 구름과 안개를 구성하는 물방울은 빗방울(rain droplet)이라든지 일상생활에서 흔히 볼 수 있는 물방울 크기가 아니라 공기 중에 떠 있을 수 있을 만큼 미세한 물방울이다. 실제로 안개 낀 도로에 자동차 전조등을 비추었을 때 수많은 물방울이 흩날리는 것을 관찰할 수 있다. 구름(cloud)이나 안개(fog)를 연구하기 전에 이들을 구성하고 있는 물의 특성을 먼저 이해할 필요가 있다. 물 분자는 한 개의 산소(oxygen) 원자와 두 개의 수소(hydrogen) 원자로 구성되어 있다. 물의 특성 중에서 기상에 영향을 줄 수 있는 요소로는 다음과 같은 것들이 있다.

(1) 높은 비열

물은 물질 온도를 변화시키는 데 필요한 에너지양이 매우 높다. 이는 물이 가열되기 전에 많은 양의 열에너지(heat energy)를 흡수할 수 있다는 것이고 냉각되는 조건에서는 열에너지를 서서히 방출한다는 것을 의미하는 것으로 이를 비열(specific heat)이라 한다. 따라서 지표면과 해양이 접하는 해안가에서 주간에는 지표면이 더 빨리 가열되고 해양의 가열은 상대적으로 느리게 진행되는 원인이 된다. 반대로 야간에 지표면은 해양보다 빨리 냉각되는 현상이 발생한다. 해안가에서 안개가 형성되는 원인 중의 하나가 이 같은 물의 비열에 의한 것이기도 하다.

(2) 열전도

물은 수은(mercury) 다음가는 양호한 열 전도성을 갖는 물질이다. 거대한 호수나 바다에서 물은 표층수, 하층수 그리고 심층수로 구성되어 있으면서 쉽게 혼합되어 동일 구역 안에서 표층수와 하층수가 거의 동일한 온도를 유지할 수 있는 것은 열전도(heat conduction) 특성 때문이다. 지구의 운동 그리고 하늘을 가린 구름과 같은 차단 물질에 의한 해양의 불균형 가열은 수온을 결정하는 요인으로 작용하고 이로 인한 국지적 증발(evaporation) 정도는 지역별 기상 특성을 지배하는 요인이 될 수 있다.

(3) 표면장력

물방울을 확대하여 관찰했을 때 [그림1-27]과 같은 모양이 됨을 알 수 있다. 이것은 물은

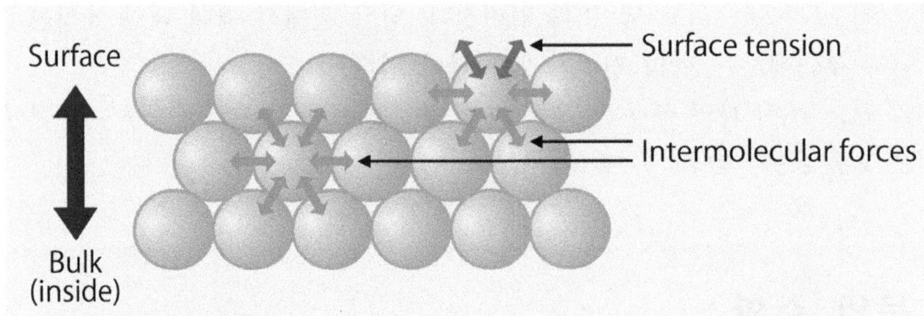

접착력을 갖고 있다는 것을 의미하고 물을 떨어뜨렸을 때 물이 얇은 막(film)과 같이 퍼지기보다는 둥그런 모양으로 응집되는 것을 알 수 있는 데 이를 물의 표면장력(surface tension)이라 한다. 예를 들어 2개의 물방울을 가깝게 놓았을 때 공간이 있음에도 불구하고 들러붙는 현상을 관찰할 수 있다. 이 같은 표면장력은 구름과 같은 미세한 물방울이 지상으로 떨어질 수 있을 정도의 크기로 성장할 수 있는 것은 물의 표면장력에 의한 현상이다. 뇌우와 같은 적란운 속에서 형성되는 굵은 빗줄기는 이들 구름 속에서 수차례의 상승과 하강을 되풀이하면서 미세한 물방울들이 표면장력으로 인하여 인접한 작은 물방울들을 흡수하여 성장한다. 이외에도 파도(waves)가 형성되는 것 역시 표면장력의 한 현상으로 볼 수 있다.

(4) 고체, 액체, 기체 상태로 존재

물 분자는 고체(solid), 액체(liquid) 그리고 기체(gas)의 상태로 존재할 수 있는 유일한 물질이다. 물 분자의 상태를 변화시킬 수 있는 것은 열이고, 상태가 변화할 때는 많은 열 교환(heat exchange)이 이루어진다. 물 분자의 상태 변화에서 관찰할 수 있는 것과 같이 열의 흡수(absorption)와 방출(release)이 수행된다. 이 같은 열 교환의 재분배는 지구상에서 매우 중요한 역할을 하고 실제 대기 속으로 전달되는 열의 약 3/4이 물의 증발과 응축(evaporation and condensation)으로 수행된다. 지구의 약 70%는 물로 구성되어 있고 해양과 지표면에서 물의 증발은 상층부에 수많은 수분을 존재하게 하여 이들이 응축되면서 지구상에서는 다양한 형태의 강수가 내리는 원인이 된다.

(5) 결빙될 때 부피의 증가

물은 지구에서 약 70%를 차지하고 있다. 이 중에서 액체(liquid) 상태로 가장 많이 존재하고 있으며 두 번째는 얼음(ice)의 상태로 존재한다. 지구상의 모든 얼음이 녹았을 때를 가정한 모의실험에서 해수면(sea level)이 약 70m 정도 상승하는 것으로 나타난다. 이는 급격한 지구 온난화의 영향으로 극지방의 얼음이 녹아내리면서 해수면이 상승하는 원인이 된다. 물 분자가 결빙되면 부피가 커지는 현상이 발생한다. 물이 얼면서 부피는 약 9% 정도로 급격히 팽창(expand)된다. 특히 물에서 운용되는 수상기(seaplane)에서 항공기 구조의 가장 낮은 지점인 저점(bilge)에 물이 고여 얼었다면 얼음의 팽창으로 인하여 구조를 변형시키거나 심하면

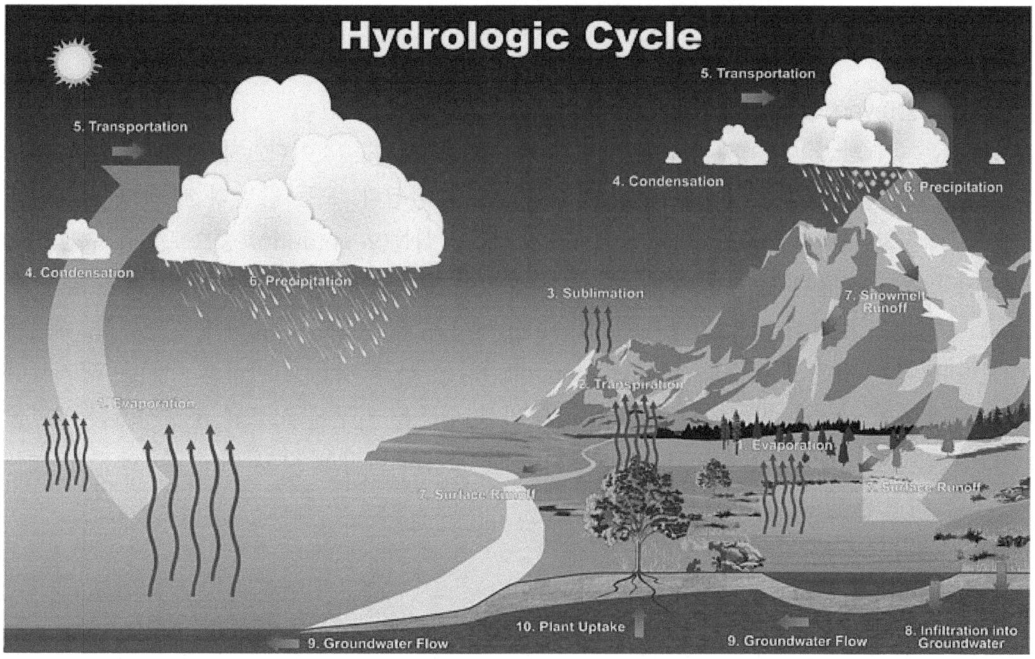

파손시킬 수 있다. 또한, 활주로에 비가 내린 후 급격한 기온 강하로 표면(surface)이 얼었을 때도 급격한 팽창이 발생할 수 있고 다시 기온 상승으로 인하여 수축하였을 때 표면은 심각한 균열이 발생하는 것도 이 같은 물의 특성으로 인한 현상이다.

1.6.2 물의 순환

생명의 근원인 물은 액체, 고체 그리고 기체 상태로 지표면 그리고 대기에 존재하면서 기상현상을 지배하는 요인이기도 하다. 공기 중에서는 보이지 않는 습기(moisture)의 형태로 존재하는 것과 같이 지표면의 70%를 차지하고 있는 해양과 내륙에 호수 및 강 그리고 양극 지방을 덮고 있는 눈과 빙하 등의 형태 그리고 지하수 등으로 보존된다. 물의 상태가 화학적으로 변하여 완전히 다른 물질로 변하지 않는 한 물은 단지 한 보존지(reservoir)에서 다른 보존지로 이동하거나 때로는 다른 상태(state)로 변하여 보존된다.

물의 보존지가 다르게 존재할 수 있는 것은 증발(evaporation), 응축, 우수(runoff), 침투(infiltration), 승화(sublimation), 용해(melting) 그리고 지하수 흐름(groundwater flow) 등을 통해서 순환된다. [그림1-28]과 같이 물의 순환 과정에서 물의 순환을 주도하고 있는 것은 강수(precipitation)와 증발이다. 증발은 지표면 어디에서나 발생하지만, 특히 거대한 해양(ocean)에서 발생하는 증발은 구름이나 안개와 같은 기상현상과 밀접한 관련이 있다. 해양이나 내륙의 호수 등에서 증발한 수증기는 상층부에서 응축(혹은 응결)되면서 구름을 형성한다. 이들 구름은 수평으로 이동하여 대륙(continent)으로 유입될 수 있으며 이들이 다시 강수가 되어 지상으로 떨어진다.

(1) 증발(evaporation)

증발은 물(water)이 액체 상태에서 기체 상태로 변화하는 것이다. 지표면의 물과 대기에 떠 있는 미세한 물방울은 증발 과정을 거쳐서 상호 교환된다. 모든 증발의 약 80%는 해양에서 이루어지고 나머지 20%는 내륙의 호수나 강 또는 식물(vegetation) 등으로부터 수행된다. 대기가 많은 수분을 함유하기 위해서는 기온에 달려 있다. 기온이 높을수록 더 많은 양의 수분을 함유한다. 따라서 적도 지방과 해양(ocean)에서 증발 현상이 활발하게 진행된다. 대기에 수분이 많다는 것은 상대습도(relative humidity)가 높다는 것을 의미하고 수분은 공기보다 가벼워 항공기 성능을 떨어뜨린다. 바람은 증발한 수분을 지구에 고르게 분포시키는 역할을 한다. 예를 들어 해양이나 적도 지방 상공의 습한 공기가 바람을 타고 지구 곳곳으로 이동하는 것은 바람의 영향 때문이다.

(2) 응축(condensation)

응축이란 기체(gas) 상태의 물이 액체(liquid)로 변화하는 것이다. 지표면 공기가 태양 복사열로 가열된 온난공기(warm air)가 상승하면서 공기는 냉각된다. 상승 중인 공기는 수증기(water vapor)를 계속 떠 있게 할 수 있는 능력을 상실한다. 이 과정에서 과도한 수증기는 응축되어 구름방울(cloud droplets)을 형성한다. 응축 현상은 불안정 대기에서 대류(convection) 과정을 통해서 활발하게 수행된다. 대류 외에도 역학적으로 공기를 상승시킬 수 있는 것은 사이클론에 의한 수렴, 전선 지역에서 온난공기의 상승 그리고 산과 같은 지형적 여건에 의해서도 공기는 상승 압력을 받는다.

(3) 대류(convection)

기상학에서 대류는 대기의 수직(vertical) 방향 운동이다. 지표면의 공기와 상층의 공기를 상호 교류하는 중요한 역할을 한다. 지표면이 태양 복사열에 의해서 가열될 때 지표면 위의 공기 역시 빠르게 가열된다. 가열된 공기는 주변 공기(surrounding air)보다 밀도가 낮아지고 상승하기 시작한다. 예를 들어 주전자의 끓는 물에서 발생하는 수증기는 명백한 대류 현상을 관찰할 수 있는 좋은 사례이다. 물을 가열하면 물은 더워지고 밀도가 작아지면서 증발 현상이 발생한다. 이 과정에서 증발한 수증기는 열적 상승(thermal rising) 과정을 통해서 건조하고 찬 공기에 노출된다. 이때 상승한 수증기는 냉각되고 응축되면서 육안으로 보이는 증기(steam) 또는 미세한 구름방울(cloud droplets)을 형성한다.

(4) 사이클론에 의한 수렴

태풍이나 허리케인과 같은 열대성 사이클론(tropical cyclone)은 거대한 상승 공기가 동력원으로 작용한다. 지표면에서 발생한 수렴 구역에서는 [그림1-29]와 같이 저기압 구역이 형성되고 공기는 상승 운동(lifting motion)의 한 원인이 된다. 상승하는 공기는 냉각되고 응축되는 과정에서 잠열(latent heat)을 방출하고 이 열은 공기를 확장(expand)하게 하는 역할을 한다.

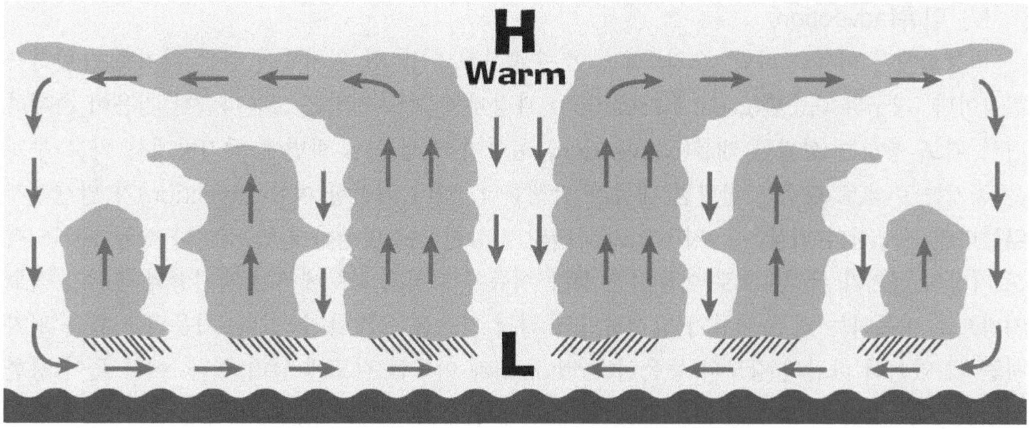

결국, 상층부에서는 고기압 구역이 형성되고 중심부와 외측의 기압경도(pressure gradient)는 공기를 외측으로 흐르게 하는 원인이 된다. 하층부의 저기압과 상층부의 고기압 기압경도가 더욱 증가하면서 하층부에서는 많은 공기를 수렴(convergence)하게 되고 더 많은 잠열을 방출하는 과정이 반복되면서 거대한 상승이 발생하고 이 과정에서 더욱 활발한 응축은 더욱 깊은 구름층과 굵은 빗방울을 형성한다.

(5) 전선에 의한 순환

전선은 2개의 기단(airmass)이 대치하고 있는 현상이다. 대기의 순환에 기여할 수 있는 기단은 온난전선(warm front)과 한랭전선(cold front)이다. 찬 공기와 더운 공기가 충돌했을 때 더운 공기는 상승 압력을 받는다. 한랭전선이 이동할 때 차고 밀도가 높은 공기가 상대적으로 밀도가 낮고 가벼운 공기를 위로 밀어 올린다. 이 과정에서 더운 공기는 냉각되고 응축되어 구름과 강수를 만들어 낸다. 한랭전선은 온난전선보다 경사도가 깊으므로 활발한 상승 운동이 발생하고 이는 소나기성 강수와 때때로 악뇌우(severe thunderstorm)가 발생하기도 한다. 반대로 온난전선은 한랭전선보다 경사도가 완만하여 이동이 느리고 상승 운동이 점진적으로 진행된다. 온난전선에서는 지속성 강수의 발생과 전선 지역보다 수 킬로미터 후방에서 강수가 내린다.

(6) 지형적 상승(topography lifting)

이동 중인 공기가 높은 산맥에 가로막혔을 때 공기는 산의 경사를 따라서 자연적으로 상승한다. 이 과정에서 공기는 단열기온감률(adiabatic lapse rate)이 적용되어 냉각(cooling)되면서 응축되어 지형성 구름(orographic cloud)을 형성한다. 큰 산맥(range)의 정상에서는 지형성 구름을 쉽게 관측할 수 있는 데 이 구름은 산 정상을 중심으로 풍상(upwind or windward) 구역에서 형성되고 풍하(downwind or leeward) 측에는 구름이 소멸하는 것을 관찰할 수 있다. 이는 단열기온감률에 의한 현상으로 산 정상을 통과하여 하강하는 공기는 다시 기온이 상승하면서 구름을 증발시키기 때문이다.

(7) 이류(advection)

기상학에서 이류란 바람, 습기, 열 등이 수평으로 어느 한 위치에서 다른 위치로 운반하는 현상이다. 지구의 대순환(great circulation) 과정에서 적도 지방은 고온다습한 기온이 존재하면서 위로 향하는 활발한 대류(convection) 현상이 발생한다. 반면에 극지방에서 차고 무거운 공기는 아래로 향하는 활발한 대류가 발생한다. 만약 적절한 이류(advection)가 발생하지 않는다면 지구상의 기상은 국지적으로 극단의 기상현상이 발생하게 될 것이나 상공에서는 적도 지방의 공기가 극지방으로 이동하는 상층 이류가 그리고 하부에서는 극지방의 공기가 적도 지방으로 이동하는 하부 이류가 발생하면서 적정 기온을 유지할 수 있다. 기온의 이류를 평가하는 데 있어서 바람의 강도와 등온선(isotherm)과 이루는 각도에 달려 있다. 예를 들어 강한 바람일수록 더 큰 이류가 발생할 수 있고 등온선과 수직 상태에 있을 때 가장 큰 이류가 발생할 수 있다. 그러나 바람이 등온선과 평행으로 작용하고 있다면 이류는 발생하지 않는다.

(8) 강수(precipitation)

강수는 대기에서 지표면으로 물을 운반하는 매체로 비(rain), 눈(snow), 우박(hail), 진눈깨비(sleet), 어는비(freezing rain) 등으로 내린다. 강수의 형태를 결정하는 것은 지역 기온에 달려 있으며 강수의 양은 대륙, 해양, 우림지대, 사막지대 등과 같은 지형의 형태에 달려 있다. 예를 들어 연평균기온이 높은 적도 지방에서는 주로 비가 내리지만, 극지방에서의 강수는 주로 눈(snow)으로 내린다. 중위도 지방과 같이 계절(season)의 변화가 뚜렷한 지역에서는 비, 눈, 우박, 빙우(어는비) 등 모든 종류의 강수를 관측할 수 있다. 또한, 열대 우림 지역에서는 많은 비가 내리지만, 사막 지역에서는 상대적으로 비의 양이 적은 것은 이 같은 지형적 특성의 좋은 사례이다.

[주48] 수상기의 형태; 동체 자체가 배의 밑바닥과 같은 형태와 플로트와 같은 별도의 장치를 장착한 형태가 있다.

[주49] 수증기; 무색무취의 기체이고 끓는 물에서 발생하는 김 또는 증기는 액체이다.

[주50] 등온선; 일기도에서 기온이 동일한 지점을 연결한 선이다.

【날씨 속담】

"햇무리 또는 달무리가 나타나면 비가 내릴 징조이다."

통상 햇무리 또는 달무리는 권층운에서 생성된다. 권층운은 저기압의 전면에 나타나는 구름으로 수 시간 뒤에 저기압이 밀려올 것으로 예측할 수 있다.

"이른 아침 따뜻하면 비가 내릴 확률이 높다."

전날 밤에 하늘에 구름이 많이 끼었다는 것은 대기의 적외선 복사를 차단 또는 반사하여 대기는 상대적으로 온난하게 된다. 이 같은 상태로 아침이 되었을 때 기온은 온난하고 저기압의 접근으로 비가 내릴 수 있는 징조이다.

제2장 기온과 습도

2.1 기온의 단위

2.1.1 온도와 열

대기를 구성하고 있는 공기 분자(molecular)는 정체되어 있기보다 끊임없이 운동하고 있는 점을 고려했을 때 이들 움직임은 운동 에너지(kinetic energy)의 한 형태이다. 에너지의 크기는 분자 운동의 속도와 질량에 달려 있다. 이 같은 개념을 바탕으로 했을 때 온도(temperature)란 공기 분자의 평균 운동 에너지의 속도를 측정한 값이라고 정의할 수 있고 온도는 물체의 뜨거운 정도 또는 강도를 측정한 것이다. 따라서 온도가 높을수록 물질 분자의 입자들이 더욱 빨리 움직인다고 할 수 있다. 반면에 열(heat)이란 물체에 존재하는 열에너지(heat energy)의 양을 측정한 것이다. 모든 원자의 운동은 -273℃에서 중지된다. 이 온도를 절대영도(absolute zero)라 한다. 물체가 갖는 온도는 서로 다르고 열은 높은 온도의 물체에서 낮은 온도의 물체로 전이되는 특성이 있다. 이 같은 온도의 전이는 [그림2-1]과 같이 전도(conduction), 대류(convection), 이류(advection) 그리고 복사(radiation) 현상으로 전달된다. 물체가 함유할 수 있는 열은 물체 온도뿐만 아니라 질량에 달려 있다. 예를 들어 아래 [표]와 같이 5g의 물과 5배인 25g의 물이 가열되는 데 필요한 열량을 비교했을 때 5배의 열량이 더 필요하다는 것을 알 수 있다. 표에서 보는 것과 같이 5g의 물을 20℃에서 25℃까지 올리는 데 25cal의 열이 필요하다면 25g의 물을 20℃에서 25℃까지 올리는 데는 5배인 125

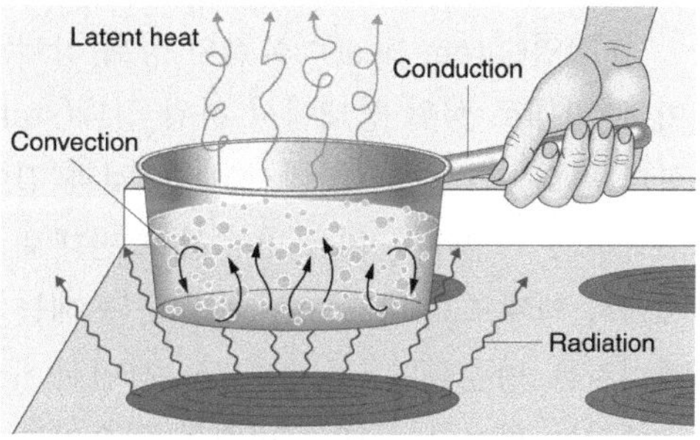

물의 질량	시작 온도	종료 온도	필요 열량
5g	20℃	25℃	25cal
25g	20℃	25℃	125cal

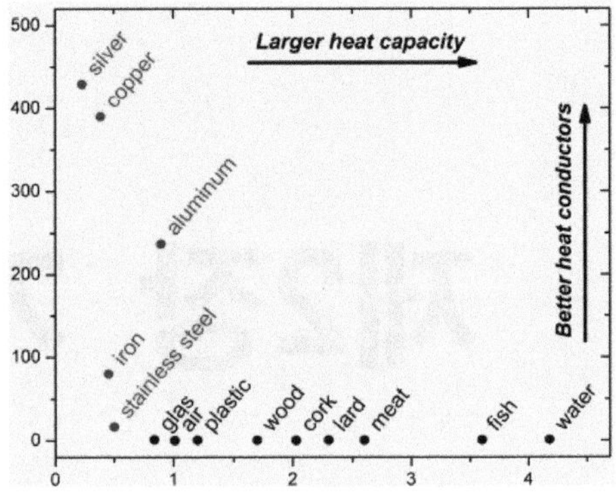

cal의 열이 필요하다. 물체 온도와 열을 학습하는 데 있어서 많이 사용되는 용어로는 다음과 같은 것들이 있다.

① 열량(heat capacity): 물질 온도가 증가함에 따라 열에너지를 흡수할 수 있는 양을 의미한다.

② 비열(specific heat): 물질 1g의 온도를 1℃ 올리는 데 요구되는 열이다. 예를 들어 동일 질량의 물과 고체 물질을 비교했을 때 동일한 온도를 상승시키는 데는 약 4~5배의 열에너지가 요구된다. 따라서 [그림2-2]와 같이 동일한 태양열에 의해 가열된 물이 육지보다 서서히 가열되는 것은 비열의 차이 때문이다. 비열에 의한 가장 현저한 현상으로는 해륙풍의 발생을 들 수 있다. 물은 육지보다 가열되는 속도가 늦지만 반대로 냉각되는 속도는 물이 육지보다 늦기 때문에 물과 육지 상공의 기온차로 인한 바람이 형성된다.

③ 현열(sensible heat): 일반적으로 온도계로 측정된 온도이다. 이 같은 현열은 측정하는 방법에 따라 섭씨, 화씨 그리고 켈빈 등이 있다.

④ 잠열(latent heat): 물질의 상위 상태(higher state)로 변화시키는 데 요구되는 열에너지이다. 반대로 상위 상태에서 하위 상태(state)로 변화될 때 동일한 에너지가 방출된다. 물질의 상태 변화는 [그림2-3]에서 보는 것과 같이 고체에서 액체로 그리고 다시 액체에서 기체로 변화하는 과정에서 열을 흡수하고 반대로 기체에서 액체로 그리고 고체로 변하는 데는 열에너지를 방출한다. 공기가 상승하면서 구름 속에서는 활발한 상태의 변화를 일으키는 데 기체 상태의 수증기가 응축되면서 열을 방출하게 되고 주변 기온과의 차이를 발생시켜 지속적인 상승 작용을 유지할 수 있는 에너지로 작용한다.

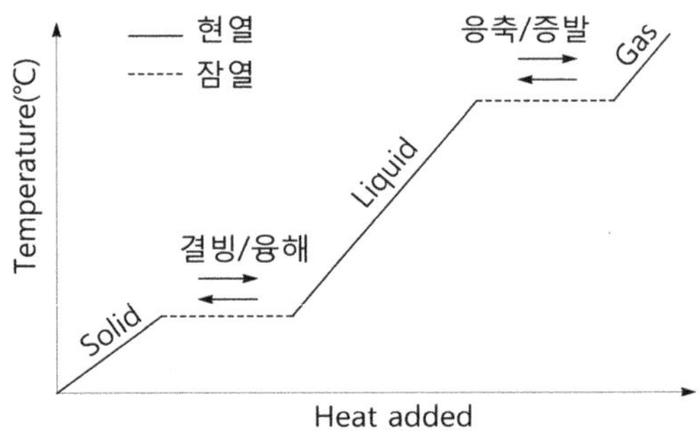

[주51] 기온에 영향을 주는 요인; 해륙분포, 해발고도, 구름의 양, 위도, 해류

2.1.2 기온의 정의

태양열을 받는 모든 물질은 가열된다. 공기도 예외 없이 가열되면서 온도의 변화를 초래한다. 공기 온도를 기온이라 한다. 지구는 태양으로부터 태양 복사(solar radiation) 형태의 에너지를 받는다. 이 복사에너지 중 지구와 대류권에서 대략 55%가 반사되고 약 45%의 복사에너지를 열(heat)로 전환하여 흡수한다. 흡수된 복사열에 의한 대기의 열을 기온(air temperature)이라 하고 대기 변화의 중요한 매체가 된다.

2.1.3 기온의 단위

기온의 단위(scales)는 국가별 또는 사용 용도에 따라 다른 단위가 사용되고 있지만, 국제적으로는 섭씨(Celsius; ℃)를 활용할 것을 권장하고 있다. 아직도 미국을 포함한 여러 국가에서 화씨(Fahrenheit; °F)를 사용하고 있지만, 점차 섭씨 단위를 적용하고 있다.

(1) 섭씨(Celsius; ℃)와 화씨(Fahrenheit; °F)

섭씨는 표준대기압에서 순수한(pure) 얼음의 빙점(어는 온도)을 0℃로 하고 비등점(끓는 온도)을 100℃로 한다. 절대영도는 -273℃이다. 화씨는 표준대기압에서 순수한(pure) 얼음의 빙점(freezing point)을 32°F로 하고 비등점(boiling point)을 212°F로 표시한다. 절대영도는 -460°F이다.

(2) 켈빈(Kelvin)

켈빈 단위는 주로 과학자들이 사용하는 것으로 절대영도부터 시작된다. 따라서 얼음의 빙점(freezing point)을 273K로 하고 비등점(boiling point)을 373K로 표시한다. 절대영도는 0K이다.

단 위	비등점	빙 점	절대온도
섭씨	100	0	-273
화씨	212	32	-460
켈빈	373	273	0

2.1.4 기온 측정

지표면 기온(surface air temperature)은 지상으로부터 약 1.5m(5 feet) 높이에 설치된 표준 기온 측정기구인 백엽상에서 측정한다. 백엽상은 [그림2-4]와 같이 직사광선을 피하고 통풍이 될 수 있도록 고려되어야 한다. 주로 항공에서 활용되고 있는 상층 기온(upper air temperature)은 기상 관측 기구(sounding balloons)를 띄워 직접 측정하거나 기상 관측 기구에 라디오미터(radiometer)를 설치하여 원격 조정으로 상층부 기온을 측정한다. 항공기에는 외부 기온을 측정할 수 있도록 기온 탐침(temperature probe)을 설치하여 측정한다. 이때 지시하는 기온을 지시 기온(indicated air temperature; IAT)이라 하고 이는 마찰과 압축(compression)에 의한 기온 변화를 반영하지 않은 것으로 이를 수정한 기온을 외기기온(outside air temperature; OAT)이라 한다.

[주52] 잠열(숨은열); 잠열은 뇌우, 태풍, 폭풍의 주요 에너지원이다.

- *증발(융해)잠열: 증발-냉각과정-흡수*
- *응축(응고)잠열: 응축-승온과정-방출*

[주53] 기온의 일교차; 일일 최고기온과 최저기온의 차이를 의미하고 사막 지역에서 일교차는 크고 습윤지역에서 일교차는 작다.

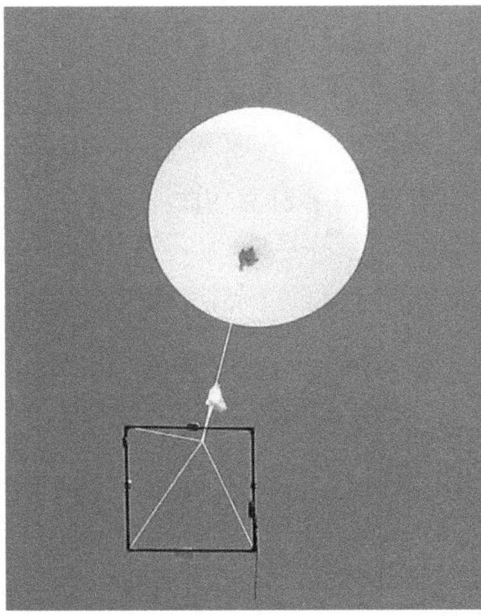

[주54] 일평균기온; 하루 중(24시간) 최고기온과 최저기온의 평균치
[주55] 연평균기온; 1년 동안 측정된 특정 기역의 평균 기온
[주56] 화씨온도 환산; ℉=(1.8×℃)+32
[주57] 켈빈온도 환산; K=℃+273

2.1.5 기온 변화

(1) 일일 변화(diurnal variation)

일일 변화란 밤낮의 기온차를 의미하며 주원인은 지구의 일일 자전(daily rotation) 현상 때문이다. 지구는 24시간을 주기로 정확하게 한 바퀴씩 회전한다. [그림2-5, 7]과 같이 태양을 마주하는 쪽(일식평면)은 주간(daylight)이고 반대쪽은 야간(night)이다. 주간에는 태양열을 많이 받아 기온이 상승하고 밤이 되면 태양열을 받지 못하므로 기온이 떨어져 기온 변화의 요인이다. 주간에 지구는 태양 복사(solar radiation)로부터 열을 받지만, 한편으로는 지형 복사(terrestrial radiation)로 인해서 계속 열을 상실하고, 가열과 냉각은 태양과 지형 복사의 불균형에 달려 있다. 이는 주간에는 태양 복사가 지형 복사를 초과하기 때문에 지구는 가열되고 반대로 야간에는 태양 복사는 중지되나 지형 복사는 계속되기 때문에 지구는 냉각된다.

냉각은 일출 후에도 계속되어 태양 복사가 다시 지형 복사를 초과할 때까지 계속되기 때문에 최저기온은 일출 직후 때로는 한 시간 후에 발생한다. 기온의 변화는 계절적 요인과도 밀접한 관련이 있다. 우리나라를 포함한 중위도 지방에서 낮의 길이가 가장 긴 하지와 낮의

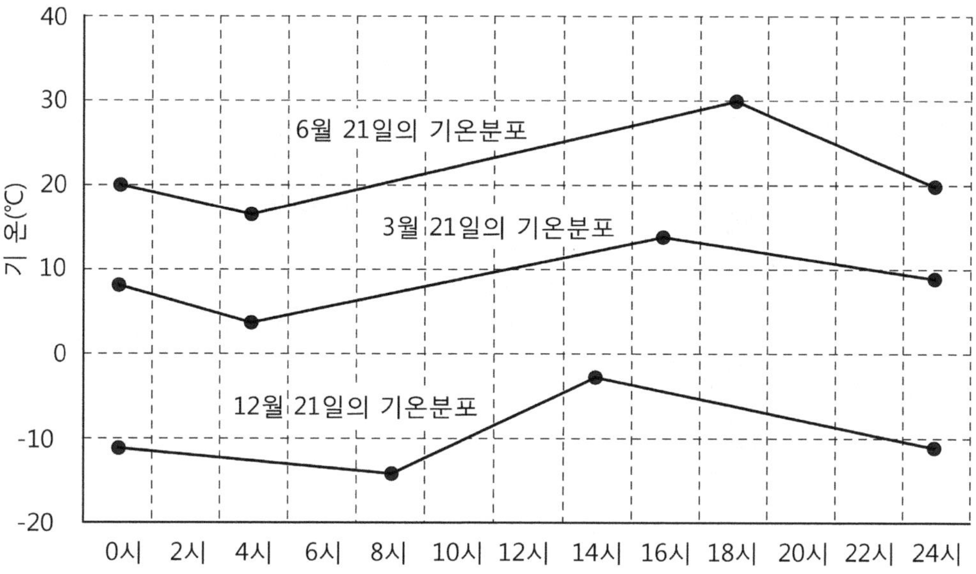

길이가 가장 짧은 동짓날의 기온은 상당한 차이가 있으며 일일 지표면 흡수와 열 발생을 위한 가용한 순 복사의 양에 달려 있다. [그림2-6]의 그래프를 분석해 보았을 때 12월과 6월의 상대적인 기온 차이가 확연함을 발견할 수 있다. 모든 기온 변화 곡선에서 알 수 있듯이 최저 기온은 일출(sunrise)에 발생한다. 일일 기온이 최고점에 도달한 후 계속해서 떨어지기 시작한다. 이 같은 기온 강하의 주원인은 다음과 같다.

첫째, 일몰(sunset) 후부터 지표면에서 지구 복사의 균형이 음성으로 변화하기 시작한다. 이로 인하여 지표면은 태양 복사(solar radiation)를 더 흡수할 수 없으므로 지표면은 더 이상 가열되지 않는다.

둘째, 지표면의 가열된 공기는 전도(conduction)와 대류(convection) 현상으로 위로 올라가면서 지표면은 찬 공기로 대치된다.

이 같은 이유로 기온은 계속 떨어져 일출 시점에서 최저가 된 후 순 복사 총량이 양성으로 전환되면서 기온은 다시 상승하기 시작한다. 그래프에서 보는 것과 같이 기온은 일출 후 지속적으로 상승하여 정오(at noon)를 지난 후까지 상승한다. 그러나 이 시점이 지난 후 기온은 점진적으로 떨어지기 시작하는 데 이는 비록 순 복사(net radiation) 총량이 양성이라 할지라도 지표면에서 발생하는 대류 현상으로 혼합된 공기가 지표면을 냉각시키는 작용을 하기 때문이다.

[주58] 복사의 형태; 태양은 단파 복사지만 지구는 장파의 복사 형태이다.

- *주간(승온 요인): 태양복사>지형복사*
- *야간(냉각 요인): 태양복사 중지, 지형복사 계속*

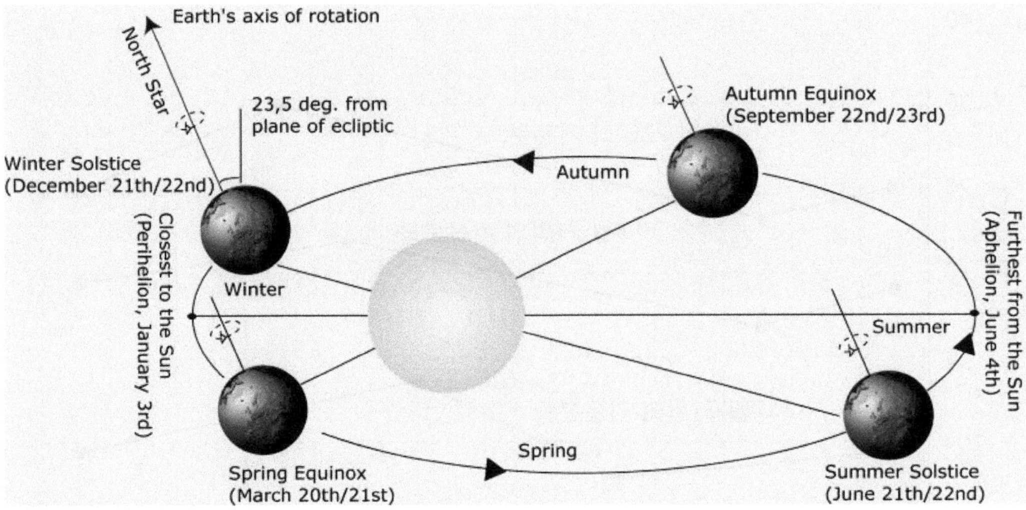

-

(2) 계절적 변화(seasonal variation)

일일 변화와 같이 지구는 1년 주기로 [그림2-7]과 같이 태양 주위를 회전하는 공전으로 인하여 태양으로부터 받아들이는 태양 복사열의 변화에 따라 기온이 변화하는 또 하나의 주원인이 된다. 태양과 지구의 상대적인 위치에 따라서 태양 복사 총량의 강도가 연중 다르기 때문에 계절적 기온 변화의 요인이 된다. 복사 총량이 변할 수 있는 것은 주로 낮의 길이(day length)와 입사각(angle of incidence)에 따른 태양 복사 총량의 강도(intensity)와 지속시간(duration)의 변화로 인해서 조절된다. 예를 들어 태양이 낮의 길이가 길고 입사각이 수평에 가깝게 위치하는 한여름과 상대적으로 낮의 길이가 짧고 태양이 수평으로부터 멀어지는 한겨울을 비교했을 때 태양 복사 총량(net radiation)의 강도와 지속시간에는 상당한 차이가 발생한다는 것을 알 수 있다. 지축은 [그림2-7]과 같이 궤도 판에 기울어 있으므로 태양 복사(solar radiation)를 받아들이는 각도가 계절에 따라 변한다. 지표면이 태양에 더 많이 노출될 수 있는 각도에 있을 때 더 많은 태양 복사를 받아들이고 이는 사계절을 형성하는 요인이 된다.

[주59] 복사에너지; 절대영도 이상의 온도를 갖는 모든 물체에서 방출되는 에너지. 태양, 지구, 공기, 나무 등은 복사에너지를 방출한다.

- *복사에너지의 파장은 물체 온도에 반비례한다.*
- *온도가 높은 물체는 온도가 낮은 물체보다 큰 복사에너지를 방출한다.*

(3) 위도(latitude)에 의한 변화

지구의 형태는 구면체로 되어 있으므로 태양 복사를 받아들이는 각도에 따라 기온의 변화를 일으킨다. 따라서 적도 지방은 극지방보다 상대적으로 많은 복사에너지를 받아들여 더욱 가열되고 극지방은 상대적으로 적은 양의 복사에너지에 의해 기온 변화의 요인이 된다. 태양 복사는 마치 플래시(flash)를 공과같이 둥그런 물체에 비추었을 때 불빛을 가장 강하게 받는 곳은 불빛과 수직을 이루고 있는 면이 될 것이다. 이처럼 지구도 [그림2-8]과 같이 경사져 있는 상태에서 가장 많은 태양 복사를 받는 지역은 적도 지역을 중심으로 한 열대 지역(tropical regions)이 될 것이고, 북반구보다 남반구는 더욱더 경사진 각으로 태양 복사를 받아들이고 있으므로 계절적으로 겨울이 되고 북반구는 여름이 된다. 이처럼 위도에 따라 태양 복사를 받아들이는 각도를 태양 입사각(angle of incidence)이라 한다. 태양 입사각이 클수록 지표면의 좁은 면적에 많은 양의 태양 복사가 집중된다. 실제로 북위 23.5°와 남위 23.5° 사이에 연중 두 차례 태양 입사각이 90°에 도달한다.

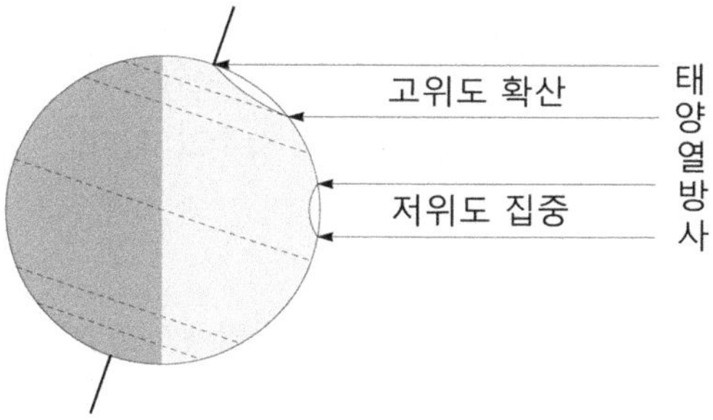

(4) 지형에 따른 변화

지표면은 약 70%의 물과 30%의 육지로 구성되어 있다. 동일 지역의 태양 복사열이라 할지라도 지형의 종류에 따라 기온 변화의 요인이 된다. 태양 알베도의 분포에서 지표면에 흡수되는 복사 총량은 약 51%이고 약 4% 정도는 반사된다. 여기서 태양 복사에너지를 반사(reflection) 및 흡수(absorption)할 수 있는 차이가 존재하고 이로 인한 기온 변화의 한 요인이 된다.

① 물과 육지

물은 육지에 비해서 기온 변화가 그리 크지 않다. 이는 [그림2-9]와 같은 각 물질의 비열 차이 때문으로 물의 비열이 1.00일 때 공기는 0.24 그리고 모래나 흙의 비열은 0.19 정도가 된다. 따라서 물과 육지의 비열은 약 4~5배 정도의 차이가 있다는 것을 의미한다. 깊고 넓은 수면은 육지보다 기온 변화가 심하지 않은 이유이다. 내륙에서는 거대한 호수 상공과 인접한 육지 상공의 기온이 다르게 나

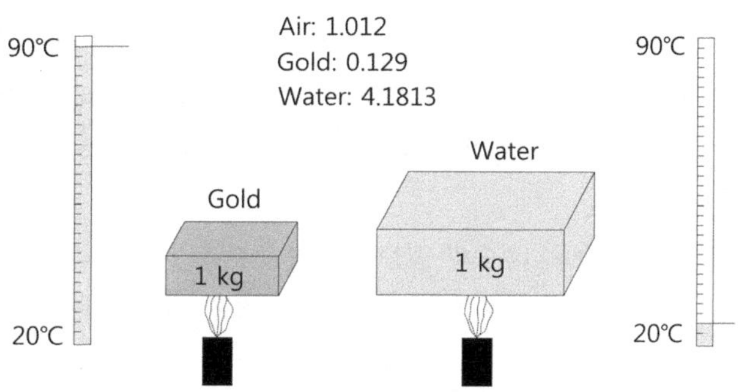

타날 수 있는 것은 이 같은 이유 때문이다. 호수, 큰 강 또는 댐이 있는 지역에서 기온의 변화는 국지적으로 기압의 변화를 초래하여 산들바람(breeze)이 발생하고 아침저녁으로 안개가 잘 발생할 수 있는 조건을 갖추고 있다.

② 사막 또는 불모지

사막이나 불모지와 같은 지역에서는 기온의 변화가 매우 크다. 이들 지역에서는 기온을 조절해 줄 수 있는 최소한의 수분(moisture)이 부족하므로 상당한 기온차가 발생한다. 이들 지표면은 열을 보존할 수 있는 능력이 현저히 떨어져 태양 복사열을 받는 주간에 기온은 높지만 해가 지면서 지표면은 빠르게 냉각되어 기온이 급강하한다. 지표면을 구성하는 물질 중 모래의 반사율은 약 35~45%로 매우 높다. 이는 지표면에서 열을 흡수할 수 있는 능력이 그만큼 떨어진다는 것을 의미한다.

③ 눈 덮인 지형

고위도 지방이라든지 국내의 겨울철에 내리는 눈은 대지를 하얗게 변화시킨다. 쌓인 눈의 두께에 따라 다르겠지만 이 지역에서도 기온의 변화는 심하지 않다. 쌓인 눈은 태양 복사열의 약 95% 정도를 반사하기 때문에 태양 복사열이 지표면을 가열시킬 수 있는 열에너지로 전환하기가 매우 어렵다는 것을 의미한다.

④ 초목 지형

대부분의 초록 식물(green vegetable)로 이루어진 지형에서는 동식물의 생존에 필요한 충분한 물과 수분이 존재한다. 활엽수나 침엽수 등은 반사율이 비교적 낮으므로 태양 복사열을 흡수할 수 있는 능력이 높고 대기의 수분은 지속적인 대류와 이류 등의 작용으로 활발히 열교환(heat exchange)이 수행되기 때문에 이들 지역에서 기온의 변화는 비교적 작다.

(5) 고도에 따른 변화

무더운 여름날 산에 오르면 시원함을 느낄 수 있듯이 고도가 상승함에 따라 일정 비율로 기온이 감소한다. 표준대기 조건에서 기온감률은 1,000피트당 평균 2℃(3.5°F)이고 이를 기온감률(temperature lapse rate)이라 했다. 그러나 이것은 평균치를 의미하는 것이고 정확한 기온감률을 산출하기는 어렵다. 때로는 고도가 증가함에 따라 기온이 증가하는 현상이 발생할 수 있다.

[주60] 용승류; 해수의 심층수가 표층수로 솟아 올라와 층간의 해수가 혼합되는 현상으로 해수의 온도 분산과 영양분을 공급하는 중요한 역할을 한다.

2.1.6 기온감률

기온감률(temperature lapse rate)이란 고도가 증가함에 따라 기온이 감소하는 비율이다. 앞의 과제에서 고도가 높아짐에 따라 기온은 감소한다는 사실에 대해서 학습하였다. 일상생활에서도 이 같은 기온감률을 경험할 수 있는 데 등산 중에 산 정상으로 올라갈수록 기온이

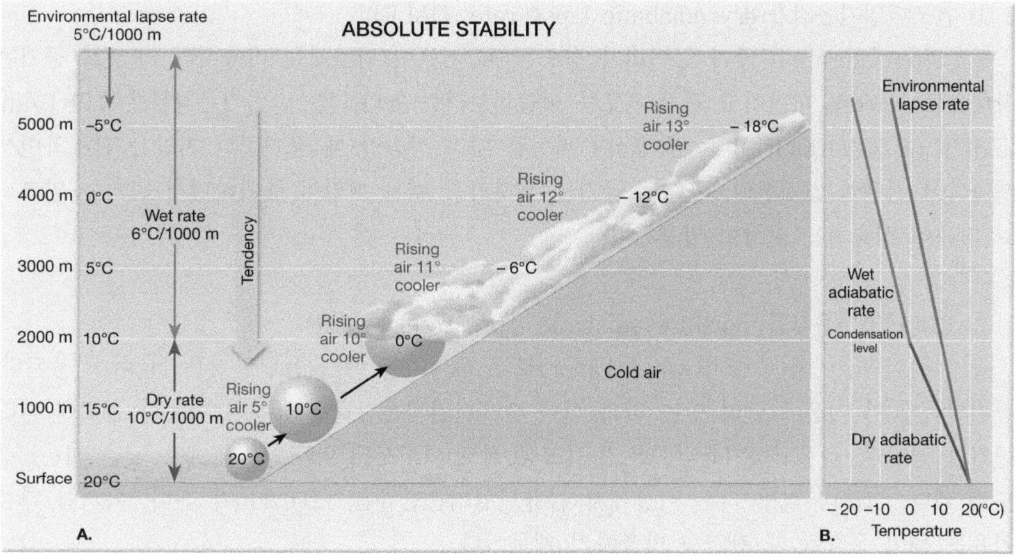

떨어지는 것은 기온감률의 한 현상이다. 기온감률에는 다음과 같이 2가지 형태로 구분해 볼 수 있다.

(1) 환경기온감률(environmental lapse rate; ELR)

대기의 변화가 거의 없는 특정 시간과 장소에서 고도의 증가에 따른 실제 기온의 감소 비율을 나타낸다. 일반적으로 항공기의 고도가 증가함에 따라 기온이 감소하는 비율에 적용된다. 예를 들어 서울-제주 노선을 비행하는 항공기의 순항 고도가 약 30,000피트로 비행한다고 했을 때 지표면의 기온이 0℃라면 고도 30,000피트에서는 약 -60℃ 정도로 감소한다는 것을 의미한다. 이 때문에 고고도에서 운항하는 항공기는 상당히 낮은 기온에 노출될 수 있다는 점이 고려되어야 한다. 이 같은 저온에 노출되었을 때 연료의 결빙이라든지 항공용으로 사용되는 산소 등에 함유된 약간의 수분이라 할지라도 운항 중에 결빙되어 치명적 사고의 원인이 될 수 있다. ICAO에서 규정한 환경기온감률은 해수면에서 11km까지 평균기온감률은 6.5℃/km(3.57°F or 1.99℃/1000ft)이다. [그림2-10]

(2) 단열기온감률(adiabatic lapse rate)

단열기온감률이란 공기가 외부로부터 열을 얻거나 상실(gain or loss)함이 없는 상태에서의 기온감률이다. 이 같은 단열기온감률은 공기의 포화 및 불포화 상태에 따라 건조단열기온감률과 습윤단열기온감률의 종류가 있다. 건조단열기온감률은 공기군의 지형적 상승에 따른 구름을 형성하는 요인으로 작용한다.

① 건조단열기온감률(dry adiabatic lapse rate; DALR)

불포화(unsaturated) 공기 덩어리가 상승할 때 기온이 감소하는 비율이다. 불포화 공기는 상대습도가 100% 미만이고 공기 온도는 이슬점보다는 높다. 건조단열기온감률은 9.78℃/km (5.37°F or 3℃/1000ft)이다. 공기군이 지형을 따라 상승할 때 공기군의 기압은 감소하면서 팽창되어 기온이 감소한다. 반대로 공기군이 하강할 때는 기압이 증가하면서 공기는 압축되고 기온이 상승하는 현상이 발생한다.

② 습윤단열기온감률(moisture adiabatic lapse rate; MALR)

공기가 이슬점에서 수증기(water vapor)로 포화되었을 때 습윤단열기온감률이 적용된다. 공기의 습도가 기온에 달려 있는 것과 같이 습윤단열기온감률은 공기가 함유한 습도에 따라 변화가 심하다. 습윤단열기온감률은 3℃(고온 상태)에서부터 9.78℃/km(매우 낮은 기온) 정도가 된다. 그러나 결빙 기온 이상에서 습윤단열기온감률은 4.9℃/km가 된다. 이처럼 다른 이유는 물이 응축될 때 잠열을 방출하기 때문이다.

[주61] 기온감률의 차이; 건조기온감률이 습윤기온감률보다 큰 이유는 포화 공기의 응축열에 의한 현상이다.

2.1.7 기온역전

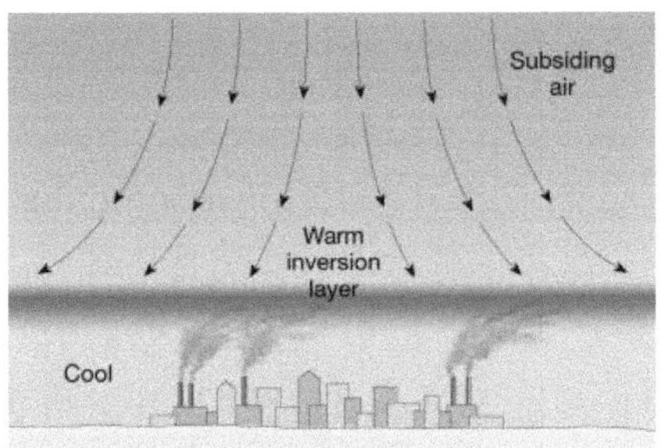

대기의 기온은 고도가 증가함에 따라 1,000피트당 평균 2℃(6.5℃/km)씩 감소한다. 그러나 어느 지역이나 일정하게 기온이 감소하는 것은 아니며 특정 지역에서는 고도의 상승에 따라 기온이 상승하는 현상이 발생한다. 이처럼 고도의 증가에 따라 기온이 상승하는 현상을 기온역전(temperature inversion)이라 한다. 역전 현상은 지표면 근처에서 미풍(light wind)이 있는 맑고 서늘한 밤에 자주 형성된다. [그림 2-11, 12]와 같이 역전 현상이 지표면 근처에서 형성되는 지표면 역전(surface inversion)과 때로는 상층부의 따뜻한 공기가 찬 공기 위로 상승함으로써 지표면 근처에서는 정상적인 기온감률이 적용되나 일정 고도에 도달하여 역전 현상이 발생하는 현상을 상층 역전(inversion aloft)이라 한다.

2.2 습 도

2.2.1 개 요

대기의 구성 물질을 분석했을 때 수증기(water vapor)는 대기 중에 대략 0~4%에 불과하

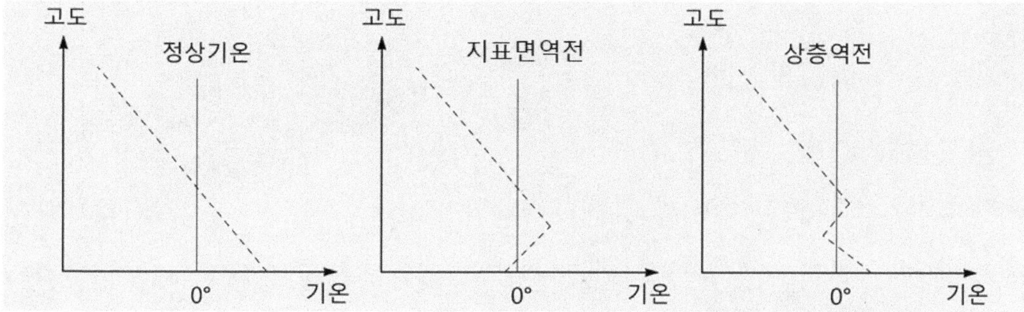

지만 [그림2-13]과 같이 다양한 형태의 물방울과 강수의 구성 요소로서 매우 중요한 역할을 하는 기체이다. 지구를 둘러싸고 있는 공기는 눈에 보이지 않는 형태의 수증기(water vapor)를 포함하고 있으며, 습도(humidity)는 대기 중에 함유된 수증기의 양을 나타내는 척도이다.

일반적으로 한여름 특히 장마철이나 우기와 조화된 대기 조건일 때 습도는 매우 높다. 습도가 높으면 몸이 끈적끈적하고 불쾌감을 느낀다. 반대로 대기 중에 수증기량이 적다면 건조(dry)하고 습도는 낮다고 할 수 있다. 그렇다면 공기가 함유할 수 있는 수증기의 양을 결정하는 요인은 무엇인가? 대기 중의 수증기의 양을 결정하는 요소들은 앞 과제에서 학습한 물의 순환 과정과 밀접한 관계가 있다. 활발한 증발(evaporation)은 대기에 많은 수증기의 존재를 가능하게 한다. 이 같은 증발이 활발하게 이루어지기 위해서는 기온(temperature)에 달려 있다.

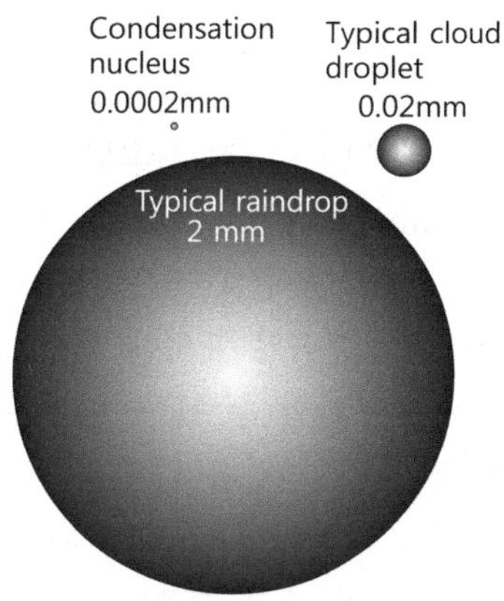

기온이 높을수록 공기가 함유할 수 있는 수증기의 양은 증가한다. 대부분의 수증기가 해양(oceans)에서 공급된다는 점을 고려했을 때 물의 증발 현상을 이해한다면 대기의 습도를 이해하는 데 한결 쉬울 것이다. 냄비의 뚜껑을 덮지 않고 서서히 열을 가하면 물의 표면에서 하얀 증기(steam)가 올라오는 것을 관찰할 수 있다. 물이 더욱 가열될수록 증발은 활발하게 진행된다. 이때 물의 표면을 주의 깊게 관찰했을 때 온도가 높아질수록 격렬하게 운동하면서 물의 양이 급격히 줄어드는 것을 관찰할 수 있다. 만약 뚜껑을 덮었다면 어떠한 현상이 발생할까? 여기서 증발한 증기는 내부에서 증기 분자끼리 충돌하거나 병합 과정을 거쳐 다시 액체로 되돌아오게 될 것이다. 잠시 후 뚜껑을 열어보면 뚜껑 표면에 많은 물방울이 형성되어 있는 것을 관찰할 수 있다. 이는 증발한 증기가 찬 뚜껑 표면에 접촉되면서 [그림2-14]와 같이 응축(condensation)된 것이다. 이를 분석했을 때 물에서 증발한 수증기가 다시 응축되어 액체로 되돌아온 상태가 된다. 이처럼 냄비 외부로 이탈한 수증기가 없다면 증발한 수증기의 양과 응축되어 액체로 되돌아온 양은 같

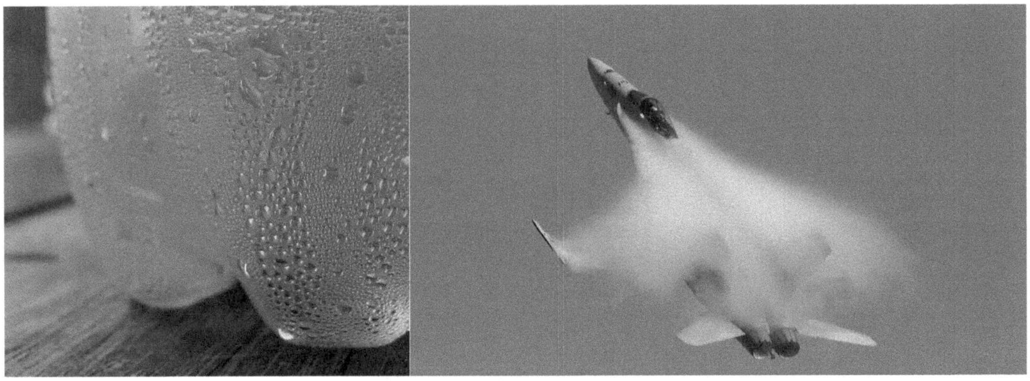

-

아야 하지만 뚜껑을 열었을 때 수증기는 대기 속으로 확산하면서 증발률이 크게 증가한다. 이 실험에서 알 수 있듯이 온도(기온)가 높을수록 증발률이 높다는 것을 알 수 있다. 한반도 주변의 한여름 기온이 높을 때 해양에서 많은 수증기가 공급될 수 있는 동력원으로 작용할 수 있다. 이들 수증기가 상승하면서 냉각되어 구름방울(cloud droplets)이 형성되고 바람은 이들 구름방울을 이동시킨다.

[주62] 수증기 분포; 열대지방: 4%, 극지방: 1%

2.2.2 상대습도

습도(humidity)란 대기 중의 수증기의 양을 나타내는 척도라 정의했다. 습도의 개념을 이해하는 데 단순히 습도라고만 했을 때 단위 체적 당 수증기의 질량으로 볼 수 있으며 이를 절대습도(absolute humidity)라 할 수 있다. 그렇다면 상대습도(relative humidity)는 무엇인가? 상대습도는 현재 기온에서 최대 가용한 수증기에 대비해서 실제 공기 중에 존재하는 수증기량을 백분율로 표시한 것으로 절대습도와 혼동해서는 안 된다. 기온은 대기 중의 공기가 수증기를 포함할 수 있는 최대치를 결정하는 주요인이다. [그림2-15]의 위 그림은 특정 기온에서의 수증기량을 나타내는 그림으로 기온이 높을수록 더 많은 양의 수증기를 포함할 수 있다.

또한, 공기 중의 수증기량은 상대습도가 100%가 되었을 때를 포화 상태(saturated)라 하고 100% 이하의 상태를 불포화(unsaturated) 상태 그리고 그 이상이 되었을 때 과포화(supersaturated) 상태라 한다. [그림2-15]의 아래 그림에서 수증기량은 일정하다. 그러나 기온에 따라 최대 가용 수증기량이 다르다. 예를 들어 기온이 13℃(55°F)에서 상대습도는 50%이고, 기온이 6.7℃(44°F)일 때 상대습도는 75%로 증가하고 있다. 기온이 2℃(35°F)가 되었을 때 공기 중의 최대 가용 수증기량과 실제 수증기량이 일치할 때 상대습도를 100%라 한다. 기온이 2℃(35°F)일 때 포화 상태라 하고 이슬점 기온과 일치함을 알 수 있다. 이 점의 기온에 따라 수증기(water vapor)는 안개, 구름방울, 강수, 또는 빙정(ice crystal)과 같은 가

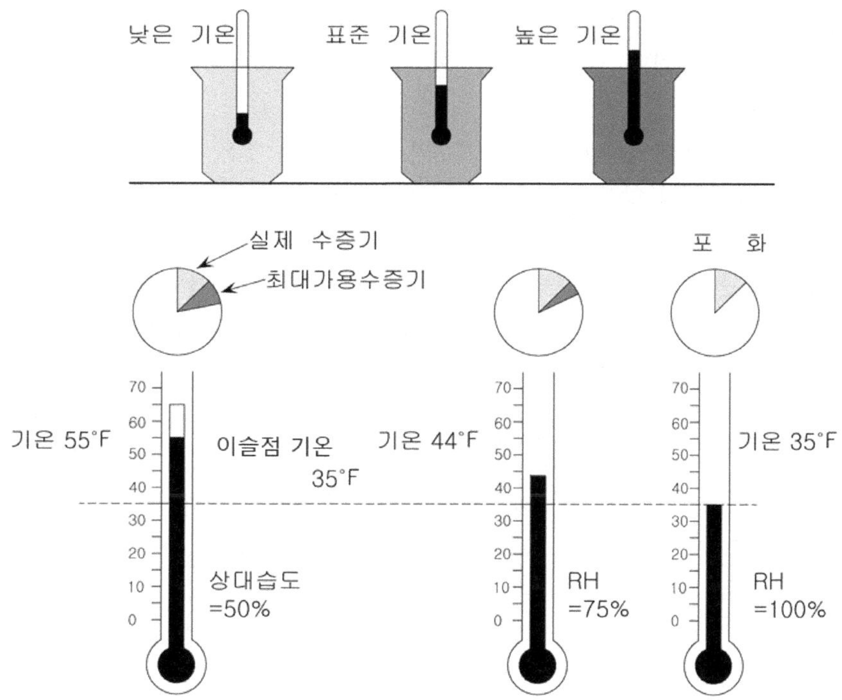

시적(visible) 상태로 변한다.

[주63] 습도와 땀; 고온다습한 한여름 상대습도가 100%가 되었을 때 포화 상태가 되고 몸에서 발생한 땀의 증발이 없어 끈적끈적한 불쾌감을 느낀다.

[주64] 절대습도; 부피 $1m^3$의 공기가 함유한 수증기의 양

(1) 수증기압

상대습도를 결정하는 데 수증기압(vapor pressure)이 활용되기도 하는데 이는 대기 중에 존재하는 수증기압과 수증기 분자수의 양이 비례하기 때문으로 수증기압이 증가하면 수증기 분자의 수도 증가한다는 것을 의미한다. 수증기압은 무엇인가? 대기를 구성하고 있는 물질 총량의 질량을 무게로 나타낸 것이 기압이다. 이해하기 쉽게 특정 지역의 기압이 1,000mb라고 가정했을 때 공기를 구성하고 있는 각 물질로 분배된 압력의 총량과 같다. 예를 들어 질소(78%), 산소(21%) 그리고 수증

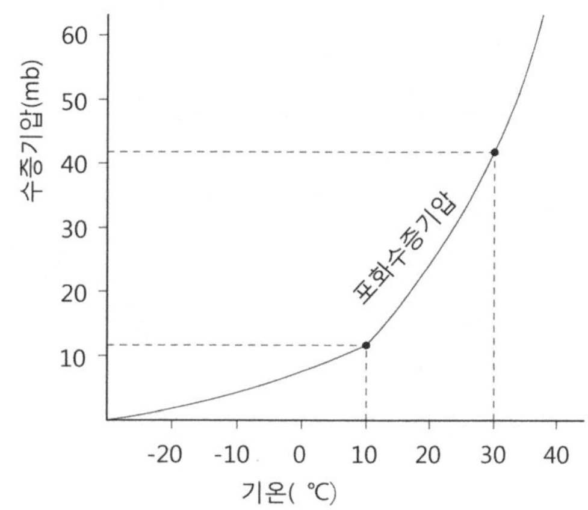

기가 1%라고 했을 때 각 물질의 분압은 질소 780mb, 산소 210mb 그리고 수증기 10mb로 구성된다고 가정할 수 있다. 여기서 10mb의 압력을 실제수증기압(actual vapor pressure)이라고 한다.

동일 조건에서 제한된 공간에 공기 분자수가 증가한다는 것은 공기 전체의 압력이 증가하는 것이므로 총 수증기의 양도 비례하여 증가한다는 사실을 바탕으로 수증기압은 대기 중의 수증기의 양을 측정할 수 있는 단위로 활용된다. 상대습도를 결정하기 위해서는 주어진 기온에서 공기가 포화하는 데 필요한 수증기 분자의 압력이 필요하고 이를 포화수증기압(saturation vapor pressure)이라고 한다. 포화수증기압은 특정 지역의 기온에 달려 있다. 온도가 높다는 것은 공기를 포화시키는 데 필요한 더 많은 수증기량이 존재해야 한다는 것을 의미이고 더 많은 수증기량의 존재는 수증기압을 증가시킨다. 결론적으로 포화수증기압은 기온에 따라 증가한다. [그림2-16]의 그래프에서 보는 것과 같이 기온이 10℃일 때 포화수증기압은 약 12mb 정도이지만 30℃에서는 약 42mb로 급증한 것을 알 수 있다.

구 분	열대 사막	한대 사막
비습	높음	낮음
상대습도	낮음	높음
수증기 수용량	큼	작음
포화수증기량	많음	적음

(2) 상대습도의 변화 요인

상대습도를 변화시킬 수 있는 두 요인은 수증기량(amount of water vapor)과 기온이다. 먼저 동일한 기온 조건이라고 가정했을 때 수증기량의 유입이 증가하면 실제 수증기압(actual vapor pressure)과 상대습도는 증가한다. 반대로 동일 조건에서 수증기가 빠져나간다면 상대습도는 감소한다. 대기에 수증기량이 증가할 수 있는 요인은 해양에서 발달한 수증기가 바람을 타고 유입될 때 수증기량은 상대적으로 증가한다. 다음은 기온과 상대습도의 관계로 앞서 언급한 것과 같이 기온이 증가하면 포화수증기압(saturated vapor pressure)도 증가하여 공기의 수증기 수용량을 증가시킨다. 이 같은 조건에서 실제 수증기량의 변화가 없다고 가정한다면 기온이 증가하면 상대습도는 감소한다. 반대로 기온이 감소하면 상대습도는 증가한다.

[주65] 머리카락과 습도; 머리카락은 습도의 변화에 매우 민감하다. 습도가 높으면 늘어나고 습도가 낮으면 줄어드는 성질을 이용하여 모발 습도계로 활용된다.

[주66] 대기의 수증기량 측정; 상대습도, 절대습도, 비습, 이슬점

[주67] 비습과 상대습도; 상대습도가 기온을 고려한 지표라면 비습은 기온을 무시한 지표로 습윤공기 1kg에 함유된 수증기의 양(g)이다.

2.2.3 이슬점 기온

이슬점 기온(dew point temperature)이란 불포화 상태의 공기가 냉각되어 현재 공기 중의 수증기에 의해 포화 상태가 되는 기온이다. 이것은 상대습도가 100%에 도달하는 기온으

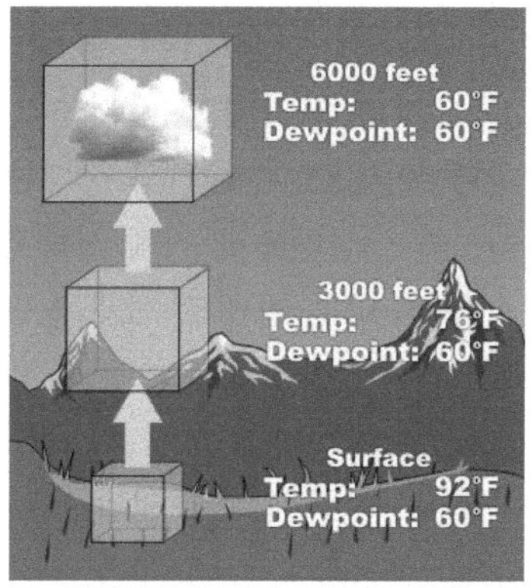

로 과도한 수증기가 물방울(water droplets)과 같이 응축되는 온도이다. 상대습도는 기온과 수증기량에 따라 달라지며 [그림2-15]의 왼쪽 그림과 같이 상대습도는 50%이면서 기온은 13℃(55°F)의 불포화 상태이다. 기온이 44°F(6.7℃)로 냉각되면서 상대습도는 75%의 불포화(unsaturated) 상태가 계속되고 있다. 이는 현재의 기온에 비해서 더 많은 수증기를 함유할 수 있다. 오른쪽의 그림은 기온이 2℃(35°F)로 냉각되면서 상대습도는 100%가 되어 포화 상태(saturated)가 되었는데 이때 기온을 이슬점 기온(dew point temperature)이라 한다. 공기 기온과 이슬점 기온의 차이를 기온과 이슬점 분포(temperature and dew point spread)라 한다. [그림2-15]의 왼쪽 그림은 기온과 이슬점 기온의 분포가 크지만, 오른쪽 그림은 기온과 이슬점 기온이 일치하고 있음을 보여주고 있다. 이는 기온 및 이슬점 기온의 분포가 작아질수록 상대습도는 증가하고, 100%가 되었을 때 기온과 이슬점 기온은 일치한다. 이슬점 기온에서 공기는 포화 상태가 되고 상대습도는 100%가 되었다. 만약 기온이 이슬점 기온보다 더 냉각되었을 때 [그림2-17]과 같이 가시적 물방울(visible water droplets)로 응축된다. 이때 기온이 결빙 기온보다 높은 이슬점 기온까지 냉각된다면 수증기는 액체 상태의 물방울로 응축되고 이는 구름, 안개 또는 이슬과 같은 상태로 변한다. 반면에 기온이 결빙(freezing) 기온보다 낮은 이슬점 기온까지 냉각된다면 수증기는 빙정(ice crystals)으로 변한다. 일반적으로 기온과 이슬점 분포가 3℃(5°F) 또는 그 이하일 때 안개의 형성을 예측할 수 있다.

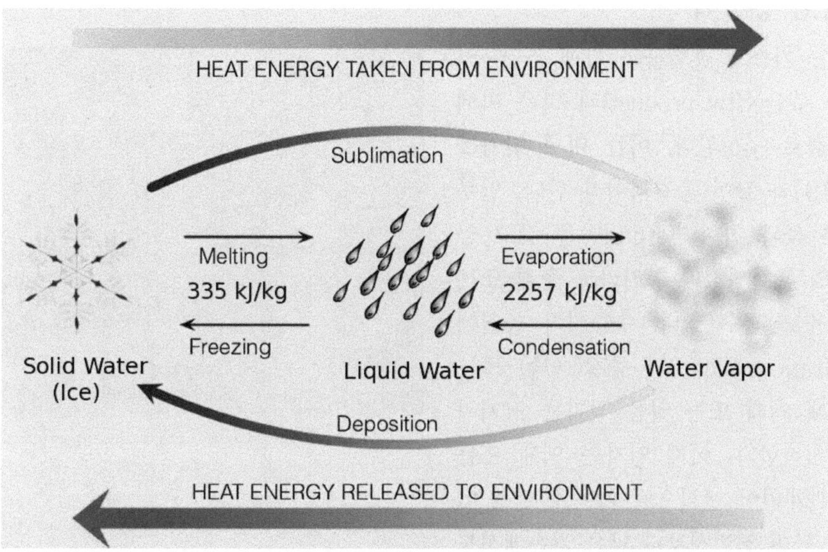

2.2.4 수증기의 상태 변화

대기 중의 수증기는 기온의 변화에 따라 고체(solid), 액체(liquid), 기체(gas)의 상태로 변한다. 이 같은 수증기의 상태는 외부의 기온이 변함에 따라 일련의 과정을 거쳐 상태가 변한다. 액체 상태에서 기체 상태로 변할 때는 [그림2-18]과 같이 액체의 증발(evaporation) 과정을 거친다. 반대로 기체 상태에서 액체로 변하기 위해서는 응축(condensation) 과정이 필요하다. 액체 상태에서 고체 상태로 변하기 위해서는 액체의 결빙(freezing) 과정이 필요하고 고체가 액체 상태로 변하기 위해서는 융해(melting)의 과정이 필요하다. 또한, 고체나 기체의 상태가 중간 과정인 액체의 상태를 거치지 않고 직접 기체나 고체의 상태로 변하는 과정을 승화(sublimation)라 한다.

[주68] 수증기와 증기(steam); 수증기는 무색무취의 기체이고 다른 기체와 쉽게 혼합된다. 물을 끓일 때 발생하는 "김 또는 증기"는 수증기가 냉각된 미세한 물방울로 이는 액체이다.

2.2.5 잠 열

물의 상태 변화는 온도의 변화 없는 열 교환을 포함한다. [그림2-3, 18]과 같이 고체(ice) 상태에서 액체(liquid)나 기체(gas) 상태로 변할 때 열에너지를 흡수(수용)한다. 반면에 기체 상태에서 액체 또는 고체 상태로 변할 때는 열에너지(heat energy)를 방출(발산)한다. 이 열에너지를 잠열(latent heat)이라 하고 상태 변화에 매우 중요한 요소이다. 수증기가 지닌 에너지 자체는 생산되거나 소멸하지 않고 단지 보이지 않는 수증기 속에 잠재되어 있다. 수증기가 응축되어 액체로 변하거나 승화되어 직접 고체 상태로 변할 때 원래의 에너지가 다시 열로 나타나고 이를 대기 중에 방출(승온 효과)된다.

2.2.6 응결핵

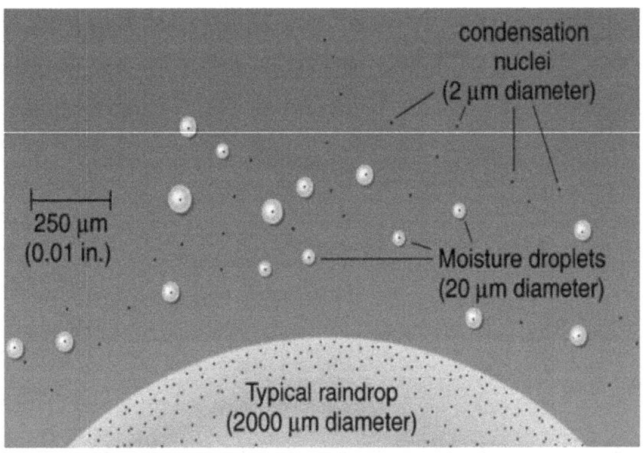

대기는 가스의 혼합물과 함께 소금, 먼지, 연소 부산물(by product)과 같은 미세한 입자들로 구성된다. 이들 미세 입자를 [그림2-19]와 같이 응결핵이라 한다. 일부 응결핵은 물과 친화력(affinity)을 갖고 공기가 거의 포화되었다 할지라도 응결 또는 승화를 유도할 수 있다. 수증기가 응결핵(condensation nuclei)과 응결(응축) 또는 승화할 때 액체 또는 얼음 입자는 크기가 커지기 시작한다. 이때 입자는 액체 또는 얼음과 관계없이 전적으로 기온에 달려 있다. 예를 들어 결빙점보다 낮은 기온에서도 액체 상태로 존재할 수 있다. 일반적으로 산업이 발달한 지역에서 안개가 잘 발달할 수 있는 것은 이 지역에 안개를 형성할 수 있는 풍부한 응결핵이 존재하기 때문이다.

2.2.7 과냉각수

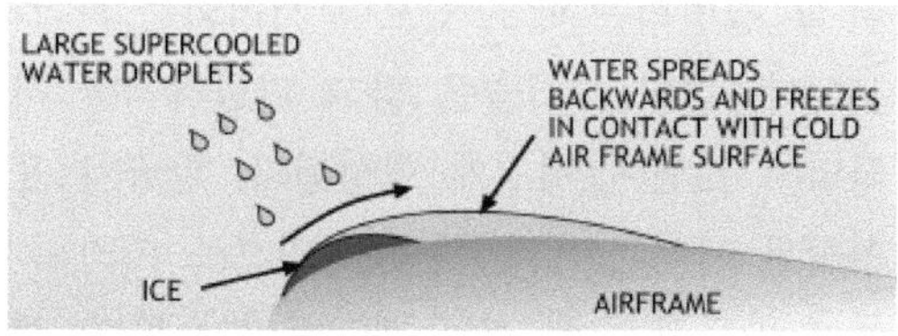

액체 물방울이 섭씨 0℃ 이하의 기온에서 응축되거나 액체 상태로 계속 남아 있는 물방울을 과냉각수(supercooled water)라 한다. 과냉각수가 노출된 표면에 부딪힐 때 충격으로 인하여 결빙될 수 있다. 이 같은 과냉각수는 [그림2-20]과 같은 항공기 착빙(icing) 현상을 초래하는 한 원인이다. 과냉각수는 0℃~-15℃ 사이 기온에서 구름 속에 풍부하게 존재한다. 일반적으로 -15℃ 이하의 기온에서는 승화 현상이 우세하다. 구름과 안개는 대부분 과냉각수를 포함한 빙정(ice crystals) 상태로 존재한다. 그러나 강한 수직 상승기류(updraft)는 과냉각수를 기온이 -15℃ 이하의 기온층 고도까지 끌어올린다.

[주69] 응결핵; 흙먼지와 같은 토양 입자, 소금 입자, 물보라, 암모니아, 화산재, 아황산가스 그리고 기타 오염물질

[주70] 응결 유효 기온; 응결핵의 수증기가 가장 잘 들러붙을 수 있는 기온

- *황사(-12~15℃)*
- *화산재; -13℃*
- *요오드화은; -4℃*

2.2.8 이슬과 서리

이슬(dew)은 바람이 없거나 미풍이 존재하는 맑은 야간에 복사 냉각으로 주변 공기의 이슬점 또는 그 이하까지 냉각될 때 형성된다. 이때 [그림2-21]과 같이 식물 잎사귀에 습기가 맺힌다. 이는 찬물을 담은 주전자를 따스한 곳에 놓았을 때 주전자 표면에 맺히는 습기와 같다. 서리(frost)도 이슬과 같은 현상으로 형성된다. 그러나 다른 점이 있다면 주변 공기의 이슬점(dew point)이 결빙 기온보다 낮아야 한다. 이때 수증기는 이슬처럼 응축되기보다 빙정

또는 서리로 직접 승화된다. 때로는 이슬이 형성된 후 결빙되는 때도 있으나 서리와는 확실히 구분된다. 결빙된 이슬은 맑고 단단하지만 서리는 하얗고 표면이 거칠게 형성된다. 항공기 표면에 형성된 서리는 비행 위험 요인으로 고려되기 때문에 반드시 비행 전에 제거되어야 한다. 서리는 에어포일의 모양(shape of airfoil)을 변형시키지 않지만, 표면을 거칠게 하여 날개 위를 흐르는 공기 흐름을 조기에 분산시켜 날개의 양력 발생 능력을 떨어뜨린다.

2.2.9 구름의 형성

공기 속에 함유된 수증기가 포화하기 위해서는 기온을 더욱 낮추거나 이슬점 기온이 상승하거나 이들 두 요소로 인해서 응축 또는 승화 과정을 거쳐 포화한다. 이 중 냉각이 더욱 뚜렷한 현상이다. 공기를 포화 상태로 냉각시키는 데는 다음과 같은 과정이 있다.

① 공기가 더욱 냉각된 표면으로 이동하거나
② 정체된 공기 하단에서 냉각 중인 표면
③ 상승 중인 공기 속에서 팽창적 냉각

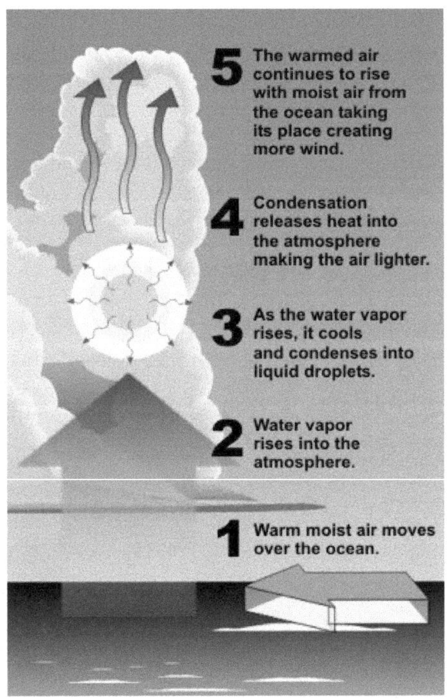

이 과정에서 팽창적 냉각(expansional cooling-adiabatic cooling)이 구름을 형성하는 주원인으로 작용한다. 구름은 공기 중에 떠 있는 미세한 구름 방울 또는 얼음 입자의 가시적(visible) 집합체이다. 구름이 형성되기 위해서는 대기 속에 풍부한 수증기, 응결핵 그리고 냉각 작용이 있어야 한다. 구름이 지면에 형성될 때 안개(fog)가 된다. 공기가 안정된(stable air) 상태라면 구름은 안개 또는 평평한 모양으로 형성되고, 공기의 수직 이동이 존재한다면 구름 역시 수직으로 높게 형성된다.

[주71] 에어포일(airfoil); 공기의 반작용으로 양력을 얻을 수 있도록 고안된 것으로 비행기의 날개, 헬리콥터의 블레이드, 각종 안정판 등은 모두 에어포일의 한 종류이다.

[주72] 구름과 지구 에너지; 구름은 태양 에너지를 반사 및 산란 그리고 지구의 적외선 에너지를 흡수하여 지구 에너지의 균형을 유지한다.

제3장 대기압

3.1 대기압

3.1.1 개 요

대기압(atmospheric pressure)이란 [그림3-1]과 같이 물체 위의 공기에 작용하는 단위 면적(per unit area)당 공기의 무게이다. 대기 중에 존재하는 기압은 어느 지역 또는 공역에서나 동일한 것이 아니다. 대기에서 기압의 변화는 주요 기상 현상을 초래하는 바람을 유발하는 원인이 된다. 공기를 단일 수직높이로 가정하고 측정한 대기압은 표준대기에서 무게는 1제곱인치에 14.7파운드(6.6kg)이다. 공기는 기체 상태로 존재하기 때문에 재래식 무게 측정기로는 측정할 수 없으나 1643년 이탈리아의 토리첼리(Toricelli)에 의해 수은 기압계가 발명되었다. 이처럼 기압을 측정할 수 있는 계기를 기압계(barometers)라 하며, 기압계에는 수은 기압계와 아네로이드(aneroid) 기압계가 있다.

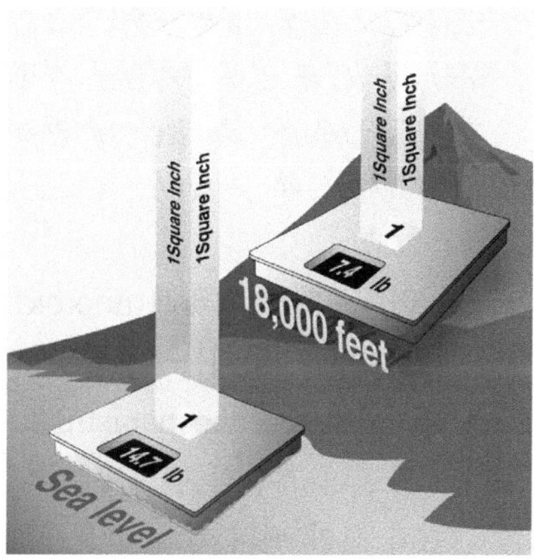

(1) 수은 기압계(mercurial barometer)

수은 기압계는 [그림3-2]의 왼쪽 그림과 같이 용기(reservoir)에 수은을 반쯤 채우고 끝이 열린 빈 유리관(evacuated glass tube)을 용기 속에 넣으면 주변 대기압으로 수은이 유리관을 따라 올라간다. 표준대기의 해수면(sea level)에서 수은의 상승이 정지되고 이때 수은이 지시하는 눈금은 29.92 inch·Hg 또는 760밀리미터(millimeter)이다. 이는 대기압의 표준 무게 14.7파운드가 수은을 누르는 힘으로 수은이 지시하는 수치가 되고 수은이 지시하는 값과 대기압이 일치한다. 따라서 수은이 지시하는 값은 현재 대기압의 변화에 따라 다르다. 기압계에 수은이 사용되는 이유는 정상 기온에서 변화가 적고 가장 무거운 액체이기 때문이다. 그러

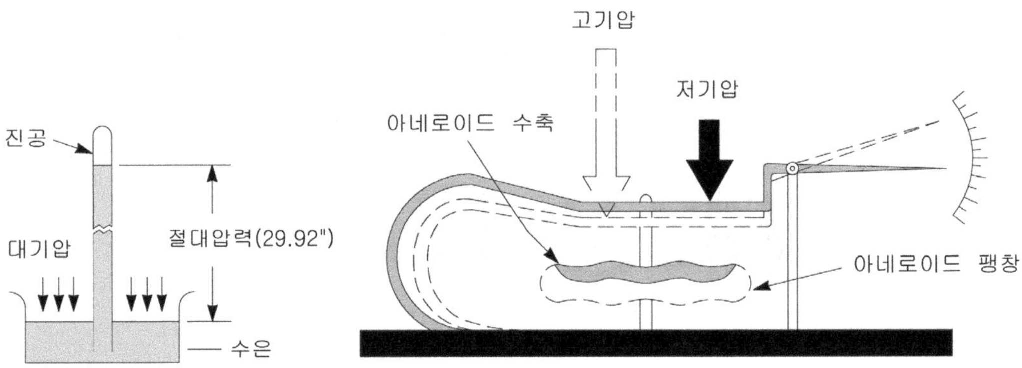

나 수은 기압계는 액체 상태이고 유독성 물질이기 때문에 다루기 어려운 단점이 있어 비행계기로 사용하기에 부적합하다.

[주73] 기압=밀도×중력가속도×높이

[주74] 대기압과 인체; 1기압을 가정했을 때 인체(1m^2)에 작용하는 힘은 101,300N/m^2이다. 중력가속도를 10m/s^2 라 했을 때 인체에 작용하는 질량은 10,130kg(10톤)의 공기덩어리가 내리누르고 있다고 할 수 있다.

(2) 아네로이드 기압계(aneroid barometer)

아네로이드 기압계는 아네로이드라는 연성 금속(flexible metal) 물질로 된 셀(cell)과 기록장치(registering mechanism)로 구성되어 있으며, 셀은 부분적으로 공간을 형성하여 아네로이드 물질이 기압의 변화에 따라 수축(contract) 및 팽창(expand)한다. [그림3-2]의 오른쪽 그림과 같이 셀의 한쪽 끝을 고정했을 때 다른 쪽 끝의 셀이 수축 및 팽창함에 따라 기록장치가 움직인다. 이 장치가 고기압(high pressure)에 노출되었을 때 아네로이드 물질의 수축 현상이 발생하고 반대로 저기압(low pressure)에 노출되었을 때 아네로이드 물질은 팽창된다. 아네로이드 기압계는 수은 기압계보다 정확성은 떨어질지라도 크기가 작고 질긴 연성 물질이기 때문에 급격한 변화에 강한 장점이 있다.

3.1.2 ICAO 표준대기

국제민간항공기구에서는 항공기 운항의 기초가 되는 대기의 표준을 정하였다. 표준대기는 평균 중위도(mid-latitude; 40°N)의 해수면(sea level)에서 성층권 하부와 대류권의 대기를 기준으로 측정한 결과이다. 실제 표준대기 조건이 존재하기는 거의 드물다. 하지만 이들 표준이 항공기 운항에 필요한 성능과 고도를 측정하는 기준으로 활용된다는 점에서 매우 중요하다. 항공기의 고도를 측정하는 기압은 수은의 높이로 측정한 기압 값을 적용하고 있으므로 [그림3-4]와 같이 표준대기압으로 29.92"Hg를 사용한다.

- 해수면에서 표준 기압은 29.92 in.Hg/1013.2mb
- 해수면에서 표준 기온은 +15℃(59°F)

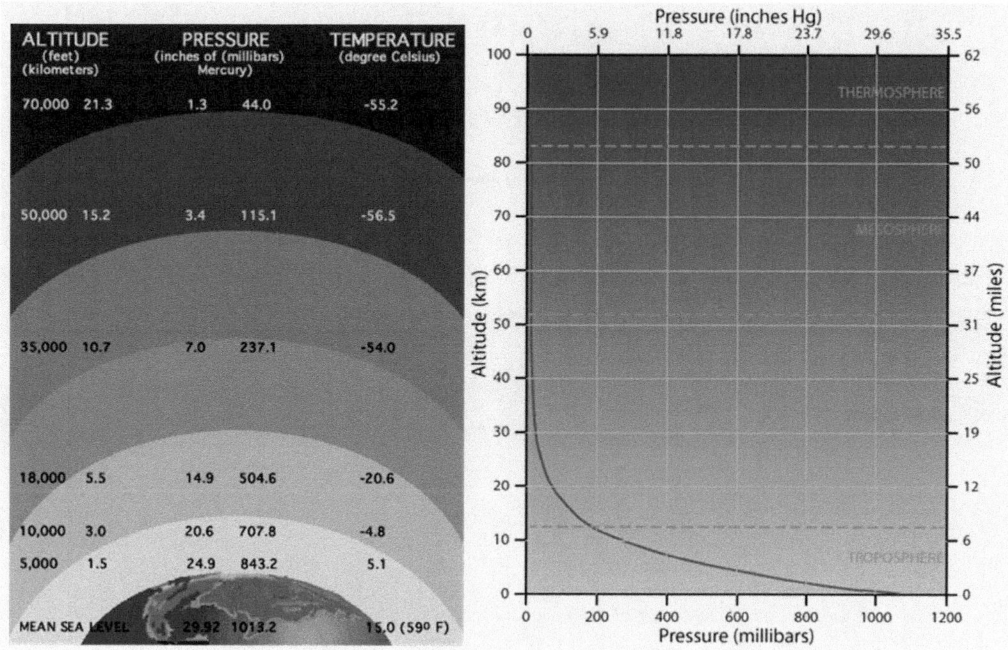

• 음속은 340m/sec, 1,116 ft/sec

• 기온감률(temperature lapse rate)은 고도 36,000피트까지는 고도 1,000피트 당 약 2℃씩 감소하고 그 이상 고도에서는 -56.5℃로 일정하다. 그러나 실제 존재하는 대기는 표준대기와는 여러 면에서 다를 수 있으므로 이에 관한 연구가 필요하다.

[주75] 수은; 비중이 가장 높은 액체로 13.6g/cm^3이다.

3.1.3 기압 변화

(1) 고도(altitude)와 기압

항공기는 다양한 고도 층에서 운항하기 때문에 고도의 변화에 따른 기압은 큰 차이가 날 수 있다. 기압은 [그림3-3]과 같이 고도가 증가함에 따라 감소한다. 공기밀도(air density)는 단위 체적에 존재하는 공기 분자의 수이다. 공기밀도가 높다는 것은 단위 체적 당 공기 분자의 수가 많이 존재한다는 것을 의미한다. 대부분의 공기 분자는 중력(gravity)이 가장 크게 작용하는 지표면 근처에 밀집되어 있다는 것을 고려할 때 지표면의 기압은 높고 고도가 증가할수록 공기 분자(air molecule)의 수가 감소하기 때문에 기압은 감소한다. 이 같은 이유로 고도가 높아질수록 초기에는 급격히 증가하다가 어느 정도 고도에 도달해서는 서서히 감소하는 것으로 조사되었다. 이를 분석해 보았을 때 대부분 공기 분자는 약 5.5 km(18,000피트) 이하에 집중되어 있고 기압 감소는 약 50%(500mb)까지 급격히 감소한 후 50km(1mb)까

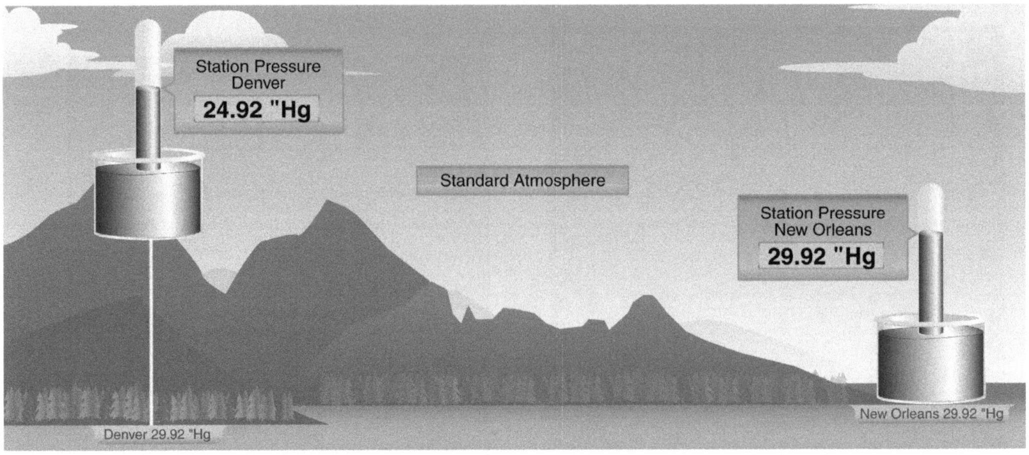

지는 기압 감소율이 비교적 완만하다. 이 같은 이유로 인하여 항공에서 고도 18,000피트는 고도계를 운용하는 기점으로 활용된다. 고도 18,000피트 이하에서 운항하는 항공기는 해당 지역의 국지 고도 변화에 따른 변화를 적용하여야 정확한 항공기의 수직 분리를 달성할 수 있다. 고도 18,000피트 이하에서 조종사 또는 관제사는 관제기관으로부터 국지 공역의 고도계 수정값을 받아 이를 적용하여야 한다. 이를 고도계 수정치(altimeter setting)라 한다.

상층부 공기의 무게가 감소함에 따라 대기의 압력도 낮아지고 대류권 내에서의 기압은 고도 상승에 따라 감소하지만, 특히 성층권 내에서 기압 감소율은 급격히 감소한다. 하부 대류권에서 고도가 1,000피트 증가함에 따라 기압은 약 1인치(34mb)씩 감소한다. [그림3-3]은 고도 증가에 따른 기압과 기온의 변화를 보여주고 있다. 반면에 고도 18,000피트 이상에서는 기압의 변화가 크지 않기 때문에 표준고도계 수정치인 29.92"Hg에 맞추고 비행함으로써 효과적인 수직 분리(vertical separation)를 달성할 수 있다.

[주76] 1mb(hPa); 1 제곱미터(m²)의 면적에 1 Newton의 힘이 작용하는 압력을 1 Pa(파스칼)이라 하고 이의 100배가 1mb(hPa)이다.

(2) 기온(temperature)과 기압

기온의 변화는 기압의 변화를 초래한다. 공기도 다른 물질(substances)과 마찬가지로 기온에 따라 수축 및 팽창(contract or expansion)한다. 가열된 공기는 공기 분자의 활발한 운동으로 인하여 단위 부피가 팽창하고 반대로 공기의 냉각은 공기 분자의 운동을 위축시켜 단위 부피가 수축하는 원인이 된다. 예를 들어 [그림3-5]와 같이 동등한 기압에서 기온 변화에 따른 기압고도(pressure altitude)의 변화는 하부 지역은 동등한 기압을 유지하고 있으나 기온의 변화에 따라 상부에서 동등한 기압을 지시하는 고도 층은 다르다는 것을 알 수 있다. 기

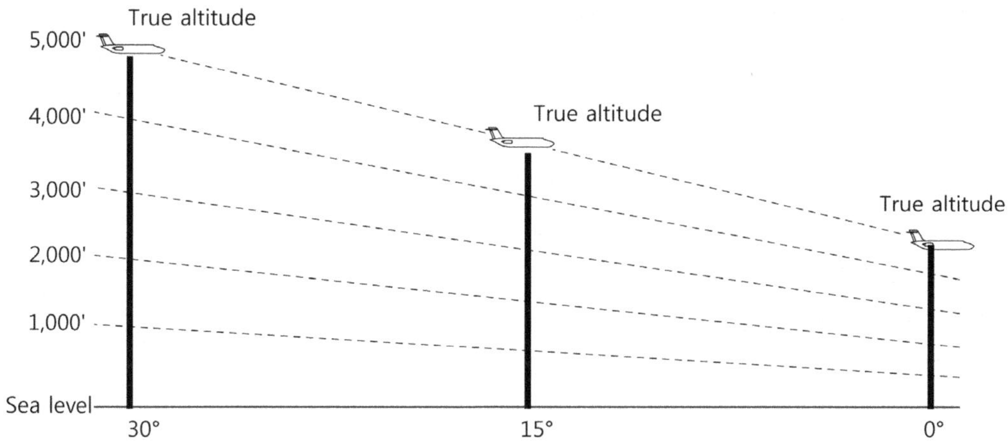

온이 낮은 지역, 표준 지역, 더운 지역으로 구분되어 있을 때 기온에 따라 공기가 수축 및 팽창하여 진고도/실제고도(true altitude; TA)의 차이가 발생한다. 표준기온조건에서는 기압계 지시에 의한 고도와 진고도가 일치한다. 그러나 기온이 낮은 곳에서는 공기가 수축하므로 표준 기온시보다 기압고도(pressure altitude; PA)는 낮아진다. 반대로 기온이 높은 지역에서는 공기의 팽창으로 기압고도는 표준 기온 지역보다 높아진다. 항공기에 사용되는 고도계는 기압고도를 이용하므로 기온에 따라 지시고도(indicated altitude)와 진고도(실제고도)와 차이가 발생할 수 있다.

3.1.4 해수면 기압

대기압은 고도, 밀도, 기온 등 기상상태에 따라 변한다. 이에 따라 일정한 기준 기압이 필요하고 평균해수면(mean sea level; MSL) 고도를 기준으로 기타 지역의 기압을 측정하게 되는데 이를 표준 해수면 기압(standard sea level pressure)이라 한다. 해수면 기압은 주로 밀리바(millibar; mb)로 표기한다. 표준 해수면 기압은 1013.2mb, 29.92"Hg, 그리고 760millimeter이다. [그림3-6]은 고도 증가에 따른 기압 감소 요소로 해수면 기압을 예측할 수 있다. 예를 들어 고도 5,000피트에서 기압계가 25인치를 지시했을 때 해수면 기압은 30인치가 된다는 것을 예측할 수 있다. 이는 단지 고도가 1,000피트 상승함에 따라

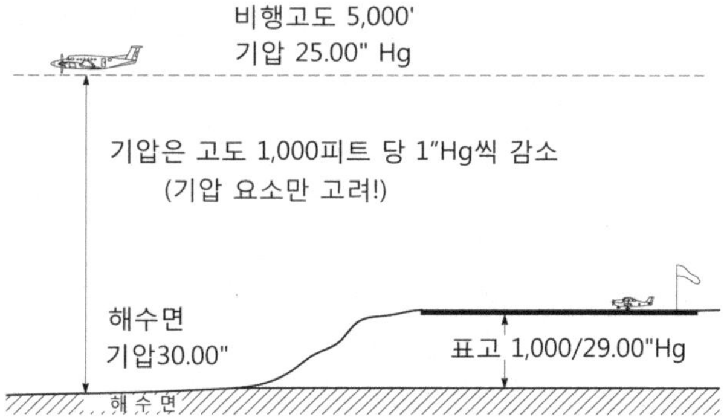

1인치의 기압이 감소한다는 기압 감소율만을 고려한 것이다.

3.2 일기도 분석

3.2.1 등압선(isobar)

일기도에 해수면 기압 또는 동일 기압대를 형성하는 지역을 연결해 그은 선을 등압선(isobars)이라 한다. 예를 들어 [그림3-7]과 같이 1008mb를 중심으로 1004mb와 1012mb가 위치해 있는 것을 알 수 있다. 이처럼 등압선은 동일 기압 지역을 연결한 것으로 곡선으로 그려지는 것을 알 수 있다. 모든 기압이 다 그려지기보다 등압선 사이에 존재하는 중간값의 기압은 점으로 그려지고 해당 기압이 표기된다. 일기도에 표시된 등압선으로 저기압과 고기압 지역의 위치와 기압경도에 대한 정보를 제공한다. 예를 들어 등압선이 조밀하게 형성된 지역은 기압경도가 매우 큰 지역으로 강풍이 존재한다는 것을 의미한다.

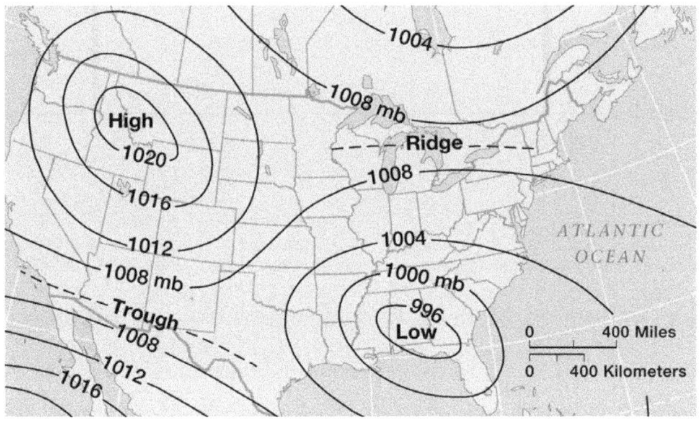

3.2.2 기압경도

모든 지역에서 기압이 동등하지 않으며 지역별 기압의 차이가 나타난다. 기압은 높은 곳에서 낮은 곳으로 이동하려는 힘이 발생하고 이를 기압경도력(pressure gradient force)이라 하여 공기의 이동을 촉발하는 원인이 된다. 기압은 높은 곳에서 낮은 곳으로 자연스럽게 이동하려는 경향이 있어 기압경도는 고기압에서 저기압 쪽으로 이동한다. 등압선(isobars)은 기압이 동등한 지역을 연결한 선으로 이 등압선을 관찰함으로써 기압의 변화를 쉽게 판단할 수 있다. 기압경도는 한 등압선과 인접 등압선 사이를 측정한 거

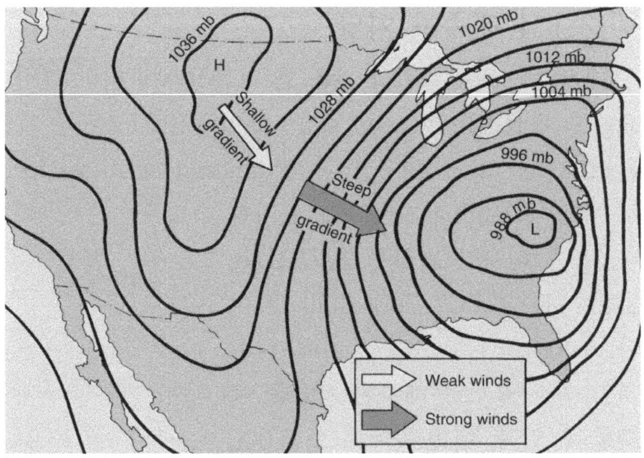

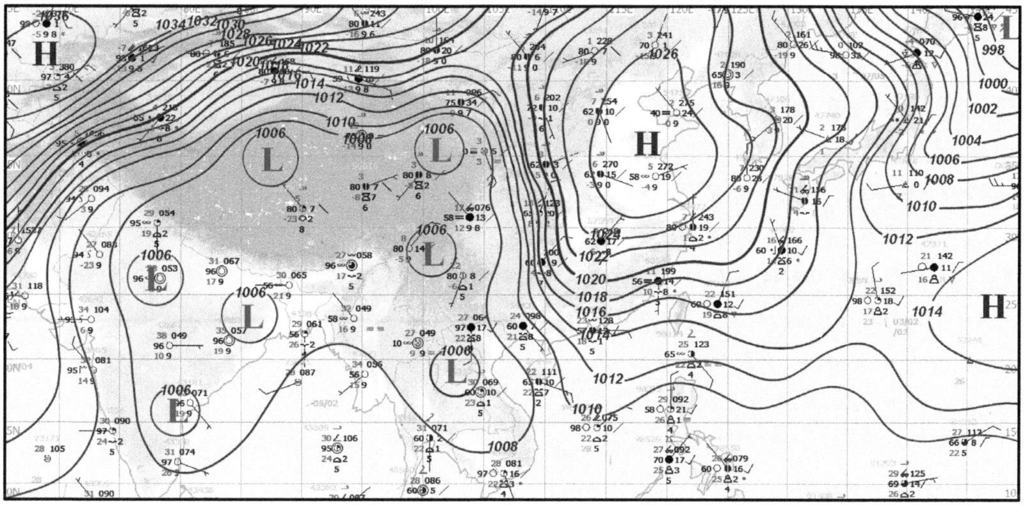

리에서 기압이 변화한 비율이다. 이처럼 주어진 거리에서 기압의 차를 기압경도라 한다. 중위도(mid-latitudes)에서 완만한 수평 기압경도는 약 100NM 당 4.0mb의 기압차를 나타낸다. 예를 들어 등압선의 간격이 상대적으로 조밀한 지역은 매우 강한 기압경도를 나타내고 등압선의 간격이 넓게 그려져 있는 지역은 기압경도력이 작은 지역을 나타낸다.

3.2.3 등압면

기상에서 등압면(constant pressure surface)이란 기압이 동일한 대기의 표면이다. 지표면 위로부터 기압이 점차 감소한다는 것은 주지의 사실이다. 해수면의 표준대기 조건에서 표준대기압은 1013.2mb이다. 그런데 고도가 약 300피트(100m)가 되었다면 대기압은 1,000mb로 감소하고, 고도가 약 18,000피트(5.5km)가 되었을 때 대기압은 약 500mb로 감소한다. 기상 예보에서 발표되는 고도별 기압은 이처럼 1,000mb, 700mb, 500mb 등과 같은

기 압	고도(피트)	기온℃(℉)
sea level	0(0m)	15(59)
1,000mb	300(100m)	15(59)
850mb	5,000(1,500m)	5(41)
700mb	10,000(3,000m)	-5(23)
500mb	18,000(5,000m)	-20(-04)
300mb	30,000(9,000m)	-45(-49)
200mb	40,000(12,000m)	-55(-67)
100mb	53,000(16,000m)	-56(-69)

고도대의 기온, 풍향풍속 등을 포함한 기상 정보가 발표된다. 앞쪽 [표]는 기압 대비 대략적인 고도의 관계를 보여주고 있다.

[주77] 등압선; 일기도에서 등압선은 4mb의 간격으로 그려진다.

[주78] 등압선과 등압면; 일기도에서 동일한 기압을 나타내는 선을 등압선으로 그리고 동일한 기압 높이 또는 층을 등압면이라 한다.

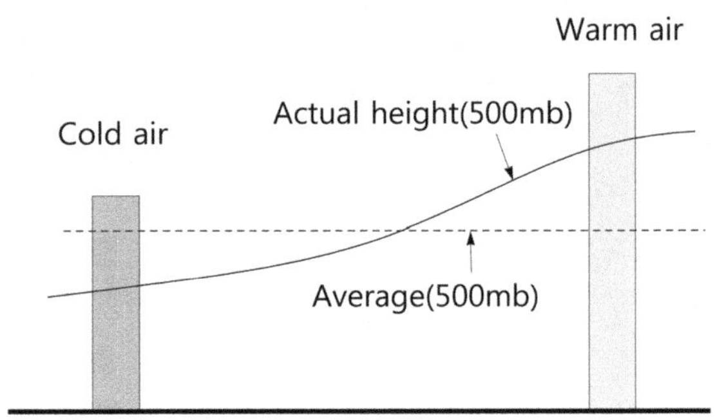

3.2.4 고기압

고기압 중심은 [그림3-9]에서 보는 것과 같이 주변을 둘러싸고 있는 대기압보다 상대적으로 가장 높은 기압의 중심이다. [그림3-9]와 같이 고기압의 중심 기압은 1026mb이고 주변의 기압은 1024mb, 1022mb로 둘러싸여 있는 것과 같은 형태의 기압이다. 이것은 공기는 고기압 중심으로부터 어느 방향으로나 이동할 수 있으며 멀어질수록 기압이 감소한다는 것을 의미한다.

북반구에서 고기압은 [그림3-11]과 같이 시계방향(남반구에서 시계반대방향)으로 회전하고 이를 안티-사이클론(anti-cyclone)이라 한다. 고기압(high pressure center) 중심의 주변에서 공기는 가라(sinking)앉는 경향이 있고 이는 구름이라든지 강수의 발달에 필요한 상승기류를 억제하여 통상 위쪽에서 아래로 흐르는 하강기류이기 때문에 날씨는 맑다. 고기압은 발생 장소에 따라 다음과 같은 두 가지 종류가 있다.

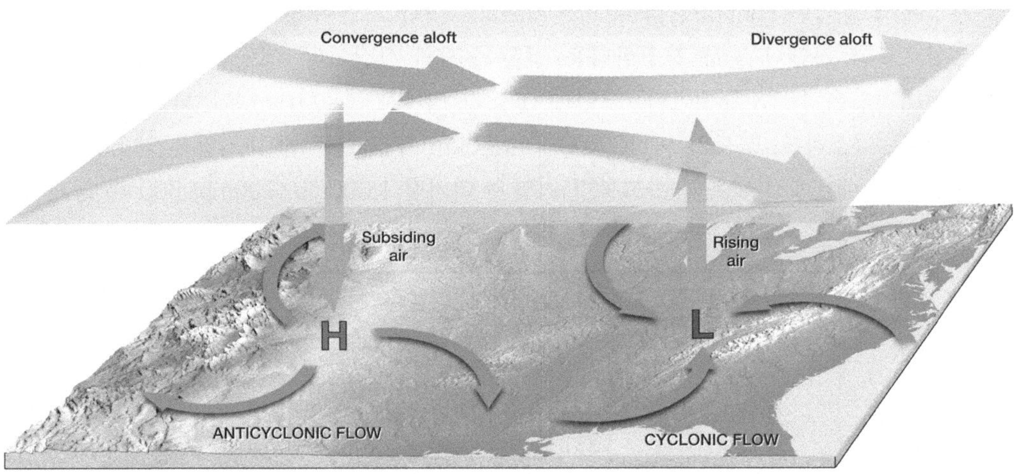

첫째, 온난고기압은 중심부 기온이 주위보다 높은 장소에서 발생하는 고기압으로 북태평양고기압이 대표적이다. 이 같은 온난고기압은 대기의 대순환에서 하강기류가 발생하는 장소에서 발생하며 상층부까지 고기압대가 형성된다.

둘째, 한랭고기압은 시베리아고기압과 같이 찬 지표면에 의한 공기의 냉각으로 인하여 발생하고 중심부 기온이 낮다. 시베리아고기압은 겨울철에 시베리아대륙이 냉각하면서 발생하여 매우 차고 건조한 날씨가 된다.

3.2.5 저기압

저기압 중심(low pressure center)은 [그림3-9]에서 보는 것과 같이 주변을 둘러싸고 있는 대기압보다 상대적으로 가장 낮은 기압의 중심이다. [그림3-9]와 같이 저기압의 중심 기압은 1006mb이고 주변의 기압은 1008mb, 1010mb로 둘러싸여 있는 것과 같은 형태의 기압이다. 이것은 공기는 저기압 중심으로부터 어느 방향으로나 이동할 수 있으며 멀어질수록 기압이 증가한다는 것을 의미한다. 북반구에서 저기압은 [그림3-11]과 같이 시계반대방향(남반구에서 시계방향)으로 회전하고 이를 사이클론(cyclone)이라 한다. 저기압 중심의 주변에서 공기는 상승(rising)하는 경향이 있고 이는 구름이라든지 강수의 발달에 필요한 상승기류를 유발하여 통상 아래쪽에서 위쪽으로 흐르는 상승기류이기 때문에 날씨는 전반적으로 나쁘고 비바람이 강하게 발달한다. 저기압은 전선성 저기압과 비전선성의 형태가 있다.

3.2.6 기압골(trough)

등압선을 그렸을 때 [그림3-9]에서 보는 것과 같이 저기압이 길게 연장된 지역으로 마치 V자 혹은 U자형 모양으로 그려진다. 기압을 등압선으로 그렸을 때 골짜기 부분에 해당하는 지역으로 지표면 부근에서는 통상 전선을 동반한다.

3.2.7 기압마루(ridge)와 안장부(col)

기압골과 반대로 고기압이 길게 연장된 지역으로 안티-사이클론 곡선이 최대를 이루는 지점을 따라 형성된 지역이다. 안장부는 2개의 고기압과 2개의 저기압 사이에 형성되는 중립지역(neutral area)을 의미하며 기압골(trough)과 기압마루(ridge)가 만나는 지역이다.

3.3 고도의 종류

3.3.1 진고도

진고도/실제고도(true altitude; TA)는 평균해수면으로부터 항공기까지의 수직높이이며 "MSL(mean sea level)"로 표기하고 표준대기 상태에서의 기압고도(pressure altitude)를 의미한다. 그러나 실제 표준대기 상태는 매우 드물어서 고도계가 지시하는 고도는 진고도/실제고도라 할 수 없어 수정이 필요한 이유이다.

3.3.2 절대고도

지표면으로부터 항공기까지의 수직 거리를 절대고도(absolute altitude)라 하고 "AGL(above ground level)"로 표기한다.

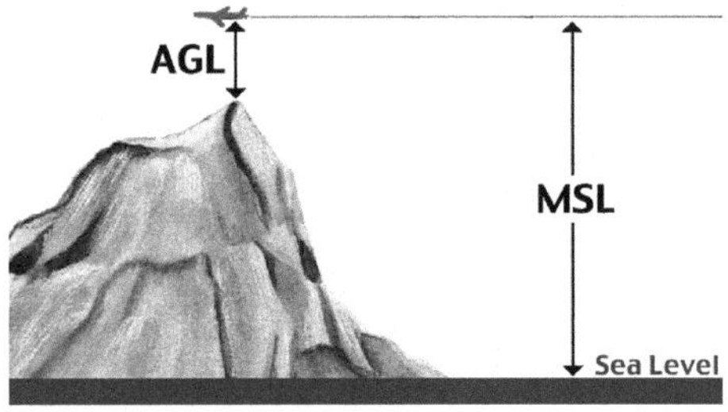

3.3.3 지시고도

고도계의 콜스만 창(Kollsman window)에 최근 고도계 수정치를 맞추었을 때 고도계가 지시하는 고도이며, 기압고도는 기온에 따라 진고도/실제고도(true altitude; TA)와 지시고도의 차이가 발생한다. [그림3-5]와 같이 표준 기온보다 더운 지역에서 고도계 지시는 실제고도(true altitude)보다 낮게 지시하고, 표준 기온보다 추운 지역에서 고도계 지시는 실제고도보다 높게 지시한다. 또한, 지시고도는 기압에 따라서도 달라진다. 예를 들어 높은 기압 지역에서 낮은 기압지역으로 고도계 수정 없이 비행했을 때 [그림3-13]에서 보는 것과 같이 고도계 지시고도는 실제고도보다 높게(지시고도>실제고도) 지시한다. 지시고도가 실제고도(진고도)높다는 것은 계기비행상태에서 위험한 상황이 될 수 있다. 정상적인 고도계 수정치가 29.00"Hg라고 가정했을 때 지시고도(5,000피트)와 진고도(5,000피트)는 일치한다. 그러나 30.00"Hg 지역에서 고도계 수정 없이 29.00"Hg 지역으로 진입했다면 고도는 1,000피트의 차이가 발생한다. 이때 고도계 지시고도는 실제고도보다 1,000피트 높게 지시하고 있다. 반대의 상황에서 고도계 수정 없이 낮은 기압지역에서 높은 기압지역으로 비행했을 때 고도계 지시고도는 실제고도보다 낮게(지시고도<실제고도) 지시한다. 이 상황은 장애물로부터 더 높은 고도에 있으므로 안전하다. 이를 다음과 같은 방법으로 기억한다.

- HIGHT TO LOW, LOOK OUT BELOW!
- HOT TO LOW, LOOK OUT BELOW!

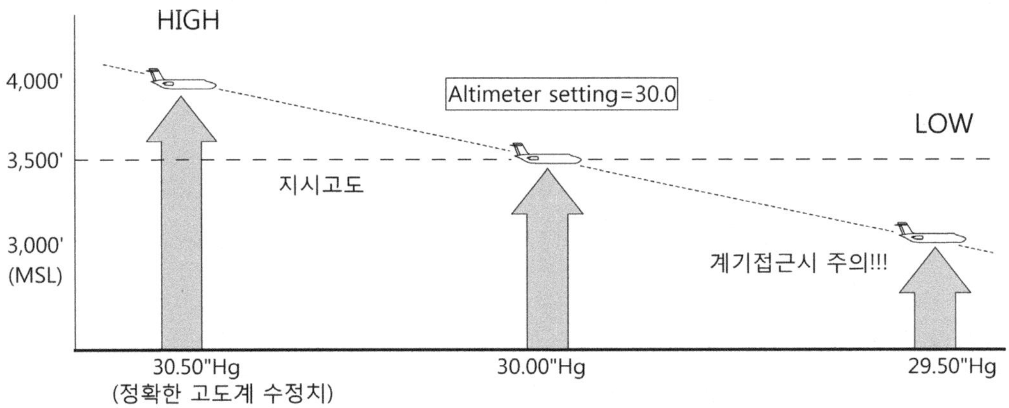

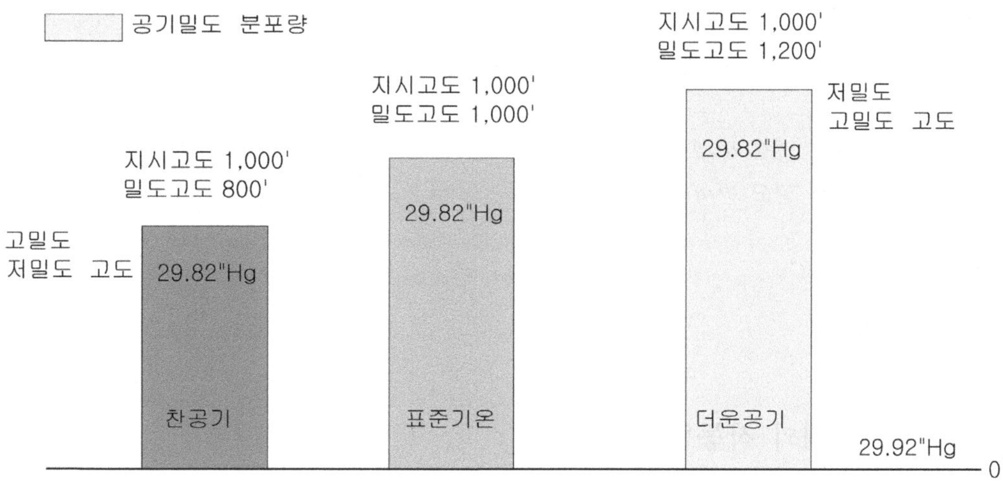

3.3.4 기압고도

기압고도(PA)는 [그림3-13]에서 보는 것과 같이 표준 기지면(standard datum plane) 위의 표고(elevation)이고 표준대기 조건에서 측정된 고도이다. 기압고도계는 앞에서 언급한 아네로이드 기압계이고 대기의 압력을 수치로 읽을 수 있도록 고안되었다. 기압고도는 고도계 수정치를 29.92"Hg에 세팅 후 고도계가 지시하는 고도이다.

3.3.5 밀도고도

공기밀도는 항공기 성능에 큰 영향을 주는 요소이다. 표준대기 조건하의 고도 20,000피트(MSL)에서 공기밀도는 해수면의 절반 정도이고 40,000피트(MSL)에서는 약 1/4, 그리고 60,000피트(MSL)에서는 약 1/10로 감소한다. 고밀도(high density) 대기에서 항공기 성능이 증대된다는 것은 주지의 사실이다. 밀도와 밀도고도는 어떠한 차이가 있는가? 밀도고도는 기압고도(PA)에서 비표준기온(nonstandard temperature)을 적용하여 얻은 고도이다. 표준대기 조건에서만 밀도고도는 기압고도와 일치한다.

공기밀도는 기압, 기온, 습도에 따라 달라지며 무더운 날씨는 [그림3-14]와 같이 공기의 팽창으로 인하여 단일 수직높이에서 공기 분자의 수를 희박하게 만들고 가볍게 하여 공기밀도는 표준대기압보다 높은 고도에서 일치되므로 고밀도고도(high density altitude)라 한다. 표준 기온보다 추운 날씨에서는 공기의 수축으로 인하여 단일 수직높이에서 공기 분자수가 많아지고, 공기가 무거워짐에 따라 표준대기압에서보다 낮은 고도에서 평형을 이루어 저밀도고도(low density altitude)라 한다. [그림3-14]는 비표준 기온에서 공기밀도와 밀도고도의 관계를 보여주고 있다.

밀도고도는 고도를 측정하는 기준으로 이용되기보다 항공기 성능 지표(index)로 사용된다. 저밀도고도에서 항공기 성능이 증가하는 반면 고밀도고도에서 항공기 성능은 감소한다.

고밀도고도에서 운용할 때 공기 흡입량이 줄어 엔진 동력이 감소하고 더욱 가벼워진 공기 때문에 추력(thrust)과 날개의 양력(lift) 발생이 감소한다.

[주79] 기체의 법칙

• 온도 일정; 압력과 밀도 비례

• 압력 일정; 온도와 밀도 반비례

3.4 고도계

3.4.1 고도계의 작동원리

고도계(altimeter)는 [그림3-15]와 같이 지표면으로부터 항공기의 높이를 측정하기 위한 비행계기의 한 종류이다. 항공기에 사용되는 고도계는 전형적인 기압고도계이다. 고도계의 구조는 문자판, 지시침(needles) 그리고 고도계 수정창(altimeter setting window)으로 구성되고 내부는 기압의 변화에 민감한 아네로이드 물질로 채워진 주머니를 여러 개의 층(stacks)으로 쌓아 놓았다.

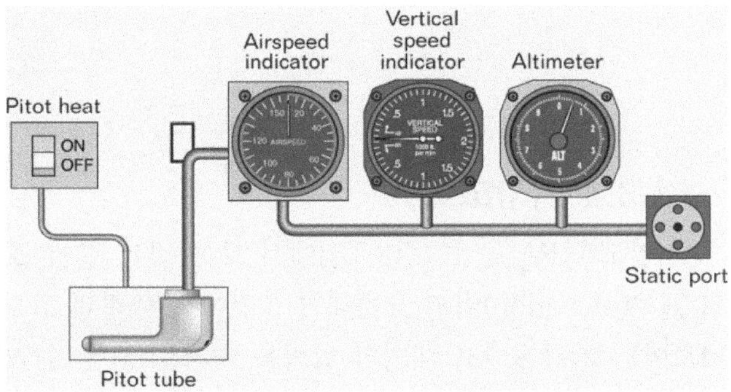

외부의 대기압은 [그림3-16, 17]과 같은 정압관(static port)을 통해서 고도계 내부로 전달될 수 있도록 고안되어 있다. 고도가 증가함에 따라 아네로이드 물질이 수축하고 이를 연결장치(linkage mechanism)를 통해서 지시침에 전달된다. 반대로 고도가 감소하면 아네로이드 물질이 팽창하고 이를 연결장치를 통해서 지시침을 움직이게 하는 간단한 원리이다. 모든 항공용 기압고도계에는 지상 관제기관에서 제공하는 고도계 수정값을 입력할 수 있다. 이를 [그림3-16]과 같이 고도계 수정치 또는 콜스만 창(Kollsman window)이라고 한다. 이는 국지적으로 기온과 기압의 변화에 따른 고도 수정값을 입력할 수 있는 장치이다.

고도는 항공기의 수직 분리(vertical separation)를 위해서는 필요한 요소이다. 따라서 국지 공역을 비행 중인 모든 항공기는 관제사가 지시하는 고도계 수정치(altimeter setting)에 정확하게 입력하고 비행해야 항공기간 효과적인 수직 분리를 달성할 수 있다. 특히 계기비행 상황에서 접근 중인 항공기의 정확한 고도계 수정치 적용은 항공 안전에 치명적 영향을 미칠 수 있다. 대기압의 변화를 이용한 기압고도계는 수 피트까지를 지시할 수 있는 정확한 측정계기가 아니다. 그러나 대형 민항기라든지 저고도 비행(low level flying)을 해야 하는 군용항공기 등은 지표면으로부터 정확한 높이(height)가 필요하다. 더욱이 악기상이라든지 야간과 같

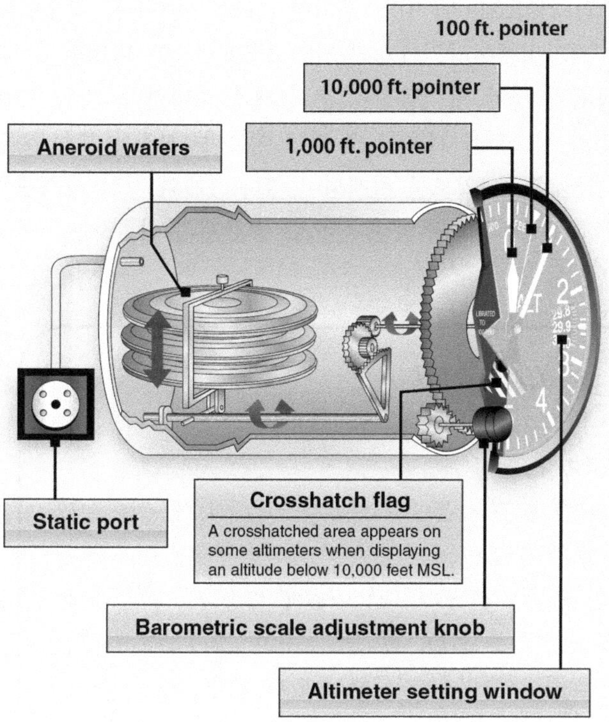

은 조건에서 착륙 접근 중이거나 저고도 비행 중이라면 더욱 정확한 높이가 필요하다. 이 같은 목적으로 개발된 고도계가 무선 고도계(radio altimeter)이다. 무선 고도계는 항공기에서 전파를 발사하여 전파가 지표면에 부딪혀 반사되어 오는 시간을 측정하여 계기에 지시하는 원리이다. 이 같은 무선 고도계는 지표면의 장애물에 근접하거나 조종사가 지정한 고도 이하로 강하했을 때 이를 경고해 주는 항공 안전 장비로 활용되고 있다.

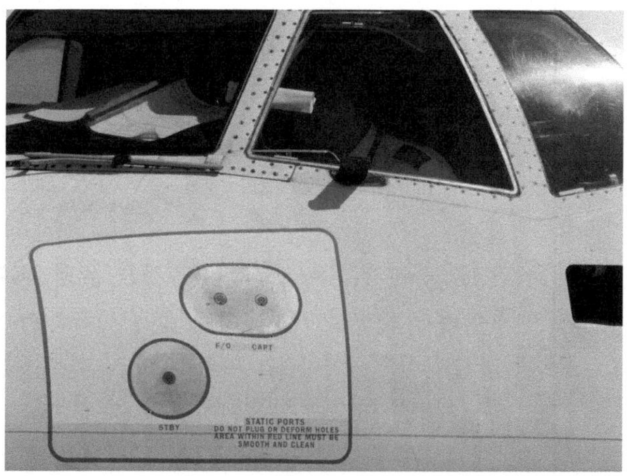

[주80] 정압관; 고도계의 내부에 대기압이 공급될 수 있도록 항공기 표면까지 연결된 작은 관으로 정확한 대기압이 공급될 수 있도록 설치된다.

운송용 항공기는 반드시 2개 이상의 기압고도계(기장, 부기장, 그리고 예비)를 갖추어야 한다. 그러나 운송용 외의 시계비행과 계기비행이라면 1개의 기압고도계만으로 비행할 수 있다. 2개의 기압고도계 조건은 서로 독립된 정압 시스템을 갖춘 상태를 의미한다. 만약 기장 정압 시스템이 고장 났을 때 부기장 정압 시스템을 사용할 수 있고 이들 두 시스템 모두 고장 났다면 예비 정압 시스템에서 정압을 공급할 수 있도록 설계되어 있다. 1개의 정압 시스템을 갖춘 경항공기에서 정압 시스템이 고장 났을 때 최후의 수단으로 승강계 유리를 깨서 비상 정압을 공급할 수 있다.

【날씨 속담】

"아침 천둥은 큰비가 올 징조이다."

일반적으로 한여름에 고온다습한 대기 조건에서 발생하는 천둥과 번개를 동반한 뇌우의 발생은 대지의 급격한 가열된 조건에서 잘 발생한다. 이 같은 조건이 성숙하기 위해서는 대부분 오후에 발생하지만, 아침에 발생하는 천둥은 전선의 활동에 의한 현상으로 판단할 수 있다. 전선을 동반한 저기압에서 발생하는 비는 오랫동안 그리고 많은 강수량을 기록하고 있다.

"하늘에 비늘구름이 나타나면 비 올 확률이 높다."

하늘에 떠 있는 마치 물고기 비늘과 같은 구름으로 권층운을 지칭한다. 권층운은 고도 약 6,000m 상공에 형성되는 구름으로 저기압 전면에 나타나는 구름이다. 이 구름은 온난전선의 전방 수백 킬로미터 전방에서부터 고적운 그리고 점점 난층운까지 접근하면서 비를 내리게 된다.

"겨울 남풍 때는 먼 길을 삼가라."

겨울철에는 주로 북서 계절풍의 영향을 많이 받는다. 그러나 남쪽의 해상에서 상대적으로 온난하고 습한 공기가 유입될 때 전선을 동반한 저기압이 접근하면 큰 눈이 내릴 수 있다.

"아침 무지개는 비, 저녁 무지개는 맑음 징후이다."

무지개는 빗방울이 햇빛에 굴절과 반사되어 일어나는 자연현상이고 햇빛의 반대 방향에서 생성된다. 따라서 아침 무지개는 서쪽, 저녁 무지개는 동쪽에 나타난다. 상층의 대기는 편서풍이 우세하기 때문에 일기는 서쪽에서 동쪽으로 이동한다. 따라서 서쪽 하늘의 무지개는 많은 수증기를 동쪽으로 이동시켜 비 올 확률을 높이고, 반대로 동쪽 하늘의 무지개는 수증기를 동쪽으로 계속 이동시킬 것이기 때문에 날씨는 맑아질 것으로 예측할 수 있다.

제4장 바 람

4.1 바람의 원인

4.1.1 바람의 정의

바람은 공기의 이동이라고 정의할 수 있다. 공기의 존재를 육안으로 관찰할 수 없지만, 낙엽이나 나뭇가지가 흔들거린다든지 눈이 흩날리는 것을 볼 때 공기의 이동을 확인할 수 있다. 공기의 이동을 유발하는 근본 원인은 태양 에너지에 의한 지표면의 불균형 가열 때문에 발생한 기압차이다. 예를 들어 [그림4-2]와 같이 태양 에너지를 많이 받거나 직접 받는 지역에서 공기는 빠르게 가열되고 반대로 태양 에너지가 직접 또는 간접적으로 차단된 지역에서는 상대적으로 공기의 가열이 느리거나 적기 때문에 이로 인하여 두 지역의 기압차가 발생한다. 기온이 높은 지역에서는 저기압(low pressure)이 발달하고 기온이 낮은 곳에서는 고기압(high pressure)이 발달한다. 기압은 항상 높은 곳에서 낮은 곳으로 이동하는 특성을 고려한다면 공기의 이동을 쉽게 예측할 수 있다. 공기의 이동 즉 바람은 수평으로 이동하는 것이 대부분이지만 때로는 수직 방향으로 이동하는 때도 있다. 바람은 공항이나 기상 관측소에 설치된 풍속계(anemometer)와 풍향계(wind direction indicator)로 측정된다. 최근에는 모형비행기 모양의 에어로베인(aerovane)이 개발되어 프로펠러 회전에 의한 풍속과 모형비행기의 기

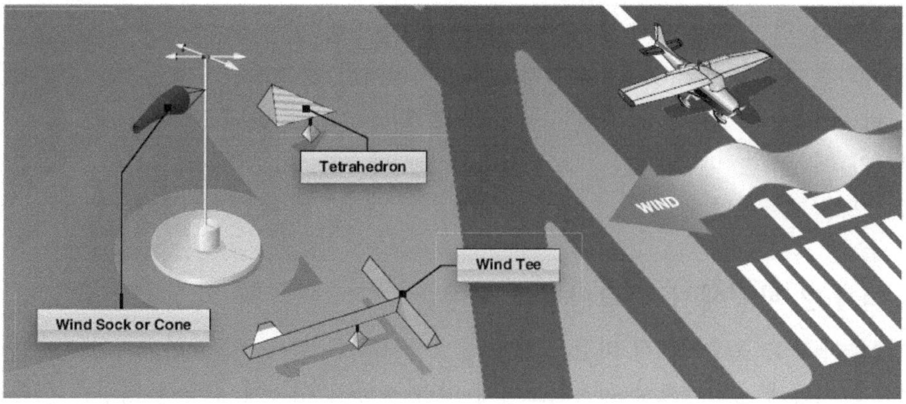

수 방향에 의한 풍향을 동시에 지시한다. 이 같은 풍향풍속계는 지상으로부터 10m 높이에 설치된 것을 표준으로 활용한다. 공항이나 활주로에서 풍향을 지시해주는 지시기로 [그림4-1]과 같이 3종류가 활용되고 있다. 일반적으로 가장 많이 활용되는 것이 바람주머니(wind sock)이다. 이외에도 "T"-자 모양의 T-형 풍향지시기와 사면체(tetrahedral)라고 하는 형태이다. 바람주머니(wind sock)는 지정된 규격의 빨간색과 백색 줄무늬로 채색되어 식별이 쉽고 바람방향과 세기에 따라 바람주머니가 수평으로 세워진다. T-형 풍향지시기는 앞쪽이 T-자 모양으로 제작되고 뒷부분은 비행기의 꼬리부와 같이 수직 및 수평판이 부착되어 있어 바람방향을 지시한다. 조종사 또는 관측자는 T-자 부분을 비행기의 날개(wing)로 연상하면 쉽게 비행기의 이착륙 방향을 판단할 수 있다. 사면체는 그림에서 보는 것과 같이 앞부분이 뾰쪽하게 제작되고 뒷부분은 삼각형 모양으로 제작된다. 뾰쪽한 부분이 바람이 불어오는 방향으로 항공기의 기수로 연상하면 항공기의 이착륙 방향을 쉽게 판단할 수 있다. 바람의 속도(velocity)와 속력(speed)을 구분할 수 있어야 한다. 속도는 벡터양(vector quantity)이기 때문에 방향과 크기를 갖지만, 속력은 스칼라양(scalar quantity)이기 때문에 방향만 갖는다. 풍속은 시간당 해리(nautical miles; NM)로 나타낼 때는 노트(knots)로 표기하고, 시간당 육상 마일(state mile; SM)로 나타낼 때는 마일(m.p.h) 또는 시간당 킬로미터(k.p.h)로 표기한다.

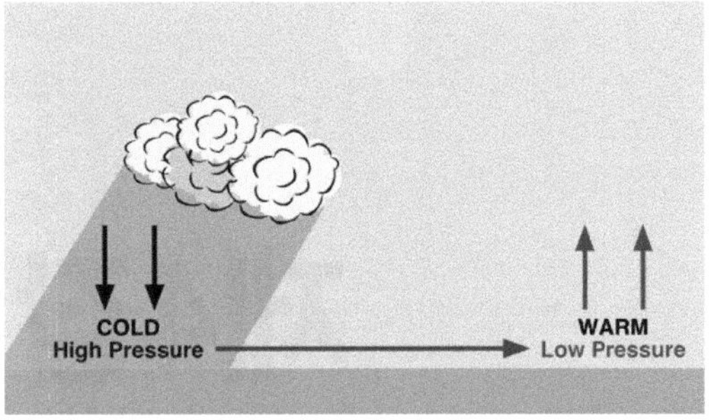

바람방향을 표기할 때 북풍이란 바람이 북쪽에서 남쪽으로 불어온다는 것을 의미한다. 일반적으로 바람방향은 [그림4-3]과 같이 주요 16-방위로 나타낸다. 항법에서 바람 속도의 벡터는 [그림 4-4]와 같이 3개의 화살표로 나타낸다. 예를 들어 바람이 270°에서 290°로 시계방향으로 전환되었을 때 우회전 바람(veering wind)이라 하고 090°에서 045°로 시계반대방향으로 전환되었을 때 좌회전 바람(backing wind)이라 한다. 지상에서 보고되는 모든 바람은 진북(true north; TN)을 기준으로 보고되는 반면 관제사가 제공하는 바람방향은 항상 자북(magnetic north; MN)을 기준으로 제공된다.

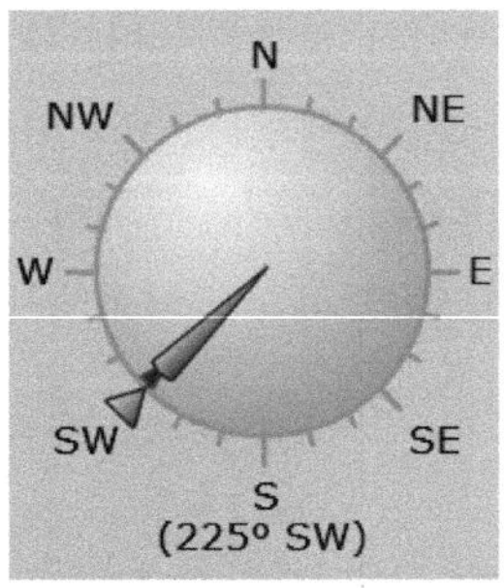

4.1.2 항공에서 바람방향의 활용

조종사 또는 운용자에서 바람은 매우 중요한 역할을 한다. 특히 항공기의 이착륙 과정에서 바람을 어떻게 효과적으로 활용하느냐에 따라 항공기 성능에 상당한 영향을 미치는 요인이다. 비록 항공기가 아니더라도 하늘을 나는 새들의 행태를 관찰했을 때 바람을 적절히 활용하고 있는 것을 알 수 있다. 새들이 나뭇가지에 내려앉거나 오리 등이 물 위에 내려앉을 때 반

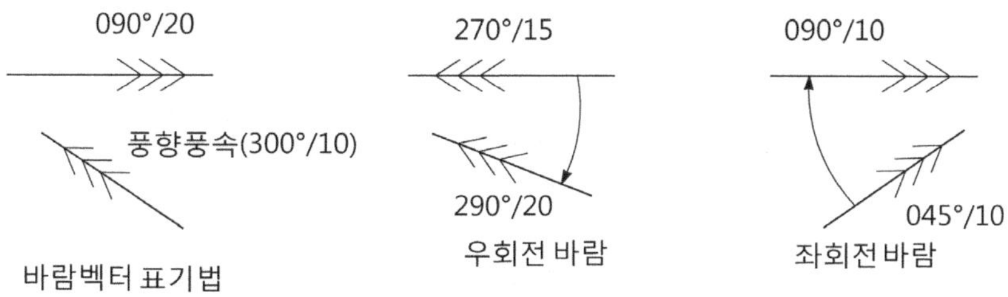

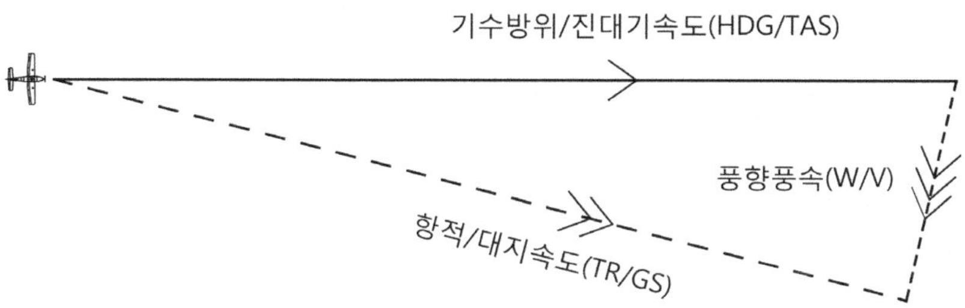

드시 맞바람을 적절히 이용하고 있는 것을 관찰할 수 있다. 조종사 또는 관제사 등은 항공기의 이륙과 착륙할 때 반드시 맞바람(headwind)을 활용할 수 있도록 유도하여야 한다.

[주81] 공기의 수평이동 요인; 기압경도력, 전향력, 마찰력, 구심력

[주82] 벡터(vector); 물체의 운동이 크기와 방향을 갖는 것

[주83] 스칼라(scalar); 물체의 운동이 크기만 갖는 것

(1) 맞바람(headwind)

맞바람은 관측자의 앞부분 또는 항공기 기수(nose) 방향을 향하여 정면으로 불어오는 바람이다. 맞바람은 [그림4-5, 6]과 같이 항공기의 이착륙 성능을 현저히 증가시키지만, 순항비행 중인 항공기의 효율을 떨어뜨리는 요인으로 작용한다. 따라서 이륙과 착륙은 항상 맞바람 상태에서 수행해야 한다.

(2) 뒷바람(tailwind)

뒷바람은 관측자의 뒷부분 또는 항공기 꼬리(tail) 방향을 향하여 불어오는 바람이다. 뒷바람은 [그림4-5]와 같이 항공기의 이착륙 성능을 현저히 감소시키거나 이착륙 자체를 불가능하게 할 수 있지만, 순항고도에서 비행할 때 항공기의 순항비행 성능을 현저히 증가시키는 요인이 된다. 대륙을 횡단하는 민간 항공기가 뒷바람의 제트기류(jet stream)를 이용하여 비행한다면 비행기는 추가로 50노트 이상의 속도를 얻을 수 있으므로 항속시간의 단축과 연료 소모량에서도 매우 경제적인 비행을 했다고 할 수 있다.

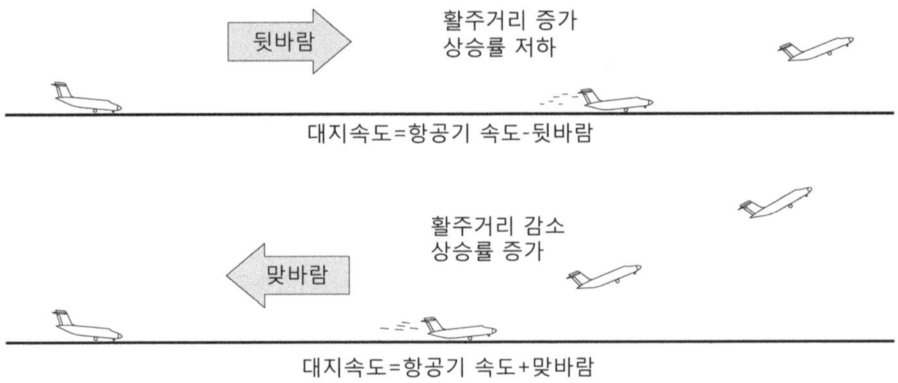

(3) 측풍(crosswind)

측풍은 관측자 또는 항공기의 왼쪽 또는 오른쪽에서 부는 바람이다. 측풍은 항공기의 90° 방향에서 불 수도 있지만 대부분 일정한 각도로 불기 때문에 적절한 측풍 각도를 부여하여 표기한다. 측풍 역시 항공기 운용에 상당한 영향을 미치는 요인으로 작용한다. 이를 측풍 분력(crosswind component)이라 하고 항공기별 측풍 분력 한계가 지정되어 있다. 측풍은 항공기 조종을 어렵게 하거나 순간적으로 이착륙 중인 항공기를 활주로에서 벗어나게 하는 사고의 원인이다.

비행기의 방향성은 동체의 길이와 수직 안정판으로 유지된다. 이착륙 단계에서 항공기의 비행방향을 유지하기 위해서는 러더 페달에 의한 방향 유지와 편류(drift)를 방지하기 위한 조종간의 적용이 필수이다. 이 때문에 측풍의 힘이 강한 만큼 항공기 동체는 바람 부는 쪽으로 기울어진 상태로 비행하게 된다. 여기서 항공기의 측풍 한계를 초과할 정도의 강한 측풍은 비행방향을 유지할 수 없다. 항공기를 제작할 때 모든 항공기에 대한 측풍 안전 한계는 조종사 운용자 지침서(pilot's operation manual)에 지정된다. 따라서 기상보고 및 예보를 바탕으로 이륙 공항 또는 착륙 공항에서의 측풍 한계를 판단할 수 있어야 한다.

(4) 편류(draft)

순항고도에서 측풍은 항공기를 원하는 비행경로로부터 왼쪽이나 오른쪽으로 밀어낸다. 이 때문에 적절한 수정 조작을 적용하지 않으면 항공기는 목적지 공항에 도달하기 어렵다. 이 같은 흐름 현상을 [그림4-8]과 같이 편류(drift)라 한다. 편류 수정은 측풍의 강도에 달려 있으며 이들의 관계를 [그림4-4]와 같이 속도 삼각형(triangle of velocities)이라 한다.

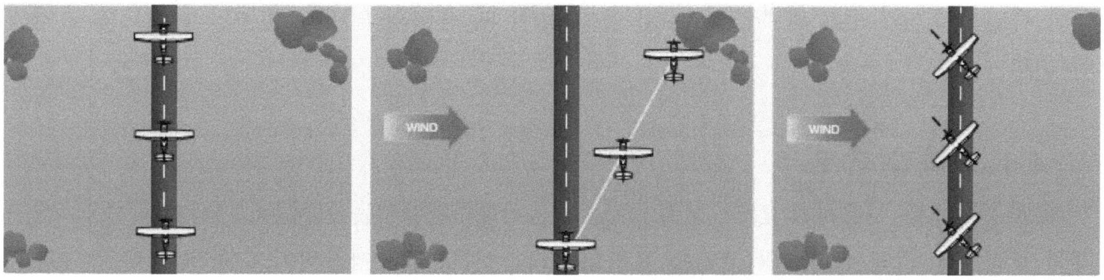

-

(5) 정풍과 배풍에 대한 고찰

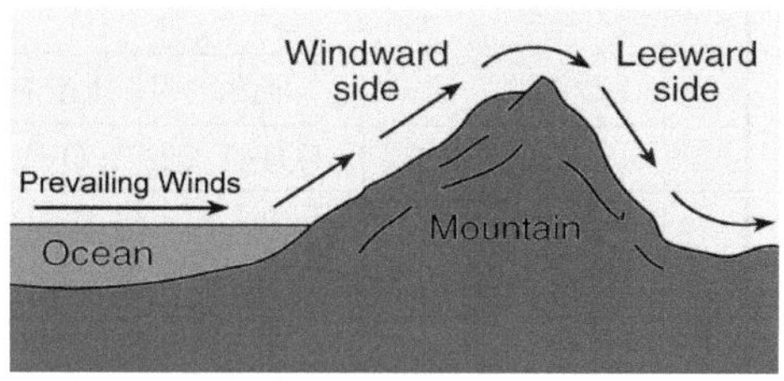

-

항공기를 직접 또는 간접적으로 운용하는 사람이나 항공역학을 연구하는 측면에서 정풍 또는 배풍이라는 용어를 자주 접하게 될 것이다. 정풍이란 앞에서 부는 바람이라고 정의하고 맞바람과 동일한 의미로 활용된다. 배풍이란 관찰자의 뒤에서 부는 바람으로 뒷바람과 동일한 의미로 활용된다. 그러나 때로는 좀 더 엄밀하게 구분하여 활용되어야 한다. 날개에 흐르는 공기의 이동을 관찰했을 때 바람은 앞전(leading edge)을 통과해서 뒷전(trailing edge)으로 흐른다. 이 같은 상황에서 맞바람이라고도 할 수 있지만 엄격한 의미에서 풍상(upwind)으로 구분한다. 또한, 날개를 통과한 바람이 뒤쪽으로 흘러가고 있고 이 바람을 풍하(downwind)라 한다. 우리말로 표기할 때 정풍과 맞바람은 동일한 의미로 활용되지만 때로는 정풍이라고 정의할 수는 없다.

바람을 전문적으로 다루는 기상에서 [그림4-9]와 같이 산 정상을 기준으로 상승하는 바람을 "풍상(upwind; windward side)"으로 그리고 산 정상을 넘어 내려가는 바람을 "풍하(downwind; leeward side)"라고 한다. 정풍과 배풍의 용어가 관용적으로 활용되어 왔기 때문에 혼용해서 활용하기도 한다. 대표적으로 장주(traffic pattern)에 관한 용어를 지정하는 데 있어서 정풍경로(upwind leg)와 배풍경로(downwind leg)가 활용되고 있다. 그러나 항공

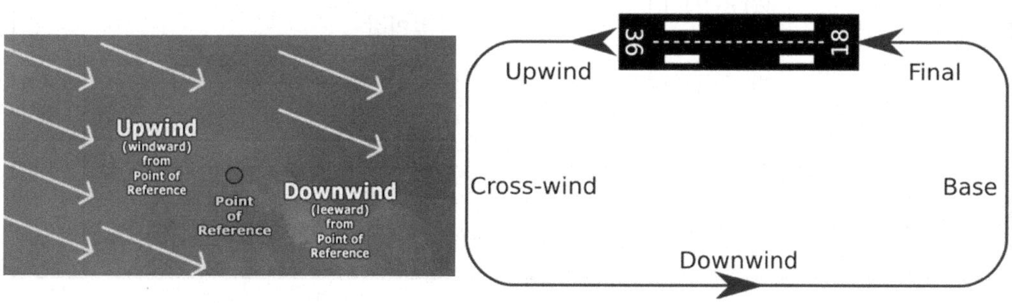

-

역학 측면에서 “upwind”과 “downwind”을 사용할 때 용어의 의미가 혼동되지 않도록 주의해야 한다.

4.1.3 바람 속도

풍향풍속계를 사용하지 않고 풍속(wind speed)을 판단하는 데에는 17세기경 영국 해군제독 보퍼트에 의해서 바람의 세기를 표준화하려는 시도에서 시작되어 수차례의 수정을 통하여 현재에 이르렀다. 아래 [표]는 보퍼트 풍력 계수(Beaufort wind scale)이다. 최근에는 다양한 형태의 풍향풍속계가 개발되어 비교적 정확한 풍향풍속 정보를 얻을 수 있다. 또한, 항공레저가 일반화되면서 주변의 자연 현상을 이용하여 대략적인 풍향풍속을 판단할 수 있어야 한다.

		m/s	knots	km/h	
	calm(고요)	0.0-1.2	0-1	0-1	연기 수직 상승
	light air (실바람)	1.3-1.5	1-3	1-5	연기가 약간 흩날리지만 풍향계에는 감지되지 않음
	light breeze (남실바람)	1.6-3.3	4-6	6-11	나뭇잎이 흔들림, 얼굴에 바람이 스침을 감지, 풍향계가 돌기 시작함
	gentle breeze (산들바람)	3.4-5.4	7-10	12-19	나뭇잎과 작은 나뭇가지가 흔들림, 깃발이 날리기 시작함
	moderate breeze (건들바람)	5.5-7.9	11-16	20-29	작은 나뭇가지가 흔들리고, 먼지가 일고, 종이가 날림
	fresh breeze (흔들바람)	8.0-10.7	17-21	30-38	작은 나무가 흔들리고 깃발이 펄럭임
	strong breeze (된바람)	10.8-13.8	22-27	39-50	큰 나뭇가지가 흔들리고, 전선에서 바람 소리가 울림
	near gale (센바람)	13.9-17.1	28-33	51-61	큰 나무가 흔들리고 바람을 향하여 걷기가 곤란함
	gale(큰바람)	17.2-20.7	34-40	62-74	나뭇가지가 꺾어지고 보행이 불가함
	strong gale (큰센바람)	20.8-24.4	41-47	75-86	나무가 부러지고, 지붕의 기와가 날아감
	whole gale (노대바람)	24.5-28.4	48-55	87-101	나무뿌리가 통째로 뽑히고 건물의 구조물이 파손
	storm(왕바람)	28.5-32.6	56-64	102-120	건물과 나무의 광범위한 파괴
	hurricane (싹슬바람)	≥32.7	≥65	≥120	건물과 나무의 심각한 파괴, 황폐화

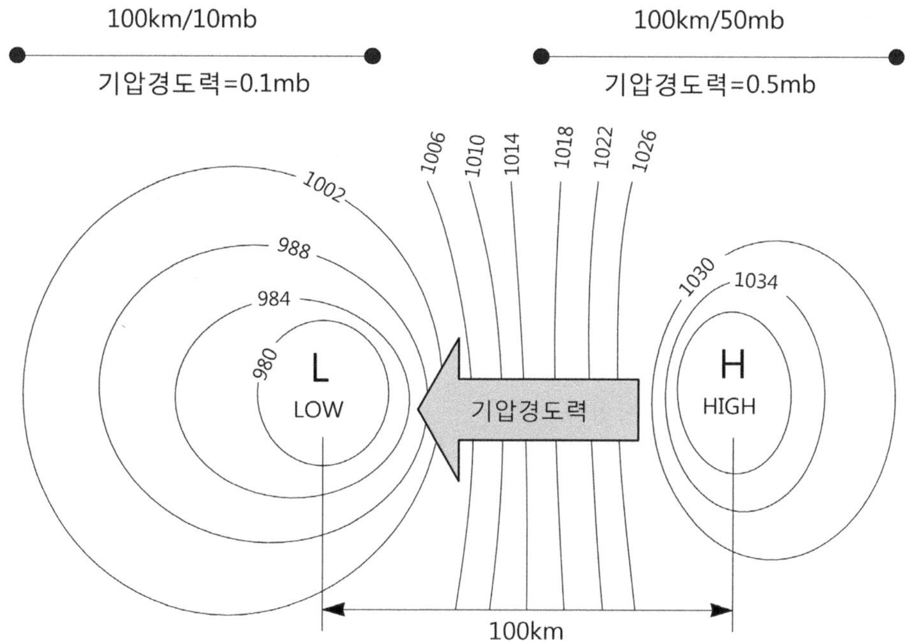

4.2 기압과 바람

4.2.1 기압경도

지표면에서 바람은 항상 고기압 지역에서 저기압 지역으로 이동하는 것이 일반적이다. 기압은 항상 높은 쪽에서 낮은 쪽으로 이동하여 두 기압이 같아질 때까지 계속된다. 기압차의 크기는 고기압 중심과 저기압 중심 사이의 기압 변화 비율에 달려 있다. 공기의 기압 변화율을 기압경도(pressure gradient)라 하고 이 힘을 기압경도력(pressure gradient force)이라 한다. 기압경도력이 클수록 두 기압 지역 사이의 공기 이동 속도가 빠르다는 것을 의미한다. 일기도에서 기압은 동일한 기압대를 잇는 선으로 연결되어 있다. 이 선을 등압선이라 하고 통상 4mb(millibar)의 간격으로 그려진다. [그림4-11]과 같이 고기압권에서 등압선이 조밀하게 그려진 지역이 기압경도력이 큰 곳으로 지정되고 이 지역에서 바람은 강하게 형성된다. 반대로 등압선 간격이 넓게 그려진 곳은 기압경도력 역시 작은 곳으로 이 지역에서 바람은 약하게 형성된다는 것을 예측할 수 있다.

4.2.2 바람에 작용하는 힘

지표면의 불균형 가열로 발생한 바람은 관측자가 감지할 수 없을 정도의 약한 바람에서부터 시속 100km 이상의 바람까지 발생한다. 또한, 지표면에 작용하는 다양한 현상만큼이나 바람에 작용하는 힘 또한 다양하다. 바람에 작용하는 힘에 뉴턴의 "힘의 법칙"을 적용하여 설명할 수 있다. 이 중 첫 번째인 관성의 법칙이다. 이 법칙에서 바람도 역시 이에 작용하는 반대의 힘이 적용되지 않는 한 계속해서 이동하려는 성질을 갖는다. 그러나 이 같은 바람은 기압경도력이 같아지거나 지형의 마찰로 약해질 때까지 계속된다. 또한, 이 바람이 움직이는 힘을 받았을 때 특별한 외부 힘이 적용되지 않는 한 직선으로 이동하게 될 것이다.

다음은 두 번째 법칙으로 가속도의 법칙이다. 물체에 작용하는 힘은 물체의 질량(mass)에 발생한 가속도의 곱과 같다. [힘(force) = 질량(mass) × 가속(acceleration)] 이 법칙을 통해서 물체의 가속은 그 물체를 당기거나 미는 힘에 비례하고 물체의 질량에 반비례한다는 것을 유추할 수 있다. 바람에 작용하는 힘(가속) 중에서 기압경도력(힘)이 크면 클수록 바람의 속도가 증가한다는 것을 알 수 있다.

(1) 기압경도력

기압경도를 일으키는 주원인은 지표면의 불균형 가열이고 기압의 변화는 바람을 일으키는 힘(force)을 형성하는 데 이 힘을 "기압 변화의 힘"이라 한다. 기압경도력은 규모가 작은 국지 바람(local wind)에서부터 지구의 순환을 일으키는 대순환(great circulation)에 이르기까지 바람의 형성에 영향을 미치는 주요 힘이다. 이 힘을 결정하는 것은 주어진 시간과 장소에서 공간의 대기압 형태로 결정된다. [그림4-11]에서 두 지역에서의 기압차에 따른 기압경도의 변화를 보여주고 있다. 고기압 중심과 저기압 중심 기압의 차이는 54mb이다. 두 기압중심의 거리가 100km일 때 기압경도는 0.54mb/km가 된다. 또한, 위의 그림과 같이 A와 B 지역에서 중심 기압의 거리가 100km이고 기압차는 A 지역은 10mb이고 B 지역은 50mb일 때 A 지역의 기압경도는 0.1mb/km이고 B 지역의 기압경도는 0.5mb/km가 된다. 여기서 두 지역 바람 속도는 5배가 크다는 것을 의미하는 것으로 기압경도와 바람 속도 사이의 상관관계를 보여주고 있다.

(2) 전향력

전향력(Coriolis force)은 회전하는 지표면을 횡단하는 공기의 통과로 인해서 초래된다는 것을 프랑스의 수학자 G.G. de Coriolis가 발견하였다. 앞에서 언급한 것과 같이 전향력 효과는 [그림4-12, 13]과 같이 회전원판 위의 중심에서 테두리 쪽으로 직선을 그었을 때 실험자는 직선을 그었지만, 원판에는 곡선이 그려진다. 이와 같은 원리로 지표면에서도 불균형 가열로 인하여 발생한 기압차에 의한 기압경도가 고기압 지역에서 저기압 지역으로 흐를 때 지구의 자전으로 인하여 방향이 전환되는 현상이 발생한다. 예를 들어 [그림4-13]에서 적도의 고기압 지역에서 북쪽의 저기압 지역으로 기압경도가 발생했을 때 공기의 흐름과 지구의 자전(rotation)이 동시에 발생한다.

그림의 A 지점에서 이동하기 시작한 공기흐름은 전향력의 영향을 받아 지구의 자전 방향을 따라 오른쪽으로 이동한다. 지구의 자전 속도는 극 쪽으로 접근할수록 느려지는 반면 공기흐름의 이동은 커진다. 따라서 지구의 자전은 B→B'까지 이동했으나 공기군의 흐름은 A→A"까지 이동했다. 반대로 극지방의 고기압 지역에서 적도 지역의 저기압 지역으로 공기의 흐름은 지구 회전량보다 작다. 그림에서 보는 것과 같이 B 지점에서 이동하기 시작한 공기흐름이 B'까지 이동했지만, 지구 회전은 A'까지 이동했음을 보여주고 있다. 여기서 공기군의 이동이 빠를수록 전향력의 효과는 크다.

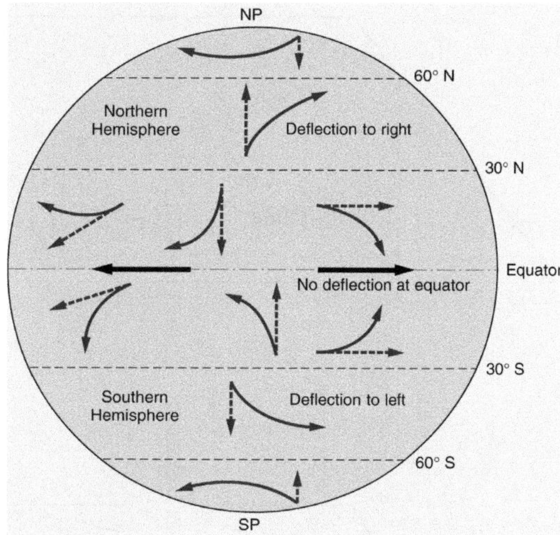

북반구(northern hemisphere)에서 전향력 힘은 바람을 오른쪽으로 굽어지게 만들고 남반구(southern hemisphere)에서는 왼쪽으로 굽어지게 한다. 전향력은 바람이 고기압 지역에서 저기압 지역으로 직접 흐르지 못하게 한다.

[주84] 적도와 전향력; 적도에서는 전향력이 발생하지 않고 위도가 증가할수록 커지고 양극에서는 최대가 된다.

[주85] 전향력 증가 요소; 자전, 위도, 물체의 속도

[주86] 전향력의 적용; 최소한 1,000km 이상의 규모에 적용된다.

(3) 구심 가속

바람의 흐름에 외부의 어떠한 힘도 적용되지 않는다면 직선 방향으로 무한정 이동하게 될 것이다. 그러나 바람에 작용하는 외부의 힘으로 인하여 방향이 변경되고 힘이 약화되는 한 원인이 된다. 구심력은 오른쪽 그림과 같이 바람의 흐름이 내부로 향하는 힘으로 흐름 방향과 직각 방향으로 작용한다. 이 힘은 저기압 또는 고기압의 공기흐름에서 뚜렷하게 확인할 수 있듯이 바람은 등압선을 따라서 흐른다. 이 같은 구심 가속이 뚜렷하게 나타나는 곳은 중위도 사이클론보다 소규모의 순환 구심 가속에 매우 중요한 요소이다.

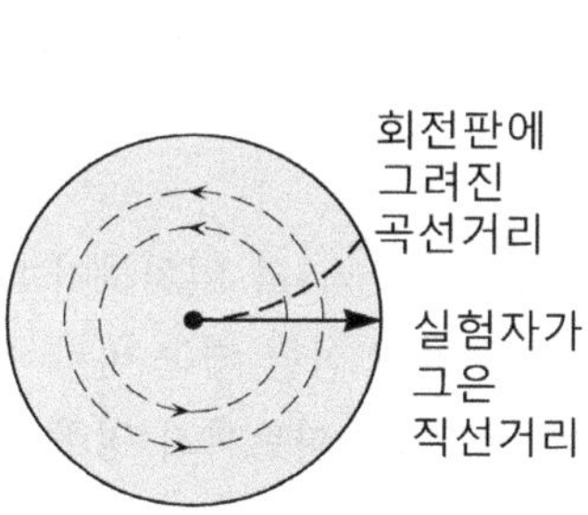

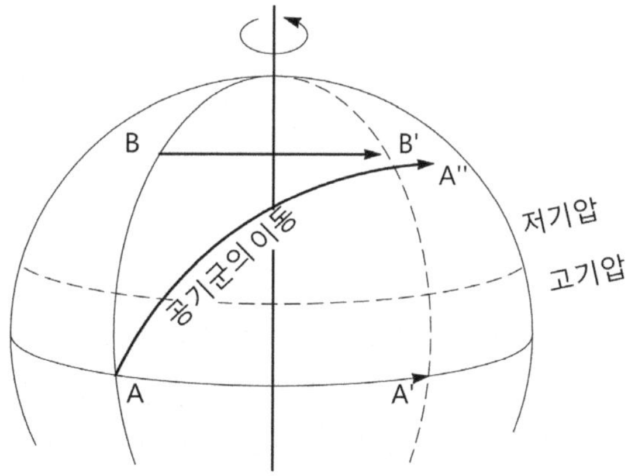

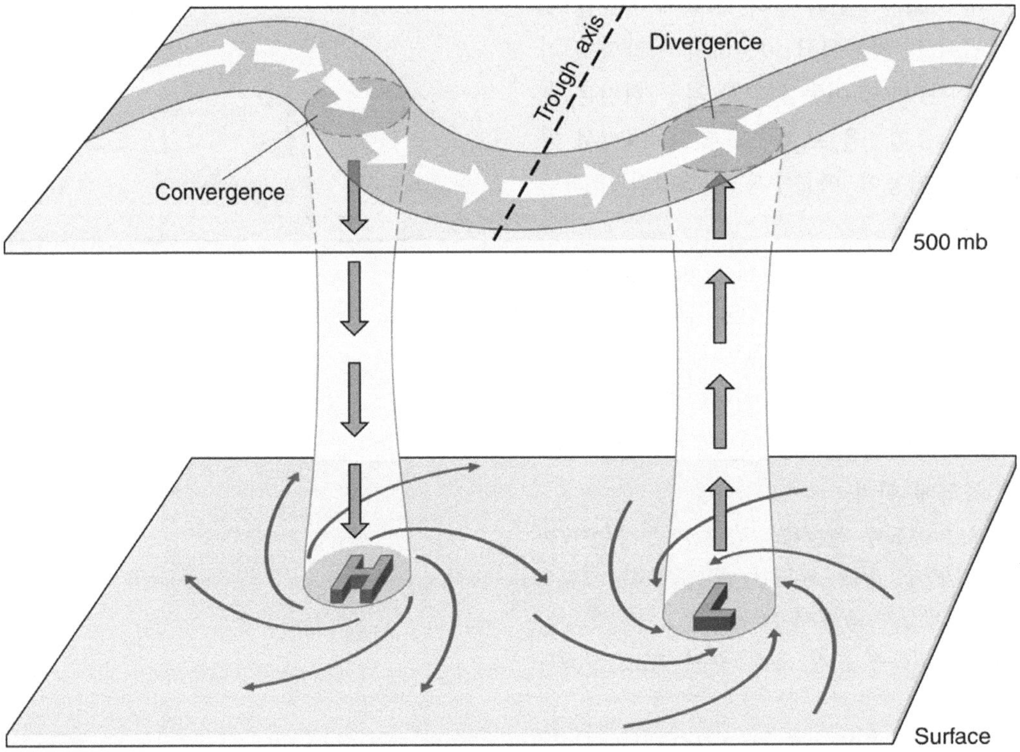

물리적으로 구심력(centripetal force)은 [그림4-15]와 같이 원심력과 크기는 같고 방향은 반대로 작용하는 힘으로 다음과 같이 나타낼 수 있다.

$$Cp = \frac{mv^2}{r} = mrw^2$$

m; 질량
r; 곡률반경
v; 속도
w; 자전각속도

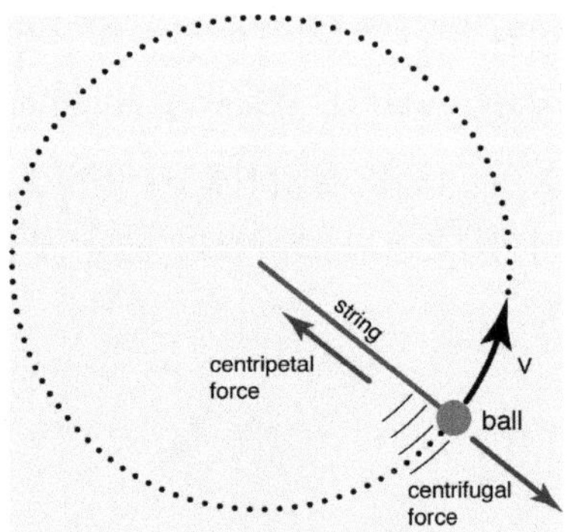

(4) 마찰 감속

지표면에서 바람의 방향과 속도는 지형의 영향을 받아서 등압선(isobar)과 일치하지 않는다. 이 같은 현상은 지형의 형태에 따라 크기가 달라진다. 지형의 굴곡이 심할 때는 바람 속도를 감소시키고 바람방향이 심하게 변경된다. 지표면의 마찰은 대략 2,000피트까지 영향을 줄 수 있으며, 바람방향은 고기압 중심에서 저기압 중심을 향하여 이동한다. 공기의 흐름은 앞서 설명한 것과 같이 여러 가지 요소가 복합적으로 작용한다. 일반적으로 조종사가 비행계획을 수립할 때 기압의 위치에 따라 비행에 좋은 조건을 선택할 수 있다. 예를 들어 북반구

(northern hemisphere)의 경우 서쪽에서 동쪽으로 비행할 때는 저기압 남쪽 또는 고기압 북쪽 지역으로 기류를 타고 비행할 수 있으며, 반대로 동쪽에서 서쪽으로 비행할 때는 저기압 북쪽이나 고기압 남쪽을 선택해 비행함으로써 기류의 흐름을 충분히 활용할 수 있다는 것을 의미한다. [그림4-14]

(5) 대류(convection)

두 표면이 서로 다르게 가열되었을 때 지표면 상층부의 공기 또한 다르게 가열되고 가열된 공기는 팽창되어 가벼워지면서 찬 공기보다 밀도가 적어진다. 반면 찬 공기는 지면에 깔리면서 더운 공기를 상층부로 밀어 올린다. 상승한 공기는 흩어지고 냉각되어 밀도가 높아지고 밀도가 높아진 공기는 다시 가라앉아 일련의 대류성 기류를 형성한다. [그림4-16]은 대류 현상에 의한 공기의 이동을 보여주고 있으며, 지면에서는 상층부와 반대방향으로 공기가 흐르고 있음을 알 수 있다. 이 같은 수평적 공기의 이동을 이류(advection)라 한다.

(6) 공기 순환과 바람

지면의 불균형 가열 때문에 공기군의 순환 형태는 기압에 따라 방향과 형태가 달라진다. 조종사는 비행계획을 수립할 때 기압의 형태에 따라 기류의 방향과 형태를 예측할 수 있어야 한다. 고기압 지역에서의 기류는 [그림4-14]와 같이 시계방향(clockwise)으로 순환하면서 아래쪽(downward)으로 그리고 바깥쪽(outward)으로 작용한다. 반대로 저기압 지역에서 기류는 시계반대방향(counterclockwise)으로 순환하면서 위쪽(upward) 그리고 안쪽(inward)으로 작용한다. 일반적으로 고기압과 마루 지역에서 양호한 시정, 무풍 또는 미풍 그리고 구름이 드물게 존재하고, 저기압과 기압골 지역에서는 많은 구름이 형성되고 시정이 나쁘며 돌풍성 바람과 난기류가 발달한다.

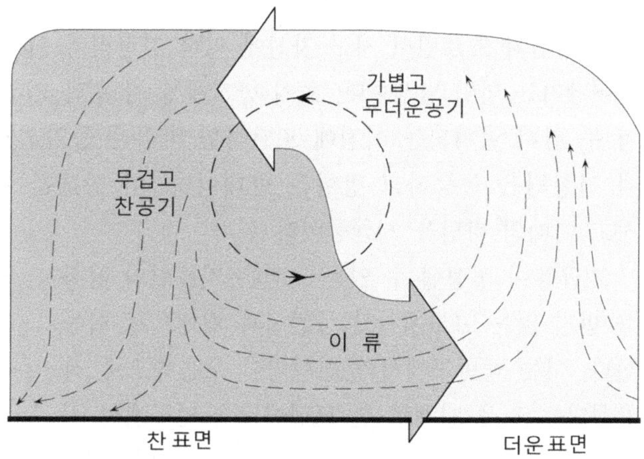

4.3 바람의 종류

4.3.1 지균풍(geostrophic wind)

지균풍은 기압경도력(pressure gradient force; PGF)과 전향력(Coriolis force; CF)이 균형을 이루어 발생하는 바람이다. 어떠한 원인으로 인해서 바람이 발생했다면 최초 이 바람은

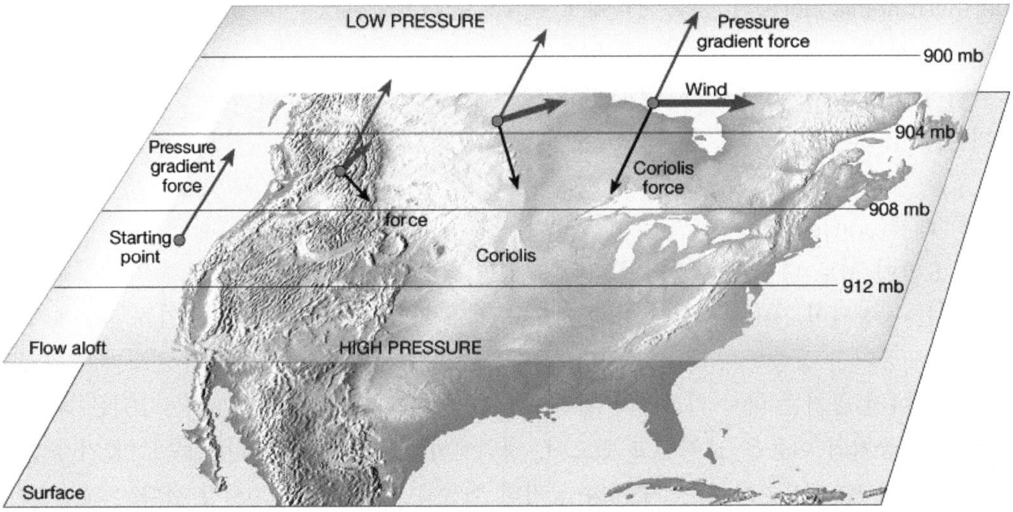

-

[그림4-17, 18]과 같이 고기압에서 저기압으로 흐르고 단지 기압경도력만이 작용하고 있다. 바람이 점차 흐르면서 지구 자전에 의한 전향력이 이 힘에 추가되고 바람방향을 오른쪽으로 끌어당기는 힘이 발생한다. 초기 단계에서 이 힘은 기압경도력과 균형을 이루지 못하다가 점차 두 힘이 일치되는 지점에 도달하면 바람은 등압선과 평행하게 흐른다. 이때 기압경도력과 전향력은 동등하고 방향은 반대이다. 이 상태를 지균 균형(geostrophic balance)이라 하고 이때의 바람을 지균풍이라 한다.

지균풍이 형성될 수 있는 조건은 지표면의 영향을 받지 않는 고도에서만 등압선과 평행으로 이동한다. 이는 북반구에서의 전향력이 오른쪽으로 작용한다는 것을 전제로 한 모델이고 남반구에서 전향력은 왼쪽으로 작용한다는 점을 고려해야 한다. 지균풍에서 바람방향에 대한 기압 구역을 결정하는 방법으로 "보이스 발로트의 법칙(Buy Ballot's Law)"에 따른다. 예를 들어 지표면의 영향을 받지 않는 고도에서 정확하게 뒷바람을 받는 상태에서 왼쪽은 저기압 구역이고 오른쪽은 고기압 구역이 된다. 그러나 지표면에서 바람은 지형의 영향을 받을 수 있으므로 정확하다고 할 수 없다. 이때는 대략 뒷바람 상태에서 양팔을 벌렸을 때보다 30° 정도 오른쪽으로 회전한 상태에서 방향을 판단한다.

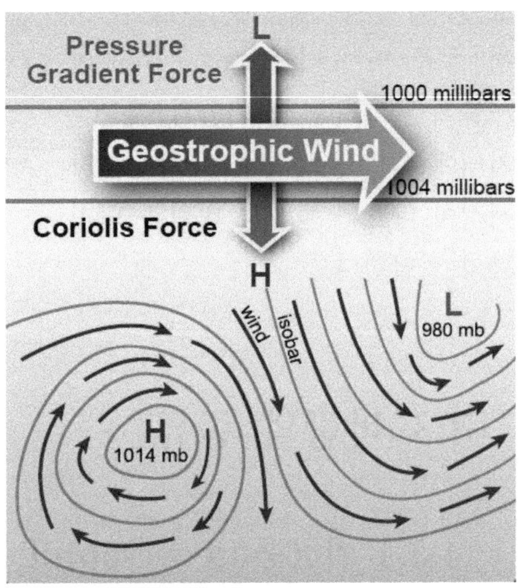

-

이는 전향력을 상쇄시켜야 정확한 방향을 판단할 수 있기 때문이다. 해륙풍, 뇌우, 토네이도와 같은 소규모의 순환(소순환)에서는 기압경도력이 전향력보다 너무 크기 때문에 지균풍이 발생하지 않는다.

4.3.2 경도풍(gradient wind)

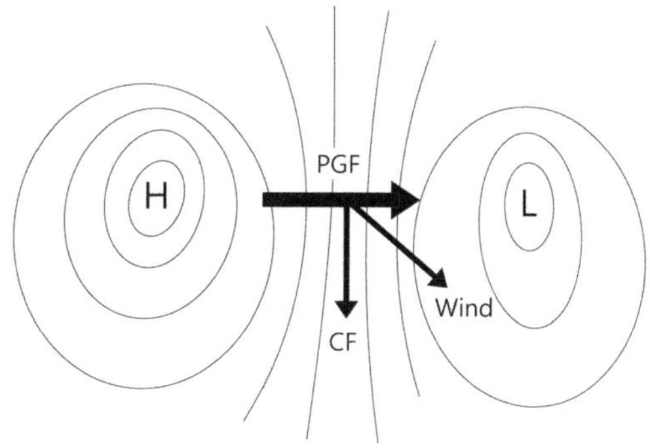

일기도에서 동일한 기압대를 나타내는 등압선(isobars)은 대부분 곡선으로 이루어져 있다. 이 구역에서 바람 역시 등압선과 같이 곡선을 따라 흐르려는 경향이 있다. 이 같은 현상이 발생하는 이유는 무엇일까? 고기압 지역에서는 [그림4-19]와 같이 오른쪽으로 바람이 이동하는 데 이때 바람에 작용하는 힘은 기압경도력(PGF), 구심력(centripetal force; Ce), 전향력(Coriolis force; CF)이 작용하고 이들 힘이 균형을 이루어 바람은 등압선을 따라 흐르게 된다. 바람이 형성되었을 때 이는 기압의 차이가 발생했다는 것이고 두 기압의 차에 따른 기압경도력이 발생하고, 바람은 기압이 높은 쪽에서 작은 쪽으로 흐르게 될 것이다. 이 과정에서 전향력이 작용하고 동시에 회전하는 물체의 중심으로 끌어당기는 구심력이 작용하여 균형을 이루게 된다. 이를 경도풍이라 한다.

북반구에서 저기압 주변의 경도풍은 시계반대방향(counterclockwise)으로 흐르려는 경향이 있고 이를 사이클론 흐름(cyclonic flow)이라 한다. 반대로 고기압 주변에서 경도풍은 시계방향(clockwise)으로 회전하는 경향이 있고 이를 안티사이클론 흐름(anticyclonic flow)이라 한다. 그림에서 보는 것과 같이 저기압 주변에서는 기압경도력이 전향력보다 크기 때문에 공기흐름을 저기압 쪽으로 끌어당기는 힘을 갖는다. 고기압 주변에서는 기압경도력보다 전향력이 더 크기 때문에 고기압 쪽으로 공기흐름을 끌어당긴다. 이 과정에서 저기압과 고기압의 등압선이 동일한 간격으로 형성되었다 할지라도 전향력이 공기 속도를 증가시키기 때문에 고기압 주변 바람이 더 강하다.

[주87] 경도풍의 필수조건; 구심 가속을 위한 조건이 필수적으로 존재해야 한다.

[주88] 경도풍 힘의 균형

(고기압) 전향력=기압경도력+ 원심력, 또는 (전향력>기압경도력)

(저기압) 기압경도력=구심력+ 전향력, 또는 (전향력<기압경도력)

4.3.3 지상풍(surface wind)

지균풍과 경도풍은 지표면의 영향을 받지 않는 고도(약 2,000피트) 이상에서의 바람이다. 일반적으로 지상풍(surface wind)은 개활지의 약 30피트 아래에서 측정한 바람으로 지상풍

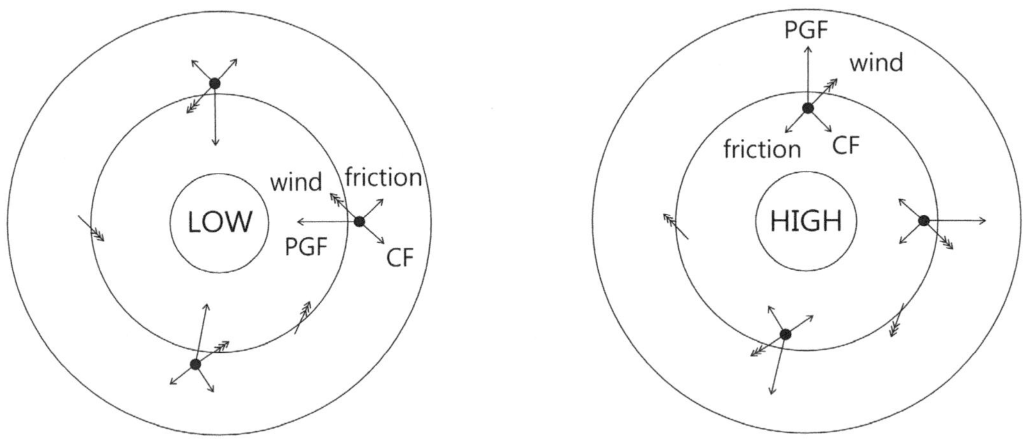

이란 개괄적인 용어이지만 구체적 표현으로는 마찰층 바람(friction layer wind)으로 정의할 수 있다. 지표면으로부터 2,000피트 이하의 고도라면 높고 낮은 산과 도심 지역의 인공 건축물 그리고 해양과 육지의 비열 차이 등 수많은 변수가 존재한다.

지상풍에서는 이들 요소를 고려한 바람으로 상층풍(wind aloft)과 달리 등압선을 따라 흐르지 않는다는 것을 쉽게 예측할 수 있다. 지상풍에서 기압경도력은 정상적으로 존재하지만, 전향력은 지표면에 가까울수록 감소하는 현상을 보인다. 따라서 바람은 등압선을 횡단하는 형태로 흐르고 대략 10~45°의 방향으로 등압선을 횡단하여 흐른다. 마찰은 바람 속도를 감소시키면서 동시에 바람방향을 변화시키는 요인으로 작용한다. 이는 곧 전향력을 감소시킨다는 것을 의미하고 기압경도력과 전향력이 균형을 이루지 못하면서 등압선을 횡단하는 원인이다. 결국, 지상풍은 기압경도력과 전향력 그리고 마찰력의 합계가 균형을 이루고 있다고 할 수 있다. 전향력의 효과는 바람 속도에 달려 있기 때문이다.

고기압 지역에서는 [그림4-20]과 같이 시계방향으로 회전하면서 밖으로 흐르려는 경향이 있고, 저기압에서는 시계반대방향으로 회전하면서 안으로 흐르려는 경향이 우세하다. 지형이 거칠수록 마찰의 영향은 크기 때문에 바람 속도의 감소 역시 크다. 이 때문에 사막 지역과 같이 평평한 지역에서 마찰력은 약하고 산악 지형이나 대형 건물이 많은 도심 지역에서 마찰력은 강하다. 지표면과의 마찰은 고도에 따라 현저히 감소하고 약 2,000피트(AGL)에 도달했을 때 마찰은 무시될 수 있다. 이 고도 층을 경계층이라 한다. 위에서 학습한 모델은 북반구에서의 바람이고 남반구에서는 전향력이 작용하는 방향이 다르므로 바람 회전 방향은 반대 방향으로 흐른다.

지상풍이 중요시되는 이유는 항공기의 이착륙에 직접 영향을 미치는 요인으로 등압선에 의한 예측이 어렵기 때문이다. 예를 들어 지표면 근처에서는 기온의 역전층이 존재한다. 이것은 고도가 높아질수록 기온이 감소하는 것이 정상적이지만 어느 고도에서는 반대로 기온이 상승하는 고도대가 존재할 수 있다. 이 구역에서는 바람방향이 급격히 변경될 수 있다. 활주로에 접근 중인 항공기는 항상 맞바람을 받으면서 접근하게 된다. 그러나 이 같은 역전층이 존재하는 구역에 접어들었을 때 바람방향이 급격히 변경될 수 있고 이는 심각한 맞바람 상실(headwind loss) 또는 뒷바람 상실(tailwind lose)의 원인이 되어 활주로 근처까지 접근하고 있는 항공기의 성능에 심각한 영향을 줄 수 있다. 전형적으로 저고도 윈드시어(low level windshear)의 영향으로 볼 수 있으며 다음 장에서 상세하게 학습하게 될 것이다.

[주89] 지상풍 힘의 균형; 기압경도력=전향력+마찰력

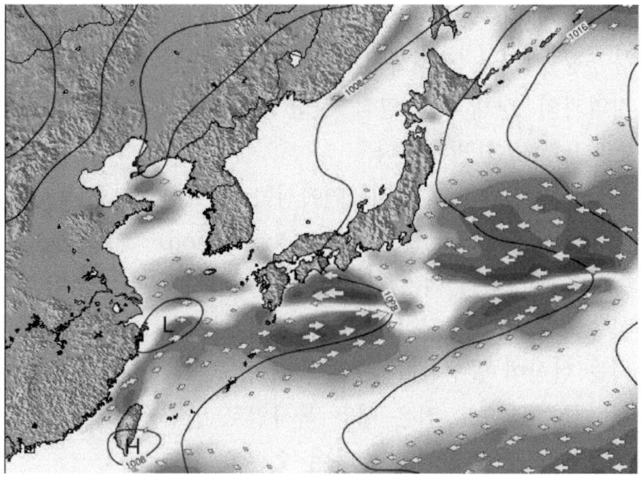

4.3.4 국지풍(local wind)

바람 형성의 주원인이 태양 복사열에 의한 지표면의 불균형 가열 때문에 발생한다는 것은 주지의 사실이다. 앞서 학습한 바람은 지표면의 영향을 배제한 것으로 고도 2,000피트(AGL) 이상에서의 바람에 대해서 학습하였다. 이제는 고도 2,000피트 이하의 높이에서 발생하는 바람의 형태는 어떻게 발생하고 항공기 운항에는 어떠한 영향을 줄 수 있는지 다룬다. 일반 경항공기는 통상 고도 5,000피트 미만의 고도대에서 운항하고 경량항공기는 고도 2,000피트 이하의 고도에서 그리고 항공레포츠로 주목받고 있는 활공기, 동력 활공기와 같은 항공기는 지표면에서 수백 피트 고도에서 운항하기 때문에 국지풍의 영향은 이들 항공기 범주에서 더욱 중요시된다. 다음은 국지풍의 발생 원인과 어떠한 형태의 바람이 형성되는지에 대해서 학습한다. 지구의 불균형 가열에 의한 가열은 적도 지역과 극 지역으로 형성되는 대순환(great circulation)을 형성하는 반면 해륙풍, 산바람과 골바람과 같이 규모가 작은 순환 때문에 발생하는 바람을 국지풍(local winds)으로 구분한다.

(1) 열적 순환(thermal circulation)

바람의 규모와 관계없이 바람이 형성되기 위해서는 기압경도력이 발생해야 한다. 태양 복사열은 지구 전체의 표면에 고르게 전달되지 못한다는 것은 주지의 사실이다. 지구의 자전과 공전으로 끊임없이 낮과 밤이 바뀌고 계절적으로 태양 복사열의 강도와 위도에 따라서도 태양 에너지의 양이 다르다는 것을 학습하였다. 이 같은 가열과 냉각이 끊임없이 반복되면서 [그림4-22, 23]과 같이 순환 형태를 이루게 되는 데 이 바람을 열적 바람(thermal wind)이라 한다.

만약 태양 에너지를 고르게 받고 있다면 수평적 기온의 변화가 없으며 이는 곧 기압경도력이 발생하지 않는다는 것을 의미하고 바람도 존재하지 않는다. 반면에 [그림4-22, 23]과 같이 어느 한 지역에 구름이 형성되었을 때 태양 복사열은 구름으로 인해서 빛의 강도가

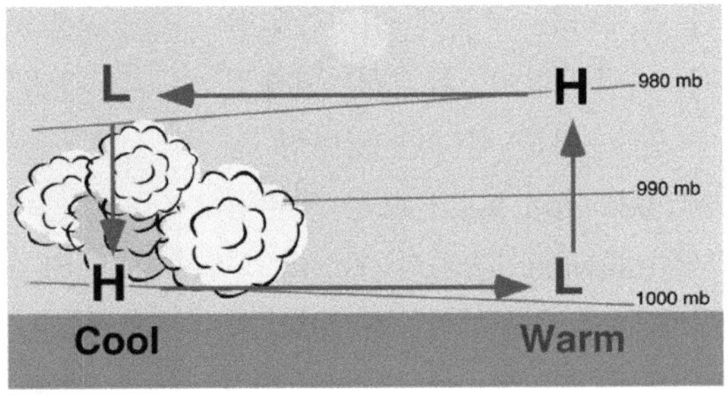

감소하게 될 것이고 이는 지표면의 국지적 불균형 가열을 초래하여 직사광선을 받는 지역과의 상대적인 열적 불균형(thermal unbalance)이 발생한다.

직사광선을 받는 지표면에서는 활발한 대류와 전도(conduction and convection) 현상이 발생하여 여기서 발생한 열에너지가 상층 공기로 전달되어 상부의 공기가 가열되는 현상이 발생한다. 반면에 왼쪽 구역에서는 상대적으로 적은 태양 복사열로 인한 대류와 전도 현상이 감소하여 오른쪽 구역보다 가열 정도가 감소하였다는 것을 알 수 있다.

결론적으로 상층부의 공기를 분석했을 때 오른쪽과 왼쪽의 기압차에 의한 기압경도력이 발생하여 상층부의 바람은 오른쪽에서 왼쪽으로 흐른다는 것을 예측할 수 있다. 그러나 이 같은 상층부 공기의 불균형은 그 자체로만 종결되는 것이 아니고 상층부의 공기와 하층부의 불균형을 초래하여 또 다른 순환을 일으킨다. 직사광선으로 가열된 지표면에서의 복사열은 열적 저기압 중심(thermal low pressure center)을 발생시키고 공기의 흐름은 그림과 같이 위로 흐르게 하여 상층부 공기를 가열시킨다. 반대로 상층부 저기압의 하부 지표면에서는 구름에 가려지면서 단파 복사 흡수가 방해되면서 상대적으로 냉각되는 현상이 발생한다.

이제 전체적인 현상을 놓고 보았을 때 지표면에서 기압이 높은 곳과 낮은 곳이 발생하고 상층부에서도 거의 유사한 형태의 기압 높낮이가 발생하여 전체적으로 폐쇄된 직사각형의 형태가 형성되는 것을 발견할 수 있다. 상층부에서 바람은 왼쪽으로 흐르고 다시 왼쪽 상층부의 공기는 아래로 향하는 흐름이 발생한다. 지표면에서는 왼쪽에서 오른쪽으로 흐르면서 한 사이클이 형성되면서 국지풍의 흐름 패턴을 예측할 수 있다.

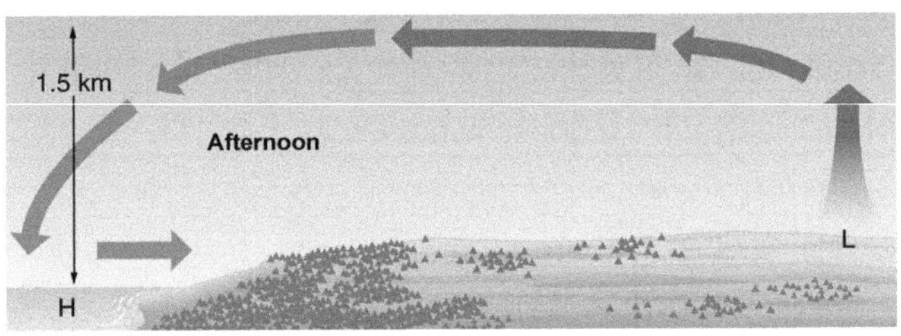

[주90] 태양과 지구복사 에너지; 태양복사 에너지의 50% 정도가 가시광선 영역이고 지구복사 에너지의 95% 정도가 적외선 영역이다.

- *태양: 단파복사에너지*
- *지구: 장파복사에너지*

(2) 산바람과 골바람(mountain breeze and valley breeze)

열적 순환으로 발생하는 산들바람(breeze)의 한 형태로 산바람과 골바람이 있다. 이 두 바람은 동일 구역에서 발생하지만, 낮과 밤의 열적 순환으로 발생하는 바람의 종류이다. 이들 바람은 거대한 지형적 기복이 형성된 산악 지역에서 발생한다. 산바람(mountain

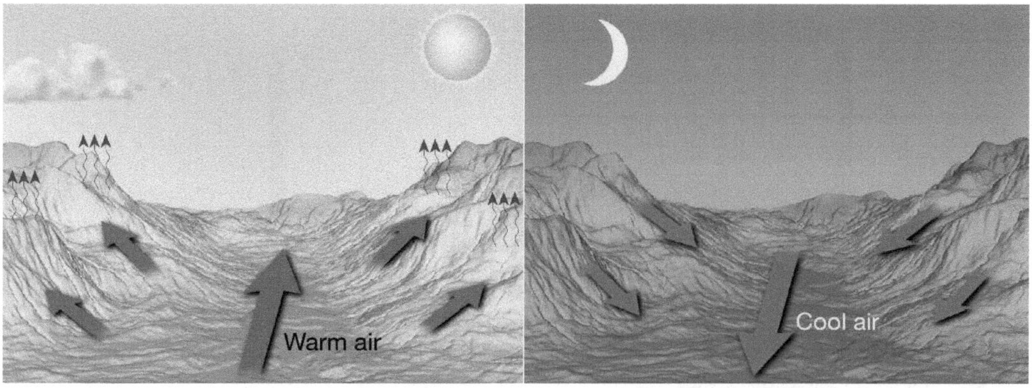

breeze)은 [그림4-24, 25]와 같이 야간에 발생하는 바람으로 산 정상으로부터 산 아래로 불어 내려오는 바람이고, 골바람(valley breeze)은 [그림4-24, 25]와 같이 주간에 발생하는 바람으로 산 아래로부터 산 정상으로 불어 올라가는 바람이다. 따라서 산바람을 활강풍(katabatic wind) 그리고 골바람을 활승풍(anabatic wind)이라고도 한다.

산바람과 골바람의 발생은 산악 지역에서는 산봉우리를 중심으로 태양 에너지를 많이 받는 경사면과 상대적으로 태양 에너지를 적게 받는 경사면이 형성되면서 두 표면이 서로 다르게 가열되고 수평적 기압경도력이 발생한다. 주간에는 태양 에너지를 많이 받는 경사면의 공기는 동일 고도의 평균 공기보다 가벼워져 [그림4-24, 25]와 같이 경사면을 따라 상승하고, 반대로 야간에는 경사면의 복사냉각 차이로 인하여 산정에서 불어 내린다. 산바람이나 골바람이 발생하는 구역에서는 산 정상 높이를 기준으로 기온역전층이 형성되는 것을 알 수 있다. 이 같은 역전층은 공기의 무한정 이동을 제한하는 역할을 한다. 예를 들어 골바람이 발생했을 때 [그림4-24]와 같이 상승하는 공기의 흐름이 산 정상에 도달했을 때 역전 현상으로 인하여 수평적 흐름이 발생하여 계곡 중심부에서 하단으로 하강하게 된다.

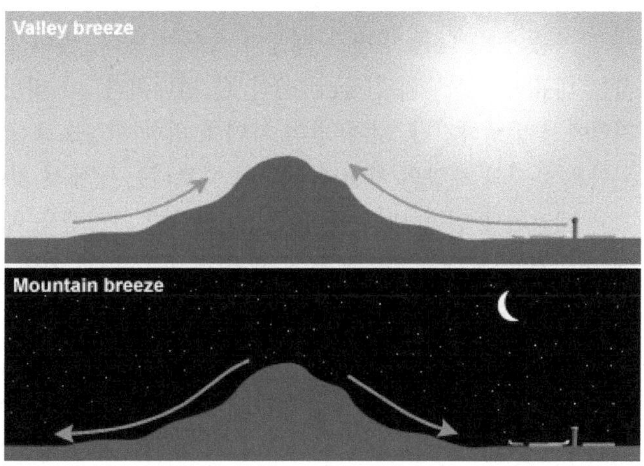

이를 전체적으로 관찰했을 때 공기의 상승과 하강이 한 순환을 이루는 것을 볼 수 있다. 산바람과 골바람은 계곡의 깊이, 크기, 방향 그리고 경사도에 따라 바람의 강도가 결정된다. 일반적으로 산바람은 일출 전에 약 5~15노트가 보통이지만 깊은 계곡일수록 바람 통로가 좁게 형성되고 이는 벤투리 효과에 의해서 풍속은 더욱 빨라질 수 있으며 때로는 계곡 입구에서 25노트를 초과하는

때도 있다. 고고도를 비행하는 대형 민항기의 운항에는 크게 영향을 미치지는 않지만, 저고도에서 운항하는 일반 항공기와 항공레포츠에 활용되는 행글라이더, 글라이더 동력 활공기의 운항에는 상당한 영향을 미치게 된다. 특히 헬리콥터는 저고도에서 일정 고도를 유지하면서 등고선을 따라 비행하거나 농약 및 비료의 살포와 같은 활동 중에는 언제든지 산바람과 골바람의 영향을 고려하여야 한다.

(3) 해륙풍(sea breeze and land breeze)

국지풍의 또 다른 형태로 해풍과 육풍이 있다. 많이 알려진 것과 같이 해안 지역에서 발생하는 대표적인 산들바람(breeze)의 한 형태이다. 이 바람 역시 산바람과 골바람과 같이 동일 지역에서 발생하지만, 낮과 밤의 차이에 의한 현상으로 열적 순환의 한 형태이다. 해륙풍의 주원인은 육지와 해양의 가열과 냉각이 다르다는 점에서 찾아볼 수 있다. 주지하는 바와 같이 육지와 해양이 동일한 태양 에너지를 받는다고 가정했을 때 육지는 해양보다 더 빨리 가열된다.

여기서 간과할 수 없는 것은 해양이 비록 늦게 가열된다 할지라도 수중에서는 수면과 수면 아래의 순환이 잘 이루어지기 때문에 열을 보존하는 능력이 육지보다 양호하다는 사실이다. 따라서 야간이 되었을 때 지표면에서의 복사열과 해양에서의 복사열에서는 뚜렷한 차이가 발생한다. 이처럼 주간에는 태양 복사열에 의한 가열 속도에 따른 기압경도력이 발생하고 야간에는 지표면과 수면의 복사냉각 차이에 따른 기압경도력이 발생하여 주간에는 해풍이 그리고 야간에는 육풍이 발생한다. [그림4-26]에서 보는 것과 같이 태양 복사열로 인해서 빨리 가열된 육지에서는 저기압이 발생하고 공기를 팽창시켜 상승을 초래하고 해수면에서는 상대적으로 늦게 가열되기 때문에 찬 고기압을 형성한다. 두 지역에서는 기압경도력이 발생하여 해양에서 발생한 무겁고 찬 공기는 육지로 불어오고 육지의 가볍고 더운 공기를 위로 밀어 올리면서 이 지역을 차지하게 된다. 육지에서는 수직적 대류가 발생하여 공기는 상승하고 이 공기는 다시 해양 상공의 공기 쪽으로 흐르면서 하나의 순환을 형성한다. 이 같은 흐름의 순환을 해풍이라 한다.

일반적으로 해풍은 오전 중간쯤에(midmorning) 발생하기 시작하여 기온과 기압의 차이가 가장 크게 발생하는 늦은 오후에 최대가 된다. 해풍은 지표면과 해수면에서 기온과 기압이 거의 동등해질 때 사라지고 이때는 일몰(sunset) 무렵이 된다. 일반적으로 해풍은 약 10~20노트까지 발생하는 것으로 알려져 있듯이 강풍으로 분류하지 않기 때문에 산들바람(breeze)의 한 형태로 분류하는 이유이다. 해가 진 후부터는 육지와 해양은 태양열을 받지 못하는 상태가 되면서 냉각되기 시작된다. 그러나 두 표면의 냉각 속도는 확실한 차이가 발생한다. 육지의 냉각 속도가 해양의 냉각 속도보다 빠르게 발생한다. 이 같은 냉각이 수 시간 계속되었을 때 두 표면 상공에서의 기온과 기압 변화의 차이가 크게 발생하면서 기압경도력이 발생한다.

[그림4-26]과 같이 수면 상공의 더운 공기는 상승 압력을 받고 이 자리를 육지의 찬 공기가 대치하면서 주간과는 반대의 순환이 발생한다. 이 바람을 육풍이라 한다. 야간에는 주간보다 기온감률(temperature lapse rate)이 느리므로 육풍은 해풍에 비해서 약하다. 수상기의 이륙 역시 맞바람을 이용할 수 있어야 하고 [그림4-26]과 같이 해양에서는 육지 쪽에서 불어오는 바람이 우세함으로 이착륙 방향을 해양 쪽으로 결정하는 것이 유리하다. 또한, 해안 지역에 있는 활주로에서 바람방향 역시 예측이 가능하다. 활주로의 방향이 해안과 평행으로 건설되어 있다면 주·야간 이착륙할 때 측풍의 영향을 고려하여 해안에 수직 방향으로 건설되어 있다면 이착륙에 매우 유리한 바람을 활용할 수 있을 것이다.

4.3.5 중규모 바람

(1) 계절풍(monsoon)

계절풍 또는 몬순으로 잘 알려진 바람은 용어가 의미하는 것과 같이 바람방향이 계절적 요인에 따라 변하는 것으로 예측 가능한 중규모(regional scale)의 바람으로 분류한다. 계절풍의 존재는 앞서 학습한 산바람과 골바람 그리고 해륙풍과 같이 지표면과 해수면의 기온차로 인해서 발생하는 것으로 다만 이들과 차이가 있다면 규모 면에서 수천 킬로미터에 달하고 계절적 요인이 추가된다는 점이 다를 뿐이다. 동일한 반구(북반구 또는 남반구)에 태양으로부터 받아들이는 태양 에너지는 동일하다. 그러나 대륙과 해양의 주 구성 요소인 지표면과 해수가 가열되고 냉각되는 차이로 기온차가 발생한다. 여기서 여름과 겨울의 계절적 요인을 고려했을 때 기온차는 더욱 현저하게 나타나게 될 것이다. 특히 여름 계절풍은 찬 해양으로부터 따듯한 대륙으로 불어온다. 이처럼 여름철에 발생하는 뚜렷한 계절풍의 요인은 다음과 같은 원인이 지배적인 것으로 알려져 있다.

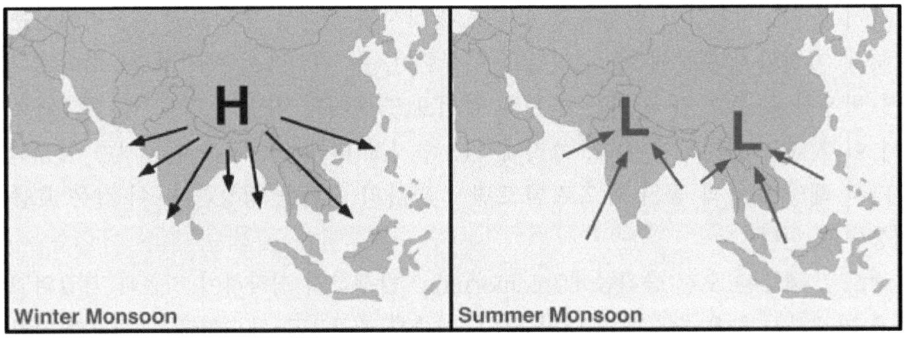

① 지면과 해수는 현저한 비열(specific heat) 차이가 발생한다.
② 해수면에서는 대륙과 달리 많은 증발 현상이 발생한다.

일반적으로 계절풍은 많은 강수를 동반하는 데 이는 주로 겨울보다는 여름 계절풍(summer monsoon)의 영향이 크다고 할 수 있다. 여름 계절풍의 생성 과정을 보았을 때 [그림4-27]과 같이 해양 쪽에서 발달한 더운 공기는 습기를 많이 함유하고 있다. 이 공기가 대륙으로 이동할 때 발생하는 냉각 현상은 습한 공기의 응축과 비를 형성하는 원인이 된다. 이들 공기가 이동하는 경로 선상에 높은 산이 있다면 이 지역에서 발생한 지형적 상승(orographic uplift)과 조화되었을 때 아시아의 고원지대(highland)에서는 여름 계절풍 동안에 수 미터의 비가 내리는 곳이 발생하기도 한다. 겨울 계절풍은 여름 계절풍과 정반대로 형성된다. 이번에는 해양이 대륙보다 더 따뜻해지는 데 이는 해양의 높은 비열과 하층수 혼합 때문에 열에너지를 더 오랫동안 보존할 수 있기 때문이다. [그림4-27]은 아시아 지역에서 발생하는 계절풍의 형태를 나타낸 것으로 두 계절풍의 이동 방향이 명확하게 대조적임을 알 수 있다.

계절풍이 육지와 해양의 분포, 지형적 요인 그리고 중위도에서 발생하는 순환 등이 상호 조화되었을 때 복잡한 기상현상이 발생한다. [그림4-27]과 같이 인도 북부와 극동 아시아 북쪽 지역에 저기압이 형성되는 데 이는 상대적으로 높은 표고에 내리쬐는 태양 에너지 때문이다. 인도양 상공에서 발생한 습하고 더운 공기는 열적 저기압 지역인 대륙으로 이동한다. 또한, 여름 뜨거운 태양 에너지는 위도 방향으로 강한 기압경도력의 발달을 초래한다. 아울러 북위 25°의 15km 상공에는 편동 제트기류가 발달하는 원인이 된다. 제트기류는 남동 아시아, 아라비아해, 남아프리카 지역에 더 많은 비가 내린다.

그러나 여름이 가고 가을로 접어들면서 상층 대기에서 최대 강도의 편동(easterly) 열적 제트기류(thermal jetstream)는 강한 편서풍으로 대치된다. 또한, 히말라야 상공의 상층 대기에 형성되어 있는 찬 저기압으로부터의 침강(subsidence)은 지표면에 고기압을 발생시키는 데 이 기상현상이 인도와 남동 아시아권의 주요 기상 요인으로 작용한다. 이 같은 계절풍은 오스트리아, 아프리카, 남미 그리고 북미 지역에서도 나타난다.

[주91] 국지풍의 교란; 해륙풍, 산바람과 골바람은 뚜렷한 열적 순환으로 형성된 바람이다. 열적 순환의 형태를 변형시키는 다른 힘이 작용한다면 국지풍의 순환은 비정상적일 수 있다.

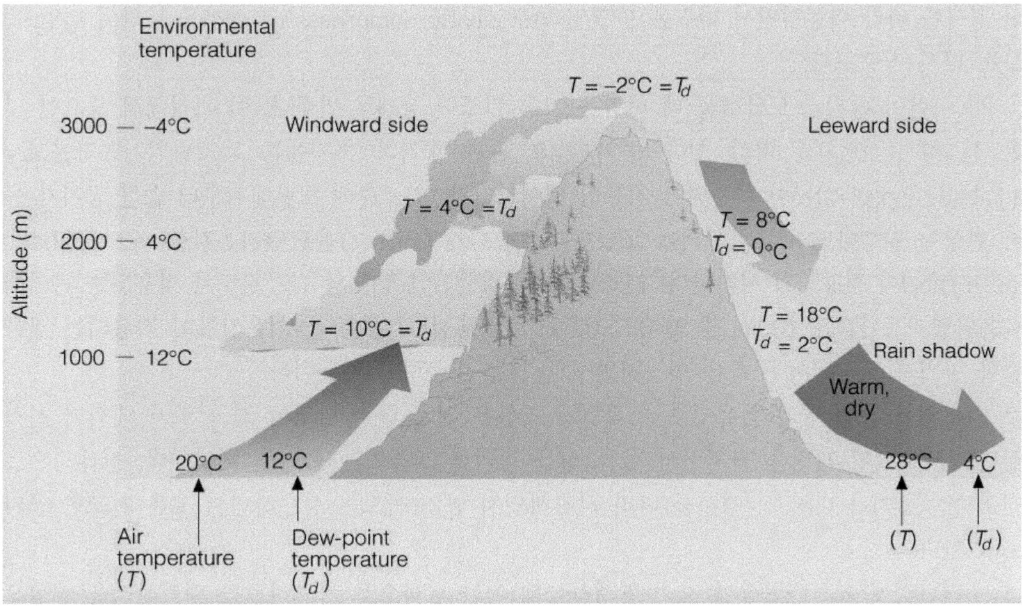

4.3.6 기타 바람

(1) 푄(fohn) 현상

푄현상으로 발생하는 바람을 푄 바람 또는 높새바람이라 한다. 푄현상은 습하고 찬 공기가 지형적 상승(orographic lifting) 과정을 통해서 고온 건조한 바람으로 변화되는 현상이다. 푄 바람은 지중해의 습한 공기가 알프스산맥을 넘으면서 고온 건조한 바람이 되면서 유래하였다. 푄 바람은 알프스산맥으로만 한정하지 않고 유사한 조건을 갖춘 지역에서 자주 발생하는 일반적인 바람의 한 종류로 기록되었다. 일반적으로 푄현상이 발생할 수 있는 조건은 다음과 같다.

① 지형적 상승
② 습한 공기의 이동
③ 건조단열기온감률 및 습윤단열기온감률

푄현상은 [그림4-28]과 같이 습하고 찬 공기군(바람)의 이동이 큰 산맥에 가로막혔을 때 바람은 경사를 따라 상승한다. 이 과정에서 바람은 단열 적으로 기온이 떨어진다. 상승하는 공기군(바람)의 기온이 점진적으로 떨어지면서 응축되기 시작하고 산 정상 부근에 도달해서 많은 구름이 형성되고 결국 비가 되어 내린다. 산 정상을 통과하면서 수분을 상실한 바람이 산 경사를 따라 이동하면서 바람은 단열압축(adiabatic compression) 과정을 통하여 바람 온도는 다시 상승한다.

이 바람이 평지에 도달했을 때 바람은 고온 건조한 상태로 변한다. 이 과정에서 중요한 것은 산 경사(slope)를 따라 상승 중인 차고 습한 공기가 초기에는 건조단열기온감률(dry adiabatic lapse rate)이 적용되어 기온이 떨어지다가 어느 층에 도달해서부터 습한 공기가 응축 현상이 발생하면서 포화상태에 도달한다. 이 단계부터는 습윤단열기온감률(wet adiabatic lapse rate)이 적용되기 시작한다. 건조단열기온감률은 100m 당 1℃ 정도가 적용되는 반면에 습윤단열기온감률은 100m 당 약 0.5~0.6℃가 적용된다. 습윤단열기온감률이 적용되는 것은 습한 공기가 응축되어 구름을 형성하면서 잠열을 방출하기 때문이다.

지속해서 습한 공기의 유입으로 적운형 구름은 점점 더 발달하여 결국 비가 내리기 시작한다. 공기가 이 과정을 거치면서 산 정상을 통과하고 공기는 습기를 빼앗긴다. 상대적으로 건조해진 공기가 다시 산 경사를 따라 하강하면서 공기 온도는 상승하면서 고온 건조한 공기로 변한다.

우리나라에서도 푄현상이 자주 발생하는데 이는 남북으로 가로지르는 태백산맥을 중심으로 동쪽과 서쪽의 바다에서 습한 바람이 태백산맥을 통과하면서 푄현상에 의한 반대편 지방에서는 건조한 이상고온이 발생하기도 한다. 예를 들어 동해상에서 발생한 차고 습한 바람이 서쪽으로 진행할 때 태백산맥의 경사를 따라 상승하면서 구름이 형성되고 비가 내리면서 태백산맥의 서쪽 지방에서는 건조한 이상고온이 계속되어 산불이 발생하거나 농작물에 피해를 주는 사례가 보고된다. 반대로 서해상에서 발생한 차고 습한 공기가 태백산맥을 통과하면서 영동 지방의 기온을 끌어 올리는 현상 역시 푄현상의 하나로 볼 수 있다.

4.4 대기의 순환

4.4.1 대순환

지구를 둘러싸고 있는 대기의 기류(current)는 일정 지역에 정체되어 있기보다 특정한 형태(patterns)를 갖추고 지구 주위를 끊임없이 순환하고 있다. 대기의 순환 원인은 태양으로부터 받아들이는 태양 에너지(sun energy)에 의한 지표면의 불균형 가열(uneven heating) 때문이다. 지축(earth axis)이 기울어 있어서 북반구와 남반구에서 태양 광선을 받아들이는 양이 다르다. 태양 광선을 수직으로 받을 때 지구는 최대로 가열될 수 있다. 따라서 적도(equator) 지방은 극(poles)지방보다 상대적으로 많은 태양 에너지를 받아들이기 때문에 지표면에 가열된(heated) 공기로 인해서 기온차가 발생한다.

[그림4-29]와 같이 적도 지방의 가열된 공기는 위로 상승하면서 두 지방의 기온차에 따른 거대한 대류(convection) 현상이 발생하고 적도 지방에서 가열된 공기는 상승하여 극지방으로 흐르고 극지방의 찬 공기는 적도 지방으로 흐르면서 대기의 순환 형태가 형성된다. 태양 에너지에 의한 지표면의 불균형 가열은 더운 지방과 추운 지방 사이에 기압차가 형성

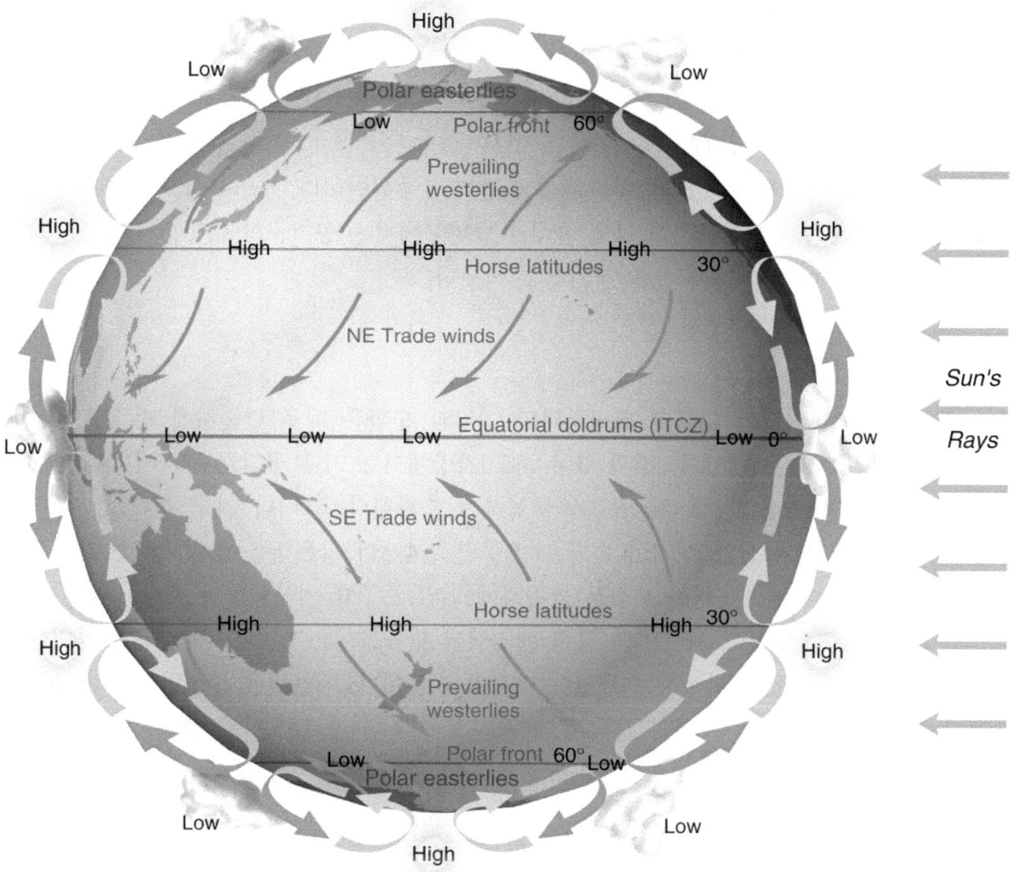

되며 더운 지방은 주로 저기압(low pressure)을 형성하여 상승기류를 이루고, 반대로 추운 지방에서는 고기압(high pressure)을 형성하여 기류는 하강(descend)하면서 더운 공기로 대치되어 거대한 공기군(airmass)의 대순환(general circulation)을 형성한다. 대기의 대순환 과정을 이해한다면 무역풍(trade wind)에 대해서 이해할 수 있을 뿐만 아니라 제트기류(jet stream)에 대해서도 이해할 수 있는 기본이 된다.

4.4.2 전향력(Coriolis force)

대기의 대순환을 이해하는 데는 전향력의 이해가 필수적이다. 전향력의 관찰은 [그림 4-13]과 같이 회전하는 원판의 중심에서 한쪽 끝단으로 직선을 그었을 때 실험자는 직선을 그었으나 원판이 정지했을 때 원판 위에는 직선이 아닌 회전 방향의 곡선이 그려져 있음을 관찰할 수 있다. 지구의 자전은 대기 순환이 편향되는 주원인이다. 북반구에서 전향력은 공기군의 이동을 오른쪽으로 휘어지게 하고 반대로 남반구에서는 공기군의 이동은 왼쪽으로 휘어지게 만드는 원인이 된다는 사실을 상기하길 바란다.

4.4.3 기압대 분포

만약 지구가 정지되어 있다고 가정한다면 대기의 순환은 매우 단순하게 진행될 것이다. 이 과정을 [그림4-29]에서 보는 것과 같이 적도 지방에서 뜨거운 공기군과 극지방의 찬 공기가 완전한 폐순환(closed circulation)을 구성하여 순환한다. 그러나 지구 전체의 기온대를 관찰하고 연구한 결과 실제 대기의 순환은 반구별로 4개의 기온대를 중심으로 3개의 셀(해들리, 페럴, 폴라)이 존재한다는 사실을 발견하게 되었고 주요 기상현상의 중심이 되었다. 이들 각 기압대의 위치는 [그림4-29]와 같이 배열되어 있음을 알 수 있다. 이 같은 현상의 주요 원인 중 하나는 지표면을 구성하는 물질이 다르기 때문이다. 지표면을 구성하는 주요 물질은 물과 육지이다. 앞서 학습한 것과 같이 물과 육지의 비열이 다르고 이로 인한 다른 기압차를 형성한다. 또 다른 요인은 표고이다. 표고는 고도가 증가할 때 기압중심을 강화하는 경향이 있으며 특히 고기압 체계에서 이 같은 표고(elevation)의 영향은 뚜렷하다.

(1) 열대수렴대(intertropical convergence zone; ITCZ)

적도(equator)를 중심으로 형성되는 저기압 지대이다. 지표면에서 해들리 셀로부터 공기군이 유입된다 하여 수렴대(convergence zone)라 하고 바람이 없거나 약하기 때문에 적도무풍대(equatorial doldrums) 또는 적도수렴대라고도 한다. 이 지역에서 발달한 고온다습한 공기군은 지구의 열과 습기 분포 순환에 기여하고 뇌우의 대류 활동에 따라 상층으로 운반된다. 따라서 이 지역에서는 연중 200일 이상 강수가 발달한다. 이 지대의 지표면에서 공기군은 적도를 향하여 흐르지만, 전향력의 영향을 받아 오른쪽으로 방향이 전환되면서 북동풍이 된다. [그림4-29]

(2) 아열대고기압대(subtropical high pressure zone)

위도상으로 20°~30° 위치에서 형성되는 고기압대이다. 지표면에서 공기군은 해들리 셀의 하나로 적도 방향으로 흐르는 공기군과 극 쪽으로 흐르는 공기군으로 분리된다. 적도 쪽으로 흐르는 공기군은 북동무역풍이 되고 극 쪽으로 흐르는 공기군은 전향력의 영향을 받아 편서풍이 된다. [그림4-29]

(3) 아극저압대(subpolar lows)와 극고기압대(polar high pressure zone)

위도상으로 약 50~70° 부근에 존재하는 저기압대 그리고 북극과 남극에 존재하는 고기압대이다. 북위 60° 근처에서 편서풍과 극 편동풍이 만나는 구역에서 극전선(polar front)이 형성되고 있음을 알 수 있다. [그림4-29]

4.4.4 3개의 셀

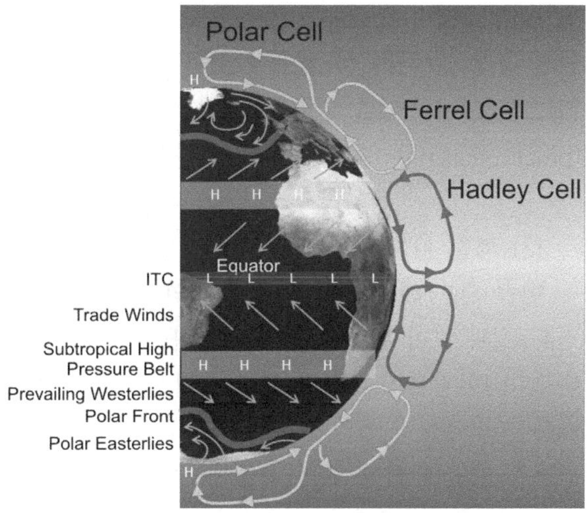

(1) 해들리 셀

해들리 셀(Hadley cell)은 [그림4-30]과 같이 적도 대기의 기상을 지배하는 요인으로 적도 상공으로부터 극 쪽(poleward)으로 약 10~15km 흐른 후 아열대 상공에서 하강한다. 지표면에서는 아열대(subtropic) 상공에서 하강한 공기가 적도를 향하여 흐르면서 하나의 폐순환(closed circulation)을 형성한다. 이들 순환 과정에서 수평 경도보다 수직 경도(vertical gradient)가 상대적으로 강하기 때문에 지표면 바람은 비교적 약하지만, 수직으로 상승하는 바람은 강하게 발달하여 고온다습한 공기를 상층으로 끌어올리는 작용(lifting motion)을 한다. 무역풍(trade wind), 열대 우기(tropical rainbelt), 아열대 사막(subtropical desert)과 제트기류(jet stream)의 발생과 밀접한 관계가 있다.

공기군의 흐름은 상층과 지표면이 완전히 반대방향으로 흐르고 있다는 것을 알 수 있다. 적도의 지표면에서 가열된 공기는 대류권계면 상공까지 상승하고 상승하는 중에 냉각되면서 극 쪽으로 흐르게 된다. 이들 공기군이 북(남)위 30°의 아열대 상공에 도달해서 하강하고 지표면에서 도달한 공기군은 다시 적도 지표면의 저기압 쪽으로 이동한다. 적도 상공에서 극 쪽으로 이동하는 공기군은 전향력(Coriolis force)의 영향을 받아 오른쪽으로 휘어지면서 상층 바람은 편서풍(westerlies)이 된다. 반대로 지표면에서 열대수렴지대로 이동하는 바람 역시 전향력의 영향을 받아 오른쪽으로 휘어지면서 상층의 바람방향과 달리 북동풍(남동풍)이 형성된다. 이 바람을 무역풍(trade wind)이라 한다.

또한, 대류권계면(tropopause) 상공에서 극 쪽으로 이동하는 공기군이 전향력의 영향을 받아 동쪽으로 휘어지면서 바람은 서쪽에서 동쪽으로 흐르는 아열대 제트기류(subtropical jet stream)를 형성한다. 이 같은 폐순환 형태는 북(남)위 30°를 기점으로 수행되고 있다는 것을 발견하였다. 그 이상의 위도에서 에너지의 운반은 상대적으로 더운 공기는 극 쪽으로 이동하고 찬 공기는 적도 쪽으로 이동하면서 형성되는 사이클론과 안티-사이클론(cyclones and anticyclones)으로 이루어진다는 점이 다르다. 결론적으로 해들리 셀은 지구상의 주요 기상 변화의 중심이 되고 있음을 알 수 있다.

(2) 폴라 셀(polar cell)

폴라 셀은 [그림4-30]과 같이 해들리 셀과 거의 유사한 형태의 폐순환을 형성하고 북(남)위 60° 이상에 존재하는 순환의 형태이다. 이 위치에 존재하는 공기군은 적도 상공의 공기보다는 상대적으로 서늘하고 건조하지만, 대류 현상이 발생할 수 있을 정도의 충분한 열적 순환 능력이 있다. 고위도(60°) 지표면 상공의 가열된 공기는 상승하고 상승한 공기군은 약 8km 상공의 대류권계면으로 제한되어 극 쪽으로 이동하게 된다. 극 상공에 도달한 공기군은 급격히 냉각되어 차고 건조한 공기가 되어 하강한다. 지표면에 도달한 이 공기군은 다시 고위도 지방으로 이동하면서 전향력의 영향을 받아 서쪽으로 휘어지면서 결국 극편동풍(polar easterlies)을 형성하게 된다.

(3) 페럴 셀(Ferrel cell)

페럴 셀은 해들리 셀과 폴라 셀의 중간 지대에 존재하는 순환의 형태이다. 페럴 셀은 [그림4-30]과 같이 완전한 형태의 순환을 형성하지 않고 공기군의 이동 방향 역시 위치에 따라 다르다. 이 같은 근본적인 원인은 페럴 셀을 형성하는 지표면의 뚜렷한 발원지의 특성이 없기 때문이다. 해들리 셀의 발원지 특성은 고온다습한 공기군이고 폴라 셀은 매우 차고 건조한 공기군인 반면에 페럴 셀은 이들 두 셀 사이에 존재하는 간접 비순환의 형태이다. [그림4-30]과 같이 적도 상공에서 발달하여 상승한 공기군의 일부가 하강하여 해들리 셀을 구성하고 일부는 계속 극 쪽으로 이동한다.

해들리 셀을 구성하는 하강 공기군이 지표면에 도달하여 일부는 열대수렴대 쪽으로 흘러 들어가고 일부는 반대쪽으로 흐른다. 폴라 셀의 지표면에 도달한 공기군은 고위도(60°) 저기압 쪽으로 이동하면서 두 공기군이 합류하여 상승 압력을 받는다. 고위도 저기압대에서 상승한 공기군이 대류권계면까지 상승하면서 완전한 폐순환을 형성하지 못하고 극 쪽으로 이동하는 공기군과 충돌하는 현상이 발생한다. 페럴 셀은 해들리 셀과 폴라 셀의 사이에 존재하면서 양쪽 셀과 합류되는 지점에서 강한 난기류가 형성된다. 해들리 셀과 합류되는 지점에서 아열대 제트기류(subtropical jet stream)를 형성하고 폴라 셀과 합류되는 지점에서는 극 제트기류(polar jet stream)를 형성한다.

[주92] 3셀의 특성 비교

해들리	폴라	페럴
순환	순환	비순환
적도	극	중위도
무역풍	편동풍	편서풍

4.4.5 무역풍

대기의 순환 과정에서 [그림4-29, 31]과 같이 열대수렴대와 중위도 고기압대 사이에서 상층풍은 극 쪽을 향하여 이동하지만 지표면으로 내려온 공기군은 다시 열대수렴대를 향하여 흐르기 시작한다. 만약 지구 자전(rotation)을 고려하지 않았다면 지표면의 공기군은 적도(equator)를 향하여 직선으로 흐른다. 그러나 지구의 자전과 전향력의 조화는 지표면 공기

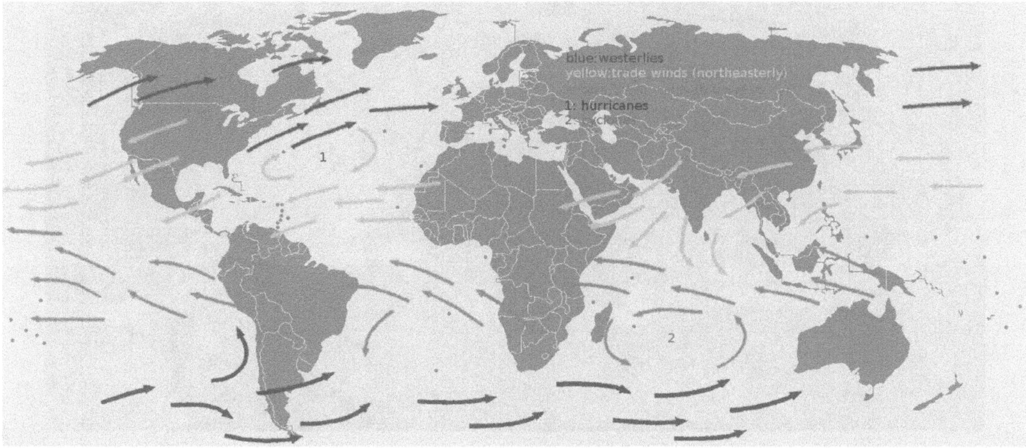

군의 흐름 방향을 휘어지게 하는 역할을 한다. 따라서 북반구에서 지표면의 바람은 북동풍(남반구에서는 남동풍)이 된다. 이 바람이 대륙에서는 지형적 영향 등으로 약해지거나 소멸하여 우세한 바람으로 발달하지 않지만, 해양에서는 뚜렷한 우세풍(prevailing wind)으로 존재한다. 고대 항해사들은 이 바람을 이용하여 대양을 횡단하는 대륙 간 무역선의 항해에 이용하였고 콜럼버스가 이 바람을 이용하여 신대륙을 발견하였다.

4.4.6 상층풍과 제트기류

대류권계면의 기상 특히 상층풍(wind aloft)의 흐름을 이해하고 활용하는 것은 고고도 항공기 운항에 매우 중요한 요소이다. 먼저 상층의 바람은 지상과 달리 그리 복합한 양상으로 전개되지 않는다. 대순환에서 상층의 모든 공기군은 서쪽으로 치우친 편서풍이 형성된다. 이들 편서풍은 [그림4-29, 30]과 같이 3개의 지대로 구분할 수 있는 데 기준은 해들리 셀, 페럴 셀 그리고 폴라 셀의 각 경계면을 따라 형성된다. 상층부의 공기군은 대류권계면으로 제한되고 극 쪽으로 이동하면서 각 셀의 경계 부근에서 제트기류를 형성한다. 그중 하나가 폴라 셀과 페럴 셀 사이에 형성된 제트기류를 극 제트기류(polar jet stream)라 한다.

극 제트기류는 [그림4-32]와 같이 고도 약 10km 높이에서 서쪽에서 동쪽으로 흐른다. 극 제트기류는 극으로부터는 찬 공기가 그리고 적도로부터는 더운 공기가 합류되었을 때 발달하는 강한 기온과 기압경도로 더욱 강해진다. 극 제트기류의 중심부 바람 속도는 시속 300km에 달하고 주변의 바람 속도는 계절에 따라 차이가 있으며 겨울에는 시속 130km 그리고 여름철에는 약해지지만, 시속 65km에 달한다. 극 제트기류가 발달하는 지역을 따라서 형성된 것이 [그림4-29, 34]와 같이 극전선(polar front)이다. 극전선은 아열대의 더운 공기와 극 지역의 찬 공기가 합류되는 지역을 따라 형성된다. 이 지대에서는 대규모의 에너지 교환이 이루어지면서 중위도 사이클론으로 알려진 폭풍의 한 형태를 형성한다. 극 제트기류에서 파동의 형태와 위치가 중위도 사이클론의 발생 위치와 강도를 결정하는 요인이 되고 주로 극 제트기

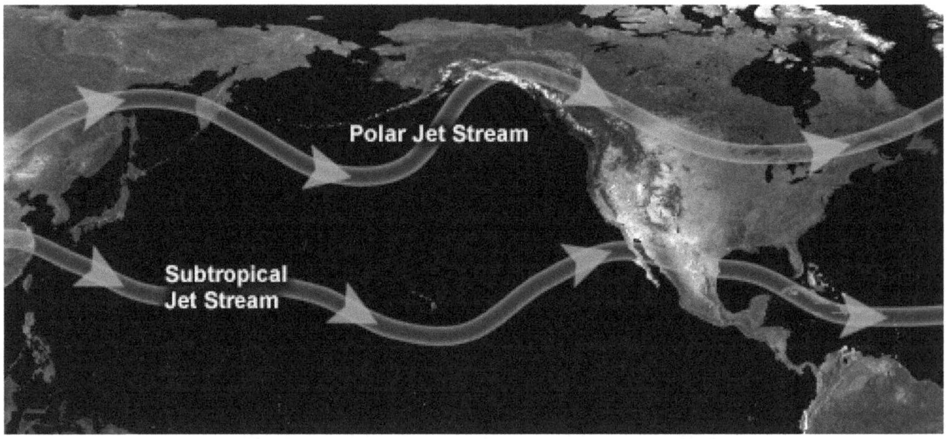

류의 골 하부에 형성되는 것으로 알려져 있다. 또 다른 형태의 제트기류는 해들리 셀과 페럴 셀 사이의 대류권계면에서 발생하는 것을 아열대 제트기류라 한다. 아열대 제트기류는 [그림 4-32]와 같이 중위도 지역을 가로질러 서쪽에서 동쪽으로 흐르는 바람이다. 아열대 제트기류가 형성되는 과정이나 위치 등은 극 제트기류와 유사하지만, 강도가 약하다. 적도 쪽에서 이동하는 더운 공기군과 극 쪽에서 이동해오는 공기군이 합류되었을 때 상대적으로 약한 기온과 기압경도의 결과이다.

4.5 제트기류

4.5.1 제트기류의 정의와 발생

제트기류는 주로 대류권 상층부와 성층권 하부에서 존재하는 강하고 폭이 좁은 공기의 수평적 이동이다. 전형적인 제트기류는 깊이 1NM, 폭 100NM, 길이 1,200NM 정도의 크기에 중심부의 바람 속도는 최소 50노트 이상이다. 대류권의 상부는 평균 36,000피트 정도가 되므로 일반항공(general aviation)의 활동 영역에서 제트기류에 조우할 가능성은 거의 없다. 그러나 하루가 다르게 발달하는 항공기 성능은 대륙을 왕복하는 것이 일상화되면서 운항 고도 역시 대류권 상부 고도의 활용이 일반화되고 있으므로 전문 조종사 또는 항공기 운용자는 반드시 제트기류의 존재와 활용에 대해서 이해할 필요가 있다.

제트기류는 대지의 강(river)과 같이 폭과 깊이와 길이 그리고 방향을 갖고 있어 항로의 방향이 제트기류와 같은 순항비행이라면 비행기는 제트기류 속도만큼의 부가적인 속도를 얻을 수 있어 획기적인 연료량을 절약할 수 있다. 예를 들어 Boeing 747 순항 속도가 시속 960 km(km/h)라고 했을 때 최대 시속 100km(km/h)에 달하는 제트기류를 뒷바람으로 비행한다면 어느 정도의 연료 절약이 가능한지를 상상할 수 있을 것이다. 일반적으로 대류권 상층부의

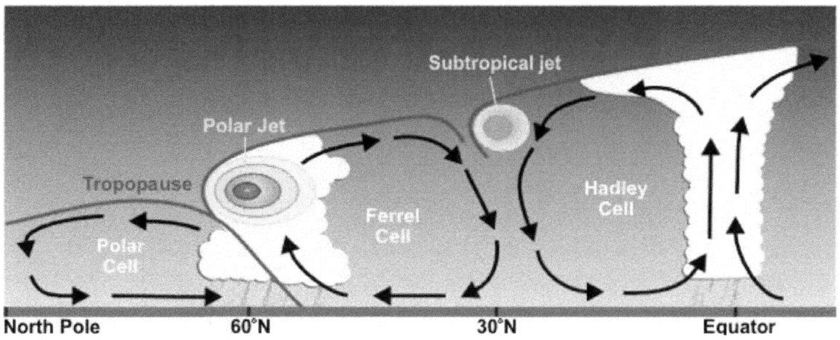

바람은 [그림4-32]와 같이 대부분 극 방향으로 불거나 서쪽으로 불어가는 현상이 우세하다. [그림4-30]에서는 각 반구에서 상층 공기의 서쪽 이동을 관장하는 3개의 셀(cells)이 존재한다는 것을 알 수 있다. 적도 지방에서 중위도 지방까지는 해들리 셀(Hadley Cell)이 편서풍을 주도하고, 중위도 지방의 편서풍은 페럴 셀(Ferrel Cell)로 형성된다. 그리고 중위도 지방에서부터 극지방까지의 편서풍은 폴라 셀(Pole Cell)로 형성된다. 이들 셀의 경계 구역은 서로 연결되어 있기보다 [그림 4-33, 34]와 같이 단절되어 있어 이 지점에서 극 제트기류(polar jetstream)와 아열대 제트기류(subtropical jetstream)가 발생한다.

[주93] 제트기류의 이동 성향; 제트기류는 사행 운동을 하고 골(분기점)에 최대 풍속이 존재한다.

4.5.2 제트기류의 종류

(1) 극 제트기류

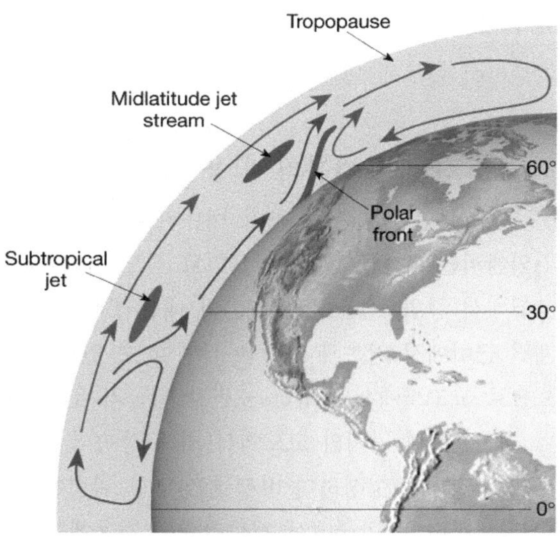

극 제트기류는 고도 약 10km 상공에서 전향력의 가속으로 인해서 상층 바람(upper air wind)이 변형되면서 발생한다. [그림4-33, 34]와 같이 극 제트기류는 중위도 지방과 극지방의 사이에서 발달한다. 이 지역에서 발생한 제트기류는 극지방의 찬 공기와 열대 지방의 더운 공기가 합류되었을 때 발달하는 강한 기온과 기압경도로 더욱 강화된다. 극 제트기류의 중심부에서 바람은 최대 시속 300km(km/h)에 도달할 수 있을 정도로 강풍이 존재한다. 제트기류의 중심에 이 같은 강풍의 존재는 중심부 주변으로 흐르는 바람 역시 상당한 풍속을 나타내고 있다. 이 같은 주변 공기의 흐름 속도는 겨울철에는 시속 약 130km(km/h) 그리고 여름철에는 시속 65km(km/h)에 달하는 강풍을 동반하고 있다. 극 제트기류와 관련해서 발생하는 기

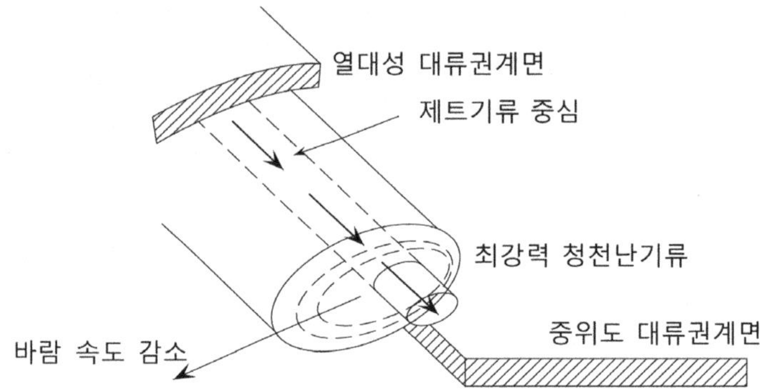

상현상으로 극전선(polar front)이 형성된다. 극전선 역시 아열대 지방의 더운 공기와 극지방의 찬 공기가 합류되는 지대에서 발생한다. 더운 공기와 찬 공기가 합류되면서 이 지역에서는 대규모의 에너지 교환이 수행되면서 중위도 사이클론이 형성되는 것으로 알려져 있다. 따라서 극 제트기류에서 발생하는 파동의 모양과 위치가 중위도 사이클론의 위치와 강도를 결정하는 요인이 된다.

(2) 아열대 제트기류

아열대 제트기류 역시 [그림4-30, 32, 33, 34]에서 보는 것과 같이 고도 13km 상공의 아열대 고기압 지대에서 전향력 가속에 의한 상층 바람의 변형으로 발달한다. 극 제트기류와 크게 다른 바 없으나 그 강도가 다소 약한 면이 있다. 이것은 극 제트기류와 달리 기온 및 기압 경도력이 약하게 발생하기 때문이다.

4.5.3 제트기류의 활용

앞에서 언급한 것과 같이 대류권계면(tropopause)은 대류권과 성층권 사이의 층으로 극지역에서는 약 20,000피트 그리고 적도 지역에서는 약 65,000피트의 고도 층이다. 표준대기 조건에서 중위도(mid-latitude)의 대류권계면은 평균 36,000피트 고도대에 형성된다. 대류권계면 근처에서 기온과 바람은 급변할 수 있으며 이로 인하여 비행안전에 큰 영향을 줄 수 있으므로 고고도에서 운항하는 민간 항공기 조종사는 고고도 기상에 관한 관심을 가져야 한다.

대류권계면 근처의 고도에서 최대 풍속이 존재하고 이들 강풍은 폭이 좁은 윈드시어(wind shear) 지대를 형성하여 비행에 상당한 위험을 줄 수 있는 청천난기류(clear air turbulence)를 발생한다. 북반구에서 제트기류는 겨울에는 남쪽으로 이동하고 강도는 더욱 증가한다. 반대로 여름에는 북쪽으로 이동하고 강도도 약해진다. 제트기류와 관련된 청천난기류(clear air turbulence)는 [그림4-36]과 같이 고층에 형성된 길게 뻗은 권운(cirrus clouds)으로 식별할 수 있다. 제트기류는 약 5,000피트의 두께와 대류권계면 근처의 상층부 대기에 있는 깊은 저기압골과 관계가 있고 수천 마일에 거처 마치 부메랑(boomerang)과 같은 형태로 서쪽에서 동쪽으로 흐른다. 서쪽에서 동쪽으로 비행하고자 할 때 제트기류의 중심(core)을 이용한 항로를 선정했

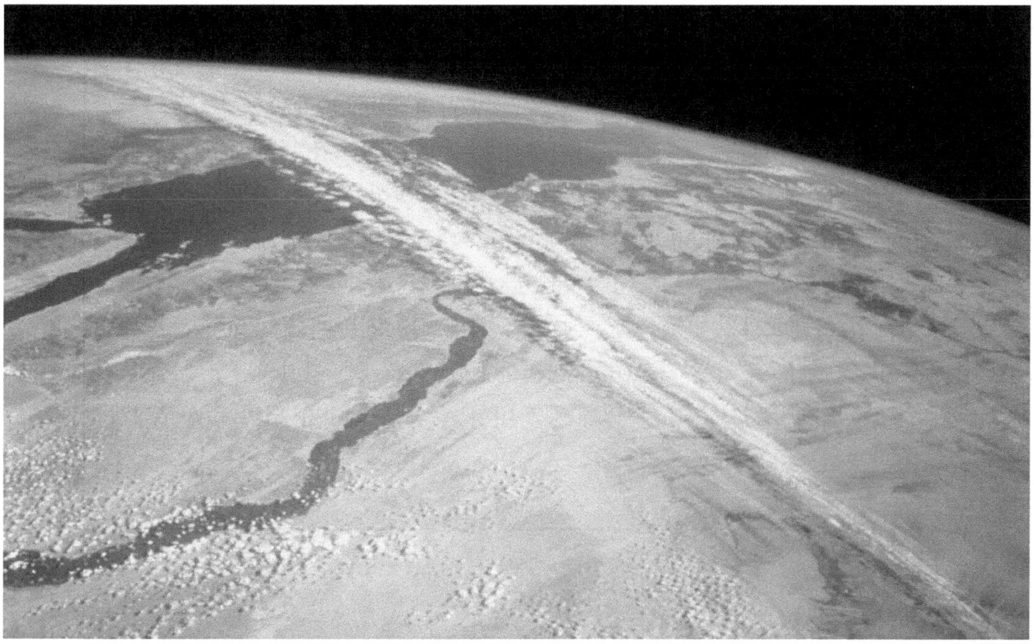

-

을 때 비행기는 60노트 이상의 추가적인 뒷바람(tailwind)을 받을 수 있다. 대류권은 [그림 4-34]와 같이 적도 지역과 극 지역의 높이가 다르게 형성된다. 그림에서 보는 것과 같이 적도 상공에서 극 상공까지 대류권계면이 연속되는 것이 아니고 중간에 열대성(tropical) 대류권계면, 중위도 대류권계면 그리고 극(polar) 대류권계면으로 구분되고 이들 대류권계면 사이에 수평 분기점(breaks)이 형성된다. 이들 분기점에서 강한 기온 경도(temperature gradient)가 발생하고 이는 곧 강한 바람의 존재를 의미한다. 이 같은 개념을 염두에 두고 기

-

온의 변화에 따라 기압경도의 변화는 극 전선(polar front)이 형성된 지역에서 지표면의 기압은 같을지라도 기온차 때문에 고도가 증가할수록 온난 공기군 측면에서의 기압이 한랭 공기군 측면보다 커지고, 여기서 형성된 기압경도는 공기의 이동을 유발한다.

일반적으로 대류권에서는 고도가 증가할수록 강한 기압경도가 발생하고 이는 강한 바람을 일으킨다. 일단 제트기류가 형성되면 전향력의 영향을 받아 오른쪽으로 굽어지는 형태가 되고 분기점(break)에서 최대의 바람이 형성된다. 극 대류권계면 상공에서 기온의 감소는 중지된다. 이는 극 대류권계면이 중위도(mid-latitude) 대류권계면보다 아래에 있기 때문이다. 중위도 대류권계면 아래에서는 대류권계면에 도달할 때까지 계속해서 기온이 감소하고 특정 고도에서 기온이 일치한 후 기온 경도(temperature gradient)가 역전되면서 기압경도 역시 반대로 작용하기 시작한다. 서풍은 두 권계면 사이의 층에서 최대가 되고 중심부에서는 100노트를 초과하기도 한다.

【날씨 속담】

"저녁노을은 맑고, 아침노을은 비가 내릴 확률이 높다."

아침저녁으로 흔히 볼 수 있는 노을은 공기 중에 떠 있는 먼지, 연기, 스모그 등의 다양한 입자들이 빛의 산란 때문에 일어난다. 저녁노을은 서쪽 하늘에 이들 입자가 많다는 것으로 날씨가 좋다는 것이다. (왜냐하면, 비가 내려 먼지, 연무, 스모그 등의 입자를 씻어 내리기 때문에 하늘은 맑고 노을은 생기지 않는다.) 서쪽의 좋은 날씨가 동쪽으로 이동함으로 날씨는 점점 좋아질 것으로 예측할 것으로 할 수 있다. 반대로 동쪽 하늘에 노을이 생겼다는 것은 동쪽 하늘이 좋은 날씨임을 의미하고, 이는 점점 더 동진하게 될 것이나 나쁜 날씨가 후속할 가능성이 있기 때문이다.

"비가 올 때 풍향이 변하여 서풍이 되면 날씨는 맑아진다."

특성이 다른 두 공기군이 맞닿아 있는 곳이 전선이고 전선의 식별에서 가장 뚜렷한 현상은 풍향풍속의 변화이다. 전선을 동반한 저기압에서는 남서풍 또는 남동풍은 온난하고 다습하여 많은 비를 뿌린다. 이때 바람 방향이 서풍으로 변했다면 저기압 중심의 한랭전선이 통과했다는 것을 의미하고 후속하는 고기압의 영향을 받아 날씨는 호전되리라는 것을 예측할 수 있다.

제5장 구름과 강수

5.1 안정성

5.1.1 대기의 안정과 불안정

조종사에게 안정성(stability)이란 매우 중요한 요소이다. 항공기의 안정성은 외부의 영향을 받아 자세(attitude)가 변화되었을 때 원래의 자세로 되돌아가려는 성향이지만 불안정성은 외부의 영향으로 자세가 변화되었을 때 원상태를 회복하지 못하고 더욱 비정상적인 비행 자세가 되는 것을 의미한다. 대기의 안정과 불안정성(stability and unstability of atmosphere)이란 기류의 상승 및 하강 운동을 나타내는 것으로 안정된 대기는 기류의 상승 및 하강 운동이 억제되고 불안정한 대기는 기류의 수직 및 대류 현상을 초래한다.

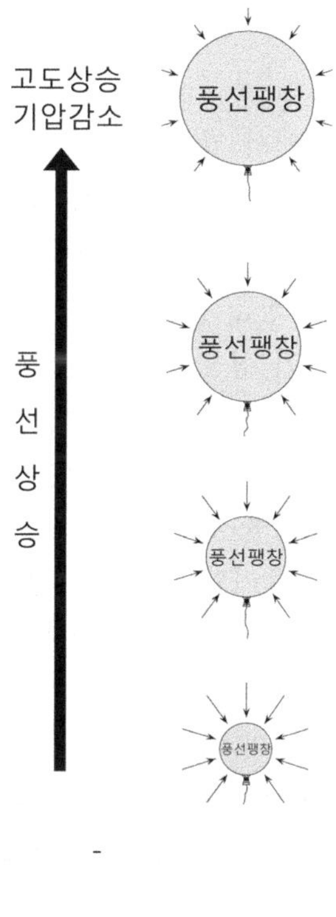

공기가 상승하면 대기압이 감소하면서 공기는 팽창(expansion)하고 하강하면 대기압이 증가하면서 공기는 압축(compress)된다. 예를 들어 [그림5-1, 2]와 같이 풍선을 지면에서 상승시켰을 때 공중으로 올라갈수록 풍선 주변의 대기압은 감소하기 때문에 풍선 내부의 공기가 팽창하여 풍선 크기가 커지는 현상을 관찰할 수 있다. 반대로 풍선이 아래로 내려올수록 풍선은 대기압의 증가로 인하여 압축된다. 이처럼 대기압과 체적이 변함에 따라 온도 역시 변한다. 풍선이 압축될수록 공기 분자의 운동이 더욱 활발해지고 반대로 풍선의 압력이 감소할수록 공기 분자의 운동이 둔화한다는 것은 주지의 사실이다. 이 같은 분자의 운동 에너지를 온도로 측정했을 때 공기가 팽창되면 공기 온도는 냉각되고, 압축될 때 공기는 가열된다.

이 같은 변화가 외부로부터 열에너지의 가감 없이 이루어지기 때문에 이를 건조단열과정(dry adiabatic process)이라 한다. 공기 덩어리가 상승할 때 공기는 냉각되고 이것을 단열냉각(adiabatic cooling) 그리고 공기 덩어리가 아래로 이동할 때 공기는 압축(compression)

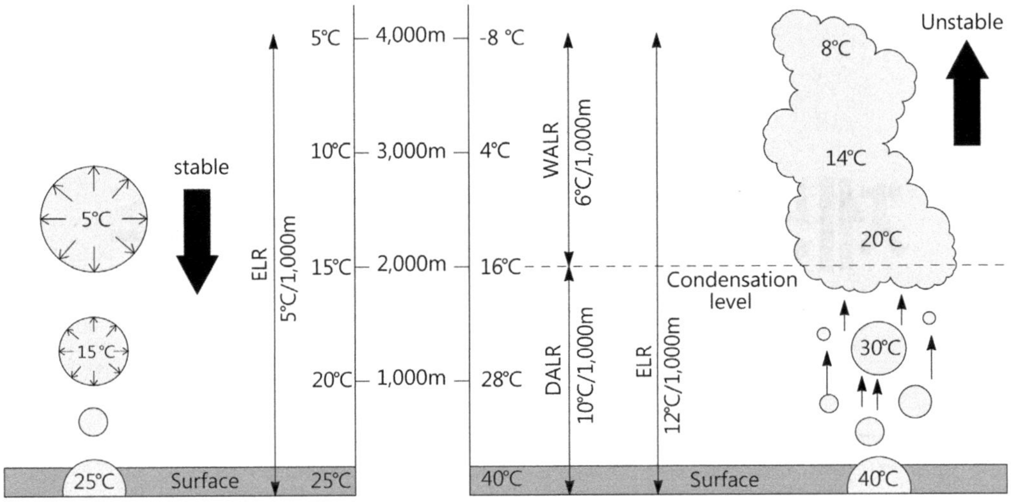

되면서 가열되고 단열가열(adiabatic heating)된다. 불포화 공기의 수직 이동에 의한 건조단열기온감률(dry adiabatic lapse rate; DALR)은 1,000피트 당 3°C(5.4°F)이다. 불포화 공기가 산 경사를 따라 상승할 때 공기는 건조단열기온감률이 적용되어 냉각된다. 공기가 어느 정도 상승하여 냉각 층에 도달하면서부터는 포화되어 응축되기 시작하는 데 이처럼 포화 공기가 상승할 때 응축(condensation)이 발생하고, 이 과정에서 단열냉각은 부분적으로 잠열(latent heat)에 의해서 상쇄된다. 따라서 포화 공기가 지속적으로 상승하면서 냉각될지라도 응축 과정의 잠열로 인하여 건조단열기온감률보다 느리게 진행되고 이를 습윤단열기온감률(saturated/wet adiabatic lapse rate; SALR)이라 한다.

대기의 안정성을 실험하기 위해서 [그림5-2, 3]과 같이 해수면 기온 31°C, 단열(풍선) 기온 31°C를 유지한 상태에서 풍선을 5,000피트까지 올린 후 놓았을 때 5,000피트 상공의 기온에 따라 풍선이 상승 및 가라앉는다. 그림의 왼쪽에서 5,000피트의 실제 기온이 13℃라고 가정할 때 풍선은 단열냉각으로 16℃가 되었다. 이때 풍선의 단열 기온은 주변 대기 기온보다 높아서 풍선은 상승한다. 이때의 기류는 수직으로 상승하면서 대기는 불안정하게 된다. 가운데 그림에서 실제 기온이 18℃로 상승했을 때 풍선의 단열 기온보다 높으므로 풍선은 가라앉고(sink) 밑에서 밀어 올리는 힘이 동

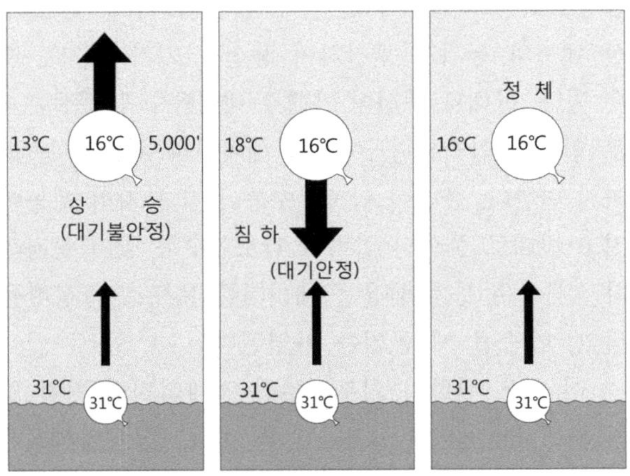

시에 작용하기 때문에 대기는 안정된다. 오른쪽의 그림은 주변 대기 기온(16℃)과 풍선의 단열 기온(16℃)이 일치되어 일정 고도에서 정체되고 이때 공기밀도는 변함없으며 대기는 중립적 안정(neutrally stability)을 형성한다.

이처럼 건조 단열 과정은 고도 1,000피트 당 3℃의 기온 변화가 일정하지만, 주변 공기의 기온은 변하기 때문에 대기 안정은 대기(환경)기온감률(ambient lapse rate)과 건조단열기온감률(dry adiabatic lapse rate)과의 차이로 결정된다. 공기의 안정층(stable layer of air)은 상층부의 기온역전층에서 공기의 상승을 방지하는 역할을 하기 때문에 대기는 안정된다. 지표면에서의 가열이나 상층부(aloft)에서의 냉각은 대기를 불안정하게 만들고, 반대로 지표면의 냉각이나 상층부 가열은 대기가 안정된다. 일반적으로 안정된 공기에서는 수평으로 발달하는 층운형 구름이 형성되고 시정이 나쁘지만, 불안정 공기는 수직으로 발달하는 적운형 구름이 형성되고 시정은 비교적 양호하다.

[주94] 안정성의 조건;
① 절대 안정; 기온<단열 ② 절대 불안정; 기온>단열
③ 조건부 불안정; 습윤<기온<건조

5.1.2 구름의 안정과 불안정

(1) 층운형 구름(stratiform clouds)

안정된 대기는 앞에서 언급한 것과 같이 공기의 수직 운동을 억제하기 때문에 이 지역에서 형성되는 구름은 수직으로 형성되기보다 수평으로 발달한다. 통상 하부의 냉각된(cooled) 공기는 대기를 안정(stable)시키고 안개(fog)를 형성한다. [그림5-4]의 왼쪽 그림과 같이 지형적 상승작용으로 인해서 산 경사를 따라 형성되는 구름은 비교적 평평하게 형성된다.

(2) 적운형 구름(cumuliform clouds)

불안정한 대기는 공기의 수직 운동을 일으켜 이 지역에서 형성되는 구름은 수직으로 발달하여 적운형 구름을 형성한다. [그림5-4]의 오른쪽 그림은 동일한 상승작용에서 수직으로 형성되는 적운형 구름의 형태를 보여 주고 있으며, 수직 높이는 불안정 층의 깊이에 달려 있다.

[주95] 구름의 조건; 구름방울의 직경이 작고 가벼움, 응축과 증발의 반복, 상승기류의 존재
[주96] 대기의 불안정 조건; 하층 가열, 상층 냉각
[주97] 대기의 안정 조건; 하층 냉각, 상층 가열

5.2 구름의 생성

5.2.1 구름의 형성 조건

대기 중에 떠 있는 구름은 수많은 미세한 물방울과 다양한 입자(particles)로 구성되어 있다. 조종사에게 구름은 기상상태를 예측할 수 있는 지표가 될 수 있다. 시계비행(VFR) 조종사는 해당 공역(airspace)의 조건에 따라 구름으로부터 충분히 떨어진 상태에서 비행할 것을 요구하고 있다. 계기비행(IFR) 조종사는 운중(구름 속) 및 운상시계비행(VFR on-top)이 가능하지만 구름의 종류에 따라 형성되는 기상의 형태가 매우 다양함으로 구름에 관한 충분한 연구가 요구된다. 기상 전문가가 아니더라도 구름의 상태와 높이에 따라 대략적인 기상상태를 판단할 수 있으며 구름의 형성은 공기의 안정(stable of air)으로 결정된다. 대기가 불안정한 상태에서는 수직으로 발달한 적운형(cumuliform cloud) 구름이 형성되기 때문에 많은 양의 강수(precipitation)를 동반할 수 있다. 대기가 안정된 상태에서는 다소 평평한(flat) 상태의 층운형(stratiform cloud) 구름이 형성되고 지상에서는 안개(fog)로 인하여 시정(visibility)이 매우 불량한 상태가 될 수 있다. 대기 중에 구름이 발생하기 위해서는 다음과 같은 요소가 조화되어야 한다.

① 풍부한 수증기
② 응결핵
③ 냉각작용

대기 중의 풍부한 수증기는 냉각작용으로 인해서 수증기에서 미세한 구름방울 또는 빙정(ice crystals)으로 변화를 유도한다. 응결핵은 먼지, 산업 부산물, 소금 입자 등과 같이 대기 중에 떠 있는 미세한 입자들이다. 이들 입자는 수증기와 친화력을 갖고 있어서 냉각을 촉진하는 역할을 한다. 공기가 아직 불포화 상태라면 이들 공기가 포화상태에 도달하기 위해서 수분이 더해지거나 냉각되어야 포화(saturated) 상태에 도달할 수 있다. 이 같은 냉각은 찬 지표면에 접촉된 공기로 인해 냉각되거나 단열 팽창으로 냉각된다. 구름은 이미 알려진 바와 같이 물이 순환(circulation)되는 과정에서 육지 및 해양에 존재하는 물이 증발 때문에 형성된 것으로 매우 작은 구름에서부터 어둡고 많은 강수를 포함한 구름까지 그 형성되는 높이와 크기에 따라 다양하다. 이외에도 구름이 형성되기 위해서는 아래와 같은 역학적 과정이 필수적이다.

[주98] 구름과 잠열; 적운과 같은 다량의 구름이 형성될 때마다 구름 속의 온도는 상승한다. 구름 속에서 수증기가 수많은 물방울과 빙정으로 바뀜에 따라 엄청난 양의 잠열이 방출되어 구름 내부의 온도를 상승시키고 구름 주변 공기와 기온 차이를 형성한다.

(1) 지형적 상승(orographic uplift)

대기의 불균형 가열로 인하여 발생한 기압경도는 공기의 이동을 초래하는 힘이다. 공기의 흐름이 지형적으로 높은 산으로 가로막혔을 때 공기는 산을 따라 상승한다. 이 과정에서 중요한 것은 공기가 지형적으로 상승하면서 [그림5-2]와 같이 고도 1,000m 당 10℃의 비율로 단열 팽창(adiabatic expansion)되어 포화할 때까지 냉각이 발생한다. 상승 중인 공기가 냉각되어 포화상태에 이른다는 것은 가시적 물방울의 형성을 의미하는 것으로 구름의 발달을 의미한다. 강원 산간 지방에 많은 비가 내리는 원인 중의 하나가 이 같은 지형적 상승으로 인한 것으로 알려져 있다. 서쪽에서 불어오는 습하고 무더운 공기가 남북으로 뻗어 있는 태백산맥을 만났을 때 습하고 더운 공기는 지형적 상승을 일으켜 많은 구름을 형성한다.

(2) 대류 상승(convectional lifting)

대류의 기본 구조는 더운 공기와 찬 공기가 존재할 때 찬 공기는 밀도가 높고 무거우므로 아래로 가라앉고 상대적으로 밀도가 낮고 가벼운 공기는 위로 올라가려는 현상에서 공기의 상하 이동을 대류라 하였다. 지표면이 가열되었을 때 지표면 주변에 있는 공기가 데워지고 가벼워져 상승하고 팽창되면서 냉각작용이 발생한다. 상승한 공기가 충분히 냉각되어 포화하였을 때 구름이 생성된다. 대류 상승에 의한 구름은 주로 대륙 내부에서 태양 복사열로 인해서 주로 발생하고 특히 극지방에서의 활발한 대류 활동으로 인한 구름이 잘 형성된다.

대류 상승이 발생할 수 있는 조건은 극심한 불안정성을 나타내는 것으로 하늘에는 적운형 또는 적란운 구름을 형성한다. 적도지방이나 한여름에 뜨겁게 가열된 대지는 급격한 대류 상승을 초래하는 대표적인 요인이다. 공기의 수평적 이동이 일반적이지만 대류 현상에 의한 공기 이동은 수직으로 이동하고 있음을 알 수 있다. 또한, 공기의 수직 이동이 국지적으로 발생하기 때문에 경계 구역에서는 소용돌이 바람이 형성되어 극심한 난기류(severe turbulence)가 형성된다. 이 지역을 통과하는 항공기 조종사는 바람방향의 급격한 변화와 기압의 변화를 예측할 수 있어야 한다.

(3) 수렴 혹은 전선성 상승(convergence or frontal lifting)

기단(air mass)은 고유 기온과 기압 그리고 습도의 특성이 있는 거대한 공기군이다. 전선성 상승이란 서로 다른 기상 특성이 있는 두 기단이 합쳐질 때 발생하는 상승이다. [그림7-7]에서 보는 것과 같이 한 기단은 무덥고 습한 공기군이고 다른 하나는 차고 건조한 공기군이다. 이들 두 공기군이 만났을 때 그림에서 보는 것과 같이 차고 건조한 공기가 밑으로 깔리면서 덥고 가벼운 공기군을 위로 밀어 올리는 현상이 발생한다. 상승 중인 온난하고 가벼운 공기군은 팽창으로 인하여 냉각되면서 포화상태에 이르면서 구름을 형성한다. 전선성 상승으로 인한 구름은 극 전선(polar front)을 따라서 형성되는 사이클론이 발생하는 중위도에서 잘 발달한다. 적도 근처에서는 무역풍(trade wind)이 열대수렴지대(tropical convergence zone)에서 만나게 되는 부분에서 발생하는 것으로 알려져 있다.

[주99] 지형성 상승의 영향; 강수 동반, 비 그림자 구역 형성

[주100] 비 그림자; 풍상 구역의 산 정상에 가장 많은 비가 내리고 풍하 구역에서 공기는 건조하고 기온은 상승한다. 이 구역을 비 그림자 구역이라 한다.

(4) 복사냉각(radiative cooling)

복사냉각은 주로 안개를 형성하는 원인이다. 지표면에 태양열이 더 이상 공급되지 못하는 상황이 되었을 때(야간이 되었을 때) 지표면은 열을 상실하기 시작한다. 지표면은 장파 복사 형태로 에너지를 상실하게 되는 데 이 과정에서 지표면과 지표면 위의 공기가 냉각되는 원인이 된다. 이 같은 복사냉각은 대기가 비교적 안정된 상태로 공기의 수직 및 수평 이동이 거의 없으므로 지표면 가까이에서 수증기가 응축되어 복사안개가 형성된다. 구름이 형성될 수 있는 조건은 위에서 언급한 것과 같이 단일 원인으로 발생하기보다 여러 원인이 복합적으로 작용한다. 예를 들어 지형적 상승과 대류 상승이 복합적으로 작용했을 때 한여름 오후에 적란운의 발달을 촉진하여 뇌우라든지 소나기성 강수가 내리게 된다.

5.2.2 구름 관측

(1) 운고(cloud height)

구름층은 [그림5-5]와 같이 관측자에 의한 구름의 높이가 대략 동일한 층의 하단/기저를 의미하고, 운고는 지표면 위(above ground level; AGL)의 구름층 하단까지의 높이를 의미한다. 적운형 구름 하단까지의 높이는 기온과 이슬점 분포(temperature and dew point temperature spread)를 이용해서 결정할 수 있다. 구름이 50피트(AGL) 또는 그 이하에서 발생했을 때 안개(fog)로 분류한다. 구름이 매우 낮게 형성되었거나 안개가 발생했을 때 구름의 높이는 수직시정(vertical visibility)으로 보고된다.

(2) 운량(cloud amount)

운량은 각 구름층이 하늘을 덮고 있는 정도이다. 일반적으로 운량은 [그림5-5]와 같이 관측자가 하늘을 10등분 또는 8등분 하여 관측할 수 있는 구름층은 다음과 같이 보고한다.

① 클리어(clear; CLR): 운량이 1/10(1/8) 이하일 때
② 스캐터(scattered; SCT): 운량이 1/10~5/10(1/8~5/8)일 때
③ 브로큰(broken; BKN): 운량이 5/10~9/10(5/8~8/8)일 때(※ 실링 보고)
④ 오버캐스트(overcast; OVC): 운량이 10/10(8/8) 이상일 때(※ 실링 보고)

관측자가 관측할 수 있는 구름층은 여러 층으로 관측될 수 있다. [그림5-5]는 관측자가 하늘에 떠 있는 구름을 보았을 때 클리어, 스캐터, 브로큰 그리고 오버캐스트의 운량을 판단하는 사례이다. 제일 위 그림은 명백한 스캐터의 상태로 판단할 수 있다. 두 번째 그림은 하늘이 동일한 층에서 분산되어 있을 때 관측자로부터 대략 30° 정도가 뚫려 있다고 판단될 때 역시 스캐터로 보고된다. 세 번째 그림은 두 층의 구름으로 형성되었고 위층의 구름이 거의 덮여 있는 사례의 경우이다. 이때는 “3,000피트에 스캐터 그리고 5,000피트에 브로큰”으로 보고된다. 네 번째의 경우는 세 개의 층으로 형성되어 있으나 관측자가 보았을 때 하늘은 완전히 덮인 상태가 되기 때문에 오버캐스트로 보고된다. 관측자가 대략적인 구름층을 판단할 수 있

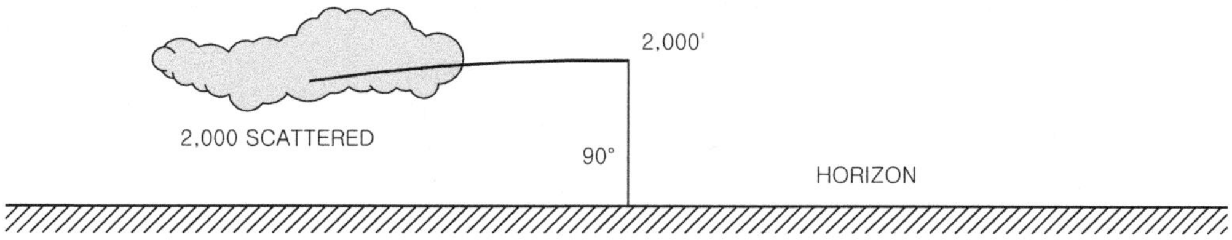
2,000'
2,000 SCATTERED
90°
HORIZON

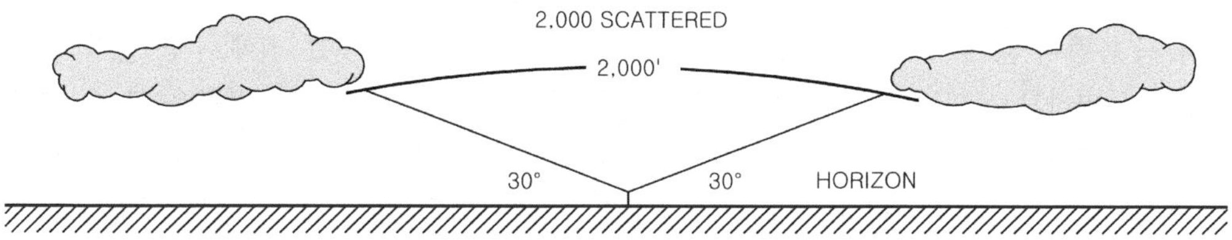
2,000 SCATTERED
2,000'
30°
30°
HORIZON

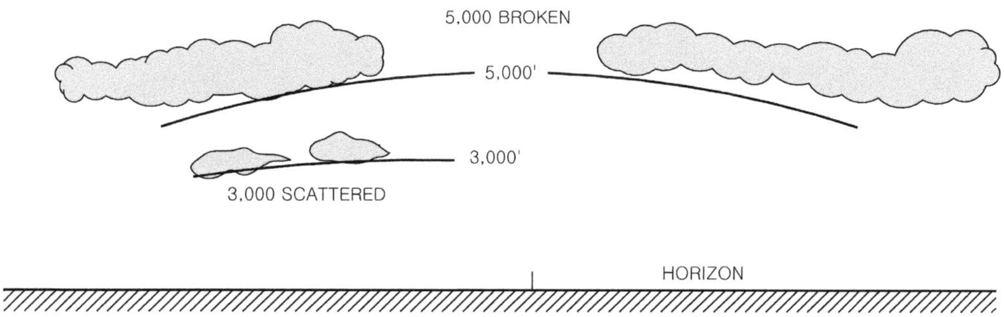
5,000 BROKEN
5,000'
3,000'
3,000 SCATTERED
HORIZON

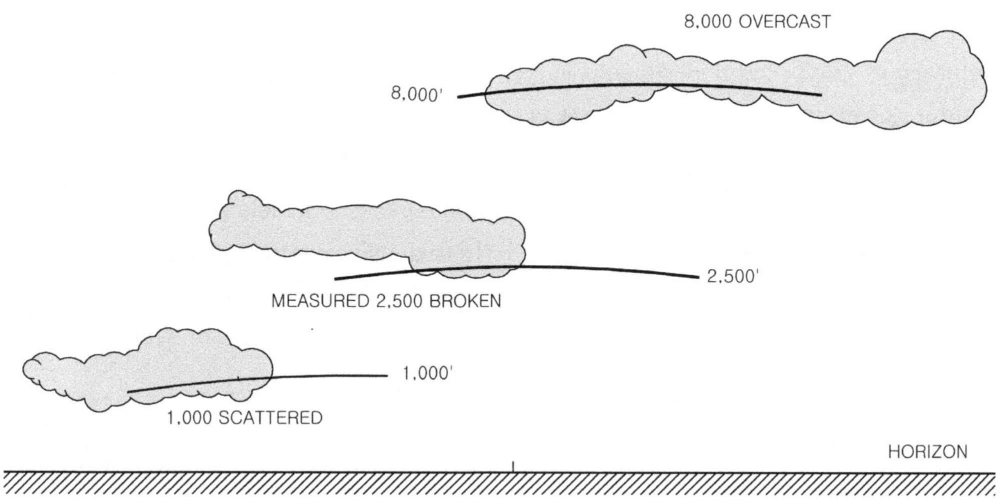
8,000 OVERCAST
8,000'
2,500'
MEASURED 2,500 BROKEN
1,000'
1,000 SCATTERED
HORIZON

거나 관측소에서 구름층을 측정했을 때 "1,000피트에 스캐터, 2,500피트에 브로큰, 8,000피트에 오버캐스트"와 같이 각 층의 운량이 동시에 보고된다.
[주101] 지표면과 복사냉각; 지표면과 대기는 적외선을 복사함으로써 냉각된다.

(3) 차폐와 실링

하늘이 안개, 연기, 먼지 또는 강수로 인하여 우시정을 7마일 이하로 감소시키는 지표면으로부터 하늘이 가려질 때 차폐(obscured)로 보고된다. 하늘이 이들 차폐 현상으로 부분적으로 가려졌을(9/10 또는 그 이하) 때 이를 부분 차폐라 하고, 그 이상의 현상을 완전 차폐라 한다. 구름층이 엷게 형성되었을 때 엷음(thin)으로 보고되고 이것은 전체 구름 덮임의 절반 이상이 투명하므로 파란 하늘을 볼 수 있다거나 더 높은 고도에 형성된 구름을 볼 수 있다는 것을 의미한다. 운량이 최소한 브로큰 또는 오버캐스트(6/10 이상)로 형성된 가장 낮은 구름층 또는 차폐를 실링(ceiling)이라 한다. 이때 구름은 엷음(thin) 또는 부분 차폐(partially obscured)인 상태는 제외된다. [그림5-5]의 사례에서 세 번째와 네 번째의 경우는 5,000피트에 브로큰 그리고 2,500피트에 브로큰, 8,000피트 오버캐스트로 보고 된 상태이기 때문에 실링(ceiling)이 존재한다.

5.3 구름의 분류

5.3.1 분류 기준

구름은 공중에 떠 있는 미세한 물방울(water droplets)이지만 전체로 보았을 때 수백만 톤의 물이 떠 있는 것과 같다. 구름은 공기군의 이동에 따라 항상 유동적이기 때문에 그 형상이 어느 하나도 같은 것이 없을 만큼 매우 다양하다. 그러나 명백한 것은 이들 구름도 기압에 따라서 또는 공기군의 이동에 따라서 대략적인 높이와 모양(shape)을 갖추게 된다.

일반적으로 구름은 2개의 범주(category)로 구분한다. 하나는 뚜렷한 층(layer)을 형성한다는 의미의 층운형 구름(stratiform cloud)과 다른 하나는 대류성(convective) 구름으로써 쌓인다는(heaped) 의미의 적운형 구름(cumulus cloud)으로 분류한다. 이들 분류에서 구름은 높이와 특성에 따라 [그림5-6]과 같이 상층운(high-level clouds), 중층운(middle-level clouds), 하층운(low-level clouds) 그리고 수직으로 발달하는 수직운(extensive vertical development clouds)과 같이 4개의 그룹으로 분류된다. 구름의 명칭에 사용되는 용어 중 형성되는 모양과 높이에 따라 구름의 명칭에 부여되는 용어를 이해하면 구름 종류를 판단하는 데 도움이 된다. 국제적으로 통일된 10개의 구름 종류는 다음과 같다. [앞표지, 안쪽 컬러 그림 참고]

① 층운(status)은 수평으로 발달한 형태의 구름이고 안정 공기(stable air)가 존재한다.
[예] cirro**stratus**-권**층운**, alto**stratus**-고**층운**

② 적운(cumulus)은 수직으로 발달한 구름이고 불안정 공기(unstable air)가 존재한다.

[예] cirro**cumlus**-권**적운**, alto**cumulus**-고**적운**, strato**cumulus**-층**적운**

③ 비(nimbus)를 포함한 구름이다.

[예] **nimbo**stratus-**난**층운, cumulo**nimbus**-적**란**운

④ 권운(cirro)은 상층운(high-level clouds)을 나타낸다.

[예] **cirrus**-**권**운, **cirro**stratus-**권**층운, **cirro**cumulus-**권**적운

⑤ 고운(alto)은 중층운(middle-level clouds)을 나타낸다.

[예] **alto**stratus-**고**층운, **alto**cumulus-**고**적운

하층운	중층운	상층운	수직운
[6,500피트 이하] 층적운(Sc) (stratocumulus) 층운(St) (stratus) 난층운(Ns) (nimbostratus)	[6,500-20,000피트] 고층운(As) (altostratus) 고적운(Ac) (altocumulus)	[20,000피트 이상] 권운(Ci) (cirrus) 권적운(Cc) (cirrocumulus) 권층운(Cs) (cirrostratus)	[수직으로 발달] 적운(Cu) (cumulus) 적란운(Cb) (cumulonimbus)

5.3.2 상층운(high clouds)

상층운은 지상으로부터 약 16,500피트(5,000m) 이상의 상공에 형성되는 구름이다. 그러나 극지방에서는 이보다 더 낮은 10,000피트(3,000m) 상공에 형성되기도 한다. 상층운은 매우 높은 고도에 형성되는 구름으로 새털이나 띠와 같은 형태로 형성되는 것을 관찰할 수 있으며 쉽게 구분할 수 있다. 이들 높이에서는 물방울의 형태보다 기온이 낮아 쉽게 얼 수 있으므로 빙정(ice crystal)으로 이루어져 있으며 음영이 없고 일반적으로 흰색 또는 밝은 재색(light gray)을 띠고 있다. 상층운을 나타내는 "cirrus"는 라틴어로 곱슬머리라는 의미로 이와 연관하여 구름을 관찰하길 바란다. 상층운은 [그림5-6]과 같이 권운(cirrus; Ci), 권적운(cirrocumulus; Cc), 권층운(cirrostratus; Cs)의 형태로 발달한다.

(1) 권운(cirrus cloud; Ci)

상층운에서 가장 높은 고도에 형성되는 구름으로 가늘고 긴 섬유, 하얀 조각이나 좁은 띠(narrow band) 때로는 잔디밭과 같은 모양으로 관측된다. 권운은 26,000피트(8,000m) 상공에서 형성되고 엷은 층의 빙정(ice crystal)으로 구성된다. 권운은 강수는 함유하고 있지 않고 대부분 빙정으로 구성되어 있다. 빙정으로 구성된 머리카락과 같이 가느다란 필라멘트 모양의 강수가 되어 지상으로 떨어지는 현상이 발생하지만, 지상에 도달하기 전에 모두 증발해 버리는 "꼬리구름(virga)"이다. 이처럼 가느다란 필라멘트 모양의 빙정을 "빙정줄기(fall streak)"라고도 한다. 공중에서 이들 빙정줄기가 떨어지는 모양을 관찰하여 상층에 난기류의 존재를 판단할 수 있다. 만약 빙정줄기가 직선으로 떨어진다면 상층에는 난기류가 존재하지 않는다. 그러나 빙정줄기가 콤마(comma; ❛) 모양을 이루거나 불규칙한 모양을 형성되는 것을 관측할 수

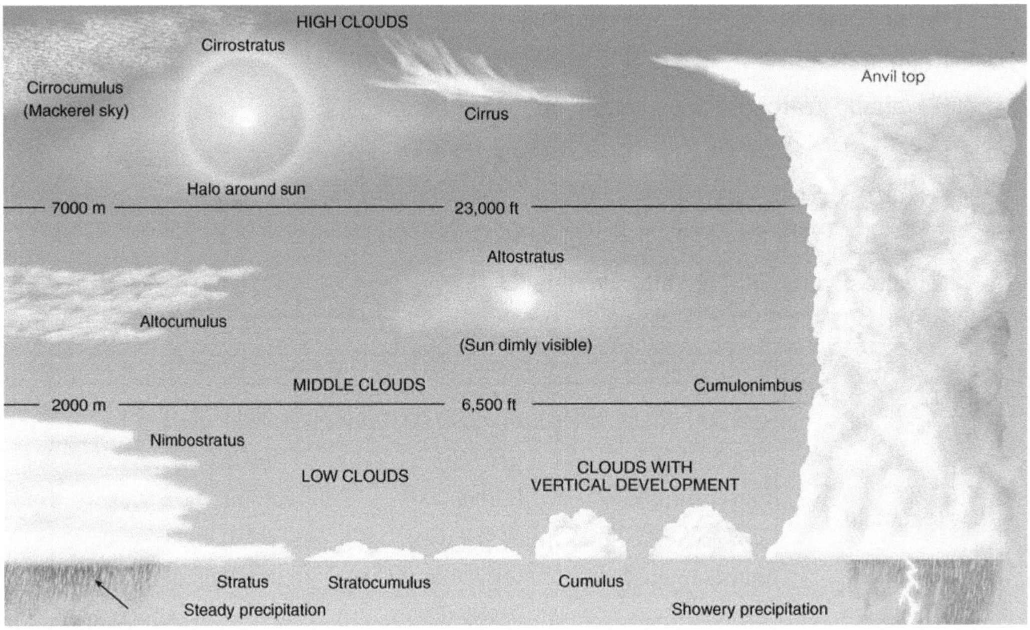

있는 데 이는 상층부에 심한 난기류가 존재한다는 것을 의미한다. 일반적으로 권운을 관측할 수 있는 것은 전선(front)의 접근이나 난기류와 같은 거친 기류가 접근하고 있다는 것으로 판단할 수 있다.

(2) 권층운(cirrostratus cloud; Cs)

권층운의 하단은 약 20,000피트(6,000m) 이상에 형성되는 구름으로 층운 구름의 일종이다. 권층운은 얇고 하얀색의 부드러운 외형(smooth appearance)으로 발달하고, 긴 띠(band) 모양으로 관측되기도 한다. 때로는 하늘 전체를 덮기도 하는데 이때는 태양 주위에 원형의 띠를 형성하는 것을 쉽게 관찰할 수 있고 이를 햇무리 현상이라 한다. 비록 이들 구름이 수천 피트의 두께로 형성되었다 할지라도 습기를 많이 포함하고 있지 않기 때문에 고고도에서 운항하는 항공기의 착빙(icing) 위험은 없다. 일반적으로 권층운이 발달하고 있다는 것은 앞으로 12~24시간 이내에 강수가 내릴 수 있다는 기상현상을 예측할 수 있다.

(3) 권적운(cirrocumulus cloud; Cc)

일반적으로 권적운은 20,000~40,000피트(6,000~12,000m) 높이에서 형성된다. 다른 권운과 달리 대류성 기류(convective current)가 존재하고 빙정과 과냉각 상태의 액체 물방울이 공존한다는 점이 다르다. 구름 속에서 빙정은 과냉각 물방울을 급속히 얼게 함으로써 눈과 같은 꼬리구름(virga) 형태의 강수로 변화시키는 역할을 한다. 권적운의 외형은 하얀 모직 조각으로 이루어진 작은 구름조각(cloudlet)과 같다. 대부분 권적운은 오랫동안 지속하지 않는 것으로 관측할 수 있는 데 이는 앞에서 언급한 것과 같이 급속한 결빙 과정을 거치면서 권층운으로 변하기 때문이다.

[기타 상층운]

① 비행운(contrail)

맑고 청명한 하늘을 비행하고 있는 제트 항공기의 항적을 따라서 [그림5-7]과 같은 일종의 구름이 형성되는 것을 쉽게 관찰할 수 있는 데 이를 비행운이라 한다. 비행운은 고고도의 매우 낮은 기온에서 발생하는 일종의 인공 권운(artificial cirrus)이다. 비행운이 발생하는 원인은 항공기 엔진에서 고온의 배기가스(exhaust)가 배출되면서 항적을 따라서 형성된 높은 기온은 공기 중의 수분을 포화점(saturation point) 이상으로 끌어 올릴 수 있는 습기 양을 증가시킨다. 고온의 배기가스와 습하고 찬 공기가 혼합되었을 때 항적을 따라 국지적으로 수증기의 밀도를 증가시키면서 미세한 물방울로 응축시키거나 빙정이 되기 위해서 승화 능력을 빼앗는다.

구름을 구성하는 대부분 물질은 주변 공기 속에서 끌어온 수분으로 구성되어 있어서 고고도에서 이들 과냉각 수증기를 급속히 빙정으로 전환시키기 위해서는 유인(trigger) 물질이 필요하다. 항공기 배기가스의 특정 물질이 유인 물질로 작용하여 과냉각 수증기를 급속히 빙정으로 변화시켜 비행운을 형성한다. 가을이나 겨울에 비행운을 쉽게 관찰할 수 있으며 항공 교통량의 급격한 증가는 대기오염(air pollution) 문제가 제기되고 있는 것을 간과할 수 없다. 모든 항공기의 비행에서 비행운이 발생하지는 않는다. 육안으로 관측되는 비행운은 빙정으로 이루어진 구름의 형태이기 때문에 대기오염 물질로 볼 수는 없다. 그러나 비행운의 발생 여부와 관계없이 이는 명백하게 화석 연료를 태워서 발생하는 배기가스의 일부이기 때문에 가시적 오염물질(visual pollution)로 간주한다.

또 다른 형태의 비행운으로는 고속으로 기동 중인 전투기의 날개끝에서 엷은 구름 줄기가 형성되는 것을 종종 관찰할 수 있다. 이 같은 현상은 대형 항공기가 이착륙할 때와 같은 높은 동력이 요구되는 기동 중에도 관찰할 수 있다. 고고도에서는 날개의 윗면과 아랫면 사이를 흐르는 공기흐름의 속도 차이로 발생하는 압력의 변화로 초래된다. 날개 주변의 공기압 차이는 주변 기온의 변화를 초래하고 이는 공기 중의 수분을 얼게 하여 비행운을 형성한다. 저고도에서는 날개끝 또는 수직 안정판 끝부분에 마치 엷은 연막을 뿌리는 것과 같은 현상을 관찰할 수 있는 데 고속 및 고양력 기동할 때 발생하는 매우 낮은 압력 구역이 형성되면서

발생한다.

[주102] 권운; 말꼬리 구름이라고도 한다. 상층운으로 대부분 동진한다.

[주103] 권층운; 햇무리 또는 달무리와 같은 무리가 발생한다.

[주104] 권적운; 비늘구름 또는 고등어 구름이라고도 한다.

5.3.3 중층운

중층운(middle clouds)은 대부분 수분과 빙정 그리고 과냉각(supercooled) 물방울로 구성되어 있으며 회색 또는 흰색의 줄무늬 형태로 발달한다. 중층운의 대략적인 형성 고도는 6,500~20,000피트이고 구름의 분류에서 대표적으로 고층운(altostratus), 고적운(altocumulus)이 있다. 이들 구름은 보통 난기류(moderate turbulence)와 심한 잠재적 착빙을 포함하고 있다. [앞표지, 뒷면 컬러 그림 참고]

(1) 고층운(altostratus cloud; As)

고층운은 밀려오는 전선에서 다량의 공기군이 상승하여 고층(alto)에서 응결되면서 형성된 것으로 재색 또는 밝은 재색을 띠고 광범위한 지역으로 형성된다. 고층운은 고도 6,500~20,000피트에서 층운형으로 형성되고 수분의 밀도가 비교적 높은 구름으로 난기류와 보통 정도의 착빙(icing) 가능성이 존재한다.

[주105] 구름의 본질; 구름은 수증기가 아니라 미세한 물방울과 빙정으로 이루어져 있다.

[주106] 고층운과 권층운의 구분

- *무리의 존재 여부; (유) 권운, (무) 고층운*
- *그림자의 존재 여부; (유) 권층운, (무) 고층운*

(2) 고적운(altocumulus cloud; Ac)

고적운은 재색과 흰색이 조화된 색을 띠고 마치 고기 비늘이나 둥글둥글한 구름조각들로 이루어진 것을 알 수 있다. 고적운은 다른 적운형 구름과 같이 대류 현상이 존재하기 때문에 이들 구름 속에서는 약한 난기류(light turbulence)와 착빙(icing) 가능성을 예측할 수 있다. 때로는 고적운이 발생한다는 것은 한랭전선(cold front)의 전조를 나타내거나 무덥고 습한 여름날 아침에 고적운이 발달하는 것은 오후에 뇌우의 발달 가능성이 있음을 나타내는 징후로 판단할 수 있다.

[기타 중층운]

① 렌즈구름(lenticular cloud)

렌즈구름이란 용어가 의미하는 것과 같이 고고도에서 마치 렌즈 모양으로 형성되는 구름이다. 이 구름은 [그림5-8]과 같이 바람방향과 직각으로 형성되고 정체 상태가 특징이기 때문에 고적운 정체 렌즈구름(standing lenticular)이지만 구름이 정지된 상태로 있다고 판단하면 큰 오산이다. 이 구름은 내부에서 순환하는 형태의 구름이기 때문에 일반 경항공기가 이들 구름 속으로 진입했을 때 상당한 난기류에 휘말릴 수 있다.

렌즈구름은 안정되고 습한 공기(stable moist air)가 높은 산이나 산맥을 통과하면서 풍하(downwind) 쪽에 대규모의 정체 파동(standing wave)을 형성한다. 렌즈구름은 이들 정체 파동의 정점(crest)에 형성된다. 특정 조건에서 이들 구름은 폭이 좁고 넓은 모양이 반복되는 매우 긴 렌즈구름을 형성하는데 이를 파동구름(wave cloud)이라 한다.

렌즈구름은 극심한 난기류를 포함한 구름이기 때문에 동력 항공기 조종사들은 이를 회피할 수 있도록 충분한 고도를 유지하여 통과하여야 한다. 글라이더(glider) 조종사는 렌즈구름에 존재하는 난기류를 글라이더 활공에 유용하게 활용할 수 있다. 렌즈구름의 외형으로 상승 지점을 명확하게 판단할 수 있기 때문이다. 렌즈구름에서 글라이더를 상승시킬 수 있는 파동 양력(wave lift)은 매우 유연하고 강하게 존재하기 때문에 이 기류를 탔을 때 상당한 고도와 거리까지 비행할 수 있다. 최근에 수립된 글라이더 활공 세계기록은 비행거리 3,000km 그리고 고도 14,938m까지 상승할 수 있었던 것은 이 같은 렌즈구름에 존재하는 수직 상승기류(vertical updraft)를 충분히 활용한 결과이다.

5.3.4 하층운

하층운(low clouds)은 대부분 물방울(water droplets)로 구성되어 있고 때로는 미세한 과냉각(supercooled) 물방울로 이루어져 있다. 하층운은 지표면으로부터 약 6,500피트(AGL)에서 발달한다. 하층운은 층운(stratus), 층적운(stratocumulus) 등의 형태로 발달한다. 이들 구름은 재색이고 상대적으로 저고도에서 발달한다. 이 구름이 50피트 이내에 형성될 때 안개(fog)로 분류하고 강수와 같이 발달했을 때 시계비행에 상당한 지장을 초래할 수 있다.

[주107] 고적운과 고층운; 구름이 둥그런 덩어리 형태를 띠었을 때 고적운

(1) 층운(stratus cloud; St)

층운은 대략 고도 6,000피트(2,000m) 미만에 형성된 구름으로 전반적으로 밝은 재색을 띠고 있으며 지상에서 하층부를 쉽게 식별할 수 있는 특징이 있다. 용어가 의미하는 것과 같이 수직으로 발달하기보다 층(layer)으로 형성되는 특징이 있다. 구름이 낮게 형성되어 지면과 맞닿아 있다면 이를 안개(fog)로 분류한다. 또한, 층운 구름은 지표면 위에 형성된 아침 안개(morning fog)가 상승한 결과라고도 할 수 있으며 때로는 지표면 근처에 찬 공기가 이동할 때 층운 구름이 형성되기도 한다. 일반적으로 층운은 강수(precipitation)를 동반하지 않으나 낮은 고도에서는 하부로부터의 냉각으로 인하여 안개, 가랑비(drizzle) 또는 박무(mist) 등이 내릴 수 있다. 층운형 구름이 강수를 동반했을 때는 난층운(nimbostratus)이라 한다. 층운형 구름이 비록 수천 피트의 두께로 하늘 전체를 덮었다 할지라도 상대적으로 투명하므로 태양이나 달을 관측할 수 있다.

(2) 층적운(stratocumulus cloud; Sc)

일반적으로 층적운은 8,000피트(2,400m) 이하의 고도에서 형성되고 [그림5-6]에서 보는 것과 같이 재색 또는 밝은 재색을 띠고, 모자이크와 같은 무늬에 어느 한 면이 어두운 부분으로 구성된다. 둥근 형태나 말린 모양의 구름 집단이 합쳐있거나 약간의 간격을 두고 형성된다. 이들 구름은 강수를 포함하고 있지 않지만, 가랑비 혹은 약한 비나 눈이 내릴 수 있다. 때로는 층적운의 발달이 악기상 징후를 나타내기도 하는데 이들 구름이 적란운(thunderhead) 또는 돌풍(gusty wind)의 형태로 다가오는 폭풍(storm)의 징후이기도 하다.

(3) 난층운(nimbostratus cloud; Ns)

난층운은 외형으로 식별할 수 있는 특이한 형상을 지니지 않으며 전반적으로 어두운 재색(dark gray)을 띤다. 일반적으로 난층운은 8,000피트(2,400m) 이하의 고도에서 형성되고 층운형 구름에서 비를 동반한 구름이다. 난층운은 수천 피트의 두께로 형성되어 하늘 전체를 덮을 수 있고 밀도가 높아서 태양을 완전히 차단할 수 있다. 난층운은 온난 기온조건에서 쉽게 형성될 수 있고 강수를 동반하고 있다.

[주108] 층운과 난층운; 층운은 구름의 하단이 평평한 형태로 구분한다.

5.3.5 수직운

수직으로 발달한 구름(vertical clouds)은 통상 결빙층(freezing level) 이상에서 과냉각 물방울을 포함하고 있으며 대기의 불안정 때문에 구름은 수직으로 발달하고 많은 강수를 포함하고 있다. 이 구름 주위에는 난기류 등 기상 변화 요인이 많아 수직운 주위를 비행할 때에는 기상의 영향을 충분히 고려해야 한다. 수직운의 높이(height)는 통상 1,000피트에서 10,000피트(MSL)까지 형성되고, 최대 상층부의 구름은 60,000피트(MSL)까지 도달하는 때도 있다. 수직운 형상은 탑적운(towering cumulus), 적란운(cumulonimbus), 층적운(stratocumulus) 등이 있다.

(1) 적운(cumulus cloud; Cu)

적운은 마치 돔 모양(dome-shape)과 같이 구름 하단은 비교적 평평하고 상층부는 둥그런 형태로 집단으로 형성된다. 태양 빛을 받는 면은 매우 밝고 하단은 상대적으로 어둡다.

(2) 적란운(cumulonimbus cloud; Cb)

적란운은 수직으로 발달하는 전형적인 구름으로 항공기 운항에 많은 위험 요소가 존재한다. 적란운은 많은 강수를 동반하고 있을 뿐만 아니라 상승기류와 하강기류가 동시에 존재하는 심한 난기류는 항공기 운항에 치명적 영향을 미칠 수 있다. 초기 적운형 구름으로부터 발달하고 아래와 같은 조건이 존재할 때 적란운이 활발하게 발달할 수 있다.

① 풍부한 습기
② 무덥고 불안정한 공기군
③ 역학적 상승기류

전형적인 적운은 풍부한 습기를 함유한 불안정 공기군이 높은 산과 같은 지형을 따라서 상승하거나 해풍이 폭풍 에너지(storm energy)를 제공하는 해양 근처에서 형성된다. 이 과정에서 더운 공기가 상승하면서 냉각하기 시작하고 수증기는 물방울로 응축된다. 수증기가 응축 과정에서 잠열을 발산하고 이 잠열은 주변 공기를 가열시켜 지속적인 공기의 상승을 유발한다. 공기군이 지속 상승하면서 물방울은 계속 냉각되어 빙정이 만들어진다. 상승기류로 지지하고 있던 무거운 물방울과 빙정은 중력의 영향을 받아 지상으로 떨어지기 시작한다. 집중적인 강수의 하강은 상승기류보다 강한 하강기류를 형성하는 원인이 된다.

공기군의 활발한 상·하의 이동은 적란운 내부에서 강한 정전기를 형성하는 원인이 되어 이들 정전기가 방전(discharge)될 때 천둥과 번개가 발생한다. 일반적으로 적란운은 10,000~12,000피트(3,000~4,000m)의 높이에서 형성되고 최고 높이는 75,000피트(23,000m)까지 이르는 구름도 있다. 이들 구름의 하부는 수 마일에 이르기도 한다. 적란운 구름의 한 특징은 [그림5-6]과 같이 마치 모루(anvil)와 같이 비교적 평평하고 유연한 기류가 형성된다. 이는 적란운 꼭대기 부분을 가로지르는 강한 직선 바람이 존재한다는 것을 의미한다. 모루 하단으로부터 내리는 비가 중간에 증발하는 현상을 꼬리구름(virga)이라 한다.

적란운 폭풍 셀은 짧은 시간에 폭우를 동반하여 큰 피해를 줄 수 있다. 주지하는 바와 같이 적란운은 많은 강수를 동반하고 있지만, 이외에도 항공기 운항에 치명적 영향을 줄 수 있는 매우 강한 난기류가 존재한다. 적란운이 발달하고 있는 공역에서 경항공기는 이를 극복할 수 있는 충분한 동력이 부족하므로 절대로 통과하거나 근처로 비행해서는 안 된다.

[기타 수직운]

① 탑적운(towering cumulus)

탑적운은 적운과 유사하지만, 이들 구름은 더욱 수직으로 발달한 형태이다. 탑적운은 불안정 공기가 매우 깊이 발달하고 있음을 나타내고 착빙을 동반한 강한 대류성 난기류(convective turbulence)를 포함하고 있다.

② 유방구름(mammatus cloud)

유방구름이란 여러 개의 둥그런 주머니(pouches)가 매달려 있는 것과 같은 모양이 마치 여성의 유방(breast)과 유사하다는 데서 유래되었다. 대부분의 유방구름은 적란운으로부터 확장된 모루구름(anvil cloud)에서 발달하는 것으로 알려져 있으나 고적운, 고층운, 층적운 그리고 화산재 등에서도 관측될 수 있다. [그림5-12]에서 보는 것과 같이 전형적인 유방구름의 성숙 상태를 보여 주는 것으로 거대한 구름 덩어리가 마치 소용돌이치듯이 이동해가는 모습에서 두려움을 느낄 정도의 강력한 폭풍의 한 형태이다. 지표면 가까이에서 거대한 유방구름이 형성될 때 강한 비바람과 천둥과 번개 등을 동반하기 때문에 항공기 운항에 절대적으로 위험한 존재이다. 이들 구름은 소규모의 구름 덩어리가 모여서 하나의 거대한 유방구름 집단을 형성한다. 유방구름을 구성하고 있는 개별 구름 덩어리의 평균 직경은 1~3km이고 평균 길이는 0.5km 정도가 된다. 단일 구름 덩어리의 평균 지속 시간은 약 10분 정도이지만 전체 유방구름은 약 15분에서부터 수 시간까지 지속한다. 유방구름은 대부분 빙정(ice)으로 구성되지만 때로는 빙정과 구름방울이 섞여 있거나 구름방울로만 이루어져 있다.

5.3.6 구름 높이 계산

수직으로 발달한 적운 구름의 경우 지표면에서 구름 하단(base)까지 대략적인 높이를 기상 정보를 이용해서 계산할 수 있다. 앞에서 언급한 것과 같이 상승 중인 불포화 공기는 1,000피트 당 3℃의 건조단열감률(dry adiabatic lapse rate; DALR)로 냉각된다. 따라서 기온이 이슬점 기온에 가까울수록 구름을 형성하는 응결층(condensation level)이 더 낮아진다. 이슬점은 1,000피트 당 0.5℃(1°F)씩 감소하기 때문에 기온과 이슬점 기온의 분포(temperature and dew point spread)는 1,000피트 당 약 2.5℃(4.4°F)씩 감소한다는 것을 의미한다. 따라서 구름의 하단 높이는 기온과 이슬점 기온 분포를 기온이 이슬점 기온과 일치하는 비율로 나누어 얻을 수 있다. 예를 들어 공항의 기상예보에 기온이 21℃, 이슬점 16℃일 때 지표면에서 적운 구름의 하단 높이는 기온과 이슬점 기온의 분포는 5(21-16)가 된다. 이를 다시 2.5(5÷2.5)로 나누면 2가 되고, 구름 하단의 높이는 약 2,000피트가 된다. 만약 공기가 아직도 불안정 상태라면 공기는 계속해서 상승하게 될 것이고 이때부터 공기는 포화상태가 되어 적운 구름을 형성한다. 이 과정에서 더 많은 수증기가 액체(liquid) 상태의 물방울로 응축되면서 잠열이 방출하여 기온의 상승을 일부 상쇄시키는 작용을 하여 기온감률을 감소시킨다. 이것은 1,000피트 당 1.5℃의 포화단열감률(saturated adiabatic lapse rate; SALR)이 적용된다는 것을 의미한다.

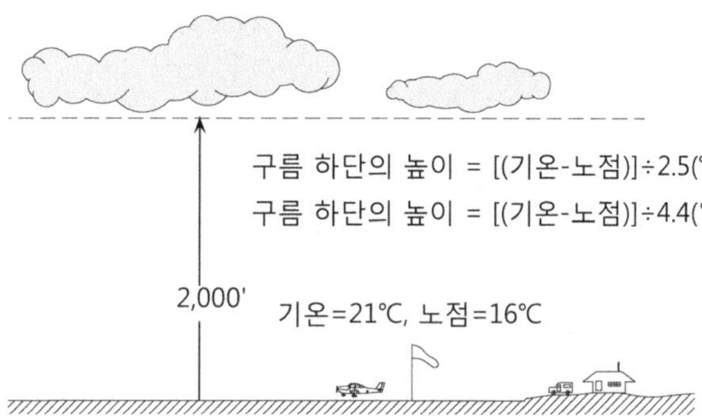

5.3.7 비행과 대기의 안정 및 불안정

안정된 대기란 용어가 뜻하는 것과 같이 공기흐름이 매우 유연한 상태지만 낮은 운고라든지 안개 등에 의한 시정(visibility)이 매우 불량할 수 있다. 불안정한 공기는 기류의 상하 이동이 심하므로 요동이 심하고 때로는 항공기 구조적 손상을 입힐 수 있을 정도의 난기류가

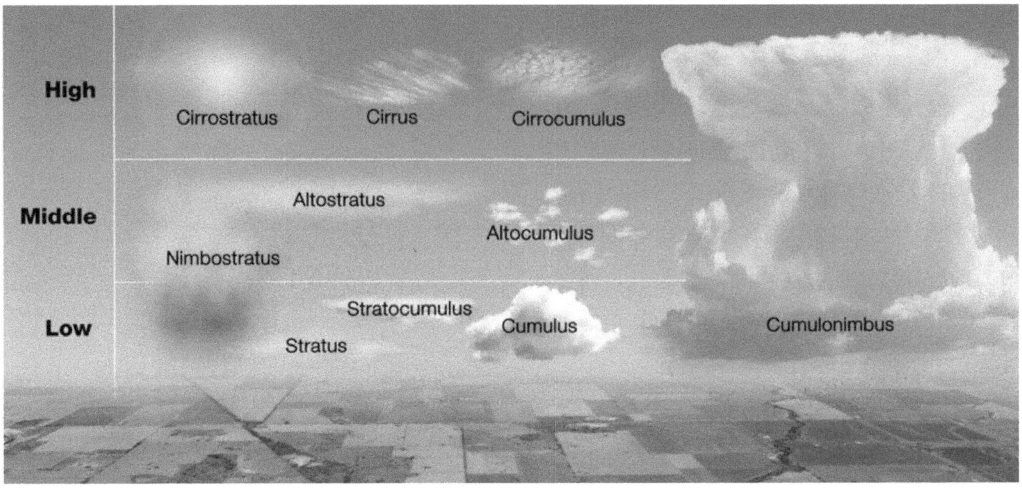

존재할 수 있다. 비행 전 기상보고 및 예보 기관으로부터 정확한 기상정보를 받아 판단하는 것이 가장 정확하지만, 일반적으로 다음과 같은 현재 하늘상태 기상으로 대략적인 기상상태를 예측할 수 있다.

① 뇌우는 극심한 불안정 공기의 존재를 의미하기 때문에 충분히 벗어날 수 있도록 계획해야 한다.

② 소나기와 위로 솟구치는 타워링(towering) 구름은 강한 상승기류와 심한 난기류의 존재를 의미하기 때문에 이 구름을 충분히 벗어날 수 있도록 한다.

③ 가끔 맑은 하늘에 떠 있는 적운형(cumulus) 구름은 구름 하단과 구름 속에 강한 난기류의 존재를 지시한다.

④ 먼지폭풍(dust devils) 역시 건조하고 불안정한 공기의 존재를 나타내고 상당한 높이까지 영향을 줄 수 있다.

⑤ 층운형 구름은 안정된 공기의 존재를 나타내지만 낮은 운고와 불량한 시정으로 인하여 계기비행이 요구될 수 있다.

⑥ 제한된 시정이 지표면에 광범위하게 형성되어 있을 때 공기는 안정된 것으로 판단할 수 있으나 이 역시 시정 불량으로 인하여 계기비행이 요구될 수 있다.

⑦ 뇌우는 가끔 층운형 구름에 가려져 있을 수 있어서 IFR 비행에 보이지 않는 위험 요소가 될 수 있다.

⑧ 기온이 고도와 함께 일정하게 그리고 급격하게 감소한다면 불안정 공기를 지시한다.

⑨ 기온이 고도와 함께 변함이 없거나 변화가 적을 때 공기는 안정된 상태이다.

⑩ 특정 고도 이상에서 기온이 증가한다면 기온역전층을 통과하고 있는 것이고 역전층 상공은 안정되고 대류는 억제된다. 역전층 하단의 공기는 불안정하다.

⑪ 지표면 근처의 공기가 무덥고 습하면 공기는 불안정하다. 지표면의 가열, 상층부 냉각, 수렴 또는 활승풍 등은 공기를 불안정하게 하고 이는 적운형 구름을 형성하는 조건이 된다.

5.4 강수

5.4.1 강수의 정의

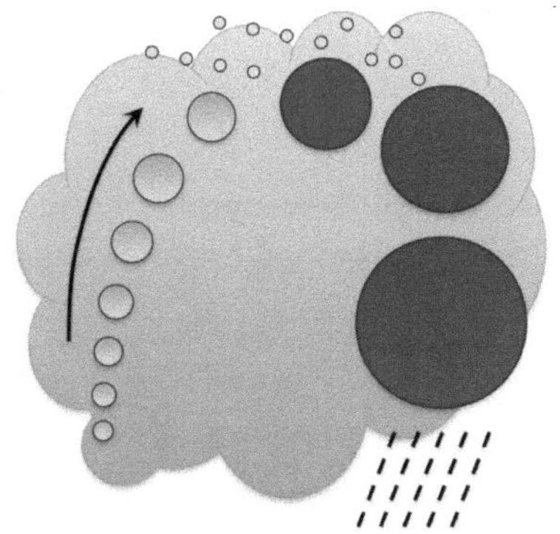

강수(precipitation)란 비(rain), 눈(snow), 가랑비(drizzle), 우박(hail), 그리고 빙정(ice crystal) 등을 모두 포함하는 용어이다. 강수는 이들 입자가 공기의 상승작용으로 크기와 무게가 증가하여 [그림5-15]와 같이 더 이상 대기 중에 떠 있을 수 없을 때 지상으로 떨어진다. 강수의 충분조건은 구름이다. 앞 과제에서 구름의 형성 과정에 대해서 충분히 학습한 바와 같이 지표면의 가열과 활발한 증발 현상 그리고 대기의 안정도(stability)에 따라 다양한 형태의 구름이 형성된다. 강수는 항공기 운항에 직접적인 영향을 미치는 요소이다. 예를 들어 비와 눈과 같은 강수는 공중에서는 시정(visibility)을 제한하는 요소이고 지상에서 비행기 이착륙 과정에서 발생할 수 있는 활주로의 미끄럼은 착륙 사고의 직접적인 원인으로 작용하기 때문에 비나 눈으로 덮인 활주로에서 조종사는 극도의 주의가 요구된다.

5.4.2 강수의 형성 과정

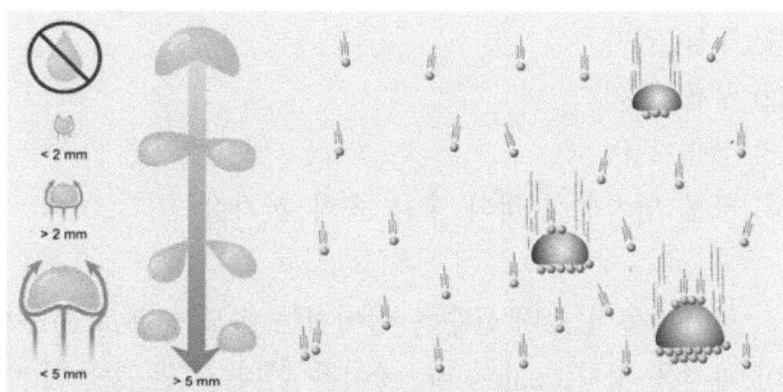

강수는 구름에서 어떻게 형성되는 것일까? 하늘에 떠 있는 미세한 구름 입자(cloud particles)들이 모두 강수로 발달하는 것은 아니다. 이들 미세한 구름 입자가 합쳐졌을 때 구름 입자의 크기가 증가하는 것이고 이들은 결국 대기의 기온에 따라 비 혹은 눈 형태의 강수로 발달할 수 있다. 통상 구름 입자 또는 구름방울(cloud droplets)의 크기는 대략 0.02mm이고, 빗방울의 직경이 2mm 정도가 된다고 했을 때 구름 입자는 빗방울의 약 100분의 1 정도가 되기 때문에 공중에 떠 있을 수 있다. 이 같은 미세한 구름 입자들이 구름 속에서 충돌과 병합(collide and coalescence) 그리고 빙정 과정을 거쳐서 강수를 형성하는 것으로 알려져 있다. [그림5-16]

(1) 충돌-병합 과정

기온이 비교적 온난할 때 구름 입자들이 충돌하면서 빗방울로 성장하는 과정이다. 미세한

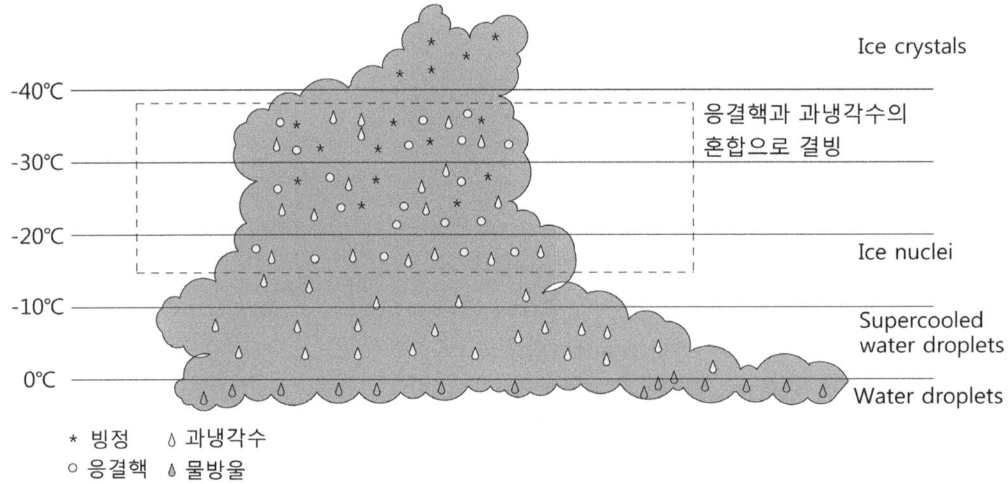

구름 입자들의 크기가 모두 균등하고 충분한 간격을 형성하면서 운동하고 있다면 이들 입자 사이에 활발한 충돌이 발생하지 않을 것이다. 그러나 구름 입자들 크기가 다르고 밀도가 높은 구름은 상대적으로 구름 입자 간의 충돌 가능성이 크다. 이 같은 점을 고려했을 때 충돌-병합 과정을 거쳐 빗방울로 성장하기 위해서는 다음과 같은 필요조건을 갖추어야 한다.

① 구름 입자
② 구름 두께
③ 상승기류
④ 구름 입자의 전하와 구름 속의 전기장

구름방울이 크면 클수록 떨어지는 속도는 빠르고 주변의 작은 구름방울을 흡수할 수 있다. 이 과정을 병합(coalescence)이라 한다. 모든 충돌이 병합으로 이어지는 것은 아니다. 이 같은 이유는 각 구름의 입자는 강한 표면장력으로 인하여 병합되기보다 더 작은 입자로 부서지기도 한다. 이 과정에서 더 큰 강수 입자를 형성하기 때문에 응축 과정보다 성장 과정이 빠르다. 여기에 상승기류의 강도와 구름 속에 지체하는 시간이 입자의 성장률을 증가시키고 큰 강수 입자를 공기 중에 떠 있게 할 수 있다. [그림5-17]은 온난 적운에서 미세한 구름방울이 빗방울로 성장하는 과정을 보여 주고 있다.

구름 하단의 미세한 구름방울이 상승기류를 타고 위로 올라가면서 충돌과 병합 과정을 통해 크기가 성장하기는 했으나 아직 중력(gravity)을 극복할 정도의 크기가 아니므로 계속해서 구름 속에 오르내리면서 중력을 극복할 수 있을 만큼 충분히 성장했을 때 지상으로 떨어지기 시작한다. 작은 빗방울이 서서히 떨어지면서 주변의 작은 구름방울을 흡수하여 점점 크기가 커져 지상에 도달했을 때는 굵은 빗방울이 된다. 비교적 완만한 상승기류가 존재하는 층운에서는 빗방울이 충분히 성장하지 못하기 때문에 지상에서는 가랑비와 같은 보통 정도의 강수가 내리지만, 상대적으로 강한 상승기류가 존재하는 두꺼운 적운에서는 폭우(heavy rain)나 폭설 또는 우박(hail)을 형성한다.

[주109] 빗방울의 크기; 직경이 0.5mm 이상의 물방울이고, 그 이하일 때 이슬비로 정의한다.

[주110] 빗방울 크기의 한계; 빗방울의 직경이 5mm 이상일 때 지상으로 떨어지면서 상호 충돌로 분해된다.

(2) 빙정 과정

온난 대기에서 발달한 구름 속에서 강수가 형성되는 것은 주로 충돌-병합이라는 과정을 학습하였다. 그러나 중위도 및 고위도 지방에서 발달한 구름은 온난구름과 달리 [그림 5-17]과 같이 3개의 층으로 형성된다. 구름 하단은 대부분 물로 구성된 미세한 구름방울이 존재하고 중간층에서는 액체 상태의 과냉각수(supercooled water)와 빙정(ice crystals) 그리고 상층부에서는 대부분 빙정으로 구성되는 한랭구름이 형성된다. 구름 속에서 이들 빙정과 과냉각수는 충돌-병합 과정보다는 다소 복합한 과정을 거쳐 강수로 발달한다.

빙정과 액체 구름방울이 존재할 때 두 상태의 포화수증기압(saturated water vapor pressure)의 차이로 인해 액체 구름방울에서 빙정이 되고 수증기의 이동을 가속시켜 빙정의 크기를 급속도로 증가시킨다. 적절한 크기로 성장한 빙정들이 주변의 과냉각수와 충돌하면서 급속 결빙되는 현상이 발생하고 이를 결착(accretion)이라 한다. 결착 상태에서 형성된 강수는 고체 상태가 되고 그대로 지상에 내릴 때 싸락눈이 된다. 다음은 구름 상층부의 대부분을 차지하고 있는 빙정의 상호 충돌로 인해 강수의 형태가 결정된다. 빙정이 떨어지면서 과냉각수와 결착되어 더 큰 얼음입자로 성장하거나 고체 입자 사이의 충돌로 인하여 산산이 부서지면서 더 작은 얼음입자로 분산되어 떨어진다.

5.4.3 강수의 구분

지상에 내리는 강수(precipitation)는 대기의 기온과 조화되어 다양한 형태로 변한다. 물의 상태(state)에 따라 액체 상태의 액체 강수(liquid precipitation), 어는 과정에 있는 강수로 어는 강수(freezing precipitation) 그리고 이미 얼어버린 언 강수(frozen precipitation)의 형태가 있다.

① 액체 강수: 비(RA), 가랑비(DZ)

② 어는 강수: 어는비(FZRA), 어는 가랑비(FZDZ),

③ 언 강수: 눈(SN), 싸라기눈(SHGS), 쌀알 눈(SG), 얼음 싸라기(PL), 우박(SHGR), 빙정(IC)

5.5 액체 강수

5.5.1 비

지상에 내리는 액체 상태의 물방울을 비(rain)라고 정의할 수 있는 것은 물방울의 직경

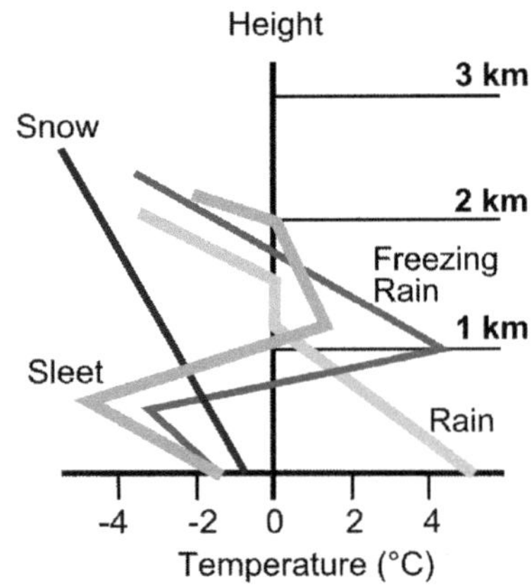

이 0.5mm 이상이어야 하고 그 이하의 액체 물방울을 가랑비 또는 이슬비(drizzle)로 구분한다. 비가 내릴 수 있는 조건은 [그림5-18, 19]와 같이 지상의 기온이 반드시 결빙점(freezing point or freezing level) 이상의 기온을 유지해야 한다. 온난구름으로부터 액체 물방울이 떨어지기 시작했거나 때로는 눈이 되어 떨어지기 시작했다 할지라도 중간의 기온이 눈을 녹일 수 있을 만큼 충분한 온난공기가 존재한다면 지상에 도달하는 강수는 비의 형태가 될 것이다.

구름의 종류에 따라 비의 굵기와 강도를 가늠할 수 있다. 예를 들어 구름의 깊이가 비교적 얇고 대기의 불안정이 약할 때 상승기류가 약하기 때문에 이 구름에서 발생할 수 있는 강수는 이슬비(drizzle)가 되거나 중간에 증발하는 현상이 발생할 수 있다. 만약 뇌우 또는 폭풍이 존재하는 적운 구름 속에서는 구름의 깊이가 두껍고 대기의 불안정성이 크게 존재하여 강력한 상승기류가 존재한다. 이 같은 상황에서 강수는 구름 속에서 오르내림을 반복하여 급작스러운 소나기성 비와 때로는 폭우(heavy rain)가 내리기도 한다. 폭풍우가 지나간 후 시정이 매우 좋아지는데 이는 강수의 발달 과정에서 공중으로 수렴되는 상승기류가 지표면의 각종 시정장애물을 휩쓸고 분산시켰기 때문이다.

5.5.2 꼬리구름

뇌우가 발달한 모루구름(anvil) 하단에서 발달한 강수는 상대적으로 건조한 대기 속으로

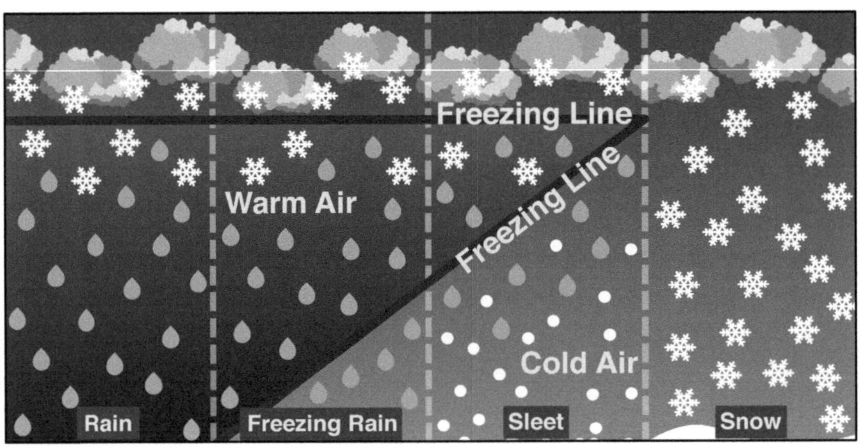

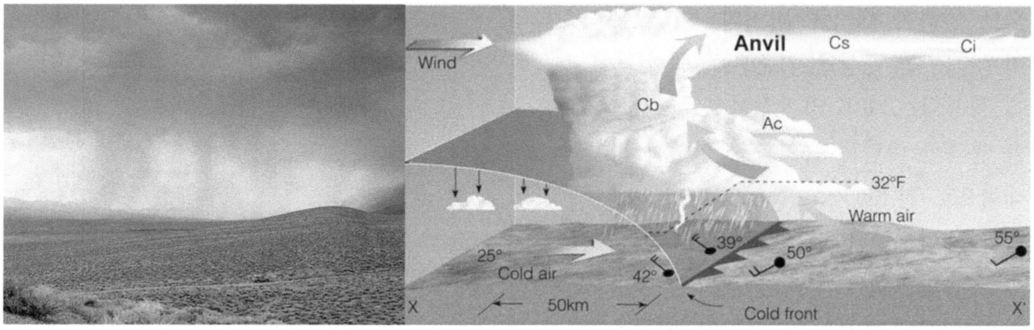

떨어지면서 증발하는 현상이 발생할 수 있고 이를 꼬리구름(virga)이라고 한다. [그림5-20]과 같이 꼬리구름은 액체에서 수증기로 변하는 증발 과정에서 열을 빼앗긴다. 순간적으로 냉각된 공기(cooled air)가 급속히 하강하면서 건조 마이크로버스트(dry microburst)를 발생시킬 수 있다. 이 같은 건조 마이크로버스트는 육안으로 식별이 어려워서 이 구역을 우연히 비행하는 항공기에 상당한 위험을 초래할 수 있다. 또한, 꼬리구름은 인접한 적운 구름에서 뇌우가 발달할 수 있는 원동력으로 작용할 수 있다는 점도 간과해서는 안 된다.

5.5.3 강우량

지상에 떨어지는 비의 양을 강우량(amount of rain)이라 하고 강우량에 따라 다음과 같이 구분한다.

- 매우 약한 비(very light rain): 시간당 0.25mm 미만
- 약한 비(light rain): 시간당 0.25~1.0mm
- 보통 비(moderate rain): 시간당 1~4mm
- 많은 비(heavy rain): 시간당 4~16mm
- 매우 많은 비(very heavy rain): 시간당 16~50mm
- 폭우(extreme rain): 시간당 50mm 이상

5.5.4 비의 생성 원인

비가 내릴 수 있는 조건은 습기(moisture)가 풍부한 구름이 어떻게 형성되는가에 달려 있다. 이 같은 구름의 형성 관점을 연구한다면 비가 내릴 수 있는 기상상태를 예측할 수 있을 것이다. 일반적으로 비가 내릴 수 있는 조건은 다음과 같다.

(1) 지형성 비(orographic rain)

지형성 구름의 형성 과정에서 학습한 바와 같이 풍부한 습기를 지닌 바람이 산과 같은 장애물을 만났을 때 자연적으로 상승하면서 냉각과 증발 과정을 거쳐 풍상 쪽에 형성된 비구름

으로 인하여 내리는 비이다. 이 같은 비구름은 산 정상을 기준으로 풍상 쪽에 형성되는 것이 일반적이고 산 정상을 통과한 바람은 습기를 상실하여 상대적으로 건조해지고 풍하(leeward)를 따라 내려오는 바람은 압축되어 기온이 상승함으로써 고온의 건조한 바람이 형성된다. 이때 풍하 쪽의 바람을 비 그림자 구역(rain shadow region)이라 한다. [그림5-21]

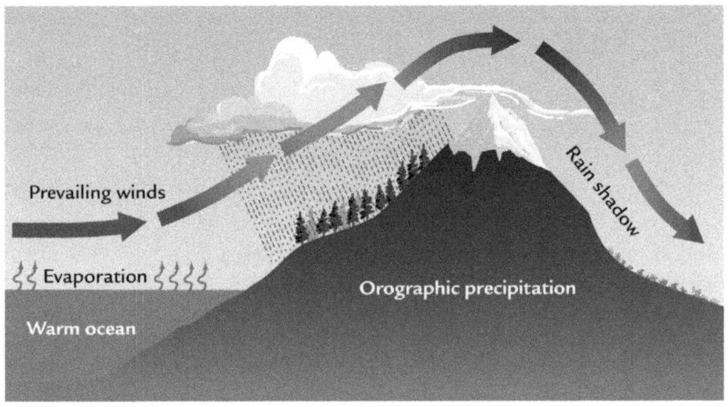

(2) 대류성 비(convective rain)

주로 열대지방이나 한여름 오후의 뜨거운 날(hot day)에 발생할 수 있는 비이다. 적도지방이나 한여름에 해양이나 습한 지역에 내리쬐는 강한 태양 복사열은 강한 증발을 일으키고 대기의 불안정성과 조화되어 [그림5-22, 23]과 같이 고온다습한 공기는 급격한 상승작용을 일으킨다. 상승 중인 공기는 기압의 감소로 급격히 팽창되고 기온의 감소로 인하여 상대습도(relative humidity)가 증가하면서 급속히 응축되어 큰 빗방울을 형성한다. 대류성 비는 탑적운(towering cumulonimbus)에서 발달하고 폭우, 번개 그리고 뇌우 등을 동반한다.

(3) 전선성 또는 사이클론 비(frontal or cyclonic rain)

전선이 형성되는 곳에서 발생하는 비이지만 전선의 특성에 따른 비가 내린다. [그림5-24]에서 보는 것과 같이 한랭전선(cold front)에서는 밀도가 높고 찬 공기가 습한 온난공기를 위로 밀어 올리면서 발생하는 냉각과 응축으로 구름과 강수가 형성된다. 한랭전선은 비교적 경사도가

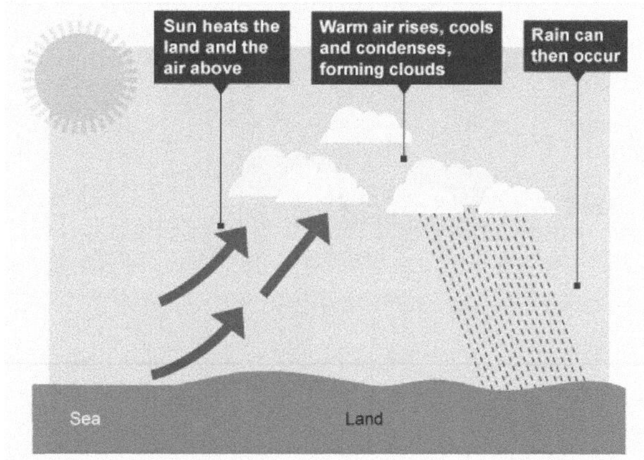

높아 활발한 상승작용(lifting motion)이 발달한다. 이로 인하여 소나기성 비가 발달하고 때때로 심한뇌우(severe thunderstorm)를 발생하기도 한다. 반대로 온난전선(warm front)에서는 밀도가 낮은 온난공기가 찬 공기 위로 상승하면서 냉각과 응축으로 구름과 강수가 형성된다. 온난전선은 경사가 비교적 완만하므로 전선보다 훨씬 앞쪽에 지속성 비 또는 눈이 내린다. 적도 지방에서 형성되는 열대 저기압(tropical depression)의 형태에서 지표면의 습한 공기를 수렴하여 위로 끌어 올리면서 상층부에 구름을 형성하여 강수를 형성한다.

5.6 언 강수

(1) 눈(snow)

지상에 내리는 눈은 이미 얼어버린 강수(frozen precipitation)의 한 종류이다. 눈이 내리기 위해서는 [그림5-18, 19]와 같이 구름 하단에서 발달한 강수가 눈(snow)의 상태여야 하고 눈이 지표면에 도달할 때까지 대기 기온 역시 0℃ 이하여야 한다. 만약 눈이 내리는 대기의 기온이 0℃ 이상이라면 눈은 중간에 녹아 비(rain)가 되어 내리게 될 것이다.

눈은 비와 달리 육안 시정(visibility)을 극도로 악화시키는 기상 요소이다. 특히 눈이 내릴 때 모든 사물이 눈에 덮이면서 하얀 세상을 만드는 악시정의 한 형태인 백색시정(whiteout)을 형성한다. 이 같은 백색시정은 극지에서 하얀 눈으로 덮여 방향감각상실(disorientation)을 일으킬 수 있는 상태를 의미하는 용어이다. 주간임에도 불구하고 눈보라(blizzard)가 칠 때 세상이 온통 하얗게 변하고 시정은 극도로 제한된다. 또한, 눈의 특성상 반사율이 95% 이상이 되기 때문에 조종사에게 눈부심이 발생할 수 있고 눈(eye)의 피로를 증가시킨다. 비와 달리 눈은 지상에 떨어지는 형태에 따라 다음과 같이 구분한다.

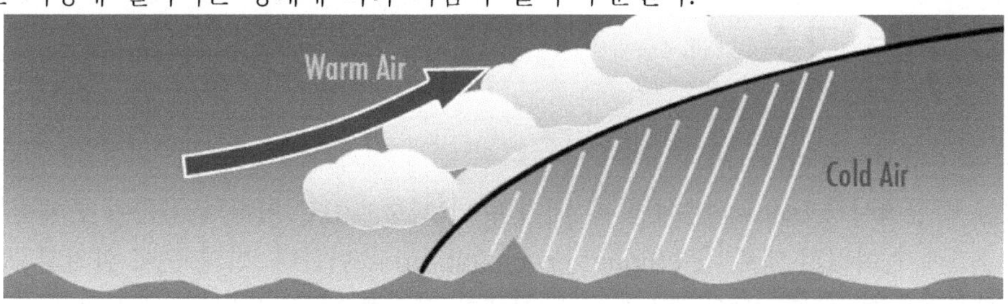

① 눈보라(blizzard)는 일종의 눈 폭풍으로 강한 바람(초속 15m)과 함께 많은 양의 눈가루가 오랫동안 지속해서 내리는 상태이다. 특히 심한폭풍(severe storm)은 시정을 1m 미만으로 감소시킬 수 있는 백색시정(whiteout)이 될 수 있어 항공기 이착륙을 불가능하게 한다.

② 소낙눈(flurry)은 발달 중인 적운에서 내리는 소나기 형태의 눈으로 많이 쌓이지는 않는다.

③ 눈싸라기(snow pellets or graupel)는 어는 안개(freezing fog)가 눈송이 형태로 응결되면서 형성된 백색의 작은 얼음알갱이들로 통상 소나기 형태로 내린다. 응결력이 약하기 때문에 부서지기 쉬운 점에서 쌀알눈(snow grain)과 구분된다.

④ 쌀알눈(snow grain)은 작고 투명한 얼음알갱이들이지만 응결력이 강하기 때문에 잘 부서지지 않는다. 통상 층운에서 조금씩 내리고 소나기 형태로 내리지 않는다.

④ 땅눈보라(ground blizzard)는 이미 내린 눈이 강한 바람으로 흩날리거나 백색시정으로 변하는 상태이다.

(2) 기 타

① 눈스콜(snow squall)은 소나기 형태의 강한 눈을 동반하지만 비교적 수명이 짧다.

② 눈폭풍(snow storm)은 폭설을 동반한 폭풍의 형태로 비교적 수명이 길다.

③ 뇌우눈(thundersnow)은 주요 강수가 눈의 형태를 이루는 뇌우이다.

5.7 어는 강수

(1) 어는비(freezing rain)

구름 하단에서 눈(snow)이 내릴 때 대기의 어느 층에 0℃ 이상의 기온이 존재한다면 이 눈은 중간에 녹아버려 액체 강수(liquid precipitation)로 변한다. 만약 눈이 완전히 녹았다면 비가 되어 떨어지게 될 것이나 반쯤 녹은 상태의 강수가 되어 내릴 수 있다. 이를 어는비로 정의하고 이들 어는비가 찬 물체에 부딪혀 발생하는 착빙을 우빙(glaze ice)이라 한다. 어는

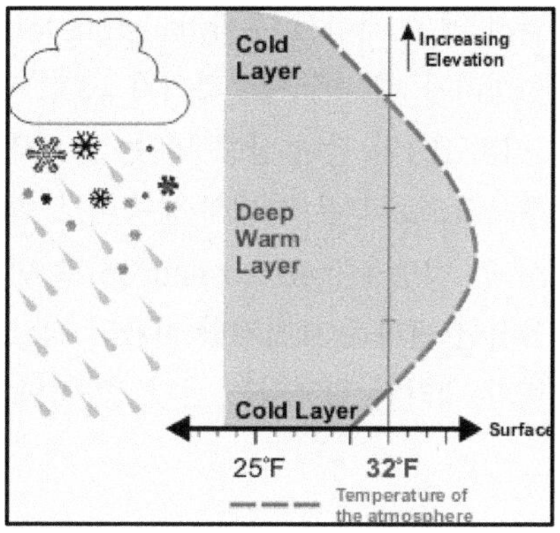

비가 지상의 찬 물체에 떨어질 때 급속 결빙(rapidly freezing)이 발생하는 점에 주의해야 한다. 지상의 나뭇가지, 송전선, 지붕 등에 내릴 때 축적되어 그 무게가 급격히 증가하여 결국 나뭇가지가 찢어지고 송전선이 끊어지는 등 막대한 피해를 줄 수 있다.

항공기 운항에서도 이 같은 어는비는 항공기 표면에 형성되는 급속 착빙(icing)의 한 형태이기 때문에 이로 인하여 항공기 무게의 증가, 날개 및 블레이드(wing or blades)의 양력(lift) 발생 능력을 떨어뜨린다. 만약 어는비가 활주로 위에 내렸을 때 이착륙하는 항공기에 매우 치명적일 수 있다. 어는비가 찬 활주로 위에 떨어질 때 빗방울과 같이 사방으로 확산하면서 순간적으로 결빙된다.

결빙이 형성된 표면 위에 지속해서 어는비가 내릴 때 얼음층이 쌓이면서 우빙을 형성한다. 이들 우빙은 불규칙하게 형성되어 항공기 바퀴와 활주로 사이에 정지마찰(traction)을 거의 제공하지 못한다. 통상 어는비는 [그림5-26]과 같이 지표면 기온이 결빙 또는 약간 낮을 때 형성되는 온난기온의 한랭 층에 존재하는 좁은 층에서 형성된다. 고도에 따른 기온은 그래프의 주변 기온 선과 같이 특정 고도 층에서 영상의 기온이 존재하고 이 고도대에서 눈이 녹는다. 이 과정에서 눈이 완전히 녹는 것이 아니고 과냉각 상태가 된다. 우빙과 제법 많은 어는비가 동반할 때 얼음 폭풍(ice storm)이라 한다.

[주111] 물의 결빙과 과냉각수; 1기압(mb) 조건에서 기온이 0℃ 일 때 결빙된다. 과냉각수는 0~ -40℃에서 존재하고 -40℃ 이하에서 급속 결빙된다.

[주112] 상고대(rime ice); 과냉각 구름방울 또는 안개 방울이 영하의 물체에 부딪히면서 젖은 물방울들이 전선, 나뭇가지 등에 결빙되어 백색 또는 낱알 모양의 얼음 결정체이다. 항공기 기체에도 이 같은 얼음이 형성될 수 있는 데 이를 거친 착빙 또는 조빙(rime icing)이라 한다.

(2) 진눈깨비(sleet)

진눈깨비(sleet)는 언 빗방울(frozen raindrop)이고 어는 강수와 달리 지표면에 떨어질 때 튀어 오르고 지상 물체에 부딪혔을 때 급속 결빙되는 점도 다르다. 진눈깨비는 지표면을 매우 미끄럽게 한다는 점에서는 어는비와 유사한 점도 있지만, 시각적으로 쉽게 관측할 수 있다는 점에서 다르다. 부분적으로 작은 얼음싸라기(ice pellets)의 형태이기도 하지만 우박(hail)과는 생성 과정이 다르고 크기 역시 매우 작아서 우박(hailstone)과 명백히 다르다. 진눈깨비는 매우 한정된 대기 조건에서만 형성되기 때문에 예측하기가 더욱 어렵다. 진눈깨비가 내리는 기온 분포를 분석했을 때 [그림 5-18, 19]와 같이 상층부에는 눈으로 내리다가 중간의 엷은 온난 층(warm layer)을 통과하면서 부분적으로 녹은 상태의 눈송이로 변한다. 반쯤 녹은 상태의 눈송이가 더 찬 공기층을 통과하면서 언 빗방울(frozen raindrop)로 변한다. 진눈깨비로 발달하는 기온 변화 선은 어는비와 거의 유사한 변화를 보이지만 지표면 직상공의 한랭 층의 두께가 다르다는 것을 알 수 있듯이 진눈깨비가 내리기 위해서는 온난 층 하단의 한랭 층이 제법 두껍게 형성되어야 한다.

5.8 인공강우(cloud seeding)

지구의 대부분을 차지하고 있는 물의 순환 과정에서 학습한 것과 같이 물은 증발과 응축 그리고 침전 과정을 거치면서 끊임없이 순환되고 있다. 구름이나 안개는 공기 중에 떠 있는 미세한 구름방울의 거대한 집합체이다. 이들 미세한 물방울들이 특정 조건에서 응축되거나 뭉쳐지면서 크기가 증가하여 비(rain)나 가랑비(drizzle) 등으로 지상에 떨어진다. 인공강우란 인위적으로 구름방울을 응결 또는 빙정 응결핵(condense nuclei)으로 작용할 수 있는 물질을 공중에 살포하여 강수의 종류 또는 양을 변화시키려는 시도이다.

인공강우를 시도하는 주목적은 가뭄으로 인한 피해를 줄이기 위해서 비를 내리게 하는 데 있지만, 항공기 운항 및 농작물에 심각한 피해를 주는 우박(hail)을 억제하기 위해서 활용되고 있다. 또한, 항공기 이착륙의 시정장애물인 안개(fog)를 감소시키기 위해서도 적극적으로 활용 방안을 연구 중이다. 인공강우에 가장 많이 활용되는 화학물질은 옥화은(silver iodide)과 드라이아이스(dry ice)이고, 공기 중의 습기를 흡수하기 위해서 소금이 활용된다. 이들 물질을 액화 프로판 가스에 주입하여 크기를 줄여 항공기에 탑재한 후 공중에서 살포하거나 강우 발생기를 이용하여 지상에서 살포하기도 한다.

5.9 항공기 운항과 강수

5.9.1 수막현상

(1) 정의와 원인

수막현상(hydroplaning)은 비가 내려 지표면 또는 활주로가 젖어 있는 상태에서 일정 속도 이상으로 이동할 때 [그림5-28]과 같이 타이어가 지표면과 타이어 사이에 형성된 수막(layer of water)이다. 차량이나 혹은 이착륙 중인 비행기의 타이어가 도로 또는 활주로 위에 밀착되어 있을 때 정상적인 조향과 제동력을 발휘할 수 있다. 그러나 타이어가 도로 혹은 활주로 위에 형성된 수막 위로 이동할 때 조향(steering) 성능과 제동(braking) 성능 모두를 현

저히 감소시키거나 불능 상태가 될 수 있다. 일반적으로 자동차의 운행에서도 수막현상을 쉽게 경험할 수 있는 데 비가 내려 도로 위에 물이 많이 남아있거나 고여 있는(standing water) 지역을 고속으로 통과할 때 순간적으로 운전대(steering wheel)가 가벼워지면서 운전자 마음대로 조향(steering) 되지 않았던 경험들이 있었을 것이다. 자동차는 속도가 느리고 4개의 바퀴가 도로 위에 닿아 있어서 수막현상을 감지한 운전자는 즉시 속도를 줄여 해소할 수 있다. 그러나 착륙 단계에 있는 비행기가 젖은 활주로 위에 고속으로 착지(touchdown)할 때 지상의 차량과는 다른 상황이 발생할 수 있으므로 더욱 정밀한 조종 기술이 요구된다.

첫째, 좌·우측 2개의 주착륙바퀴(main landing wheels)가 정밀하게 동시에 착지 되어야 한다. 만약 어느 한쪽 바퀴가 먼저 활주로 표면에 닿아 수막현상을 일으킨다면 좌우 불균형으로 인하여 급격한 지상루프(ground loop) 또는 급회전(swivel) 현상으로 착륙 사고의 원인이 된다. 이는 착륙 중인 비행기가 측풍에 노출되었다면 주착륙바퀴를 동시에 착지시키는 데 더욱 어려움이 있다.

둘째, 엔진 동력의 활용이 불가능하다. 자동차의 경우라면 즉시 기어를 중립에 놓으면 바퀴의 회전력이 상실되고 물의 저항으로 인하여 자동차의 속도는 급격히 감소하여 수막현상에서 벗어날 수 있다. 그러나 비행기는 착륙을 위한 최저 속도를 지속해서 유지하여 착지해야 한다는 점을 고려할 때 동력은 이미 최저의 상태이거나 복행(go-around)을 위해서 최소한의 동력으로 착지하고 있는 상태가 된다.

셋째, 착륙 중에 제동장치의 사용이 매우 제한되기 때문에 착륙활주거리가 상당히 증가한다는 점을 고려해야 한다.

(2) 수막현상의 종류

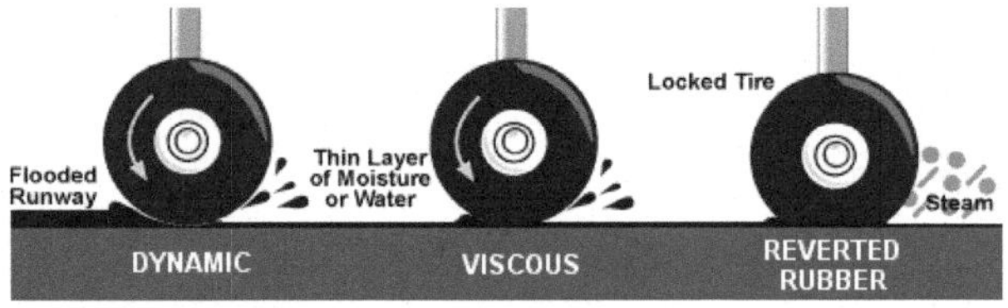

수막현상이 단순히 젖은 활주로 위를 고속으로 활주하는 것만으로 설명하기 어렵다. 이 현상을 더 정밀하게 분석했을 때 다음과 같은 현상이 조화되어 수막현상이 발생한다.

① 동적 수막(dynamic hydroplaning)은 활주로 표면 위에 고여 있는 물이 있을 때 발생한다. 약 1/10인치 깊이의 물은 타이어를 활주로에서 떠 있게 작용할 수 있다. 활주로 위의 물이 많고 속도가 빠를 때 또는 타이어 압력이 높을 때 발생한다. 동적수막이 발생할 수 있는 최저 속도는 타이어 압력 근의 8.6(혹은 9)배로 수막 위를 굴러간다.

타이어 압력(psi)	수막발생속도(knot/MPH)
30	49/57
40	57/66
50	64/73
60	70/80
70	75/87
80	81/93

② 점성 수막(viscous hydroplaning)은 동적수막보다 상당히 낮은 속도에서 발생할 수 있으며 주로 매끄러운 활주로(smooth runway)에서 발생한다.

③ 증기 수막(reverted rubber hydroplaning)은 비상 이륙 및 착륙 상황에서 물에 젖은 활주로 위에서 장시간 활주를 방지하기 위해서 브레이크를 적용했을 때 발생한다. 마찰(friction)은 항공기 타이어와 활주로 표면 사이의 열이 발생하여 타이어 표면이 녹으면서 고무 성분이 주변의 물을 가두는 현상이 발생한다. 마찰로 인한 뜨거운 열은 고무 성분에 갇혀 있는 물을 가열시켜 증기로 변화시키고 여기서 발생한 증기압(steam pressure)은 타이어를 활주로 표면에서 밀어 올리는 작용을 한다.

[주113] 복행과 실패접근; 착지 단계까지 접근하여 기상 및 활주로의 사정 등으로 착륙을 포기하고 재상승하는 절차이고 시계비행은 복행(go-around)으로 계기접근 중일 때는 실패접근(missed approach)이라 한다.

-

(3) 수막현상의 예방

수막현상을 예방할 수 있는 가장 좋은 방법은 속도를 최대한 낮추고 비행기의 무게가 바퀴에 전달될 수 있도록 하는 것으로 권장 최저 착륙 속도를 유지하기 위해서 다음과 같은 방법이 권장된다.

① 플랩(flaps)을 최대한 활용한다. 이는 양력(lift)을 보전하고 착지 속도를 최저로 유지할 수 있다.
② 전투기와 같은 고속 항공기는 항력 낙하산(D-chute)을 펴거나 고성능 민간 항공기는 역추력장치를 적극적으로 활용하여 착륙 활주 속도를 감소시킨다.
③ 착지(touchdown)하는 순간 에어 브레이크를 최대한 활용할 수 있도록 조작하고 지상 스포일러(ground spoiler)를 작동시킨다. 이는 비행기의 양력을 분산시켜 비행기의 무게를 바퀴로 전이시키는 데 효과적이다.
④ 착지하자마자 가능한 한 빨리 앞바퀴(nose-wheel)를 지면에 착지시킨다. 이는 조향 성능을 부여할 뿐만 아니라 3개의 바퀴 축은 더욱 안정된 방향조종에 기여한다.
⑤ 접근 자세에서 착지자세로 전환하는 자세변경(flare)할 때 플로팅(floating)을 최소화할 수 있도록 한다. 플로팅이 길어질수록 착륙활주거리는 증가한다.

위의 권장 사항은 조종사의 능력을 향상하는 데 있지만, 이외에도 활주로 표면에 일련의 홈(groove)을 파 빗물이 흐를 수 있도록 함으로써 수막현상을 최소화할 수 있다. 또한, 타이어의 표면에 형성된 홈(tread) 역시 타이어가 고속으로 이동할 때 표면의 물이 통과할 수 있도록 설계된 것으로 수막현상을 최소화할 수 있다. 따라서 표면이 너무 닳은 타이어는 상대적으로 수막현상에 취약할 수 있으므로 수시로 점검하여 규정치 이상의 타이어 홈이 유지될 수 있어야 한다.

5.9.2 강수와 착시

(1) 무특색 지형(figureless terrain) 착시

수면 상공이나 어두운 지역 또는 눈으로 완전히 덮인 지역을 비행하거나 접근 중 주변 지형이 뚜렷한 형태가 없으므로 조종사는 정확한 지형을 참고하기가 어렵고 이로 인하여 시각

적 착각(illusions)을 일으킬 수 있다. 이처럼 특색이 없는 주변 지형의 형태는 실제 고도보다 높이 있는 듯한 착각을 유발하여 정상보다 낮은 고도로 접근을 유발할 수 있다.

(2) 대기 현상에 의한 착시

비행 중 비나 눈과 같은 강수 현상으로 인해서 시계(field of view)가 가려져 활주로가 멀리 보일 때 조종사는 정상보다 높은 고도에 있는 듯한 착각을 일으킨다. 특히 안개나 엷은 연무 현상은 활주로가 정상 거리보다 멀리 있는 듯한 착각(illusions)을 일으켜 접근각과 속도 조절에 실패하여 급기동이나 깊은각 접근을 유발한다. 안개가 덮인 활주로로 접근 중에는 심리적으로 지상 장애물에 대한 우려 때문에 무의식적으로 높은 고도로 안개 지역을 통과하는 경향이 있고, 이로 인하여 활주로에 근접해서는 깊은각 접근(steep approach)으로 착륙을 시도하게 된다. 지상에서 항공기의 이동을 관측하는 관제사 혹은 지상 종사자들 역시 비 혹은 눈과 같은 강수가 내릴 때 항공기를 육안으로 관측할 수 있는 거리가 현저히 감소할 뿐만 아니라 동일한 고도와 위치에 있는 항공기일지라도 멀리서 접근하는 것 같은 착시 현상이 발생할 수 있다.

[주114] D-슈트(drag chute); 착륙 중 고속 항공기의 속도를 감속시키기 위해서 항공기 꼬리부에 장착된 항력 낙하산이다. 착지 순간 D-슈트를 펼쳐 항공기의 착륙활주 속도를 많이 감소할 수 있다.

[주115] 스포일러; 날개의 윗면에 장착된 패널로 착륙활주 단계에서 날개의 양력을 조기에 소멸시켜 비행기의 무게를 가능한 한 빨리 바퀴에 실릴 수 있게 한다. 또한, 공중에서는 비행속도를 감속시키는 에어 브레이크로도 활용된다.

[주116] 역추력장치(프로펠러 비행기); 프로펠러의 역추력 각도로 조정하여 바람을 앞으로 불어내어 추력을 반대 방향으로 향하게 하여 비행기의 착륙활주속도를 감속시킨다.

[주117] 역추력장치(제트엔진); 배기구 끝에 버킷을 장착하여 배기가스의 흐름을 반대 방향으로 흐르게 하거나 압축기 단의 끝부분을 개방할 수 있도록 하여 이 부분에 설치된 캐스케이드가 압축공기의 흐름을 전방으로 전환해 역추력을 얻는다.

제6장 안개와 시정

6.1 안 개

6.1.1 안 개

안개는 작은 물방울(water droplet)이나 빙정(ice crystals)으로 구성된 구름의 종류이다. 안개는 주로 지표면 근처에서 형성되어 지표면 시정을 3마일 이하로 제한한다. 기온과 이슬점 분포(temperature-dew point spread)가 5% 이내에서 이슬점(dew point) 상태의 대기가 냉각되었을 때 또는 지표면 근처의 공기에 습한 공기(moist air)가 유입되었을 때 안개(fog)는 쉽게 형성된다. 공장 지대에서는 연소 부산물(combustion products)이 안개(fog) 형성을 위한 응결핵(condensation nuclei)으로 작용하기 때문에 안개 형성을 촉진한다. 일상생활에서 안개는 쉽게 관찰될 수 있으며 조종사, 지상 근무자 그리고 운용자는 안개의 특성을 충분히 이해할 수 있어야 항공기 사고의 가능성을 줄일 수 있다.

안개가 짙게 낀 날 고속도로에서 수십 중 추돌 사고가 발생했다는 뉴스를 자주 듣게 된다. 안개는 칠흑 같은 어둠보다도 더 위험한 요소이다. 왜일까? 아무리 어두운 밤이라도 활주로 및 주변 시설을 비추는 조명시설과 항공기의 착륙등(landing light)을 잘 활용한다면 별 어려움 없이 항공기는 정상적으로 운용될 수 있다. 그러나 안개가 끼었다는 기상보고는 안개가 걷힐 때까지 항공기 운항을 지연(delay)시킨다. 비록 주간(daylight)이라 할지라도 안개는 항공기 운항을 제한하는 심각한 시정장애 요인이다. 안개는 미세한 물방울이 대기에 떠 있는 상

태이다. 따라서 이들 미세한 물방울은 [그림6-1, 2, 3]과 같이 빛을 비추었을 때 이를 산란(scattered)시키는 작용하기 때문에 빛이 직진하지 못하고 광원 혹은 착륙등이나 전조등 직전에서 확산하는 현상을 관찰할 수 있다. 이는 조종사 또는 차량 운전자에게 매우 제한된 시정(visibility) 때문에 항공기 운항에 지장을 초래한다.

6.1.2 안개의 종류

(1) 복사안개(radiation fog)

복사안개는 상대적으로 엷게 형성되어 지면에서 보았을 때 하늘 전체 혹은 일부를 가리기에 충분하다. 지면안개(ground fog)는 [그림6-4]와 같이 복사안개의 형태이며 공중에서 보았을 때 지표면의 일부 혹은 전부를 가리고 일부 지역은 엷게 형성된 지역을 통해서 지면을 볼 수 있다. 복사안개는 야간에 지형적 복사(terrestrial radiation)가 지형을 냉각시키고 냉각된 지형은 지면 위의 공기를 냉각시키며 그 공기가 이슬점까지 냉각되었을 때 안개가 형성된다. 복사안개는 바람이 없거나 미풍(wind calm and light), 맑은 하늘, 상대습도가 높을 때, 기온

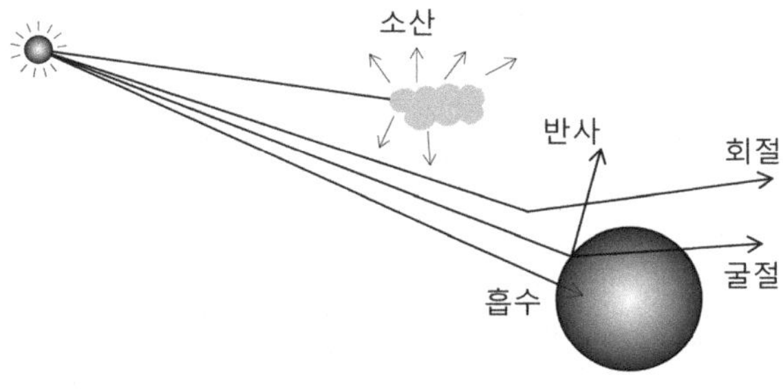

과 이슬점 분포가 작을 때 그리고 평평한 저지대(low and flatland)에서 쉽게 형성된다. 이 같은 복사안개는 주로 야간 혹은 새벽에 잘 형성된다. 공기는 열 전도력이 매우 약하기 때문에 완전한 무풍 상태라면 지표면과 접촉된 층은 약 1~2인치 두께로 매우 엷은 층을 형성한다. 이것은 지표면 위의 공기가 안개를 형성하기보다 이슬(dew)이나 서리(frost)를 형성하는 원인이 된다.

주변 공기 기온이 결빙(freezing) 기온 이상이면 이슬이 맺히고 결빙 기온 이하이면 서리가 되어 표면에 형성된다. 새벽녘에는 공기로부터 습기를 제거함으로써 이슬이 증발하고 복사안개가 형성될 수 있는 조건이 된다. 반대로 약 7노트 이상의 바람이 존재한다면 지표면에 복사안개를 형성하기보다 지표면 상공에 층운형 구름으로 형성된다. 복사안개는 공기의 가열로 소멸한다. 일출(sunrise) 후부터 지표면이 가열되기 시작하면 지표면에 접촉된 공기도 가열되고 안개 역시 서서히 소멸한다. 때로는 안개가 상승하여 낮은 층운형 구름이 된다. 야간에 두껍게 형성된 복사안개는 마치 담요(blanket)와 같이 태양을 차단할 수 있다. 안개 속에 덮여 있는 공기는 가열이 매우 느리게 진행되기 때문에 복사안개는 온종일 계속되는 경우도 발생할 수 있다. [그림6-4, 5]

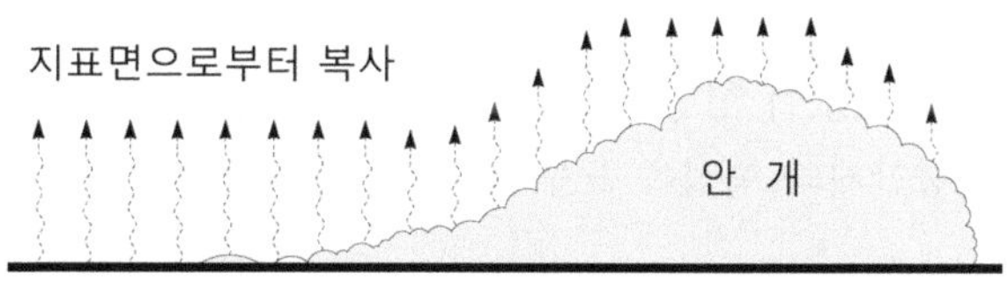

[주118] 복사안개(지면안개 또는 땅 안개); 미풍, 맑은 하늘, 높은 상대습도, 저지대, 낮은 기온과 이슬점 분포

(2) 이류안개(advection fog)

이류안개는 통상 해안 지역(coastal area)에서 발생하며 공기흐름이 수평으로 이동하는 경향이 있다. 이류안개는 주·야간 어느 때든지 조건이 형성되면 빠르게 형성된다. 습하고 더운 공기가 [그림6-6, 7]과 같이 상대적으로 찬 지표면으로 이동할 때 하부로부터 냉각된다. 이때 공기 기온이 이슬점 기온까지 감소할 때 형성되는 안개가 이류안개이다. 이류안개는 복사안개보다 오래간다. 이류안개는 찬 지표면에 불어오는 습하고 더운 공기를 포함한 바람에 달

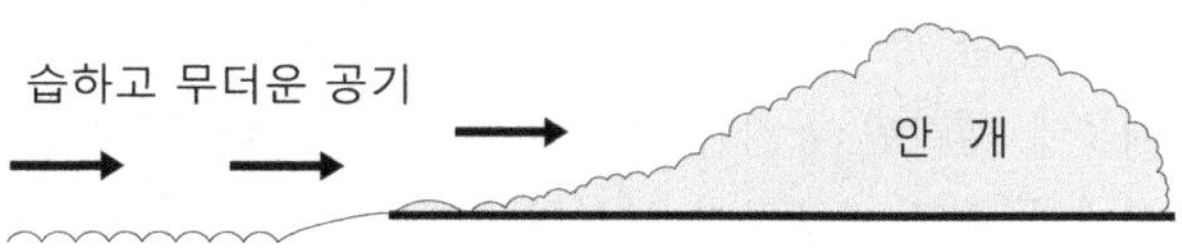

-

려 있다. 복사안개와 달리 이류안개는 바람이 약 15노트 정도 불어올 때 더욱 짙어지며 그 이상의 풍속에서는 낮은 층운 층(stratus layer)을 따라 상승하여 구름으로 변한다. 전형적인 이류는 해안 지역에서 주로 발생하는 안개로 이를 해무(sea fog)라 한다. 해무는 습한 공기가 찬 지표면이나 수면 위로 이동함에 따라 공기가 냉각되면서 형성된다.

[주119] 이류안개; 해무 또는 바다 안개는 같은 뜻으로 사용된다.

(3) 활승안개(upslope fog)

습한 공기가 [그림6-8]과 같이 산 경사면을 따라 상승할 때 단열 냉각되고 상승 공기가 이슬점까지 냉각되었을 때 안개가 형성되고 이를 활승안개라 한다. 활승안개는 구름의 존재와 관계없이 형성되고 공기를 상승시키는 바람이 없어지면 안개도 곧 소멸한다. 이류안개와 활승안개의 형성은 모두 바람에 달려 있다.

-

(4) 강수 안개(precipitation - induced fog)

한랭한 공기 속에 상대적으로 온난한 비나 가랑비(drizzle)가 내릴 때 증발(evaporation) 때문에 냉각된 공기가 포화되어 안개가 형성된다. 이 안개는 [그림6-9]와 같이 통상 온난전선에서 주로 발생하며 서서히 이동 중인 한랭전선이나 정체전선에서도 발생한다. 강수로 인한 안개는 강수 지역에서 다른 위험 요소인 착빙, 난기류, 뇌우 등과 같이 발생하기 때문에 상당한 위험을 초래할 수 있다.

(5) 증발안개(steam fog)

한랭한 공기가 온난하고 습한 지표면으로 불어올 때 습한 지표면으로부터 상승 중인 수증기가 이슬점까지 냉각할 때 안개가 형성되고 이를 증발안개(steam fog)라 한다. 증발안개는 공기가 물보다 10℃(20°F) 이상일 때 잘 형성되고 매우 짙으며 광범위하게 형성되기 때문에 악시정을 유발한다. [그림6-10]

(6) 얼음안개(ice fog)

얼음안개/빙무는 기온이 결빙 기온보다 훨씬 낮고 수증기가 직접 빙정(ice crystal)으로 승화될 때 발생한다. 복사안개와 형성 조건이 비슷하나 기온이 -32℃(-25°F) 이하가 되어야 한다. 얼음안개는 주로 북극 지역에서 발생하지만 추운 계절에 중위도에서도 발생하는 경향이 있다. 얼음안개는 태양을 향하여 비행하는 조종사의 시야를 차폐할 수 있다. [그림6-10]

[주120] 안개/연무/박무 구분; 안개와 박무는 물방울로 구분하고 연무는 미세입자로 볼 수 있다.

- *안개; 시정 1km 미만*
- *박무; 시정 2km 미만*
- *연무; 시정 2-5km*

6.1.3 시 정

기상보고에서 시정(visibility)은 지상의 특정 지점에서 계기 또는 관측자가 수평으로 측정된 지표면으로부터의 가시거리이다. 관제탑 시정(tower visibility)은 관제탑에서 측정된 수평시정이다. 모든 종류의 강수는 시정을 악화시키는 요인이지만 대기의 안정과 안개로 인한 시정이 핵심 과제이다.

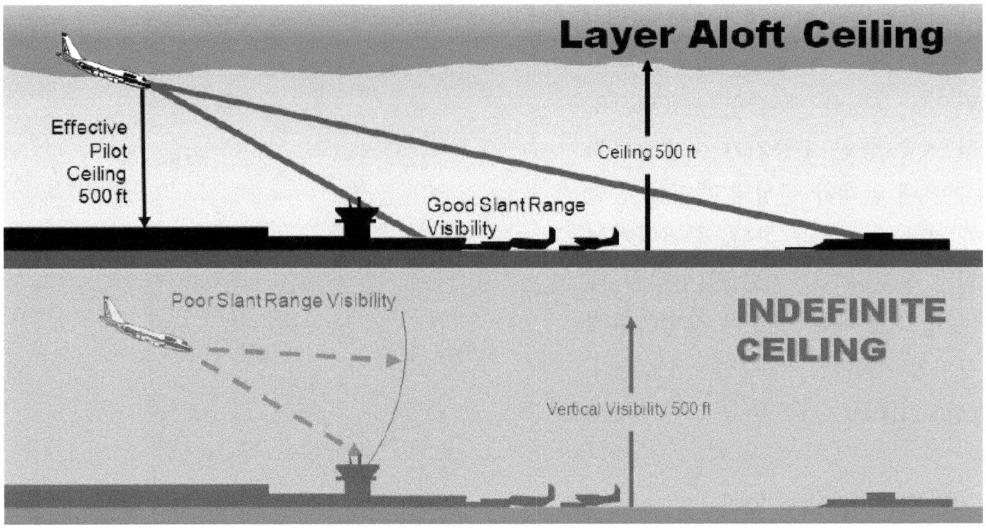

-

(1) 수직시정

수직시정(vertical visibility)은 관측자로부터 수직으로 보고된 시정이다. [그림6-11]과 같이 활주로에서 하늘을 보았을 때 관측할 수 있는 최대 가시거리이다. 수직시정은 아래 그림과 같이 매우 불량한 상태가 될 수 있다. 이 같은 이유는 공항 상공의 시정 한계 거리 선상에 항공기가 있기 때문이다. 그러나 항공기와 같이 강하할수록 경사거리 시정의 한계(limit of slant range visibility)는 점차 증가할 수 있고, 좀 더 강하했을 때 조종사는 활주로 전체를 판단할 수 있는 위치에 놓이게 된다는 것을 인식해야 한다. 항공에서는 다른 운송수단과 달리 공중공간을 활용하고 있어 공중에 있는 조종사뿐만 아니라 지상 관제사 역시 항공기 유도를 위한 수직시정이 중요시된다.

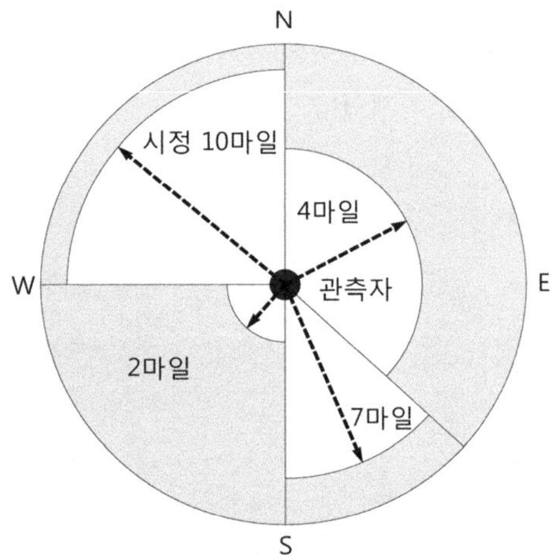

-

(2) 우시정

우시정(prevailing visibility)은 관측자가 서 있는 360° 주변으로부터 최소한 180° 이상의 수평 반원에서 가장 멀리 볼 수 있는 수평 거리이다. 예를 들어 [그림6-12]에서 주간에 물체를 식별할 수 있는 거리는 북서와 남동 일부를 제외하고 5 SM 이하이다. 이 경우 우시정은 5 SM이 된다. 특히 남서쪽은 안개로 인하여 시정이 2 SM로 제한되고 있는 것과 같이 우시정이 보고될 때 어느 한 방향의 시정이 제한될 수 있다는 것을 인식해야 한다. 우시정은 활주로 시정(runway visibility; RVV)과 활주로 가시거리(runway visual range; RVR)로 보고된다. 활주로 시정(RVV)은 활주로상의 특정 지점에서 육안으로 관측할 수 있는 시정이고, 활주로가시거리(RVR)는 특정 계기 활주로에서 조종사가 표준 고광도등(standard high intensity light)을 보고 식별할 수 있는 최대 수평 거리이다. 모든 활주로에서 RVR 값이 가용한 것은 아니다. 일부 공항에서는 장비의 고장으로 RVR이 제공되지 못했을 때 이 값은 즉시 육상마일(SM)로 대체될 수 있어야 한다. RVR 수치와 육상마일의 대략적인 값은 아래 [표]와 같다.

RVR(feet)	Visibility(SM)
1,600	1/4
2,400	1/2
3,200	5/8
4,000	3/4
4,500	7/8
5,000	1
6,000	1 1/4

6.2 기타 시정장애물

6.2.1 황 사

(1) 개 요

황사는 최근에 더 심해지는 현상을 보이면서 일상생활에 불편함을 주는 기상 요소로 등장하고 있으며 이를 방지하기 위한 연구와 노력이 꾸준히 진행되고 있다. 근원적으로 황사는 미세한 모래 입자로 구성된 먼지폭풍이고 황사의 구성 물질에는 대규모 산업 지역에서 발생한 대기오염 물질과 혼합되어 있다. 이 같은 모래폭풍이 발생할 수 있는 기상상태는 지표면에 수목 등이 없는 황량한 황토 또는 모래사막에서 큰 저기압이 발달하여 지표면의 모래 입자를 수렴하여 이들을 상층으로 운반하는 상승기류를 형성해야 한다. 거대한 상승기류가 이

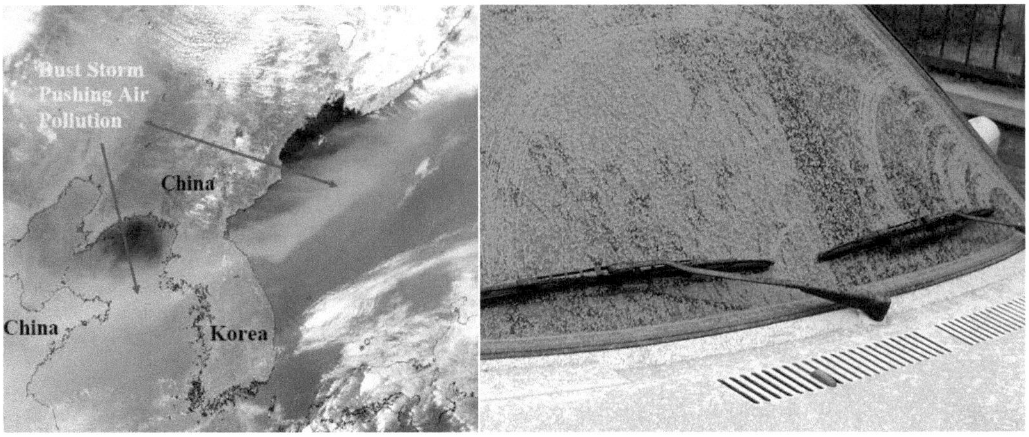

-

들 모래먼지를 상층까지 운반한다. 상층부의 공기는 편서풍을 타고 이동하면서 주변으로 확산한다. 우리나라도 매년 봄철이면 황사 경고가 발령될 정도로 황사의 농도가 짙어지고 발생 빈도 역시 증가하고 있다. 이 같은 황사는 항공기 운항에 직접적인 영향을 줄 수 있는 시정장애물(obstruction to visibility)로 간주할 뿐만 아니라 항공기 엔진의 흡기계통에 미세한 흙 또는 모래 입자와 같은 이물질 등이 유입되어 엔진 손상을 초래하는 원인 물질이다. 황사로 인한 직간접 피해를 최소화하기 위해서라도 조종사 또는 운용자는 황사에 대한 기초 지식을 갖추어야 한다. [그림6-14, 15]

(2) 발원지

황사의 발원지는 중국 황하 유역 및 타클라마칸 사막, 몽골 고비사막으로 알려져 있으며 중국의 급속한 산업화와 산림개발로 토양 유실 및 사막화가 급속히 진행되어 황사의 농도와 발생 빈도가 증가하고 있다. 조사에 따르면 중국은 매년 2%의 국토가 사막화되어가고 있으며 몽골 국토의 90%가 사막화 위기에 처해 있는 것으로 알려져 특별한 조치가 없는 한 황사의 영향은 매년 증가할 것으로 예측된다.

(3) 황사의 이동

-

중국과 몽골 사막에서 발생한 황사가 우리나라까지 이동하기 위해서는 모래먼지를 고도 5.5km 이상 상승시킬 수 있어야 하고 상공에는 편서풍이 존재해야 한다. 모래먼지의 크기가 20㎛보다 큰 입자는 높이 상승하지 못하고 발원지 부근에 침적하고 상층까지 부유할 수 있는 입자 크기는 대부분 1~10㎛ 범위이다. 이들 입자가 한반도 상공에 도달하기까지 여러 변수가 있으나 평균적으로 타클라마칸 사막으로부터는 약 4~8일 그리고 고비사막으로부터는 3~5일 정도면 도달하고 한반도 상공에 고기압이 위치하여 하강기류가 존재할 때 지표면으로 침적한다.

[주121] 황사(sand storm); 아시아 먼지폭풍(asia duststorm)이라고도 한다.

- *불모지 또는 사막*
- *저기압 발달*
- *상승기류*

[주122] 황사의 이동; 고도 5.5km, 편서풍, 모래입자 1~10㎛

(4) 황사의 영향

대규모 황사가 한반도 상공으로 밀려오고 있을 때 방송 매체에서 보여 주는 기상 사진을 관찰하거나 하늘을 올려다보았을 때 하늘은 엷은 황토색을 띠거나 때로는 한낮인데도 불구하고 어둡기까지 하다. 상층의 모래먼지는 태양 빛을 차단하거나 산란시켜 심각한 저시정(low visibility)을 초래한다. 이 같은 악시정은 항공기 이착륙을 어렵게 할 뿐만 아니라 공중에서는 시계비행(VFR)을 불가능하게 한다. 황사가 시정을 악화시키는 요인 외에도 미세한 모래 입자가 엔진에 흡입되었을 때 엔진 고장의 한 원인이 될 수도 있다. 일반적으로 황사에 의한 영향은 다음과 같다.

[황사의 피해]

- 황사를 통한 구제역 바이러스의 전파
- 농작물을 포함한 수목의 기공을 막아 생육 저하
- 인간 또는 동물의 호흡기를 통하여 유입되어 폐 질환 유발
- 반도체 등 정밀 기계의 작동에 치명적 결함을 초래

[황사의 이점]

- 구름 생성을 위한 응결핵으로 작용
- 황사 속에 있는 알칼리 성분이 산성비를 중화시켜 토양의 산성화 방지
- 식물과 해양 플랑크톤에 유지염류 제공으로 생물학적 생명력 향상

6.2.2 연 무

연무(haze)는 안정된 공기 속에 흩어져 있는 미세한 소금 입자(salt particles) 또는 기타 건조한 입자(dry particles)가 제한된 층에 집중되어 시정에 장애를 주는 요소로 수천 혹은 15,000피트까지 형성되기도 한다. 연무는 한정된 높이가 있으며 이 높이 이상의 수평 시정은 양호하나 하향 시정(downward)은 불량하고 경사(slant) 시정은 더욱 불량하다. 연무 상태에서 시정은 조종사가 태양과 어느 위치에 있느냐에 따라 달라지며 특히 태양을 정면으로 향하여 착륙할 때 시정 장애로 인하여 위험을 초래할 수 있다. 연무 속에서 어두운 물체는 파란

색으로 보이고 태양이나 멀리 떨어져 있는 밝은 물체는 어두운 노란 색이나 붉은 색으로 나타나는 경향이 있다. 착륙 접근 중 연무는 실제 활주로 거리보다 멀리 있는 듯한 착각(illusion)을 일으켜 저고도 접근을 유발한다. [그림6-17]

[주123] 연무(haze)와 박무(mist); 박무는 연무의 응결핵이 될 수 있다.

- *연무; 갈색, 건조공기*
- *박무; 청재색, 습윤공기*

-

6.2.3 연 기

연기(smoke)는 공기가 안정되었을 때 주로 공장 지대에서 집중적으로 발생한다. 이 같은 연기는 기온역전 하에서 야간이나 아침에 주로 발생한다. 구름이 없고 하늘이 맑은 상태에서 지표면에 형성된 스모그(smog)나 연기에 의한 시정은 통상 주간에 호전되나 안개의 걷힘보다 느리다. 안개는 증발(evaporates)하지만 연무나 연기는 공기의 흐름에 따라 소산된다. 야간이나 이른 새벽에 복사안개 및 층운형 구름은 연무나 연기와 혼합되어 형성되기도 한다. 주간이 되면서 복사안개나 층운형 구름은 쉽게 걷히지만 연기나 연무는 더 오래간다.

6.2.4 스모그

스모그는 연기(smoke)와 안개(fog)가 혼합된 시정장애물로 광범위한 지역에 매우 불량한 시정을 형성한다. 안개가 형성된 조건에서 이들 지역을 둘러싸고 있는 지리적 또는 지형적 장애물로 인하여 안정된 공기가 대기오염 물질과 혼합되었을 때 스모그 현상이 뚜렷하게 나타나고 시정을 더욱 악화시킨다.

[주124] 안개와 연무의 소멸; 안개는 증발, 연무와 연기는 소산

[주125] 런던형 스모그; 석탄 사용의 증가로 발생한 스모그

[주126] LA형 스모그; 자동차 배기가스의 급증으로 발생한 스모그로 광화학스모그라고도 한다.

-

6.2.5 먼 지

먼지(dust)는 공기 속에 떠 있는 미세한 흙 입자들이다. 먼지는 태양을 흐릿하게 보이게 하거나 노란색 색조를 띠고 멀리 있는 물체를 황갈색 또는 재색 색조를 띠게 한다. 먼지와 모래보라(blowing dust and sand)는 불안정한 대기에서 흙 입자가 분산되고 바람이 강할 때 수백 마일까지 불어 간다. 먼지보라(blowing dust)는 시정이 7마일 이하로 감소시키는 현상이고, 먼지폭풍(duststorm) 역시 정도에 따라 시계비행을 위협할 정도의 심각한 시정장애물이다.

6.2.6 화산재

화산 폭발로 인하여 분출되는 용암(lava)은 화산 주변에만 위험 지역으로 영향을 주는 반면 화산재(volcanic ash)는 매우 광범위한 지역에 영향을 줄 수 있다. 화산재는 화산이 폭발할 때 분출되는 가스, 먼지 그리고 재(ash) 등이 혼합된 것으로 지구 주변에 분산되고 때로는 성층권에 수개월 동안 남아 있는 때도 있다. 화산 폭발이 발생한 지 얼마 되지 않은 화산 근처에서 형성되는 화산재는 입자(particles)가 매우 크기 때문에 항공기 운항에 상당한 위험을 초래한다.

이들 화산재는 매우 높은 연마 특성(abrasive characteristic) 때문에 윈드실드(windshield)에 흠을 형성하거나 착륙등(landing lights)에 흠을 형성하여 초점을 흐리게 할 수 있다. 때로는 피토관을 막히게 하고 환기구뿐만 아니라 항공기 조종면(control surfaces)을 파손시킬 수도 있다. 제트엔진에 화산재가 흡입되었을 때 압축기 실속(compressor stall)이 발생할 수 있고 엔진정지(flameout)의 원인이 된다. 만약 화산재 구름이 예상되는 공역을 비행 중이라면 항상 맞바람 상태를 유지해야 한다. 무의식적으로 화산재 구름 속으로 진입했다면 직선으로 통과하려 하거나 상승을 시도해서는 안 된다. 화산재 구름은 조종사의 예상과 달리 수백 마일의 폭과 매우 높은 고도까지 분포되어 있기 때문이다. [그림6-20] 비행 중 화산 활동을 처음으로 목격한 조종사는 [그림 6-21]과 같은 화산 활동 보고 양식에 따라 관련 기관에 보고해 주어야 한다.

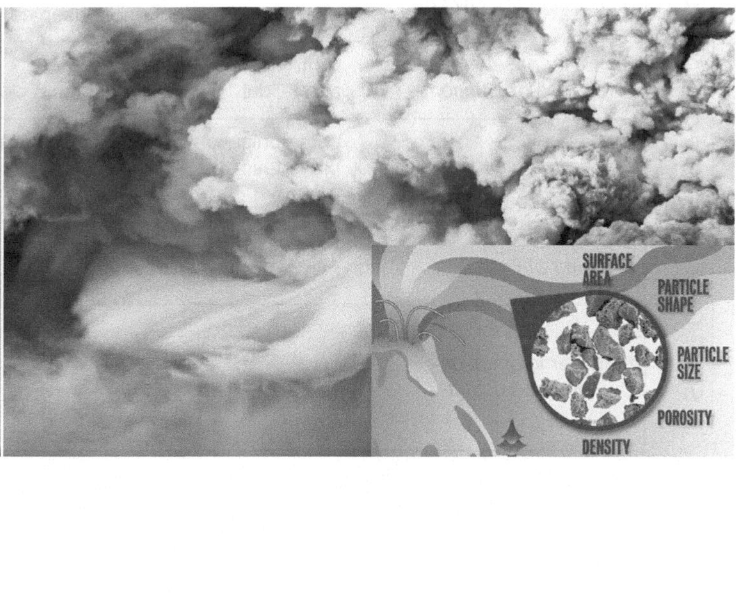

Volcanic Activity Reporting Form (VAR)

Date______________

Section 1 - Transmit to ATC via Radio

1. Aircraft Identification	
2. Position	
3. Time (UTC)	
4. Flight Level or Altitude	
5. Position/Location of volcanic activity or ash cloud	
6. Air Temperature	
7. Wind	
8. Supplementary Information (Brief description of activity, including vertical and lateral extent of the ash cloud, horizontal movement, rate of growth, etc., as available)	

SECTION 2 - Complete and forward as directed

Mark the appropriate box(s)

9. *Density of ash cloud*	☐ wispy	☐ moderately dense	☐ very dense
10. *Color of ash*	☐ white ☐ black	☐ light gray	☐ dark gray
11. *Eruption*	☐ continuous	☐ intermittent	☐ not visible
12. *Position of Activity*	☐ summit ☐ multiple	☐ side ☐ not observed	☐ single
13. *Other observed features of eruption*	☐ lightning ☐ ash fallout	☐ glow ☐ mushroom cloud	☐ large rocks ☐ none
14. *Effects on aircraft*	☐ communication ☐ pitot static ☐ none	☐ navigation system ☐ windscreen	☐ engines ☐ other windows
15. *Other effects*	☐ turbulence ☐ ash deposit	☐ St. Elmo's fire	☐ fumes
16. *Other information deemed useful*			

제7장 전선과 기단

7.1 기 단

7.1.1 기단의 발생

기단(airmass)이란 유사한 기온과 습도 특성이 있는 거대한 공기군이 수백 제곱킬로미터(km^2)에서부터 수천 제곱킬로미터(km^2)에 분포되는 공기 덩어리이다. 일기예보에서 자주 들을 수 있는 용어로 대륙성 고기압 또는 해양성 저기압 등과 같이 발표된다. 이는 한반도 상공에 존재하는 거대한 공기군의 특성을 지칭한 기단의 한 사례이다. 이같이 거대한 공기군이 동일한 기온과 습도(temperature and moisture) 특성을 갖기 위해서는 지표면 구성 분포와 밀접한 관계가 있다. 대표적으로 대륙에서 발생하는 공기군의 특성과 해양에서 발생하는 공기군의 특성이 명확하게 다르고 적도지방의 공기군과 극지방 공기군의 특성이 다르다. 기단의 특성을 갖기 위해서는 수백에서 수천 제곱킬로미터를 점유하면서 변화가 크게 발생하지 않아야 한다. 기단 발원지는 다음과 같은 특성을 갖추어야 한다.

• 수평적으로 평평한 지역
• 공기 이동이 정체되거나 미약하게 존재하는 지역

거대한 공기군의 특성은 기온 및 습도의 분포에 따라 다양하게 나타나고 이들 특성이 있는 지역을 발원지(source region)라 하고 기온과 지표면의 특성에 따라 다음과 같이 분류할 수 있다. [그림7-1]

[기온특성에 따른 분류]

① 적도기단(equatorial; E)
② 열대기단(tropical; T): 북위 및 남위 15~35°
③ 한랭기단 또는 극기단(polar; P): 북위 및 남위 40~60°
④ 한대기단(arctic or antarctic; A or AA): 북위 및 남위 60~90°

[지표면 특성에 따른 분류]

① 대륙성(continental; c): 건조한 특성이 있음
② 해양성(maritime; m): 습도가 높음

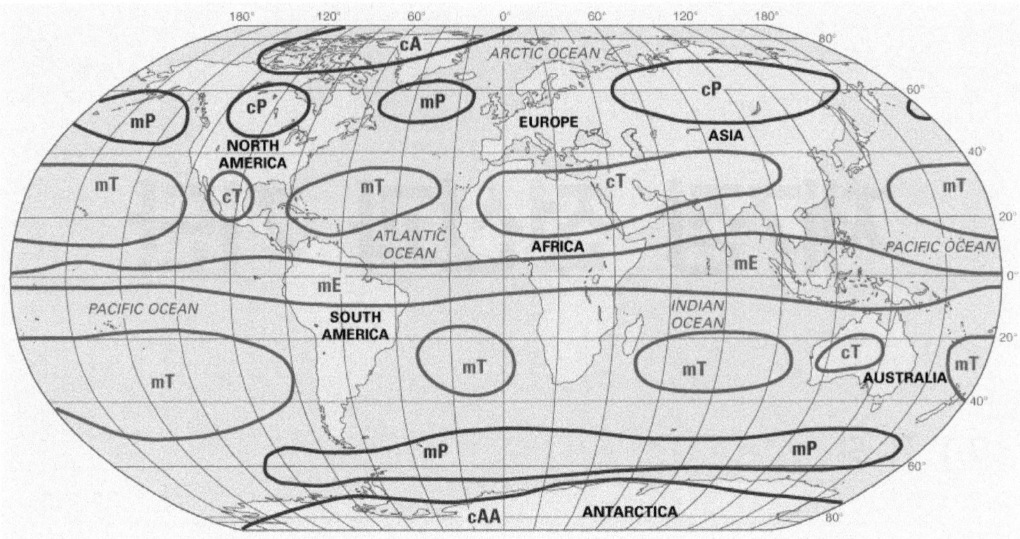

기단이 특정 기온과 습도의 특성이 있다고 가정했을 때 두 범주에 따라 다음과 같은 주요 기단이 형성된다. 예를 들어 극지방에서 발생한 기단을 표기할 때 한대지방의 특성을 나타내는 A(arctic)와 대륙인 점을 고려하여 c(continental) 문자로 조합하여 cA(대륙성한대기단)로 지정된다. 지구상의 주요 기상현상 발원지로서 각 대륙에 따라 약간씩 다르게 지정되기도 하지만 대부분 다음과 같은 6개의 발원지로 분류한다.

① 한대기단(arctic or antarctic; A or AA): 한대기단은 북극이나 남극 지방의 상공에서 발달하는 기단이다. 지표면이 주로 얼음으로 덮인 특성을 고려했을 때 한대기단의 기온은 극도로 추운(extremely cold) 특성을 갖는다. 극도로 낮은 기온은 습도 자체가 매우 낮은 특성을 보인다.

② 대륙성한랭기단(polar continental; cP): 대륙에서 발달한 고위도 지방의 특성이 있는 기단이다. 기온은 매우 낮지만(very cold) 한대기단보다 낮지는 않다. 습도 역시 대륙과 추운 지방에서 발달한 기단으로 매우 건조(very dry)하다.

③ 해양성한랭기단(polar maritime; mP): 고위도 지방의 해양에서 발달한 기단이다. 이 기단은 기온은 매우 한랭(very cool)한 특성을 띤다. 습도는 한랭 기온으로 인하여 보통 습도를 지니고 있으나 해수면에서 발생하는 증발로 인하여 대륙성한랭기단(cP)보다 건조하지 않다.

④ 대륙성열대기단(tropical continental; cT): 아열대지방의 대륙에서 발달한 기단이다. 이 기단은 매우 무더운(very warm) 특성이 있다. 습기는 대륙의 특성을 고려했을 때 건조하다.

⑤ 해양성열대기단(tropical maritime; mT): 아열대지방의 해양에서 발달한 기단이다. 이 기단은 매우 무더운(very warm) 특성이 있다. 아열대지방이면서 해양에서 발달한 기단으로 기온은 매우 무덥고 습도 역시 매우 높은 특성이 있다.

⑥ 적도기단(equatorial; E): 적도지방에서 발달한 기단이다. 이 기단은 기온은 극도로 높고,

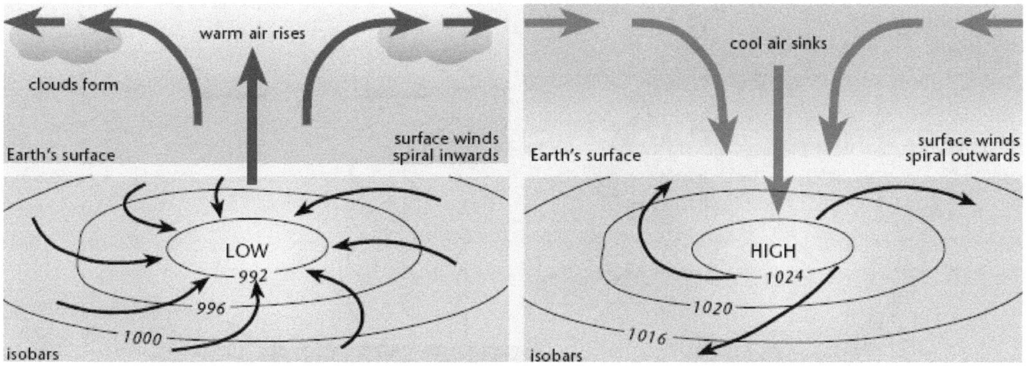

습도 역시 매우 높다. 비록 적도지방의 대륙에서 발달한 기단이라 할지라도 습한 열대우림(humid rain forests)으로 덮여있기 때문에 해양성기단의 특성인 습도가 매우 높다.

기단의 발원지를 좀 더 구체적으로 분석했을 때 극 지역(polar regions)과 한랭북해(cold northern oceans) 지역을 중심으로 한 극기단(polar airmass)으로 매우 찬 공기군이다. 반대로 적도 지역을 중심으로 한 열대해양(tropical oceans)과 거대한 사막지역(desert area)에서는 매우 더운 공기로 이루어진 열대기단(tropical airmass)을 형성한다. 또한, 기단이 일단 발원지로부터 이동하면서 기단 기온이 이동 지역 지표면의 기온보다 낮을 때 한랭기단(cold airmass)이라 한다. 한랭기단이 저위도(latitude)로 이동할 때 아래에서부터 가열되기 때문에 그 지역 공기는 불안정하게 된다. 반대로 기단 기온이 이동 지역 지표면의 기온보다 높을 때는 온난기단(warm airmass)이라 하고 이 기단이 고위도(high latitude)로 이동할 때 공기는 아래로부터 냉각되기 때문에 공기는 안정성을 띠게 된다.

해양으로부터 불어오는 공기를 해양성 기단(maritime airmass)이라 하고 이들 공기는 많은 수증기를 함유하고 있어 저고도에서 포화되는 경향이 있다. 반대로 육지로부터 불어오는 공기를 대륙성 기단(continental airmass)이라 하고 이들 공기는 수증기량이 적기 때문에 비교적 건조한 상태로 존재한다. 기단은 기압의 형태에 따라서도 영향을 받는다. 예를 들어 고기압 지역에서 공기는 [그림7-2]와 같이 아래로 향하는 경향이 강하기 때문에 고기압권에서 상층부의 기단은 아래로 가라앉으면서 더욱 가열되고 건조해 지면서 공기는 안정된다. 반면에 저기압권에서는 상층부의 기단으로 상승하는 경향이 있어 지면의 공기는 더욱 냉각되고 습해지면서 공기는 불안정하게 된다.

7.1.2 기단 변질

기단 변질(airmass modification)이란 어느 한 지역에 머물고 있던 기단이 주위를 둘러싸고 있는 외부 기상의 영향을 받아 서서히 이동하면서 최초에 지녔던 기단의 특성이 사라지고 새로 이동한 지역의 기상 특성에 맞게 기단이 변질되는 현상이다. 기단 변형은 기단의 이동 속도, 새로운 지역의 기상 특성 및 기온에 달려 있으며 기단이 변질되는 주요인은

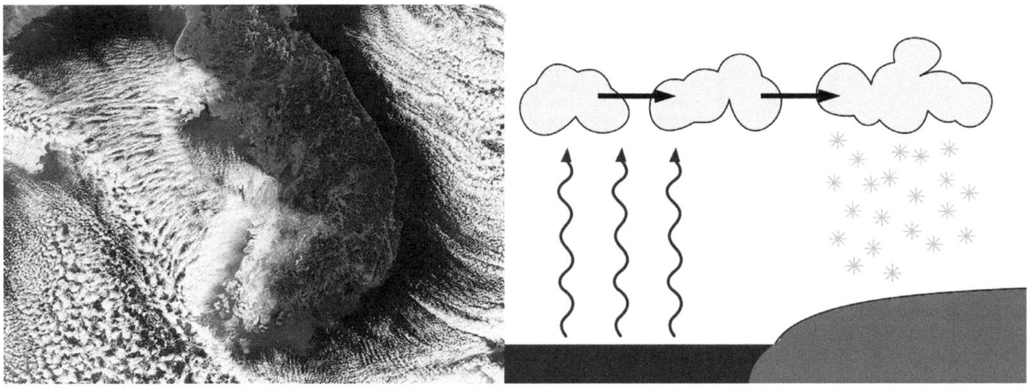

다음과 같다.

첫째, 기단 하부의 가열: 기단 하부가 가열(heated)되었을 때 찬 공기는 더운 공기(warm air)를 위로 밀어 올리면서 대기는 불안정하게 된다. 이 같은 기단 하부의 가열은 소나기성 강수를 예측할 수 있다.

둘째, 기단 하부의 냉각: 찬 지표면에 더운 공기가 유입되었을 때 찬 공기는 하층부에 그리고 더운 공기는 상층부에 자리 잡아 대기는 안정(stability)된다. 이때 공기가 이슬점 기온까지 냉각되면 층운(stratus) 구름과 안개(fog)가 형성되는 조건이 된다.

셋째, 수증기량의 증가 및 감소: 수면에서 증발이나 강수(precipitation)는 공기 중에 수증기를 더해준다. 수증기가 공기보다 더울 때 증발은 공기를 포화시키기에 충분한 이슬점까지 상승시킬 수 있고 안개나 층운형 구름이 형성된다. 수증기는 응축(condensation)이나 강수로 인해서 감소한다. [그림7-3]

7.1.3 기단의 안정성

기단의 안정성(stability)은 그 지역의 기상 특성을 결정하는 주요소이다. 기단이 이동하면서 그 지역 기상의 특성이 새롭게 형성된다. 2개의 기단이 서로 만났을 때 기단 변형이 일어나고 대기의 안정성에 영향을 줄 수 있다. 기단 변질에 따라 안정과 불안정 기단의 특성이 나타나고 조종사는 비행 전에 기단의 특성에 따른 기상 예측을 할 수 있어야 한다.

7.1.4 한반도와 기단

한반도를 중심으로 한 기단의 발원지는 [그림7-4]에서 보는 것과 같이 북서쪽으로는 대륙성 한랭기단이 발달할 수 있고 동쪽과 남쪽으로부터는 해양성 열대 및 한랭기단의 발생이 우세하다. 우리나라는 시베리아대륙을 포함한 고위도 지방의 추운 지방에서 발생하는 기단이 존재한다. 해양성 기단으로는 오호츠크해에서 발생하는 해양성 한랭기단과 저위도에서 발생하는 열대의 특성과 태평양의 해양 특성이 있는 해양성 온난기단으로 구분할 수 있다.

(1) 대륙성 한랭기단(시베리아기단)

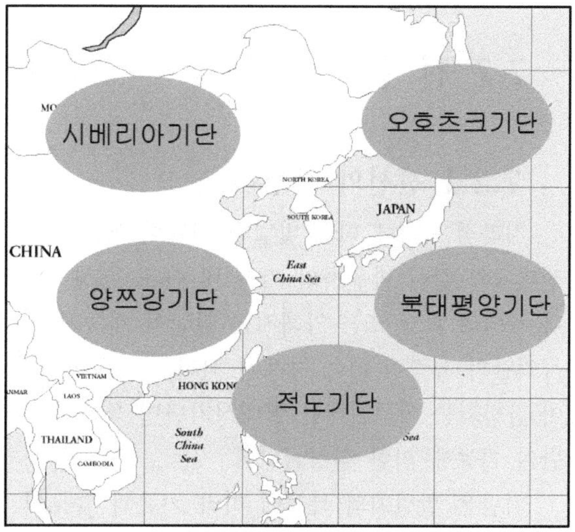

발원지의 특성이 얼음이나 눈으로 덮여있는 대륙인 점을 고려했을 때 지표면의 기온이 매우 낮고 건조하기 때문에 지표면 위는 매우 차고 건조한 공기가 존재한다. 겨울철의 긴 밤과 강한 복사냉각(radiational cooling)이 연속적으로 반복되어 기온은 급강하하고 대기는 매우 안정된다. 대륙성 한랭기단은 주로 겨울철에 한반도 지역으로 세력을 확장하여 한겨울에는 한파를 유발하기도 한다. 앞서 언급한 것과 같이 하부의 찬 공기는 대기의 안정성에 기여하는 면이 크기 때문에 대기는 비교적 안정되고 날씨는 맑은 편이다.

(2) 해양성 한랭기단(오호츠크해 기단)

한반도의 북서쪽에 있는 오호츠크해로부터 발달한 기단은 해양 특성인 많은 습기를 함유하고 있으면서 비교적 찬 공기 특성이 있다. 습하고 찬 공기의 특성은 쉽게 냉각과 응축이 발생할 수 있으므로 해양성 한랭기단의 세력이 확장하는 5~8월 하순 무렵에는 안개의 형성 조건을 형성하거나 지속적인 비가 내린다.

(3) 해양성 열대기단(북태평양 기단)

적도지방으로부터 뜨거운 공기와 해양의 많은 습기를 포함한 기단이다. 한반도에서는 남태평양에서 발생하는 해양성 열대기단으로 여름철의 주요 기상현상을 초래한다. 하층의 고온다습한 공기는 활발한 대류 현상을 초래하여 대기는 불안정하고 많은 구름과 비가 내린다. 급격한 기온의 상승으로 유발된 상승기류와 습한 공기는 짧은 시간에 적운형 구름을 형성하고 뇌우가 발생하기도 한다.

(4) 대륙성 열대기단(양쯔강 기단)

온난 건조하고 주로 봄과 가을에 이동성 고기압과 함께 동진한다.

(5) 해양성 기단(적도 기단)

적도 해상에서 발달한 기단으로 매우 습하고 덥다. 주로 7~8월 태풍과 함께 한반도 상공으로 이동한다.

7.2 전 선

7.2.1 전선의 발생

지리적 특성에 따라 발달한 기단이 어느 한 지역에 지속해서 정체되어 있기보다 살아있는 생명체와 같이 발원지의 기온 및 습도 특성이 강해지거나 약해지면서 이들 기단이 이동하거나 세력의 확장 또는 약해지는 현상이 계속된다. 태양 복사열이 약해지는 겨울철에는 한대 및 극기단의 세력이 더욱 강해져 저위도 지방까지 확장되는 경향이 강하다. 반면에 태양 복사열이 강화되는 여름철에는 열대성기단이 북상하거나 세력을 확장하는 경향이 나타나는 것은 기단의 이동에 의한 현상이다.

기단은 발원지의 특성에 따라 기온과 습도의 특성을 갖고 다른 특성을 갖는 기단이 이동하면서 충돌했을 때 상당한 기상 변화를 초래한다. 서로 다른 기상 특성이 있는 기단과 접촉하면서 두 기단 사이에 하나의 완충 지대가 형성되는데 이 완충 지대를 전선(fronts)이라 한다. 이 같은 전선은 수백 마일 길이와 수명(lifetime)이 있다. 기단(air mass)의 특성에 따라 한랭전선, 온난전선, 정체전선, 폐색전선 등으로 구분한다. 기단 사이에서는 한 기단이 다른 기단으로 대치되는 것과 같은 현상이 발생할 수 있다. 이를 전선 활동(frontal activity)이라 하고 전선의 영향을 받는 지역을 전선지대(front zone)라 한다.

기단이 살아있는 생명체와 같이 이동하면서 인접한 기단과 부딪쳤을 때 세력이 강한 기단이 상대적으로 세력이 약한 기단을 밀어내거나 대치되는 현상이 발생한다. 기단이 부딪쳤을 때 세력이 강한 공기군은 전진 공기군(advancing air mass)이 되고 반대로 세력이 약한 공기군은 밀려가는 공기군으로 후퇴 공기군(retreading air mass)이 된다.

기단이 이동할 때 지표면과 상공의 기단이 수직으로 이동하기보다 찬 기단 쪽으로 기울어지는 현상이 발생하는 것을 볼 수 있다. 이는 지표면의 기압경도가 상층부의 기압경도보다 크게 발생하고 있기 때문으로 지표면의 전선과 상층부의 전선지대 사이에는 경사가 형성된다. 결론적으로 찬 기단이 강하여 세력을 확장할 때 상대적으로 세력이 약한 온난기단은 밀려나면서 한랭전선이 형성된다. 반대로 온난기단의 세력이 강하여 한랭기단을 밀어낼 때 상대적으로 세력이 약한 한랭기단은 밀려나면서 온난전선을 형성한다.

(1) 전선 식별

서로 다른 기상 특성이 있는 두 기단이 인접했을 때 두 기단은 쉽게 흡수되거나 소멸하지 않고 고유의 특성을 갖는다. 두 전선은 다른 기상 특성을 지녔기 때문에 두 전선이 통과하는 지역에서는 현저한 기상 변화가 발생하고 이들 변화에 따라 전선을 식별할 수 있다.

첫째, 기온(temperature)은 전선(front)의 통과를 가장 쉽게 식별할 수 있는 기상 요소이다. 지표면이나 저고도 비행 중 급격한 기온 변화는 전선의 통과를 의미하고 이 같은 기온의 변화 정도는 한 기단 내에서도 있을 수 있으나 전선 통과 지역에서의 기온 변화는 기단 내에서보다 현저하게 나타난다.

둘째, 기온과 이슬점 분포(temperature dew point spread)는 포화의 정도를 결정하는 요소로 전선의 통과에 따라 달라진다. 기온과 이슬점 분포의 변화로 전선의 통과를 식별할 수 있으며 구름과 안개의 형태를 예측할 수 있는 요소이다.

셋째, 바람(wind)은 항상 전선을 횡단하여 변한다. 전선을 통과하는 바람은 방향(direction)과 속도(speed)가 급격하게 변하게 된다. 전선 지역을 비행하는 조종사는 급격한 바람의 변화에 주의하여야 하며 이 지역에서는 윈드시어(wind shear)가 발생할 가능성이 있다.

넷째, 기압골(pressure trough)에 놓여 있는 전선에서 기압은 일반적으로 찬 공기보다 높다. 따라서 전선 지역에서 찬 공기 지역으로 직접 횡단 비행할 때 기압은 급격히 상승하고, 더운 공기 지역으로 비행할 때 기압은 전선을 통과할 때까지 감소한 후 일정 기압을 유지하거나 약간 감소한다. 전선 지역을 통과할 때 중요한 것은 기압 변화율(rate of pressure change)이 급격히 변할 수 있으므로 조종사는 최근 고도계 수정치 값을 수정하여 고도의 증감에 대비해야 한다.

(2) 전선경사와 전선지대

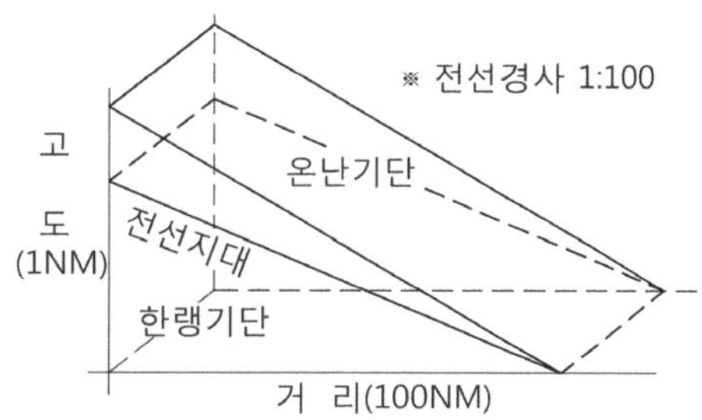

일반적으로 두 기단이 접촉되었을 때 밀도가 높고 찬 공기가 더운 공기 밑으로 파고 들어가기 때문에 전선은 [그림7-5]와 같이 항상 한랭전선 쪽으로 경사가 형성되고 이를 전선경사(frontal slope)라 한다. 전선경사는 한랭기단의 한 지점에서 한랭 공기 상층부의 고도와 지표면에서 기단의 가장 가까운 전방부(edge)로부터 수평 거리의 비율이다. [그림7-5]는 전형적인 한랭전선의 경사를 나타낸 것으로 고도가 1NM일 때 전선의 전방부로부터 수평 거리는 100NM이 된다. 이때 전선경사는 1:100이 된다.

한랭전선의 경사는 1:50~1:100 정도지만 온난전선과 정체전선은 1:200~300 정도로 한랭전선의 경사가 더 깊게 형성되는 것으로 알려져 있다. 지표면의 전선은 [그림7-6]과 같이 일기도에 표기되기 때문에 쉽게 식별할 수 있으나 상층부의 전선은 전선경사로 인하여 지표면과 다르다는 것을 인식하고 그림에서 보는 것과 같이 상층부 전선은 전선과 관계없이 항상 한랭공기 쪽에 형성된다. 전선은 일기도에 표기된 것과 같이 가는 선으로 형성되는 것이 아니고 [그림7-5]와 같이 좁은 폭으로 형성된다. 이를 전선지대(frontal zone)라 하고 이 지대에서는 급격한 기상 변화가 발생한다. 이 같은 전선지대는 0.5NM에서 깊게는 100NM 이상의 지대를 형성하고 상층부의 전선지대가 지표면의 전선지대보다 크게 형성된다.

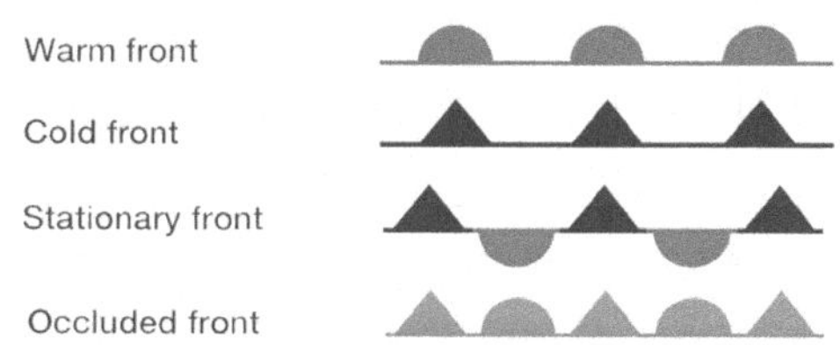

[주125] 전선의 비교; 한랭전선(빠름, 적운, 소나기성, 기온하강, 기압상승), 온난전선(느림, 층운, 지속성, 기온상승, 기압감소)

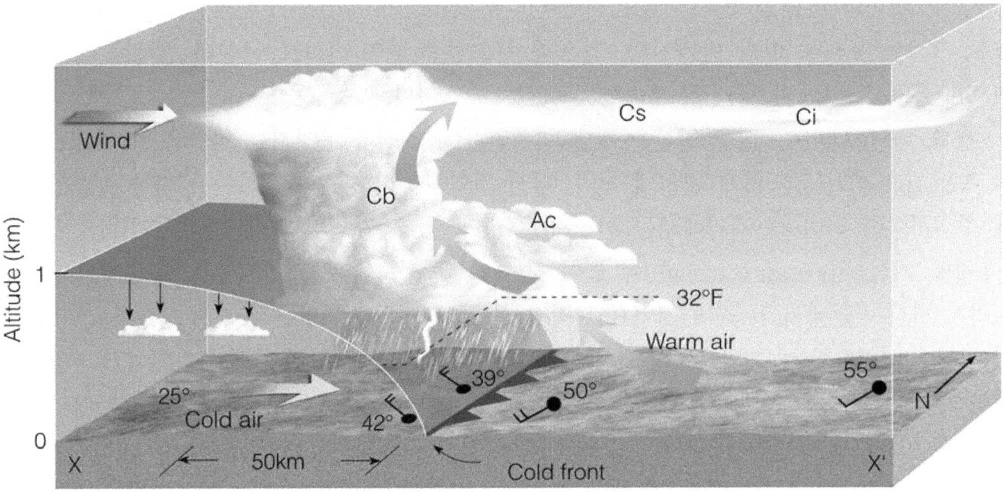

7.2.2 전선의 종류

(1) 한랭전선(cold fronts)

기단의 주요 특성이 기온과 습도(moisture)라고 정의했듯이 발원지가 서로 다른 온난한 공기군과 한랭한 공기군이 부딪쳤을 때 세력이 강한 기단이 약한 기단을 밀어낸다. 한랭전선이란 한랭기단이 온난기단을 밀어낼 때 이동하는 한랭기단(cold airmass)의 전방(leading edge) 부분이다. 지표면에서 찬 공기는 밀려가는 더운 공기를 흡수(overtaking)하거나 찬 공기로 대치된다. [그림7-7]과 같이 한랭전선의 수직 횡단 부분(vertical cross section)과 일기도에 표기되는 부호이다.

한랭전선은 찬 공기가 이동하면서 습하고 더운 공기를 위로 밀어 올리기 때문에 상층부의 전선 형태는 그림과 같이 둥그런 모양으로 형성된다. 일기도에 한랭전선은 파란색의 삼각형 모양으로 그려지고 삼각형이 지시하는 방향이 전선의 이동 방향이다. 또한, 전선경사가 온난전선보다 더 깊어 등압선의 변화 각이 더 크게 형성된다. 한랭전선은 찬 공기가 더운 공기를 상층부로 밀어 올려 대기는 불안정(unstable)하게 된다. 이로 인하여 한랭전선의 통과는 적운 또는 적란운과 같이 수직으로 발달한 구름이 형성되

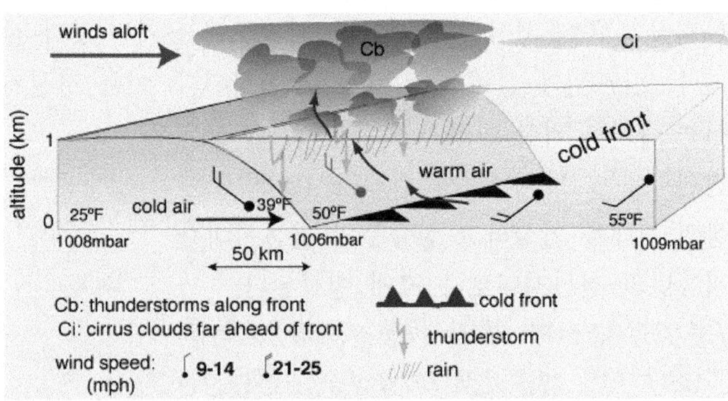

고 뇌우, 스콜라인(squall line), 심한 난기류와 윈드시어 등의 악기상을 동반한다. 특히 공항에서 한랭전선이 통과하거나 통과 직후 저고도 윈드시어(low-level windshear)과 난기류는 항공기 이착륙에 치명적인 위험을 초래할 수 있다. 일반적으로 한랭전선의 특징은 다음과 같다.

구 분	통과 전	통과 중	통과 후
바람	남-남서풍	돌풍성	서풍-북서풍
기온	온난	급강하	지속적인 강하
기압	지속 강하	최저, 급상승	지속적인 상승
구름	Ci, Cs, Cb 발달	Cb	Cu
강수	단시간 소나기	많은 비, 때때로 우박, 천둥과 번개 발생	소나기가 내린 후 갬
시정	점점 나빠짐	점점 좋아짐	소나기 발생시를 제외하고 양호함
이슬점	높음	급강하	낮아짐

(2) 온난전선(warm front)

온난전선은 온난기단이 이동하고 있는 전방 부분(leading edge)이다. 온난전선이 이동할 때 찬 공기를 흡수하거나 대치한다. 찬 공기는 더운 공기보다 밀도가 높아 찬 공기는 지면(ground)에 깔리(hug)는 경향이 있고, 더운 공기를 상승시킬 충분한 세력이 없어 [그림7-9]와 같이 전선은 쐐기 모양을 형성한다. 온난전선의 경사는 한랭전선보다 매우 얕게 형성되고 전선은 왼쪽에서 오른쪽으로 이동 중인 상태이다.

일기도에 온난전선은 빨간색의 반원형 모양으로 그려지고 반원형이 지시하는 방향이 전선의 이동 방향이다. 또한, 전선경사가 한랭전선보다 더 얕아 등압선의 변화 각이 더 작게 형성된다. 온난전선은 찬 공기가 더운 공기 밑으로 깔려 대기는 안정(stable)된다. 전선경사가 약 1:150 정도가 되기 때문에 상층(aloft) 전선은 일기도에 그려진 지표면 전선보다 상당히 앞에

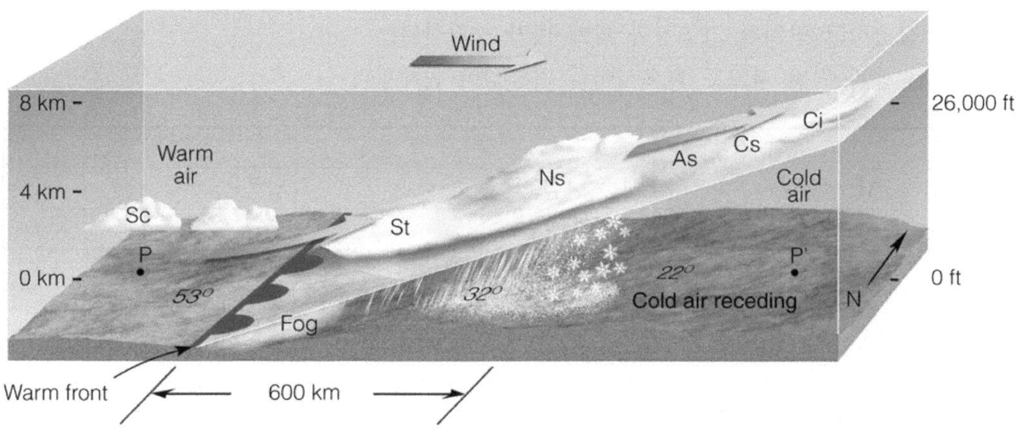

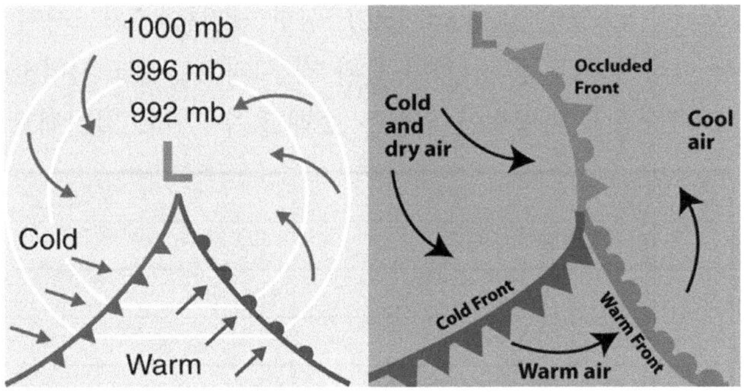

존재한다는 것을 인식해야 한다. 일부 권운(cirrus)은 지표면 전선보다 약 600마일 앞쪽에 형성되기도 하고, 온난전선으로 인한 비는 전선으로부터 약 200(320km)마일 전방에서 내리기도 한다. 온난전선은 상층부의 더운 공기군으로 인하여 형성된 구름으로부터 비가 내릴 때 전선 하층부의 한랭기단 속을 통과하면서 강수 안개가 형성된다.

만약 하층부 기온이 결빙점(freezing point) 이하일 때 어는비(freezing rain)가 내리게 될 것이고, 이는 비행기 표면에 심한 착빙(severe icing)을 초래할 수 있다. 공기가 안정되었기 때문에 온난전선 지역에서는 층운형 구름이 형성되고 저층에는 난층운(nimbostratus), 고층운(altostratus), 권층운(cirrostratus) 순으로 형성되는 것이 일반적이다. 특히 고층운에서 내리는 비가 찬 공기 지역을 통과하면서 증발되는 현상이 발생할 수 있고 이를 꼬리구름(virga)이라 한다. 난층운에서는 온난전선이 통과할 때까지 비나 눈이 계속 내리고 하단의 찬 공기에 습기가 더해지면서 안개가 발생하는 원인이 된다.

기압은 전선이 접근하면서 지속해서 감소하고 전선이 통과한 후에는 정지되었다가 약간씩 감소하는 경향이 있다. 기온은 온난전선이 접근할수록 상승한다. 더운 공기는 찬 공기에 비해서 더 많은 습기를 함유하고 있고, 더운 공기에서 이슬점 기온은 더 상승할 것이다. 전선이 접근할수록 바람은 시계반대방향 또는 반전(counterclockwise or backing)에서 전선이 통과한 후에는 시계방향 또는 순전(clockwise or veering)으로 변한다. 온난전선의 특징은 다음과 같다.

• 저층의 층운형 구름을 형성한다.
• 시정이 불량하고 안개의 가능성과 함께 비가 증가한다.
• 온난전선 통과 직전 저고도 윈드시어의 가능성이 존재한다.

구 분	통과 전	통과 중	통과 후
바람	남-남동풍	계속 변함	남풍-남서풍
기온	서늘-온난	서서히 상승	온난 후 일정
기압	급강하	하강	약간 상승 후 감소
구름	Ci, Cs, As, Ns		Sc, Cb
강수	약한 비, 이슬비, 어는비, 소나기	이슬비	강수가 없거나 때때로 약한 비
시정	악화	점점 좋아짐	양호
이슬점	서서히 상승	변화 없음	상승 후 일정

(3) 정체전선(stationary front)

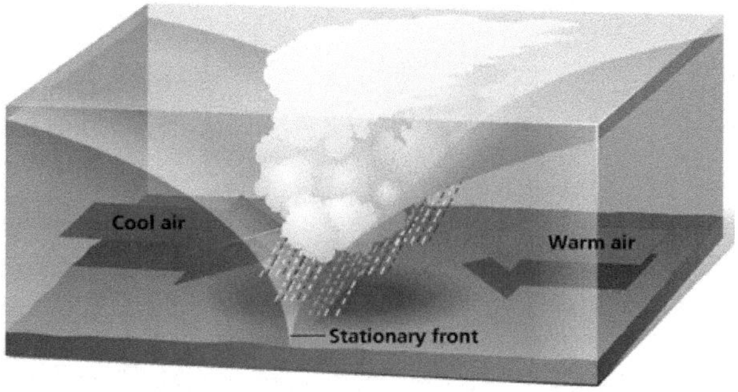

정체전선은 두 기단이 인접했을 때 두 기단의 세력이 거의 동등하여 어느 방향으로도 이동함이 없이 대치하고 있는 상태의 전선이다. 정체전선은 상호 간섭 없이 본래의 특성을 그대로 지니고 움직임이 거의 없는 전선의 형태이지만 어느 한쪽의 세력이 강해지면 한랭전선 또는 온난전선으로 변한다. 이 지역에서는 온난전선과 한랭전선 기상현상이 혼합되어 나타난다. 정체전선은 두 전선이 상호 교차하여 표기되고 파란색 삼각형은 더운 공기군 쪽을 그리고 빨간색 반원은 찬 공기군을 향하여 그려진다. 정체전선에서 바람은 전선지대를 따라 평행하게 부는 경향이 있고 정체전선의 경사(slope)는 통상 얕게(shallow) 형성된다. [그림7-11, 12]

(4) 폐색전선(occluded front)

일반적으로 한랭전선은 온난전선보다 빠르게 이동하는 경향이 있어 가끔 한랭전선이 온난전선을 덮치는 경우가 있고 이 과정에서 형성된 전선을 폐색전선이라 한다. 일기도에 폐색전선은 [그림7-12]와 같이 삼각형 모양과 반원 모양이 전선의 이동 방향을 향하여 그려진다. 폐색전선을 상대적인 기온차에 따라 분석해 볼 때 [그림7-11]과 같이 3개의 구역으로 구분된다. 한랭전선 폐색(cold front occlusion)은 빠르게 이동 중인 한랭전선이 느리게 이동 중인 온난전선의 전방 공기보다 차가울 때 발생한다. 이때 지표면에서 찬 공기는 서늘한 공기(cool air)로 대치되고 더운 공기를 위로 밀어 올린다. 이 때문에 공기는 밀도가 높고 안정된다. 온난전선 폐색(warm front occlusion)은 빠르게 이동 중인 한랭전선이 느리게 이동 중인 온난전선의 전방 공기보다 더워질 때 발생한다. 이 경우 한랭전선을 위로 밀어 올린다. 이 때문에 상층부 공기는 습하고 불안정하게 되고 한랭전선 폐색에서 나타나는 기상현상보다 더 심한 악기상이 발생한다. [그림7-13]

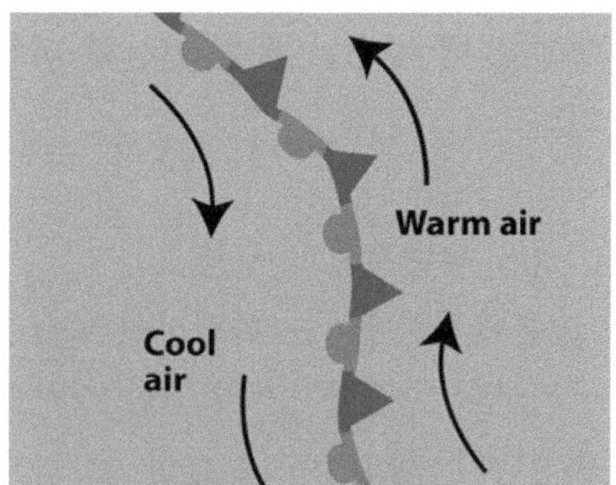

7.2.3 전선과 구름

전선은 서로 다른 성질의 공기군이 충돌하는 경계 구역으로 현저한 기상 변화가 발생하는 구역이다. 특히 강수를 동반한 구름은 전선 구역에서 잘 형성되고 전선 종류에 따라 형성되는 구름 종류와 강수의 종류가 다르다는 것을 알 수 있다.

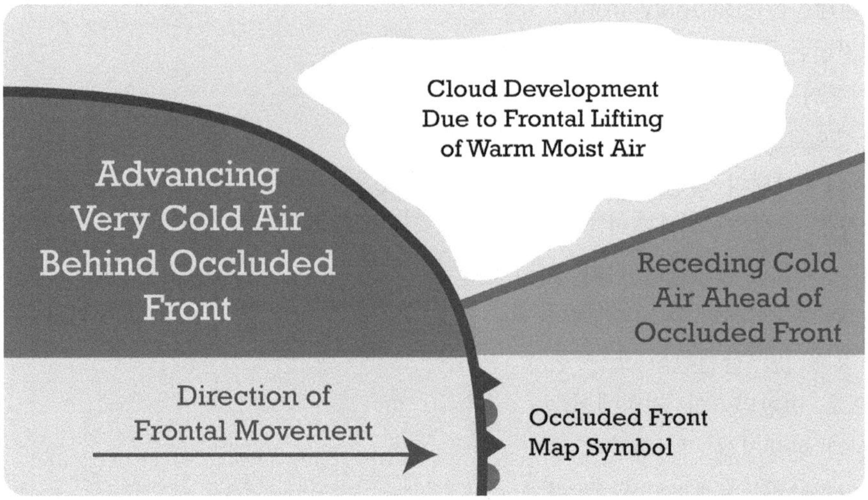

[주126] 온난전선 폐색; 상층 한랭전선이 지표면 폐색전선보다 앞서간다.
[주127] 한랭전선 폐색; 상층 온난전선이 지표면 폐색전선을 뒤따른다.

(1) 한랭전선과 구름

한랭한 공기가 온난공기를 밀어내면서 이동할 때 하단에서는 온난공기를 위로 밀어 올린다. 한랭전선의 앞쪽에 있는 불안정한 습윤 공기는 상승하면서 응축되어 많은 구름방울이 형성된다. 전선의 경사가 비교적 크기 때문에 형성되는 구름은 적운형 구름이 된다. 한랭전선이 통과할 때 강수는 통상 전선의 뒤쪽에서 내리고 소나기성 강수와 때로는 뇌우가 발달하기도 한다.

(2) 온난전선과 구름

온난전선에서는 한랭전선의 구름과 달리 층운형 구름을 형성하는 것이 일반적이다. 온난공기군이 한랭공기가 위치한 지역으로 이동할 때 한랭공기는 밑으로 깔리면서 전선의 형태가 형성된다. 불안정하고 습한 공기는 상층의 한랭한 공기의 경사를 따라서 광범위하게 형성된다. 따라서 강수는 전선지대로부터 수백 km 앞쪽에 내린다. 강수는 가랑비와 같이 약한 비와 지속성 강수가 발달한다.

7.2.4 전선성 파장과 폐색(frontal wave and occlusion)

전선성 파장과 사이클론(저기압 지역)은 통상 서서히 이동하는 한랭전선이나 정체전선에서 발달한다. [그림7-14]는 전선성 파장의 발생과 소멸(frontal wave and occlusion) 과정을 보여 주고 있다. 왼쪽 그림과 같이 두 전선 사이의 바람은 서로 반대방향으로 평행하게 불어오고 있는 상태(A)에서 바람의 흐름에 약간 변화가 생기면서 평행 전선에 굴곡(bend)이 형성

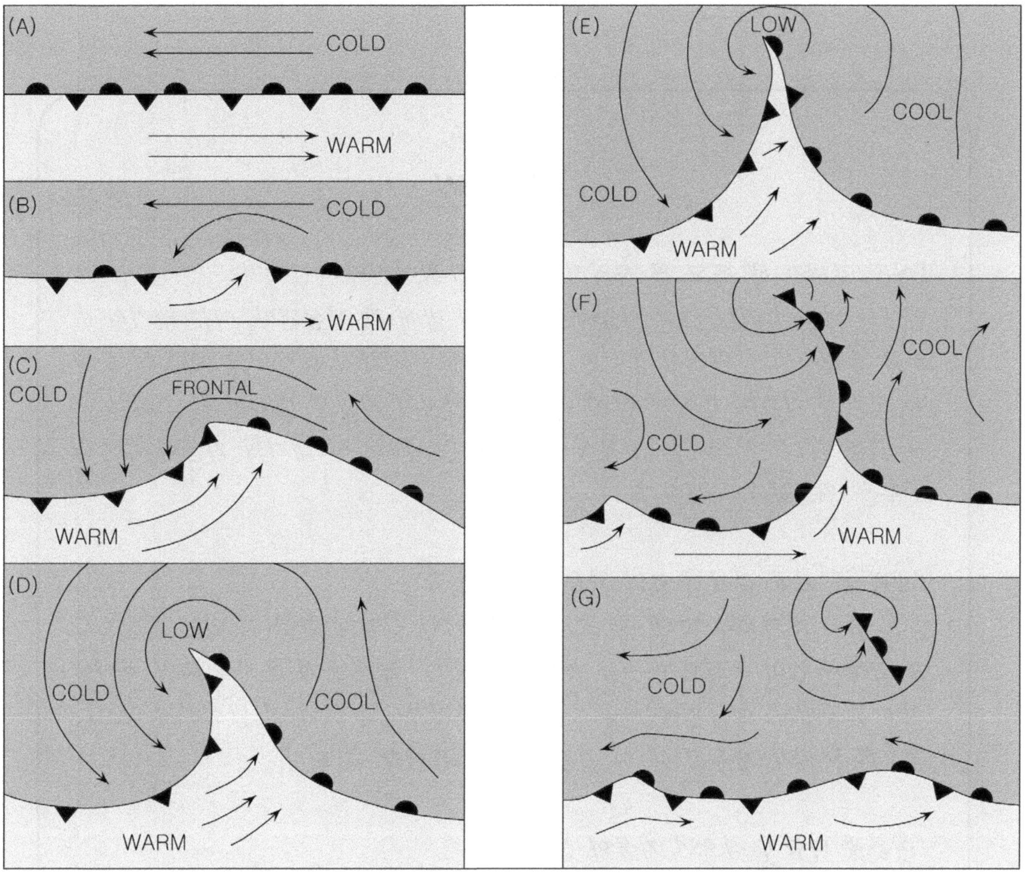

(B)되었다. 굴곡의 크기는 바람의 영향을 받아 커지면서 사이클론형 순환(circulation)이 되어 전선성 파장(C-D)이 발생한다. 전선성 파장의 꼭대기(peak)는 기압이 떨어져 저기압(low pressure)이 형성(D-E)된다. 사이클론 순환은 더욱 강해지고 지상풍은 전선을 이동시킬 수 있는 충분한 바람이 되어 한랭전선은 온난전선보다 빠르게 이동한다. 한랭전선이 온난전선을 따라붙었을 때 두 전선은 폐색전선(occlude front)을 형성(E-F)하고 사이클론 파장의 강도는 최대가 된다. 폐색전선이 길어지면서 사이클론의 강도가 약해지고 전선의 이동도 약해진다. 온난 및 한랭전선의 꼭대기에 형성되어 있는 폐색전선은 정체전선과 분리되어 세력이 약해진다. 최종적으로 두 전선은 단일 정체전선을 재형성하고 폐색전선의 저기압 중심은 약화하여 소멸(G)한다.

【날씨 속담】

"아침 안개가 해 뜨고 곧 사라지면 날씨는 맑아진다."
안개는 바람이 거의 없고 서늘하고 맑은 날 밤에 잘 형성된다. 이는 대기의 수분을 응결시키기 위해서 충분한 복사냉각이 존재하기 때문이고, 아침에 햇빛을 받으면 기온이 높아져 안개 입자를 증발시켜 하늘은 맑아진다. 그러나 구름이 많이 낀 날 밤에는 구름이 복사냉각을 방해하여 대기의 기온이 대기의 수분을 응결시키지 못한다.

"새벽 물 위에 김이 오르면 가뭄 징조이다."
늦봄 혹은 초겨울에 바다, 강 또는 호숫가에서 쉽게 관찰할 수 있는 현상으로 물 위에서 김이 올라오는 것을 관찰할 수 있다. 이는 물과 육지의 비열 차이에 의한 현상이다. 여름철에는 공기 중에 수증기가 풍부하여 잘 발생하지 않으나 건조한 날씨가 계속될 때 이 같은 현상을 관찰할 수 있다.

"여름에 바람이 적으면 가뭄이 든다."
바람 형성에서 가장 중요한 요소 중의 하나는 기압경도력이다. 우리나라는 북태평양고기압의 영향을 주로 받는다. 북태평양고기압 중심이 한반도를 차지하고 있다면 바람은 약하고 대기는 안정되며 공기군이 거의 이동하지 않고 머물러 있는 상태가 비정상적으로 오랫동안 지속될 것이다. 이는 가뭄을 예고하는 것이다.

제8장 착 빙

8.1 착 빙

8.1.1 개 요

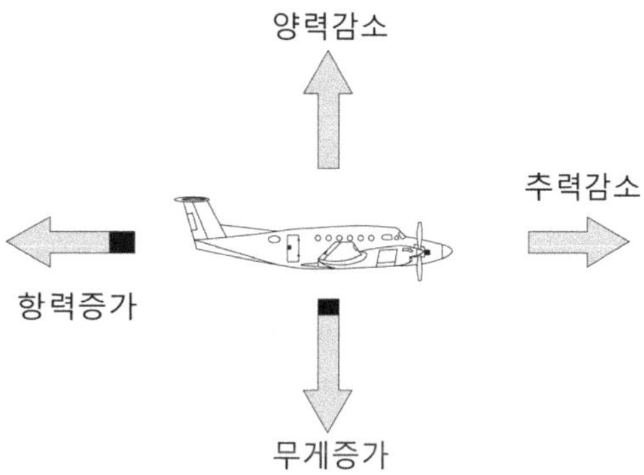

착빙(icing)은 물체의 표면에 얼음이 달라붙거나 덮이는 현상이다. 항공기 착빙 현상은 기상 위험(weather hazard) 요소 중 하나이고, 이 같은 착빙은 양력(lift) 감소, 무게 증가, 추력(thrust) 감소 그리고 항력(drag)을 증가시킨다. 착빙이나 서리(frost)는 거친 사포(sand paper) 같은 정도의 두께를 갖고 앞전과 날개 윗면의 착빙은 양력의 30% 정도 감소시키고 항력을 40% 정도 증가시킨다. [그림8-1]은 착빙이 항공기에 작용하는 영향을 보여 주고 있다. 이외에도 프로펠러에 형성된 착빙은 추력을 감소시키고, 무게와 균형(weight and balance)에 영향을 줄 수 있다. 또한, 비행계기에 영향을 주거나 무선 통화에 지장을 주고 조종계통이나 브레이크 또는 착륙장치(landing gear)의 작동에도 영향을 줄 수 있다. 일반적으로 착빙은 항공기의 외부 구조에 형성되는 구조적 착빙(structural icing)과 외부 공기가 엔진에 흡입되는 기화기, 피토관 등에서 발생하는 흡기착빙(induction icing)으로 분류된다.

8.1.2 구조적 착빙

착빙은 대기 중의 결빙층(freezing level)에서 습한 공기가 항공기 표면에 접촉되면서 결빙되는 현상이다. 비행 중 구조적 착빙(structural icing)은 비나 구름방울(cloud droplets) 등과 같은 가시적 물방울(visible water) 속을 비행하고, 항공기에 부딪히는 외부 기온이 결빙점 또는 그 이하일 때 가장 잘 발생한다. 공기역학적 냉각(aerodynamic cooling)은 에어포일(airfoil)을 포함한 외부 구조물의 온도를 주위의 공기 온도(기온)보다 냉각시킨다. 과냉각 물방울은 착빙 현상을 증가시키는 요소이며, 이 같은 과냉각 물방울이 항공기 표면에 부딪히면

서 물방울은 순간적으로 얼어 구조적 착빙(structural icing)을 형성한다. 구조적 착빙 현상에 의한 항공기 날개 부분의 착빙은 정상적인 공기흐름을 조기에 분리시켜 양력이 감소하면서 항력(drag)이 증가하는 주원인이다.

일반적으로 기온은 고도가 상승함에 따라 일정 비율로 감소하고 기온이 0℃(32°F)가 되는 고도를 결빙층(freezing level)이라 한다. 표준기온감률(1,000피트 당 2℃)이 존재할 때 대략 결빙층을 예측할 수 있다. 예를 들어 고도 5,000피트 상공에서 기온이 8℃일 때 결빙층은 약 4,000피트 더 높은 고도가 된다. 따라서 지표면으로부터 결빙층은 9,000피트(MSL)가 된다.

결빙층 근처에서는 어는비(freezing rain)가 내릴 수 있으며 이 상태에서 가장 많은 얼음이 축적(accumulation)되어 비행에 치명적인 영향을 줄 수 있다. 결빙층 이상에서 강수는 이미 얼어버린 상태가 된다. 적운 구름에서는 상승기류가 이들 물방울을 더 높은 고도까지 상승시켜 과냉각 상태의 물방울로 존재하기 때문에 높은 고도에서도 착빙 가능성이 있다. 구조적 착빙은 형태에 따라 맑은 착빙(clear icing), 거친 착빙(rime icing)으로 구분되며 때로는 두 가지 형태의 착빙이 혼합되어 발생하는 혼합 착빙(mix icing)으로 분류한다.

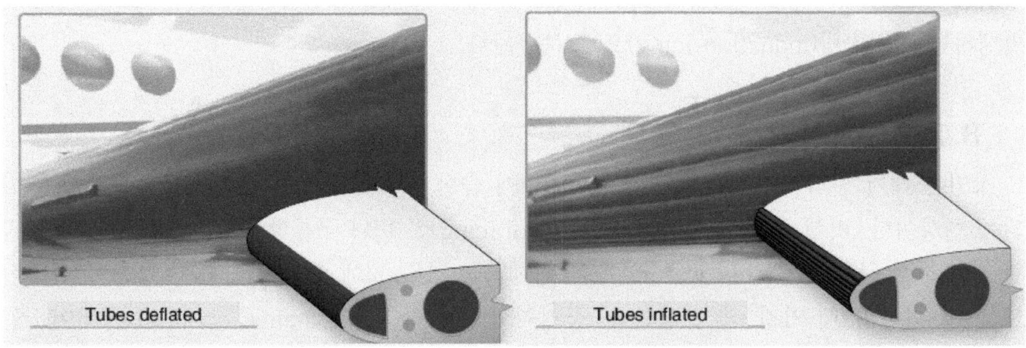

(1) 맑은 착빙(clear icing)

맑은 착빙은 구조적 착빙 중에서 가장 위험한 착빙으로 어는비(freezing rain)가 내리는 대기 속으로 비행할 때 주로 발생한다. 맑은 착빙은 물방울이 항공기 표면에 부딪힌 후 액체 상태의 물방울이 항공기 표면을 따라 흐르면서 부드러운 고체 얼음장같이 점진적으로 결빙된다. 맑은 착빙은 단단하고(hard) 무거우며 표면에 강하게 접착되었기 때문에 제빙장치(deicing equipment)로 제거하기가 어렵다. 맑은 착빙은 외부 기온이 0℃~-15℃ 상태에서 커다란 물방울 또는 적운 구름(cumuliform clouds)에서 주로 형성된다. 맑은 착빙은 에어포일의 공기역학적 모양을 변화시킬 수 있고 이들 양력 발생 표면의 효율성을 감소시킨다. 또한, 무게 증가는 무게중심(center of gravity)에도 영향을 줄 수 있으므로 비행에 위험을 초래할 수 있다.

(2) 거친 착빙(rime icing)

거친 착빙은 주로 층운형 구름(stratiform clouds)이나 가랑비(drizzle) 같은 작은 물방울이 항공기 표면에 부딪힐 때 형성되며 미세한 물방울은 항공기 표면에 퍼지기 전에 급속히 결빙된다. 거친 착빙이 형성될 때 처음 결빙된 얼음층과 계속해서 축적되는 얼음층 사이에 공기가 들어가 우윳빛을 띤다. 거친 착빙은 맑은 착빙에 비하여 가볍고 응결력은 약하나 표면이 거칠어서 에어포일(airfoil)의 공기역학적 효율은 더욱 감소한다.

(3) 혼합 착빙(mix icing)

혼합 착빙은 물방울의 크기가 다양하거나 눈 또는 얼음싸라기(ice particles)와 혼합되었을 때 급속히 형성된다. 혼합 착빙은 매우 거칠게 축적(accumulation)되며 비행기 날개의 앞전(leading edge)에 버섯 모양으로 형성되기도 한다. [그림8-2]

[주128] 어는비(freezing rain); 항공기 착빙의 가장 위험한 요소이다.

[주129] 착빙 용어; 맑은 착빙=청빙, 거친 착빙=조빙, 혼합 착빙=혼빙

8.1.3 흡기계통의 착빙

(1) 기화기 착빙(carburetor icing)

항공기의 왕복엔진에서 사용되는 플로트형(float-type) 기화기의 경우 습도가 높은 조건에서 기화기 착빙의 가능성이 크다. 기온이 25℃ 이상에서 벤투리관(venturi tube) 내의 공기흐름으로 압력감소에 따른 냉각 효과가 발생하고 더불어 휘발유의 증발(evaporation) 현상이 기화기 내부의 착빙(icing)을 형성하는 요인이 된다. 기화기 착빙은 연료/공기 혼합조정기(fuel/air mixture control)를 통하여 실린더로 유입되는 연료를 [그림8-4]와 같이 부분적으로 또는 완전히 막을 수 있어 이로 인하여 거친 엔진작동과 엔진고장(failure)과 같은 상황을 유발할 수 있다. 대부분의 왕복엔진 항공기는 기화기 카뷰레터 히트 스위치(carburetor heat)를 장착하여 엔진에서 발생한 뜨거운 공기를 기화기에 불어넣어 착빙을 제거(de-icing)하거나 착빙 형성을 방지(anti-icing)할 수 있다.

[주130] 제빙장치(de-icing); 이미 형성된 착빙을 제거할 수 있는 장비

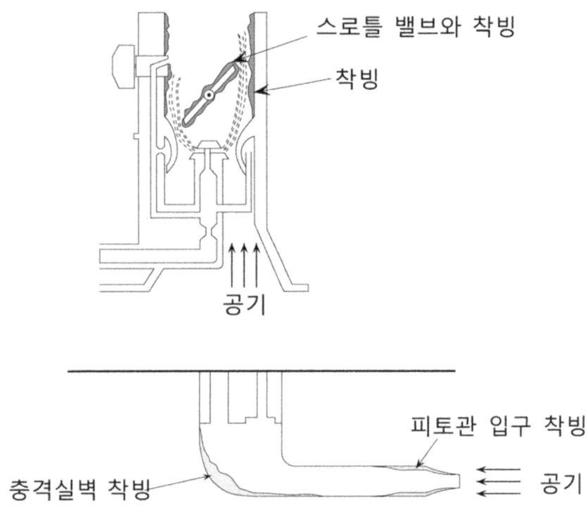

[주131] 방빙장치(anti-icing); 착빙의 형성을 예방하기 위한 장비

(2) 피토관 착빙(pitot tube icing)

피토관은 항공기 기수(nose) 부분이나 날개의 앞전에 장착되어 속도계에 충격압(impact pressure)이 전달되도록 고안되었다. 그러나 [그림8-4, 5]와 같이 피토관에 얼음이 형성되면 관의 크기가 상대적으로 좁아져 충격압이 그대로 전달되지 못하여 속도계가 부정확하게 지시하는 원인이다. 또한, 항공기의 정압관(static port)이 결빙되었을 때 정압이 제대로 전달되지 못하므로 속도계, 고도계, 승강계 등의 결함이 발생할 수 있다.

(3) 헬리콥터 회전날개 착빙

비행기의 프로펠러 블레이드(blades)에 얼음이 형성되어 추력(thrust)을 감소시키는 것과 같이 회전날개 항공기의 주회전날개(main rotor)에도 착빙이 형성되어 회전날개의 양력 발생 능력을 감소시킨다. 회전날개에 형성된 착빙은 블레이드의 무게를 직접 증가시키고 로터 허브(rotor hub)에 한계 이상으로 원심력을 증가시킨다. 각 블레이드에 비대칭으로 형성된 착빙은 심한 블레이드의 진동(vibration)을 유발한다. 또한, 사이클릭과 컬렉티브 조종계통에 형성된 착빙은 헬리콥터의 조종성을 떨어뜨릴 수 있다.

[주132] 로터 블레이드의 착빙; 무게 증가, 원심력 증가, 성능 저하, 비대칭으로 진동 발생

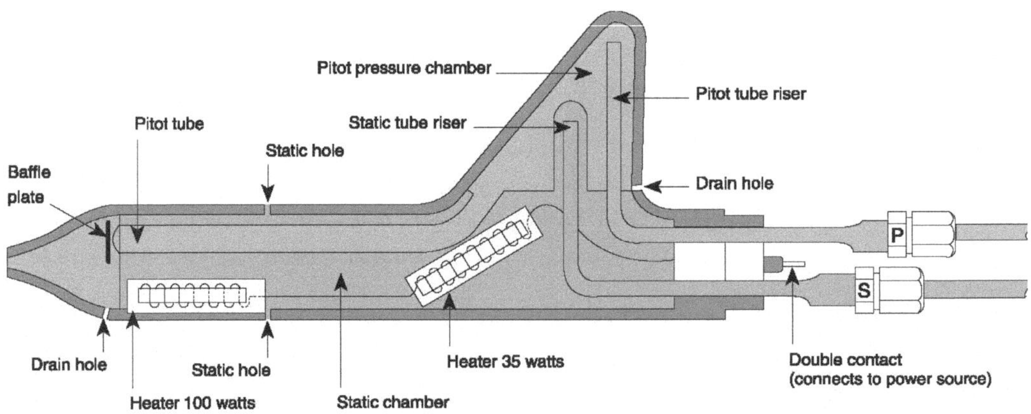

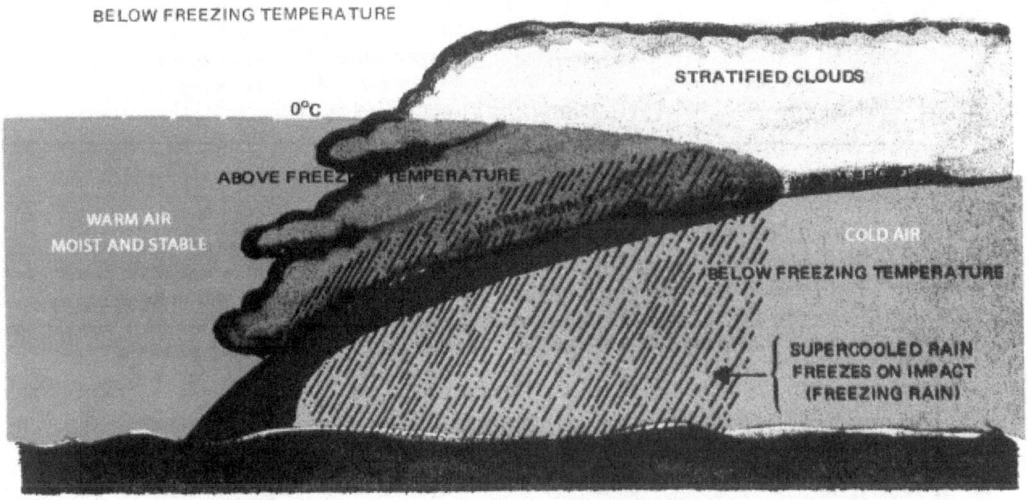

8.1.4 전선성 착빙

맑은 착빙(clear ice)이 급속하게 형성되기 위한 양호한 조건으로는 전선이 형성되는 지역에서 지표면 근처의 어는비(freezing rain)이다. [그림8-6]과 같이 비는 결빙 기온보다 높은 고도에서 형성되어 결빙층보다 낮은 지역을 통과하면서 과냉각(supercooled) 된다. 이 과냉각 물방울이 항공기 표면에 부딪혀 급속 결빙된다. 이 같은 현상은 온난전선이나 한랭전선 모두에서 발생하며 이 상태의 착빙은 대단히 많은 양의 과냉각 물방울(water droplet) 때문에 매우 위험할 수 있다.

한랭전선의 표면을 따라 형성된 적란운(cumulonimbus clouds)과 스콜라인(squall lines)을 따라 형성된 착빙은 상당한 위험을 초래할 수 있다. 지표면에 얼음싸라기(ice pellets)가 떨어지는 것은 더 높은 고도에 어는비(freezing rain)가 존재한다고 할 수 있으며 젖은 눈(wet snow)은 현재 고도의 기온이 결빙 기온보다 높은 기온임을 의미한다. 전선성 착빙은 온난전선의 전방 약 300마일 그리고 한랭전선의 후방에 100마일 지점에서까지 발생할 수 있다.

8.1.5 착빙의 강도

착빙의 강도는 다음 [표]와 같은 기준에 의해 결정된다. 기상보고 또는 예보도에 나타난 착빙 구역을 확인하고 이 구역을 통과해야 한다면 항공기의 방빙 및 제빙장치를 사전에 철저하게 점검한 후 출발해야 한다.

8.1.6 서 리

서리(frost)는 기온이 낮은 상태에서 [그림8-7]과 같이 창문의 유리나 자동차 표면에 형성된 착빙의 형태로 주로 야간에 계류(parking) 중인 항공기에서 주로 발생한다. 서리는 맑고

강도	기체 축적 상태	조치
Trace (흔적)	착빙을 감지할 정도이다. 축적률이 승화율보다 약간 크다.	1시간 이상 계속해서 조우되지 않는 한 제빙/방빙 장비를 사용하지 않아도 위험하지 않다.
Light (약함)	이 같은 상황에서 1시간 이상 비행하면 문제가 발생할 수 있다.	자주 제빙 또는 방빙 장치를 사용하여 착빙을 제거 또는 예방한다. 제빙 또는 방빙 장치를 사용하면 문제가 발생하지 않는다.
Moderate (보 통)	단시간 조우에도 축적률이 잠재적 위험을 내포한다.	제빙 또는 방빙 장치의 사용과 이탈 비행이 필수이다
Severe (심 함)	축적률이 너무 크기 때문에 제빙 또는 방빙장치로 위험을 감소시키거나 조절할 수 없다.	즉각적인 이탈 비행이 필수적이다.

-

(clear), 안정된 대기 중에 미풍(light wind)이 있을 때 쉽게 형성된다. 서리는 항공기 구조물의 표면(skin)의 온도가 주변 공기(adjacent air)의 이슬점과 일치하거나 낮은 조건에서 이슬점 기온이 결빙 기온 이하일 때 형성된다. 서리는 날개의 공기역학적 모양(aerodynamic shape)을 변형시키지는 않지만, 날개의 거친 표면(rough surface)은 공기의 정상 흐름을 조기에 분산시켜 양력발생 능력을 감소시킨다. 이 때문에 조종사는 반드시 비행 전에 서리를 제거하고 비행하여야 한다. 날개 표면에 두껍게 형성된 서리는 실속속도(stall speed)를 약 5~10% 정도 증가시키는 요인이 될 뿐만 아니라 정상 이륙 속도에서 비행기를 부양시키는 것을 방해할 수 있다.

8.1.7 제빙과 방빙

(1) 착빙 인지

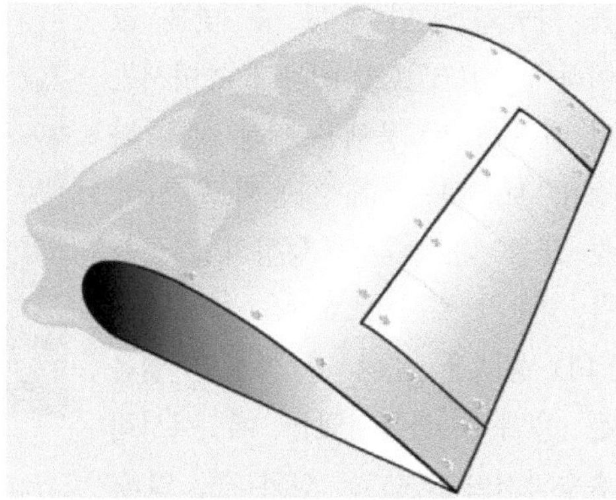

착빙이 예상되는 구역에서 제빙장치가 없이 운항 중 착빙을 감지했을 때 강수 구역을 이탈하거나 기온이 결빙 이상인 고도를 향해서 비행한다. 여기서 결빙점 이상의 고도가 항상 낮은 고도만을 의미하는 것은 아니다. 꼬리 조종면은 날개보다 훨씬 얇아 얼음이 더 쉽게 형성될 수 있다. 조종사는 특히 접근과 착륙 중 꼬리 조종면의 실속 가능성에 대해서 상당한 주의를 기울여야 한다. 꼬리 조종면의 전형적인 착빙 징후는 다음과 같다.

① 승강타 조종간의 불규칙한 진동
② 비정상적인 기수숙여짐(nose-down) 트림 변화
③ 승강타 효력의 상실 또는 감소
④ 승강타 힘의 급격한 변화
⑤ 급격한 비정상적인 기수숙여짐 피치

꼬리 조종면 착빙 또는 실속이 인지되었을 때 플랩을 올리고 동력을 증가시킨다. 만약 꼬리 조종면 실속이 의심될 때 조종사는 즉시 다음과 같은 조치를 취해야 한다.

① 플랩을 이전 세팅까지 올리고 적절한 기수들림 승강타 압을 적용하라.
② 플랩을 내린 만큼 적절한 속도를 증가시켜라.
③ 항공기 비행형상과 상태를 위한 충분한 동력을 적용하라.
④ 서서히 기수숙여짐 피치 변화를 적용하라.
⑤ 만약 공기압 제빙장치를 사용하고 있다면 꼬리 조종면 착빙을 제거하기 위해서 수차례 작동시켜라.

제빙장치를 갖춘 비행기에서 착빙이 의심된다면 얼음을 제거하기 위해서 여러 차례 공기압 제빙장치를 작동시켜야 한다.

(2) 제빙 및 방빙액의 적용

제빙은 뜨거운 물 또는 결빙점 억제제(freezing point depressant; FPD)와 뜨거운 물의 혼합액으로 수행한다. 제빙 용액의 종류를 결정하는 데 주변 기상상태와 항공기에서 제거해야 하는 착빙 축적의 종류를 고려해야 한다. SAE과 ISO Type 1 용액에 글리콜 용액은 최저 80% 포함되어야 하고 상대적으로 점도가 낮아 비농화로 고려된다. SAE와 ISO Type 2 용액은 최저 50%의 글리콜 용액을 함유한 진한 용액이다. 따라서 도포된 표면에 두꺼운 막을 형

성하고 있어 항공기가 이륙할 때까지 표면에 남아 있다.

잔류 용액의 결빙점은 주변 또는 항공기 표면 온도 중 낮은 값 이하에서 6.6℃(20°F)보다 높아서는 안 된다. FPD 용액은 지상 제빙 과정을 보조하는 데 사용되고 서리, 눈 또는 다른 착빙 형성의 가능성을 늦추기 위한 보호막을 제공한다. FPD 용액은 물에 잘 녹지만 얼음은 용액에 접착되었을 때 서서히 흡수되거나 녹는다. 만약 눈, 얼음, 서리가 항공기 표면에 들러붙어 있다면 적절한 양의 FPD 용액을 반복해서 적용하여 녹여야 한다. 이 과정은 가온 용액으로부터 열적 에너지에 의해서 상당히 빨라질 수 있다. 얼음이 녹으면서 FPD는 물과 혼합됨으로써 희석된다. 이 용액이 희석됨에 따라 혼합 액체가 흘러내리기 시작한다. 만약 모든 얼음이 녹지 않았다면 용액이 항공기 표면까지 스며들 수 있도록 FPD 용액을 추가로 적용할 필요가 있다. 모든 얼음이 녹으면서 잔류 용액은 물과 FPD의 혼합액이 된다. 결빙점 억제제 용액은 물에 잘 녹지만 얼음에 대해서는 서서히 흡수되고, 그리고 FPD와 접촉되었을 때 녹는다. 엔진 팬 또는 압축기 블레이드에 남아 있는 결빙점 억제제는 엔진 성능을 떨어뜨릴 수 있고 서지(surge)와 압축기 실속(compressor stall)의 원인이 될 수 있다. 이외에도 엔진 공기추출(air bleed) 계통을 통해서 항공기 내부에 글리콜 증기가 유입될 수 있다.

2단계 과정은 제빙과 방빙 모두 포함된다. 비행기의 제빙/방빙할 때 2단계 과정 중 1단계는 얼음과 눈의 대량 퇴적이 비행기 표면에 덮여 있을 때 1단계 과정에 더 많은 액체를 사용해야 하는 단점이 있다. 온수 또는 결빙점 억제제의 혼합액으로 얼음 퇴적을 제거하기 위해서 2단계 과정을 사용해야 한다. 이것은 필요한 액체의 양을 절약한다. 2단계 과정을 적용하여 비행기의 제빙/방빙할 때 대기시간을 증가시키는 과정은 냉각 Type 2 액체 다음에 가온 Type 1 액체(Type 2는 두께와 대기시간을 증가시키기 위한 냉각을 적용하는 것이다.)를 사용한다. 2단계 과정을 사용하여 방빙 중 대기시간을 줄이기 위해서 가온 Type 2 액체를 사용한다. 가온 용액은 제빙 효율성을 높여주지만, 방빙 과정에서 냉각 용액이 더 효과적이다. 비-강수 상태에서 물과 함께 희석된 에틸렌글리콜 제빙 용액은 결빙점을 낮춘다.

제9장 뇌 우

9.1 뇌우의 원인

9.1.1 뇌우의 생성 조건

뇌우(thunderstorm)는 번개와 천둥(lightning and thunder)을 동반한 적란운 구름에서 발생한 폭풍(storm)이다. 뇌우는 적운(cumulus)의 구름이 대기 변화에 따라 폭풍으로 변한 것으로 통상 악기상 요소인 폭우(heavy rain), 우박(hail), 번개(lightning), 눈(snow), 천둥(thunder), 다운버스트(downburst) 그리고 토네이도(tornadoes) 등을 동반하는 격렬하고 거대한 폭풍이다. 뇌우는 특히 여름철에 주로 발생하는 악기상의 한 형태로 국지적으로 발생하면서 발생과 소멸할 때까지 매우 짧은 시간에 이루어지는 특이한 기상현상이다. 일반적으로 뇌우는 천둥과 번개 그리고 짧은 시간에 장대비와 같은 강한 비를 동반하면서 지표면에는 바람방향을 예측하기 어려운 일진광풍이 일어 큰 피해가 발생한다.

조종사 또는 운용자는 이 같은 악기상을 피할 수 있도록 계획하여야 하고 만약 피할 수 없다면 최소한으로 영향을 받을 수 있는 항로를 선택하여 운항할 수 있어야 한다. 지상에서도 항공기의 계류(parking)와 기타 장비 등이 돌풍성 바람에 날려 피해를 볼 수 있으므로 사전에 충분한 대비를 갖추어야 한다. 뇌우의 크기는 대략 5마일 이내의 것에서부터 직경이 30마일 이상의 뇌우도 탐지된다. 구름 높이는 수백 피트에서 10,000피트까지 발달한다. 뇌우는 습하고 불안정한 공기가 수직으로 상승하면서 응축(condensation)되고 동시에 잠열(latent heat)을 방출한다. 뇌우가 형성되기 위해서는 대기의 불안정, 풍부한 수증기 그리고 최초 상승작용을 일으키는 요인이 서로 조화되었을 때 쉽게 발생할 수 있다.

① 불안정한 기온감률(unstable lapse rate)은 일단 공기가 상승하기 시작하면 계속해서 상승할 수 있도록 한다.

② 대기에 풍부한 수증기(sufficient water vapor)는 쉽게 구름을 형성할 수 있게 한다.

③ 최초 상승작용(initial upward lifting)은 공기를 상승하게 하는 힘으로 다음과 같은 원인이 있다.

- 전선에 의한 상승
- 지형에 의한 상승
- 지표면 가열에 의한 대류

-

• 야간 복사냉각으로 인한 거대한 운정(top of cloud)의 냉각

뇌우의 형성 조건이 조성되어 무덥고 습한 공기 덩어리가 최초 상승작용 힘을 받아 상승하면서 이 공기 덩어리가 냉각이 발생하기 시작하는 데 이는 단열 팽창(adiabatic expansion)에 의한 것으로 알려져 있다. 이들 공기 덩어리가 이슬점(dew point)까지 냉각되었을 때 습한 공기 덩어리가 병합되는 응축(condensation) 현상이 발생하고 적운 구름을 만들어진다. 지상에서는 대기의 불안정으로 인하여 습하고 더운 공기 덩어리가 계속해서 상승하여 적운 구름(cumulus cloud)이 더 커지면서 적란운 구름(cumulonimbus cloud)으로 성장해 간다. 적란운 구름은 지표면으로부터 약 20km에 도달하면서 거대한 뇌우로 발달한다. [그림9-1]

9.1.2 뇌우의 구성 요소

뇌우가 형성될 수 있는 조건은 대기의 불안정(instability)이 절대적이다. 대기 불안정의 기본 요소는 하층으로부터 가열이다. 대기의 하층에서 가열된 공기는 상승하려는 힘(lift)을 받는다. 예를 들어 불을 피울 때 뜨거운 공기(연기)가 위로 올라가는 것이나 열기구(hot balloon)가 상승하는 힘을 받을 수 있는 것은 태양 복사열로 가열된 지표면으로부터 습한 공기를 위로 끌어 올리는 힘이다. 이 같은 상승의 힘은 전선과 저기압골(low pressure trough) 또는 상경사(upslope)를 따라 올라가는 공기로 인해서 발달한다. 이처럼 상승하는 공기는 주변 공기 온도보다 높아야 한다.

이 과정에서 가열된 공기가 지속해서 높은 고도까지 올라갈 수 있으려면 주변 공기보다 기온이 더 높은 상태를 유지할 수 있어야 하는데 이 조건을 충족시켜 줄 수 있는 요소가 잠열(latent heat)이다. 구름 속에서 공기가 상승할 때 열을 지속적으로 방출하면서 상승 중인 공기는 주변의 공기보다 높은 기온을 유지할 수 있다.

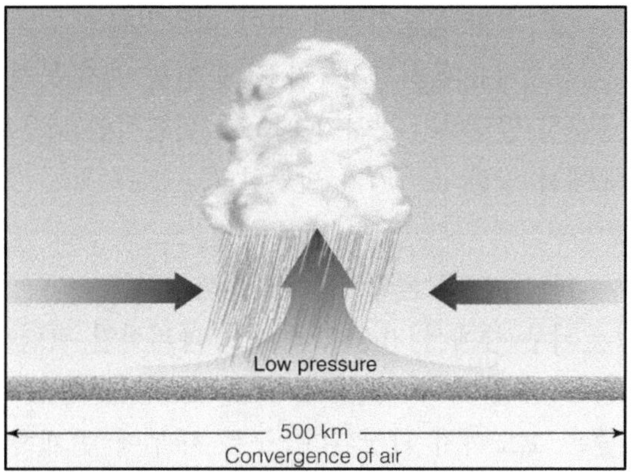

반대로 주변 공기는 상대적으로 냉각되면서 하강하는 힘을 받는다. 이 과정에서 상승 중인 공기와 주변의 하강하는 공기가 뚜렷하게 존재하고 상승기류(updraft)와 하강기류(downdraft)가 확실하게 나누어진다. 뇌우의 강도를 결정하는 요인 중의 하나가 상승기류와 하강기류의 강도에 달려 있고 강도는 대기의 불안정 정도에 달려 있다. 일반적으로 뇌우의 형성 모델을 결정하는 데는 대기의 불안정 요소와 상승기류 및 하강기류의 강도에 따라 다음과 같이 분류한다. [그림9-2]

① 약한 상승기류와 강한 하강기류-마이크로버스트
② 강한 상승기류와 약한 하강기류-홍수, 단세포와 다세포 뇌우
③ 약한 상승기류와 약한 하강기류-강한 소나기
④ 강한 상승기류와 강한 하강기류-슈퍼, 단세포 및 다세포 뇌우

[주133] 지표면 공기의 냉각; 야간복사 냉각, 찬 공기 유입, 찬 지표면 위로 공기의 이동
[주134] 지표면 공기의 승온; 지표면의 가열, 온난 공기의 유입, 더운 지표면으로 공기의 이동
[주135] 공기 덩이의 상승; 구름 속에서 공기는 단열 팽창으로 상승하여 주변 기온과 동일 높이까지 상승한다.

(1) 약한 상승기류와 강한 하강기류

저고도에서 공기는 불안정하지만, 상대적으로 건조한 중간층에 풍부한 습기가 존재할 때 상승기류(updraft)는 약하고 하강기류(downdraft)는 강하게 형성된다. 하강기류가 강하게 발생할 수 있는 것은 음성 부력(buoyance)의 결과와 건조 공기 속으로 통과하는 강수의 증발(evaporation)에 의한 냉각 때문이다. 이 같은 모델의 뇌우는 밑에서 밀어 올리는 힘이 약하기 때문에 비교적 수직 높이가 낮게 형성되는 경향이 있다. 높이가 낮아 우박이나 비(hail or rain)가 형성될 수 있는 충분히 조건이 형성되지 못하지만, 건조 마이크로버스트(dry microburst)가 발생할 수 있다.

(2) 강한 상승기류와 약한 하강기류

이 같은 모델의 뇌우는 약한 건조 공기(dry air)와 증발적 냉각(evaporational cooling)이 하강기류를 주도하는 곳에서 매우 습한 대기 속에서 형성된다. 강한 상승기류로 비교적 높이 형성된 구름층으로부터 많은 비가 내릴 수 있고 때로는 우박이 내릴 수도 있다. 그러나 상층(aloft)에 높은 기온이 존재할 때 폭우가 내리지만, 우박이 형성되지는 않는다. 강한 상승기류는 때로는 모루구름을 뚫고 돌출구름(overshooting cloud)을 형성하기도 한다.

(3) 약한 상승기류와 약한 하강기류

상승기류와 하강기류가 크게 힘을 받지 못하는 대기 조건에서는 상승력의 부족으로 구름이 충분히 발달하지 못하기 때문에 위협적인 뇌우로 발달하지는 못한다. 이 같은 모델의 일반 뇌우에서 강한 소나기가 발달한다.

(4) 강한 상승기류와 강한 하강기류

뇌우 중에서 가장 강력하고 파괴적인 위력을 갖는 형태이다. 풍부한 습기와 대기의 불안정은 강한 수직 기류(vertical draft)를 형성하면서 많은 구름의 축적과 광범위한 공역 및 높은 고도까지 확장된다. 구름 내부에 존재하는 강력한 상승기류와 하강기류(updraft and downdraft)는 강하고 굵은 비를 형성하고 골프공 크기의 우박(hail), 그리고 파괴적인 마이크로버스트와 토네이도 등의 악기상을 발생시킨다. 강한 상승기류는 때로는 모루구름을 뚫고 돌출구름(overshooting cloud)을 형성하기도 한다.

9.1.3 뇌우의 분류

기상학에서 뇌우를 분류할 때 세포(cell)의 단위를 적용한다. 뇌우를 형성하는 구름의 형태가 어느 하나도 같은 모양이 없으며 살아있는 생명체와 같이 발생과 소멸의 생명주기(life cycle)가 뚜렷하다. 때로는 합쳐지면서 세력을 확장하기도 한다. 기존에는 뇌우를 기단뇌우(airmass thunderstorm)와 심한뇌우(severe thunderstorm)로만 분류하였다. 그러나 기상위성과 기상관측 레이더의 개발로 뇌우 발생과 세력의 확장 과정이 새롭게 밝혀지면서 세포를 기준으로 한 다음과 같은 분류 기준이 적용되고 있다.

① 단세포 뇌우(single cell)
② 다세포 뇌우군(multicell cluster)
③ 다세포 뇌우선(multicell line) 또는 스콜라인(squall line)
④ 슈퍼셀(supercell)

위의 분류에서 가장 위협적인 악기상을 초래하는 것은 단연 슈퍼셀에 의한 뇌우이다. 따라서 슈퍼셀(supercell)을 제외한 다른 세포에 의한 뇌우를 보통뇌우(ordinary cell)로 간주하여 두 개로 분류하기도 한다.

[주136] 돌출구름; 구름은 일정 높이 이상에서는 기온의 냉각으로 인하여 더 이상 상승하지 못하고 수평으로 퍼진다. 그러나 국지적으로 강력한 상승기류는 적란운 상층부를 뚫고 구름이 형성되기도 한다. (그림9-2)

(1) 단세포 뇌우(single cell thunderstorm)

단세포 뇌우 대부분은 20~30분 정도 지속되는 뇌우이지만 심한 악기상을 초래하지 않는다. 일부 단세포 뇌우를 기단뇌우라고도 하는 데 이 기단뇌우는 뜨거운 한여름 오후에 약한 바람이 존재할 때 뜨겁게 가열된 지표면의 불안정 공기에 의한 대류 현상으로 인해 국지적으로 발생하는 일반적인 개념의 뇌우이다. 해안 지역에서는 주로 야간에 발생하고 산악 지형의

경사면을 따라 상승하는 공기에 의해서도 발생한다. 단세포 뇌우는 뚜렷하게 식별할 수 있는 심한 악기상 현상이 발생하지 않기 때문에 예측(predictability)하기가 매우 어려운 단점이 있지만, 마이크로버스트의 발생 가능성을 완전히 배제할 수 없어 항공기 운항에서 결코 소홀히 해서는 안 된다. 일반적으로 단세포 뇌우에서 발생하는 기상현상은 다음과 같다.

- 발생지역 국지성, 20~30분 정도의 지속성
- 다운버스트(downburst), 작은 우박, 굵은 비, 약한 토네이도
- 예측이 다소 어려움
- 일반 공공 위험성은 약하지만, 항공기 운항에는 "중간-높은" 위험성 존재

(2) 다세포 뇌우군(multicell cluster)

다세포 뇌우군은 여러 개의 단세포(single cell) 뇌우가 함께 어우러져 발생한 뇌우로 가장 일반적인 형태의 뇌우이다. 다세포 뇌우군을 구성하고 있는 각 단세포는 각각의 생성과 소멸 과정을 유지하고 있다. 뇌우가 이동하는 앞부분에서 새로운 세포가 생성되고 중심부에서는 성숙 단계(mature stage)의 세포가 그리고 뒷부분에서는 소멸 단계에 있는 뇌우가 위치하는 것이 일반적이다. 다세포 뇌우군의 특징은 단시간에 많은 비를 내릴 수 있는 거대한 비구름을 포함하고 있어 이로 인한 돌발홍수(flash flood)가 발생할 수 있다.

- 다운버스트, 보통(moderate) 우박, 돌발홍수(flush flood), 약한 토네이도
- 단세포 뇌우보다 예측 가능성 큼
- 보통 정도의 공공 위험성, 항공기 운항에는 중간-높은 위험성 존재

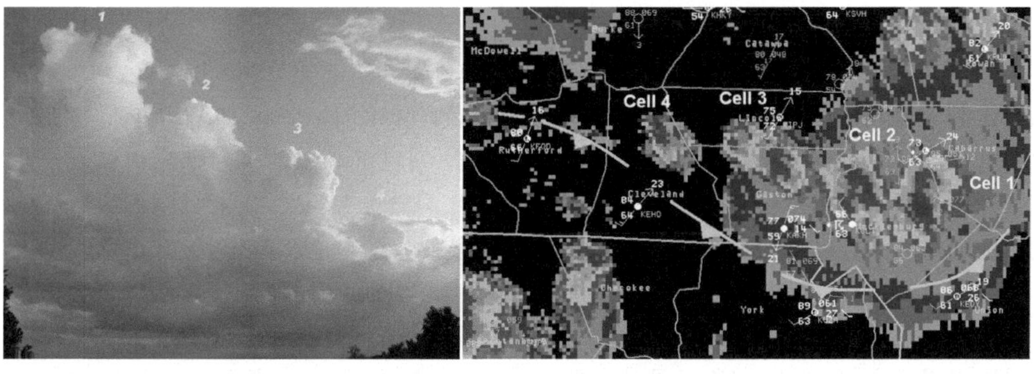

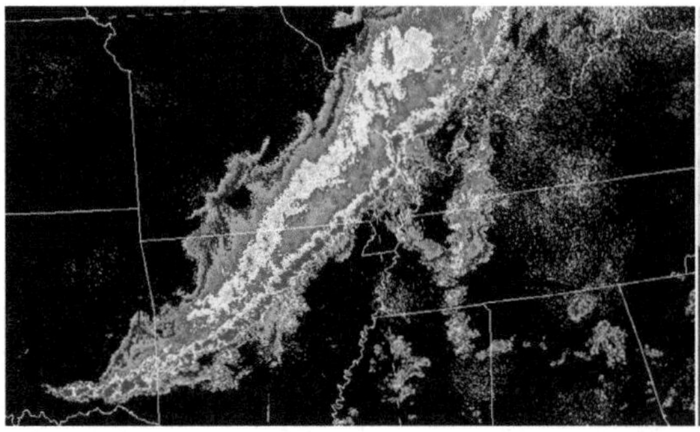

(3) 다세포 뇌우선(multicell line) 또는 스콜라인(squall line)

여러 개의 세포가 평행으로 일련의 선을 형성하고 있는 형태의 뇌우를 다세포 뇌우선이라 하고 스콜라인(squall line)으로 잘 알려져 있다. 기존에 스콜라인은 한랭전선의 앞부분(ahead) 또는 한랭전선을 따라서 형성된 심한뇌우의 선으로 정의됐다. 스콜라인이 진행하는 앞부분(leading edge)에서 돌풍전선(gust front)이 형성되고 때로는 거대한 구름 둑(cloud bank)과 같이 나타나기도 한다.

스콜라인에는 밀집된 수많은 상승기류와 하강기류의 쌍이 존재하고 이들 상승기류와 하강기류의 중간지대(interface)에서 가장 빈번하고 심한 악기상(severe weather)이 발생한다. 불안정 공기가 유입되면서 이동 중인 스콜라인 앞부분(leading edge)의 돌풍전선은 습하고 더운 공기를 위로 밀어 올리는 작용을 하고 뒤쪽(downwind)에서는 상승기류와 새로 발달한 상승기류가 발생한다. 반면 서늘한 하강기류(cool downdraft)는 중간층에서 지상으로 내려오면서 중간지대에 강력한 수직 윈드시어가 형성된다.

스콜라인에서 가장 위협적인 기상현상은 다운버스트(downburst)이고 때로는 골프공 크기의 우박과 돌풍토네이도(gustnados)가 발생한다. 때때로 스콜라인은 열대성 사이클론의 외측 비구름 띠(rain band) 부근에서 형성되기도 한다. 스콜라인은 자체의 외흐름(outflow)으로 추진되고 진행하는 앞부분에서 형성되는 상승기류의 지속적인 발달로 세력을 유지하는 힘이 보강된다.

기상레이더에 나타난 스콜라인의 특징은 주로 선형을 이루는 반사파(echo)로서 파동의 형태를 띠게 된다. 이를 선형 반사파 파동패턴(line echo wave pattern; LEWP)이라 한다. 레이더 화면에 나타난 LEWP는 저기압 지역의 존재를 나타내고 이는 파괴적인 바람, 거대한 우박 그리고 토네이도의 가능성을 지시한다. 레이더 화면에 나타난 전형적인 LEWP 모형에서 중간마다 뒤틀린 모양으로 나타나기도 하는데 이 지점은 중규모 저기압 지역으로 매우 강한 남서 외흐름(outflow)의 발생이 예측된다. 또한, LEWP 선상에서 적도를 향하고 있는 부분이 불룩하게 굽어지기 시작하는 데 이는 [그림9-10]과 같이 활 반사파(bow echo)를 형성하는 과정에서 나타나는 외측 흐름의 형태이다. 이 같은 만곡부의 뒤쪽에는 중규모의 고기압 지역이다. [그림9-5]

- 다운버스트, 보통 크기의 우박, 돌발홍수, 약한 토네이도
- 상승기류와 하강기류의 중간지대에서 악기상 발달
- 보통 정도의 예측 가능성
- 보통 정도의 공공 위험성, 항공기 운항에는 중간-높은 위험성 존재

(4) 슈퍼셀(supercell) 뇌우

뇌우 중에서 가장 강력하고 극심한 피해를 주는 매우 격렬한 뇌우이다. 심한뇌우(severe thunderstorm)는 시속 93km/h(50knots, 58mph) 이상의 돌풍(gust), 직경이 3/4인치 이상의 우박(hail) 또는 강력한 토네이도(tornadoes)를 동반한 뇌우이다. 비록 슈퍼셀 뇌우가 매우 드물게 발생하기는 하지만 그 피해는 막대하므로 일반 공공분야뿐만 아니라 항공기 운항의 치명적 사고의 원인이다. 슈퍼셀 뇌우와 다세포 뇌우(multicell thunderstorm)를 구분할 수 있는 가장 특이한 현상은 뇌우 내부에 존재하는 회전성 상승기류(rotational updraft)로 이는 중규모 사이클론(mesocyclone)과 비교된다. 슈퍼셀 뇌우는 일반 뇌우와 달리 강력한 상승기류로 인하여 상층부에 모루구름(anvil)을 형성한다. 이들 뇌우는 F3급 또는 그 이상의 파괴적인 토네이도를 발생하는 것으로 보아 대부분의 토네이도는 슈퍼셀 뇌우에서 발생하는 것으로 예상한다. 또한, 야구공 크기의 우박(직경 10cm), 시속 130km(80mph)를 초과하는 바람 등을 동반한다. [그림9-6]

- 강한 다운버스트, 야구공 크기의 우박, 때때로 돌발홍수, 강력한 토네이도
- 뇌우 후측방에서 상승기류와 하강기류의 중간지대에서 악기상 발달
- 높은 예측 가능성

-

• 극도의 공공 위험성, 항공기 운항-극도로 위험

■ 슈퍼셀 뇌우의 특징

① 돌출구름(overshooting top)은 슈퍼셀 뇌우의 특징 중 하나가 강력한 상승기류로 상승한 구름이 상층부에서 더 이상 수직으로 발달하지 못하고 수평으로 확산하면서 모루(anvil) 모양의 구름이 형성된다. 그러나 때때로 강력한 상승기류가 [그림9-6]과 같이 모루구름을 뚫고 마치 돔(dome) 모양의 구름이 형성되는 것을 관찰할 수 있다.

② 무강수 하단(precipitation-free base)은 거대한 적운형 구름이 형성되었다 할지라도 뇌우의 어느 한 지역에는 비가 내리지 않는(no precipitation) 지역이 존재한다. 이를 무강수 하단이라 하고 [그림9-6]과 같이 공기의 주요 유입지역(main inflow)과 주요 상승기류(main updraft)가 존재하는 지역에서 이 같은 현상이 발생할 수 있다.

③ 벽 구름(wall cloud)은 슈퍼셀 뇌우에서 쉽게 관측되는 특이한 형태의 구름으로 격렬하게 상승과 하강하는 것 같이 나타난다. 이들 구름은 상승기류와 하강기류의 중간지대(interface)에서 발생한다. 중간지대는 강수 지역과 무강수 지역 사이 공간이다. 벽 구름은 하강기류로부터 비가 내리면서 냉각된 공기(rain-cooled air)가 상승기류로 다시 전환되어 상승하면서 습하고 찬 공기는 급격히 포화되어 구름이 형성된다. 이 구름은 마치 무강수 지역으로부터 하강하는 것 같이 보인다. 벽 구름 주변에서 구름 조각(cloud fragments)들의 결렬한 이동이 관측된다면 이는 토네이도 구름이 형성된다는 징후이다. [그림9-8]

-

④ 마마 구름(mammatus clouds)은 모루가 형성된 구역에서 찬 공기가 하단의 더운 공기 속으로 침강할 때 뭉실뭉실한 전구 모양의 구름이 형성된다. 이 같은 마마 구름은 어느 한 측면이나 아래쪽에서 빛을 받을

때 뚜렷하게 보인다. 이 때문에 해 질 무렵이나 해돋이 직후 가장 인상적으로 보인다.

⑤ 강수 지역(precipitation area)은 슈퍼셀에서 가장 많은 강수가 존재하는 구역이다. 이 지역은 무강수 구역과 강수 구역 사이에 거대한 천정과 같은(vaulted) 특징이 관측될 때 발생한다.

⑥ 측방선(flanking line)은 다세포 뇌우군과 다른 특징 중 하나로 [그림9-6]과 같이 상승 중인 더운 공기가 주요 회전성 상승기류와 합류하면서 수직으로 확장된다. 이들 상승기류는 산발적으로 발달하기보다 뇌우 세포에 합류하여 슈퍼셀을 강하게 하는 역할을 한다.

■ 슈퍼셀 뇌우의 변종

어느 뇌우보다도 강력한 파괴력을 가진 슈퍼셀 뇌우는 기상 학계에서 집중 연구의 대상이다. 이들 뇌우는 발생지역 주변의 기상상황에 따라 모양과 크기가 매우 다르게 발생한다. 기상학에서는 슈퍼셀 뇌우를 3개의 범주(category)로 분류한다. 기본적으로 슈퍼셀 뇌우는 심한뇌우(severe thunderstorm)로 분류되고 이제까지 언급된 전형적인 슈퍼셀 뇌우 외에도 강수의 양에 따라 고강수 슈퍼셀(high precipitation; HP)과 저강수 슈퍼셀(low precipitation; LP)로 분류한다.

① 고강수(high precipitation; HP) 슈퍼셀

고강수 슈퍼셀의 특징은 매우 많은 굵은 비의 중심부(precipitation core)를 형성하고 있다. 고강수(HP) 슈퍼셀은 많은 비를 가진 중규모 사이클론(mesocyclone)이 비로 둘러싸여 있고 토네이도가 시각적으로 보이지 않을 수 있어 특히 위험한 뇌우이다. 많은 비를 내릴 수 있어 순식간에 홍수에 대한 위험과 다운버스트 및 돌풍 그리고 때때로 여러 개의 깔때기 구름(funnel clouds)을 형성하기도 한다. 우박 역시 위협적이고 항공기 및 일반 공공시설물과 농작물에 막대한 피해를 주지만 저강수(LP) 슈퍼셀과 전형적인 슈퍼셀에서 발생하는 우박(hail)보다 잠재적 위험성은 낮다. HP 슈퍼셀에서 발생하는 번개(lightning)는 그 어느 뇌우보다도 발생 빈도가 높으며 구름과 구름 사이 또는 구름과 지표면 사이에 발생한다.

• 큰 우박
• 약한 토네이도
• 강한 다운버스트
• 국지적 돌발홍수 가능성
• 전형적인 악기상은 뇌우의 전방 측방선(flank line)에서 발생

② 저강수(low precipitation; LP) 슈퍼셀

저강수(LP) 슈퍼셀은 고강수(HP) 슈퍼셀과 달리 수분을 많이 함유하고 있지 않은 것이 특징이다. 구름 속에서 레이더 전파를 반사할 수 있을 만큼의 굵은 강수(heavy precipitation)가 존재하지 않기 때문에 실제 토네이도가 발생하고 있음에도 불구하고 이를 효과적으로 예측할 수 없는 것은 이 같은 이유 때문이다. 그런데도 이들 LP 슈퍼셀이 발달하고 있는 것을 육안으로 쉽게 관찰할 수 있는 것은 일반 슈퍼셀 뇌우와 달리 상승기류의 하단에서 줄 모양으로 조각

-

해 놓은 듯한 구름 또는 나선 모양의 구름이 형성되는 것을 쉽게 관찰할 수 있기 때문이다. LP 슈퍼셀에서 발생하는 번개는 주로 구름과 구름 사이에 형성되는 것이 일반적이고 구름과 지표면 사이에는 거의 발생하지 않는다. LP 슈퍼셀은 큰 우박, 깔때기 구름, 벽 구름, 약한 토네이도가 발생하지만 때로는 강한 토네이도가 발생하기도 한다.

- 큰 우박
- 약한(때로는 강한) 토네이도
- 약한-중간 다운버스트
- 전형적인 악기상은 뇌우의 후방 측방선(flank line)에서 발생

[주137] 공간적 규모(scale)

- *초대규모(mega): 10,000km 이상의 지구적 개념(global)*
- *대규모(macro); 100km-10,000km의 대륙적 개념(continental)*
- *중규모(meso); 1km-100km의 지역적 개념(regional)*
- *소규모(micro); 1m-1km의 국지적 개념(local)*

9.1.4 돌풍토네이도

일반적으로 슈퍼셀(supercell) 뇌우의 앞부분에서 일반적으로 발생하는 돌풍과 달리 토네이도와 유사한 형태의 돌풍(gust)이 형성되고 있는 것이 관측되었다. 돌풍의 특성과 토네이도 특성의 일부를 갖고 있다는 데서 이 둘의 합성어로 거스트나도(gustnado) 또는 돌풍토네이도라 한다. 돌풍토네이도가 토네이도와 다른 점은 [그림9-9]와 같이 지표면에서 형성된 회전성 구름이 뇌우 구름의 하단까지 확장되어 있지 않다는 점이다.

거스트나도의 평균 지속 시간은 수초에서 수분에 불과하지만, 풍속은 F0 또는 F1 등급에 해당할 정도로 강하다. 실제 거스트나도를 정의하는 데 있어서 선풍(whirlwinds)이라고 볼 수 있는 데 이는 바람이 거의 없는 매우 무덥고 뜨거운 날에 지표층이 극도로 가열되면서 형성하는 소용돌이 운동(vorticity)으로 인한 돌풍이다. 돌풍토네이도는 심한뇌우에서 빈번하게 발생하고 촉발될 수 있는 요인은 돌풍전선(gust front)이다. 돌풍전선에서 서늘한 공기는 중규모의 한랭전선(mesoscale cold front)과 같이 작용한다. 이 공기가 더운 공기 밑으로 파고들면서 위로 밀어 올려 발생하는 난기류의 상호작용(turbulent interaction)을

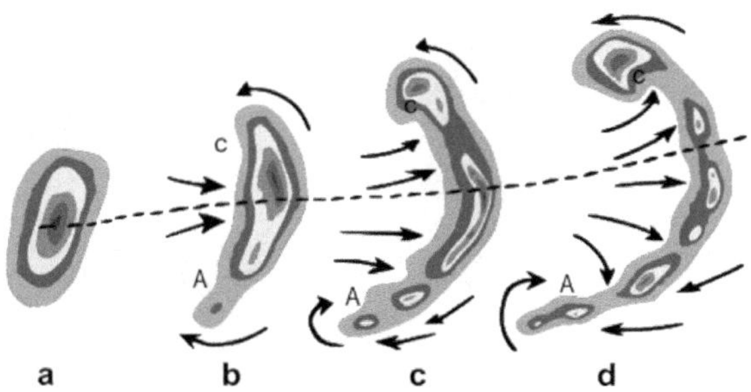

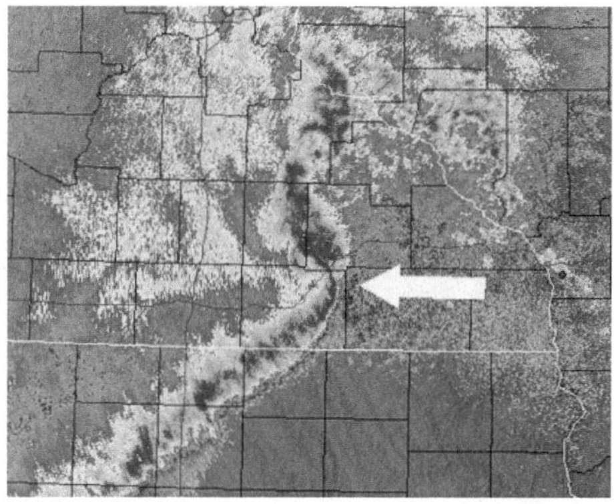

-

형성한다. 이 상호작용으로부터 발생한 마찰은 공기를 회전시키면서 수직으로 상승하거나 소용돌이 현상을 일으키는 데 여기서 수직으로 상승하는 회전성 공기를 돌풍토네이도로 분류한다.

9.1.5 활 반사파

기상레이더에 나타난 뇌우 구름을 추적하는 과정에서 강력한 다운버스트를 유발하는 강수의 반사파(echoes) 형태가 마치 활(bow) 모양으로 발달하면서 콤마 반사파(comma echo)로 변형되어가는 것이 관측되었다. 활 반사파는 큰 피해를 주는 초강력 바람을 일으키는 중규모의 대류 활동(mesoscale convective system)으로 나타나는 것으로 알려져 있다. 활 반사파는 스콜라인 또는 대류성 뇌우의 선과 관련이 있고 대략적인 규모는 작게는 20km에서 크게는 200km까지 확장된다. 이들 활 반사파의 수명은 대략 3~6시간 정도 지속한다. 이 같은 활 반사파로 인해서 발생하는 바람은 스콜라인보다 약하지만, 특히 강력한 강도의 활 반사파는 파괴적인 다운버스트를 형성한다. 활 반사파는 대기의 2~3km 상공에 윈드시어가 존재할 때 발생한다. 이를 위해서 제트기류의 뒤쪽에서 강력하게 위로 밀어 올리는 후방 유입(rear inflow)이 요구된다.

지표면에서는 상층부와 같은 중규모 고기압(mesohigh)이 형성되어야 하고 중간층에서는 제트기류에 더욱 강력하게 힘을 부여할 수 있는 중규모 저기압(mesolow)이 발달한다. 이 같은 현상은 뇌우 내에서 활발한 대류 현상에 의한 활동으로 가능하다. 후방에서는 강력하게 상승한 공기가 앞쪽으로 이동하여 대류의 끝단에 도달하자마자 제트기류는 강한 하강기류를 형성한다. 지표면에 부딪힌 하강기류는 확산하면서 직선풍(straight-line wind)을 일으킨다. [그림9-10]은 활 반사파의 생성과 다운버스트의 이동 경로를 잘 보여 주고 있다.

초기 레이더 화면에 나타난 뇌우 반사파(thunderstorm echo)가 이동하면서 대류 현상으로 인하여 유입되는 강력한 후방 유입(rear inflow)으로부터 중앙 앞으로 돌출되기 시작하고

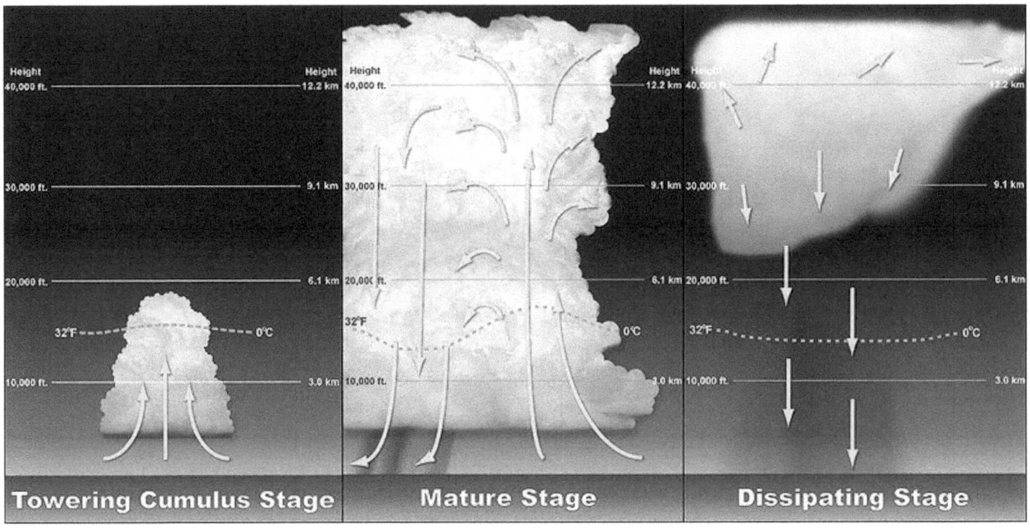

양 끝단과 이동 경로 선상의 변화가 발생한다. 이 과정에서 더욱 강력하게 발달한 후방 유입이 중앙의 그림과 같이 활 모양으로 휘게 한다. 활 모양으로 휘어지면서 양 끝의 흐름이 다시 안쪽으로 유입되면서 후방 유입(rear inflow)에 가세한다. 결국, 더욱 강력해진 중앙 부분과 양 끝단이 분리되는 과정에서 양 끝에서는 콤마 모양의 구름이 형성되고 이를 콤마 반사파(comma echo)라 한다.

활 반사파의 위쪽에서는 사이클론 흐름(cyclonic flow)이 그리고 아래쪽에서는 안티-사이클론 흐름(anticyclonic flow)이 형성되는 것을 관찰할 수 있다. 여기에 전향력이 부가된다면 위쪽의 사이클론 흐름은 더욱 강해지고 아래쪽의 안티-사이클론 흐름은 약해지는 특성을 보인다. 파괴적인 직선풍(straight-in wind)은 활 반사파의 중앙 부근에서 발생한다. 그림에서 점선으로 표시된 것이 다운버스트의 이동 경로이다. 활 반사파가 활성 중일 때 발생하는 최대 풍속은 시속 160km(100mph)에 달하고 이동 경로를 중심으로 상당한 거리까지 피해를 준다. 최근 연구 자료에 따르면 활 반사파의 활성은 토네이도가 발생할 수 있는 양호한 조건을 형성하는 것으로 보고되고 있다.

9.1.6 뇌우의 발생과 소멸

(1) 적운 단계(cumulus stage)

뇌우가 발달하기 위해서는 많은 구름이 필요하다. 적운 단계에서는 [그림9-11]과 같이 지표면의 가열로 지속적인 상승기류를 형성하는 것이 특징이다. 대부분의 적운이 뇌우로 발달하지 않지만 모든 뇌우는 적운(cumulus)에서 시작된다. 습한 공기가 상승하여 이슬점 기온에 도달할 때 수증기는 냉각되어 구름을 형성하는 작은 물방울이나 빙정(ice crystals)으로 응축

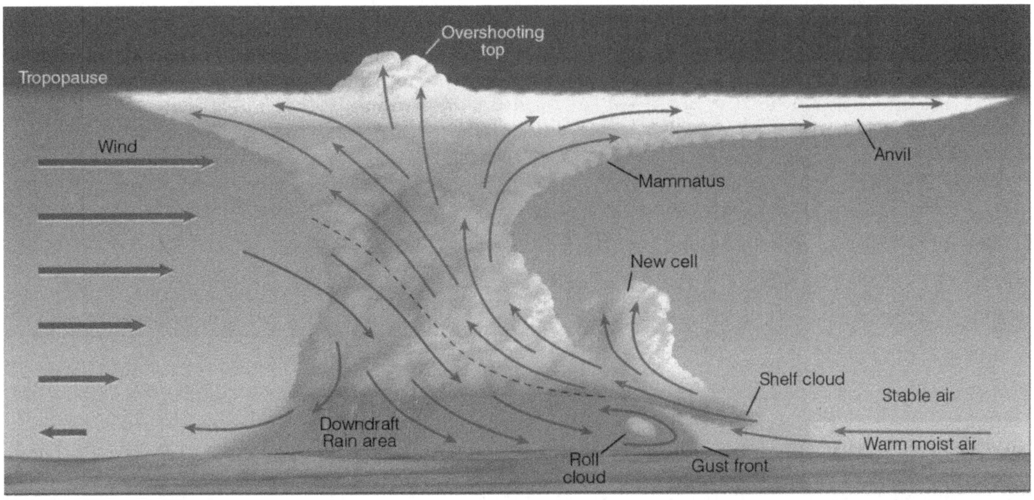

된다. 응축 과정에서 거대한 잠열(latent heat)이 발생하고, 이 잠열로 인해서 구름 내부의 기온은 주변 기온보다 높아서 구름 내부의 냉각이 지연되고 구름이 계속해서 수직으로 발달할 수 있는 에너지를 제공한다. 이 과정에서 강수(작은 물방울)는 강력한 상승기류에 의해서 지상으로 떨어지지 않고 더 높은 고도로 상승과 하강을 거듭하면서 강수의 크기가 증가한다. 적운 단계에서 이 같은 강력한 상승기류는 분당 3,000피트를 초과하고 지표면에서부터 운정까지 확장된다. 적운 단계는 통상 10~20분 정도 지속한 후 성숙 단계로 접어든다. [그림9-11]의 왼쪽은 뇌우의 적운 단계를 보여 주고 있으며 화살표의 방향은 기류의 이동 방향을 나타낸다.

(2) 성숙 단계(mature stage)

적운 단계의 강한 상승기류로 커진 물방울은 상승기류가 계속 증가하여 분당 6,000피트를 초과할지라도 너무 크고 무거워서 지상으로 떨어지기 시작한다. [그림9-11]의 중앙 그림은 뇌우의 성숙 단계에서 기류의 운동을 보여 주고 있으며, 구름 속에서 수많은 강수가 하강하면서 공기의 흐름을 바꾸어 강력한 하강기류를 발생시킨다. 여기서 강수(precipitation)가 시작되는 시기를 뇌우의 성숙 단계로 판단하고 이 단계에서 뇌우는 최대 강도에 도달한다. 하강기류(downdraft)는 분당 2,500피트를 초과하며 지면에 부딪쳐 분산되면서 강한 돌풍(gusty wind), 급격한 기온 강하, 기압의 급상승 그리고 난기류를 발생한다. 성숙 단계에서 강력한 상승기류와 하강기류가 인접해 있을 때 매우 강한 윈드시어와 난기류를 형성한다. 난기류의 강도는 이들 두 기류의 차에 달려 있고 뇌우 구름 속에서 가장 강력한 난기류가 발생한다.

찬 하강풍이 구름 하단으로부터 하강하여 지표면에 접근해서는 방향이 바뀌어 수평으로 분산되면서 [그림9-12]와 같이 하강기류와 주변 공기 사이에 윈드시어 지대(shear zone)를 형성하고 여기서 지표면 저고도 난기류(low-level turbulence)가 발생한다. 뇌우 내부의 한랭 공기의 흐름은 마치 소규모 한랭전선과 같이 주변의 온난 공기와 단절된다. 윈드시어

지대에서는 돌풍과 난기류가 발생하는 것은 물론이고 이 같은 난기류가 뇌우 자체 지역만으로 한정되지 않고 수 마일 지역까지 확장된다.

하강기류의 앞부분(leading edge)에서는 스콜(squall)이나 돌풍(gust)이 존재하는 돌풍전선(gust front)이 형성된다. 뇌우가 진행할 때 저고도에서는 구름의 앞부분에서 회전하면서 난기류(turbulent)를 내포한 원형 형태의 구름을 형성하는데 이를 두루마리 구름(roll cloud)이라 한다. 윈드시어 지역은 뇌우의 바로 아래뿐만 아니라 어느 측면에서도 발생한다. 성숙단계의 뇌우는 약 20~40분 정도 지속하고 상승기류와 하강기류 그리고 강수로 식별된다. 가끔 강수가 지표면에 도달하기 전에 증발할 수가 있는데 이를 꼬리구름(virga)이라 한다.

(3) 소멸 단계(dissipating stage)

성숙 과정이 진행되면서 상층부의 더 많은 공기가 하강기류에 합류하고 결국 뇌우의 내부에서는 하강기류가 우세해지고 상승기류는 상대적으로 약해진다. [그림9-11]의 오른쪽 그림은 뇌우의 소멸 단계를 보여 주고 있으며 하강기류 뚜렷하게 발달한다. 뇌우가 계속 존재하기 위해서는 상승기류에 의한 응축과 잠열의 발생이 요구되지만, 상승기류의 약화시키는 뇌우 자체를 약화하는 결과가 된다. 이 과정에서 때로는 상층부의 바람이 구름의 반대편으로 불어 모루 모양(anvil shape)을 형성하기도 한다. 소멸 단계의 특징은 강한 하강기류가 발생하고 강수가 그치면서 하강기류도 감소하고 뇌우도 점차 소멸한다.

9.2 천둥과 번개

9.2.1 번개와 비행

천둥과 번개(thunder and lightning)는 뇌우가 동반하는 악기상의 하나이다. 현대 과학으로도 천둥과 번개가 발생하는 정확한 원인에 대해서 명확하게 규명되지 못한 것이 사실이다. 천둥과 번개는 동시에 발생한다. 동서고금 천둥은 신의 노여움으로 여겨져 왔다. 과학의 발달로 거대한 구름 속의 양전기와 음전기의 충돌에 의한 방전 현상으로 밝혀지고 있다. 천둥은

하늘이 찢어지는 듯한 엄청난 굉음이지만 이로 인해서 피해가 발생하는 것은 없다. 따라서 실제로 지구상의 물체와 생명체에 위협이 되는 것은 번개이다.

번개는 거대한 전압과 열을 갖는 일종의 전기이다. 따라서 전기의 특성을 이해한다면 번개의 특성을 이해하는 데 도움이 될 것이다. 전기는 도체(conductor)를 통해서 흐르고 항상 최단거리로 이동하려는 특성을 갖는다. 전기가 잘 통하는 물체를 도체라 하고 금(gold)이 가장 양호한 도체이다. 다음은 은(silver)이고 세 번째로 양호한 도체로는 구리(copper)로 알려져 있다. 수 세기 동안 번개를 연구하는 과정에서 번개의 이동 통로는 주변의 가장 가까운 전기 통로(electrical path)를 향한다는 사실을 알게 되었다.

실제 번개는 [그림9-14]와 같이 주변의 가장 높은 건물 또는 나무에 떨어지는 것을 알 수 있다. 건물 중에서도 가장 꼭대기에 번개가 때리는 것이 공통적인 현상임이 입증되면서 전기 통로로 피뢰용 금속 막대가 개발되었다. 번개를 피뢰침을 통해서 땅속으로 연결해 놓는다면 주변의 시설에 어떠한 영향도 없이 번개를 피할 수 있음을 알게 되었다. 공항 시설의 관제탑은 주변에 비교적 높은 건물이고 내부에는 많은 첨단 장비들을 갖추고 있다. 이들 시설 역시 번개에서 벗어날 수 없으며 이를 방지하기 위해서 피뢰침이 설치되어 있다.

그렇다면 항공기는 어떻게 번개를 피할 수 있을까? 하늘을 나는 항공기라고 해서 번개에서 벗어날 수 없다. 특히 뇌우가 발달하고 있는 대기 속을 비행할 때 항공기는 벼락을 맞을 수 있다. 지상에 있는 자동차 안이나 항공기 안에 있는 승객은 [그림9-15, 16, 20]과 같이 자동차 또는 항공기가 벼락을 맞더라도 내부에 있는 승객은 안전하다. 이는 증명한 것이 "Faraday Cage"라 하여 새장 속에 있는 새는 안전한

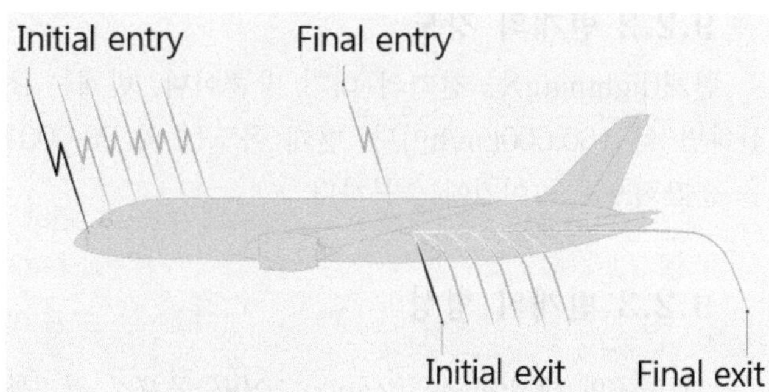

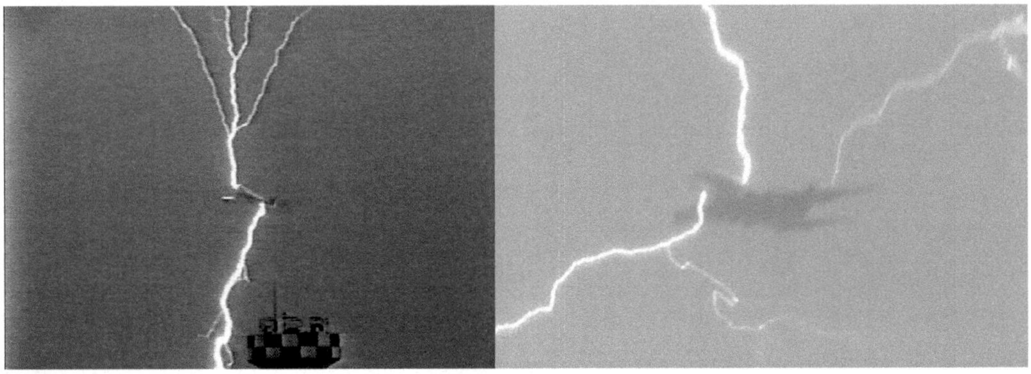

것과 같다. 자동차 내부는 각종 플라스틱과 섬유 등으로 전기가 철저히 차단되어 있다.

항공기도 마찬가지로 동체의 외피는 전도성이 양호한 알루미늄 합금으로 제작되거나 최근에는 복합소재가 활용될 때 어느 부분에 벼락을 맞더라도 이 번개가 효과적으로 이동할 수 있도록 금속 띠 등으로 보강하기도 한다. 항공기 내피는 전기가 통하지 않는 섬유 재료나 복합재료 등으로 제작되어 있어 번개로부터 철저히 보호되고 있다. 항공기를 제작하고 설계하는 과정에서부터 벼락을 맞았을 때 승객과 내부 전자장비를 철저히 보호할 수 있도록 설계되고 제작된다.

항공기가 번개를 피하는 방법은 번개가 발생할 수 있는 공역(airspace)을 피하는 것이 최상의 방책일 것이다. 그러나 이륙하거나 착륙하는 과정에서 뇌우를 통과해야 하는 상황이라면 언제든지 벼락을 맞을 수 있다. [그림9-16]은 미국국립해양대기청(NOAA)에 보고된 사진으로 이륙 직후 기수 부분에 강력한 벼락을 맞았고 그 번개는 동체를 전기 통로로 하여 꼬리부분으로 방출하는 놀라운 장관을 포착한 사진이다. 비록 강력한 벼락을 맞았지만 어떠한 피해도 발생하지 않은 것으로 보고되었다. 이같이 항공기는 번개의 이동 통로만 확보해 준다면 항공기가 벼락에 맞아도 안전하다는 것을 증명해 주고 있다.

9.2.2 번개의 강도

번개(lightning)는 전기의 대기 방출이다. 번개는 초속 45km를 이동하고 시속으로 환산하면 약 160,000km/h이다. 번개 온도는 약 28,000℃에 달하기 때문에 흙이나 모래 등을 순간적으로 녹이기에 충분하다.

9.2.3 번개의 형성

(1) 구름의 대전(electrification; *어떤 물체가 전기를 띰*)

번개는 구름과 지상의 물체에만 형성되는 것이 아니라 구름과 구름 사이에서도 매우 빈번하게 생성된다. 아직도 구름 속에서 어떻게 전하를 띠게 되는지에 대한 연구는 계속되고 있으

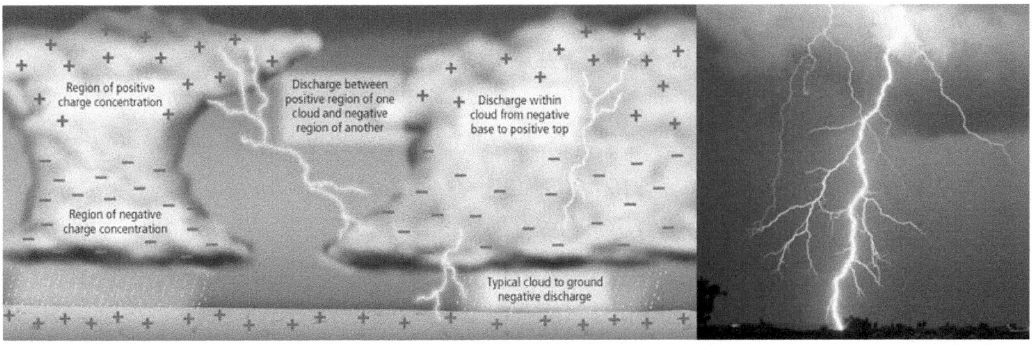

나 다음 두 이론이 일반화되어 있다.

① 분극 메커니즘 이론

분극 메커니즘 이론(polarization mechanism theory)에 따르면 얼음과 빗방울(droplets)이 대기의 자연 전기장 속으로 떨어지면서 전기적으로 양극과 음극으로 분극 된다는 것과 구름 속에서 떨어지는 얼음 입자들이 정전기 유도로 충전된다는 이론이다.

② 정전기 유도 이론

정전기 유도 이론(electrostatic induction theory)은 구름이 대전(electrification)하기 위해서는 물방울을 과냉각 기온(-10℃~ -20℃)이 존재하는 높이까지 상승시킬 수 있는 강력한 상승기류의 형성이 요구된다. 상승기류를 타고 운반된 물방울들이 빙정(ice crystals)과 충돌했을 때 얼음알갱이(graupel)라 하는 부드러운 얼음-물(soft ice-water) 혼합 강수가 형성되고 이 과정에서 잠열(latent heat)이 방출된다. 이때 얼음알갱이들의 표면 온도와 주변 빙정들 사이의 표면 온도 차이가 발생하고 이 과정에서 상대적으로 따뜻한 물체(얼음알갱이)로부터 찬 물체(빙정)로 이온의 전이가 발생한다. 결론적으로 얼음알갱이(graupel)는 음전하를 띠고 빙정은 양전하를 띤다.

구름 속에서 상승기류(updraft)는 상대적으로 가벼운 빙정들을 상층으로 운반하여 구름 상층부는 양전하가 축적된다. 반면에 상대적으로 무거운 얼음알갱이들은 구름의 중간층이나 하층에 자리 잡고 음전하가 축적된다. 이 같은 과정을 통해서 적운 구름 내부의 전하는 [그림 9-17]과 같이 상층은 양전하 그리고 중간층은 음전하 그리고 하층 역시 대체로 음전하가 위치한다. 결빙층(freezing level) 이하의 고도에서는 때때로 양전하를 띠지만 대부분은 양전하와 음전하가 혼합된 구역을 형성한다. 음전하와 양전하의 차이를 전위차(potential difference)라 하고 전위차가 발생했을 때는 높은 전하에서 낮은 전하로 이동하려는 힘을 갖게 되고 이 같은 전하의 이동을 방전(discharge)이라 한다.

[주138] 방전(discharge); 전하를 띤 물체 사이에서 기체(gas) 등의 절연체를 통해서 상대적으로 강한 전기장에서 약한 전기장으로 순간적으로 이동하여 중화하는 현상.

[주139] 천둥; 공기는 양호한 절연체이다. 번개가 지나는 통로 상의 공기가 순간적으로 엄청나게 가열되어 폭발적으로 팽창하면서 충격파를 형성하고 이로 인하여 강렬한 파열음이 발생한다.

[주140] 번개와 거리; 음속은 초당 340m이다. 따라서 1km/3초 또는 1mile/5초를 적용하여 거리를 판단한다. 일반적으로 천둥은 15마일 이상에서는 들리지 않는다.

(2) 선도 형성(leader formation)

뇌우구름(thundercloud)이 이동하면서 지표면에서는 [그림9-18]과 같이 크기는 같지만, 방향이 반대인 전하가 형성되고 구름 이동과 함께 지상의 유도 전하도 이동한다. 전기적으로 충분히 충전되고 전위차가 형성되었을 때 방전 현상이 발생한다. 전기적 방전이 일어나기 전에 구름과 구름 또는 구름과 지표면 물체의 전류가 흐를 수 있는 통로가 형성되는 과정이 존재한다는 것이 입증되었다. 예를 들어 구름과 지표면 물체 사이의 대전에서 초기 양극의 방전은 뇌우구름 속에서 음성적으로 충전된 물과 얼음의 혼합 구역에서 시작된다. 이처럼 이온화된 공기의 통로를 선도(leaders)라 하고 특히 음성적으로 충전된 선도를 계단선도(stepped leader)라 한다.

일반적으로 계단선도의 길이는 50m이고 수차례 순간 점프하여 지상으로 향한다. 이 과정에서 계단선도는 여러 개의 통로로 분산되기도 한다. 계단선도의 과정이 지상에 접근하는 데는 약 1백만분의 50초가 소요된다. 계단선도가 지속해서 발생하기 위해서는 구름 하단의 음전하가 계속 밀려와야 하고 이 같은 음전하의 쇄도 현상을 서지(surge)라 한다.

초기의 계단선도 과정에서 상대적으로 낮은 전류(수십 혹은 수백 암페어)가 흐를 수 있고 계단선도는 후속하는 번개 채널(lightning channel)보다 너무 약해서 육안으로는 보이지 않는다. 계단선도가 지면으로 계속해서 접근할 때 지상의 높은 나무 또는 건물 등의 꼭대기에서도 전기장이 증가한다. 나무 혹은 건물의 꼭대기에 충분한 전기장(electrical field)이 형성되었다면 이들 지점에서 [그림9-18]과 같이 전도성 방전(conductive discharge)이 발달할 수 있고 이를 양성 광선줄기(positive streamer)라 한다. 구름으로부터 하강하는 계단선도와 같은 역할을 하지만 더욱 가열되고 높은 전류를 지닌 선도로써 계단선도와 연결해 주는 역할을 한다. 이 같은 양성 광선줄기는 지상의 많은 물체에서 동시에 발생할 수 있지만, 오직 한 개만이 계단선도와 연결되어 주요 방전 통로(discharge path)를 형성하고 이때 매우 높은 고전류(high electrical current)가 형성된다. 고전류가 형성된 구역에서 지면으로부터 양성 광선줄기는 이 구름으로부터의 계단선도를 향하여 귀로뇌격(return stroke)이 발생하면서 번개의 가장 밝은 부분이 된다.

[주141] 이온화; 전하를 띤 물체에서 전자를 하나 혹은 두 개를 잃거나 얻을 수 있는 상태의 원자 또는 분자

(3) 방 전

방전(discharge)이 일어나기 위해서는 전하를 띤 물체(구름과 지면의 물체 또는 구름과 구름 사이)의 전기장(electric field)이 충분히 강하게 발달했을 때 전기적 방전인 번개(lightning)가 발생한다. 방전 채널(discharge channel)은 전기적 방전으로 극도로 높은 온도로 가열(superheated)시키고 이로 인하여 채널 선상에 있는 공기를 극도로 팽창(expand)하게 하는 원인이 된다. 이 공기는 천둥(thunder)으로 들리는 충격파(shock wave)를 만들어 낸다.

9.2.4 뇌우와 번개

뇌우가 발생하면 음전기와 양전기 구역이 발생하여 이들 구름이 충돌하면서 번개가 발생한다. 번개에 의한 항공기 사고는 매우 드물지만, 항공기가 벼락을 맞았을 때 항공기 표면(skin)에 구멍 나고 통신 및 무선항법장비에 영향을 줄 수 있다. 일반적으로 번개 현상에 따라 뇌우 상태를 다음과 같이 예측할 수 있다.

① 번개가 많을수록 강한 뇌우임을 나타낸다.
② 번개의 빈도가 증가하면 뇌우가 발달(growing)하고 있음을 의미한다.
③ 번개가 약해지면 뇌우는 소멸 단계에 접어들고 있음을 의미한다.
④ 야간에 멀리서 수평으로 형성된 번개 현상은 스콜라인(squall line)이 발달하고 있음을 의미한다.

9.2.5 번개로부터 항공기 보호

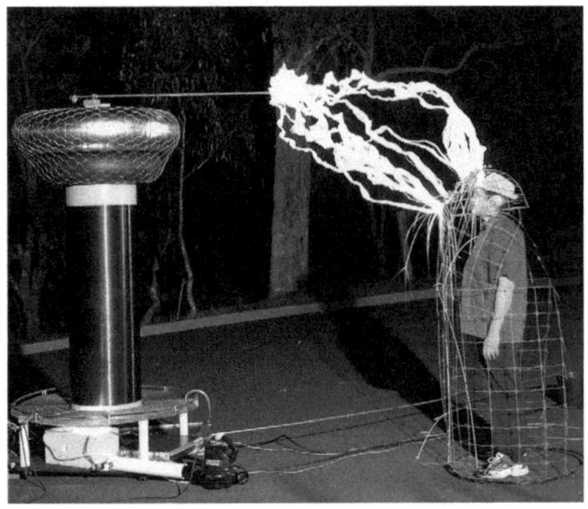

조종사 또는 운용자로서 항공기가 비행 중 벼락에 맞았을 때 안전할 수 있는가에 대한 물음일 것이다. 항공기는 비행 중 벼락을 맞아도 안전하다. 이는 [그림9-20]과 같은 패러데이 케이지(Faraday Cage) 효과에서 증명되었다. 이것은 철제 새장 속에 있는 새는 새장에 전기를 흘려보내더라도 새장 속의 새는 전기의 영향을 받지 않는다는 것을 증명한 이론이다. 지상에서 벼락의 피해를 방지하기 위해서 큰 나무 밑으로 피한다는 것은 벼락에 맞을 가능성이 크지만, 철재로 제작한 자동차 안에 있을 때 자동차에 벼락을 맞더라도 내부에 있는 사람은 안전하다. 이는 자동차 내부는 외부와 각종 절연물질로 차단되어 있으므로 안전할 수 있다. 항공기도 이처럼 동체 외부는 전기가 통하는 재질로 제작되지만, 내부는 플라스틱 또는 천연 섬유 재질로 제작되어 외부와 전기 통로를 철저히 차단하고 있어 내부의 승객은 절대적으로 안전할 수 있도록 설계되어 있다.

[주142] 번개의 발생 빈도; 대부분의 번개는 구름과 구름 사이에 발생하고 구름과 지표면 사이에는 약 20% 정도가 발생하는 것으로 알려져 있다.

9.3 토네이도

9.3.1 토네이도의 정의

토네이도는 [그림9-21]과 같이 통상 슈퍼셀(supercell) 뇌우에서 발생하는 악기상으로 거대한 적란운(cumulonimbus) 하단에서 격렬하게 회전하는 공기의 수직 운동이다. 평균 토네이도의 직경은 약 75m(250피트) 정도이고, 평균 최대풍속은 약 175 km(110 mph) 정도지만 이들이 휩쓸고 간 파괴 경로는 통상 폭이 약 1/2km에 25km 정도 이동하는 것으로 알려져 있으나 강력한 토네이도는 약 7시간 이상 소멸하지 않고 약 570km를 이동하면서 막대한 피해를 준 사례도 있다. 강력한 토네이도에서 발생하는 최대풍속은 시속 500km를 초과하기도 한다.

또한, 토네이도의 회전성은 주변과 중심 기압의 현저한 차이가 발생한다. 일반적으로 발생하는 토네이도의 중심 기압은 약 800mb(표준대기압 1013mb) 정도로 매우 낮아서 중심에 노출된 인공 시설물들이 붕괴한다. 비록 약한 등급의 토네이도라 할지라도 자연 및 인공 시설물에 막대한 피해를 주고 중심부에서 빨아들이면서 상공으로 끌어 올린 각종 비산물에 의한 피해도 발생한다. 국내에서 토네이도 발생이 보고 된 사례는 매우 드물지만, 기상이변으로 완전

히 배제할 수 없기 때문에 이들과 관련된 악기상 현상에 대한 충분한 지식을 갖추어야 한다. [그림9-21]은 영상 매체(mass media)에 잡힌 토네이도가 휩쓸고 가면서 견고한 지상 시설물뿐만 아니라 큰 나무 등도 뿌리째 뽑아버리는 위력에 항공기가 노출되었다면 지상에서나 공중에서 치명적 피해를 볼 수 있다.

9.3.2 토네이도의 생성

(1) 슈퍼셀

토네이도의 생성이 통상 슈퍼셀 뇌우 급에서 발생한다는 것은 주지의 사실이다. 슈퍼셀 내부에는 대략 2~10km 정도에 분포된 중규모 사이클론(mesocyclone)이 존재하고 여기서 발생하는 회전성 와류가 토네이도 발생의 원인이 된다. 토네이도의 발생과 성숙 그리고 소멸 과정에서 뚜렷한 기상 특성이 나타나기 때문에 비교적 식별이 쉽다. 토네이도의 초기 발생은 빠르게 증가하는 큰 빗방울(rainfall)이 성숙한 슈퍼셀 뇌우에서 발달한 후방측면 하강기류(rear flank downdraft; RFD) 속으로 끌어들이면서 시작된다. 이 과정에서 발달한 하강기류가 지상에 접근하면서 더욱 가속되고 슈퍼셀에서 발달한 회전성 중규모 사이클론을 지상으로 향하게 한다.

(2) 토네이도의 생성

중규모 사이클론(mesocyclone)이 지상으로 접근할 때 거대한 적란운 하단으로부터 응축 깔때기(condensation funnel) 모양 구름이 나타난다. 때로는 수직으로 이동하는 벽 구름(wall cloud)으로부터 응축 깔때기 구름이 발생하기도 한다. 최초 적란운 하단에서 발생한 깔때기 구름(funnel cloud)이 지상으로 확장되고 후방측면 하강기류(RFD) 역시 지상에 도달하면서 토네이도 급에 상당하는 피해를 줄 수 있을 정도의 돌풍전선(gust front)이 발생한다. 초기 단계에서 무덥고 습한 공기(warm and moist)가 지속해서 유입되면서 토네이도의 위력은 더욱 강해지고 성숙 단계(mature stage)까지 계속된다.

(3) 성숙과 소멸(mature stage and dissipating stage)

지상에 도달한 토네이도는 맹렬한 소리와 회오리바람을 일으켜 막대한 피해를 준다. 이 과정에서 RFD는 지상의 서늘한 지상풍(surface wind)과 만나면서 토네이도 주변을 감싸기 시작한다. 성숙한 토네이도가 RFD에 둘러싸이면서 토네이도의 동력이 되는 무덥고 습한 공기의 유입(inflow)이 차단되는 효과가 나타난다. 추가 동력을 상실한 토네이도는 약해지면서 지상으로부터 단절된다. 이때부터 토네이도는 마치 구름에 매달려 있는 긴 밧줄 모양이 되면서 점차 소멸한다.

9.3.3 토네이도의 변종

(1) 용오름(waterspout)

용오름은 토네이도의 한 종류로 적란운의 하단에서 발생한 깔때기 구름이 수면 위에 도달했을 때 물은 곧바로 맹렬하게 요란하며 시계반대방향으로 회전하기 시작한다. 용오름은 국내에서도 보고된 사례가 있으며 [그림9-22]와 같이 거대한 물기둥이 구름과 연결되는 장관을 연출한다.

(2) 위성 토네이도

하나의 거대한 토네이도가 발생하면 주변에서 동시에 여러 개의 소형 토네이도가 발생하고 이를 위성 토네이도(satellite tornado)라 한다. 위성 토네이도는 중심의 강력한 토네이도보다 세력은 약하지만 독립된 생성과 소멸 과정을 갖고 있다. [그림9-22]

9.3.4 토네이도의 강도

토네이도의 강도는 최대풍속과 파괴력을 기준으로 결정한다. "Fujita tornado intensity scale" 또는 "Fujita Scale"이 가장 보편적으로 알려져 있다. "Fujita Scale"에서 토네이도는 F0-F5까지 6등급으로 분류하였다. 토네이도의 발생과 규모를 연구한 결과 비교적 약한 등급(F0, F1)의 토네이도가 약 74% 정도를 차지하고 있다. 비록 약한 등급(F0, F1)의 토네이도라 할지라도 최대풍속은 시속 65~181km에 달한다. 이 정도의 풍속이라면 창문이 깨지고 나뭇가지가 부러진다. 또한, 지붕의 기왓장이나 널빤지가 날리고 운행 중인 자동차를 도로가로 밀어낼 수 있다.

통상 약한 등급의 토네이도 경로는 폭 100m 정도에 1.5 km의 길이를 휩쓸면서 1~3분 정도 지속한다. 아래 [표]에서 보는 것과 같이 강한 등급(F2, F3)의 토네이도의 최대풍속은 시속 182~332km에 달하고 상당한 피해를 주면서 발생 빈도는 약 25% 정도가 된다. 강한 등급의 토네이도는 폭 1km 정도에 100km의 길이를 휩쓸면서 2시간 이상 지속하기도 한다.

격렬한 등급(F4, F5)의 토네이도는 최대풍속이 시속 333~513km에 달하고 그 피해는 파괴적이다. F4 등급의 토네이도는 발생 빈도가 약 1%, F5 등급은 약 1/1000 정도이지만 그 파괴력은 지상의 거의 모든 인공 시설과 자연 장애물 등을 싹쓸이하는 피해를 준다.

F0	약함(weak)	65~116(40~73)	피해 약함, 가옥의 굴뚝이 파손될 수 있고, 나뭇가지가 부러지거나 창문, 광고판 등이 파손.
F1	약함(weak)	116~180(73~112)	중간 정도의 피해, 기와장이 벗겨지고, 이동식 주택이 들썩이거나 뒤집힘, 운행 중인 자동차를 도롯가로 밀어냄.
F2	강함(strong)	181~250(113~157)	상당한 피해, 지붕이 날아가고 이동식 주택이 파괴됨, 큰 나무가 뿌리째 뽑히고, 가벼운 물체들이 흩날림.
F3	강함(strong)	251~330(158~206)	피해가 심함, 견고한 건축물의 지붕과 벽이 무너짐, 기차가 전복되고 대부분 나무는 뿌리가 뽑힘, 중형 자동차가 수 미터 날려감.
F4	격렬함(violent)	331~415(207~260)	극심한 피해, 견고하게 지어진 가옥 완파, 약한 건축물은 수 미터 날려감.
F5	격렬함(violent)	416~510(261~318)	견고한 건축물 완파, 자동차는 약 100m 정도 날려감, 철근보강 구조물 심각한 파손, 싹쓸이 현상.

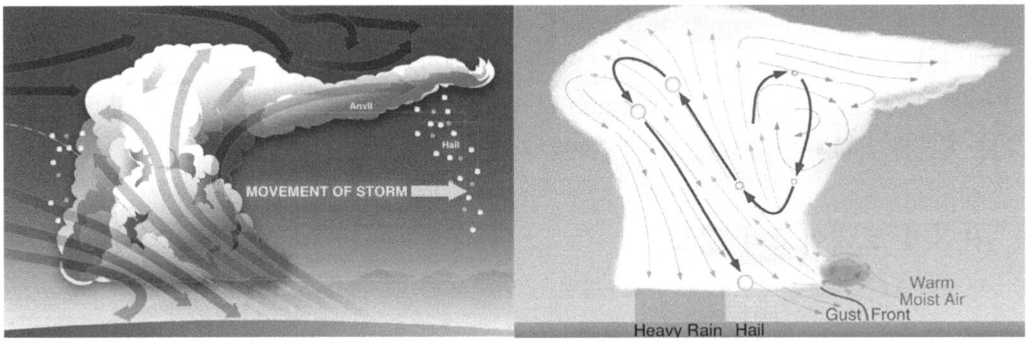

9.4 우 박

9.4.1 우박과 비행

우박(hail)은 일종의 얼음 덩어리(ice stone) 형태의 강수이다. 우박의 모양을 관찰했을 때 투명하거나 때로는 투명과 반투명이 겹쳐진 형태가 된다. 이는 구름 속에 존재하는 수분의 양과 크기에 달려 있다. 예를 들어 응결핵들이 주변의 큰 과냉각수와 부딪쳤을 때 액체가 서서히 얼기 때문에 얼음 속의 기포(bubble)가 빠져나와 투명한 우박이 형성된다. 반대로 응결핵이 미세한 과냉각수를 흡수할 때는 전체가 급속도로 얼기 때문에 얼음 속에 있는 기포가 빠져나오지 못하고 얼음층이 형성됨으로 불투명 우박이 된다. 이 같은 과정을 되풀이하면서 우박은 수 겹의 얼음층으로 형성되기도 한다. 얼음 덩어리의 직경은 5~50mm까지로 모양은 마치 콩과 같거나 작은 것은 좁쌀 크기에서부터 큰 것은 직경이 15cm에 이르는 것도 있다.

최근에 보고된 우박으로 인한 피해 중 2006년 6월에 발생한 민간 항공기가 [그림9-25]와 같이 뇌우 지역을 통과하면서 우박을 맞아 기수의 레이더 돔(radar dome)이 떨어져 나가고 윈드실드(windshield)에 심하게 금이 가면서 조종사가 앞을 볼 수 없을 정도의 악조건에서 착륙하는 사고가 발생했었다. 우박의 낙하속도는 여러 가지 변수에 따라 다르지만, 통상 큰 우박은 시속 100km 이상의 속도로 비산하는 것으로 알려졌다. (우박의 자유낙하 속도는 직경이 8cm 정도까지 지름의 제곱근에 비례하지만, 직경이 10cm 정도의 크기라면 저항이 급격히 감소하여 자유낙하 속도는 초당 100cm 이상으로 증가한다.) 이처럼 그 자체만으로도 상당한 가속도로 지상에 떨어지면서 비록 작은 우박이라 할지라도 사람과 동물(livestock) 그리고 농작물과 시설물에 상당한 피해를 주고 있다. 고속으로 비행하는 항공기에 이 같은 우박이 부딪쳤을 때 같은 크기의 우박이라 할지라도 심각한 사고로 이어질 수 있어 항공기 조종사 또는 운용자는 우박의 발생 원인과 피하는 방법에 대해서 사전에 충분한 대비를 할 수 있어야 한다.

9.4.2 우박의 생성

우박은 뇌우가 동반한 악기상의 하나로 공중에서 우박이 충분히 성장할 수 있는 조건이 형성되어야 한다. 우박은 일반 강수와 달리 무게가 무겁고 크기 때문에 공중에 떠 있을 수 있는 충분한 상승기류가 지속되어야 한다. 우박이 형성되기 위해서는 응결핵의 존재가 필요하고 이 같은 응결핵은 먼지, 벌레 또는 빙정(ice crystal) 등으로 알려져 있다. 이들 응결핵이 과냉각수(supercooled water)와 부딪치면서 얼어 우박이 된다.

구름 속에서는 수많은 과냉각 물방울을 함유하고 있고 여기서 얼음 핵은 액체 물방울들을 흡수하면서 빠르게 성장한다. 이는 얼음의 포화 수증기압이 물의 포화 수증기압보다 약간 낮기 때문이다. 이 과정에서 우박이 충분히 커졌다면 이후 계속되는 결빙 과정에서 잠열을 방출하면서 우박의 외측 얼음을 녹인다. 이처럼 우박의 외측이 녹아 액체가 됨으로써 주변의 과냉각수 외에도 작은 우박들을 쉽게 흡수할 수 있다. 이 같은 과정을 되풀이하면서 우박의 크기는 증가한다. 우박이 뇌우의 상승기류에 의해서 떠 있을 수 없을 정도로 무거워졌을 때 구름 밖으로 흩날리게 된다.

지상에 떨어진 우박을 절반으로 잘랐을 때 마치 양파와 같이 고리 모양의 원을 발견할 수 있으며 원형 고리의 수는 우박이 지상에 떨어지기 전에 뇌우의 상부까지 오르내린 횟수를 의미한다. 우박의 크기는 [그림9-24]와 같이 좁쌀 크기에서부터 테니스공만 한 것도 관측되고 있다. 초대형 우박은 1970년 9월 3일 "Coffeyville. Kansas"에서 관측된 무게 0.75kg 그리고 둘레가 14.4cm에 달하는 것으로 테니스공 크기 정도가 된다. 이 같은 초대형 우박이 공중에 떠 있기 위해서는 시속 160km(100mph) 이상의 강력한 상승기류가 존재해야 한다. 가장 작은 우박이 공중에 떠 있기 위해서는 시속 약 36km 정도의 상승기류가 있어야 한다.

9.4.3 우박의 생성 조건

우박은 강한 뇌우 속에서 발달한다. 특히 강한 상승기류, 거대한 수직 확장, 많은 수분과 큰 물방울 등은 우박을 형성할 수 있는 충분한 조건이 되고 기온이 0℃(32°F) 이하가 되어야 한다. 우박이 최대로 성장할 수 있는 기온은 -19℃(9°F)일 때이고, 대기에 과냉각수가 거의 존재하지 않는 -30℃(22°F) 이하에서는 우박의 형성이 드물다.

우박이 형성되기 위해서는 지표면 기온이 대기의 불안정성을 촉진할 수 있도록 충분히 가열되어야 하고 상층 대기에서는 얼음이 떠 있을 수 있도록 충분히 냉각되어야 한다. 이 같은 충분한 조건을 갖춘 지역은 중위도의 초여름에 우박의 발생이 가장 빈번하다. 대륙 상공에서 건조한 공기가 강한 뇌우 속으로 진입했을 때 대기 조건이 뇌우 구름의 결빙층을 낮춤으로써 우박이 더욱 커질 수 있는 증발적 냉각(evaporational cooling)이 활발해져 우박이 자주 발생할 수 있다.

그러나 열대 지역에서는 뇌우가 빈번히 발생하지만, 우박의 발생 빈도가 낮은 것은 더운 공기가 높은 고도까지 깊게 발달하여 풍부한 과냉각수가 존재할 수 없기 때문이다. 또한, 우박은 산맥을 따라서 자주 형성되는 데 이는 지형적 조건에 따라 대기가 위로 상승하려는 힘을 받고 뇌우 내에서 상승기류는 더욱 강하게 발달하여 우박의 형성을 촉진한다. 이 때문에 국내에서도 평지보다 산간 지방에서 우박으로 인한 피해가 자주 보고되는 이유이다.

뇌우 속에 더 강한 상승기류가 존재할 때 우박은 거대한 얼음공(iceball)을 형성하여 단시간 내에 항공기에 심한 피해를 준다. 우박은 뇌우의 중심으로부터 수 마일 떨어진 맑은 하늘까지도 비산한다. 뇌우는 반드시 우박을 동반한다는 사실을 인지하여야 하고 특히 거대한 적란운(cumulonimbus) 하단에서 우박의 존재를 예측할 수 있다. [그림9-23]

[주143] 우박의 생성; 강력한 상승기류, 과냉각수 존재 기온(-19℃), 증발적 냉각

9.5 기타 뇌우에 의한 악기상

(1) 스콜라인(squall lines)

스콜라인은 비전선성(non-frontal)이며 폭이 좁은 뇌우의 일종이다. 스콜라인은 통상 한랭전선(cold front) 전방의 습기가 많고 불안정한 대기 중에서 발달한다. 스콜이 발달한 좁은 선(narrow line)은 50~200마일 정도의 길이이고 지역이 매우 광범위한 악기상 상태이기 때문에 스콜라인을 우회하기가 어려워 비행에 상당한 위험을 초래할 수 있다. 스콜라인은 늦은 오후나 어두워진 후 수 시간 내에 빠르게 발달하여 최대 강도에 도달한다.

(2) 난기류(turbulence)

뇌우를 형성하는 적란운 자체가 강한 난기류를 내포하고 있음을 나타내고 빈번한 번개라든지 두루마리 구름 역시 난기류의 존재를 지시하는 징후로 활용할 수 있다. 모든 뇌우에는 극심한 난기류를 동반하고 있으며 이 같은 난기류는 항공기 주요 골격을 파손시킬 수 있다.

뇌우의 성숙 단계(mature stage)는 구름 내의 상승 및 하강기류(updraft and downdraft) 사이에 존재하는 윈드시어(wind shear)에서 가장 강력한 난기류가 존재한다. 뇌우가 발달한 지역에서 난기류는 뇌우의 중심으로부터 수천 피트 상공과 수평으로 약 20마일까지 난기류의 영향을 받는다. 비행 중 이 같은 난기류를 조우했을 때 일정한 고도를 유지하는 것이 불가능하며 항공기 자세(attitude)를 유지하려는 기동은 오히려 항공기 구조에 상당한 응력이 가해질 수 있다.

(3) 착빙(icing)

뇌우 속의 상승기류는 많은 미세한 물방울을 공중에 떠 있게 하며 이 같은 물방울을 결빙층까지 상승시켰을 때 물방울은 과냉각(supercooled)되고 과냉각된 물방울이 항공기에 부딪히면서 결빙된다. 결빙층 이상에서는 맑은 착빙(clear icing)이 발생하고 맑은 착빙은 0℃ ~ -15℃에서 매우 빠르게 형성되고 뇌우성 착빙(icing)은 매우 위험하므로 이 지역을 피해야 한다.

[주144] 두루마리 구름

① 풍하 구역에서 발생하는 소용돌이성 난기류로 인해서 발생한다.

② 산악파 사이를 흐르는 정체구름 역시 두루마리 구름의 일종이다.

(4) 저실링 및 저시정(low ceiling and low visibility)

뇌우가 발달한 지역에서는 구름의 하단(base)과 지표면 사이에 강수 및 먼지 때문에 실링 및 시정이 매우 제한된다. 또한, 뇌우성 구름 속은 시정 '0' 마일이며 극심한 난기류, 우박, 번개 등의 요인 때문에 정밀한 계기비행(instrument flying)이 불가능하다.

(5) 고도계 영향(effects of altimeters)

뇌우에 접근해갈수록 기압이 급격히 떨어지고 한랭한 하강기류(clod downdraft)나 많은 양의 강수 현상에 따라 기압은 다시 급상승한다. 이 같은 기압 변동의 주기(cycle of pressure change)는 통상 15분 간격을 두고 발생하며 고도계가 정상이라면 지시고도(indicated altitude)는 약 100피트 정도의 오차(error)가 발생할 수 있다.

9.6 뇌우 통과 비행

9.6.1 뇌우 주변 현상

뇌우는 지상 혹은 공중에서 항공기의 안전비행을 위협하는 중요 기상 요인 중 하나이다. 지상에서는 항공기의 안전비행을 위해서 기상관측소에서 수시로 제공되는 기상정보를 조종사에게 제공하여 항공기 운항에 위험을 초래할 수 있는 공역을 회피할 수 있도록 조치하여야 한다. 현대에 제작되는 대부분의 중대형 항공기는 기상레이더를 장착하여 비행 중 조우할 수 있는 악기상에 대비할 수 있도록 하고 있다.

뇌우는 어느 형태의 항공기에도 치명적인 위험을 초래할 수 있는 기상 요소이기 때문에 기상레이더 관측소 또는 공중탑재 기상레이더에 관측된 반사파(echoes)의 강도가 비록 약하게 나타날지라도 결코 가볍게 여겨서는 안 된다. 만약 이 같은 모든 시스템이 정상적으로 작동되지 않아 불가피하게 뇌우 속을 통과해야 하거나 뇌우 주변으로 비행해야 할 상황에서 조종사는 다음과 같은 사항을 철저히 준수함으로써 예상되는 피해를 방지할 수 있다. [그림 9-28]

9.6.2 뇌우 회피를 위한 권장 사항

① 접근해 오는 뇌우의 정면으로 이륙 또는 착륙하지 마라. 저고도 난기류의 급격한 돌풍전선은 조종성 상실의 원인이 된다.

② 비록 뇌우의 반대편을 육안으로 식별할 수 있다 할지라도 뇌우의 하단으로 비행을 시도하지 마라. 폭풍 하단의 난기류와 윈드시어는 파괴적이다.

③ 분산된 은폐뇌우(embedded thunderstorm)를 내포하고 있는 구름집단(cloud mass) 속으로 기상레이더 없이 비행하지 마라. 통상 은폐뇌우가 아닌 분산뇌우(scattered thunderstorm)는 시각적으로 주변을 맴돌고 있을 수 있다.

④ 뇌우 속에서 난기류의 존재를 지시하는 시각적 외형을 신뢰하지 마라.

⑤ 뇌우의 강도가 심하거나(severe) 강한 레이더 반사파로 식별된 뇌우에 대해서는 최소한 20마일 이상 회피하라. 특히 거대한 적란운의 모루(anvil) 하단에서는 20마일 이상 회피하여 비행해야 안전하다.

⑥ 예보되어 이미 알려졌거나 의심이 가는 심한뇌우의 운정(cloud top)에서는 매 10노트의 바람에 최소한 1,000피트의 고도로 통과하라. 이 경우 대부분의 항공기 고도 성능을 초과할 수 있다는 점에 유의하라.

⑦ 뇌우의 영향 범위가 6/10 이상이라면 전 지역을 우회 비행하라.

⑧ 번개의 불빛이 선명하고 빈번한 번개는 강한 뇌우의 가능성을 지시한다는 것을 기억하라.

⑨ 운정(cloud top)이 35,000피트 또는 그 이상을 지닌 뇌우는 시각적으로 확인되었거나 레이더로 탐지되었든지 극도로 위험한 것으로 간주하라.

9.6.3 뇌우 통과 전 준수사항

① 안전벨트와 어깨끈을 견고하게 착용하고, 느슨한 물건은 단단히 고정한다.

② 최소의 시간에 뇌우를 통과할 수 있도록 계획하고 항로를 유지하라.

③ 결빙층 이하 또는 -15℃ 고도층 이상의 통과 고도를 설정하여 치명적 착빙을 피하라.

④ 피토관 가열기(pitot heat)와 카뷰레터 히트(carburetor heat) 또는 제트엔진 방빙장치(anti-ice)를 작동시켰는지 확인하라. 착빙은 어느 고도에서나 급격히 형성될 수 있고 거의 동시에 동력 상실이나 지시속도를 상실할 수 있다.

⑤ 항공기 운용자 지침서에 명시된 권장 난기류 통과 속도를 위한 동력에 세팅하라.

⑥ 번개로 인한 일시적인 실명(temporary blindness)을 방지하기 위해서 조종실 실내등(cockpit lights)을 최대한 밝게 조절하라.

⑦ 자동조종(automatic pilot) 모드를 적용하고 있다면 고도 유지(altitude hold) 및 속도 유지 모드(mode)를 해제하라. 자동조종장치에 의한 조종은 항공기의 조작량을 증가시킬 수 있으므로 이로 인하여 항공기 구조적 응력(stress)을 증가시킨다.

⑧ 공중탑재 기상레이더(airborne radar)를 사용 중이라면 때때로 안테나를 상하로 기울여라. 이는 현재 비행 중인 고도에서 다른 뇌우의 활동을 탐지할 수 있게 한다.

9.6.4 뇌우 통과 중 준수사항

① 비행 중 시선은 계기에 집중하라. 조종실 외부를 바라보는 것은 번개로 인한 일시적인 실명의 위험을 증가시킨다.
② 동력 세팅을 변경하지 마라. 권장된 뇌우 통과 속도를 위한 동력을 유지하라.
③ 일정한 자세를 유지하라. 항공기가 기류를 타도록 하고 일정한 고도를 유지하려는 조작은 항공기에 가해지는 응력을 증가시키는 원인이 된다.
④ 일단 뇌우 속에 진입한 후에는 회항하지 마라. 직선 항로를 유지하는 것이 가장 빨리 위험에서 벗어나는 것이다. 이외에도 뇌우 속에서 선회 기동은 항공기 구조에 가해지는 응력(stress)을 증가시킨다.

[주145] 은폐뇌우; 거대한 적란운에 뒤에 있어 관측하기 어려우나 명백하게 존재하는 뇌우

9.7 정전기

9.7.1 정전기 개요

철제 문손잡이(door knob)를 잡으려는 순간 "따-닥"하는 강렬한 파열음과 함께 손끝에서 발생하는 전기적 충격이라든지 스웨터를 벗을 때도 동일한 형태의 전기적 소음(electrical noise)은 일상생활에서 자주 경험하게 되는 정전기의 일종이다. 플라스틱 책받침을 머리카락에 여러 차례 문지른 후 머리카락이나 바닥에 놓인 종잇조각 등에 가까이 대면 정전기로 인해서 머리카락이나 종잇조각이 따라 올라오는 것을 관찰할 수 있다. 일반적으로 전기는 도체(conductor)를 통해서 흐르는 것으로 알려졌지만, 또 다른 형태의 전기는 물체 주변에 정체되어 있고 이를 정전기(static electricity)라 한다.

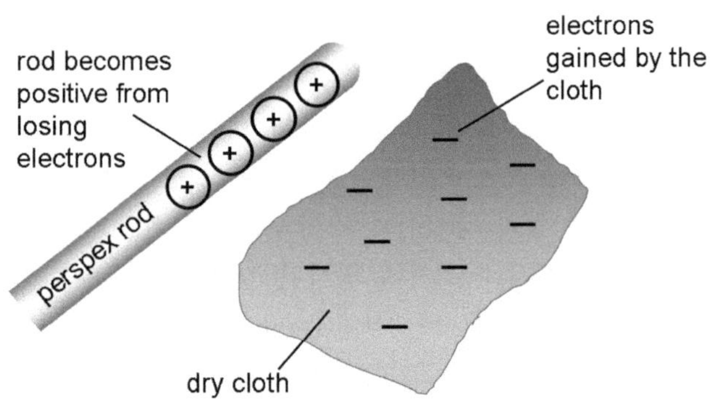

21세기 과학기술은 초대형 항공기, 우주왕복선, 초정밀 디지털 방송통신장비, 슈퍼컴퓨터 등 산업 분야뿐만 아니라 일상생활의 필수품으로 등장하면서 초정밀 제품에 대한 정전기에 관해서 주의하지 않으면 안 된다. 항공기 역시 첨단기술의 집약체로 항공기 부품의 제조, 정비, 품질관리, 운반, 운항, 연료 보급, 계류 과정 등 어느 한 부분도 정전기의 피

해 가능성이 있다.

9.7.2 정전기 발생

(1) 대전체(electrification)

일반적으로 정전기는 전도성 물체에서만 발생하는 것으로 알고 있으나 정전기는 고체, 기체 그리고 액체를 포함한 모든 물체에서 발생한다. 예를 들어 수도꼭지에서 물이 나올 때 손을 씻으려 물에 가까이 댔을 때 정전기 현상을 느낄 수 있는 것과 같이 액체 상태에도 정전기가 발생할 수 있는 사례이다. 정전기 발생의 가장 큰 원인 중 하나는 임의의 물체가 서로 상대 운동을 했을 때이다. 물체가 접촉되었거나 분리되는 과정에서 한쪽은 전자를 잃고 다른 한쪽은 전자를 얻어 각각 +, −로 대전(electrification; *어떤 물체가 전기를 띰*)한다. 보통 물체는 전기적으로 중성을 띠고 있는데, 전자의 이동으로 (+) 혹은 (−)전기를 띤 물체를 대전체라 하고, 대전체가 되는 현상을 대전이라 한다.

물질은 전기적으로 (+)를 띠는 양성자와 (−)를 띠는 전자로 구성되어 있다. 보통의 경우 전자와 양성자의 개수가 같아 중성을 띠고 있다. 그러나 전자가 외부에서 충분한 에너지를 얻으면 이동하게 되어 전기적 중성이 깨져버린다. 예를 들어 [그림9-29, 30]과 같이 에보나이트를 털가죽으로 문지르면 털가죽에 있던 전자가 운동에너지를 얻어 에보나이트로 이동한다. 결과적으로 에보나이트는 전자가 (+)전기를 띠는 양성자보다 많아져 (−)전기를 띠는 대전체가 되고, 털가죽은 전자를 잃어 (+)전기를 띠는 대전체가 된다.

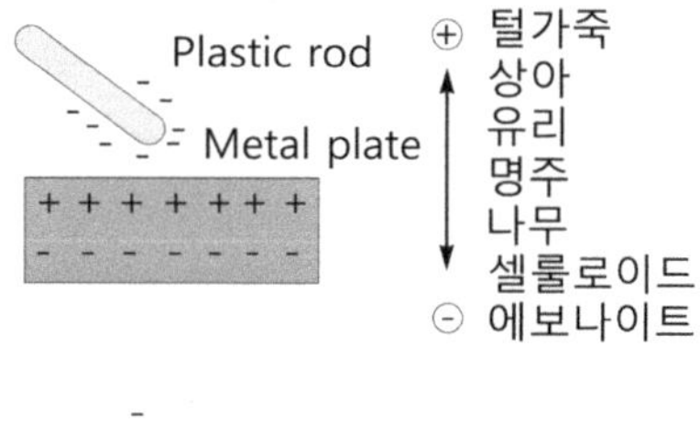

(2) 대전체의 정전기 발생 원인

앞서 언급한 것과 같이 정전기는 모든 물체에 축적되고 다양한 원인으로 발생한다. 움직임이 없이 단지 계류(parking)되어 있는 항공기에서 정전기가 발생할 수 있는가? 공기의 흐름은 항공기의 어느 부분이든지 스쳐 지나간다. 공기가 이동할 때 항공기 표면과 마찰이 발생하고 이는 접촉과 마찰에 의한 정전기가 발생할 수 있다.

[주146] 대전; 모든 물체는 음전하(전자) 혹은 양전하(원자핵)를 띠고 상호 중립 상태를 유지하고 있다. 그러나 어느 한 전하의 부족이 발생했을 때 우세한 쪽으로 전기적 성질을 띠게 되는 데 이를 대전 현상 즉, 물체가 전하를 띠게 되는 현상이다.

[주147] 전하; 전기와 동일한 개념으로 물체가 대전 되어 전기적 성질을 띠거나 전류가 흐를 수 있는 특성을 갖는 현상

① 접촉 대전

2개의 서로 다른 물체가 접촉과 분리되는 과정에서 발생하는 대전으로 [그림9-31]과 같이 접촉되었을 때 각 물체의 전하가 이동하는 현상이 발생한다. 전하의 이동은 두 번째 그림과 같이 "+, -"로 분리되어 서로 상대를 향하여 병행으로 정렬되고 이를 전기 이중 층이 형성되었다고 한다. 접촉된 물체를 분리했을 때 각각 극성이 다른 전하 즉 정전기가 발생한다.

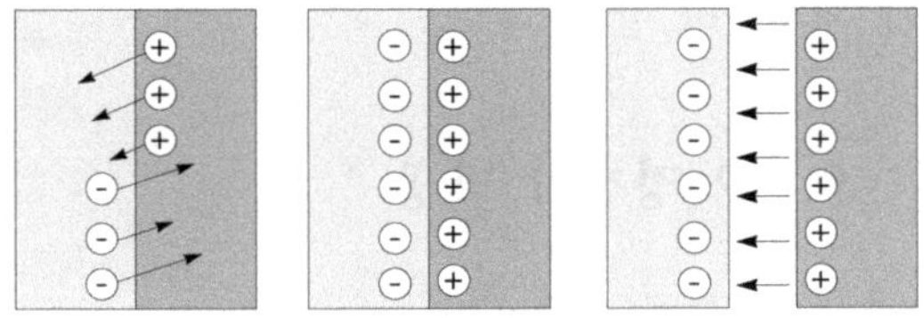

② 마찰 대전

2개의 물체가 마찰을 일으켰을 때 최초 접촉 위치가 이동하고 전하가 분리되면서 정전기가 발생한다. 고체, 액체류 또는 분체류로 인해서 발생하는 정전기 대부분은 이 같은 마찰 대전에 의한 것이다. [그림9-30]

③ 박리 대전

서로 다른 2개의 물체가 밀착된 상태에서 떨어질 때 전하 분리가 발생하여 정전기가 생성된다. 박리 대전은 밀착 면적, 밀착력 그리고 박리할 때의 속도에 따라 정전기의 발생량이 다르다.

④ 유동 대전

전형적으로 파이프 속으로 유체가 흐를 때 발생하는 정전기이다. 유체와 파이프의 접촉으로 전기 이중 층이 형성된다. 이때 전기 이중 층의 일부 전하가 유체와 함께 흐르면서 정전기가 발생한다. 이 같은 유체의 이동에 의한 정전기 양은 유체의 속도에 달려 있다.

⑤ 분출 대전

좁은 노즐을 통해서 고속으로 배출되는 가스, 물줄기, 분말 또는 스프레이 등과 같이 기체, 액체, 분체(*한 개체가 거의 같은 크기의 둘 이상의 개체로 나누어지는 것*) 등이 분출되는 과정에서 발생하는 정전기이다. 좁은 노즐을 통해서 분출될 때 개구부와 물질의 마찰로 정전기가 발생할 수 있고 분출하는 순간 미세한 입자 사이의 충돌 또는 미세한 분말 상태로 비산할 때 정전기가 더 많이 발생한다.

⑥ 기타 대전

위에서 열거한 원인 외에도 입자의 상호 충돌과정에서 정전기가 발생할 수 있고 때로는 액체의 비중이 다른 물질이 섞여 있을 때 분산과 혼합할 때 발생하는 침강 또는 부상할 때 액체 계면 사이에 전기 이중 층이 형성되어 정전기가 발생하기도 한다.

9.7.3 정전기 특성

(1) 대전 열

어느 물체든지 정전기가 발생했다면 "+" 혹은 "-"를 갖게 된다. 한 물체가 오직 한 전하만을 띠게 되는 것은 아니다. 물체가 접촉되었을 때 "+"로 대전 되기 쉬운 물체와 "-"로 대전 되기 쉬운 물체가 있다. 예를 들어 유리와 철을 마찰시켰을 때 유리는 "+"로 대전 되고 철은 "-"로 대전 된다. 이번에는 철과 테플론을 마찰시키면 철이 "+"로 대전 되고 테플론은 "-"로 대전 된다. 이처럼 대전 극성은 마찰하는 상대 물질에 따라 순위가 결정되고 이를 대전열이라 한다.

(2) 습도와 대전

정전기는 대기가 건조한 조건일 때 더 잘 발생한다. 따라서 건조한 날이 계속되는 겨울과 봄에 정전기가 많이 발생하고 습도가 높은 여름철에는 비교적 발생 정도가 낮다. 따라서 작업 환경에서도 적절한 습도를 조절함으로써 정전기의 발생을 최소화할 수 있다. 아래 [표]와 같이 상대습도(relative humidity)에 따른 대전 전위를 나타내 주고 있다.

대전체(행위)	상대습도(%) 대비 대전전위(V)			
	10%	40%	50%	60%
카펫 위를 걷는 사람	35,000	15,000	7,500	1,500
비닐 마루 위를 걷는 사람	12,000	5,000	3,000	250
일반 작업자	6,000	800	400	100

(3) 인체의 대전 전위

대전체에서 발생하는 정전기의 양은 아래 [표]와 같이 대기 조건과 물질의 종류에 따라 다양하지만 건조한 겨울철 실내에서 발생하는 정전기는 수천 볼트에서 높게는 3만 볼트 이상이 될 수도 있다. 일반적으로 3Kv 미만의 정전기는 색깔이나 냄새가 나지 않고 인체에 어떠한 영향도 감지하지 못한다. 그러나 3Kv 이상의 되었을 때 스파크 형태의 방전 현상이 일어나고 전기적 충격을 느끼게 된다. 이처럼 높은 전압임에도 불구하고 인체에 치명적이지 못하는 이유는 전류가 수 마이크로 암페어(micro ampere; μA)에 불과하기 때문이다. 이를 가정용 전기와 단순 비교했을 때 가정용 전기는 220V지만 전류는 수십 암페어로 정전기보다 수천 배 높으므로 접촉했을 때 인체에 치명적일 수 있다.

대전 전위	인체에 느끼는 감각	방전 현상
1 kv	전혀 감지하지 못함	
2 kv	손가락 끝으로 약하게 감지하지만, 통증은 없음	약한 방전 발생 감지
3 kv	따끔한 통증을 느낌	방전 현상을 관찰할 수 있음
5 kv	손바닥에서 팔꿈치까지 전기적 충격으로 통증을 느낌	방전 발광 시간이 증가
8 kv	손바닥에서 팔꿈치까지 저리는 듯한 통증을 느낌	
10 kv	손 전체의 통증과 전기가 흐르는 듯한 것을 느낌	
12 kv	강력한 전기적 충격으로 손 전체를 강타한 통증을 느낌	

(4) 정전기 유발 요인과 행동

정전기는 인간 활동의 모든 영역에 존재한다. 항공기의 동체뿐만 아니라 내부의 시설에서도 얼마든지 정전기가 발생할 수 있는 조건이 조성되고 있다. 다음은 조종사와 정비사 그리고 실내외에서 활동하는 모든 항공종사자의 어떠한 행동을 했을 때 정전기의 발생이 유발될 수 있는지에 대한 연구결과는 아래 [표]와 같다.

항공기 정비공장에서 작업 중인 정비사의 예를 들어보자. 정비사가 작업장으로 이동하기 전에 작업복으로 갈아입는 과정에서 정전기가 발생하고 작업장으로 이동하기 위해서 걷는 동작에서도 정전기는 축적된다. 작업자의 바닥, 정비를 위한 각종 공구, 작업대의 재질이나 표면 상태 그리고 제품을 포장하고 있는 각종 포장재에서도 정전기가 발생하고 있다. 이 같은 정전기 유발 요인을 정전기원이라 한다.

정전기원	정전기를 유발하는 물질이나 행위
작업자	걷는 행위 의자를 밀거나 의자에서 일어나는 행위 작업복을 입거나 벗는 동작
작업복, 의복	일반 의복, 합성섬유로 제조된 모든 제품 합성섬유로 제조된 비전도성 작업 신발
작업용 의자	비닐을 씌워 놓았거나 fiberglass, 니스, 래커, 폴리우레탄 코팅 처리했거나 왁스로 처리한 의자
작업대	플라스틱 비닐을 씌웠거나 니스, 래커, 왁스로 표면 처리한 제품
바닥	비닐 처리한 것, 니스 등으로 표면 처리한 것, 콘크리트 바닥, 일반 에폭시 또는 우레탄으로 표면 처리한 바닥
포장재	일반 플라스틱 제품, 일반 거품 팩, 스티로폼 제품
공구	손잡이가 플라스틱으로 코팅된 일반 공구, 배관이나 건조를 위한 가열기, 모 혹은 합성섬유로 된 솔 제품
공장 및 공정	드라이 오븐, 사출기, 항온조, 납땜 도구, 전자복사기, 컨베이어벨트, 스프레이 코팅, 청소기, 페인트 및 냉각용 스프레이

9.7.4 정전기 방지

정전기가 발생하여 물체에 축적된 상태에서는 위험성이 없다. 그러나 두 대전체가 접촉되어 방전 현상으로 인하여 불꽃이 발생했을 때 가연 물질에 불붙어 화재 또는 폭발이 발생할 수 있다. 정전기를 방지하는 가장 좋은 방법은 대전체를 접지(ground)시켜 축적된 정전기를 땅으로 흘려보내는 것이다. 항공기를 격납고 또는 계류장 등에 계류시켰을 때도 정전기의 축적을 방지하기 위해서 지정된 장소에 접지시켜야 한다. 특히 가연성 유증기(fume)가 발생할 수 있는 연료 보급 과정에서 접지는 필수이다. 일상생활에서 정전기를 방지하는 방법으로는 천연소재로 제조된 카펫 사용, 문의 금속 손잡이에 천연 섬유를 씌워 두는 방법, 컴퓨터와 같은 정밀장비는 볼트(bolts) 등이 접지 역할을 할 수 있도록 고안되어 있다. 이외에도 철제 문

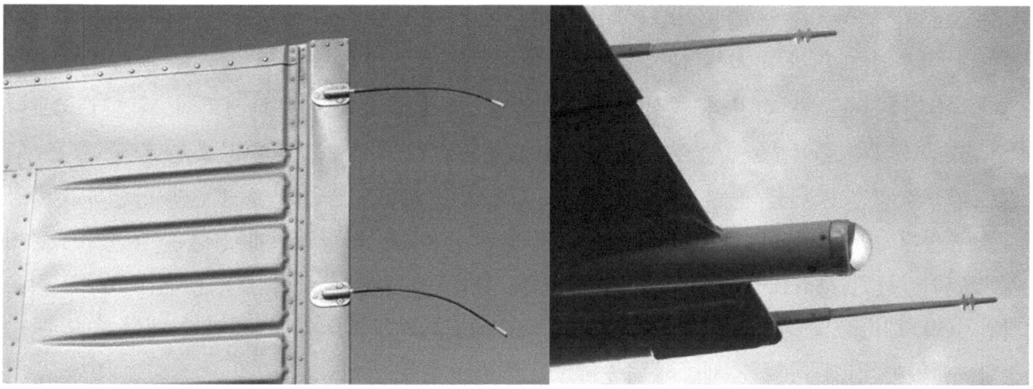

손잡이를 잡거나 할 때 물체를 만지기 전 손에 입김을 불어 습기를 높이는 방법으로 정전기를 최소화할 수 있다.

9.7.5 정전기 방전 심지

항공기 운항 중에 공기의 마찰(friction)로 인해서 발생하는 정전기의 영향을 무시할 수 없다. 비행 중에 발생하는 정전기는 통신 및 항법 무선신호를 송수신하는 데 활용되는 안테나 또는 돌출부 등에 발생하여 무선신호의 송수신에 심각한 영향을 미친다. 정전기는 건조한 대기 속에 마찰전기로 형성된 정전기가 전위차(different electrical potential)가 다른 물질에 접촉되었을 때 이를 방전하는 현상이다.

항공기는 비행 중에 공기와 마찰로 정전기가 형성된다. 공기는 잘 알려진 바와 같이 양호한 절연체(insulator)이지만 전기를 전도할 수 있는 성질은 주변의 조건(예, 습도)에 상당한 영향을 받는다. 예를 들어 공기는 고도가 높아질수록 양호한 절연체로 작용한다. 이 같은 이

유는 고도가 높아질수록 습도가 낮아지기 때문으로 저고도에서 양호한 절연 성능은 항공기 표면에 형성된 과도한 전자를 대기로 방출하지 못하고 그대로 축적된 결과를 초래하기 때문이다. 이 같은 과도한 전자의 형성은 국지적으로 공기 입자를 이온화시키게 되면서 코로나(corona; *도체에 주어지는 전압이 높아졌을 때 도체 표면과 그에 인접한 부분에 발생하는 푸른색을 띤 보라색의 방전 현상*)를 형성한다. 국지적으로 형성된 코로나는 전자를 주변에 방출하고 항공기를 충전시키면서 안테나와 같은 돌출부에 형성된다. 비행 중 항공기에 형성된 정전기는 날개의 뒷전이라든지 꼬리표면(tail surface)과 같은 날카로운 부분에 축적된다. [그림9-32]와 같은 정전기 방전기(static discharge) 또는 심지(wick)는 이렇게 축적된 정전기를 대기 속으로 방출할 수 있는 전기 통로를 제공해 주는 것으로 항공기 표면에 정전기가 축적되는 것을 방지한다.

정전기 방전 심지가 정전기를 제거하는 효과도 있지만, 항공기가 벼락을 맞았을 때 동체를 통해서 대기로 방출하는 중요한 역할을 한다. 주지하는 바와 같이 번개는 과도한 전기를 순간적으로 방출하기 때문에 정전기 방전 심지를 통과할 때 과도한 열이 발생하여 이들 심지가 타거나 녹아버릴 수 있다. 따라서 조종사와 정비사 그리고 운용자는 주기적으로 이들 정전기 방전 심지의 상태를 점검할 필요가 있고 파손되었다면 언제든지 교환해 주어야 한다.

[주148] 성엘모의 불; 지표면 근처의 전위가 증가하면 양전류는 안테나, 선박의 돛과 같은 뾰쪽한 부분으로 이동하여 번개 대신 코로나 방전이라는 연속적인 불빛을 발하게 된다.

【날씨 속담】

"해안지방에서 해륙풍이 불면 날씨는 좋고, 다른 바람이 불면 날씨는 흐려진다."

해안지방에서 해륙풍은 물과 육지의 비열 때문이고 낮에는 해풍이 그리고 밤에는 육풍이 불어야 정상이다. 그런데 해륙풍의 패턴을 밀어낼 수 있는 저기압이 접근하고 있다면 해륙풍은 정상적으로 불지 못할 것이다. 따라서 정상적인 해륙풍은 좋은 날씨를 예측할 수 있고 해륙풍의 순환을 와해시킬 수 있는 다른 바람이 형성되는 것은 날씨가 나빠질 수 있다는 것을 예측할 수 있다.

제10장 기타 악기상

10.1 난기류

10.1.1 개 요

항공기의 발달과 함께 국내 및 해외여행이 증가하고 있다. 그만큼 항공기의 이용이 일반화되었다는 것으로 이와 함께 항공기 운항에 대한 일반인의 관심도 증가하고 있다. 항공기 운항과 관련해서 자주 등장하는 용어 중 하나가 난기류(turbulence)이다. 난기류는 공기흐름이 매우 거친 상태를 의미한다. 현재 운항 중인 대형 민간 항공기조차도 매우 심한 난기류에 말려들었을 때 수십 피트 때로는 수백 피트 수직으로 떨어지기도 한다. 이 과정에서 안전벨트(seat belt)와 어깨끈(shoulder harness)을 착용하지 않은 승객이나 물건 등이 튕겨 나가 다치는 사고가 발생하기도 한다.

난기류의 존재를 육안으로 확인하기는 어렵다. [그림10-1]과 같이 공기와 유체는 성질이 유사함으로 유체를 통한 난기류의 존재와 발생을 실험해 볼 수 있다. 물이 흐르고 있는 중앙

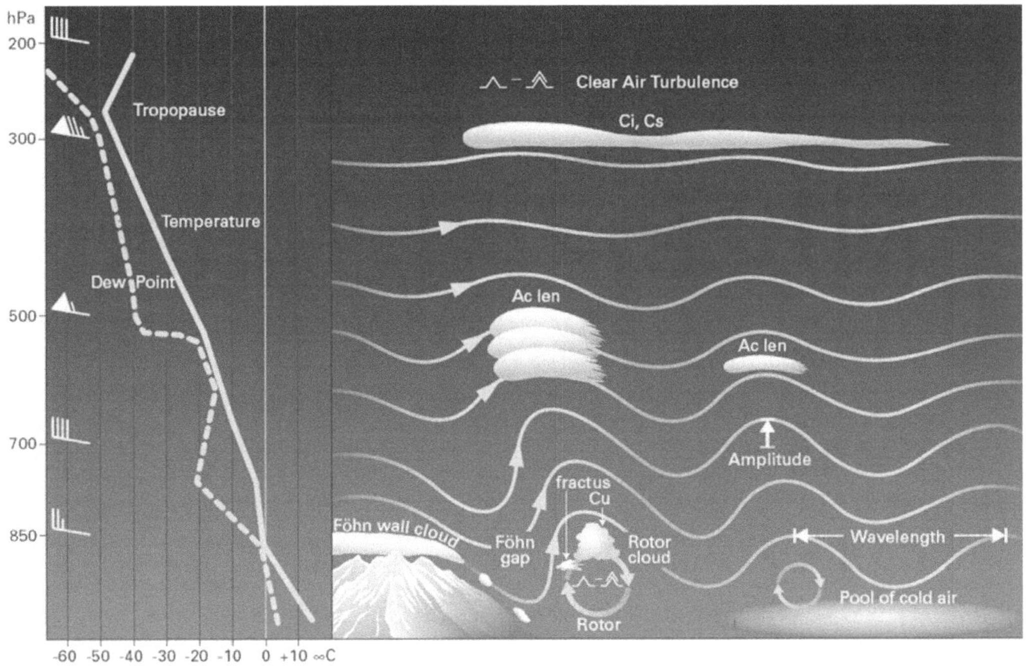

에 돌이 하나 놓여 있다고 가정했을 때 물의 흐름이 돌에 부딪히면서 돌 뒤쪽에 와류가 발생하는 것을 관찰할 수 있다. 난기류도 마찬가지로 유연한 공기흐름을 방해하는 어떠한 작용이 적용되었을 때 공기는 유연하게 흐르지 못하고 난기류가 발생한다.

대기의 난기류는 불규칙적으로 일어나는 기류의 거친 파동(rough waves)으로 발달하고 비행 중인 조종사는 시간과 장소와 관계없이 난기류에 조우할 수 있다. 이 같은 난기류는 주로 대기의 불안정 상태에서 형성된 적운 구름(cumulus clouds)으로 발달한 대류성 기류(convective currents)로 인해서 형성된다. 적운 구름의 하단이나 탑적운(towering cumulus clouds)의 경우는 심한 난기류가 예상된다. 이 중 가장 심한 난기류는 적란운(cumulonimbus clouds) 내부에서 발생하며 비행 중 심한 난기류에 조우했을 때 우선 항공기 속도를 운용자 지침서에 명시된 기동속도(maneuvering speed; V_A) 또는 그 이하의 속도로 감속시켜 항공기 날개에 작용하는 하중(G-load)을 감소시켜야 한다.

난기류는 [그림10-2]와 같이 저고도 난기류(low-level turbulence; LLT), 뇌우 내부 그리고 주변에서 발생하는 뇌우 난기류, 맑은 하늘에서 나타나는 청천난기류(clear air turbulence; CAT) 그리고 산악파 난기류(mountain wave turbulence; MWT)로 구분할 수 있다. 이 중 뇌우에서 발생하는 난기류에 대해서는 이미 다루었기 때문에 여기서는 생략한다.

비행 중 난기류를 만났을 때 조종사는 관제기관에 난기류에 대한 조종사 보고(pilot report)를 할 것을 권장하고 있다. 일반적으로 난기류의 강도는 [표]와 같이 약한 난기류(light turbulence), 중간/보통 난기류(moderate turbulence), 심함(severe turbulence) 그

강도	항공기 반응	기내 반응
Light (약함)	순간적으로 약하고 불규칙한 고도 또는 자세의 변화를 초래하는 난기류 [Light chop] 고도 또는 자세 변화 없이 약하고 빠른 그리고 약간 규칙적인 동요를 초래하는 난기류	탑승객은 안전벨트 또는 어깨끈이 약간 조이는 느낌을 받는다. 고정되지 않은 물건은 약간 이동하여 위치가 변한다. 기내식이 제공될 수 있고 보행에 지장이 없다.
Moderate (중 간)	약한 난기류와 비슷하나 강도가 더 심하다. 고도 및 자세의 변화가 발생할 수 있으나 항공기는 전 시간 확실한 조종을 유지할 수 있다. 통상 지시속도의 변화를 초래한다. [Moderate chop] 이는 light chop과 비슷하나 강도가 더 심하다. 이는 명확한 항공기 고도 또는 자세의 변화 없이 급격한 동요(bump) 또는 흔들림을 초래할 수 있다.	탑승객은 안전벨트와 어깨끈이 당겨짐을 확실하게 느낄 수 있다. 고정되지 않은 물건은 흐트러질 수 있다. 기내식사와 보행이 어렵다.
Severe (심함)	급격하고 많은 고도 및 자세의 변화를 초래하는 난기류로 지시속도의 변화가 크게 발생할 수 있다. 순간적으로 항공기 조종을 상실할 수 있다.	탑승객은 안전벨트 또는 어깨끈의 강한 힘을 받는다. 고정되지 않은 물건은 튕겨 나간다. 기내식사와 보행을 할 수 없다.
Extreme (극심함)	항공기가 급격히 튀어 오를 수 있고 실질적으로 조종불능 상태이다. 이는 항공기 구조적 파손을 초래할 수 있다.	안전벨트와 어깨끈을 착용하지 않은 승객은 튕겨 나가 심한 부상을 입을 수 있다.

리고 극심함(extreme turbulence)으로 구분한다. 난기류의 지속 시간은 비행한 시간의 1/3 미만일 때 "Occasional", 비행한 시간의 1/3~2/3일 때 "Intermittent" 그리고 비행한 시간의 2/3 이상일 때 "Continuous"로 보고한다. 관제기관에 난기류 조종사 보고를 할 때는 위치, 시간(UTC), 강도, 구름 속 또는 근처 여부, 고도, 기종 그리고 난기류 지속 시간을 포함하여 보고한다. 지속 시간은 두 지점 사이의 시간 또는 한 지점 상공에 도달하는 시간을 기초로 한다. 난기류의 강도는 위의 [표]를 참고하여야 하고 모든 위치는 쉽게 식별할 수 있어야 한다.

[예문1] ...From 30miles west of ABC VORTAC to 40miles east of DEF VORTAC, 1400z to 1430z, occasional moderate turbulence Flight Level 280, DC10...

[예문2] ...Over ABC VORTAC 1500z, moderate turbulence, in cloud, Flight Level 240, A330...

[주149] 기동속도(V_A); 난기류 속에서 항공기의 구조적 하중을 보호하기 위해서 지정된 속도

10.1.2 난기류의 원인

난기류를 형성하는 주요 원인으로는 대류성 기류(convective currents), 바람의 흐름에 대한 장애물(obstruction to wind flow), 윈드시어(wind shear) 등 다양한 원인으로 발생할 수 있지만, 항공기 운항과 관련해서 발생하는 비행난기류(wake turbulence)는 이들과 다른 범주의 난기류이다.

(1) 대류성 난기류

대류성 난기류는 통상 저고도에서 지표면의 상태에 따라 불균형 하부 가열(heating)에 의한 공기의 수직 이동으로 형성되는 대류 현상으로 발생하고 이를 열적 난기류(thermal turbulence)라고도 한다. 대류의 강도는 지표면이 가열된 정도에 따라 달라진다. 예를 들어 모래땅이나 불모지의 경우는 수면이나 식물로 덮인 지형보다 빠르게 가열된다. 따라서 불모지는 일반 지형보다 더 강한 대류가 형성된다.

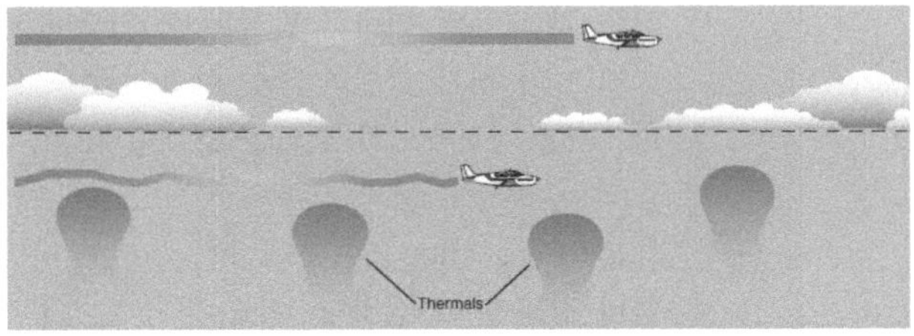

-

대류성 기류는 무더운 여름날 오후에 약한 바람(light wind)을 타고 쉽게 형성되며 대류가 일어난 곳에는 대기가 불안정해지고 대류 작용은 불안정 대기에 의해 계속되거나 가속된다. [그림10-3]은 지형의 특성에 따른 대류성 난기류의 형태를 보여 주고 있으며 대류성 난기류의 영향을 받았을 때 비행경로(flight path)는 변경될 수 있다. 공기가 습한 지역에서는 적운 구름이 형성되는 것으로 대류성 난기류의 존재를 확인할 수 있으며 대류층 상층부에서부터 시작되는 층을 캡핑 안정층(capping stable layer)이라 한다. 캡핑 안정층 상공으로 비행할 때 항공기의 동요(bump)에서 벗어날 수 있다. 일반적으로 캡핑 안정층은 지표면으로부터 수천 피트 상공의 높이로 알려져 있고 사막 지역에서 대류성 상층부는 10,000피트(AGL)를 초과할 수 있다. 캡핑 안정층은 [그림10-4]와 같이 열적 대류 현상으로 상층부로 끌어올려 진 먼지, 연무(haze) 또는 적운형 구름 등으로 식별할 수 있다.

-

(2) 지형성 난기류

지표면 가까이 있는 공기흐름이 [그림10-5]와 같이 건물, 나무, 언덕, 산과 같은 지형을 통과할 때 정상적인 수평 기류의 흐름이 흩어져 장애물 뒤쪽에 소용돌이(eddy)나 불규칙한 기류를 형성한다. 이 같은 기류의 형태를 지형성(mechanical) 난기류라 한다. 지형성 난기류의 강도는 바람 속도와 지형 불규칙 정도에 따라 달라진다. 바람 속도가 빠르거나 지형이 거칠수록 난기류의 강도는 더 심하다. 또한, 바람 강도가 강할수록 더 높은 고도까지 영향을 줄 수도 있다. 예를 들어 지표면 돌풍이 50노트 이상일 때 지표면의 영향에 의한 지형성 난기류는 약 3,000피트(AGL)까지 도달할 수 있다. 특히 공항 지역에서 지표면의 바람이 돌풍(gusty wind) 상태이면 기류는 공항 지역의 각종 시설물에 의해 더욱 불규칙적으로 형성되어 위험을 초래할 수 있다. 이 같은 현상은 항공기가 저고도 접근이나 상승할 때 돌풍(gust wind)에 의해 속도가 급속히 떨어져 실속(stall)을 유발할 수 있으므로 조종사는 돌풍 상황에서 정상 접근(approach) 속도보다 빠르게 유지하여야 돌풍의 영향을 최소화할 수 있다.

불안정 상태에서 35노트 이상의 강풍이 산 정상이나 산마루(mountain ridge)로 불 때 바람은 산 정상을 기준으로 바람이 불어가는(leeward) 지역에서 아래로 급격히 분산된다. 산악 지형에서 난기류의 강도는 산의 경사도에 달려 있다. 후사면의 경사가 클수록 발생하는 소용돌이(eddies) 역시 크게 발생한다. [그림10-6]은 산 정상을 기준으로 형성된 바람 방향을 보여 준다. 때로는 하강풍의 속도가 항공기 최대 상승률을 초과할 수 있는 속도까지 도달하여 바람 부는 반대 방향으로 비행하는 항공기에 상당한 위험을 초래할 수 있다.

(3) 산악파(mountain wave)

안정된 대기 속에서 강한 바람이 불 때 산 정상을 중심으로 풍상(windward) 쪽 바람의 흐름은 상대적으로 안정됐지만, 산을 통과한 풍하(downwind) 쪽의 기류 사이에 얇은 층(laminar)을 형성한다. 공기는 이 층 사이를 흐르는 경향이 있고 수면(water surface)에 일어나는 물결과 같은 파장(wave)이 형성된다. [그림10-2, 12]와 같이 바람이 이 파장 속을 빠르게 통과하더라도 파장은 정체 상태로 존재한다. 이 상태의 기류를 정체파(standing wave) 또는 산악파(mountain wave)라 한다. 풍속이 20노트 이상으로 보고되었을 때 산악파의 존재를 예측할 수 있어야 하고 풍하(leeward) 측에 정체되어 있고, 풍속이 40노트를 초과할 때 매우 강한 난기류를 형성한다. 산악파는 100마일 이상 확장될 수 있고, 최대 성층권 하단까지 도달

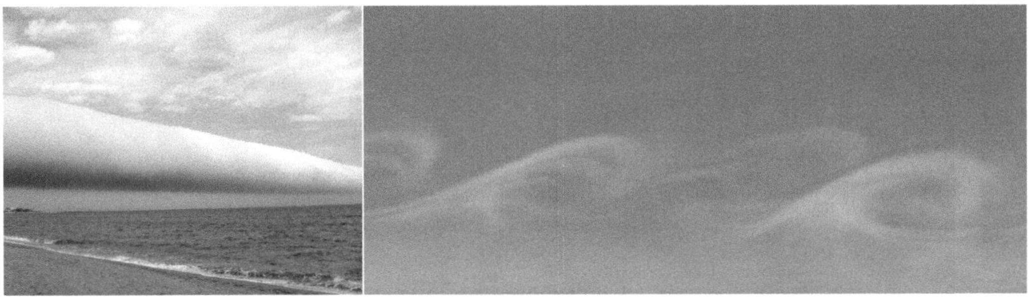

할 수 있으며 산악파의 영향을 받는 구역을 풍하파 구역(lee wave region)이라 한다. 산악 지역에 습기가 풍부할 때 [그림10-8]과 같이 산악파의 특징을 지닌 구름이 형성되는 데 파장 정상(wave crest)에는 아몬드형(almond) 혹은 렌즈형(lens shaped) 구름이 형성되고 산 정상 고도 아래에서는 회전구름 또는 말린 구름(rotor cloud or roll cloud)이 형성된다. 이들 구름 속에서 50노트 이상의 바람이 불고 있다 하더라도 구름은 정체(standing)되어 있는 것 같이 보인다. 이는 구름이 반복적으로 상승기류(updraft)로 형성되고 하강기류(downdraft)에 의해서 분산되는 과정을 되풀이하기 때문이다.

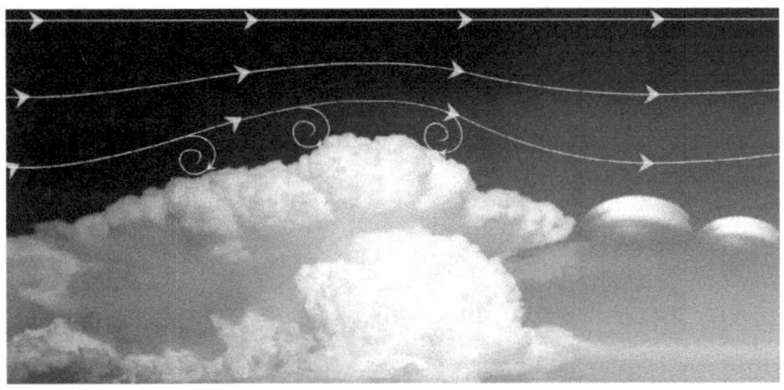

또 다른 형태의 구름은 산 정상에 형성되는 구름으로 외형이 마치 모자와 같은 모양이기 때문에 모자 구름(cap cloud)이라 한다. 때로는 모자 구름이 산 정상을 감싸기 때문에 산 정상을 육안으로 확인이 어려울 수 있다. 산악파의 가장 위험한 요소 중의 하나가 회전구름 내부와 하단의 난기류 지역이다. 산악 지역에서 풍하 측으로부터 비행해야 할 상황에서 산악파의 발생 가능성이 있다면 최소한 100NM 전방에서부터 상승을 시작하고 고도는 산 정상(peak)으로부터 최소한 3,000~5,000피트 상승하여 비행할 것을 권장하고 있다. 강한 산악파가 예상되는 상황에서 산악 지형에 접근할 때는 가급적 45° 방향으로 접근함으로써 난기류의 영향을 최소화할 수 있다. 특히 야간에 산악파가 발생할 가능성이 있는 지역 상공에서는 고도계의 변화에 주의를 기울

여야 한다. 산악파에 의한 수직 이동이 매우 강하기 때문에 상당한 고도의 변화를 초래할 수 있기 때문이다.

[주150] 산악파 난기류의 강도; 산의 경사도, 바람의 세기

(4) 저고도 기온역전(low-level temperature inversion) 난기류

기온역전은 맑은 야간에 바람이 없거나 약한 바람(wind calm or light wind)이 존재하는 기상상태에서 발생한다. 하층부는 안정되어 있으나 상층부는 기온상승으로 인하여 불안정 상태가 되어 역전층 상층부의 바람은 강하고 하층부의 바람은 잔잔한 상태에서 [그림10-10]과 같이 두 바람 사이에 윈드시어(wind shear)가 형성된다. 따라서 이륙 및 착륙할 때 저고도 역전층을 통과하는 항공기는 심한 속도의 변화를 경험하게 될 것이다. 예를 들어 무풍 상태에서 이륙 상승 중인 항공기가 기온역전층을 통과할 때 갑자기 뒷바람(tailwind)에 조우했다면 항공기 속도를 그만큼 상실하게 될 것이고 실속속도(stall speed) 근처에서 상승 중인 비행기는 실속(stall)될 수 있다. 반대로 착륙 중인 비행기가 역전층을 통과하면서 맞바람(headwind)을 상실하게 될 때도 역시 속도를 상실하게 될 것이고 실속 위험에 직면하게 된다.

특히 일출이나 일몰 직후 몇 시간 이내에 맑고 무풍(clear and wind calm) 상태에서 이륙 및 착륙을 할 때 지표면 근처에서 기온역전에 의한 난기류와 윈드시어의 영향을 고려해야 한다. 비행 전 기상 기상보고에 고도 2,000~4,000피트 사이에서 25노트 이상의 바람이 존재한다면 난기류와 윈드시어의 영향을 벗어날 수 있도록 충분한 상승 및 접근 속도의 여유를 확보해야 한다.

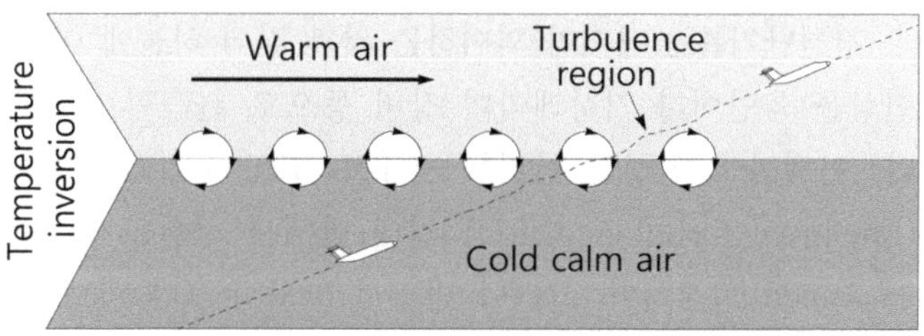

(5) 전선지대(frontal zone) 난기류

전선은 서로 다른 기상 특성이 있는 두 기단이 서로 맞닿았을 때 기상 변화가 발생한다는 것은 주지의 사실이다. 전선지대는 두 기단이 직접 접촉된 구역이다. 따라서 이 구역에서는 어느 한 기단의 특성이 나타나기보다 예측하기 어려운 다양한 기상 변화가 발생한다. 전선지대가 바로 이러한 기상 변화가 심한 구역 중 하나이다. 전선지대에서는 바람 방향과 속도의 변화가 발생하는 윈드시어(wind shear)와 함께 난기류가 발생한다.

온난전선(warm front)에서는 전선의 통과 전이 가장 치명적 시기이며 5,000피트 이하에서 전선 통과 6시간 전에 온난전선에 의한 윈드시어가 발생한다. 한랭전선(cold front)에서 바람 경계지대는 전선 통과 후에 존재한다. 한랭전선이 약 30노트 이상으로 이동할 때 5,000피트에서 바람 경계지대는 전선 통과 후 3시간 정도에 형성된다. 이 같은 전선성 바람 경계지대는 온난전선보다 한랭전선이 더 강하게 발달한다. 일반적으로 평지에서 30노트 또는 그 이

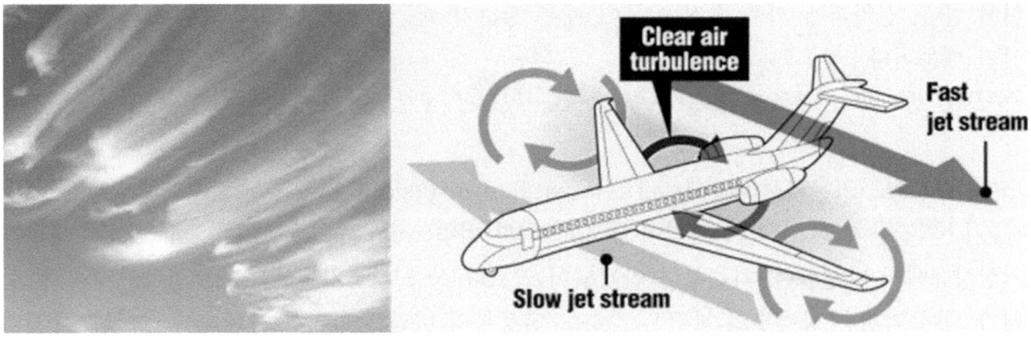

상으로 이동하는 모든 전선은 보통(moderate) 또는 그 이상의 저고도 난기류가 발생하고 산악 지형에서 모든 전선은 이동 속도와 관계없이 보통 또는 그 이상의 난기류가 발생한다.

(6) 청천난기류(clear air turbulence; CAT)

청천난기류는 용어가 의미하는 것과 같이 하늘에 어떠한 시각적 대류(visible convective) 현상을 육안이나 기상레이더 장비 등으로 관측할 수 없는 맑은 하늘에 발생하는 난기류이다. 이제까지 연구한 난기류는 주로 고도 15,000피트 이하에서 발생하는 저고도 난기류(low-level turbulence; LLT)인데 반해서 청천난기류는 고도 15,000피트 이상에서 발생하는 고고도 현상이다. 그러나 반드시 고도 15,000피트 이상에서 발생하는 것은 아니고 가끔 그 이하의 고도에서도 발생할 수 있으며 또한 반드시 구름이 없는 상태로만 제한되는 것도 아니며 비대류성 구름(nonconvective cloud)에서도 존재할 수 있다.

청천난기류의 발생 원인은 공기층의 바람 속도, 대류성 기류의 수직 이동으로 발생한다. 안정된 공기층에서 공기군의 수직 이동이 발생했을 때 대기 중력 파장(gravity waves)이 발생한다. 이 파장은 하층부에서 느리게 이동하면서 파장 상층부에 정점이 형성되고 수직 전단(vertical shear)이 더욱 커지면 하층부 파장을 덮쳐 매우 불안정 상태를 유발한다. 이처럼 반복된 현상으로 발생한 구름을 물결구름(billow cloud)이라 한다. 청천난기류는 2,000피트 미만 깊이의 엷은 층에서 수십 마일의 폭과 50마일 이상의 길이로 발생하는 경향이 있다. 또한, 경사지게 형성되어 있는 난기류 층을 항공기가 엷은 층을 교차하여 지나갈 때 발생하는 급격한 와류 속에서도 발생할 수 있다. [그림10-11]

제트기류에서 청천난기류(CAT)의 발생은 일반적인 기상현상이고 난기류의 강도는 매우 강하다. 제트기류가 형성된 지역에서 극 측면(polar side) 상층부의 바람 또는 청천난기류가 더욱 강하게 발생한다. 따라서 일기도 상으로 판단할 때 제트기류의 중심부로부터 왼쪽 하단이 최대 강도의 청천난기류를 발생한다. 깊은 저기압골(low-pressure trough)과 관련된 곡선형 제트기류에서 매우 강한 청천난기류의 존재를 예측할 수 있다. 또한, 중심부의 바람 속도가 110노트를 초과할 때 제트기류 중심의 저기압 측면에 강한 윈드시어의 존재를 예측할 수

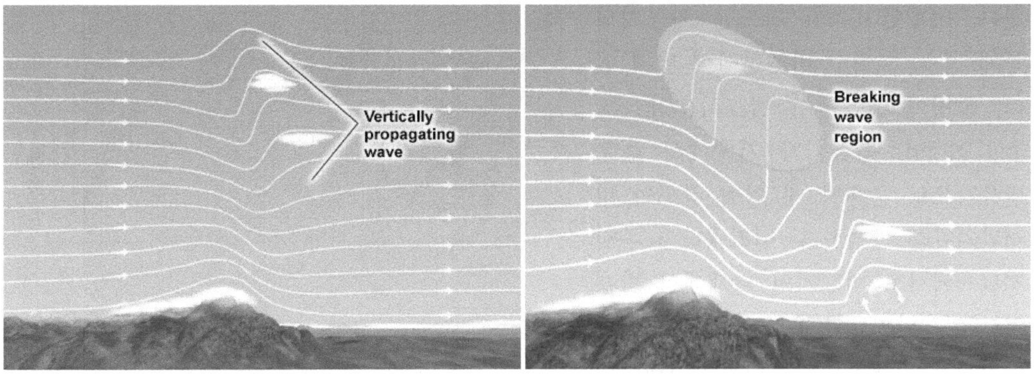

있다. 제트기류는 길게 뻗은 권운 구름의 모양이나 파도 모양의 권운으로 식별할 수 있다. 이 같은 청천난기류는 15,000피트 이상에서 운항하는 모든 항공기의 운항에 매우 심각한 영향을 줄 수 있다. 청천난기류는 맑은 하늘에서 발생하기 때문에 정확한 예보(forecast)가 사실상 어렵다. 난기류의 가장 정확한 정보는 조종사 기상보고(PIREP)를 통해서 획득 및 전파될 수 있어 모든 조종사는 청천난기류에 조우했을 때 인근 관제기관에 지정된 양식에 따라 조종사 기상보고(PIREP)를 할 것을 권장하고 있다.

[주151] 최대 청천난기류의 존재를 예상할 수 있는 기상상태는 다음과 같다.

- *제트기류의 왼쪽 하단에 최대 강도의 난기류 존재*
- *깊은 저기압골에 강한 난기류 존재*

[주152] 청천난기류 위치 식별; 난기류 조종사보고가 가장 정확한 위치와 강도에 대한 정보를 제공한다.

(7) 비행난기류(wake turbulence)

항공기가 부양하기 위해서는 양력이 발생해야 한다. 날개의 윗면과 아랫면을 통과하는 공기의 속도차로 인해서 양력이 발생하고 공기는 날개 아랫면의 높은 정압(static pressure) 지역에서 날개 끝단 근처의 날개 윗면의 낮은 정압 지역으로 분산되면서 서로 반대로 회전하는 와류(vortices)를 발생시킨다. 이를 날개끝 와류 또는 비행난기류(wingtip vortices or wake turbulence)라 하고 양력발생과 더불어 발생하고 양력이 발생하지 않으면 비행난기류도 발생하지 않고 소멸

한다. 비행난기류의 강도는 항공기의 무게, 속도 그리고 비행형상에 달려 있다. 중형이고 표면이 매끄러운(heavy and clean) 항공기가 저속에서 높은 받음각으로 운용될 때 최대 강도의 비행난기류를 발생한다. 헬리콥터의 주회전날개에서도 비행기의 날개에서 발생하는 비행난기류와 유사한 형태의 비행난기류가 발생한다. 그러나 제자리비행(hovering) 중이나 제자리비행 이동 중에는 주회전날개에서 발생하는 하강풍(downwash)은 회전날개 끝단에서 와류(rotor tip vortex)를 동시에 발생한다. 이 와류는 주회전날개의 3배의 직경 거리까지 영향을 줄 수 있다. 따라서 대형 헬리콥터 주변에서 운용 중인 경비행기는 최소한 주회전날개 직경의 3배 이상 떨어진 거리에서 운용해야 헬리콥터 비행난기류를 회피할 수 있다. 다음은 항공기의 이착륙 과정에서 비행난기류의 발생과 소멸에 관한 내용을 그림과 함께 기술한 내용이다.

① 이륙할 때 비행난기류

비행기의 이륙에서 비행난기류가 발생하는 시기는 이륙활주(take-off roll)가 종료되고 활주로에서 부양(lift-off)하는 시점이 된다. 즉, 양력이 발생하기 시작하는 지점이 비행난기류가 발생하는 지점으로 판단한다. [그림10-15]와 같이 이륙하는 대형 민간 항공기를 후속하여 이륙하는 항공기는 비행난기류의 영향을 피하고자 최소한 3분 이상을 기다린 후 이륙이 인가(clearance)된다. 만약 소형 비행기가 대형 민간 항공기를 뒤따라 이륙하고자 한다면 이전 비행기의 부양 지점 전에서 부양을 하고 상승경로(climb path) 역시 이전 항공기의 상승경로 위로 비행하거나 우회하여 비행해야 비행난기류의 영향을 벗어날 수 있다.

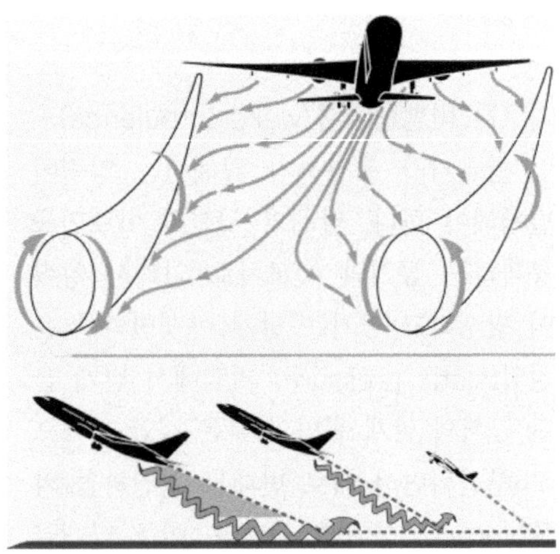

② 착륙할 때 비행난기류

착륙하는 비행기의 비행난기류는 양력(lift)이 소멸하는 시점을 비행난기류가 동시에 소멸하는 시점으로 판단한다. 따라서 착륙하는 항공기 뒤에

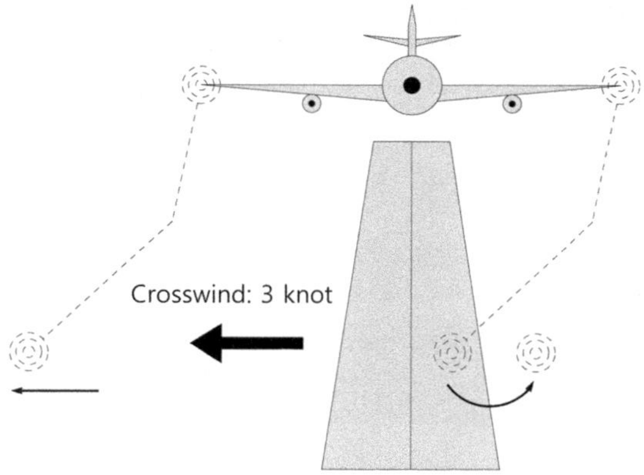

서 착륙하는 항공기는 반드시 이전 항공기의 착지점을 확인하고 이 지점을 지나 착지해야 비행난기류의 영향을 회피할 수 있다.

③ 비행난기류 범주

중대형 항공기의 이착륙 단계에서 비행난기류는 경항공기 또는 다른 대형 항공기의 운항에 치명적이므로 국제민간항공기구(ICAO)에서는 항공기의 최대이륙중량(maximum take-off mass; MTOM)을 기준으로 아래와 같이 항공기의 비행난기류 범주를 규정하고 있다. 관제사는 비행난기류 범주(wake turbulence category)를 기준으로 이륙, 착륙 또는 순항비행 중인 항공기의 간격을 조절한다. 특히 이륙 및 착륙 단계에서 비행난기류의 영향은 치명적일 수 있기 때문이다.

① Light(L); MTOW 7,000kg(15,000 lb) 미만
② Medium(M); MTOW 7,000kg 이상, 136,000kg(300,000 lb) 미만
③ Heavy(H); MTOW 136,000kg(300,000 lb) 이상
④ Super(J); Airbus A380

FAA 기준은 다음과 같다.

① Super; 오직 Airbus A380, Antonov An-225만 해당
② Heavy; 최대승인 이륙중량 300,000 lb(140,000kg) 또는 그 이상(Boeing 757)
③ Large; 최대승인 이륙중량 41,000 lb(19,000kg) 이상,
300,000 pounds(140,000kg; 포함하지 않음)까지
④ Small; 최대승인 이륙중량 41,000 lb(19,000kg) 미만

10.2 다운버스트

(1) 다운버스트 생성

뇌우(thunderstorm)의 생성과정에서 발생한 하강기류 역시 일반 바람의 형태와는 다른 매우 강한 하강풍이 존재한다. 일반적인 하강기류(downdraft)와 다른 점은 용어가 의미하는 것과 같이 "-burst"는 거의 폭발적 수준의 하강풍이다. 다운버스트(downburst)가 형성되는 주원인은 뇌우 속에 존재하는 우박과 빗방울(hail and raindrop) 그리고 상승기류과 하강기류의 역할이다. 뇌우의 생성과정에서 발생한 우박이나 빗방울이 건조한 공기 속을 통과할 때 우

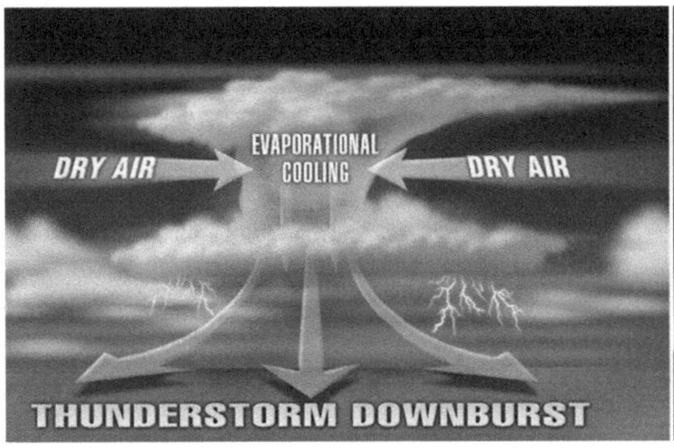

-

박이 녹거나 빗방울이 증발하는 과정에서 많은 에너지가 흡열(endothermic) 과정을 거치면서 공기를 냉각시킨다. 이 과정에서 냉각된 공기는 주변의 더운 공기보다 밀도가 더 높아지면서 가라앉으려는 힘을 얻게 되면서 강력한 하강풍이 형성된다. [그림10-17]

(2) 다운버스트의 특징

지상에서 파괴적인 바람을 일으키는 것으로 다운버스트와 토네이도가 있으나 두 바람의 파괴 형태를 분석했을 때 확연히 다른 점을 발견할 수 있다. 다운버스트는 지상에 부딪힌 후 전 방향으로 확산(divergence)하는 형태이지만 토네이도는 회전하면서 내부로 끌어들이는 수렴(convergence)의 형태이다. 최악의 다운버스트는 시속 240km(150 mph)를 초과하면서 수천 제곱미터를 순식간에 초토화시킨 사례가 있다.

다운버스트에 강수의 포함 여부에 따라 강수가 전혀 없거나 꼬리구름(virga)을 포함하고 있을 때 건조 다운버스트(dry downburst)라 하고, 많은 강수를 동반하고 있을 때 습윤 다운버스트(wet downburst)라 한다. 규모에 의한 다운버스트를 구분할 때 직경이 4km(2.5 마일) 이하일 때 마이크로버스트(microburst)라 하고 그 이상의 직경을 가진 다운버스트를 매크로버스트(macroburst)라 한다. 때로는 이보다 훨씬 규모의 큰 길이 1,600km(1,000마일), 폭 320km(200마일) 그리고 수 시간 동안 지속하는 다운버스트가 발생하기도 한다.

[주153] 다운버스트; 다운버스트를 하강격풍 그리고 마이크로버스트를 미격풍이라고도 한다.

10.3 마이크로버스트

10.3.1 개 요

1985년 8월 2일 오후 LA 국제공항을 출발한 델타 에어라인 "Flight 191" 항공기가 152명의 승객을 태우고 "Dallas-Fort Worth International Airport" 공항에 착륙하던 중 강력한 하강풍을 만나 지상에 충돌한 사고가 발생했다. 사고가 발생한 공항 주변의 기상은 좋지 않았고 상승기류가 형성되면서 강력한 뇌우가 형성되고 있었지만, 조종사는 이를 감지할 수가 없

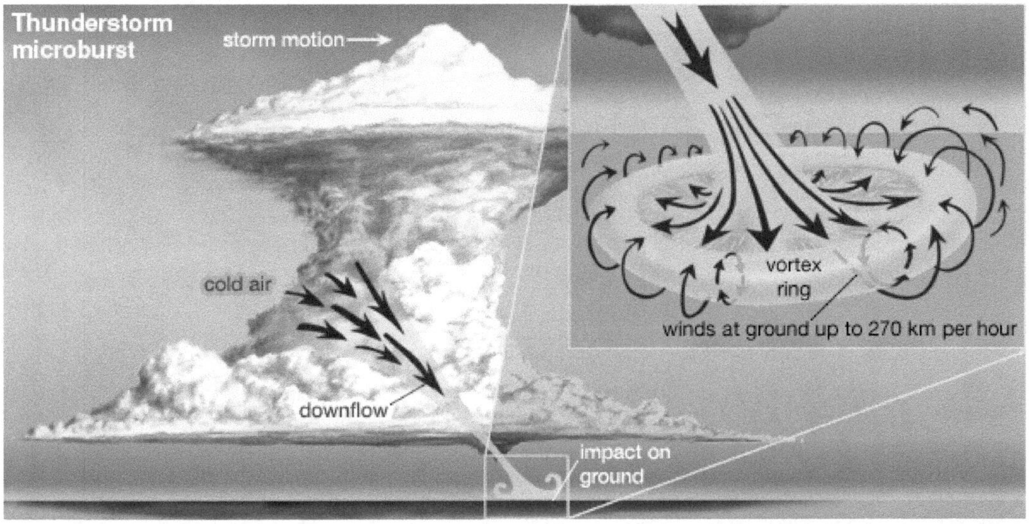

었다. 이외에도 이륙 또는 착륙 중에 이 같은 강력한 하강기류로 인하여 많은 사고가 발생했다. [그림10-18, 19]

국내에서도 제주국제공항의 결항률이 증가하는 원인 중의 하나가 이 같은 강력한 하강풍으로 조사되고 있다. 지난 수십 년 동안에 발생했던 항공기 사고를 분석하는 과정에서 공통으로 포함되고 있는 사항 중에 이착륙하는 항공기에 치명적인 기상현상이 존재한다는 것이 드러나기 시작했다. 항공기 사고 조사관과 기상전문가들은 이들 기상현상에 대해서 집중적으로 연구하기 시작하여 특이한 사실을 발견하였다. 기존에는 이 강력한 하강풍이 뇌우의 한 부분이라고 여겨왔지만, 또 다른 형태의 특이한 기상현상으로 정의하였다. 기상전문가 "Dr, Jujita"는 이처럼 항공기 사고의 치명적 사고의 원인을 마이크로버스트라고 명명하였다.

10.3.2 정의

마이크로버스트는 다운버스트(downburst)의 한 형태로 직경이 매우 한정된 공기의 폭발적 수직 하강풍으로 정의할 수 있으며 직경이 4km(2.5 mi) 이하, 초속 75미터(m/s; 270 km/h, 168 mph)로 발생하는 강력한 하강풍이다. 마이크로버스트는 강수(전형적으로 우박 또는 굵은 비)의 동반 여부에 따라 건조 마이크로버스트와 습윤 마이크로버스트로 구분한다. [그림10-18, 19]

[주154] 마이크로버스트; 건조 마이크로버스트, 습윤 마이크로버스트

(1) 건조 마이크로버스트(dry microburst)

뇌우 구름으로부터 강수(굵은 비)가 내릴 때 증발(evaporate)하기 시작하고 이 과정에서 과도한 잠열(latent heat)을 흡수하면서 공기를 냉각시킨다. 증발 과정을 통해서 차고 밀도가 높아진 공기는 지표면으로 하강(sinking)하려는 힘을 얻게 된다. 하강하는 공기가 지표면에 근접할 때 점점 더 가속되어 지표면에 부딪히면서 전 방향으로 확산한다. 일반적으로 건조 마이크로버스트는 기압고도 500mb 높이의 뇌우 구름에서 발생하여 대부분 강수는 중간에 증발하고 지상에 도달하는 강수는 거의 없다. 건조 마이크로버스트를 촉발하는 요인으로는 증발적 냉각(evaporative cooling)으로 정의할 수 있으며 건조 마이크로버스트가 발생할 수 있는 주변의 특성으로는 다음과 같은 조건이 요구된다.

• 깊은 건조 층(deep dry layer)
• 낮은 상대습도(low relative humidity)
• 건조단열기온감률(dry adiabatic lapse rate)

(2) 습윤 마이크로버스트

습윤 마이크로버스트는 건조 마이크로버스트와 달리 지상에 많은 강수를 동반한 마이크로버스트이다. 뇌우가 발생하는 제한된 범위에서 어느 한 곳에 집중된 강력한 하강풍이 많은 강수를 동반하기 위해서는 주변의 공기보다 더운 공기가 존재해야 한다. 습윤 마이크로버스트는 기압고도 850mb의 상공에서 발생하고 지상에는 한 줄기 강한 강수를 동반한다. 습윤 마이크로버스트의 주요 촉발 요인은 [그림10-20]과 같이 높은 운동량(higher momentum)의 하향 가속에 달려 있다. 결국, 습윤 마이크로버스트가 형성되기 위해서는 높은 혼합율(mixing ratios)이 필수이다. 특히 우박과 같은 얼음의 융해가 중요한 역할을 하는 것으로 알려져 있다. 습윤 마이크로버스트(wet microburst)가 발생할 수 있는 주변의 특성으로는 다음과 같은 조건이 갖추어져야 한다.

- 얇은 건조 층(shallow dry layer)
- 높은 상대습도
- 습윤단열기온감률

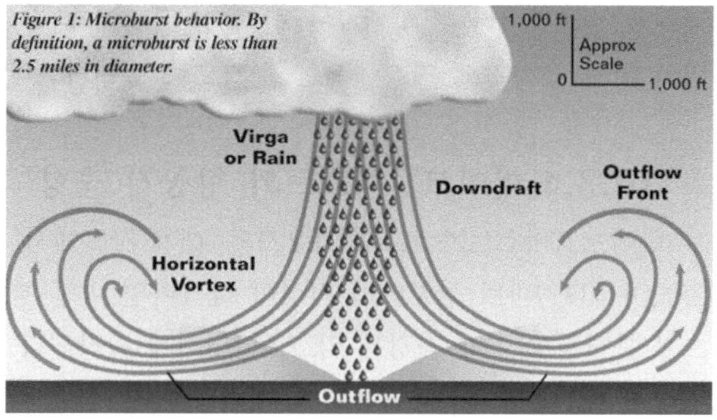

10.3.3 생성과정

마이크로버스의 특성을 이해하였다면 이제는 마이크로버스트가 어떻게 발생하는가에 대해서 알고 있어야 한다. 마이크로버스트는 용어가 의미하는 것과 같이 그 규모가 매우 작지만, 그 위험성은 토네이도(tornado) 못지않을 만큼 위력적이다. 마이크로버스트가 완전히 성숙했을 때 전형적인 형태는 [그림10-21]과 같다. 일반적으로 마이크로버스트가 생성되는 과정은 3단계로 구분하고 있다.

(1) 접촉 단계(contact stage)

대부분은 비구름의 하단으로부터 발생하는 강수로부터 촉발된 하강풍은 마이크로버스트의 형성 조건에 부합되었을 때 수분 이내에 가속되어 [그림10-20, 21]에서 보는 것과 같이 구름 하단의 층으로부터 V-자 모양으로 밀고 내려와 지표면에 도달한다. 접촉 단계에서 가장 높은 하강풍의 속도가 형성되는 것으로 관측된다.

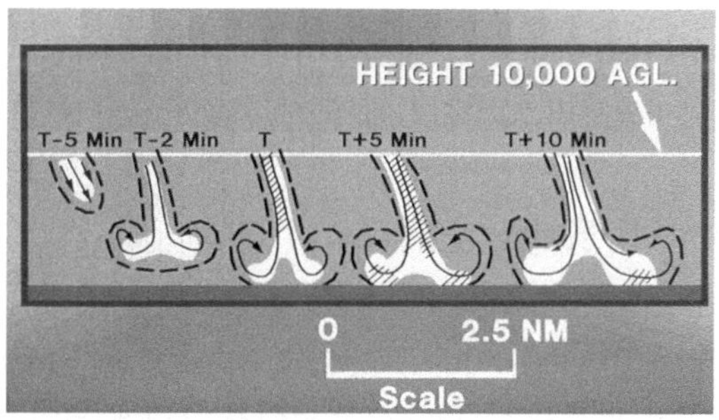

(2) 확산 단계(outburst stage)

구름으로부터 수직으로 하강한 강력한 하강풍이 지표면에 부딪히면서 전 방향으로 확산해가는 단계이다. 최초에 지표면에 부딪힌 하강풍은 [그림10-20, 21]과 같이 위로 솟구치면서 말린(curls) 모양이 된다. 그림에서 음영으로 처리된 구역이 최대풍속이 발생하는 구역이다. 전체 그림에서 보는 것과 같이 확산 단계에서 최대풍속 구역이 최대가 되면서 지면에 부딪힌 후부터 점차 밀려가면서 이 구역 역시 크기가 감소하는 것을 관찰할 수 있다.

(3) 쿠션 단계(cushion stage)

지속적인 하강풍으로 말린 바람의 형태가 수평으로 밀려가면서 지상 물체의 마찰로 점차 약해지는 과정이다. 지상에 부딪힌 말린 바람이 계속 하강풍의 영향으로 전 방향으로 밀려가면서 위로 올라가고 지상에서는 수평으로 밀려가는 직선풍(straight line wind)이 형성된다.

10.3.4 마이크로버스트와 항공기 운항

마이크로버스트가 [그림10-22]와 같이 구름에서 하강할 때 구름 하단에서 지표면 위의 2,000~3,000피트 상공까지 직경이 약 1마일 미만 정도에서 지표면 근처에 도달해서는 수평으로 분산되고 이때 직경은 약 2.5마일까지 확장된다. 하강기류는 분당 6,000피트로 매우 강력하게 내리쏟고 이때 지표면 근처의 수평 바람은 45노트 정도의 강풍이 발생한다. 이것은 맞바람에서 뒷바람으로 또는 뒷바람에서 맞바람으로 바뀌는 지대에서는 총 90노트의 윈드시어(wind shear)가 발생한다는 것을 의미한다. 이들 강력한 수평 바람은 지표면 수백 피트 내에서 발생한다. 매우 드문 경우이지만 독립적으로 발생하는 마이크로버스트는 지표면에 부딪힌 시간부터 소멸할 때까지 15분 이상 지속하는 때도 있다.

그러나 대부분의 마이크로버스트는 지표면에 부딪힌 후 약 5분 정도 지속하는 경향이 있고 특히 2~4분 동안 최대 강도의 하강기류가 존재할 수 있다는 점에 주의해야 한다. 마이크로버스트에 의한 수평 바람은 평균 25노트 정도이고 최대 100노트를 초과하는 때도 있는 것으로 관측되었다. 마이크로버스트에 의해 발생한 윈드시어는 대부분의 경항공기 성능을 초과할 수 있고 중형 제트기의 최대 성능으로 지지할 수 있을 정도이다. 이 같은 윈드시어는 이륙 및 착륙 접근 중인 항공기에 치명적인 영향을 줄 수 있다. 일단 한 지역에서 마이크로버스트가 발생하면 동일 지역에서 동시다발적으로 발생할 수 있다. 마이크로버스트는 대류 활동이 있는 곳에서 어느 지역에서나 발생할 수 있고 지표면에 날리는 둥그런 모양의 와류 등으로 마이크로버스트의 존재를 시각적으로 확인할 수 있는 유일한 방법이다.

(1) 뒷바람 상실(loss of tailwind)

윈드시어(windshear)가 존재하는 지역에서 항공기가 뒷바람(tailwind)에서 갑자기 바람이 없거나(wind calm) 맞바람(headwind)으로 변화되었을 때 항공기는 순간적으로 속도가 증가하고 피치자세(pitch attitude)가 들리게 되어 정상 활공각보다 상승한다. 이때 조종사는 즉시 동력을 감소하여 항공기의 상승을 방지하고 정상 활공경로(normal glide path)를 유지할 수 있도록 조치해야 한다. 항공기가 일단 정상 활공경로에 진입한 후에는 정상적인 동력으로 접근 착륙한다.

(2) 맞바람 상실(loss of headwind)

윈드시어가 존재하는 지역에 맞바람(headwind)을 받고 접근 중 갑자기 바람이 없거나(wind calm) 뒷바람(tailwind)으로 변화되었을 때 항공기는 순간적으로 속도가 감소하고 피치자세(pitch attitude)가 숙여지면서 고도가 급격히 떨어질 수 있다. 조종사는 즉시 동력을 증가시켜 상실된 고도를 회복하고 정상 활공경로(normal glide path)를 유지하여 착륙을 시도해야 한다. 저고도에서 발생하는 마이크로버스트는 이착륙 중인 항공기에 치명적인 위험을 초래할 수 있다. 특히 활주로 직전방에서 마이크로버스트가 발생했을 때 착륙 중인 항공기는

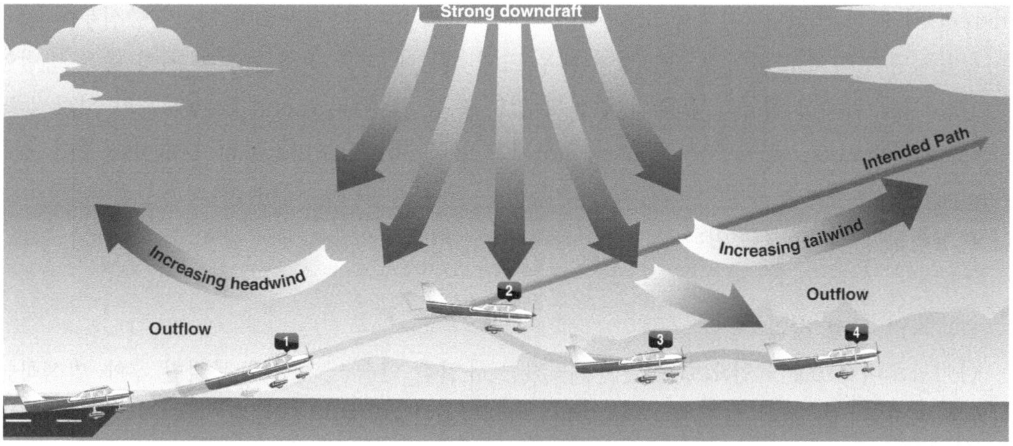

급격한 맞바람 증가로 인하여 지시속도가 증가하고 순간적으로 항공기의 성능이 증가하여 항공기는 상승하려는 경향을 띠게 된다. 항공기가 마이크로버스트의 중심부로 진입할수록 분당 6,000피트의 하강기류에 조우하면서 항공기는 급격한 고도 상실을 초래할 수 있는 상황에 부닥치게 될 것이다. 계속해서 마이크로버스트의 중심부를 벗어나면 항공기는 다시 강한 뒷바람에 직면하게 될 것이고 항공기의 성능은 더욱 감소할 수 있다. 이륙경로 선상에서 발생하는 마이크로버스트 역시 동일 상황에 노출될 수 있다는 점에 주의하여 마이크로버스트가 예상될 때는 충분한 동력을 유지하면서 마이크로버스트에 의한 항공기 성능 변화에 적절히 대응할 수 있어야 한다.

10.3.5 시각 식별

마이크로버스트가 항공기 운항에 치명적이라는 사실이 밝혀지면서 이를 조기에 탐지하기 위한 노력과 장비가 개발되어 보급되고 있다. 그러나 아직 정확하게 마이크로버스트의 존재를 탐지할 수 없는 것은 마이크로버스트의 특성이 매우 좁은 한정된 구역에서 단시간에 발생한 후 소멸하기 때문에 이를 쉽게 예측하기가 어렵다. 일부 국제공항에서는 도플러 레이더와 터미널 도플러 기상레이더(terminal doppler weather radar; TDWR)를 설치하여 마이크로버스트의 존재 가능성을 조기에 탐지하여 경고하는 시스템을 갖추고 있으나 아직 모든 공항이 이 같은 장비를 갖추고 있는 것은 아니다. 따라서 조종사는 물론이고 관제사 또는 항공기 운용자들도 마이크로버스트를 시각적으로 탐지하고 경고할 수 있도록 훈련되어야 일반 공항에서 이로 인한 피해를 최소화할 수 있다.

터미널 도플러 기상레이더(TDWR)에 의한 탐지는 공항 주변에서 발생하는 구름의 형태와 높이 그리고 운량 등을 판단하여 마이크로버스트 또는 이와 동급의 윈드시어(windshear)의 가능성을 조기에 판단하여 조종사 또는 항공기 운용자에게 경고하는 데 있다. 그러나 시각적 탐지는 이미 발생한 마이크로버스트의 존재에 대해서 경고한다는 점에서 레이더에 의한 탐지

(detect)와 차이가 있다. 이착륙 도중에 어떠한 예고도 없이 마이크로버스트의 중심부에 진입했다면 치명적 사고로 이어질 가능성이 매우 크기 때문에 이를 피하는 것이 가장 좋은 방법일 것이다. 이를 위해서 항공기 운항의 일선에 있는 지상 근무자(ground crews)들의 시각적 탐지(visual detection) 능력 역시 매우 중요시되고 있다. 마이크로버스트의 최대 하강풍이 초속 75m(m/s)를 초과하는 폭발적 하강기류의 특성을 잘 활용한다면 마이크로버스트를 조기에 그리고 정확하게 식별할 수 있다.

(1) 육안 식별 방법

마이크로버스트를 육안으로 식별할 수 있는 유일한 단서는 지상에 부딪힌 후에 발생하는 비산물(먼지, 낙엽, 쓰레기, 물보라 등)이다. 이 같은 현상이 마이크로버스트인지 아니면 일반 다운버스트(downburst)의 일종인지를 정확하게 판단하기는 결코 쉽지 않다. 마이크로버스트와 다운버스트의 기본적인 차이는 크기 또는 직경이다. 마이크로버스트의 직경은 4 km(2.5 mi)이다. 관측자가 평소에 눈대중에 의한 마이크로버스트의 크기와 직경을 판단할 수 있도록 훈련되었다면 마이크로버스트에 의해서 발생한 말린 비산물의 크기와 직경을 판단할 수 있을 것이다. 이를 위해서 [그림10-23]과 같이 도심을 가로지르는 도로의 기하학적 위치 또는 전봇대의 간격 등은 마이크로버스트의 크기와 직경을 판단할 수 있는 좋은 보조물로 활용될 수 있다. 지상 근무자들에게 이 같은 마이크로버스트의 식별 훈련이 요구되는 것은 앞서 언급한 것과 같이 첨단 장비를 갖추었다 할지라도 마이크로버스트의 발생과 소멸 주기가 워낙 짧아서 공항 주변의 지상 근무자가 목격하고 보고된 것이 가장 정확할 수 있기 때문이다.

(2) 건조 마이크로버스트

건조 마이크로버스트는 비교적 높은 구름의 하단으로부터 발생하는 특성이 있으며 중간에 강수는 증발하여 지상에는 거의 도달하지 않는다. 다만 순간 최대 하강풍이 형성되면서 [그림 10-23]과 같이 지상에 부딪히는 순간 둥그런 모양으로 말린(curl) 형태의 비산물이 형성되는 것을 관측할 수 있다. 마이크로버스트의 직격탄을 맞아 말린 비산물이 흙먼지라면 식별이 매우 쉬울 것이지만 목초지 또는 도심 지역이라면 낙엽이나 각종 쓰레기 등이 함께 날리는 모습을 목격할 수 있을 것이다.

(3) 습윤 마이크로버스트

습윤 마이크로버스트의 시각적 식별 역시 건조 마이크로버스트와 마찬가지로 지상에 부딪힌 순간 말려 올라가는 특성을 이용하는 것이다. 많은 강수를 동반한 습윤 마이크로버스트의

특성상 순간 최대 하강풍과 함께 지표면에 부딪히는 순간 주변에는 말린 형태의 물보라(spray)가 발생하는 것을 뚜렷하게 관측할 수 있다.

10.4 태풍/허리케인

10.4.1 정 의

태풍/허리케인은 여름과 초가을 일상생활에서 자주 접하는 기상용어 중 하나로 인공 시설 및 자연장애물에 막대한 피해를 주는 악기상 현상이다. 우리나라에는 매년 2~3개의 태풍이 상륙하여 막대한 피해를 주고 있다. 이들 태풍 중 기록할 만한 피해를 준 태풍으로는 2002년 태풍 "루사"와 2003년 태풍 "매미"가 최대 강수량과 최대풍속을 기록하여 큰 피해를 주고 사라졌다. 태풍 "루사"는 괌 부근의 해상에서 발달하여 일본 남쪽 해상을 거쳐 제주도에 상륙했다. 태풍 루사가 상륙했을 때 초속 56.7m의 강풍과 400~700mm의 강수량을 기록하였다. 이로 인하여 200여명 이상의 인명 피해와 5조원 이상의 재산 피해를 줬던 기록이 있다.

태풍/허리케인은 초강력 바람과 엄청난 양의 비로 인한 홍수(flood), 천둥과 번개 등을 동반한 거대한 폭풍(storm)이다. 태풍/허리케인의 발생 과정에 대해서는 아직도 많은 이견이 있기는 하지만 그동안 꾸준한 연구와 기상 정찰기를 활용한 근접 관찰 그리고 인공위성을 통한 연구 활동으로 인하여 태풍/허리케인의 발생 원인과 이동 경로 및 피해 규모 등을 예측할 수 있게 되었다. 이 같은 결과는 사전에 태풍/허리케인 주의와 경보를 발령하여 피해를 최소화할 수 있게 되었다. 여기서는 태풍/허리케인의 발생 원인과 동력원 그리고 항공기 운항에 미치는 영향 등에 대한 일반적인 사항에 대해서 다룬다. 태풍/허리케인의 발원지는 공통으로 적도 근처의 대양에서 발달하고 있음을 알 수 있다. 이 같은 공통점을 연구한다면 태풍/허리케인의 특성을 이해하는 데 상당한 도움이 될 것이기 때문에 먼저 열대기상에 대해서 학습한다. [그림10-24]

10.4.2 열대기상

열대기상(tropical weather)은 적도를 중심으로 북위(남위) 23.5° 사이의 지역으로 이 위도대에서 발생하는 기상현상이다. 적도 상공의 태양은 연중 직상공에 떠 있고 이로 인하여 지역과 관계없이 상당한 태양 입사(solar insolation) 에너지를 받기 때문에 기온의 일일 변화 및 계절에 따른 변화가 크지 않다. 열대기상을 지배하는 요소는 [그림10-25]에서 보는 것과 같이 열대수렴대, 아열대고기압대 그리고 무역풍의 활성이다.

(1) 열대수렴대

열대수렴대의 기상현상 중 대류성 폭풍(convective storm)의 발달을 초래하는 현상에 관한 연구가 필수이다. 이 지역에서 태양은 [그림1-25]의 왼쪽과 같이 거의 직상공에 떠 있고 가장 큰 태양 입사 에너지를 받는다. 이 에너지는 해양(ocean)에서 거대한 양의 물을 증발시킨다. 해상에서 증발하여 상승하는 공기는 응축과 대류 과정을 거쳐 순식간에 적운 또는 적란운을 형성한다. 열대수렴대(intertropical convergence zone; ITCZ)에서는 적란운 구름의 발달을 초래할 수 있는 습기와 열(moisture and heat)이 반복적으로 공급되면서 거의 매일 수 개의 대류성 뇌우(convective thunderstorm)가 발생한다. 또한, 열대수렴대에서는 북동 및 남동 무역풍이 불고 있음을 알 수 있는 데 이들 바람은 전향력의 영향을 받아 동쪽으로 휘어지고 적도 쪽으로 끌어들이고 있다는 점을 고려하여 수렴(convergence) 구역이라 하고 한다. 이 수렴 바람이 대류성 비(convective rain)의 발달을 더욱 촉진하는 요인으로 작용한다. 지축의 기울기와 함께 열대수렴대는 계절적 요인으로 인하여 약간씩 이동하고 이때 동반하는 대류성 비는 북위(남위) 10~23.5° 사이에 발생하는 주요 강수 발원지로 알려져 있다.

(2) 무역풍 또는 편동풍파

북반구에서 무역풍은 명백한 편동풍(easterly)이 불고 있음을 알 수 있다. 이 편동풍이 어떠한 원인으로 흩어질 수 있고 이때 발생하는 기류의 불규칙한 변화를 요란(disturbance)이라 한다. 무역풍에서도 요란(disturbance)이 발생할 수 있으며 [그림10-25]와 같이 편동풍파(easterly wave)라 하고 열대지역에서 구름과 강수 발달의 또 다른 발원 역할을 하고 있다. 무역풍에서 요란이 발생할 수 있는 요인은 어느 지역이나 동등한 태양 입사 에너지를 받는 것이 아니기 때문이다. 때로는 국지적으로 더 높은 해양 기온이 발생할 수 있고 이때 대기에서는 약한 요란이 발생하는 원인을 제공한다. 이 같은 편동풍파는 [그림10-25]와 같이 일기도의 등압선(isobars)이 마치 파장(waves) 모양으로 그려지는 형태에서 관찰할 수 있다. 파장의 동측을 수렴으로 볼 수 있고 이 지역에서는 적운 구름의 발달로 강한 소나기가 발달

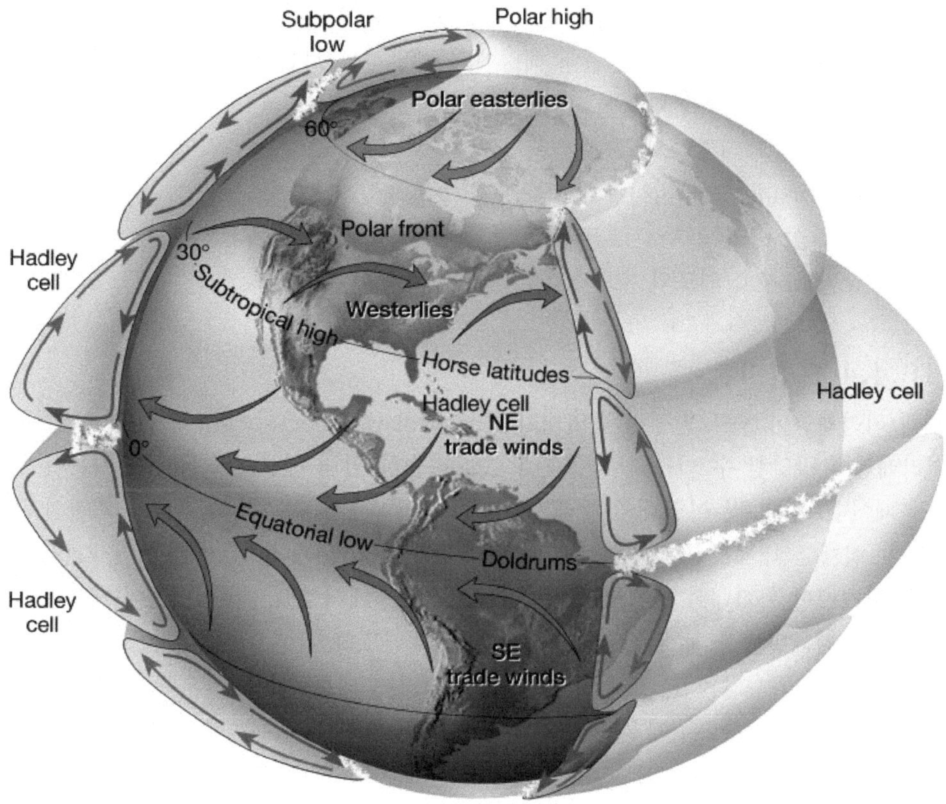

하고 뇌우가 형성될 수 있다. 만약 강한 수렴이 발달할 수 있는 폭풍계(storm system)에서는 태풍/허리케인으로 발달할 수 있다.

(3) 아열대고기압대

아열대고기압대(subtropical high pressure zone)는 [그림10-25]와에서 보는 것과 같이 열대수렴대(ITCZ)와 달리 공기를 위에서 아래로 발산(divergence)하는 특성이 있다. 태풍/허리케인이 지속적인 동력을 받기 위해서는 주변의 공기를 끌어들여 상공으로 밀어 올리는 힘과 동시에 상승한 공기가 다시 하강하여 유입(inflow)되는 순환 과정을 고려했을 때 열대수렴대의 상승기류와 아열대고기압대의 하강기류 사이 역학적 관계가 태풍/허리케인의 발달과 밀접한 관계가 있다. 아열대고기압대의 기상은 하늘이 대체로 맑으며 습도는 낮고 뜨거운 기온이 일반적이다.

10.4.3 생성과 소멸

국내에서는 태풍이라 하고 미국을 포함한 북대서양 연안 국가에서는 허리케인이라 한다. 태풍(typhoon)과 허리케인(hurricane)은 어떠한 차이가 있는가? 태풍/허리케인은 열대(tropics)의 온난 해양 상공에서 발달한 강력한 사이클론이다. 이들 두 용어는 동일한 기상현상이 발생하는 지역에 따라 다르게 명명될 뿐이고 발생 지역에 따라 다음과 같이 구분한다. 국제 협약에 따라 태풍을 포함한 열대 해양에서 발달하는 모든 형태의 폭풍을 열대 사이클론(tropical cyclone)이라 한다.

- 태풍(typhoons): 북태평양 서부
- 허리케인(hurricanes): 북대서양과 북태평양 동부
- 바귀오(baguio): 필리핀
- 사이클론(cyclones): 인도와 호주

10.4.4 발원지

태풍/허리케인이 주로 발생하는 열대기상(tropical weather)의 특성에서 알 수 있듯이 태풍/허리케인이 발달할 수 있는 최적 조건은 고온다습한 열대 해양으로 해수면 기온이 26.5℃ 이상일 때이다. 열대 및 아열대의 북태평양과 북대서양에서 여름과 초가을이 최적의 조건이 형성된다. 실제 국내에서 북태평양에서 발생한 대부분의 태풍이 이 시기에 발생한다.

태풍/허리케인은 거대한 회전 특성이 있다. 위성사진에서 관찰할 수 있듯이 태풍은 저기압을 중심으로 시계반대방향으로 회전하고 있다. 토네이도와 같이 규모가 작은 회전성 바람은 육안으로 관찰이 가능하지만, 반경이 수백 km에 달하는 태풍/허리케인은 특정 지역에서 회전성을 감지하기는 어렵다. 이 같은 공기의 회전 특성에 영향을 미치는 요소가 전향력이고 전향력은 사이클론 흐름(cyclone flow)의 초기 특성을 부여하는 필수 요소이다.

적도를 중심으로 북(남)위 5°에서는 전향력(Coriolis force)이 거의 작용하지 않기 때문에 태풍/허리케인이 발생하지 못하는 것을 알려져 있다. 따라서 태풍/허리케인은 통상 위도 5~20°의 열대지방에서 발생한다. 만약 해수면에서 태풍이 형성될 수 있는 조건이 형성되었다 할지라도 위도 20° 이상에서는 태풍/허리케인으로 성장하지 못하는데 이는 아열대 고기압대의 영향으로 볼 수 있다.

아열대고기압대에서 공기가 하강할 때 열대에서는 기온역전(temperature inversion)이 발생하여 적운 구름의 형성을 방해하여 태풍/허리케인으로 성장하는 것을 방해한다. 아울러 상층풍(wind aloft)이 강력하게 존재할 때도 태풍/허리케인이 발달하지 못하는 데 이는 태풍의 발달에 필수적인 완벽한 대류 패턴(convection pattern)을 변화시켜 태풍의 성장에 필요한 열을 분산시키기 때문이다.

[주155] 사이클론; 저기압을 중심으로 반시계방향으로 회전하는 흐름

10.4.5 구조와 특성

[그림10-24, 26]은 전형적인 태풍/허리케인의 모습을 위성으로 찍은 사진이다. 태풍/허리케인의 중심부에 보이는 작은 둥근 원으로 보이는 것이 태풍/허리케인의 눈이다. 태풍의 눈(eye)은 통상 직경이 20~50km 정도이고 구름이 없으므로 하늘은 맑다. 이 구역에서 공기는 하강(descending)한다. 태풍의 눈 주변에 보이는 거대한 회전성 구름이 잘 조직된 뇌우 구름(thunderstorm clouds)으로 폭풍의 중심을 향해서 회전하면서 위로 치올리는 구름이다.

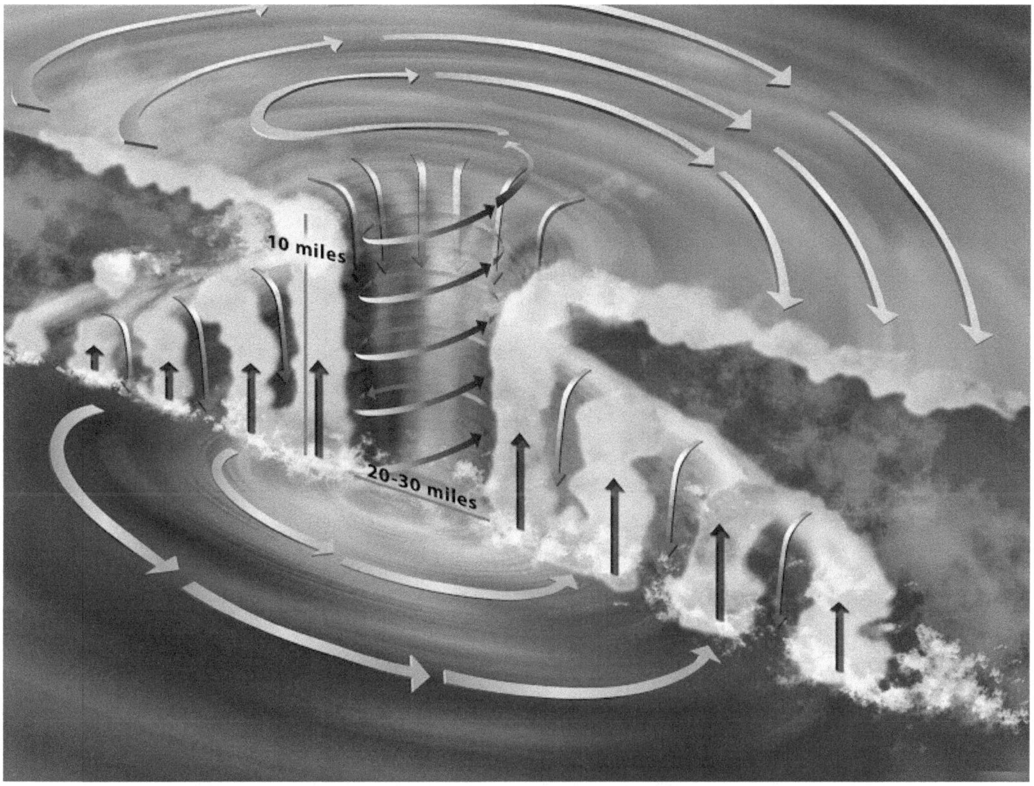

태풍의 눈 주위에 형성된 구름이 눈 벽(eye wall)이고 수직으로 발달한 뇌우 구름이다. 눈 벽에서 평균 풍속은 초속 50m로 가장 강한 바람과 가장 많은 강수가 존재하는 구역이다. 때로는 이 눈 벽 구름(eye wall cloud)이 지표면에서부터 대류권계면까지 뻗어 있다. 태풍/허리케인의 또 다른 특징 중의 하나가 중심부의 지표면 기압이 매우 낮다. 예들 들어 1979년 태풍 "Tip"의 중심 기압이 870mb(표준대기압 1013.2mb)으로 가장 낮은 중심 기압을 기록했다. 그러나 대부분의 태풍/허리케인의 중심 기압은 950mb 정도이다. 태풍/허리케인은 시계반대방향으로 회전하고 태풍/허리케인 진로의 오른쪽이 왼쪽보다 더 큰 피해를 준다. 태풍/허리케인 진로의 오른쪽에서는 태풍/허리케인이 갖는 바람 속도와 이동 속도가 더해지기 때문이다. 예를 들어 [그림10-27]과 같이 시속 180km(초속 50m)의 바람을 동반한 태풍이 시간당 20km의 속도로 서진 중이라고 했을 때 태풍 진로의 오른쪽에서 바람은 시속 200km가 되고 왼쪽에서는 태풍의 바람 속도에서 진행 속도를 감한 시속 160km의 바람이 형성된다. 때로는 태풍/허리케인의 이동 방향을 기준으로 오른쪽을 위험반원 그리고 왼쪽을 가항반원이라고도 한다.

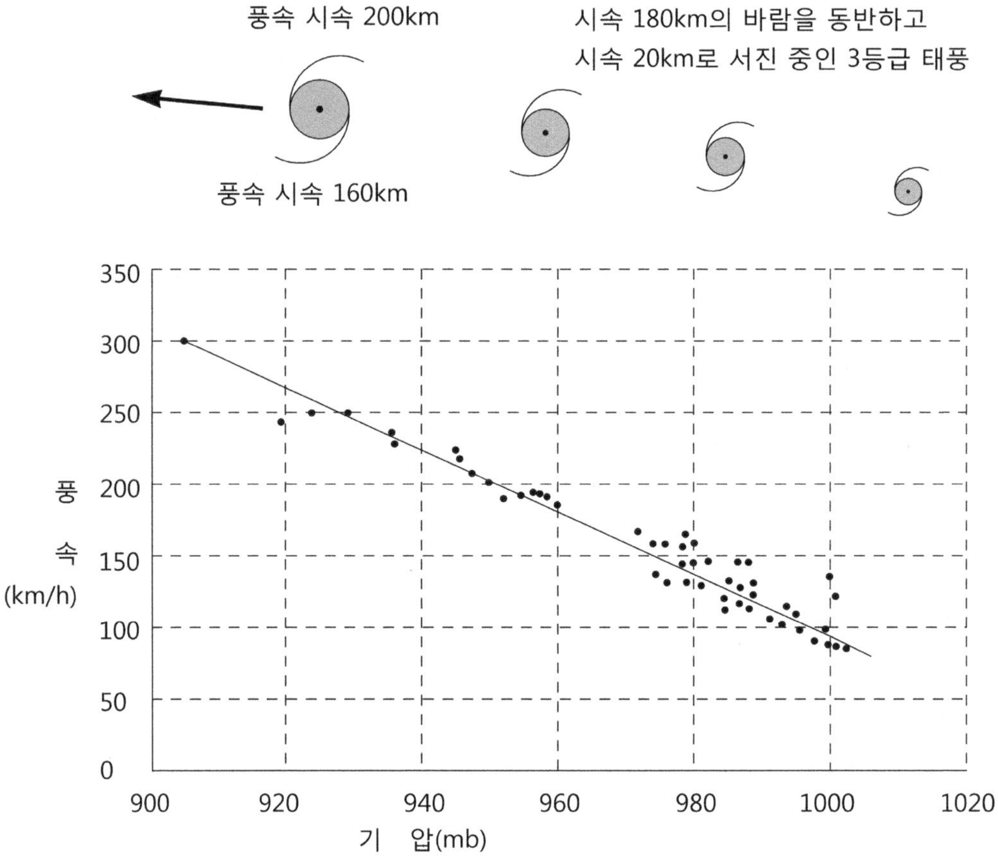

수년간 태풍/허리케인의 연구 결과 태풍의 중심 기압과 풍속의 관계를 규명한 결과에 따르면 [그림10-27]의 아래 그래프에서 보는 것과 같이 중심 기압이 낮을수록 풍속이 강하다는 것을 보여 주고 있다. 통계에 따르면 중심 기압이 980mb 이하일 때 평균 풍속이 시속 118km라는 사실을 보여 주고 있다. 일반적으로 태풍/허리케인은 극전선(polar front)의 중위도 사이클론과 같은 전선을 동반하지 않는다. 중위도 사이클론의 평균 직경이 550km인데 비해 태풍/허리케인의 직경은 이보다 작다. 연간 발생하는 열대 사이클론은 평균 80개 정도이고 발원지별로 구분했을 때 북태평양 남서 해상에서 발생한 태풍이 약 30개, 북대서양, 카리브해, 멕시코만, 태평양 동부에서 발생한 허리케인이 약 23개이고, 인도양과 오스트레일리아 부근 남태평양에서 약 27개 정도의 사이클론이 발생하고 있다. 이 중 오스트레일리아의 남태평양 해상에서 발달한 열대 사이클론을 윌리윌리(Willy-Willy)라 하고 대략 7개 정도가 발생하는 것으로 조사되었다.

10.4.6 발달과정

태풍/허리케인의 발달과정은 열대 해상의 광범위한 지역에서 활발한 증발과 응축 그리고 대류로 인한 국지적 뇌우가 곳곳에서 발생할 수 있으며 이 과정에서 열대 요란이 형성된다는

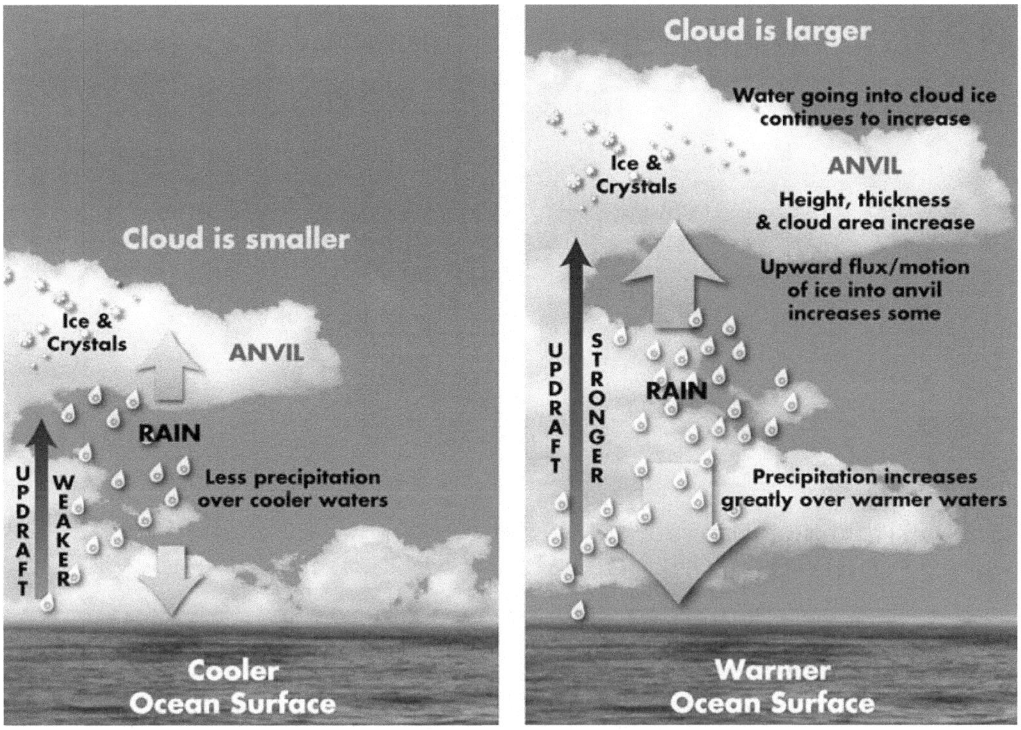

것은 주지의 사실이다. 열대 해상의 바람은 편동풍이다. 따라서 열대 요란이 발생할 수 있는 형태 역시 일정한 형태를 띠게 될 것이다. 만약 주변에 발생한 뇌우에 의한 열대 요란이 난립한다면 이들 열대 요란(tropical disturbance)은 거의 동일한 모양을 갖추게 될 것이나 크기는 다르게 발달할 것이다. 이들을 난립 뇌우군으로 정의한다. 이처럼 난립한 열대 요란이 모두 태풍/허리케인으로 발달하는 것은 아니다.

태풍/허리케인으로 발달하기 위해서는 열대 요란 주변에 강력한 사이클론 순환(cyclonic circulation)을 촉발하는 요인이 발생해야 한다. 이 같은 순환은 많은 습기와 잠열 에너지(latent heat energy)를 추가로 제공하여 뇌우의 강도와 수가 증가하는 역할을 한다. 열대 요란 내에서 난립한 뇌우 중에서 서로 인접해 있거나 아니면 세력이 강한 뇌우를 중심으로 주변 뇌우가 합세하여 뇌우는 폭풍의 중심부를 향하여 시계반대방향으로 회전하기 시작한다. 열대 요란 주변의 평균 바람이 시속 37~63km(초속 10~20m)일 때 폭풍은 열대저기압으로 분류한다. 열대저기압이 지속적인 동력원이 공급될 때 폭풍은 더욱 강해지고 중심에 저기압이 형성되면서 이 저기압을 중심으로 일기도에 둥그런 모양으로 형성된다.

평균 풍속이 시속 64~118km가 되었을 때 열대폭풍(tropical storm)으로 분류한다. 최종적으로 열대폭풍이 더욱 강화되어 평균 풍속이 시속 118km(초속 33m) 이상이 되었을 때 태풍/허리케인이 된다. 결론적으로 태풍/허리케인은 온난 열대 해상에서 발달하고 형성되는 과정은 최초 열대 요란이 발생한 후 습기와 잠열 에너지가 더해지면서 열대저기압으로 성장한

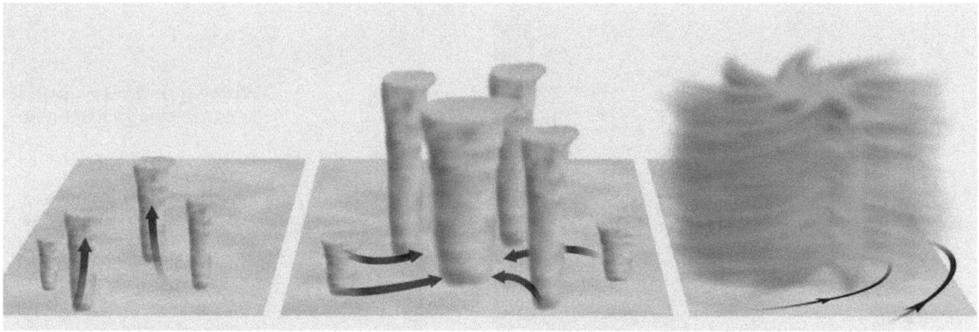

-

다. 열대저기압(tropical depression)에 지속해서 에너지가 공급되면서 열대폭풍으로 성장하고 최종적으로 태풍/허리케인으로 성장한다.

10.4.7 동력원

태풍/허리케인은 상상을 초월할 정도의 강력한 바람과 엄청난 양의 강수를 동반하고 있다. 태풍/허리케인 동력을 유지할 수 있게 하는 에너지원은 과연 무엇인가? 대부분 기상학자는 온난 해수(warmer ocean)에서 대기로 전달되는 현열(sensible heat)과 대양에서 증발로 인한 공기군이 상승할 때 발생하는 잠열(latent heat)로 보고 있다.

태풍/허리케인이 발달하기 위한 또 하나의 조건으로 대기의 불안정성(unstability)이다. 해수면의 습하고 더운 공기군이 상승하면서 거대한 잠열을 방출하게 된다. 잠열의 방출은 상승하는 공기군의 승온을 초래하여 상층부에는 [그림1-29]와 같이 고기압 구역(high pressure region)이 자리 잡게 된다. 지표면에서는 지속해서 치올리는 상승기류가 형성되고 이에 따라 상층부에서는 그림과 같이 바깥쪽으로 발산하는 현상이 발생한다. 상층공기의 발산이 증가할수록 하층부의 기압은 더욱 감소하고 동시에 열대 요란(tropical disturbance)에서 발생하는 열대 파장과 같이 초기 회전성이 부여되면서 뇌우의 중심부로 향할수록 풍속은 더욱 증가한다.

상층공기의 발산이 지속으로 이루어질 수 있는 조건이 형성되는 한 수렴(convergence), 상승, 발산(divergence)의 연쇄 반응으로 인한 순환패턴이 계속된다. 태풍/허리케인의 발원지는 공통적으로 해수면 기온이 26.5℃ 이상의 열대 해상이다. 여기서 태풍/허리케인의 동력을 유추할 수 있는 데 그동안의 연구에 따르면 태풍/허리케인의 강도는 해수의 온도와 관계가 있다는 것을 알 수 있다. 해수의 온도가 높을수록 풍속이 증가하고 현열과 잠열의 전달로 활발하게 이루어진다. 태풍/허리케인의 최대 위력은 구름 상층부의 기온과 해수면의 기온차에 의한 수직 기압경도(vertical pressure gradient)가 최대가 되었을 때 중심부의 기압이 더욱 낮아지고 풍속은 더욱 강해진다. 이를 증명할 수 있는 것이 태풍/허리케인의 약화 요인을 추정한다면 태풍/허리케인의 동력원과의 관계를 규명할 수 있을 것이다.

[주156] 태풍; 국내와 일본에서는 초속 17m 이상일 때 태풍으로 분류한다.
[주157] 태풍 동력원; 온난 해수의 현열, 증발로 인한 잠열, 대기의 불안정

10.4.8 소 멸

태풍/허리케인의 크기로 볼 때 때로는 한반도 전체를 뒤덮을 정도의 구름과 함께 지상의 자연/인공 시설물들은 파괴할 수 있는 강력한 바람을 동반하기 위해서는 엄청난 에너지가 필요하다. 만약 이 같은 에너지를 지속해서 공급받지 못한다면 태풍/허리케인은 급속히 세력을 잃고 열대저기압(tropical depression)으로 소멸하게 될 것이다. 태풍/허리케인이 에너지 공급원을 받지 못하는 육지에 상륙하거나 찬 해상으로 이동할 때 급속히 약해진다. 이들 태풍이 육지에 상륙했다면 풍부한 습기의 공급이 차단되고 지상의 인공 및 자연장애물과 마찰로 바람은 현저히 약해진다. 아울러 육지에서 바람은 태풍/허리케인의 중심부 쪽으로 향하기 때문에 중심 기압이 상승하여 태풍/허리케인의 소멸을 촉진한다.

10.4.9 진로

태풍/허리케인의 발원지 기상 특성을 이해한다면 태풍의 진로를 예측하는 데 도움이 될 것이다. 태풍은 위도 5~20° 사이의 구역에서 발생한다. 북반구의 이 구역(저위도)에서 바람은 무역풍으로 북동풍이다. 따라서 태풍이 발생했다면 태풍은 우세풍(prevailing wind)의 영향을 받아 서쪽 또는 북서 방향으로 이동하게 될 것이다. 이들 폭풍이 중위도를 향하여 이동

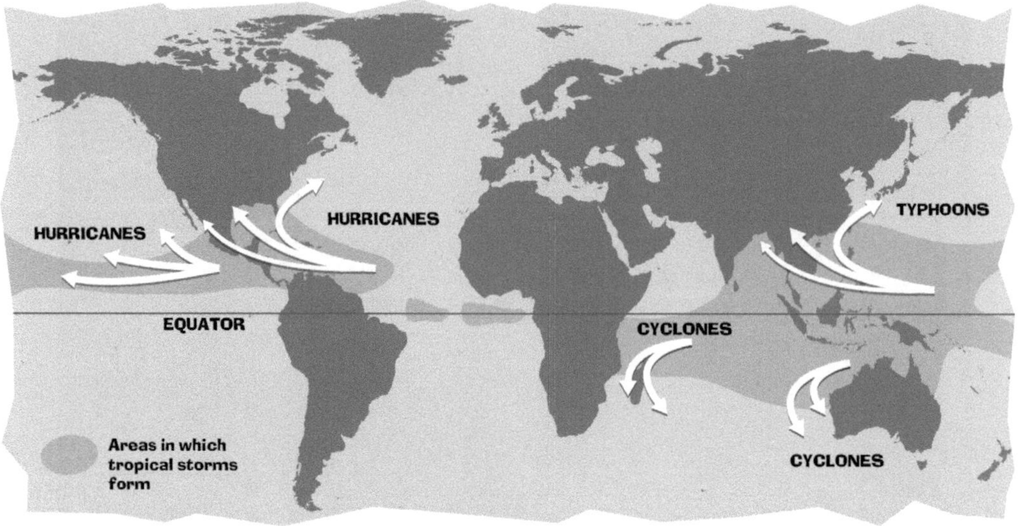

할 때 우세 편서풍(prevailing westerly)의 영향을 받게 되는 데 이때부터 이동 경로를 판단하는 데 복잡한 양상을 띠게 된다. 이 같은 원인은 지표면에서는 무역풍(북동풍)의 영향을 받고 상층부에서는 편서풍의 영향을 받기 때문이다. 이처럼 서로 어긋난 바람의 영향은 태풍의 진로를 매우 불규칙하게 변하게 하고 때로는 역방향으로 진로를 바꾸거나 곡선 진로를 형성하기도 한다.

[그림10-31]은 이들 태풍/허리케인이 최종적으로 우세 편서풍의 영향을 받아 북쪽으로 방향을 변경하고 다시 북동쪽으로 진로를 바꾸면서 동-북동쪽을 향하고 있다. 이때 폭풍/허리케인은 중위도 깊숙이 진입한 상태가 된다. 기상 위성의 발달로 열대저기압이 발생하여 태풍/허리케인으로 성장하는 과정과 태풍의 이동 경로를 상세하게 관찰할 수 있다. 태풍/허리케인의 이동 경로가 비록 위와 같다 할지라도 실제는 대기 조건이 언제라도 변할 수 있어 태풍/허리케인의 이동 경로가 수시로 바뀌어 기상청 관계자들을 곤혹스럽게 하기도 한다.

10.4.10 태풍/허리케인의 범주

태풍/허리케인이 동반한 거대한 비구름과 초강력 바람은 막대한 피해를 주고 사라진다. 비록 이들 태풍/허리케인을 인위적으로 약해지게 하거나 진로를 변경시킬 수는 없지만, 대략적인 규모(scale)를 판단할 수 있다면 인적 물적 피해를 최소화하는 데 기여할 수 있을 것이다. 이를 위해서 수년간 태풍/허리케인의 풍속과 피해 정도를 기준으로 5개의 등급(category)으로 구분한 사퍼-심슨 등급(Saffir-Simpson scale)을 지정하여 활용하고 있다.

이 기준에 따르면 태풍/허리케인은 5등급으로 분류하고 3등급 이상일 때 대형 태풍/허리케인으로 분류한다. 이외에도 태풍/허리케인의 등급에 포함되지 못하지만, 그 이하의 풍속과 파괴력을 지닌 대부분의 열대저기압과 열대폭풍으로 분류한다. 태풍/허리케인이 발달하여 그 세력을 상실하면서 점차 열대폭풍(tropical storm)으로 등급이 하락(degrade)하고 더욱 세력이 약해졌을 때 [그림10-30]과 같이 열대저기압(tropical depression)으로 변질된 후 소멸한다. 열대폭풍은 풍속이 시속 64~117km까지의 위력을 유지하고 있고 이후 열대저기압은 풍속이 62km 이하로 그 세력이 급속히 약해진다.

[주158] 태풍/허리케인의 순기능; 태풍/허리케인이 몰고 오는 거대한 공기군의 이동은 적도와 극지방의 열 균형을 유지하고, 초강력 바람으로 인한 높은 파도, 해일, 너울 등은 해양의 표층수와 심층수의 혼합으로 생물학적 영양을 공급한다.

등급	중심기압		풍속		피해 정도
	mb	inHg	m/s	km/h	
1	≥980	≥28.94	33~41	118~153	실질적으로 큰 피해를 주지 않으나 고정되지 않은 이동식 주택이 피해를 볼 수 있고, 관목이 부러지고 해안에 약한 홍수가 발생할 수 있다.
2	965~979	28.50~28.91	42~46	154~177	문이나 창이 파손되고, 지붕의 기와 또는 약한 간판 등이 날릴 수 있다. 단단하게 고정되지 않은 이동식 주택이 피해를 볼 수 있고, 해안가에 약하게 계류된 선박 등이 파손되는 피해를 볼 수 있다.
3	945~964	27.91~28.47	47~56	178~209	작은 가옥과 공공건물의 외벽 등이 다소 파손될 수 있다. 이동식 주택과 같이 기초가 약한 건물은 부서질 수 있으며 해안가에서 발생한 홍수는 작은 구조물을 파괴하고 부유물 등으로 큰 건물의 외벽이 파손될 수 있다. 내륙에서는 홍수가 발생한다.
4	920~944	27.17~27.88	57~66	210~249	더욱 광범위한 외벽이 파손될 수 있으며 작은 가옥의 지붕이 완전히 날아갈 수 있다. 해안 지역에서 주요 침식이 발생한다. 내륙에서는 홍수가 발생한다.
5	<920	<27.17	>67	>250	대부분의 주거용 건물과 산업 건물 등의 지붕이 날아가고 작은 건물을 완전히 날려 버린다. 해안가 저지대의 홍수로 큰 피해를 볼 수 있다. 인구 밀집 지역에서는 대규모 대피가 요구된다.

10.4.11 태풍/허리케인과 비행

태풍이 예보된 지역 상공을 비행하는 것은 태풍의 규모와 관계없이 치명적 위험을 초래한다. 열대저기압(tropical depression)과 관련된 뇌우의 상층은 50,000피트를 초과하기도 한다. 태풍의 바람은 앞 페이지 [표]와 같이 거의 파괴적인 수준으로 저고도에서 가장 강력한 바람에 조우할 수 있어서 이착륙하는 항공기는 더욱 위험에 노출될 수 있다. 태풍을 전문적으로 연구하는 기상 정찰기에 의한 조사에 따르면 고도 18,000피트에서 100노트를 초과하는 바람이 종종 관측되기도 하는 것으로 알려져 있다.

또한, 저고도에서는 초강력 바람이 휩쓸고 지나가면서 지표면 물체와 부딪쳐 장애물 후면에 지속적이고 큰 지형성 난기류(turbulence)가 형성된다. 난기류는 회전성 강우대(spiral rain band)에서 그 강도가 증가하고 태풍의 눈 주변 벽 구름(wall cloud)에서 가장 격렬한 난기류가 존재한다. 또 하나 뚜렷한 변화는 기압이다. 태풍 주변 기압과 중심부 기압의 차이는 매우 크다. 일반적으로 태풍/허리케인의 중심 기압이 980mb이고 주변 기압이 1008mb일 때 기압차는 28mb에 달한다.

실제로 태풍/허리케인을 전문적으로 탐색하고 연구하는 기상 정찰기가 기압고도가 5,000피트를 유지하여 폭풍을 통과했을 때 약 2,000피트의 고도 변화를 초래하는 것을 관찰할 수 있음이 보고되었다. 어느 경우든 태풍/허리케인의 영향권을 횡단하는 비행은 매우 위험하므로 피할 수 있도록 비행계획을 수립하고 영향권을 벗어 날 수 있도록 항로를 변경해야 한다. 태풍의 직접적인 영향권에서 벗어난 공역으로 비행계획을 수립하거나 우회 비행을 계획한다면 태풍의 이동 경로를 고려하여 항로를 선정한다. 만약 태풍 진로의 오른쪽으로 비행한다면 항공기는 뒷바람(tailwind)을 받을 것이고, 왼쪽으로 비행한다면 항공기는 맞바람(headwind)을 받게 될 것이다.

| 제2부 |

항공기상업무

항공기상업무(aviation weather service)는 전국에 설치된 기상관측소와 기상위성에서 관측된 기상자료를 수집하고 분석해서 최종 사용자가 유용하게 활용할 수 있도록 제공하는 다양한 종류의 기상 제작물이다. 항공기 사고의 상당한 원인 중 하나가 악기상이기 때문에 기상으로 인한 사고를 낮추기 위한 노력으로 더욱 정확하고 실시간 기상정보를 제공하기 위한 연구와 개발이 계속되고 있다.

이들 기상 제작물은 문자형식이 될 수도 있지만, 영상매체의 발달로 조종실 디스플레이를 통해서 지상과 실시간으로 기상도와 그래픽 형식으로 볼 수 있도록 발달하고 있어 조종사, 관제사, 운항관리사는 물론이고 다른 항공 종사자들도 각종 기상 제작물을 판독할 수 있는 능력이 요구된다.

항공기상업무는 FAA AC 00-45G의 주요 내용을 소개하고 있다. 항공기 운항에 가장 많이 사용되고 있는 METAR, PIREP, 그리고 TAF에 중점을 두었지만, 이외에도 비행 중 항공기상을 실시간으로 제공하는 다양한 종류의 기상도와 그래픽 기상 제작물을 소개하였다. 비록 이들 대부분이 국내에서 활용되고 있지 않을지라도 항공안전을 위한 어떠한 종류의 기상 제작물이 활용되고 있는지 그리고 항공 선진국의 항공기상업무에 관한 지식을 학습하게 될 것이다.

1. 항공기상업무

1.1 항공기상 제작물의 배포

항공기상업무(aviation weather services)의 최종 사용자(ultimate users)는 조종사, 관제사, 그리고 운항관리사(pilots and dispatchers)이다. 이외에도 정비와 관리자는 적절한 항공기상업무로부터 보호받지 못한 항공기가 비행 중에 발생한 피해의 원인이 될 수 있는지 현재까지 알려진 기상(informed of weather)을 보존하기 위해서 사용할 수 있다. 조종사는 항공기상 서비스를 주로 사용하지만 때로는 이들의 기상 제작물(products)의 생산에 참여하기도 한다. 예를 들어 조종사 기상보고(PIREP)는 현재 공중에서 관측된 가장 최근 기상상태로서 다른 조종사의 운항뿐만 아니라 관제사, 운항관리사, 브리퍼와 예보관(briefers and forecasters)의 판단을 보조한다. 조종사는 항공안전과 관련 규정에 따라 매 비행 전 완전히 기상 브리핑(complete weather briefing)을 받아야 하고 이 정보는 안전비행에 필요한 모든 정보를 확인해야 할 책임이 있다.

1.1.1 기상 브리핑

조종사는 비행 전 비행에 중요한 가용한 모든 정보를 수집해야 한다. 이들 정보는 인터넷 또는 기상청에서 제공하는 승인된 기상 출처(approved weather source)로부터 기상전문가를 통해서 받은 기상 브리핑(weather briefings)을 포함한다. 항공기상 전문가는 표준, 약식, 또는 전망(standard, abbreviated or outlook)과 같은 3종류의 기상 브리핑 중 사전에 어느 종류를 필요로 하는지 알아야 한다. 이외에도 다른 필수 정보는 비행방식(VFR or IFR), 항공기 식별 부호와 기종, 출발지점, 출발예정시간(estimated time of departure; ETD), 비행고도, 비행항로, 목적지, 그리고 순항항로예상시간(estimated time en route; ETE) 등이다. 만약 브리핑이 이전에 받은 정보를 업데이트하고자 한다면 마지막 받은 브리핑 시간 역시 중요하다. 이때 기상 브리퍼는 오직 관련 기상 데이터만 제공한다. 브리퍼는 이 정보를 비행계획 시스템에 입력하고 제공한 기상 브리핑의 종류를 기록(notes)한다. 이 정보는 필요할 때 차후 비행계획서를 제출하거나 수정할 때 참고할 수 있다. 또한, 항공기가 도착지연(overdue) 또는 실종 보고되었을 때도 수색 및 구조 업무에 사용된다. 인터넷 데이터는 시간이 자동으로 기록(timestamped)되고 15일 동안 보관(archived)된다. 음성 녹음(voice recordings)은 45일 동안 보관된다.

(1) 표준 브리핑

표준 브리핑(standard briefing)은 완전한 형태의 브리핑으로 세부적인 기상정보를 제공한다. 이 브리핑은 반드시 출발 전에 받아야 하고 비행계획을 수립하는 과정에 활용해야 한다. 표준 브리핑이 비행로(route of flight)에 해당할 때 다음과 같은 정보를 차례대로 제공한다.

① Adverse Conditions(악기상 상태)

이것은 비행로(route of flight)를 취소(cancellation) 또는 변경 여부를 결심하는 데 영향을 미치는 악기상 상태에 관한 정보를 제공한다. 악기상 상태는 뇌우(thunderstorms), 착빙(icing), 난기류(turbulence), 윈드시어(wind shear), 산악 차폐(mountain obscuration), 현재 또는 예보된 IFR 지역, 그리고 공항/활주로 폐쇄(closed), 항공교통지연(air traffic delays), 그리고 임시비행제한(temporary flight restrictions; TFRs)과 같은 중요한 관련 항목들도 함께 포함한다.

② VFR Flight NOT RECOMMENDED(VNR)

만약 비행로의 기상이 VFR 최저치 이하거나, 또는 예보된 기상이 VFR 하에서 비행이 의심스럽다면 브리퍼는 "VFR 비행이 권장되지 않는다(VFR is not recommended)"라는 조언을 하게 될 것이다. 이 조언을 받은 조종사는 VFR 하에서 비행을 계속할 것인지 결심해야 하지만 이 조언을 신중하게 고려해서 결심해야 한다.

③ Synopsis(개황)

개황은 더 큰 기상 그림을 제공하는 개요(overview)이다. 비행로를 따라서 혹은 근처의 전선과 주요 기상체계(fronts and weather systems) 그리고 비행에 영향을 주는 기상에 관한 개략적인 정보를 제공한다.

④ Current Conditions(현재 상태)

이 부분은 비행로를 따라서 현재 지표면 기상관측(current surface weather observations), PIREP, 위성(satellite), 그리고 레이더 데이터가 포함된다. 만약 출발시간(departure time)이 2시간 이상이라면 현재 상태는 브리핑에 포함되지 않는다.

⑤ En Route Forecast(순항항로 예보)

순항항로 예보는 예정된 비행로를 위한 기상예보를 요약한 것이다.

⑥ Destination Forecast(목적지 예보)

목적지 예보는 도착예정시간(estimated time of arrival; ETA)에서 목적지 공항을 위해서 예상되는 기상을 요약한 것이다.

⑦ Winds and Temperatures Aloft(상층 바람과 기온)

상층풍과 기온은 비행로를 따라서 특정 고도에서 예보된 바람이다. 그러나 기온 정보는 요청이 있을 때만(on request) 제공된다.

⑧ NOTAM

이 부분은 NOTAM 간행물(publication)에 발행되지 않은 비행로와 관련된 NOTAM 정보를 제공한다. 이미 발행된 NOTAM 정보는 요청이 있을 때만 브리핑 중에 제공된다.

⑨ Prohibited and Special Flight Rules Areas(금지 그리고 특별비행규칙 지역)

⑩ ATC Delays(ATC 지연)

이것은 비행에 영향을 줄 수 있는 이제까지 알려진 ATC 지연을 조언(advisory)하는 것이다.

⑪ Other Information(기타 정보)

브리퍼는 표준 브리핑의 마지막에 비행계획을 개시하고(to open a flight plan) 교신하는데 필요한 무선 주파수(radio frequency)를 제공할 것이다. 이외에도 조종사가 요청한 부가 정보 역시 이때 제공된다.

(2) 약식 브리핑

약식 브리핑(abbreviated briefing)은 표준 브리핑의 축소판이다. 출발이 지연되었을 때 또는 이전 표준 브리핑을 업데이트하는 데 특정 기상정보가 필요할 때 반드시 요청해야 한다. 이 경우 브리퍼에게 이전 브리핑을 받은 시간과 출처를 제공함으로써 필수 기상정보가 부주의하게 빠뜨리는 것을 방지할 수 있다.

(3) 전망 브리핑

전망 브리핑(outlook briefing)은 계획된 출발이 6시간 이상일 때 요청한다. 이것은 비행을 계획하고 있는 시간대의 범위로 제한되는 최초 예보정보(initial forecast information)를 제공한다. 이 종류의 브리핑은 비행로, 고도, 그리고 최종적으로 “go, no-go” 결심에 영향을 줄 수 있는 비행을 계획하는데 필요한 양호한 기상정보 출처이다. 이 경우 출발 전 후속 표준 브리핑을 받을 것을 권장한다. 이것은 전망 브리핑이 통상 지리적으로 출발공항 근처에서 기상 추세와 현재 기상(weather trends and existing weather)을 바탕으로 한 정보이기 때문이다. 비행업무사무소(FSS)의 주목적은 항공안전을 위한 항공사회에 서비스를 제공하는 것이다. 따라서 조종사는 브리핑 중 또는 종료 후 의문이 있는 사항이나 확실하게 이해하지 못한 내용에 관해서 질문하는 것을 주저해서는 안 된다. 브리핑은 조종사가 예상할 수 있는 기상이 무엇인가 명확한 그림이 되었을 때만 완전한 것으로 고려되어야 한다. 또한, 조종사는 가능하다면 출발 직전 최종 기상 점검을 해야 한다.

1.1.2 인터넷을 통한 조종사 브리핑

(1) 사용자직접접속 터미널 서비스

DUATS/DUAT은 신체검사증명서(current medical certificate)를 소지한 조종사가 NWS 기상정보에 접속하고 컴퓨터를 이용해서 비행계획을 제출할 수 있는 서비스이다. FAA와 계약을 맺은 민간업자가 민간 조종사와 다른 관련 사용자에게 기상정보와 비행계획서를 처리하는 서비스이다. 이 서비스는 조종사가 개인 컴퓨터를 이용해서 기상정보를 얻고 VFR/IFR 비행계획서의 제출, 취소 또는 수정할 수 있도록 허용되는 전화와 인터넷 기반 시스템이다.

※ Direct Use Access Terminal Service(DUATS/DUAT)

(2) Lockheed Martin Flight Services Web Portal

Lockheed Martin Flight Services는 비행계획수립을 위한 웹 포털(web portal)을 제공한다. 조종사는 사전에 등록해야 하고 조종사 브리핑과 비행계획수립 기능에 접속하기 위해서 사용자 계정(user account)을 만들어야 한다. VFR 수색과 구조(search and rescue) 업무 역시 VFR 비행계획을 제출하고 등록 사용자(registered users)에게 제공한다.

1.1.3 항공 디지털 데이터 서비스

항공 디지털 데이터 서비스(aviation digital data service; ADDS)는 디지털과 그래픽 예보, 분석, 그리고 항공관련 기상 변수(parameters)들의 관측을 문자형식으로 항공사회에 제공한다. 이외에도 ADDS는 사용자가 특정 비행로를 따라서 데이터를 볼 수 있도록 하는 비행경로도구(flight path tool)를 갖추고 있다. 사용자는 수평과 수직 모두에서 착빙, 난기류, 기온, 바람, 습도, AIRMET, METAR, TAF 등을 볼 수 있다. 또한, 이 사이트는 ARTCC 경계, 지방(주), 고속도로, 그리고 강 등을 포함하고 있는 많은 오버레이 옵션(overlay options; *어떤 표면을 얇게 덮는 것을 의미하며, 컴퓨터 분야에서는 사용 가능한 주소 공간 이상의 프로그램을 작동할 수 있게 하는 프로그래밍 기법*)을 허용한다.

1.1.4 전화정보 브리핑 서비스

전화정보 브리핑 서비스(telephone information briefing service; TIBS)는 일부 비행업무사무소에서 준비하고 운용된다. TIBS는 기상과 항공정보를 전화 녹음(telephone recordings)으로 연속 제공하는 서비스이다. 특히 TIBS는 공역 절차와 특별 공지문(special announcements; *게시, 글을 통해 알림*)과 함께 지역과 항로 브리핑(area and route briefings)을 제공한다. 이것은 예비 브리핑 도구(preliminary briefing tool)로 사용할 수 있도록 계획되지만, FSS 전문가로부터 표준 브리핑을 대체하는 것은 결코 아니다. TIBS 서비스는 일일 24시간 가용하고 변화가 있을 때 업데이트된다. 이 서비스는 오직 터치-톤 전화(touch-tone phone)만을 이용해서 접속할 수 있다. 또한, TIBS에는 지표면 관측, TAF, 그리고 상층풍과 기온 예보가 포함되지만, 이들로 한정되는 것은 아니다. 각 FSS는 최소한 4개의 항로/지역 브리핑을 제공한다. 지역 브리핑은 최소 50 NM 반경을 포함한다. 조종사는 특별히 NOTAMs을 위해서 지정된 분리 채널, 또는 브리퍼에 연결해서 지역 또는 항로 브리핑을 통한 NOTAM 데이터에 접속할 수 있다. 분리 채널은 각 항로, 지역, 지방(주) 지상/항공정보, 특별행사, 공역절차 등을 위해서 지정된다. TIBS 녹음 순서와 내용은 다음과 같다.

① Introduction(소개)

이 녹음 정보가 준비된 시간과 항로 또는 지역의 범위가 포함된다. 서비스 지역은 개별 시설의 필요에 맞게 구성될 수 있다.

② Adverse Conditions(악기상 상태)

악기상은 Convective SIGMETs, SIGMETs, AIRMETs, Center Weather Advisories, Alert Severe Weather Watch Bulletins, 그리고 항로/지역 비행에 악영향을 줄 수 있는 기타 요약

된 정보들이 포함된다.

③ VNR Statement(VFR이 권장되지 않음)

현재 또는 예보 상태, 지표면 또는 상층이 VFR 하에서 비행이 어렵다고 판단될 때 포함된다.

④ Synopsis(개황)

항로 또는 지역에 영향을 줄 수 있는 기상체계 또는 기단의 종류, 위치, 그리고 이동에 관해서 간략하게 서술한다. 이것은 상태를 더욱 명확하게 기술하는 데 도움이 될 수 있다면 악기상 또는 VNR 요소와 통합될 수 있다.

⑤ Current Conditions(현재 상태)

항로/지역 상공의 현재 기상상태를 요약한 것이다. PIREPs은 보고된 상층 상태와 관측된 레이더 에코(radar echoes)의 요약이 포함될 수 있다. 또는 특정 출발/목적지 관측 역시 포함될 수 있다.

⑥ Density Altitude(밀도고도)

조종사에게 "check density altitude"는 특정 기온 기준(certain temperature criteria)에 충족하는 2,000피트(MSL) 또는 그 이상의 필드 표고(field elevation)를 갖는 기상 보고 지점을 위해서 포함될 수 있다.

⑦ En Route Forecast(순항항로 예보)

비행의 논리적 순서(예, 상승, 순항항로, 그리고 강하)에서 제공하고 있는 적절한 예보 데이터를 요약한 것이다.

⑧ Winds Aloft(상층풍)

고도 12,000피트에서 수평을 위한 국지 또는 인접 보고 위치(adjacent reporting locations)를 위한 예보 데이터로부터 보간(interpolated; 중간값)한 것과 같은 항로/지역을 위한 상층풍 상태를 요약한 것이다.

⑨ Request for PIREPs(조종사 기상보고 요청)

지역 안에서 또는 항로를 따라서 기상상태가 권유하고 있는(soliciting) PIREPs을 위한 필수 요건에 충족할 때 이를 위한 요청이 녹음에 포함될 수 있다.

⑩ NOTAM

항로/지역에 영향을 주는 NOTAM 정보는 브리핑의 한 부분으로 분리 채널에 포함되거나, 또는 조종사가 기상 브리퍼에 직접 연결해서 얻을 수 있다.

⑪ Military Training Activity(군 훈련 활동)

군 훈련 활동이 포함된 정보를 얻을 수 있는 브리퍼에 연결하기 위한 마무리 알림에 포함된다.

⑫ Closing Announcement(마무리 알림)

TIBS 서비스는 지방시(local time) 1800~0600 사이 시간 중에 단축될 수 있다. 전체 방송 서비스의 재개는 주간(daylight)과 일치하도록 계절적으로 조절될 수 있다. 방송이 단축되는 기간 중 방송재개 시각 그리고 기상 브리핑과 다른 서비스를 위한 FSS와 통화하기 위한 녹음 방송이 있을 수 있다.

1.1.5 비행 중 위험기상 조언 서비스

비행 중 위험기상 조언 서비스(hazardous inflight weather advisory service; HIWAS)는 일부 선택된 NAVAIDs에서 위험 기상정보를 연속 방송하는 국가적 프로그램이다. 방송에는 AIRMETs, SIGMETS, Convective SIGMETs, 그리고 urgent PIREPs과 같은 조언이 포함된다. HIWAS 방송은 단순히 정보를 요약한 것이고, 조종사는 상세한 정보를 확인하기 위해서 비행업무사무소와 교신해야 한다. HIWAS 방송 지역은 HIWAS 출력(outlets)의 150 NM 안으로 지정된다. 방송은 비상상황, 조종사의 신속한 주의(immediate attention)를 필요로 할 때, 또는 순항항로 통신을 유지하기 위해서 제한된 원격통신소(remote communications outlet; RCO)를 사용하기 위한 특정 HIWAS 출력에서 합리적 음성 오버라이드 성능(voice override capability; *녹음 방송보다 실제 음성이 우선할 수 있는 기능*)을 위한 경우를 제외하고 중단 또는 지연되지 않는다. 서비스는 24시간 제공된다. HIWAS 방송은 위험이 없는 기상 조언으로 구성되지만, HIWAS 방송 지역 안에서 위험기상이 발생했다면 위험기상 정보가 녹음으로 방송된다. HIWAS 방송은 다음 요소들을 포함한다.

① 소개(statement of introduction); 해당 지역과 녹음 시간이 포함된다.
② 주요 내용; Convective SIGMETs, SIGMETs, AIRMETs, Urgent PIREPs, Aviation Watch Notification Messages, Center Weather Advisories, 그리고 급속하게 발달하여 강도가 증가하고 있는 독립 뇌우(isolated thunderstorms), 또는 중요하게 고려되지만, 현재 위험기상 조언에 포함되어 있지 않은 광범위하게 확산하고 있는 낮은 실링과 시정의 요약이 포함된다.
③ PIREPs 요청(해당되는 경우)
④ 위험기상에 관해서 추가로 세부적인 정보를 얻기 위해서 FSS와 교신할 것을 권장한다.

일단 HIWAS 방송이 업데이트(updated)되었다면 비상시, 그리고 항행 주파수(navigational frequencies)가 연속방송 서비스를 위해서 전용으로 사용되고 있는 경우를 제외하고 모든 통신/NAVAID 주파수에서 1회 방송된다. HIWAS 방송 지역에서 고장이 발생했을 때 방송은 비상시, 그리고 항행 주파수가 이미 연속방송 서비스를 위해서 전용으로 사용되고 있는 경우를 제외하고 모든 통신과 NAVAID 주파수에서 이루어진다.

[Example]

THIS RECORDING PREPARED AT (time) ZULU. THERE ARE NO HAZARDOUS WEATHER ADVISORIES WITHIN A ONE-FIVE-ZERO NAUTICAL MILE RADIUS OF THIS HIWAS OUTLET.

HIWAS WITHIN A ONE-FIVE-ZERO NAUTICAL MILE RADIUS OF (geographic area) RECORDED AT (time) ZULU (text).

PILOT WEATHER REPORTS ARE REQUESTED.

CONTACT FLIGHT SERVICE, AS APPROPRIATE, FOR ADDITIONAL DETAILS.

ATTENTION ALL AIRCRAFT, HAZARDOUS WEATHER ADVISORY UPDATE FOR (geographical area) IS AVAILABLE ON HIWAS, OR CONTACT FLIGHT SERVICE.

ATTENTION ALL AIRCRAFT, HAZARDOUS WEATHER ADVISORY UPDATE IS AVAILABLE FROM FLIGHT SERVICE.

1.1.6 자동종속감시-방송(ADS-B)

자동종속감시-방송(automatic dependent surveillance-broadcast; ADS-B)은 [그림1-1]과 같이 위성 위치측정, 항공전자, 그리고 지상기반 송수신기의 첨단 기술이 결합된 감시 시스템이다. ADS-B를 장착한 항공기는 자신의 식별자(identifier), 현재 위치, 고도, 그리고 속도 정보를 자동으로 대략 초당 1회 방송한다. 이 같은 비행 데이터의 연속방송은 현용 NAS 레이더/트랜스폰더 기반 감시 시스템보다 항공기 위치 정밀도가 더 우수하다. ADS-B를 위해서 다음과 같은 2개의 다른 데이터링크 시스템을 채택하고 있다.

- 1090 MHz Extended Squitter (1090ES)
- 978 MHz, Universal Access Transceiver (UAT)

1090ES 링크(link)는 주로 FL240 이상에서 운항하는 항공기를 위한 시스템이고, UAT 링크는 저고도에서 운항하는 항공기(general aviation)를 위한 시스템이다. 조종사의 관점에서 보았을 때 이들 2개의 링크의 운용 방식은 유사하고 ADS-B와 TIS-B(traffic information services-broadcast)를 지원한다. UAT link는 FIS-B를 통해서 부가적인 기상과 다른 항공 정보를 제공한다.

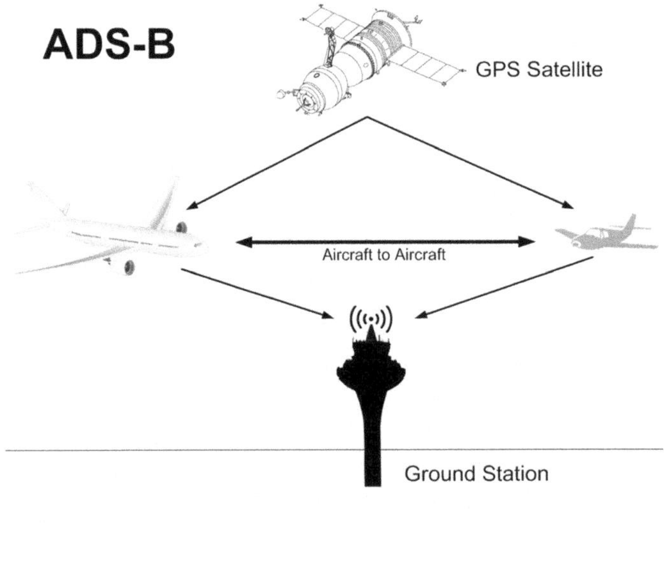

(1) 비행정보서비스-방송(FIS-B)

비행정보서비스-방송(flight information service-broadcast; FIS-B)은 ADS-B Services UAT 네트워크(network)를 통해서 제공되는 지상기반 방송 서비스이다. FIS-B는 전송하고 있는 지상송신소의 통달 범위와 가시선(line of sight) 안에서 운용할 때 978 MHz 데이터링크(data link) 성능으로 사용자에게 제공된다. FIS-B는 기상과 항공정보 제작물의 한 세트를 수신하고 시현(receive and display)하기 위해서 정확한 장비를 갖춘 항공기의 사용자에게만 가용하다. 다음 항목들은 FIS-B를 통해서 무료로 가용한 초기 문자형식과 그래픽 제작물(textual and graphical products) 세트이다.

- Text: METAR and SPECI
- Text: PIREP
- Text: Winds and Temperatures Aloft(상층풍과 기온)
- Text: TAF and amendments(개정)
- Text: NOTAM Distant and Flight Data Center
- Text/Graphic: AIRMET
- Text/Graphic: SIGMET
- Text/Graphic: Convective SIGMET
- Text/Graphic: Special Use Airspace
- Text/Graphic: TFR NOTAM
- Graphic: NEXRAD, Composite Reflectivity Products (Regional and National)

※ Next generation weather radar (NEXRAD)

※ Composite Reflectivity Products (Regional and National).

FIS-B의 사용자는 시스템의 운용 특성과 제한에 관해서 확실하게 익숙해 있어야 한다.

- System architecture(시스템 구조)
- Service environment(서비스 환경)
- Product life cycles(제작물 유효기간)
- Modes of operation(운용 모드)
- Indications of system failure(시스템 고장 지시)

업데이트 간격(update intervals)은 제작물 데이터가 전송을 위해서 소스로부터 가용한 비율이라고 할 수 있다. 전송 간격(transmission intervals)은 새로운 또는 업데이트된 제작물 전송이 시간 내에 완료되어야 하거나, 제작물이 재방송(rebroadcast)되어야 하는 비율 또는 반복 간격(repetition interval)이라고 하는 시간의 양이라고 정의할 수 있다. [표1-1]은 각 제작물을 위한 업데이트와 전송 간격을 보여주고 있다.

FIS-B 제작물(products)은 적용할 수 있는 곳에서 3개의 서비스 영역(service domains; Airport Surface, Terminal Airspace, and En-route/Gulf-of-Mexico(GOMEX))을 위한 NM

단위로 전방관찰 범위(look-ahead range)를 포함한다. 사용자는 각 FIS-B 제작물을 위한 서비스 영역 가용성과 전방관찰 범위를 활용하기 전 사용자 안내서(guide book)를 참고해서 FIS-B 항공전자의 운용에 관해서 확실하게 익숙해 있어야 한다. 사용자는 해당 항공전자 제작자로부터 시현되는 정보의 판독에 관한 안내서(guidance)를 받아야 한다. 사용자는 항공기 시스템 고장으로 기인한 것이 아닌 또는 액티브 NOTAM에서 다루고 있지 않은 FIS-B 결함(malfunctions)은 무선 혹은 전화를 이용해서 가장 가까운 FSS에 보고해야 한다.

(2) FIS-B 제작물의 활용

FIS-B 제작물은 사용자의 상황인식을 향상시키고 더욱 효율적인 ATC/FSS/AOCC 서비스를 사용하고자 함이다. FIS-B에서 제공되는 정보는 본질적으로 조언에 해당하는 것이고 결코 개별적으로 비행 전, 비행 중, 기상, 또는 ATC/FSS/AOCC 서비스에서 제공하는 비행계획 수립을 위한 브리핑을 대신해서 사용해서는 안 된다.

※ TIS-B(traffic information services-broadcast); 교통정보업무-방송

※ ADS-B(automatic dependent surveillance-broadcast); 자동종속감시-방송

※ FIS-B(flight information service-broadcast); 비행정보업무-방송

※ AOCC(airport operations control centre); 공항운용 관제센터

Product	FIS-B Over UAT Service Update Intervals[1]	FIS-B Service Transmission Intervals[2]
AIRMET	As available(가용할 때)	5 minutes
Convective SIGMET	As available(가용할 때)	5 minutes
METARs / SPECIs	1 minute / as available	5 minutes
NEXRAD Composite Reflectivity (CONUS)	15 minutes	15 minutes
NEXRAD Composite Reflectivity (Regional)	5 minutes	2.5 minutes
NOTAMs-D/FDC/TFR	As available	10 minutes
PIREP	As available	10 minutes
SIGMET	As available	5 minutes
Special Use Airspace Status	As available	10 minutes
TAF/AMEND	8 hours/as available	10 minutes
Temperature Aloft	12 hours	10 minutes
Winds Aloft	12 hours	10 minutes

1. 업데이트 인터벌은 제작물 데이터가 소스로부터 가용하게 되는 속도이다.
2. 전송 인터벌은 새로운 또는 업데이트된 제작물 전송이 시간 안에 완료되는 시간의 양이고 제작물이 다시 방송되는 반복 간격이다.

2. 항공기상 제작물

2.1 방침

항공산업의 발달과 함께 더욱 정확하고 실시간 정보를 제공하기 위한 다양한 종류의 항공기상 제작물 필요성이 지속해서 제기되어 왔다. 이에 따라 새로 제작된 일부 기상 제작물(weather products)은 항공사회에서 규정적 필수요건(regulatory requirements)과 새로운 기상 제작물들을 일부 혼동하곤 하였다. 여기서는 이들의 관계를 다음과 같이 명확하게 정리하였다.

- Policy guidance for using aviation weather products
  (항공기상 제작물 사용을 위한 정책 지침)
- Descriptions of the types of aviation weather information
  (항공기상 정보 종류의 서술)
- Categorization of the sources of aviation weather information
  (항공기 기상 출처의 범주화)

일반 인터넷을 통한 이들 기상 제작물에 접속(access)이 증가하면서 항공사회는 셀프-브리핑(self-briefing)을 지원하는 많은 양의 기상정보와 데이터에 접속할 수 있게 되었다. 여기서는 National Weather Service(NWS)에서 제공하는 기상 제작물을 다루고 있다. 그러나 제3의 판매자로부터 기상을 접속하여 일반 인터넷을 이용하고 있는 조종사와 운용자는 서비스의 내용과 제공자의 공시자료(provider disclosure)를 요청하거나 확인해야 한다. 이것은 다음과 같은 내용을 포함하지만, 이들로 한정되는 것은 아니다.

- Type of weather product (기상 종류; 예, 현재 기상 혹은 예보 기상)
- Currency of the product (제작물의 최신성 예, 제작물의 발행일과 유효시간)
- Relevance of the product(제작물의 관련성)

조종사와 운용자(Pilots and operators)는 익숙하지 않은 기상 제작물을 사용할 때 특히 주의해야 하고 의심이 있다면 비행업무사무소 혹은 관계 당국에 문의할 것을 권장한다. 일부 기존 문서형식과 그래픽 제작물(legacy textual and graphical products)의 폐기와 결부된 새로운 기상 제작물의 개발은 규정적 필수요건과 새로운 제작물 사이에 혼동할 수 있다. 모든 비행 관련(flight-related) 항공기상 결심은 적절한 기상 제작물에 가용한 것들을 기초로 이루어져야 한다. 모든 비행이 다 같을 수 없고 그 비행을 위한 기상상태 역시 매시간, 매일 달라서 항공기상 규정적 필수요건에 충족하는데 여러 기상 제작물들이 필수적이다. 대부분의 새로운 기상 제작물들은 정확한 사용 또는 특정 제작물의 적용에 관한 사용주의사항(precautionary use statement)을 제공하고 있다.

2.2 항공기상 정보의 종류

항공기를 운용하는데 필요한 기상정보는 관측(observations), 분석(analyses), 그리고 예보(forecasts)와 같이 3종류로 명확하게 분류하였다.

2.2.1 관 측

관측(observation)은 기상 센서(sensors)들에서 수집된 원래 그대로(raw)의 기상 데이터이다. 기상관측은 한 장소(in situ; *지표면 또는 공중*)에서 수집되었거나 원격 관측소(remote; *기상레이더, 위성, 기상 탐사기, 그리고 번개*)에서 수집된다.

2.2.2 분 석

분석(analysis)은 관측된 기상 데이터를 알기 쉽게 서술했거나 판독(interpretation; *어려운 문장이나 암호 등의 뜻을 헤아려 읽음*)한 것이다.

2.2.3 예 보

예보(forecasts)는 기상관측과 다양한 수치 모델(mathematical models; *현상의 특성을 컴퓨터 연산을 통해 기술할 수 있는 차분화된 운동방정식 체계를 기반으로 구성된 수치 모형*)을 기초로 기상현상(weather phenomena)의 발달과 이동을 예측하는 것이다. 예를 들어 AIRMET, SIGMET, Convective SIGMETs, Center Weather Advisories(CWA), 그리고 Meteorological Impact Statements(MIS)를 포함한 비행 중 기상조언(In-flight weather advisories)은 전형적인 예보 기상정보 제작물로 볼 수 있다.

2.3 항공기상 출처의 범주화

역사적으로 항공기상과 관련된 규정은 기상청과 같은 정부 기관이 유일한 항공기상정보 출처였다. 이것은 FAA와 NWS, 또는 이전의 조직들이 기상예보를 포함한 기상 데이터의 수집과 배포(collection and dissemination)를 위한 유일한 책임을 갖는다는 것을 의미한다. 따라서 용어 "approved source(s)"는 정부에 대해서 독점적으로 고려되어왔다. 그러나 항공기 운용의 복잡성과 정교함 그리고 과학과 첨단 기술의 발달로 이제는 정부 기관이 항공기상정보를 제공하는 유일한 출처가 되지 못한다. 위에서 정의한 3종류의 기상정보는 항공기상정보의 모든 출처로부터 가용하지 않기 때문에 항공기상 출처(sources)에 관한 범주를 다음과 같이 지정하였다.

- Federal Government(정부 기관)
- Enhanced Weather Information System(EWINS)
- Commercial weather information providers(상업 기상정보 제공자)

※ *Enhanced; 정도, 가치, 질 등을 증대, 강화, 향상, 개량, 강화된 것 등을 의미한다.*

2.3.1 정부 기관

FAA 그리고 NWS는 기상관측을 수집한다. NWS는 관측을 분석하고 비행 중 항공기상 조언(in-flight aviation weather advisories; 예, SIGMETs)을 포함한 예보를 생산한다. 이들 기관은 기상관측, 분석, 그리고 예보 제작물을 다양한 시스템을 통해서 배포한다. 정부 기관은 기상관측(예, 계약 관제탑과 공항 운용자)의 출처를 위한 유일한 승인 기관(approval authority)이다. 기상관측을 제공하기 위해서 FAA와 계약을 체결한 상업 기상정보 제공자는 FAA 그리고 NWS 감독하에서 필수 기술과 품질 보증 표준(required technical and quality assurance standards)을 유지하기 때문에 정부로부터 승인된 기상정보 출처의 범주에 포함된다.

2.3.2 Enhanced Weather Information System (EWINS)

EWINS는 항공기상 정보를 수집(gathering), 평가(evaluating), 그리고 배포(disseminating)하고, 훈련된 유자격 항공기상 전문가 또는 항공기 운항관리사(aviation meteorologists or aircraft dispatchers)가 준비한 기상보고와 예보를 발행하기 위한 시스템이다. 항공 운송업자(air carriers)는 각 항공기에 탑재된 전용 EWINS를 활용한다. 이들 운송업자는 EWINS를 사용하기 위해서 FAA로부터 승인을 받아야 한다. 이를 위해서 각 항공기의 EWINS는 충분한 절차, 관계 근무자, 그리고 항공기상 데이터를 효율적으로 수집, 분석, 그리고 배포할 수 있는 통신과 데이터 프로세싱 장비(communications and data processing equipment)를 갖추어야 한다. EWINS 소스는 연방 정부에서 제공되는 기상관측을 기초로 기상 분석과 예보를 생산한다. EWINS 기상 제작물을 사용하기 위한 승인(approval)은 사항별로(case-by-case) 발행되고 현재는 Title 14 of the Code of Federal Regulations (14 CFR) part 91K Program Managers and 14 CFR part 121/135 자격증명 소지자에게만 적용된다. 자격증명 소지자는 그들 자신이 EWINS로서 활동하거나 독립체로부터 이들 서비스를 계약한 사람이어야 한다.

2.3.3 상업 기상정보 제공자

상업 기상 제공자(commercial weather providers)는 항공사회에 기상 제작물을 제공하는 주요 출처이다. 일반적으로 이들은 NWS 제작물의 포매팅(formatting; *서식 설정*)과 배열(layout)을 약간 변형한 NWS 제작물을 기초로 전용 기상 제작물을 생산하지만, 기상정보 자체를 수정하는 것은 아니다. 이를 "repackaging(*다시 포장하는 것 혹은 내용은 그대로이면서 양식을 바꾸는 것*)"이라고도 한다. 또한, 상업 제공자는 예보, 분석, 그리고 다른 전용 기상 제작물(proprietary weather products)을 생산할 수 있고 NWS에서 생산한 제작물에 포함되는 정보를 상당 부분 변경하기도 한다. 단순하게 정보를 변형한 제작물을 사용하는 것과 달리 상업 기상 제공자가 생산한 제작물을 사용하고자 하는 운용자는 EWINS를 사용하기 위해서 FAA 승인을 받아야 한다. 이 같은 서비스의 사용을 고려하고 있는 조종사와 운용자는 서비스의 내용과 제공자의 공시자료(provider disclosure)를 요청하거나 확인해야 한다. 이것은 다음과 같은 내용을 포함하지만, 이들로 한정되는 것은 아니다.

- Type of weather product (기상 종류; 예, 현재 기상 혹은 예보 기상)
- Currency of the product (제작물의 최신성 예, 제작물의 발행일과 유효시간)
- Relevance of the product(제작물의 관련성)

조종사와 운용자는 익숙하지 않은 제작물 혹은 기상 당국(FAA/NWS) 기술 기준에서 지원하고 있지 않은 제작물을 사용할 때 특히 주의해야 한다.

3. 문자형식 제작물

3.1 METAR/SPECI

지표면 기상관측(surface weather observations)은 모든 기상 서비스의 기본이다. 관측은 항공을 포함한 공공 그리고 사적 분야(private sectors)에서 광범위하게 기상과 관련된 활동을 지원하는 예보와 경고를 발표하는 기본 정보이다. METAR/SPECI 코드(code)는 전 세계가 공통으로 사용하고 있지만, 일부는 특정 국가에 맞게 코드의 변형 또는 예외를 허용하고 있다.

3.1.1 METAR

METAR(aviation routine weather report)는 지표면 기상 데이터를 보고하기 위한 WMO와 ICAO 필수요건에 충족하는 주요 관측 코드(primary observation code)이다. METAR 보고에 포함되는 내용은 다음과 같다.

- 공항 식별자
- 관측시간
- 바람
- 시정
- RVR
- 현재 기상
- 하늘 상태
- 기온
- 이슬점
- 고도계 세팅

공항 식별자(identifier)와 관측시간이 없는 것은 이 보고는 전체적으로 "보고 본문(the body of the report)"이라는 것을 나타낸다. 이외에도 "보고 본문"의 데이터에 함축된 코드화 또는 평문 정보(coded and/or plain language information)는 "Remarks"와 같이 코드화되어 있는 METAR의 종결 부분에 첨부될 수 있다. "Remarks" 섹션의 내용은 보고하고 있는 관측소의 종류에 따라 다르다. METAR는 지정된 관측소에서 언급된 몇 개의 요소만을 포함하여 보고되도록 단축(abridged)될 수 있다.

※ 정기(routine); 기한이나 기간이 일정하게 정해져 있는 것 ≠ unscheduled(임시, 비정기)

※ World Meteorological Organization(WMO); 세계기상기구

※ International Civil Aviation Organization (ICAO)

3.1.2 SPECI

SPECI(aviation selected special weather report)는 [표3-1]에서 제시하고 있는 기상 기

준이 정기 보고 사이의 중간 기간(interim period) 중에 관측되었을 때 발표되는 비정기 보고(unscheduled report)이다. SPECI은 METAR에서 사용되는 모든 데이터 요소들 그리고 보고 본문(body of the report)에 있는 데이터에 함축된 추가 평문 정보(additional plain language)가 포함된다. 모든 SPECIs은 관련된 기준이 관측된 후 가능한 한 빨리 발표된다. SPECI 기준(criteria)이 정기 METAR 보고 시간과 일치할 때는 METAR가 발표된다.

1	Wind Shift	풍향이 15분 이내에 45° 이상 변화하고 풍속은 풍향 변동 중 10노트 이상 변화
2	Visibility	보고 본문에 보고된 것과 같은 지표면 시정 미만으로 감소하거나, 또는 이하라면 동등하거나 초과할 때 증가시켜라. a. 3 miles b. 2 miles c. 1 mile d. NOS 계기절차에서 발행된 것과 같은 가장 낮은 계기접근절차 최저치. 만약 발행되지 않았다면 1/2마일을 적용하라.
3	Runway Visual Range (RVR)	지정된 RVR 활주로로부터 가장 높은 값이 감소하거나, 또는 이하라면 이전 10분 동안에 2,400피트와 동등하거나 초과할 때까지 증가시켜라. 미군 관측소는 RVR의 기초로 한 SPECI을 보고하지 않는다.
4	Tornado, Funnel Cloud, or Waterspout	a. 관측되었을 때 b. 시야에서 사라졌거나 종료되었을 때
5	Thunderstorm	a. 시작되었을 때(만약 최근 뇌우가 보고되었다면 SPECI는 새로운 뇌우의 시작을 보고할 것을 요구하지 않는다.) b. 종료되었을 때
6	Precipitation	a. 우박의 시작과 종료 b. 어는 강수의 시작, 종료, 또는 강도의 변화 c. 얼음 싸라기의 시작, 종료, 또는 강도의 변화
7	Squalls	스콜이 발생했을 때
8	Ceiling	실링 아래로 형성 또는 소산, 미만으로 감소, 또는 이하라면 동등하거나 초과할 때까지 증가시켜라. a. 3,000 feet b. 1,500 feet c. 1,000 feet d. 500 feet e. NOS 계기절차에서 발행된 것과 같은 가장 낮은 계기접근절차 최저치. 만약 발행되지 않았다면 200피트를 적용하라.
9	Sky Condition	상층 구름 또는 차폐의 층이 1,000피트 이하에 존재하고 이전 METAR or SPECI에서 1,000피트 이하로 보고된 층이 없을 때
10	Volcanic Eruption	화산폭발이 처음으로 관측되었을 때
11	Aircraft Mishap	중간에 관측된 것이 아닌 한 항공기 재난을 통고받자마자
12	Miscellaneous	관측자의 판단에 책임 있는 기관에서 지정된 다른 기상상황이 매우 중요할 때

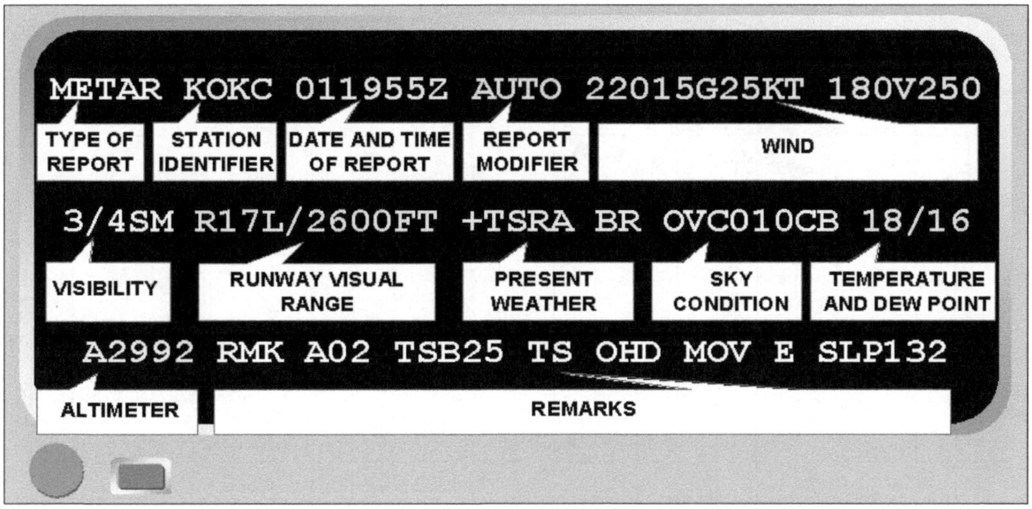

3.1.3 형 식

METAR/SPECI는 2개의 주요 섹션으로 구성된다. 따라서 완전한 METAR/SPECI은 본문과 비고(remarks)로 이루어져 있다. METAR/SPECI에서 어떠한 요소(elements)가 발생하지 않았거나, 또는 관측할 수 없을 때 그 보고로부터 해당 그룹은 생략된다. 다음은 [그림3-1]의 METAR를 요소별로 구분하여 설명한다.

- Body(본문; 최대 11개의 그룹으로 구성)
- Remarks(2개의 범주로 구성)

(1) 보고 종류; METAR

보고 종류(type of report)는 모든 보고의 본문에 앞에 METAR or SPECI가 지정된다.

(2) 관측소 식별자; KOKC

ICAO 형식에 따른 관측소 식별자(station identifier)는 코드화된 보고(coded report)에 적용되는 관측소를 식별하기 위해서 모든 보고에 포함된다. ICAO 공항 코드(airport code)는 전 세계 각 공항에 지정되는 4-문자 알파벳 코드이다. ICAO 코드는 항공교통 관제사와 에어라인 운용 부서에서 비행을 계획할 때 사용된다. 이들 코드는 일반에서 사용되는 예약업무, 수화물 처리와 에어라인 시간표(airline timetables)를 위해서 사용되는 IATA 코드와 동일하지 않다. 또한, ICAO 코드는 공항에 있거나 혹은 공항 밖에 있는 기상관측소를 식별하는 데도 사용된다. IATA와 달리 ICAO 코드는 지역구조(regional structure)로 부여된다. 예를 들어 첫 문자는 대륙에 따라(by continent) 할당되고, 두 번째는 대륙 내의 국가 코드(country code), 그리고 나머지 두 문자는 각 공항을 식별하는 데 사용된다. [그림3-2] 예를 들어 미국의 경우 ICAO 관측소 식별자는 3-문자 IATA 식별자 앞에 K가 붙는다. 예를 들어 Seattle, Washington (IATA

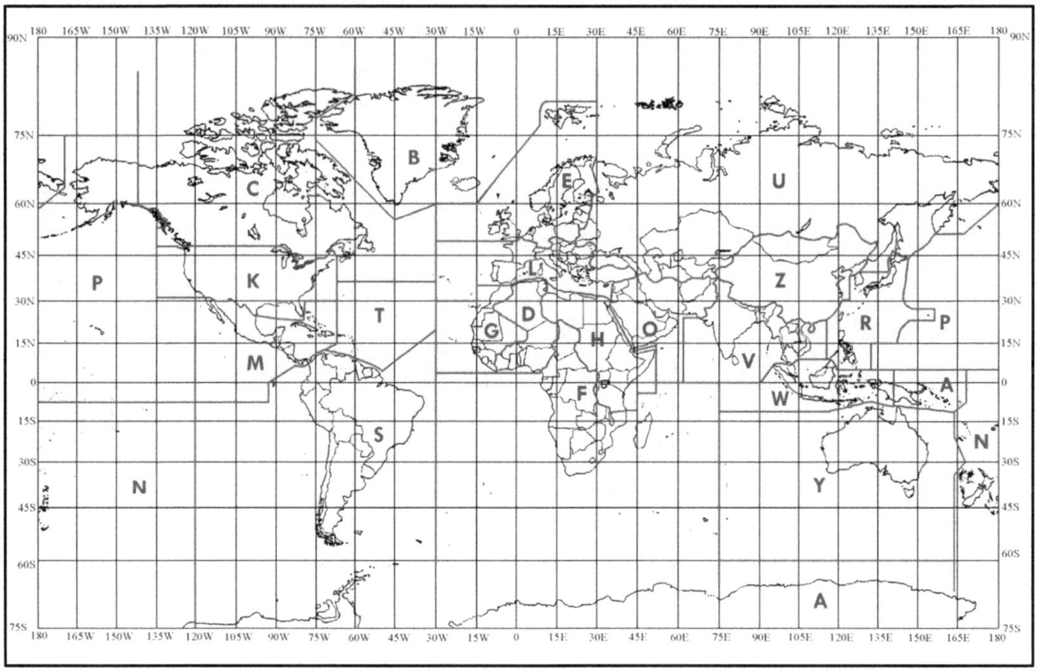

identifier SEA)의 ICAO 식별자는 KSEA가 된다. Alaska, Hawaii, and Guam의 경우 ICAO 공항 식별자는 정확한 국가 코드(A, H, and G respectively) 앞에 대륙 코드 P를 붙이고 2-문자 공항 식별자로 구성된다. 우리나라와 일본은 대륙 코드 R-문자가 부여된다. 예를 들어 인천국제공항은 RKSI, 김포국제공항은 RKSS이다.

※ International Air Transport Association (IATA)

(3) 보고 날짜와 시간; 011955Z

METAR 보고 날짜와 시간(date and time)은 다음과 같이 코드화된다. 첫 두 숫자는 날짜, 다음 두 숫자는 시간, 그리고 다음 두 숫자는 분이다. 따라서 1일 19시 55분에 발표된 것임을 알 수 있다. 코드화된 관측시간은 METAR의 실제 시간(real time) 또는 SPECI을 위한 기준에 충족하거나 관측되었을 때이다. 만약 보고가 이전에 배포된 것을 수정(correction)하는 것이라면 수정 보고된 시간은 보고를 수정하는데 적용한 시간과 동일하다. 날짜와 시간 그룹은 항상 Zulu 시간(UTC; 협정세계시)임을 나타내기 위해서 Z-문자를 끝에 붙인다. 따라서 "METAR KOKC 011955Z"는 관측소 KOKC에서 1일 1955 UTC에 작성되어 2000시에 배포되었다.

(4) 보고 변경자; AUTO

보고 변경자(report modifier) "AUTO"는 METAR/SPECI가 관측자의 개입 또는 어떠한 감독 없이 완전히 자동으로 보고된 것임을 의미한다. 만약 수정된 METAR 또는 SPECI이라면 보고 변경자는 AUTO 대신 "COR"로 표기된다.

(5) 바람 그룹; 22015G25KT 180V250

바람 그룹(wind group)은 주어진 지점에서 측정한 공기의 수평 이동이다. 바람은 방향과 크기를 갖는 벡터(vector)로 측정되고 바람이 불어오는 방향을 지시한다. 바람 그룹에서 바람방향은 첫 세 숫자로 조합되고 2분 동안 기록된 평균 풍향으로 결정된다. 이것은 진북(true north)에 상대적인 10° 단위로 코드화된다. 100° 미만의 방향은 앞에 0을 붙인다. 따라서 풍향이 90°라면 090과 같이 코드화된다. 풍향 바로 다음 풍속이 2-숫자 혹은 3-숫자로 코드화된다. 풍속은 2분 동안 평균 풍속(knots)으로 결정되고 10단위 숫자, 필요시에는 100단위 숫자 전체를 코드화한다. 풍속이 10노트 미만일 때 앞에 0을 붙여 최소 2-숫자 바람 코드를 유지한다. 예를 들어 풍속이 8노트라면 "08KT"와 같이 코드화(coded)된다. 바람 그룹은 항상 풍속이 노트(knots)로 보고되었음을 나타내기 위해서 "KT"를 붙여 코드화한다. 일부 국가에서는 노트 대신 시간당 km(kilometers per hour; KPH) 또는 초당 미터(meters per second; MPS)를 사용하기도 한다.

[Examples]

- 05008KT; Wind 50 degrees at 8 knots
- 15014KT; Wind 150 degrees at 14 knots
- 340112KT; Wind 340 degrees at 112 knots

① 돌풍

최근 10분 동안 풍속 데이터는 돌풍 발생 가능성을 평가한다. 돌풍(gusts)은 풍속이 최대에서 무풍(peaks and lulls) 사이의 변동이 10노트 또는 그 이상 발생하는 급격한 풍속의 변동(rapid fluctuations)이다. 돌풍으로 코드화되는 풍속은 최대 순간 풍속(maximum instantaneous wind speed)이다. 돌풍은 풍속 코드 다음에 "G" 문자를 붙이고 2-숫자 또는 3-숫자로 코드화된다. 돌풍은 10단위 숫자, 필요시에는 100단위 숫자 전체를 코드화한다. 예를 들어 바람이 서쪽에서 20노트가 측정되었고 돌풍이 35노트 관측되었다면 27020G35KT와 같이 코드화된다.

② 가변 풍향-6노트 미만(speed 6 knots or less)

풍향은 이전 2분 평가 기간 중 풍속이 6노트 또는 미만일 때 가변(variable)으로 고려될 수 있다. 이 경우 바람은 3-숫자 풍향 대신 VRB와 같이 코드화될 수 있다. 예를 들어 풍속이 3노트로 기록되었다면 이것은 VRB03KT와 같이 코드화된다.

③ 가변 풍향-6노트 이상(speed greater than 6 knots)

풍향을 2분 동안 평가 중 60° 또는 그 이상 변화가 있고 풍속이 6노트 이상일 때도 역시 가변으로 고려될 수 있다. 이 경우 가변 풍향 그룹은 바람 그룹 다음에 코드화된다. 풍향 가변성은 시계방향으로 코드화되고 최대 풍향은 V-자로 분리해서 표기된다. 예를 들어 바람이 180°에서 240°까지 10노트가 변동되었다면 이것은 21010KT 180V240와 같이 코드화된다.

④ 무풍

공기의 이동이 탐지되지 않았을 때 바람은 무풍(calm wind)으로 보고된다. 무풍은 00000KT와 같이 코드화된다.

(6) 시정 그룹; 3/4SM

시정(visibility)은 대기의 불투명(opacity of the atmosphere)을 측정한 것이다. 우시정(prevailing visibility)은 관측시간 중 관측소에서 보고된 대표 시정 상태라고 할 수 있는 보고된 시정(recorded visibility)이다. 수평 원의 최소 절반을 통해서 가장 멀리 볼 수 있는 거리이지만 반드시 연속될 필요는 없다. 지표면 시정(surface visibility)은 수동 관측소에서 지표면으로부터 우시정 또는 자동 관측소(automated stations)에서 센서로부터 수집된 시정이다. 시정 그룹(visibility group)은 육상 마일로 지표면 시정으로 코드화된다. 보고가 가능한 시정 값의 정수와 분수는 여백을 두어 표기된다. 시정 그룹은 육상 마일(in statute miles)이라는 것을 지시하기 위해서 끝에 SM을 붙인다. 예를 들어 시정이 1.5마일이라면 이것은 1 1/2SM와 같이 코드화된다. 일부 국가에서는 코드화하지 않고 미터를 사용하기도 한다. 자동 관측소는 "less than(미만)"을 지시하기 위해서 M을 앞에 붙인다. 예를 들어 M1/4SM은 시정이 1/4 SM 미만이라는 것을 의미한다.

(7) RVR 그룹; R17L/2600FT

RVR(runway visual range; *활주로 가시거리*)은 조종사가 활주로를 볼 수 있는 시정계로 측정한 수평거리이다. RVR은 관측소에 RVR 장비를 갖추고 있거나 우시정이 1 SM 또는 미만일 때 그리고 지정된 계기 활주로(designated instrument runway)를 위한 RVR이 6,000피트 또는 그 미만일 때 보고된다. 그렇지 않으면 RVR 그룹은 생략된다. RVR은 다음과 같은 형식으로 코드화된다. 첫 문자 R은 활주로(runway)를 위한 코드이고 다음 활주로 번호(runway number)가 표기된다. 평행 활주로(parallel runway)의 경우 방향 문자(L, C, R)가 활주로 번호 끝에 부여된다. 다음 "/"를 붙이고 RVR 값과 "FT"를 붙여 완성한다. 예를 들어 Runway 01L을 위한 RVR이 800피트일 때 R01L/0800FT와 같이 코드화된다. 일부 국가에서는 미터를 사용하기도 한다.

RVR 값은 1,000피트까지 100피트 증분(increments; *반복 동작 상태에서 어떤 데이터 항목에 대하여 일정한 규칙으로 양 또는 값을 가산하는 것*)으로, 그리고 1,000피트부터 3,000피트까지는 200피트 증분, 그리고 6,000피트까지 500피트 증분으로 코드화된다. 자동 관측소에서 RVR은 4개의 지정된 활주로까지 보고될 수 있다. RVR 값이 1개 이상으로 보고된 값이 다를 때 최저 RVR과 최대 RVR 사이에 "V"를 삽입하여 구분한다. 예를 들어 Runway 01L을 위한 10분 동안 RVR이 600피트에서 1,000피트 사이 가변일 때 R01L/0600V1000FT와 같이 코드화된다. 만약 RVR이 가장 낮게 보고된 값 미만(less than)이라면 RVR 그룹은 앞에 "M"을 붙인다. 예를 들어 Runway 01L을 위한 RVR이 600피트 미만이라면 R01L/M0600FT와 같이 코드화된다. 만약 RVR이 가장 높게 보고된 값 이상(greater than)이라면 RVR 그룹은 앞에 "P"를 붙인다. 예를 들어 Runway 27을 위한 RVR이 6,000피트 이상이라면 R27/P6000FT와 같이 코드화된다.

(8) 현재 기상 그룹; +TSRA BR

현재 기상(present weather)은 강수(precipitation), 차폐(obscurations), 그리고 다른 기상 현상(weather phenomena)이 포함된다. 이 그룹을 코드화하는 순서와 용어는 [표3-2]와 같다. 예를 들어 +TSRA BR의 경우 강도(intensity)는 강함(heavy; +), 서술자(descriptor)는 뇌우(TS), 강수(precipitation)는 비(RA) 그리고 차폐(obscuration)는 박무(BR)이다.

QUALIFIER		WEATHER PHENOMENA		
INTENSITY OR PROXIMITY 1	DESCRIPTOR 2	PRECIPITATION 3	OBSCURATION 4	OTHER 5
- Light	MI Shallow	DZ Drizzle	BR Mist	PO Dust/Sand whirls
Moderate[2]	PR Partial	RA Rain	FG Fog	SQ Squalls
Heavy	BC Patches	SN Snow	FU Smoke	FC Funnel Cloud, Tornado, or Waterspout[4]
VC; In the Vicinity[3]	DR Low Drifting	SG Snow Grains	VA Volcanic Ash	SS Sandstorm
	BL Blowing	IC Ice Crystals (Diamond Dust)	DU Widespread Dust	DS Duststorm
	SH Shower(s)	PL Ice Pellets	SA Sand	
	TS Thunderstorms	GR Hail	HZ Haze	
	FZ Freezing	GS Small Hail or Snow Pellets	PY Spray	
		UP Unknown Precipitation		

1. 기상 그룹은 위의 표에 있는 1~5까지 순서대로 강도, 서술자, 다음 기상현상과 같이 구성된다. 예, heavy rain shower(s); +SHRA와 같이 코드화된다.
2. 보통강도(moderate intensity)를 나타내기 위한 입력 혹은 부호는 사용되지 않는다.
3. 근처(vicinity)에 관한 의미는 본문을 참고하라.
4. 토네이도와 용오름(tornadoes and waterspouts)은 +FC와 같이 코드화된다.

※ MODIFIER(변경자); 기계어 명령에 포함된 주소를 변환하는 데 사용되는 값

※ QUALIFIER(수식어); 영문법의 형용사와 유사한 역할을 하는 단어를 사용하여 이름을 구별하는 법. 즉, 이름에 정보를 덧붙여 같은 이름들을 다르게 구별하는 것이다.

※ DESCRIPTOR(서술자); 정보의 분류와 색인에 사용하는 어구

※ INTENSITY; 강도

※ OBSCURATION; 차폐

각 종류의 현재 기상을 위해서 분리 그룹이 사용된다. 각 그룹은 여백(space)으로 서로 분리된다. METAR/SPECI 보고는 3개 미만(no more than; ≤)의 현재 기상 그룹을 포함한다. 만약 한 종류 이상의 현재 기상이 동일한 시간에 보고될 때 현재 기상은 다음과 같은 순서로 보고된다.

- 토네이도 활성; 토네이도, 깔때기 구름, 또는 용오름(Tornado, Funnel Cloud, or Waterspout)
- 강수의 동반 여부와 관계없이 뇌우
- 우세함이 감소하는 순서에 따른 현재 기상. (예) 가장 우세한 종류가 제일 먼저 보고된다.
- [표3-2]에서 왼쪽에서 오른쪽 순으로(1~5)

수식어(qualifiers)는 기상현상을 서술하기 위해 결합해서 사용할 수 있다. 현재 기상 수식어는 다음과 같은 2개의 범주에 속한다.

- Intensity 또는 Proximity(강도 또는 근접도)
- Descriptors(서술자)

① 강도 수식어

강도 수식어(intensity qualifiers)는 "light", "moderate", 그리고 "heavy"이다. 이들은 뇌우(thunderstorm; TS)와 관련된 것 그리고 소나기성(showery nature; SH)과 관련된 것을 포함하여 빙정(ice crystals; IC)과 우박(hail; GR or GS)을 제외한 강수 종류와 함께 코드화된다. 토네이도와 용오름(waterspouts)은 "heavy; +FC)"와 같이 코드화된다. 먼지날림(blowing dust), 모래날림(blowing sand; BLSA), 그리고 눈날림(blowing snow)의 차폐는 강도가 부여되지 않는다. 오직 보통 혹은 강한 강도(moderate or heavy intensity)만이 모래폭풍(sandstorm; SS)과 먼지폭풍(duststorm; DS)에 부여된다. 한 종류 이상의 강수(one form of precipitation)가 동시에 발생하고 있거나 강수가 차폐와 함께 발생하고 있을 때 보고된 강도는 누적(cumulative)을 의미하는 것은 아니다. 강도가 보고된 것은 각 종류의 강수 강도 이상이 되지 않는다.

② 근접도 수식어

근접도 수식어(proximity qualifiers)는 관측 지점을 넘어서(beyond) 발생하고 있는 기상현상은 근처(vicinity; VC)로 보고된다. VC는 다음 요소들과 결합하여 코드화된다.

- Thunderstorm (TS)
- Fog (FG)
- Shower(s) (SH)
- Well-developed dust/sand whirls (PO)
- Blowing dust (BLDU)
- Blowing sand (BLSA)
- Blowing snow (BLSN)
- Sandstorm (SS)
- Duststorm (DS)

강도 수식어는 VC와 함께 코드화되지 않는다. 예를 들어 VCFG는 일부 안개의 종류가 관측 지점의 5~10 SM 사이에 형성되어 있다는 의미로 코드화될 수 있다. 또 다른 사례로 VCSH는 소나기가 관측 지점의 5~10 SM 사이에 발생하고 있다는 것을 의미한다. 관측 지점 또는 관측 지점의 근처에서 발생하고 있는 기상현상(weather phenomena)은 보고 본문에 코드화된다. 관측 지점으로부터 10 SM을 초과해서 관측된 기상현상은 본문에 코드화되지 않고 비고 섹션에 코드화된다.

③ 서술자 수식어(descriptor qualifier)

서술자(descriptors)는 더욱 세부적인 기상현상으로 확대된 수식어이고 일부 강수와 차폐의 종류에 관해서 사용된다. 서술자 수식어는 다음과 같다.

- Shallow(얕음; MI)
- Partial(국지적, 부분적; PR)
- Patches(흩어짐, 이곳저곳; BC)
- Low drifting(낮게 날림; DR)
- Blowing(바람에 날리다, 흩날리다; BL)
- Shower(소나기성; SH)
- Thunderstorm(뇌우; TS)
- Freezing(결빙, 어는; FZ)

오직 한 개의 서술어(qualifier)만이 "FZDZ"와 같이 각 기상현상 그룹에 코드화된다. 여기서 서술자 shallow (MI), partial (PR), and patches (BC)는 오직 FG와 함께 코드화된다. 박무(mist; BR)는 어느 서술자와도 코드화되지 않는다. 서술자 low drifting (DR) and blowing (BL)은 BLSN or DRSN와 같이 오직 dust (DU), sand (SA), and snow (SN)와 함께 코드화된다. DR은 지표면 위로 6피트 미만에서 입자들 날림(drifting; *눈, 모래 따위가 날려서 쌓이는 것*)을 위한 것으로 DU, SA, 또는 SN와 함께 코드화된다. Blowing snow가 구름으로부터 내리고 있는 그룹과 함께 관측되었을 때 SN BLSN과 같이 두 현상 모두 보고된다. 만약 Blowing snow와 관측자가 눈이 내리고 있는지를 결정할 수 없다면 BLSN으로 보고된다. Spray (PY)는 오직 blowing (BL)과만 코드화된다. 소나기 종류의 강수(showery-type precipitation; SH)를 위한 서술자는 하나 또는 그 이상 rain (RA), snow (SN), ice pellets (PL), small hail (GS), or large hail (GR)를 위한 강수 수식어와 코드화된다. 이외에 다른 강수가 VC와 코드화될 때 강수의 강도와 종류는 코드화되지 않는다. Thunderstorm (TS)을 위한 서술자는 뇌우가 강수를 동반하지 않을 때 자체적으로 코드화될 수 있다. 또한, 뇌우는 rain (RA), snow (SN), ice pellets (PL), small hail/snow pellets (GS), or hail (GR)와 같은 강수의 종류와 코드화될 수 있다. 예를 들어 "snow and small hail and/or snow pellets"를 동반한 뇌우는 TSSNGS와 같이 코드화된다. TS는 SH와 코드화되지 않는다. 서술자 freezing (FZ)은 오직 fog (FG), drizzle (DZ), 또는 rain (RA)과 함께 코드화(예, FZRA)된다. FZ는 SH와 코드화되지 않는다.

④ 강수

강수(precipitation)는 대기에서 내려와 지면에 떨어지는 액체 혹은 고체(liquid or solid) 모두를 포함한 물방울(water droplets)의 형태이다. 강수의 종류는 다음과 같다.

- Drizzle(이슬비; DZ)
- Rain(비; RA)
- Snow(눈; SN)
- Snow grains(싸락눈; SG)
- Ice crystals(빙정; IC)
- Ice pellets(얼음 싸라기, 싸락우박; IP)
- Hail(우박; GR)
- Small hail and/or snow pellets(작은 우박 또는 싸라기눈; GS)
- Unknown precipitation(미확인 강수; UP)

만약 자동 관측소가 강수의 발생을 탐지했지만, 강수 센서(precipitation sensor)가 종류를 구분하지 못했다면 UP로 보고된다. 강수는 3종류까지 단일 기상현상 그룹에 코드화될 수 있다. 이들은 강도를 기초로 우세함이 감소하고 있는 순서로 코드화된다.

⑤ 차폐

차폐(obscurations)는 수평 시정(horizontal visibility)을 감소시키고 있는 강수 이외에 대기에서 발생하는 현상이다. 차폐의 종류는 다음과 같다.

- Mist(박무; BR) ※ 엷게 낀 안개
- Fog(안개; FG)
- Smoke(연기; FU)
- Volcanic ash(화산재; VC)
- Widespread dust(광범위한 먼지; DU)
- Sand(모래; SA)
- Haze(연무; HZ)
- Spray(물보라; PY)

물보라(spray; PY)는 오직 BLPY와 같이 코드화된다. 화산재(volcanic ash), 낮게 날리는 먼지(low drifting dust), 낮게 날리는 모래(low drifting sand), 그리고 낮게 날리는 눈, 얇은 안개(shallow fog), 부분 안개(partial fog), 그리고 곳곳에 낀 안개(patches of fog)를 제외하고 차폐는 지표면 시정이 7마일 미만 또는 운용상 중요하게 고려된다면 보고 본문에 코드화된다. 화산재는 관측되었을 때 항상 보고된다.

⑥ 다른 기상현상

이외에 포함되는 다른 기상현상 종류는 다음과 같다.

- Well-developed dust/sand whirls(잘 발달한 먼지/모래 회오리; PO)
- Sand storms(모래폭풍; SS)
- Dust storms(먼지폭풍; DS)
- Squalls(스콜; SQ)
- Funnel clouds(깔때기 구름; FC)
- Tornados and waterspouts(토네이도와 용오름; +FC)

[Examples]

- -DZ; Light drizzle
- -RASN; Light rain and snow
- SN BR; (Moderate) snow, mist
- -FZRA FG; Light freezing rain, fog
- SHRA; (Moderate) rain shower
- VCBLSA; Blowing sand in the vicinity
- -RASN FG HZ; Light rain and snow, fog, haze
- TS; Thunderstorm (without precipitation)
- +TSRA; Thunderstorm, heavy rain
- +FC TSRAGR BR; Tornado, thunderstorm, (moderate) rain, hail, mist

(9) 하늘 상태 그룹; OVC010CB

하늘 상태는 하늘에 관측된 현상을 기술한 것이다. 이것은 다음과 같이 코드화된다.

- Sky condition(하늘 상태)
- Vertical visibility(수직 시정)
- Clear skies(맑음)

하늘 상태 그룹은 하늘을 덮은 구름의 양을 기초로 한 첫 3-숫자 그리고 구름 덮임 기저의 높이(height of the base of the sky cover; 마지막 3-숫자)로 구성된다. 구름 덮임과 높이 사이에 여백 없이 표기된다. 구름층의 높이(feet)는 지상 위의 높이(AGL)로 보고된다. 하늘 상태는 오름차순(ascending order; *값이 작은 쪽에서 큰 쪽으로의 순서*)으로 코드화되고 첫 오버캐스트 층(overcast layer)에서 종료된다. 산악 관측소에서 구름층이 관측소 아래에 있다면 구름층의 높이는 "///"와 같이 코드화된다. 수직시정(vertical visibility)은 불명확 실링(indefinite ceiling) 속에 수직시정 앞에 "VV"를 붙여 VV002와 같이 코드화된다. 그룹 식별자와 수직시정 사이에 여백(space)을 두지 않는다. [그림3-3]은 활주로를 향해서 강하하고 있는 항공기로부터 시정에서 차폐의 효과(effect of an obscuration)를 보여주고 있다.

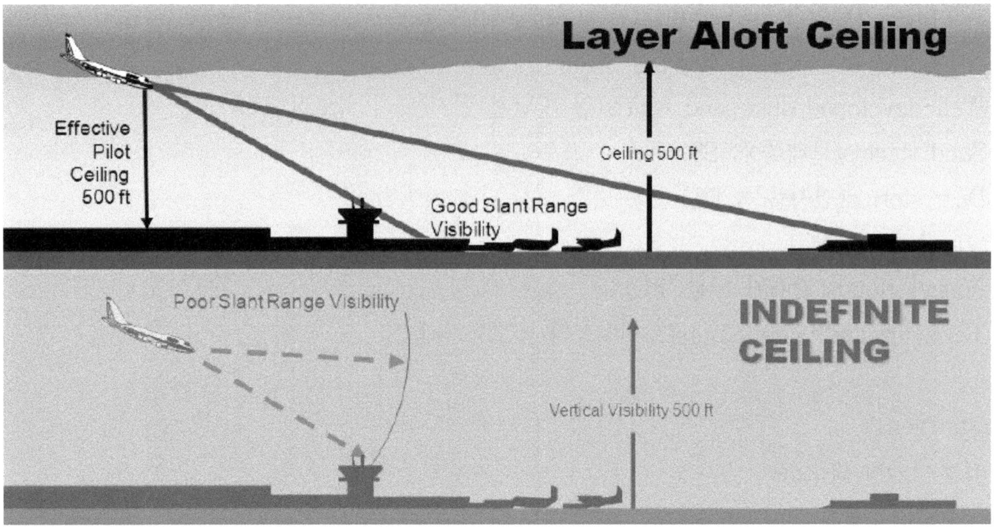

형식(format)에서 맑은 하늘(clear skies)은 SKS 또는 CLR로 코드화된다. SKC를 사용했을 때 관측자의 관측에 구름층이 존재하지 않는 것을 지시하고, CLR이 사용되었을 때 자동 관측소에서 12,000피트 또는 그 미만에서 구름층이 탐지되지 않았다는 것을 의미한다. 각 코드화된 층은 여백을 주어 다른 층과 분리한다. 각 보고된 층은 [표3-3]과 같이 적절한 축약어를 사용해서 코드화된다. 맑은 하늘의 보고(SKC or CLR)는 그 자체 내에서 완전한 구름층 보고(complete layer report)이다. 약어 FEW, SCT, BKN, 그리고 OVC는 구름층 높이 다음에 여백 없이 코드화된다. 구름층의 높이는 [표3-4]에 따라 3-숫자를 이용해서 지표면 위 백 단위 피트로 코드화된다.

실링(ceiling)은 브로큰 또는 오버캐스트(broken or overcast)로 보고된 가장 낮은 구름층이다. 만약 하늘이 구름으로 지상과 완전하게 차폐되어 있다면 수직시정이 실링이다. 수동 관측소에서 적란운(cumulonimbus; CB) 또는 탑적운(towering cumulus; TCU)은 관련 구름층에 첨부된다. 예를 들어 1,500피트에서 탑적운의 스캐터 층(scattered layer)은 SCT015TCU와 같이 코드화되고 추가로 코드화해야 하는 더 높은 구름층이 있다면 여백을 두고 표기된다.

[Examples]

- SKC; No layers are present
- CLR; No layers are detected at or below 12,000 feet AGL
- FEW004; Few at 400 feet AGL
- SCT023TCU; Scattered layer of towering cumulus at 2,300 feet
- BKN105; Broken layer (ceiling) at 10,500 feet
- OVC250; Overcast layer (ceiling) at 25,000 feet

Reportable Contraction	Meaning	Summation Amount of Layer
VV	Vertical Visibility	8/8
SKC or CLR[1]	Clear	0
FEW[2]	Few	1/8 - 2/8
SCT	Scattered	3/8 - 4/8
BKN	Broken	5/8 - 7/8
OVC	Overcast	8/8
1. 축약어 CLR은 자동 관측소에서 12,000피트 또는 그 이하에 구름층이 없을 때 보고된다. SKC는 수동 관측소에서 구름층이 보고되지 않았을 때 사용된다. 2. 운량이 1/8 미만은 FEW로 보고된다.		

- VV001; Indefinite ceiling with a vertical visibility of 100 feet
- FEW012 SCT046; Few clouds at 1,200 feet, scattered layer at 4,600 feet
- SCT033 BKN085; Scattered layer at 3,300 feet, broken layer (ceiling) at 8,500 feet
- SCT018 OVC032CB; Scattered layer at 1,800 feet, overcast layer (ceiling) of cumulonimbus at 3,200 feet
- SCT009 SCT024 BKN048; Scattered layer at 900 feet, scattered layer at 2,400 feet, broken layer (ceiling) at 4,800 feet

Range of Height Values (feet)	Reportable Increment (feet)
Less than or equal to 5,000	To nearest 100
5,001 to 10,000	To nearest 500
Greater than 10,000	To nearest 1,000

(10) 기온/이슬점 그룹; 18/16

기온(temperature)은 주변 공기(ambient air)의 뜨거움 또는 찬 정도(hotness or coldness of the ambient air)를 온도계로 측정한 것이다. 이슬점(dew point)은 공기가 완전히 포화될 때까지 주어진 공기 덩어리(parcel of air)가 일정한 압력과 일정한 수증기 함량(constant pressure and constant water vapor content)에서 냉각되는 기온이다. 기온과 이슬점은 전체 섭씨 값의 근사치까지 반올림하여 두 숫자로 코드화된다. 예를 들어 0.3°는 00으로 코드화된다. 결빙점 이하의 기온과 이슬점은 앞에 M-자를 붙인다. 예를 들어 기온 4℃와 이슬점 -2℃는 04/M02와 같이 코드화된다. 기온 -2℃는 M02와 같이 코드화된다. 만약 기온이 가용하지 않다면 전체 기온/이슬점 그룹은 코드화되지 않는다. 그러나 이슬점만 가용하지 않다면 "/"를 부여하여 표기한다. 예를 들어 기온이 1.5℃이고 이슬점이 보고되지 않았다면 "02/"와 같이 코드화된다.

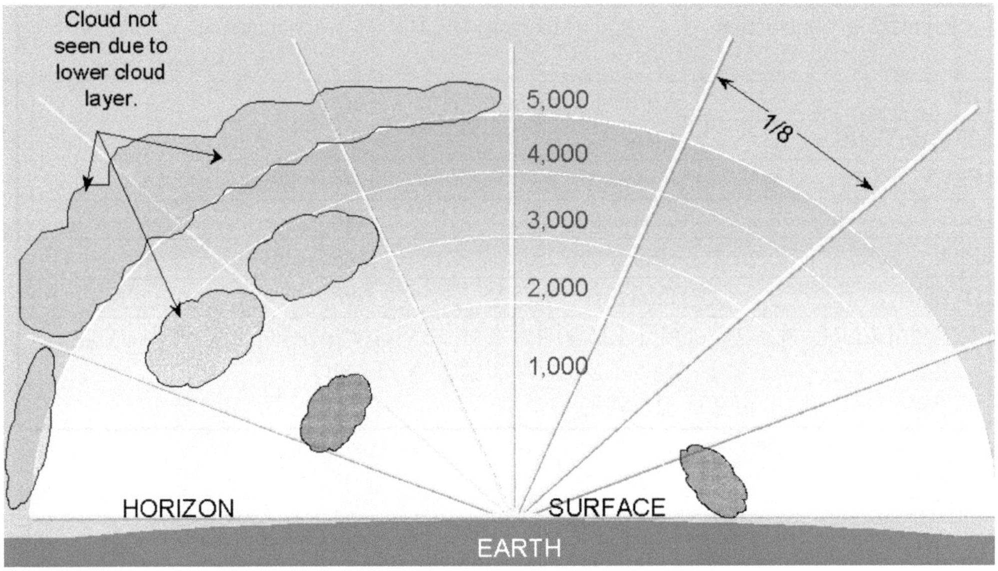

FEW012 SCT030 BKN050

(11) 고도계; A2992

고도계 세팅(altimeter setting) 그룹은 표고에서 현재 기압을 코드화한다. 이 세팅은 평균 해수면의 고정 평면(fixed plane) 상공 진고도(true altitude)를 결정하기 위해서 항공기 고도계에서 사용된다. 고도계 그룹은 항상 "A(*수은 인치에서 고도계 세팅을 위한 국제적 표시자*)"로 시작되고 수은 인치(inches of mercury)를 4-숫자 그룹(29.92)으로 표기되지만, 소수점은 코드화되지 않는다. 예를 들어 고도계 세팅이 29.92인 경우 A2992와 같이 코드화된다.

(12) 비고; RMK AO2 TSB25 TS OHD MOV E SLP132

비고(remarks)는 해당 사항이 있을 때 모든 METAR와 SPECI에 포함된다. 비고는 축약어(contraction) RMK를 사용해서 보고 본문과 분리된다. 비고가 없을 때 축약어 RMK도 사용되지 않는다. METAR/SPECI 비고는 2개의 범주로 나누어진다. [표3-5]

- Automated, Manual, and Plain Language(자동, 수동, 그리고 평문)
- Additive Maintenance Data(부가 정비 데이터)

비고는 다음과 같이 구성된다.

① 시간은 관측된 시간과 동일할 때 생략하고 분(minutes)만 기재한다. 만약 시간이 다르면 시간과 분(hours and minutes)을 함께 기재한다.

Automated, Manual, and Plain Language				Additive and Automated Maintenance Data	
1	Volcanic Eruptions	14	Hailstone Size	27	Precipitation*
2	Funnel Cloud	15	Virga	28	Cloud Types*
3	Type of Automated Station	16	Variable Ceiling Height	29	Duration of Sunshine*
4	Peak Wind	17	Obscurations	30	Hourly Temperature and Dew Point
5	Wind Shift	18	Variable Sky Condition	31	6-Hourly Maximum Temperature*
6	Tower or Surface Visibility	19	Significant Cloud Types	32	6-Hourly Minimum Temperature*
7	Variable Prevailing Visibility	20	Ceiling Height at Second Location	33	24-Hour Maximum and Minimum Temperature*
8	Sector Visibility	21	Pressure Rising or Falling Rapidly	34	3-Hourly Pressure Tendency*
9	Visibility at Second Location	22	Sea-Level Pressure	35	Sensor Status Indicators
10	Lightning	23	Aircraft Mishap	36	Maintenance Indicator
11	Beginning and Ending of Precipitation	24	No SPECI Reports Taken	Note: 부가 데이터는 주로 기후학 목적으로 National Weather Service에서 사용한다. * 이들 그룹은 항공사회에 직접 영향을 주지 않고 여기에서 다루지 않는다.	
12	Beginning and Ending of Thunderstorms	25	Snow Increasing Rapidly		
13	Thunderstorm Location	26	Other Significant Information		

② 보고 본문에 코드화된 현재 기상이 VC와 함께 코드화되었다면 관측소로부터 방향과 같이 알려진 사항이 더 서술될 수 있다. 관측지점의 10 SM을 초과하는 지역의 기상현상은 관측소로부터 방향 앞에 distant(DSNT)를 붙여 코드화된다. 예를 들어 관측소의 동쪽 10 SM 이내에서 강도를 알 수 없는 강수(precipitation of unknown intensity)는 "VCSH E"와 같이 코드화된다. 관측소의 서쪽 25 SM에서 발생한 번개는 "LTG DSNT W"와 같이 코드화된다.

③ 비고에서 거리는 육상 마일(statute miles; SM)로 표기되고 자동 번개 비고는 해리(nautical miles; NM)로 표기된다.

④ 구름 또는 기상의 이동을 알았을 때 현상이 이동하고 있는 방향에 관해서 코드화된다. 예를 들어 북동진하고 있는 뇌우는 "TS MOV NE"와 같이 코드화된다.

⑤ 방향은 시계방향으로 코드화된 나침반의 주요 8방위를 사용한다.

⑥ 비고는 가능한 한 이들이 [표3-5]에서 나타나는 순서대로 기재한다.

(13) Automated, Manual, and Plain Language Remarks

일반적으로 비고는 본문에서 보고된 변수들을 보충 설명한다. 자동과 수동 비고는 자동 관측소 또는 관측자 모두 생산할 수 있다. 평문(plain language) 비고는 오직 관측자만 제공한다.

① Volcanic Eruptions(화산폭발; 평문)

화산폭발은 평문으로 코드화되고 관련 내용이 알려졌을 때 다음 사항들을 포함한다.

- Name of volcano(명칭)
- Latitude and longitude or the direction and approximate distance from the station (위도와 경도 또는 관측소로부터 대략적인 방향과 거리)
- Date/Time (UTC) of the eruption(폭발 시간)
- Size description, approximate height, and direction of movement of the ash cloud (규모, 화산재의 대략적인 높이, 그리고 이동 방향)
- Any other pertinent data about the eruption(폭발에 대한 기타 적절한 데이터)

예들 들어 화산폭발 비고는 다음과 같이 발령된다.

```
MT. AUGUSTINE VOLCANO 70 MILES SW ERUPTED AT 231505 LARGE ASH CLOUD
EXTENDING TO APRX 30000 FEET MOVING NE.
```

화산폭발 전 활동(pre-eruption volcanic activity)은 코드화되지 않고 화산폭발 징후를 알리는 비정상 또는 화산활동의 증가로 고려된다.

② Funnel Cloud(깔때기 구름)

수동 관측소에서 토네이도, 깔때기 구름(funnel clouds), 그리고 용오름(waterspouts)은 다음과 같은 형식으로 코드화된다. 토네이도 활성, TORNADO, FUNNEL CLOUD, or WATERSPOUT, 다음에 시작과 종료시각, 그리고 관측소로부터 현재까지 알려진 현상의 위치와 방향 그리고 이동이 관측되었다면 이동 방향이 코드화된다. 예를 들어 TORNADO B13 6 NE는 토네이도가 (보고된 시간) 13분에 시작되었고 관측소의 북동쪽 6 SM에 있다.

③ Type of Automated Station(자동 관측소의 종류)

AO1 or AO2는 자동 관측소(automated stations)로부터 모든 METAR/SPECI에 코드화된다. 강수 판별기(discriminator)가 없는 자동 관측소는 AO1로 구분되고 강수 판별기를 갖춘 자동 관측소는 AO2로 식별된다.

④ Peak Wind(최대풍속)

최대풍속은 다음과 같은 형식으로 코드화된다. 비고 식별자 PK WND 다음 마지막 METAR이기 때문에 풍향(첫 3-숫자), 최대풍속(peak wind; 다음 2-숫자 혹은 3-숫자), 그리고 발생시간이 코드화된다. 비고 식별자(PK WND)와 풍향풍속 그룹 사이에 여백을 두고, 풍향풍속 그룹과 시간 사이에 "/"로 구분한다. 예를 들어 최대풍속이 280°에서 45노트이고 (보고된 시간) 15분에 발생했다면 이것은 PK WND 28045/15와 같이 코드화된다.

⑤ Wind Shift(바람 급변)
바람 급변(wind shift)은 다음과 같이 코드화된다. 비고 식별자(remark identifier WSHFT) 다음에 바람 급변이 시작된 시각이 코드화된다. 만약 바람 급변이라고 고려할 만한 합리적 데이터가 전선통과(frontal passage)의 결과라면 축약어 FROPA가 시간 다음에 기재된다. 비고 식별자와 시간 사이에 여백을 두고, 가능하다면 시간과 전선통과 축약어 사이에도 여백을 둔다. 예를 들어 (보고 시간) 30분에 시작된 전선통과를 동반한 바람 급변을 보고하는 비고는 WSHFT 30 FROPA과 같이 코드화된다.

⑥ Tower or Surface Visibility(관제탑 또는 지표면 시정)
관제탑 또는 지표면 시정은 다음과 같이 코드화된다. 관제탑 비고 식별자 또는 지표면 비고 식별자(tower TWR VIS or surface SFC) 다음에 관제탑 혹은 지표면에서 관측된 시정 값이 코드화된다. 각 비고 요소들 사이에 여백을 둔다. 예를 들어 관제탑 시정이 1 1/2 SM이라면 TWR VIS 1 1/2과 같이 코드화된다.

⑦ Variable Prevailing Visibility(가변 우시정)
가변 우시정은 다음과 같이 코드화된다. 비고 식별자 VIS 다음에 가장 낮은 시정과 가장 높은 시정을 V-자를 붙여 구분한다. 비고 식별자 다음에 여백을 두고 V-자 그리고 최저/최대치 사이는 여백을 두지 않는다. 예를 들어 시정이 1/2 SM에서 2 SM 사이라면 VIS 1/2V2와 같이 코드화된다.

⑧ Sector Visibility(섹터 시정; 평문)
섹터 시정은 비고 식별자 다음에 나침반 8방위를 참고한 섹터 다음 육상 마일(SM)로 표기된다. 예를 들어 시정이 북동 옥타(northeastern octant)에서 2 1/2 SM이라면 VIS NE 2 1/2과 같이 코드화된다.

⑨ Visibility at Second Location(제2의 위치에서 시정)
제2의 지정된 자동 관측소 위치(second location)에서 시정은 비고 식별자 VIS 다음에 측정된 시정 값 그리고 관측소에서 시정 센서의 특정 위치(specific location)가 코드화된다. 이 비고는 오직 상태가 보고 본문(body of report)에 포함된 것보다 더 낮을 때만 표기될 것이다. 예를 들어 RWY 11에 있는 제2의 센서(second sensor)에서 측정된 시정이 2 1/2 SM이라면 VIS 2 1/2 RWY11과 같이 코드화된다.

⑩ Lightning(번개)

번개(LTG)가 수동 관측소에서 관측되었을 때 번개의 빈도와 종류(type and frequency of lightning) 그리고 위치가 보고된다. 예를 들어 [표3-6]의 축약어를 사용해서 번개의 종류와 빈도는 OCNL LTGICCG NW, FRQ LTG VC, 또는 LTG DSNT W와 같이 코드화된다.

Type of Lightning		
Type	Contraction	Definition
Cloud-ground	CG	번개가 지상과 구름 사이에서 발생
In-cloud	IC	번개가 구름 속에서 발생
Cloud-cloud	CC	번개가 한 구름에서 다른 구름으로 발생
Cloud-air	CA	번개가 구름에서 공기 중으로 발생하지만, 지상에 도달하지 않음
Frequency of Lightning		
Frequency	Contraction	Definition
Occasional	OCNL	Less than 1 flash/minute.
Frequent	FRQ	About 1 to 6 flashes/minute.
Continuous	CONS	More than 6 flashes/minute.

번개가 자동 관측소에서 탐지되었을 때 다음과 같이 코드화된다.

- Airport Location Point(ALP)의 5 NM 이내일 때 비고 없이 보고 본문에 TS와 같이 보고된다.
- ALP의 5~10 NM 사이일 때 비고 없이 보고 본문에 VCTS와 같이 보고된다.
- ALP의 10~30 NM 미만이라면 LTG DSNT 다음에 ALP로부터 방향이 비고에 보고된다.

⑪ Beginning and Ending of Precipitation(강수의 시작과 종료 시각)

강수의 시작과 종료 시각은 지정된 관측소에서 강수의 종류 다음, 강수의 시작을 의미하는 B-문자 그리고 강수의 종료를 의미하는 E-문자 다음에 발생시각이 코드화된다. 이들 요소 사이에 여백을 두지 않는다. 강수의 시작과 종료 시각의 코드화 시간은 다음 METAR의 비고 섹션에서 볼 수 있다. SPECI 보고에서 시간은 필요하지 않다. 강도 수식어(intensity qualifiers) 역시 코드화된다. 예를 들어 비가 0005에 시작되었고 0030에 종료된 다음 눈이 0020에 시작되어 0055에 그쳤다면 비고는 RAB05E30SNB20E55와 같이 코드화된다. 만약 강수가 소나기성이라면 비고는 SHRAB05E30SHSNB20E55와 같이 코드화된다. 만약 비가 그쳤고 눈이 0042에 시작되었다면 RAESNB42와 같이 코드화된다.

⑫ Beginning and Ending of Thunderstorms(뇌우의 시작과 종료 시각)

뇌우의 시작과 종료는 TS 다음에 발생하기 시작한 시각과 종료 시각을 각각 B, E를 붙여 코드화한다. 요소들 사이에 여백을 두지 않는다. 예를 들어 뇌우가 0159에 시작되어 0230에 그쳤다면 비고는 TSB0159E30과 같이 코드화된다.

⑬ Thunderstorm Location (뇌우 위치; 평문)
뇌우(TS) 위치는 뇌우 식별자 다음에 관측소로부터 뇌우의 위치 그리고 현재까지 알려진 뇌우의 이동 방향을 코드화한다. 예를 들어 뇌우가 관측소로부터 남동쪽에 있고 북동진하고 있다면 TS SE MOV NE와 같이 코드화된다.

⑭ Hailstone Size (우박 크기; 평문)
우박(hailstone) 크기는 우박 식별자 GR 다음에 가장 큰 우박의 크기가 표기된다. 우박 크기는 1/4 인치로 증분(increments) 된다. 예를 들어 GR 1 3/4은 가장 큰 우박의 직경이 1 3/4인치라는 것을 의미한다. 만약 작은 우박 또는 싸락눈(snow pellets)이라면 보고의 본문에 GS로 코드화되고 비고에 우박 크기는 코드화되지 않는다.

⑮ Virga (꼬리구름; 평문)
꼬리구름은 식별자 VIRGA 다음에 관측소로부터 방향이 표기된다. 관측소로부터 현상의 방향은 VIRGA or VIRGA SW와 같은 방식으로 표기된다.

⑯ Variable Ceiling Height(가변 실링 높이)
가변 실링 높이는 식별자 CIG 다음에 여백을 두고 보고된 가장 낮은 실링 높이와 V-자를 붙인 후 가장 높은 실링 높이를 여백 없이 코드화한다. 예를 들어 실링이 500피트와 1,000피트 사이에 가변이라면 CIG 005V010과 같이 코드화된다.

⑰ Obscurations(차폐; Plain Language)
지표면으로부터 혹은 상층(surface-based or aloft) 차폐는 다음과 같이 코드화된다. 지상 또는 상층 차폐의 원인이 되는 기상 식별자 다음에 상층 차폐(FEW, SCT, BKN, OVC) 또는 지표면 차폐(FEW, SCT, BKN)의 하늘 덮임, 다음에 높이를 코드화한다. 지표면으로부터 차폐는 000의 높이로 코드화된다. 차폐의 원인이 되는 기상현상과 하늘 덮임 사이에 여백을 둔다. 그러나 하늘 덮임과 높이 사이에는 여백을 두지 않는다. 예를 들어 안개(fog)로 인해서 하늘의 3/8~4/8가 가려져(hiding) 있다면 FG SCT000과 같이 코드화된다. 또 다른 사례로 연기로 인해서 2,000피트에 브로큰 층이 있다면 이는 FU BKN020과 같이 코드화된다.

⑱ Variable Sky Condition (가변 하늘 상태; Plain Language)
가변 하늘 상태 비고는 운용상 2개의 중요한 하늘 상태(FEW, SCT, BKN, and OVC)들 사이에 가변성(variability)을 지시하는 V-자를 붙이고 전후에 여백을 둔다. 만약 여러 층이 동일한 상태의 양이라면 가변 구름층 높이로 코드화한다. 예를 들어 브로큰과 오버캐스트 사이에 구름층이 1,400피트에서 가변이라면 BKN014 V OVC과 같이 코드화된다.

⑲ Significant Cloud Types (중요 구름 종류; Plain Language)
중요 구름 종류에 대한 비고는 모든 보고에 코드화된다.

ⓐ Cumulonimbus or Cumulonimbus Mammatus(적란운 또는 적란운 유방운)
뇌우와 관련되지 않은 적란운 또는 적란운 유방운은 구름 종류(CB or CBMAM) 다음에 관측소로부터 방향과 이동 방향이 코드화된다. 구름 종류, 위치, 방향, 그리고 이동 방향은 각각 여백을 두고 기재한다. 예를 들어 관측소 서쪽 10 SM까지 CB가 동쪽으로 이동하고 있다면 CB W MOV E와 같이 코드화된다. 만약 CB가 관측소 서쪽 10 SM 이상의 거리에 있다면 CB DSNT W와 같이 코드화된다. 적란운(CB)은 항상 탑적운(towering cumulus; TCU)이 더욱 발달하여 시작된다. CB 안에 혹은 CB로부터 비정상적인 천둥과 번개(lightning and thunder)의 발생은 잘 알려진 뇌우 제목으로 이어진다. 뇌우는 통상 심한 난기류(severe turbulence), 심한 착빙(severe icing), 저고도 윈드시어(low level wind shear; LLWS), 그리고 IFR 상태가 포함된다.

ⓑ Towering Cumulus(탑적운)
탑적운은 식별자 TCU 다음에 관측소로부터 방향이 코드화된다. 구름 종류와 방향은 여백을 두고 표기된다. 예를 들어 관측소 서쪽 10 SM까지 범위에 있는 탑적운은 TCU W와 같이 코드화된다.

ⓒ Altocumulus Castellanus(탑 고적운)
탑 고적운은 식별자 ACC 다음에 관측소로부터 방향이 코드화된다. 구름 종류와 방향은 여백을 두고 표기한다. 예를 들어 고적운이 관측소 북서 방향 5~10 SM 위치에 있다면 ACC NW과 같이 코드화된다.

ⓓ Standing Lenticular or Rotor Clouds(정체 렌즈구름 또는 로터 구름)
권적운(cirrocumulus; CCSL), 고적운(altocumulus; ACSL), 층적운(stratocumulus; SCSL), 또는 회전구름(rotor clouds)은 구름 종류 다음에 관측소로부터 방향이 코드화된다. 구름 종류와 방향은 각각 여백을 두고 표기된다. 예를 들어 관측소의 남서-서쪽에서 관측된 고적운 정체 렌즈구름(altocumulus standing lenticular clouds)은 ACSL SW-W와 같이 코드화된다. 관측소의 북동쪽 방향 5~10 SM에 뚜렷하게 관측된 회전구름(rotor cloud)은 APRNT ROTOR CLD NE과 같이 코드화된다. 그리고 관측소의 남쪽에 있는 권적운은 CCSL S와 같이 코드화된다.

※ Rotor clouds; 산악 장애물의 후면에서 발견되는 난류성 구름. 구름 속의 공기는 이동 거리에 평행한 축에 대해서 회전하고 로터 구름은 격렬한 난기류의 가능성을 지시한다.

※ APRNT(apparent; 뚜렷한, 명백한)

⑳ Ceiling Height at Second Location(제2의 장소에서 실링 높이)
제2의 관측소 위치(second location)에서 실링 높이는 식별자 CIG 다음에 측정된 실링의 높이와 관측소에서 특정 운고계(ceilometer)의 위치가 코드화된다. 이 비고는 오직 실링이 보고의 본문에 포함된 것보다 낮을 때만 기록된다. 예를 들어 RWT 11에 있는 제2의 센서에서 측정된 실

링이 200피트에 브로큰이라면 비고는 CIG 002 RWY11과 같이 코드화된다.

㉑ Pressure Rising or Falling Rapidly(기압의 급상승과 급하강)
지정 관측소에서 기압 보고는 기압의 변화가 발생하고 있는지를 결정하기 위해서 평가된다. 만약 기압이 시간 당 최소 0.06인치 비율에서 상승 혹은 하강(rising or falling)하고 있고 기압이 관측시간에 총 0.02인치 또는 그 이상이라면 기압 변화 비고가 보고된다. 기압이 관측시간에 빠르게(rapidly) 상승 혹은 하강하고 있을 때 비고 식별자 PRESRR (pressure rising rapidly) or PRESFR (pressure falling rapidly)가 비고에 포함된다.

㉒ Sea-Level Pressure(해수면 기압)
해수면 기압은 지정 관측소에서 식별자 SLP 다음에 헥토파스칼(in hectopascal) 해수면 기압이 코드화된다. 백과 천 단위는 코드화되지 않기 때문에 코드에서 적절하게 추론(inferred)해야 한다. 예를 들어 해수면 기압이 998.2 헥토파스칼일 때 이것은 SLP982와 같이 코드화된다. 해수면 기압이 1013.2 헥토파스칼일 때 SLP132와 같이 코드화된다. METAR에서 해수면 기압이 가용하지 않다면 SLPNO와 같이 코드화된다.

㉓ Aircraft Mishap (항공기 재난; Plain Language)
항공기 재난이 통보되었을 때 SPECI 보고가 기상상태를 문서로 만들기 위해서 사용된다면 비고 ACFT MSHP는 보고에 코드화되지만 전송(transmitted)되지 않는다.

㉔ No SPECI Reports Taken (SPECI 보고가 없음; Plain Language)
SPECIs를 다루지 않는 수동 관측소에서 비고 NOSPECI는 다음 METAR가 보고될 때까지 기상상태에서 변화가 없음을 알리기 위해서 코드화된다.

㉕ Snow Increasing Rapidly(급격한 적설량)
지정 관측소에서 급격하게 증가하는 적설량은 눈 깊이(snow depth)가 지난 한 시간 동안(in the past hour) 1인치 또는 그 이상 증가할 때마다 NEXT METAR에 보고된다. 비고 식별자 SNINCR 다음에 한 시간 동안 쌓인 깊이 그리고 보고 시간에 지면에 쌓인 총 깊이를 코드화한다. 한 시간 동안 쌓인 눈의 깊이와 지상에 쌓인 총 깊이(total depth)는 "/"로 분리한다. 예를 들어 한 시간 동안 쌓인 눈 깊이가 2인치이고 지면에 쌓인 총 깊이가 10인치라면 SNINCR 2/10와 같이 코드화된다.

㉖ Other Significant Information (기타 중요 정보; Plain Language)
안개 소산 작업(fog dispersal operations), 활주로 상태(runway status), 그리고 관측소로부터 FIRST or LAST 보고와 같은 이들 운용에 중요한 관련 정보들이 보고에 기관 혹은 대행업체(agencies)가 포함될 수 있다.

(14) Additive and Automated Maintenance Data(부가적인 그리고 자동 정비 데이터)

부가 데이터 그룹(additive data groups)은 오직 지정 관측소에만 보고되고 기후학 목적(climatological purposes)으로 NWS에서 주로 사용된다. 이들 대부분은 항공사회에 직접적인 영향을 주지 않지만, 일부 사항만 아래에서 다룬다. [표3-5]

① Hourly Temperature and Dew Point(매시 기온과 이슬점)

관측소(지정)에서 매시 기온과 이슬점 그룹은 섭씨 10분의 1(tenth of a degree Celsius)까지 코드화된다. 예를 들어 기록된 기온이 +2.6℃이고 이슬점이 -1.5℃라면 이것은 T00261015와 같이 코드화된다. 코드 형식은 다음과 같다.

T - 그룹 지정자(Group indicator)
0 - 영상(positive; +), 관측시간에 영하(negative; -)로 보고되었다면 1을 사용한다.
026 - 10단위 근사치까지 측정된 기온이고 02.6과 같이 읽는다.
1 -영하를 지시하고 관측시간에 영상이라면 0을 사용한다.
015 - 이슬점은 10단위 근사치로 기입하고 01.5와 같이 읽는다.

이 요소들 사이에 여백을 두지 않는다. 예를 들어 기온이 2.6℃, 이슬점이 -1.5℃일 때 보고 본문에는 03/M01과 같이 코드화되고 매시간 기온과 이슬점 그룹은 T00261015와 같이 코드화된다. 만약 이슬점이 없고 기온만 보고되었다면 기온만 보고되고, 기온이 보고되지 않았다면 매시 기온과 이슬점 그룹(hourly temperature and dew point group)은 보고되지 않는다.

② Maintenance Data Groups(정비 데이터 그룹)

센서 상태 지시자와 정비 지시자(Sensor Status Indicators and the Maintenance Indicator)는 오직 자동 관측소에서만 보고된다.

ⓐ Sensor Status Indicators(센서 상태 지시자)

센서 상태 지시자는 다음과 같이 보고된다.

- RVR이 보고되지 않았고(missing) 정상적으로 보고되어야 한다면 RVRNO이 코드화된다.
- 자동 관측소가 현재 기상 식별자(present weather identifier)를 갖추었고, 센서가 작동되지 않을 때 비고 PWINO가 코드화된다.
- 자동 관측소가 팁핑(전도) 버킷형 우량계(tipping bucket rain gauge; *수수기(受水器)에 들어간 빗물을 버킷으로 받아, 전도할 때마다 전기 펄스를 출력하는 방식의 우량계*)를 갖추고 있고 센서가 작동되지 않을 때 비고 PNO가 코드화된다.
- 자동 관측소가 어는비 센서(freezing rain sensor)를 갖추고 있고 센서가 작동되지 않을 때 비고 FZRANO가 코드화된다.
- 자동 관측소가 번개탐지장치(lightning detection system)를 갖추고 있고 센서가 작동되지 않을 때 비고 TSNO가 코드화된다.

• 자동 관측소가 2차(보조) 시정 센서(secondary visibility sensor)를 갖추고 있고 센서가 작동되지 않을 때 비고 VISNO LOC가 코드화된다.
• 자동 관측소가 2차(보조) 운고계(secondary ceiling height indicator)를 갖추고 있고 센서가 작동되지 않을 때 비고 CHINO LOC가 코드화된다.

ⓑ Maintenance Indicator(정비 지시자)

정비 지시자는 자동화 시스템이 시스템에서 정비(maintenance)의 필요성을 감지했을 때 $ 와 같이 코드화된다.

3.1.4 METAR/SPECI 사례

[사례1]

METAR KNSI 031656Z VRB03KT 5SM HZ SCT007 21/17 A2989 RMK SLP121 T02060172		
GROUP	CODED	TRANSLATION
Type of Report	METAR	Aviation Routine Weather Report
Station Identifier	KNSI	United States San Nicolas Island, California
Date and Time of Report	031656Z	3rd day of the month, 1656 UTC
Report Modifier	[omitted]	Either a manual or an augmented observation
Wind	VRB03KT	Wind variable at 3 knots (4 mph, 1.5 m/s)
Visibility	5SM	Visibility five statute miles (8.0 kilometers)
Runway Visual Range	[omitted]	
Present Weather	HZ	Haze
Sky Condition	SCT007	Scattered at 700 feet AGL
Temperature/ Dewpoint	21/17	Temperature 21℃ (69°F), dewpoint 17℃ (63°F)
Altimeter	A2989	29.89 inches of mercury (1012.3 millibars, 1012.3 hectopascals)
Remarks	RMK	Remarks section designator
Automated, Manual, and Plain Language	SLP121	Sea level pressure 1012.1 hectopascals (1012.1 millibars)
Additive and Automated Maintenance Data	T02060172	Temperature 20.6℃ (69°F), dewpoint 17.2℃ (63°F)

[사례2]

<table>
<tr><td colspan="3">SPECI KCOT 292020Z AUTO 13009KT 3SM TSRA BR SCT011 BKN028 OVC043 23/21 A2991 RMK AO2 PK WND 13029/2000 LTG DSNT ALQDS P0020</td></tr>
<tr><th>GROUP</th><th>CODED</th><th>TRANSLATION</th></tr>
<tr><td>Type of Report</td><td>SPECI</td><td>Aviation Selected Special Weather Report</td></tr>
<tr><td>Station Identifier</td><td>KCOT</td><td>United States Cotulla, Texas</td></tr>
<tr><td>Date and Time of Report</td><td>292020Z</td><td>29th day of the month, 2020 UTC</td></tr>
<tr><td>Report Modifier</td><td>AUTO</td><td>Automated observation with no human augmentation</td></tr>
<tr><td>Wind</td><td>13009KT</td><td>Wind from 130 degrees (the southeast) at 9 knots (10 mph, 4.7 m/s)</td></tr>
<tr><td>Visibility</td><td>3SM</td><td>Visibility three statute miles (5 kilometers)</td></tr>
<tr><td>Runway Visual Range</td><td colspan="2">[omitted]</td></tr>
<tr><td>Present Weather</td><td>TSRA BR</td><td>Thunderstorm, moderate rain, mist</td></tr>
<tr><td>Sky Condition</td><td>SCT011
BKN028
OVC043</td><td>Scattered at 11,000 feet AGL, Ceiling broken at 2,800 feet AGL, Overcast at 4,300 feet AGL</td></tr>
<tr><td>Temperature/ Dewpoint</td><td>23/21</td><td>Temperature 23℃ (73°F), dewpoint 21℃ (70°F)</td></tr>
<tr><td>Altimeter</td><td>A2991</td><td>29.91 inches of mercury
(1013.0 millibars, 1013.0 hectopascals)</td></tr>
<tr><td>Remarks</td><td>RMK</td><td>Remarks section designator</td></tr>
<tr><td rowspan="3">Automated, Manual, and Plain Language</td><td>AO2</td><td>Automated station with a precipitation discriminator</td></tr>
<tr><td>PK WND 13029/2000</td><td>Peak wind from 130 degrees (the southeast) at 29 knots (33 mph, 14.9 m/s) occurred at 2000 UTC</td></tr>
<tr><td>LTG DSNT ALQDS</td><td>Lightning distant all quadrants</td></tr>
<tr><td>Additive and Automated Maintenance Data</td><td>P0020</td><td>0.20 inches of precipitation fell in the past hour</td></tr>
</table>

[사례3]

<table>
<tr><th colspan="3">METAR KMDW 090153Z 23003KT 1/2SM R31C/4000V4500FT SN FZFG VV002 M04/M05 A3004 RMK AO2 SLP191 SNINCR 1/10 P0000 T10391050</th></tr>
<tr><td>GROUP</td><td>CODED</td><td>TRANSLATION</td></tr>
<tr><td>Type of Report</td><td>METAR</td><td>Aviation Routine Weather Report</td></tr>
<tr><td>Station Identifier</td><td>KMDW</td><td>United States Chicago (Midway), Illinois</td></tr>
<tr><td>Date and Time of Report</td><td>090153Z</td><td>9th day of the month, 0153 UTC</td></tr>
<tr><td>Report Modifier</td><td>[omitted]</td><td>Either a manual or an augmented observation</td></tr>
<tr><td>Wind</td><td>23003KT</td><td>Wind from 230 degrees (the southwest) at 3 knots (3 mph,1.6 m/s)</td></tr>
<tr><td>Visibility</td><td>1/2SM</td><td>Visibility one-half statute miles (0.8 kilometers)</td></tr>
<tr><td>Runway Visual Range</td><td>R31C/4000 V4500FT</td><td>Runway 31 center visual range variable between 4,000 and 4,5000 feet</td></tr>
<tr><td>Present Weather</td><td>SN FZFG</td><td>Snow, freezing fog</td></tr>
<tr><td>Sky Condition</td><td>VV002</td><td>Indefinite ceiling, vertical visibility 200 feet</td></tr>
<tr><td>Temperature/ Dewpoint</td><td>M04/M05</td><td>Temperature -4℃ (25°F), dewpoint -5℃</td></tr>
<tr><td>Altimeter</td><td>A3004</td><td>Altimeter 30.04 inches of mercury (1017.4 hectopascals, 1017.4 millibars)</td></tr>
<tr><td>Remarks</td><td>RMK</td><td>Remarks section designator</td></tr>
<tr><td rowspan="3">Automated, Manual, and Plain Language</td><td>A02</td><td>Automated station with a precipitation discriminator</td></tr>
<tr><td>SLP191</td><td>Sea level pressure 1019.1 hectopascals (1019.1 millibars)</td></tr>
<tr><td>SNINCR 1/10</td><td>Snow increasing rapidly, snow depth increase of 1 inch in the past hour, a total depth on the ground of 10 inches</td></tr>
<tr><td rowspan="2">Additive and Automated Maintenance Data</td><td>P0000</td><td>Less than 1/100 of an inch of precipitation fell in the past hour</td></tr>
<tr><td>T10391050</td><td>Temperature -3.9℃ (25°F), dewpoint - 5.0℃ (23°F)</td></tr>
</table>

[사례4]

SPECI KMEM 091826 27013G27KT 240V310 1/2SM R36L/1000VP6000FT +TSRAGR FG FEW002 BKN023 OVC032CB 18/17 A2992 RMK A02 PK WND 31031/1802 WSHFT 1759 TSB22RAB17GRB23 PRESRR FRQ LTGIC W-NW TS W-NW GR 1/2 P0005		
GROUP	CODED	TRANSLATION
Type of Report	SPECI	Aviation Selected Special Weather Report
Station Identifier	KMEM	United States Memphis, Tennessee
Date and Time of Report	091826Z	9th day of the month, 1826 UTC
Report Modifier	[omitted]	Either a manual or an augmented observation
Wind	27013G27KT 240V310	Wind from 270 degrees (the west) at 13 knots (15 mph, 6.7 m/s) gusting to 27 knots (31 mph, 13.9 m/s), wind variable between 240 degrees (the west-southwest) and 310 degrees (the northwest)
Visibility	1/2SM	Visibility one-half statute miles (0.8 kilometers)
Runway Visual Range	R36L/1000 VP6000FT	Runway 36 left visual range variable between 1,000 and more than 6,000 feet
Present Weather	+TSRAGR FG	Thunderstorm, heavy rain, hail, fog
Sky Condition	FEW002 BKN023 OVC032CB	Few at 200 feet AGL, ceiling broken at 2,300 feet AGL, overcast at 3,200 feet AGL cumulonimbus
Temperature/ Dewpoint	18/17	Temperature 18℃ (64°F), dewpoint 17℃ (63°F)
Altimeter	A2992	29.92 inches of mercury (1013.2 millibars, 1013.2 hectopascals)
Remarks	RMK	Remarks section designator
Automated, Manual, and Plain Language	AO2	Automated station with a precipitation discriminator
	PK WND 31031/1802	Peak wind from 310 degrees (the northwest) at 31 knots (36 mph, 15.9 m/s) occurred at 1802 or 2 minutes past the hour UTC
	WSHFT 1759	Wind shift occurred at 1759 UTC
	TSB22RAB 17GRB23	Thunderstorm began at 22 minutes past the hour, rain began at 17 minutes past the hour, hail began at 23 minutes past the hour
	PRESRR	Pressure rising rapidly
	FRQ LTGIC W-NW	Frequent lightning in-cloud west through northwest
	TS W-NW	Thunderstorm west through northwest
	GR1/2	Largest hailstone 1/2 inches in diameter

Additive and Automated Maintenance Data	P0005	0.05 inches of precipitation fell in the past hour

[사례5]

SPECI KMSN 012312Z 13021G26KT 1SM -FZRAPL BR OVC011 00/M02 A2988 RMK AO2 PK WND 14031/2255 SFC VIS 1 1/2 P0005 $		
GROUP	CODED	TRANSLATION
Type of Report	SPECI	Aviation Selected Special Weather Report
Station Identifier	KMSN	United States Madison, Wisconsin
Date and Time of Report	012312Z	1st day of the month, 2312 UTC
Report Modifier	[omitted]	Either a manual or an augmented observation
Wind	13021G26 KT	Wind from 130 degrees (the southeast) at 21 knots (24 mph, 10.8 m/s) gusting to 26 knots (30 mph, 13.4 m/s)
Visibility	1SM	Visibility one statute mile (1.6 kilometers)
Runway Visual Range	[omitted]	
Present Weather	-FZRAPL BR	Light freezing rain, ice pellets, mist
Sky Condition	OVC011	Ceiling overcast at 1,100 feet AGL
Temperature/ Dewpoint	00/M02	Temperature 0℃ (32°F), dewpoint -2℃ (28°F)
Altimeter	A2988	29.88 inches of mercury (1011.9 millibars, 1011.9 hectopascals)
Remarks	RMK	Remarks section designator
Automated, Manual, and Plain Language	AO2	Automated station with a precipitation discriminator
	PK WND 14031/2255	Peak wind from 140 degrees (the southeast) at 31 knots (36 mph, 15.9 m/s) occurred at 2255 UTC
	SFC VIS 1 1/2	Surface visibility one and on-half statute mile
Additive and Automated Maintenance Data	P0005	0.05 inches of precipitation fell in the past hour
	$	Maintenance is needed on the system

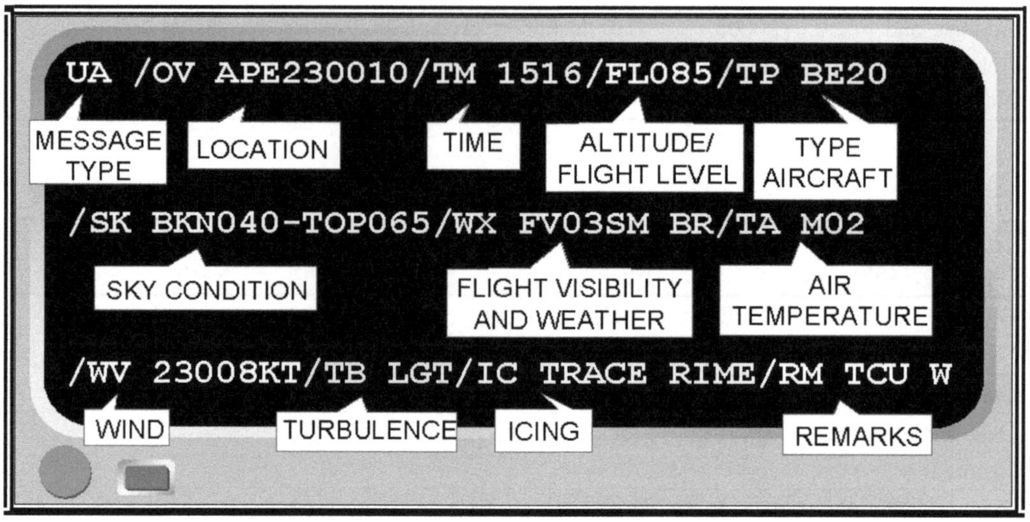

3.2 조종사 기상보고(PIREP)

비행 중인 항공기의 조종실에서 관찰한 것보다 정확하고 적시 적절한(timelier) 기상보고는 없다. 비행 중인 항공기는 실제 착빙과 난기류(actual icing and turbulence) 상태를 관측하고 있는 유일한 수단이다. 조종사는 기상 브피퍼와 예보관(forecasters)과 마찬가지로 조종사 기상보고(pilot weather reports; PIREPs)에 참여해야 한다. 또한, 다른 조종사의 비행 계획수립과 준비에 도움이 될 수 있도록 비행 중 관측된 양호한 기상과 함께 악기상도 보고해 주어야 한다. 만약 발생할 것으로 예보되었으나 발생하지 않았다면 이 부정확한 예보 역시도 보고해 주어야 한다. 이것은 NWS에서 예보 제작물(forecast products)을 확인하는 데 도움이 되고 항공사회를 위한 더욱 정확한 제작물을 생산하는 데 도움이 될 것이다. 조종사는 PIREPs 제공함으로써 자신뿐만 아니라 항공안전과 항공기상 예보관에도 도움을 준다. PIREPs은 Aviation Digital Data Service (ADDS) web page에서 인터넷을 이용해서도 가용하다.

3.2.1 형 식

PIREP은 [그림3-5]와 같은 지정된 양식에 따라 전송해야 한다. 모든 PIREP을 위한 필수 요소는 다음과 같다.

- Message type(메시지 종류)
- Location(위치)
- Time(시간)
- Altitude/flight level(고도/비행고도)
- Type aircraft(기종)

- At least one other element to describe the reported phenomena
  (최소한 한 개 이상의 관측된 기상현상)

다른 요소들은 데이터가 보고되지 않았을 때 생략될 수 있다. 모든 고도 참고는 다르게 지시되지 않는 한 평균 해수면(MSL)이다. 시정 거리는 육상 마일(statute miles; SM)이고 다른 모든 거리는 해리(nautical miles; NM)이다. 시간은 협정세계시(Universal Time Coordinated; UTC)를 사용한다. [그림3-5]의 PIREP 내용은 다음과 같다.

(1) Message Type (UUA/UA)

PIREP은 긴급(Urgent; UUA) 또는 일상(Routine; UA)과 같이 2종류로 보고된다.

① Urgent PIREP

Urgent (UUA) PIREP은 다음과 같은 정보를 포함한다.

- Tornadoes, funnel clouds, or waterspouts(토네이도, 깔때기 구름 또는 용오름)
- Severe or extreme turbulence (including Clear Air Turbulence; 청천난기류)
- Severe icing(심한 착빙)
- Hail(우박)
- Low Level Wind Shear; LLWS); 지표면으로부터 2,000피트 이내 LLWS PIREPs는 UUA로 분류된다. 대기속도 변동(air speed fluctuations)이 10노트 또는 그 이상으로 보고했을 때 또는 대기속도 변동이 보고되지 않았지만 LLWS가 보고되었다면 PIREP은 UUA로 분류된다.
- Volcanic ash clouds(화산재 구름)
- 브리퍼가 항공기 운항에 위험하다고 판단했거나, 또는 잠재적 위험이 있다고 고려되는 이전에 보고된 다른 기상현상

② Routine PIREP

Routine PIREP은 조종사로부터 위에서 나열된 긴급 정보(①)가 포함되지 않는 보고를 받은 후 발표된다.

(2) Location (/OV)

위치(location; /OV) 지리적 위치 또는 항로 구간(route segment) 중 하나를 기준으로 정한다.

① 위치(location)

위치는 3-문자 IATA 또는 4-문자 ICAO 식별자 중 하나를 이용해서 VHF NAVAID 또는 공항을 기준으로 한다. PIREP은 가능하면 식별자를 이용해서 인코딩한 다음, 레디얼을 지정하기 위해서 3-숫자 그리고 거리(NM)를 지정하기 위해서 3-숫자로 코드화한다.

[Examples]

- /OV APE; Over Appleton VOR
- /OV KJFK; Over John F. Kennedy International Airport, New York City, NY
- /OV APE230010; 230 degrees at 10 nautical miles from the Appleton VOR
- /OV KJFK107080; 107 degrees at 80 nautical miles from John F. Kennedy International Airport, New York City, New York(JFK로부터 107°/80 NM 지점)

② Route Segment

PIREP은 항로 구간을 기술하기 위해서 2개 혹은 그 이상의 픽스를 기준으로 선정할 수 있다.

[Examples]

- /OV KSTL-KMKC; From Lambert-Saint Louis International Airport, Missouri to Charles B.Wheeler Downtown Airport, Kansas City, Missouri
- /OV KSTL090030-KMKC045015; From 90 degrees at 30 nautical miles from Lambert-Saint Louis International Airport, Missouri to 45 degrees at 15 nautical miles from Charles B.Wheeler Downtown Airport, Kansas City, Missouri

(3) Time (/TM)

시간은 보고된 현상이 발생했거나 조우(encountered)한 시간이다. 이것은 4-숫자 UTC로 코드화된다.

[Example]

- /TM 1315; 1315 UTC

(4) Altitude/Flight Level (/FL)

고도/비행고도는 기상현상을 처음 조우한 고도를 백 단위 피트(MSL)로 나타낸다. 고도를 모를 때 UNKN을 기입하고, 항공기가 상승 혹은 강하 중이라면 적절한 축약어(DURC or DURD)를 비고(/RM)에 기입한다. 만약 상태가 구름층 안에서 조우했다면 고도 범위는 상태를 기술하는 적절한 요소 안에 입력한다.

[Examples]

- /FL085; 8,500 feet MSL
- /FL310; Flight Level 310
- /FLUNKN /RM DURC; Flight Level unknown, remarks, during climb

(5) Aircraft Type (/TP)

항공기 기종을 기입한다. 기종을 모르면 UNKN을 입력한다. 착빙과 난기류 보고는 항상 항공기 기종이 포함되어야 한다.

[Examples]
- /TP BE20; Super King Air 200
- /TP SR22; Cirrus 22
- /TP P28R; Piper Arrow
- /TP UNKN; Type unknown

(6) Sky Condition (/SK)

하늘 상태 그룹은 구름 기저의 높이, 구름층 정상, 그리고 구름 덮임(cloud cover)을 보고하기 위해서 사용된다. 구름층 기저의 높이는 백 단위 피트(MSL)로 코드화된다. 구름층 정상(top of a layer)은 단어 앞에 -TOP 붙이고 백 단위 피트(MSL)로 코드화한다. 만약 가장 높은 구름층 위가 맑은 것으로 보고되었다면 보고된 층 다음에 SKC를 붙여 코드화된다.

[Examples]
- /SK BKN040-TOP065; Base of broken layer 4,000 feet MSL, top 6,500 feet MSL
- /SK OVC100-TOP110/ SKC; Base of an overcast layer 10,000 feet MSL, top 11,000 feet MSL, clear above
- /SK OVC015-TOP035/OVC230; Base of an overcast layer 1,500 feet MSL, top 3,500 feet MSL, base of an overcast layer 23,000 feet MSL
- /SK OVC-TOP085; Overcast layer, top 8,500 feet MSL

구름 덮임 범위/운량(cloud cover amount ranges)은 BKN-OVC과 같이 운량은 "-"를 붙여 분리한다.

[Examples]
- /SK SCT-BKN050-TOP100; Base of a scattered to broken layer 5,000 feet MSL, top 10,000 feet MSL
- /SK BKN-OVCUNKN-TOP060/BKN120-TOP150/ SKC; Base of a broken to overcast layer unknown, top 6,000 feet MSL, base of a broken layer 12,000 feet MSL, top 15,000 feet MSL, clear above

높이가 알려지지(unknown heights) 않았을 때 축약어 UNKN를 사용해서 코드화한다.

[Example]
- /SK OVC065-TOPUNKN; Base of an overcast layer 6,500 feet MSL, top unknown

만약 조종사가 구름 속에 있음을 지시할 때 IMC를 입력한다.

[Example]
- /SK OVC065-TOPUNKN /RM IMC; Base of an overcast layer 6,500 feet MSL, top unknown, remark, in the clouds

한 개의 구름층 이상이 보고되었을 때 구름층은 "/"로 분리한다.

(7) Flight Visibility and Weather (/WX)

조종사가 비행 중 조우한 기상상태는 다음과 같이 보고한다. PIREP을 보고할 때 비행시정(flight visibility)은 앞에 /WX를 붙인다. FV 다음에 2-숫자 시정 값을 코드화하고 필요하다면 전체 육상 마일(SM)을 SM (FV03SM)과 같이 코드화된다. 만약 시정이 무제한(unrestricted)으로 보고되었다면 FV99SM으로 입력한다. 비행 기상 종류(flight weather types)는 [표3-7]에 있는 한 개 혹은 그 이상의 표준 지표면 기상보고 부호(standard surface weather reporting symbols)를 이용해서 입력한다.

Type	METAR Code
Drifting / Blowing Snow	DRSN/BLSN
Drifting Dust	DRDU
Drifting Sand	DRSA
Drizzle/Freezing Drizzle	DZ/FZDZ
Dust / Blowing Dust	DU/BLDU
Duststorm	DS
Fog (visibility less than 5/8SM)	FG
Freezing Fog	FZFG
Freezing Rain	FZRA
Funnel Cloud	FC
Hail (Approximately $\frac{1}{4}$-inch diameter or more)	GR
Hail Shower	SHGR
Haze	HZ
Ice Crystals	IC
Ice Pellets/Showers	PL/SHPL
Mist (visibility great than or equal to 5/8SM)	BR
Patchy Fog	BCFG
Patchy Fog on part of airport	PRFG
Rain/Showers	RA/SHRA
Sand/Blowing Sand	SA/BLSA
Sandstorms	SS
Shallow Fog	MIFG
Small Hail/Snow Pellet Showers	SHGS
Small Hail/Snow Pellets	GS
Smoke	FU
Snow Grains	SG
Snow / Showers	SN/SHSN

Spray	PY
Squalls	SQ
Thunderstorm	TS
Tornado/Waterspout	+FC
Unknown Precipitation	UP
Volcanic Ash	VA
Well developed Dust/Sand Whirls	PO

강수의 강도 변경자(intensity modifiers)는 뇌우와 관련되고 소나기와 관련된 것들을 포함한 빙정과 우박(ice crystals and hail)을 제외한 강수 종류를 나타낸다.

- light; -
- Moderate; 수식어 없음
- Heavy; +

차폐를 위한 강도 변경자(intensity modifiers)는 먼지와 모래폭풍을 위해서만 보통 또는 많음(moderate or heavy; +)으로 코드화된다. 먼지, 모래, 눈 등이 날리는 것(blowing dust, blowing sand, or blowing snow)은 강도 변경자가 사용되지 않는다.

[Example]

- /WX FV01SM +DS000-TOP083/SKC /RM DURC; Flight visibility 1 statute mile, base heavy duststorm layer at the surface, top 8,300 feet MSL, clear above, remarks, during climb

한 종류 이상 강수가 보고에 코드화될 때 우세한 종류를 먼저 기입한다.

[Examples]

- /WX FV00SM +TSRAGR; Flight visibility zero statute miles, thunderstorm, heavy rain, hail
- /WX FV02SM BRHZ000-TOP083; Flight visibility 2 statute miles, base of a haze and mist layer at the surface, top 8,300 feet MSL

만약 깔때기 구름(funnel cloud)이 보고되었다면 /WX 그룹 다음에 FC 그리고 /RM 그룹 다음에 Funnel Cloud와 같이 표기된다. 만약 토네이도 또는 용오름이 보고되었다면 /WX 그룹 다음에 +FC 그리고 /RM 그룹 다음에 TORNADO or WATERSPOUT와 같이 표기된다.

[Examples]

- /WX FC /RM FUNNEL CLOUD; Funnel cloud, remarks, funnel cloud
- /WX +FC /RM TORNADO; Tornado, remark, tornado

우박 크기(hail size)를 서술할 때 비고 그룹(/RM)에 1/4인치 증분으로 코드화한다. 근접 수식어(proximity qualifier) VC (vicinity)는 오직 TS, FG, FC, +FC, SH, PO, BLDU, BLSA, 그리고 BLSN과 함께 사용된다.

[Example]

- /WX FV02SM BLDU000-TOP083 VC W; Flight visibility 2 statute miles, base of a blowing dust layer at the surface, top 8,300 feet MSL in the vicinity, west

한 종류 이상의 기상을 보고할 때 이들은 다음과 같은 순서로 보고된다.

- TORNADO, WATERSPOUT, or FUNNEL CLOUD
- Thunderstorm with or without associated precipitation
  (강수와 관련 혹은 관련이 없는 뇌우)
- Weather phenomena in order of decreasing predominance
  (우세함이 감소하고 있는 순서에 따른 기상 현상)

단일 PIREP에 3그룹 이상은 사용되지 않는다. 기상 층(weather layers)은 보고될 때의 기저 혹은 정상과 함께 입력된다. 하늘 상태(sky condition; /SK) 그룹은 동일한 형식을 사용한다.

[Example]

- /WX FU002-TOP030; Base of a smoke layer, 200 feet MSL, top 3,000 feet MSL

(8) Air Temperature (/TA)

외기기온은 섭씨를 2-숫자를 이용해서 보고된다. 영하 기온(negative temperatures)은 기온 앞에 M-자를 붙인다.

[Example]

- /TA 08 or /TA M08

(9) Wind Direction and Speed (/WV)

풍향풍속 그룹에서 풍향(자북)은 3-숫자 그리고 풍속은 2-숫자 혹은 3-숫자를 이용해서 코드화한다. 풍속이 10노트 미만이라면 앞에 “0”을 붙인다. 바람 그룹은 항상 노트 단위를 나타내는 KT를 붙인다.

[Examples]

- /WV 02009KT; Wind 20 degrees (magnetic) at 9 knots
- /WV 28057KT; Wind 280 degrees (magnetic) at 57 knots
- /WV 350102KT; Wind 350 degrees (magnetic) at 102 knots

(10) Turbulence (/TB)

풍향풍속 다음에 난기류 강도, 종류, 그리고 고도 다음에 지속시간과 강도가 코드화된다.

- 지속시간(duration); INTMT, OCNL, or CONS
- 강도(intensity); LGT, MOD, SEV, or EXTRM

강도의 범위 또는 변동(range or variation of intensity)은 "-"로(MOD-SEV) 분리해서 표기한다. 만약 난기류가 예보되었지만 조우하지 않았다면 NEG를 기입한다. 난기류 종류는 두 번째로 코드화된다. 조종사가 보고했다면 CAT (Clear Air Turbulence) or CHOP을 입력한다. 구름이 없는(뇌우 포함) 고고도 난기류(통상 15,000 feet AGL 이상)는 CAT로 보고된다. 고도는 Altitude/Flight Level (/FL) 그룹에 보고된 값과 다를 때만 보고된다. 난기류 층을 보고할 때 높이 값은 "-"로 분리해서 표기한다. 만약 하부 혹은 상부 제한(lower or upper limits)이 지정되지 않았다면 BLO or ABV를 사용한다.

[Examples]

- /TB LGT; Light turbulence
- /TB LGT 040; Light turbulence at 4,000 feet MSL
- /TB OCNL MOD-SEV BLO 080; Occasional moderate to severe turbulence below 8,000 feet MSL
- /TB MOD-SEV CAT 350; Moderate to severe clear air turbulence at 35,000 feet MSL
- /TB NEG 120-180; Negative turbulence between 12,000 to 18,000 feet MSL
- /TB CONS MOD CHOP 220/NEG 230-280; Continuous moderate chop at 22,000 feet MSL, negative turbulence between 23,000 to 28,000 feet MSL
- /TB MOD CAT ABV 290; Moderate clear air turbulence above 29,000 feet MSL

난기류 보고에는 위치, 고도 또는 고도 범위, 그리고 항공기 기종, 그리고 운중(in clouds) 또는 맑음(clear air) 여부를 반드시 포함해야 한다. 조종사는 난기류의 빈도, 강도, 그리고 지속시간 (duration; occasional, intermittent, and continuous)을 결정한다. PIREP 보고는 [표3-8]의 표준 난기류 기준에 따라 지정되고 배포된다.

(11) Icing (/IC)

난기류 다음에 착빙(icing)의 종류, 강도, 그리고 고도를 보고한다. 강도는 축약어 TRACE, LGT (light), MOD(moderate), 또는 SEV(severe) 중 하나를 사용해서 먼저 코드화한다. 보고 범위 또는 강도 가변성(reports of a range or variation of intensity)은 "-"로 분리한다. 만약 착빙이 예보되었지만 조우하지 않았다면 NEG(negative)로 코드화한다. [표3-9]는 항공기 운용에 미치는 영향에 따른 착빙 강도를 분류한 것이다. 착빙의 종류는 RIME, CLR(clear), or MX(mixed) 중 하나를 두 번째로 코드화한다. 다음 표는 착빙의 종류에 관한 분류이다.

<table>
<tr><th>Intensity</th><th>Aircraft Reaction</th><th>Reaction Inside Aircraft</th><th>Reporting Term-Definition</th></tr>
<tr><td>Light</td><td>Turbulence that momentarily causes slight, erratic changes in altitude and/or attitude (pitch, roll, yaw). Report as Light Turbulence;[1]
or
Turbulence that causes slight, rapid and somewhat rhythmic bumpiness without appreciable changes in altitude or attitude. Report as Light Chop.</td><td>Occupants may feel a slight strain against belts or shoulder straps.
Unsecured objects may be displaced slightly.
Food service may be conducted and little or no difficulty is encountered in walking.</td><td>Occasional – Less than 1/3 of the time.
Intermittent-1/3 to 2/3
Continuous-More than 2/3</td></tr>
<tr><td>Moderate</td><td>Turbulence that is similar to Light Turbulence but of greater intensity. Changes in altitude and/or attitude occur but the aircraft remains in positive control at all times. It usually causes variations in indicated airspeed. Report as Moderate Turbulence;[1] or Turbulence that is similar to Light Chop but of greater intensity. It causes rapid bumps or jolts without appreciable changes in aircraft or attitude. Report as Moderate Chop.[1]</td><td>Occupants feel definite strains against seat belts or shoulder straps.
Unsecured objects are dislodged. Food service and walking are difficult.</td><td rowspan="3">NOTE
1. Pilots should report location(s), time (UTC), intensity, weather in or near clouds, altitude, type of aircraft and, when applicable, duration of turbulence.
2. Duration may be based on time between two locations or over a single location. All locations should be readily identifiable.

EXAMPLES:
Over Omaha. 1232Z, Moderate Turbulence, in cloud, flight Level 310, B737.
b. From 50 miles south of Albuquerque to 30 miles north of Phoenix, 1210Z to 1250Z, occasional Moderate Chop, Flight Level 330, DC8.</td></tr>
<tr><td>Severe</td><td>Turbulence that causes large, abrupt changes in altitude and/or attitude. It usually causes large variations in indicated airspeed. Aircraft may be momentarily out of control. Report as Severe Turbulence.[1]</td><td>Occupants are forced violently against seat belts or shoulder straps.
Unsecured objects are tossed about. Food service and walking are impossible.</td></tr>
<tr><td>Extreme</td><td>Turbulence in which the aircraft is violently tossed about and is practically impossible to control. It may cause structural damage.
Report as Extreme Turbulence.[1]</td><td></td></tr>
<tr><td colspan="4">1 High level turbulence (normally above 15,000 feet ASL) not associated with clouds, including thunderstorms, should be reported as CAT (clear air turbulence) preceded by the appropriate intensity, or light or moderate chop.</td></tr>
</table>

Intensity	Contraction	Airframe Ice Accumulation
Trace	TRACE	Ice becomes perceptible. Rate of accumulation slightly greater than rate of sublimation. It is not hazardous even without the use of deicing/anti-icing equipment unless encountered for an extended period of time (over 1 hour).
Light	LGT	The rate of accumulation may create a problem if flight is prolonged in this environment (over 1 hour). Occasional use of deicing/anti-icing equipment removes/prevents accumulation. It does not present a problem if the deicing/anti-icing equipment is used.
Moderate	MOD	The rate of accumulation is such that even short encounters become potentially hazardous and use of deicing/anti-icing equipment or diversion is necessary.
Severe	SEV	The rate of accumulation is such that deicing/anti-icing equipment fails to reduce or control the hazard. Immediate diversion is necessary.

Icing Type	Contraction	Description
Rime	RM	Rough, milky, opaque ice formed by the instantaneous freezing of small super-cooled water droplets.
Clear	CLR	A glossy, clear or translucent ice formed by the relatively slow freezing of large super-cooled water droplets.
Mixed	MX	A combination of both rime and clear.

끝으로 착빙 고도는 "altitude/flight level (/FL)" 그룹에 보고된 것과 다를 때만 코드화된다. 착빙이 보고된 층 사이는 "-"로 분리한다. 만약 층이 지정되지 않았을 때 ABV (above) or BLO (below)로 코드화한다. 조종사의 착빙 보고는 location (/OV), type aircraft (/TP), and air temperature (/TA)가 포함된다. [표3-10]

[Examples]

- /IC LGT-MOD MX 085; Light to moderate mixed icing, 8,500 feet MSL
- /IC LGT RIME; Light rime icing
- /IC MOD RIME BLO 095; Moderate rime icing below 9,500 feet MSL
- /IC SEV CLR 035-062; Severe clear icing 3,500 to 6,200 feet MSL

(12) Remarks (/RM)

비고 그룹은 어느 다른 그룹에 해당하지 않지만 중요하다고 고려되는 현상을 보고하기 위해서 사용된다. 비고는 저고도 윈드시어를 포함하지만, 이것으로 한정되는 것은 아니다. 위험기상이 먼저 보고된다. LLWS는 가능한 정도까지 기술된다.

- Low-level wind shear (LLWS) reports
- Thunderstorm lines
- Coverage and movement
- Size of hail (1/4-inch increments)
- Lightning
- Clouds observed but not encountered
- Geographical or local description of where the phenomenon occurred
- Contrails(비행운; *한랭하고 습한 대기 속을 비행하는 항공기가 남기는 가늘고 긴 구름이다. 겨울철에 잘 나타난다. 연료가 연소된 후 연료 속에 포함되어 있던 수증기와 연료 일부가 냉각되어 발생한다.*)

① Wind Shear

지표면의 2,000피트 내에서 풍속이 10노트 이상의 변동(+/- 10KTS)은 Urgent (UUA) 조종사 보고를 해야 한다. PIREP에 Low Level Wind Shear를 입력할 때 비고 그룹(remarks; /RM)에 첫 비고로서 LLWS를 입력한다.

[Example]

- /RM LLWS +/-15 KT SFC-008 DURC RY22 JFK; Remarks, Low Level Wind Shear, air speed fluctuations of plus or minus 15 knots, surface to 800 feet during climb, runway 22, John F. Kennedy International Airport, New York.

② FUNNEL CLOUD, TORNADO, and WATERSPOUT

깔때기 구름, 토네이도, 그리고 용오름을 보고할 때 이동 방향과 함께 보고한다.

[Example]

- /RM TORNADO W MOV E; Remarks, tornado west moving east

③ Thunderstorm

뇌우 범위(thunderstorm coverage)는 ISOL (isolated), FEW (few), SCT (scattered), NMRS (numerous) 다음에 LN (line), BKN LN (broken line), SLD LN (solid line)으로 코드화한다. 이것이 TS와 함께라면 위치와 이동, 그리고 번개의 종류가 보고된다.

[Example]

- /RM NMRS TS S MOV E GR1/2; Remarks, numerous thunderstorms south moving east, hail 1/2-inch in diameter

④ Lightning

번개의 빈도와 종류를 다음과 같이 코드화한다.

- OCNL (occasional)
- FRQ (frequent)

번개의 종류는 다음과 같이 코드화된다. 때로는 두 종류를 결합해서 코드화될 수 있다.

- LTGIC (lightning in cloud)
- LTGCC (lightning cloud to cloud)
- LTGCG (lightning cloud to ground)
- LTGCA (lightning cloud to air)

[Example]

- /RM OCNL LTGICCG; Remarks, occasional lighting in cloud, cloud to ground

⑤ Electrical Discharge

전기 방전(electrical discharge)은 DISCHARGE 다음에 고도를 코드화한다.

[Example]

- /RM DISCHARGE 120; Remarks, discharge, 12,000 feet MSL

⑥ Clouds

비고에는 구름은 볼 수 있지만 조우(encountered; *특히 반갑지 않은 일에 맞닥뜨린다는 것*)하지 않았을 때 그리고 하늘 상태 그룹(sky condition group; /SK)에 보고되지 않았을 때 사용한다.

[Examples]

- /RM CB E MOV N; Remarks, cumulonimbus east moving north
- /RM OVC BLO; Remarks, overcast below

⑦ Plain Language(평문)

만약 특정 어구(phraseology)가 적합하지 않을 때 기상현상 또는 국지적 지리적 위치를 서술하기 위해서 평문(plain language)이 사용된다. DURC (during climb), DURD (during descent), RCA (reach cruising altitude), TOP, TOC (top of climb), or CONTRAILS과 같은 다른 그룹에는 적합하지 않은 비고가 포함된다.

[Examples]

- /RM BUMPY VERY ROUGH RIDE
- /RM CONTRAILS
- /UA/OV BIS270030/TM 1445/FL060/TP CVLT/TB LGT /RM DONNER SUMMIT PASS

⑧ Volcanic Eruptions

화산재(volcanic ash) 하나만으로 Urgent PIREP이다. 화산활동의 보고는 산 명칭, 화산재 구름과 이동, 화산재의 최저 그리고 최대 높이 등을 포함하여 가능한 한 많은 정보를 포함해야 한다. 만약 조종사 외의 다른 출처로부터 보고를 받았다면 Aircraft UNKN, Flight Level UNKN, and /RM UNOFFICIAL를 입력한다.

[Example]

- /UUA/OV ANC240075/TM 2110/FL370/TP DC10/WX VA/RM VOLCANIC ERUPTION 2008Z MT AUGUSTINE ASH 40S MOV SSE
  Urgent Pilot Weather Report, 240 degrees at 75 nautical miles from Anchorage International Airport, Alaska, 2110 UTC, flight level 370, a DC10 reported volcanic ash, remarks, volcanic eruption occurred at 2008 UTC Mount Augustine, ash 40 nautical miles south moving south-southeast.

⑨ SKYSPOTTER

스카이스포터는 비행 중 조종사 기상보고(PIREPs)에 관한 기상관측과 보고에 관한 특별 훈련을 받은 조종사이다. 이들 조종사로부터 PIREP을 받았을 때 SKYSPOTTER 항공기라는 것을 식별하기 위해서 "/AWC"와 같은 추가 주석을 PIREP 비고란의 끝에 붙인다.

[Example]

- PIREP TEXT/RM REMARKS/AWC

3.2.2 PIREP 사례

[사례1]

UUA /OV ORD/TM 1235/FLUNKN/TP B727/TB MOD/RM LLWS +/- 20KT BLW 003 DURD RWY27L

Urgent Pilot Weather Report, over Chicago O'Hare Airport, Illinois, 1235 UTC, flight level unknown, from a Boeing 727, moderate turbulence, remarks, Low Level Wind Shear, airspeed fluctuations of plus or minus 20 knots below 300 feet AGL during descent, runway 27 left.

[사례2]

UUA /OV BAM260045/TM 2225/FL180/TP BE20/TB SEV/RM BROKE ALL THE BOTTLES IN THE BAR

Urgent Pilot Weather Report, 260 degrees at 45 nautical miles from Hazen VOR, Nevada, 2225 UTC, 18,000 feet MSL, Beech Super King Air 200, severe turbulence, remarks, broke all the bottles in the bar.

[사례3]
UA /OV KMRB-KPIT/TM 1600/FL100/TP BE55/SK BKN024-TOP032/BKN-OVC043-TOPUNKN /TA M12/IC LGT-MOD RIME 055-080

Pilot Weather Report, Martinsburg, West Virginia to Pittsburgh International Airport, Pennsylvania, 1600 UTC, 10,000 feet MSL, Beechcraft Baron, base of a broken layer 2,400 feet MSL, top 3,200 feet MSL, base of a broken to overcast layer 4,300 feet MSL, top unknown, temperature minus 12, light to moderate rime ice between 5,500 to 8,000 feet MSL.

[사례4]
UA /OV IRW090064/TM 1522/FL080/TP C172/SK SCT090-TOPUNKN/WX FV05SM HZ/TA M04/WV 24040KT/TB LGT/RM IN CLR

Pilot Weather Report, 90 degrees and 64 nautical miles from Will Rogers VORTAC, Oklahoma City, Oklahoma, 1522 UTC, 8,000 feet MSL, Cessna 172, base of a scattered layer 9,000 feet MSL, top unknown, flight visibility 5 statute miles, haze, temperature minus 4, wind 240 degrees at 40 knots, light turbulence, remarks, in clear.

[사례5]
UA /OV KLIT-KFSM/TM 0310/FL100/TP BE36/SK SCT070-TOP110/TA M03/WV 25015KT

Pilot Weather Report, between Little Rock and Fort Smith, Arkansas, 0310 UTC at 10,000 feet MSL. Beech 36, base of a scattered layer at 7,000 feet MSL, top 11,000 feet MSL, temperature minus 3, wind 250 degrees at 15 knots.

[사례6]
UA /OV KAEG/TM 1845/FL UNKN/TP UNKN /RM TIJERAS PASS CLSD DUE TO FG AND LOW CLDS UNA VFR RTN KAEG.

Pilot Weather Report, over Double Eagle II Airport, Albuquerque, New Mexico, 1845 UTC, remarks, Tijeras Pass closed due to fog and low clouds, unable to fly VFR, returned to Double Eagle II Airport.

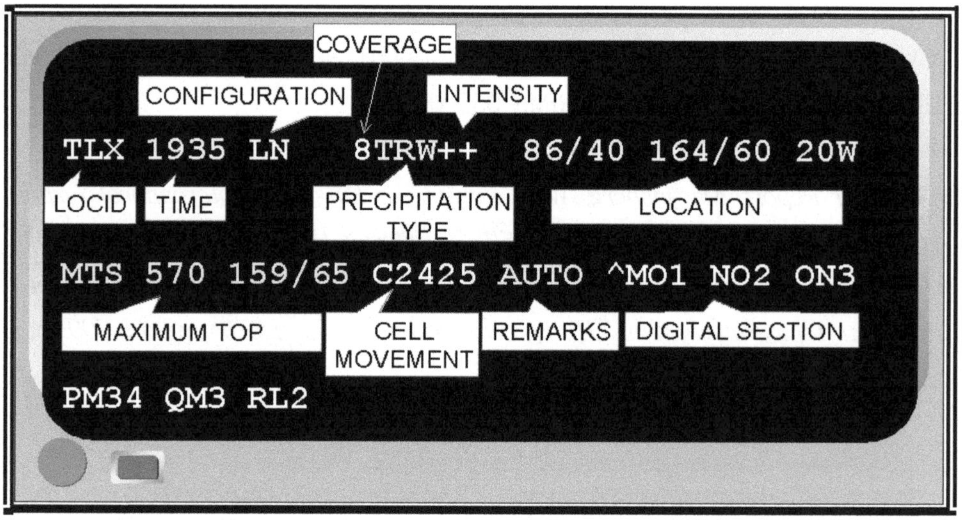

3.3 레이더 기상보고(SD/ROB)

레이더 기상보고(radar weather report; SD/ROB)는 기상 레이더(weather radar)에 관측된 강수(precipitation)에 관한 정보를 포함한다. 이것은 관측자의 개입 없이 WSR-88D NEXRAD 레이더로부터 생산된 문자형식 제작물(textual product)이다. 해상도는 매우 낮고 80분까지 지연될 수 있어 오직 다른 레이더 정보가 가용하지 않을 때만 사용해야 한다.

3.3.1 형 식

SD/ROB는 WSR-88D Weather Radar로부터 매시 전송된다. [그림3-6]은 현재 사용되고 있는 SD/ROB 형식이다.

(1) Location Identifier

위치 식별자(location identifier)는 3-문자 IATA 코드로 보고된다.

[Example]

- TLX; Oklahoma City Twin Lakes, Oklahoma

(2) Time

관측시간은 4-숫자 협정세계시(UTC)로 보고된다.

[Example]

- 1935; 1935 UTC

(3) Configuration

레이더 기상보고(SD/ROB)는 [그림3-7]과 같이 3종류의 형상(configurations)으로 보고될 수 있다. 한 기상 레이더 보고에 여러 종류의 형상이 함께 보고될 수 있다.

- CELL; 단일, 독립적으로 발생한 대류 에코이다.
- LN (line); 다음 기준에 적합한 대류 에코이다.
  - Contains heavy or greater intensity precipitation(매우 강한 강도의 강수 포함)
  - Is at least 30 miles long(길이 최소 30마일)
  - Length is at least four times greater than width(길이가 폭의 최소 4배)
  - Contains at least 25 percent coverage(최소 25% 범위)
- AREA는 라인으로 분류되지 않은 유사한 종류의 에코 그룹이다.

(4) Coverage

강수 범위(coverage of precipitation)는 10분의 1을 나타내는 1-숫자로 코드화된다. 에코 형상을 위해서 범위는 여러 강수 종류를 포함하고 있는 개별 종류로 코드화된다. 총 강수 범위는 개별 값을 더해서 얻어진다.

[Examples]

- 2TRW+4R; 2/10 coverage TRW+, 4/10 coverage R, 6/10 total coverage
- 3R6S-; 3/10 coverage R, 6/10 coverage S-, 9/10 total coverage

(5) Precipitation Type

강수 종류는 컴퓨터 모델로 결정된다. 여러 종류의 강수가 형상 안에 보고될 수 있다.

- Rain (R)
- Rain shower (RW)
- Snow (S)
- Snow shower (SW)
- Thunderstorm (T)

(6) Precipitation Intensity

강수의 강도는 [표3-11]과 같이 보고된다.

Symbol	Intensity	dBZ
-	Light	0-29
(no entry)	Moderate	30-40
+	Heavy	41-45
++	Heavy	46-49
X	Extreme	50-56
XX	Extreme	57 or more

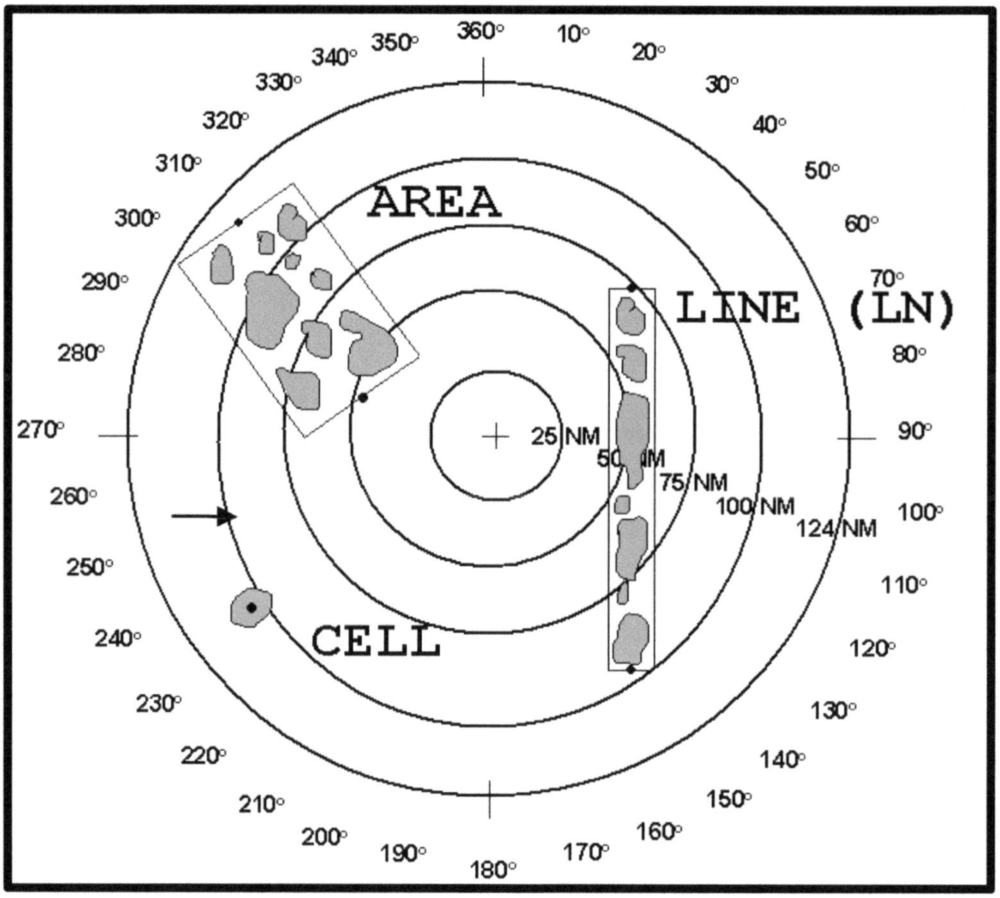

[Examples]

- 7R-; 7/10 coverage of light rain
- 3R-6S; 3/10 coverage light rain, 6/10 coverage moderate snow, 9/10 total coverage
- 2TRWX4R-; 2/10 coverage thunderstorms, extreme rain showers, 4/10 coverage light rain, 6/10 total coverage

(7) Location

Area는 직사각형을 구성하는 2개의 종료점과 폭(end points and a width)으로 코드화된다. 각 종료점은 방위각과 범위(azimuth and range; AZRAN)로 지정된다. Line 역시 직사각형을 구성하는 2개의 종료점과 폭(end points and a width)으로 코드화된다. 각 종료점은 방위각과 범위(azimuth and range; AZRAN)로 지정된다. Cell은 직경(D)과 함께 단일 지점으로 코드화된다. 이 지점은 AZRAN으로 지정된다.

(8) Maximum Top

최정상(maximum top; MT or MTS)은 가장 높은 강수 에코의 정상(top) 고도와 위치를 나타낸다. 모든 레이더 높이는 예측이고 표준대기조건으로 가정하기 때문에 표준 레이더 파장 확산(standard radar wave propagation)이다. MT는 최정상(maximum top)을 결정하는데 레이더 데이터만 사용되었다는 것을 나타낸다. MTS는 최정상을 예측하는 데 위성과 레이더 데이터 모두 사용되었다는 것을 의미한다. 최정상은 3-숫자 백 단위 피트(MSL)로 코드화된다. 위치는 레이더 사이트에 상대적인 방위각과 거리(azimuth and range; AZRAN)가 코드화된다. 만약 에코탑(echo tops)이 동일한 고도라면 AZRAN를 제공함이 없이 문자 "U"를 고도 앞에 붙인다.

[Examples]

- MT 150 19/32; Maximum top 15,000 feet MSL at 19 degrees, 32 nautical miles
- MT 340 182/98; Maximum top 34,000 feet MSL at 182 degrees, 98 nautical miles
- MTS 520 5/121; Maximum top with satellite data 52,000 feet MSL at 5 degrees, 121 nautical miles

(9) Cell Movement

셀 이동은 형상 내에 있는 모든 셀의 평균 이동을 나타낸다. 셀 이동 그룹은 문자 C를 앞에 4-숫자로 코드화된다. 첫 2-숫자는 진북(true north)을 기준으로 십 단위 방위로 셀이 이동하고 있는 방향을 나타낸다. 나머지 2-숫자는 형상의 이동 속도(노트)를 나타낸다. Areas and Lines의 이동은 코드화되지 않는다.

[Examples]

- C0209; Cell movement from 20 degrees at 9 knots
- C2043; Cell movement from 200 degrees at 43 knots
- C3616; Cell movement from 360 degrees at 16 knots

(10) Remarks

비고는 레이더의 상태와 보고의 종류에 대한 정보가 포함된다. 최근 모든 기상 레이더 보고는 자동화되었다.

REMARK	MEANING
PPINE	Equipment normal and operating, but no echoes observed
PPINA	Observation not available
PPIOM	Radar out for maintenance
AUTO	Report derived from an automated weather radar

(11) Digital Section

디지털 섹션에 포함된 정보는 주로 Radar Summary Chart를 생산하는 데 사용된다. 그러나 레이더 사이트에 상응하는 정확한 그리드 오버레이 차트(proper grid overlay chart)와 함께 디지털 섹션 코드 역시 강수 위치와 강도를 결정하기 위해서 사용할 수 있다. 각 숫자(digit)는 기상 레이더에서 결정된 그리드 박스(grid box) 안에서 볼 수 있는 최대 강수 강도를 나타낸다.

- Light intensity; 1, 2
- Moderate; 3 and 4
- Heavy; 5
- Extreme; 6

이들 숫자는 한때 강수 강도 때문에 VIP 레벨(level)로 많이 사용됐고 숫자는 비디오 적분 회로망 프로세서(video integrator processor; VIP)를 이용해서 결정되었다. 구형 WSR-57 그리고 WSR-74 기상 레이더 VIP는 6개의 데이터 레벨로 보여주지만 WSR-88D 기상 레이더는 16개 데이터 레벨(data levels)로 시현된다. 데이터 레벨은 Radar Weather Report에서 사용하기 위해서 여전히 6개의 레벨로 전환된다. 용어의 혼동을 방지하기 위해서 강수 강도를 기술하는데 VIP 용어는 더 이상 사용하지 않는다. 예를 들어 그리드 박스가 숫자-2로 코드화되었다면 이것은 "Moderate" 강수를 의미하는 것이지 "VIP 2" or "level 2" 강수를 나타내는 것이 아니다. 그리드 박스는 2-문자로 식별된다. 첫 번째 문자는 박스가 있는 열(row)을 나타내고 두 번째 문자는 칸(column)을 나타낸다. 예를 들어 MO1은 약한 강수를 포함하고 있는 것으로 M열과 O칸에 있는(in row M and column O) 박스라는 것을 나타낸다. MO1234 코드는 동일 열(row)에 4개의 연속 박스에 있는 강수를 나타낸다. 이것은 왼쪽에서 오른쪽으로 다음과 같다.

box MO = 1, box MP = 2, MQ = 3, and box MR = 4.

Weather Radar Report는 오직 강수 에코(precipitation echo)에 관한 데이터만 포함된다. 이것은 특정 환경하에서 기상 레이더가 탐지할 수 있는 구름, 전선, 먼지 등과 같은 중요한 비강수 에코(important non-precipitation echoes)에 관한 정보를 포함하지 않는다.

3.3.2 SD 사례

[사례1]

GRB 1135 AREA 4TRW+ 9/101 133/76 54W MT 310 45/47 C2428 AUTO

Green Bay, Wisconsin, automated Radar Weather Report at 1135 UTC. An area of echoes, 4/10 coverage, contained thunderstorms and heavy rain showers. Area is defined by points (referenced from GRB radar site) at 9 degrees, 101 nautical miles and 133 degrees, 76 nautical miles. These points, plotted on a map and connected with a straight line, define the center line of the echo pattern. The width of the area was 54 nautical miles; i.e., 27 nautical miles either side of the center line. Maximum top was 31,000 feet MSL located at 45 degrees and 47 nautical miles from Green Bay. Cell movement was from 240 degrees at 28 knots.

[사례2]
ICT 1935 LN 9TRWX 274/84 216/93 22W MTS 440 260/48 C2131 AUTO

Wichita, Kansas, automated Radar Weather Report at 1935 UTC. A line of echoes, 9/10 coverage, contained thunderstorm with intense rain showers. The center of the line extended from 274 degrees, 84 nautical miles to 216 degrees, 93 nautical miles. The line was 22 nautical miles wide. To display graphically, plot the center points on a map and connect the points with a straight line; then plot the width. Since the thunderstorm line was 22 nautical miles wide, it extended 11 nautical miles either side of your plotted line. The maximum top is 44,000 feet MSL at 260 degrees, 48 nautical miles from Wichita. Cell movement was from 210 degrees at 31 knots.

[사례3]
GGW 1135 AREA 3S- 95/129 154/81 34W MT 100 130/49 0805 AUTO

Glasgow, Montana, automated Radar Weather Report at 1135 UTC. An area, 3/10 coverage, of light snow. The area's centerline extended from points at 95 degrees, 129 nautical miles to 154 degrees, 81 nautical miles from Glasgow. The area was 34 nautical miles wide. The maximum top was 10,000 feet MSL, at 130 degrees, 49 nautical miles from Glasgow. Cell movement was from 80 degrees at 5 knots.

[사례4]
JGX 2235 AREA 2TRW++6R- 67/130 308/45 106W MT 380 66/54 C2038 AUTO

Atlanta, Georgia, automated Radar Weather Report at 2235 UTC. An area of echoes, total coverage 8/10, with 2/10 of thunderstorms with very heavy rain showers and 6/10 coverage of light rain (This suggests that the thunderstorms were embedded in an area of light rain). The area was 53 nautical miles either side of the line defined by the two points, 67 degrees, 130 nautical miles and 308 degrees, 45 nautical miles from Atlanta. Maximum top was at 38,000 feet and was located on the 66 degree radial of JGX at 54 nautical miles. Cell movement was from 200 degrees at 38 knots.

4. 레이더와 위성 영상

4.1 레이더

4.1.1 개요

레이더 영상(radar images)은 기상 레이더가 포착한 강수와 비강수(non-precipitation) 타깃을 그래픽으로 보여준다. WSR-88D Doppler 레이더는 NWS Doppler Radar Images를 이용해 인터넷에 볼 수 있는 다양한 기상 제작물에서 이들 타깃을 보여준다. [그림4-1, 컬러]

4.1.2 운용 모드

WSR-88D Doppler 레이더는 다음과 같은 2개의 운용 모드(mode of operation)가 있다.

- Clear Air(청천 모드)
- Precipitation(강수 모드)

(1) Clear Air Mode(청천 모드)

레이더는 청천(clear air) 모드에서 감도(sensitivity)가 가장 높은 운용이다. 이 모드는 레이더가 더 오랫동안 대기 시료(sample)를 채취할 수 있도록 가장 느린 안테나 회전율(slowest antenna rotation rate)을 갖는다. 이처럼 느린 샘플링은 대기에서 더 작은 물체를 탐지할 수 있는 레이더의 감도와 능력이 향상된다. 용어 "clear air"는 비강수(non-precipitation) 모드를 의미하지 않는다. Clear Air Mode일지라도 WSR-88D는 높은 감도로 인해 눈과 같은 약한 층상 강수(stratiform precipitation)를 탐지할 수 있다. Clear Air Mode에서 대부분의 레이더 반사는 공중에 떠 있는 먼지와 미립자(particulate matter; *대기 중에 부유하는 미세 입자들이다. 일부는 화산폭발, 사막바람, 번개에 의한 산불과 들불 등과 같은 자연적인 요인으로 대기 중에 유입된다.*)이다. WSR-88D 레이더는 이 모드에서 작동할 때 10분마다 업데이트된다.

(2) Precipitation Mode(강수 모드)

전형적인 강수 타깃(precipitation mode)은 비강수 타깃(non-precipitation)보다 레이더에 더 강한 반사 신호를 제공한다. 따라서 WSR-88D는 강수가 존재할 때 비록 일부 비강수 에코가 여전히 이 운용 모드에서 탐지될지라도 Precipitation Mode에서 운용된다. Precipitation Mode에서 WSR-88D 레이더 안테나는 대략 매 4~6분의 빠른 비율에서 이미지를 업데이트한다.

4.1.3 Echo Intensities(에코 강도)

레이더 이미지에 나타나는 컬러는 dBZ (decibels of Z)로 측정된 서로 다른 에코 반사율(echo reflectivities; 강도)을 나타낸다. dBZ 값은 대기에 떠 있는 타깃으로부터 반사 신호의 강도를 기초로 증가한다. 각 반사율 이미지(reflectivity image)는 [그림4-1]과 같이 레이더 이미지에 반사율 값과 컬러 사이의 상관관계를 나타내는 컬러 스케일이 포함되어 있다. 컬러 스케일 범위는 -30 dBZ부터 75 dBZ 이상까지이다. 또한, 스케일은 데이터가 측정되지 않는 것을 지시하는 블랙(black)과 관련이 있는 ND(no data)를 포함한다. 반사율(reflectivity)은 강수의 강도와 관련이 있다. 예를 들어 강수 모드에서 dBZ 값이 15가 되었을 때 약한 강수(light precipitation)가 존재한다. 반사율 값이 더 클수록 더 많은 강수량(rainfall rate)을 지시한다. 반사율 값의 해석(interpretation)은 Clear Air and Precipitation Modes 모두 동일하다. 또한, 반사율은 [표4-1]과 같이 항공교통관제 목적을 사용되는 강도 전문용어와 관련이 있다.

Reflectivity (dBZ) Ranges	Weather Radar Echo Intensity Terminology
<30 dBZ	Light
30-40 dBZ	Moderate
>40-50 dBZ	Heavy
50+ dBZ	Extreme

일반적으로 15 dBZ 이하는 구름과 관련이 있다. 그러나 이들은 먼지, 벌레(insects), 꽃가루(pollen), 또는 다른 현상과 같은 대기 미립자(atmospheric particulate matter)로 인한 것일 수 있다. 스케일은 강설(snowfall)의 강도를 결정하는데 사용할 수 없다. 그러나 강설량은 반사율이 높아지면서 함께 증가하는 것이 일반적이다.

4.1.4 제작물

NWS는 항공사회에 관심이 있는 다양한 레이더 제작물을 생산한다. 다음은 NWS Doppler Radar Images 웹 사이트에서 볼 수 있는 Base Reflectivity and Composite Reflectivity 모두를 소개한다.

(1) Base Reflectivity(베이스 반사율)

베이스 반사율은 반사율 데이터의 위치와 강도(position and intensity) 모두를 보여준다. Base Reflectivity 이미지는 여러 개의 다른 안테나 표고 각도(elevation angles or tilts)에서 물체를 탐지한다. 최근 ADDS website에서 가용한 Base Reflectivity 이미지는 가장 낮은 기울기 각도(tilt angle; 0.5°; 수평선 위로 0.5°)에서 시작된다. 단거리(short range)와 장거리(long range) 이미지 모두 0.5° Base Reflectivity로부터 생산될 수 있다. [그림4-1] 단거리 Base Reflectivity 제작물의 최대 범위는 레이더 위치로부터 124 NM이다. 이것은 비록 더 먼 거리에서 강수가 발생하고 있을지라도 이미지는 레이더 사이트로부터 124 NM 이상의 에코를 나타내지 못한다는 것을 의미한다. 레이더 사이트로부터 124 NM을 초과하는 강수를 보기 위해서는 통달범위가 248 NM인 장거리 뷰(long-range view)를 선택하거나 다른 인접 레이더의 선택, 또는 레이더 모자이크를 보는(viewing a radar mosaic) 방법 등이 있다.

① Base Reflectivity 활용

Base Reflectivity 제작물은 이미지를 동영상으로 보았을 때 강수와 비강수 에코의 위치, 액체 강수(liquid precipitation)의 강도, 그리고 강수의 일반적인 이동을 결정하는데 사용할 수 있다. 만약 에코가 강수라면 제작물은 대류 혹은 층상(convective or stratiform in nature) 여부를 결정하는데 사용할 수 있다. 층상 강수(stratiform precipitation)는 다음과 같은 특징을 갖는다.

- 광범위한 지역
- 약한 반사율 경도(gradient)
- 강수 강도는 통상 39 dBZ 또는 그 미만, 때때로 강수 강도는 더 강해질 수 있다.
- 동영상으로 보았을 때 에코 패턴이 느리게 변하는 것을 관찰할 수 있다.

층상(*겹치거나 층을 이룬 모양*) 강수와 관련된 위험은 결빙층 위의 광범위한 착빙(widespread icing), 낮은 실링과 시정감소 가능성이 포함된다. 대류 강수(convective precipitation)는 다음과 같은 특징을 이용해서 기술할 수 있다.

- 에코는 선 혹은 셀을 형성하는 경향이 있다.
- 반사율 경도(gradients)는 강하다.
- 강수 강도는 통상 보통에서 극심함까지 변한다.
- 때때로 강수 강도는 약해질 수 있다.
- 동영상으로 보았을 때 에코 패턴이 빠르게 변하는 것을 관찰할 수 있다.

대류 강수와 관련된 다양한 위험은 다음과 같다.

- 난기류
- 저고도 윈드시어(LLWS)
- 강풍과 돌풍 지상풍
- 결빙층 위의 착빙
- 우박
- 번개
- 토네이도
- 강한 강수와 함께 국지적 IFR 상태

② Base Reflectivity의 장점

Base Reflectivity 제작물의 장점은 강수와 비강수 에코의 위치가 묘사되고, 강수의 강도와 이동을 결정하는 것이 상대적으로 쉽고 간단하다.

③ Base Reflectivity의 제한

Base Reflectivity 제작물과 관련된 주요 제한사항은 레이더 빔이 타깃을 초과(overshoot)해서 관통할 수 있고 이미지는 다음 요소들과 혼합될 수 있다.

- Beam blockage(빔 막힘)
- Ground clutter(지상 클러터)
- Anomalous Propagation(이상 전파/확산; AP)
- Ghosts(환영)

ⓐ Radar Beam Overshooting

레이더 빔 오버슈팅은 레이더 빔(typically the 0.5 degree slice)이 강수의 정상(top)보다 더 높게 존재할 때 발생한다. 이것은 층상 강수와 정상이 낮은 대류 강수(low-topped convection)와 함께 발생한다. 예를 들어 레이더로부터 124 NM의 거리에서 0.5° Base Reflectivity 레이더 빔 높이는 대략 18,000피트가 되고, 248 NM에서 빔 높이는 대략 54,000피트가 된다. 정상이 이들 고도와 거리 아래에 있는 강수는 이미지에 나타나지 않을 것이다. 따라서 이것은 강수가 레이더 이미지에 나타나지 않는 곳에서 발생하고 있을 가능성이 아주 크다.

ⓑ Beam Blockage

빔 막힘은 특히 산악지형에서 레이더 빔이 지형으로 막혔을 때 발생한다. 이것은 Composite Reflectivity 그리고 Base Reflectivity 이미지 모두에 영향을 준다. 빔 막힘은 지속적으로 에코의 빈공간(void of echoes)이 파이-모양으로 나타나는 지역에서 쉽게 관찰할 수 있다. 이미지를 동영상으로 보았을 때 빔 막힘 지역은 강수와 다른 타깃을 관통할지라도 에코가 없는 지역으로 남아 있을 것이다.

ⓒ Ground Clutter

지면 클러터(ground clutter; *레이더 스코프의 스크린 위에 나타나는 패턴으로, 지면으로부터 원하지 않은 반사 때문에 생긴다. 이 클러터는 지면의 형상이나 성질 등에 따라 다르게 나타난다.*)는 지상에 있는 나무, 빌딩, 또는 다른 물체들로부터 반사된 레이더 에코이다. 이것은 레이더에 가까운 범위에서 높은 반사율의 거친 원형 지역(roughly circular region)으로 나타난다. 지면 클러터는 이미지를 동영상으로 보았을 때 고정된 것으로 나타나고 레이더 근처에 있는 강수를 가릴(mask) 수 있다. 대부분 지면 클러터는 WSR-88D 이미지로부터 자동으로 제거되기 때문에 이것은 이미지 판독에 영향을 주지 않는다.

ⓓ Ghost

고스트(ghost; *눈앞에 없는 것이 있는 것처럼 보이는 것 혹은 환영*)는 실제로 맑은 하늘(clear sky)에서 벌레라든지 또는 레이더 빔의 굴절 반사(refraction returns)와 같이 다수의 점 타깃("cloud" of point targets)으로 인해서 맑은 하늘에 흩어진 에코(diffused echo)이다. 후자의 경우는 통상 온난 계절(warm season) 중 초굴절(super refraction)로 인한 일몰에 발달한다. 고스트는 레이더 사이트 근처 반사율(typically less than 15 dBZ)이 낮은 에코 지역에서 발달하고 빠르게 확산된다. 고스트 에코는 동영상으로 보았을 때 약간 이동하는 것으로 나타난다.

ⓔ Angels

엔젤(angel; *레이더 화면에 나타난 정체불명의 상 혹은 흰 반점*)은 레이더 사이트에서 눈에 보이지 않는(discernible by the eye) 물리 현상으로 인한 에코이다. 이들은 통상 박쥐, 새 또는 벌레 등으로 인해서 발생한다. 엔젤은 낮은 반사율 값과 함께 도넛-모양 에코로 나타난다. 동영상으로 보았을 때 에코는 확장되고 시간이 지날수록 더욱 흩어지는(diffuse with time) 특징이 있다. 전형적인 엔젤은 Clear Air Mode의 약한 반사율 때문에 레이더가 이 모드에 있을 때만 나타난다. 새(birds)로 인해서 발생한 에코는 이들이 주간에 날기 시작하는 아침에 주로 나타난다. 박쥐(bats)로 인한 에코는 동굴에서 빠져나오는 야간에 주로 탐지된다.

ⓕ Anomalous Propagation (AP)

이상전파(anomalous propagation; AP)는 레이더 빔의 초굴절(super refraction)로 인해서 지상 에코가 확장된 패턴이다. 초굴절은 레이더 빔을 하향으로 굽어지게 하여 지상에 부딪히도록 한다. 이상전파는 레이더 사이트 근처에서 발생하는 것이 아니라 레이더 통달범위의 어느 곳에서나 발생할 수 있다는 점에서 지상 클러터와 다르다. 이상전파(AP)는 반점 혹은 얼룩과 같은 높은 반사율 에코로 나타난다. 동영상으로 보았을 때 AP는 꽃이 만개하여 흩어지는 것처럼 보이고 이동의 연속성(continuity of motion)이 없다. 때때로 AP는 뇌우로 잘못 인식할 수 있다. 따라서 동영상 이미지에서 이들 둘 사이를 구분하기 쉽지 않다. 뇌우는 서서히 그리고 지속 이동하지만 AP는 갑자기 나타나 확산한 후 흩어지는 경향으로 구분할 수 있다.

(2) Composite Reflectivity

복합 반사율은 레이더 사이트 상공 대기의 수직높이 안에서 탐지된 최대 에코 강도(echo intensity; reflectivity)이다. 레이더는 수직높이에서 가장 높은 dBZ 값을 결정하기 위해서 [그림4-2]와 같이 전체 표고 슬라이스(elevation slices; *얇은 조각*)를 통해서 스캔한 다음 이들 값을 제작물에 보여준다. Base Reflectivity와 비교했을 때 Composite Reflectivity는 중요한 폭풍 구조 특징(storm structure features)과 폭풍의 강도 추세를 나타낼 수 있다.

① 활용

Composite Reflectivity 제작물은 수직높이(vertical column)에서 가장 높은 반사율 값을 제공하는 강수의 수직 구조를 결정하는 데 주로 사용된다. 이미지는 강수의 수직 구조를 결정하기 위해서 Base Reflectivity 이미지와 비교되어야 한다. Composite Reflectivity 제작물이 모든 표

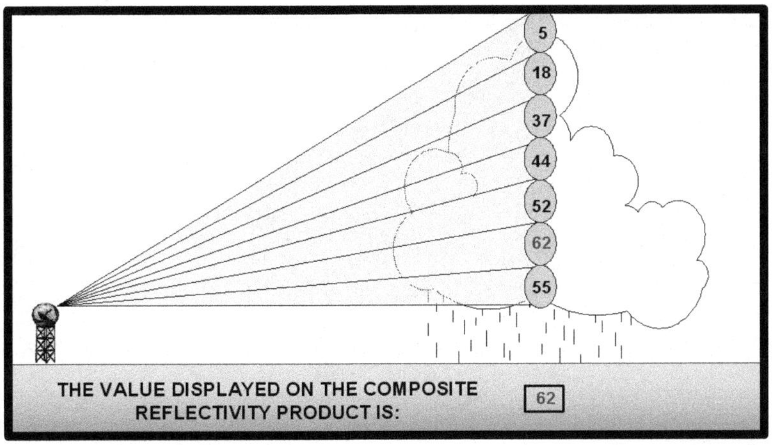

고 스캔의 가장 높은 반사율을 보여주기 때문에 이것은 일부 더 높은 고도/표고에서 지상에 근접해서 샘플링을 하는 Base Reflectivity 제작물보다 더 높은 반사율을 탐지한다. 이것은 때로는 강수 특히 뇌우가 발달하고 있을 때 발생한다.

② 장점

복합 반사율 제작물의 주요 장점(primary strength)은 반사율을 3차원(three-dimensional)으로 볼 수 있는 점이다.

③ 제한

복합 반사율 제작물과 관련된 제한사항은 다음과 같다. 레이더 빔은 타깃을 관통할 수 있고 이미지는 혼합되어 나타날 수 있다.

- Beam blockage
- Ground clutter
- Anomalous Propagation (AP)
- Ghosts

4.1.5 레이더 모자이크

레이더 모자이크(radar mosaic)는 지역적 또는 국가적 스케일(regional or national scale)에서 레이더 이미지를 생산하기 위해서 여러 개의 단일 사이트를 통합한 레이더 이미지들로 구성된다. 단일 사이트 레이더로부터 가장 최근 이미지가 제작물을 생산하는 데 사용된다. 제작물의 최근 시간으로부터 15분 이상 지난 단일 사이트 데이터는 이미지에 사용되지 않는다. 따라서 모자이크에 있는 데이터는 15분 이내의 것이다.

4.2 위성

위성(satellite)은 체계적인 기상 데이터의 수집이 어렵거나 불가능한 저개발 국가 혹은 오지 등에서 기상 데이터를 수집할 수 있는 세계적 스케일의 중요한 단일 기상 출처이다.

4.2.1 위성 영상의 종류

위성 영상(satellite imagery)은 통상 다음과 같이 3종류가 사용된다.
① 가시 영상(visible imagery); 오직 주간에서 볼 수 있다.
② 적외선 영상(infrared (IR) imagery); 주간 혹은 야간 모두 볼 수 있다.
③ 수증기 영상(water vapor imagery); 주간 혹은 야간 모두 볼 수 있다.

(1) 가시 영상

가시 영상(visible Imagery)은 지구 표면, 구름, 대기에 있는 입자상물질(particulate matter)로부터 반사된 일사량(reflected sunlight)을 보여준다. 이들 이미지는 [그림4-3]과 같이 공간으로부터 단순한 지구의 흑백 사진이다. 주간 가시 영상은 인간의 눈으로 볼 수 있는 가장 높은 해상도와 근사치(highest resolution and approximates)를 제공하기 때문에 가장 많이 사용되는 이미지 종류이다. 가시 영상에 시현되고 있는 회색 음영(gray shades)은 특정 형상과 연관시킬 수 있다. 높은 태양 각도, 두꺼운 구름(thick clouds)과 눈은 백색, 그리고 얇은 구름(thin clouds)은 반투명 회색(translucent gray), 육지는 회색, 그리고 호수와 바다와 같은 깊은 물은 검은색으로 처리된다. 가시 영상에서 데이터 범례(data legend)는 퍼센트로 표기되는 알베도 또는 반사율(albedo or reflectance; *빛을 반사하는 정도를 수치로 나타낸 것으로 반사율이라고도 한다.*)을 보여준다. 예를 들어 알베도 72는 물체에 부딪친 일사량(sunlight)의 72%가 다시 공간으로 반사되었다는 것을 의미한다.

(2) 적외선 영상

적외선 영상(Infrared (IR) images)은 [그림4-4, 컬러]과 같이 지표면, 구름, 그리고 특정 물질의 온도(temperature)를 보여준다. 일반적으로 물체 온도가 높을수록 더 많은 적외선 에너지(infrared energy)를 발산한다. 위성 센서는 이 에너지를 측정하고 단순한 물리적 상관관계를 이용해서 온도를 계산한다. 대기에서 매우 높은 구름 온도는 대략 -50°C 정도로 매우 한랭하지만, 지표면 근처에 있는 구름 온도는 통상 5°C 정도로 아주 온난하다. 이와 마찬가지로 육지는 통상 +20°C 정도로 낮은 구름보다 더 온난할 수 있다. 이처럼 더 한랭한 구름은 온난한 구름보다 더 적은 적외선 에너지를 발산하고 육지는 이들 온난 구름보다 더 많은 적외선 에너지를 발산한다. 위성에서 측정된 데이터는 온도에 따라 등급을 매겨 컬러로 처리한다. 만약 대기의 온도가 고도와 함께 감소한다면 구름 꼭대기 온도(cloud-top temperature)는 어느 구름이 높은 층에 있고 낮은 층에 있는지를 대략 결정하는데 사용될 수 있다. 구름이 있을 때 적외선 영상에 나타난 온도는 구름 최정상의 온도이다. 구름이 없을 때 적외선 영상에 나타난 온도는 지상 또는 해양의 온도이다. 적외선 영상에서 데이터 범례는 섭씨온도로 눈금이 표기된다.

(3) 수증기 영상

수증기 영상(water vapor imagery)은 [그림4-4, 컬러]와 같이 통상 700 millibars(FL100)에서 200 millibars (FL390) 사이의 층 내에 있는 중간과 상층 대류권(middle and upper troposphere)에 존재하는 수증기의 양을 보여준다. 수증기 영상에 나타난 실제 숫자는 섭씨온도와 일치한다. IR 영상과 달리 이들 값과 구름 온도 사이에 직접적인 관련성이 없다. 수증기 영상은 실제 구름을 보여주는 것이 아니라 고층에 존재하는 수증기를 대신 보여준다. 수증기 영상에서 얻을 수 있는 가장 유용한 정보는 기상체계(weather systems), 제트기류(jet streams), 그리고 뇌우의 위치와 이동에 관한 것이다. 일반적으로 적색 음영(red shades)으로 나타난 지역은 상층 대기가 매우 건조(VERY dry)하고 지상 원근(ground perspective)으로부터 맑은 푸른 하늘과 연관해서 판단할 수 있다. 반대로 청색 또는 녹색의 음영으로 나타난 지역은 고층에 많은 습기를 나타내고 또한 구름이 낀(cloudiness) 것을 나타낸다. 이 흐린 하늘은 단순한 고층 권운 또는 뇌우일 수 있다. 그 결정은 이미지 자체로 얻어질 수 없지만 상응하는 가시적 그리고 적외선 위성 이미지와 관련해서 사용되었을 때 쉽게 결정될 수 있다. 수증기 영상에 있는 데이터 범례는 섭씨온도 눈금으로 표기된다. 이 영상에 있는 실제 데이터값은 특별히 유용성이 없다. 패턴의 판독과 시간이 지나면서 이들이 어떻게 변화하는지가 더 중요하다. 범례는 위성 이미지 제공자(satellite image provider)에 따라 다를 수 있다.

5. 그래픽 관측과 제작물

5.1 지표면 분석 차트

5.1.1 개 요

지표면 분석 차트(surface analysis charts)는 [그림5-1, 컬러]와 같이 지표면 기상관측을 분석한 차트이다. 이 차트는 해수면 기압, 고기압, 저기압, 기압골, 기압마루의 위치, 전선의 위치와 특성, 그리고 건조선(drylines; *대평원에서 봄과 여름에 서쪽의 고온, 건조한 공기와 동쪽의 온난, 습윤한 공기 사이에 형성되는 하층 중규모 경계*), 아웃플로우 경계(outflow boundaries), 해풍 전선(sea-breeze fronts), 그리고 수렴선(convergence lines; *바닷바람과 육지 바람이 부딪쳐 상승 기류가 발생하는 선*)과 같은 경계 등을 포함한 다양한 항목의 분포(distribution of several items)를 묘사한다. 때로는 차트를 사용하고자 하는 의도에 따라 다른 부호들이 추가될 수 있다. 지표면 분석 차트에서 기압은 평균해수면(mean sea level; MSL)으로 표기되고 다른 요소들은 관측 지표면 지점에서 발생하는 것으로 표기된다. 이 일반 형식의 차트를 통상 기상도(weather map)라고 한다.

※ Outflow boundaries or gust fronts(아웃플로우 경계 또는 돌풍 전선)은 폭풍 규모이거나 또는 중규모 경계이다. 아웃플로우 경계는 항공기 이륙과 착륙 중 위험을 초래할 수 있는 저고도 윈드시어의 원인이다.

5.1.2 지표면 분석 차트의 사례

(1) 분석 부호

[그림5-2, 컬러]는 surface analysis charts에서 사용되는 분석 부호(analysis symbols)를 보여주고 있다. 이 차트는 일일 8차례 발표된다. (00Z, 03Z, 06Z, 09Z, 12Z, 15Z, 18Z, 21Z)

(2) 관측소 도면 모델(Station Plot Models)

육지, 선박, 부이(buoy), 그리고 C-MAN 관측소(stations)는 지표면 기상 특징을 분석하고 판독하는 데 도움이 되도록 차트에 표기된다. 이들 도식 관측을 관측소 모델(station models)이라 한다. 일부 관측소는 공간 제한으로 도식되지 않을 수 있다. 그러나 모든 보고 관측소는 분석에 사용된다. [그림5-3]은 지표면 분석 차트에서 가장 많이 사용되고 있는 관측소 도면 모델(station plot models)을 보여주고 있다. 또한, HPC는 특별히 항공사회를 위한 지표면 분석 차트를 생산한다.

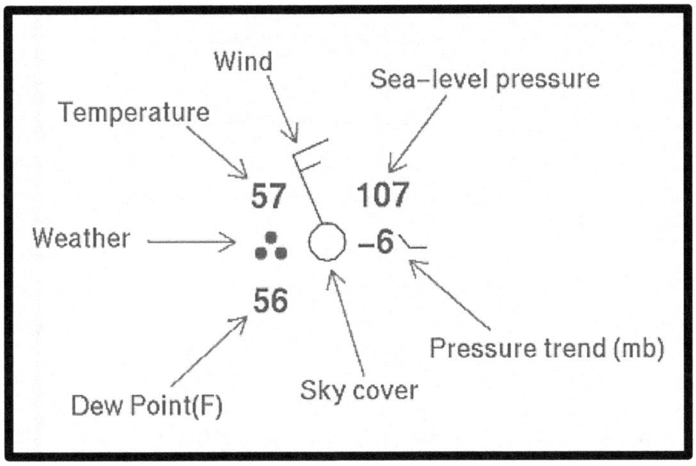

① Station Identifier(관측소 식별자)의 형식은 관측되고 있는 플랫폼(observing platform)에 따라 다르다.

- Ship; 통상 4~5개 문자이다. 만약 5개 문자라면 다섯 번째는 통상 숫자가 되어야 한다.
- Buoy; 부이(부표)는 표류 혹은 고정(drifting or stationary) 여부와 관계없이 5-숫자 식별자로 표기된다. 첫 숫자는 항상 4가 되어야 한다.
- C-MAN; Coastal-Marine Automated Network의 약자이고 해안가에 위치한다. 이들 식별자는 5-문자 선박 식별자와 같이 표기되나 네 번째 문자는 플랫폼이 위치한 주(state)를 식별하게 될 것이다.
- Land; 육상 관측소는 선박, 부이, 그리고 C-MAN 관측과 쉽게 구분할 수 있도록 항상 3-문자로 표기된다.

② Temperature(기온)는 화씨로 표기된다.

③ Dew Point(이슬점)는 화씨로 표기된다.

④ Weather(기상)는 관측시간에 강수가 발생했거나 상태가 시정을 감소시키는 원인이 존재한다면 기상 부호(weather symbol)가 도식된다. [그림5-4]는 가장 많이 사용되고 있는 기상 부호를 보여주고 있다.

⑤ Wind(바람)은 5노트(kts) 증분(increments)으로 표기된다. 풍향은 “true”이고 바람이 불어오고 있는 방향을 향해서 선으로 그려진다. 풍속은 이 선에 붙어 있는 깃발(flags; 50노트), 미늘(barbs; 10노트), 그리고 하프-미늘(half-barbs; 5노트)의 값을 더해서 결정한다. 만약 바람이 관측시간에 무풍이라면 관측소 위에 단일 원만 그려진다. [그림5-5, 왼쪽]은 일부 바람 부호의 사례를 보여주고 있다.

⑥ Ceiling(실링)은 지표면으로부터 백 단위 피트로 표기된다.

⑦ Visibility(시정)는 육상 마일(statute miles; SM)로 표기된다.

⑧ Pressure(기압)는 해수면 기압(sea-level pressure)으로 첫 숫자(통상 10 또는 9)를 생략하고 10자리 밀리바(millibars; mb)로 표기된다. 예를 들어 1,013mb는 29.92 수은 인치와 동

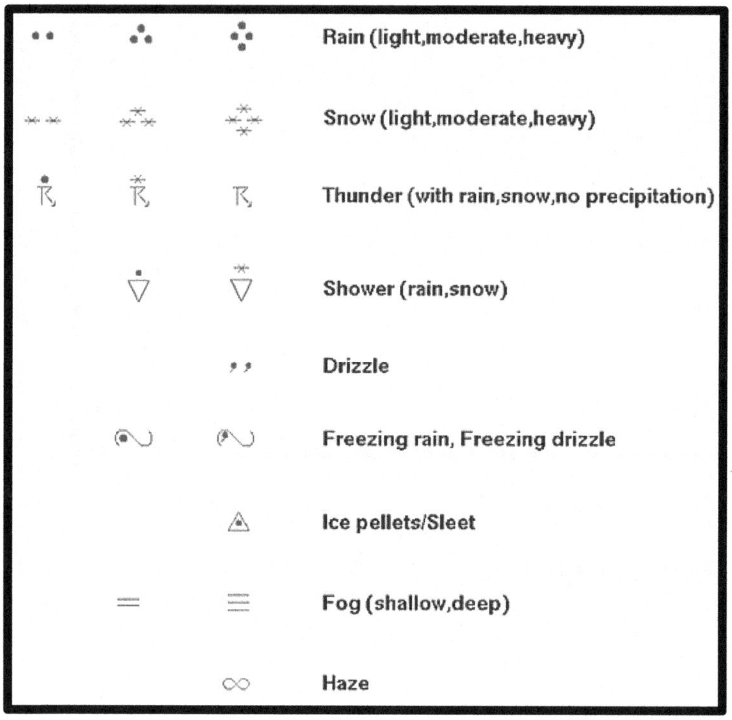

등하다. 다음은 도식된 값과 완전한 해수면 값 사이의 일부 전환 값이다.

- 410: 1041.0 mb
- 103: 1010.3 mb
- 987: 998.7 mb
- 872: 987.2 mb

⑨ Pressure Trend(기압 추세)는 해수면 기압이 지난 3시간 동안 얼마나 변했는지를 보여주기 위해서 숫자와 부호로 구성된다. 숫자는 10자리 밀리바(in tenths of millibars)에서 3시간 변화를 제공하고 부호는 이 변화가 얼마나 발생했는지를 그래픽 삽화(graphic illustration)로 보여준다. [그림5-6]은 기압 추세 부호의 의미를 보여주고 있다.

⑩ Sky Cover(하늘 덮임)는 대략적인 하늘 덮임 양을 관측소 도면(station plot) 중앙에 있는 원으로 결정된다. 원의 양은 구름으로 덮인 하늘의 양으로 반영해서 채워진다. [그림5-5, 오른쪽]은 보통 구름 덮임 묘사를 보여주고 있다.

⑪ Water Temperature(수온)는 화씨로 표기된다.

⑫ Swell Information(너울 정보)은 지표면 관측에서 너울 방향(swell direction), 지속시간, 그리고 높이는 6-숫자 코드로 나타낸다. 첫 두 숫자는 너울 방향, 중간 두 숫자는 너울 지속시간(초), 그리고 마지막 두 숫자는 너울의 높이(in half meters)를 나타낸다.

[Example] 090703

- 09 – The swell direction is from 90 degrees (i.e. it is coming from due east)

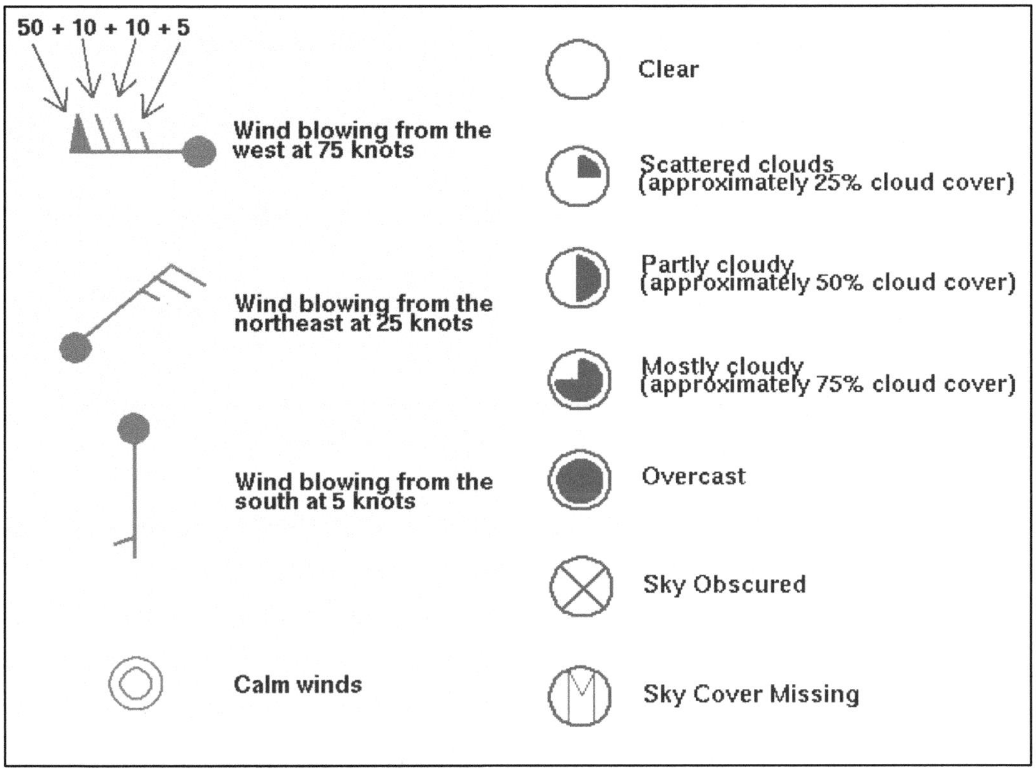

- 07 – The period of the swell is 7 seconds
- 03 – The height of the swell is 3 half meters

※ *due west; 정확한 서쪽(정서)을 의미함*

⑬ Wave Information(파도 정보)은 파도의 지속시간과 높이는 5-숫자 코드로 나타낸다. 첫 숫자는 항상 1이다. 두 번째와 세 번째 숫자는 파도 지속시간(초), 그리고 마지막 2-숫자는 파도 높이(in half meters)를 나타낸다.

[Example 1] 10603

- 1 – A group identifier. The first digit will always be 1.
- 06 – The wave period is 6 seconds.
- 03 – The wave height is 3 half meters.

(4) Analyses(분석)

등압선(isobars), 기압체계(pressure systems), 그리고 전선은 지표면 분석 차트에 묘사되는 가장 일반적인 분석이다.

① Isobars(등압선)은 기압 패턴의 분석에서 가장 많이 사용되는 동등한 기압의 선이다. Surface Analysis Chart에서 등압선은 4-밀리바(millibars; mb) 간격의 실선(solid line)으로 그려진다. 각 등압선에는 기압 라벨이 붙는다. 예를 들어 1032는 1,032.0mb를 의미하고

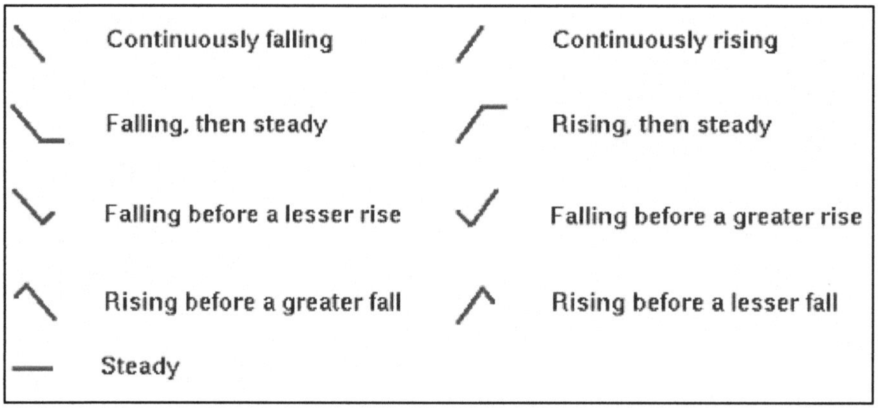

992는 992.0 mb를 의미한다. 기압은 METAR/SPECI에서 헥토파스칼((in hectopascal)로 보고된다. 그러나 1밀리바는 1hPa과 등가이기 때문에 별도로 환산할 필요는 없다.

② Pressure System(기압체계)은 Surface Analysis Chart에서 High(H)는 최고 대기압이고 Low(L)는 최저 대기압을 나타낸다. 중심기압(central pressure)은 고기압 또는 저기압의 중심에 있는 대기압(atmospheric pressure)이다. 일반적으로 중심기압은 고기압의 중심에서 가장 높은 기압 또는 저기압의 중심에서 가장 낮은 기압이다. 중심기압은 각 기압 중심 근처에 표기되어 있다. 저기압의 길게 늘어진 지역 또는 기압골(trough or an elongated area)은 점선으로 그려지고 근처에 용어 TROF로 표기된다. 고기압의 길게 늘어진 지역 또는 마루(ridge)는 톱니 부호로 그려진다. 마루는 HPC에서 생산되는 차트에 드물게 사용된다. 열대성 폭풍, 허리케인, 그리고 태풍은 이들의 명칭과 중심기압이 표기되는 저기압 시스템이다.

③ Fronts(전선)은 지표면 분석 차트는 전선의 위치와 부호를 보여준다. 전선에서 부호는 전선의 종류와 전선이 이동하고 방향을 지시한다. 전선을 가로지르는 2개의 짧은 선은 전선 종류에서 변화를 지시한다.

5.2 정압 차트

5.2.1 개 요

정압 차트(constant pressure charts)는 [표5-1]과 같이 특정 정압 표면(기압고도; pressure altitudes)을 따라서 선택된 기압상태를 보여주는 일기도이다. 정압 차트는 이 층에서 관측된 기상을 묘사한다. 이 차트에 묘사된 기압체계의 3차원 현상을 결정하는 데 도움이 된다. 각 차트는 지정된 기압고도(pressure altitude)에서 평면-투사 도면(plan-projection view)을 제공한다. 정압 차트는 00Z와 12Z에 관측된 데이터로부터 매일 두 차례 발표된다. 정압 차트는 지정된 기압고도에서 선택적으로 관측된 기상상태의 개요(overview)를 제공하기 위해서 사용된다. 기압 패턴은 대부분 기상의 원인이 되고 특징을 이루기 때문이다. 전형적인 저기압과 기압골은 나쁜 기

					Height Plot Decoding		Examples of Height Plotting	
Constant Pressure Chart	Pressure Altitude (MSL)		Isotachs	Contour Interval (meters)	Prefix	Suffix	Plotted	Height (meters,MSL)
850MB	5,000ft	1,500m	No	30m	1	-	530	1,530m
700MB	10,000ft	3,000m	No	30m	2 or 3*	-	180	3,180m
500MB	18,000ft	5,500m	No	60m	-	0	582	5,820m
300MB	30,000ft	9,000m	Yes	120m	-	0	948	9,480m
200MB	39,000ft	12,000m	Yes	120m	1	0	164	11,640m

Note: Pressure altitudes are rounded to the nearest 1,000 for feet and 500 for meters.
* Prefix a "2" or "3," whichever brings the height closer to 3,000 meters.

상(bad weather), 구름과 강수와 관련이 있고, 고기압과 마루는 양호한 기상과 관련이 있음을 알 수 있다. [그림5-7]

5.2.2 관측 데이터

관측 데이터는 중첩(overlap)을 방지하기 위해서 일부 삭제된 데이터(some data deleted)와 함께 우선순위에 따라 도식된다. 우선순위는 다음과 같이 유지된다.

- Radiosonde observations(라디오존데 관측)
- Weather reconnaissance aircraft observations(기상 정찰 항공기 관측)
- Aircraft observations on-time and on-level(항공기 관측; 정시, 일정 고도)
- Aircraft observations off-time or off-level(항공기 관측; 임의 시간과 고도)
- Satellite wind estimates(위성 바람 예측)

(3) Analyses(분석)

모든 정압 차트는 높이와 기온의 분석을 포함하고 선택된 차트는 풍속의 분석이 포함된다. [표5-2, 3, 4, 5] 참고

① Height(높이)

높이는 등고선(contour)으로 분석된다. 등고선은 일정한 높이(MSL)의 선이고 정압 표면의 높이 변화로 지도를 만드는 데 사용된다. 이들은 정압 차트에서 기압체계를 식별하고 특성이 기술된다. 등고선은 데카메타(in decameters; *길이의 단위, 10미터에 해당*) 단위를 이용해서 3-숫자 라벨이 붙은 실선이다. 등고선의 간격은 다음과 같이 그려진다.

Radiosonde	Reconnaissance Aircraft (RECCO)	Aircraft Report (AIREP)	Satellite Wind Estimate
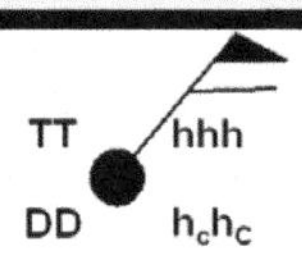	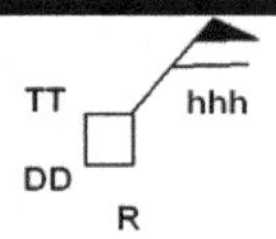	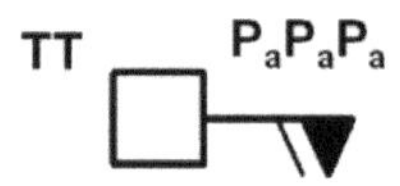	

SYMBOL	MEANING
	Wind plotted in standard notation. The stem points in the direction from which the wind is blowing plotted to 36 compass points, relative to true north. Wind speed is denoted by a combination of flags (50 knots), barbs (10 knots), and half barbs (5 knots).
TT	Temperature rounded to the nearest whole degree Celsius, with minus sign prefixed if negative.
hhh	Height of the constant pressure surface in meters MSL. See the Table 5-8 to see how each chart abbreviates height.
$P_aP_aP_a$	Pressure altitude in hundreds of feet MSL.
DD	Temperature-dew point spread (depression of the dew point temperature) rounded to the nearest whole degree Celsius. When DD is less than or equal to 5 degrees Celsius, the station circle is darkened so a region of high moisture content will stand out. If DD is greater than 5 degrees Celsius, the station circle is not shaded. If the DD is too large to measure, an **X** is plotted. For RECCO reports, DD will be missing when the temperature is colder than -41°C.
R	Reconnaissance aircraft type.

- 850 mb and 700 mb charts; 30 meters
- 500 mb chart; 60 meters
- 300 mb and 200 mb charts; 120 meters

High or Low의 위치는 큰 문자 H or L과 함께 부호로 표시되고 중심기압은 데카미터 단위로 중심 위치 아래에 표기된다. 등고선 경도(contour gradient)는 지정된 수평거리에 대한 높이 변화의 양(amount of height change)이다. 경도는 고도의 변화를 알 수 있는 정압 표면의 경사(slopes of constant pressure surfaces)이다. 강한 경도(strong gradients)는 등고선이 밀집되어 있어 깊은 경사(steep slopes)를 의미하고, 반면 약한 경도(weak gradients)는 등고선이 상대적으로 넓은 간격으로 그려지고 얕은 경사(shallow slopes)를 의미한다. 풍속은 등고선 경도에 비례한다. 풍속이 강할수록 높은 등고선 경도와 관련이 있고 풍속이 느릴수록 약한 등고선 경도와 관련이 있다. 정압 차트에서 산악지형의 바람은 지형 표고 근처 고도에 있을 때 마찰(due to friction)로 인해서 때때로 가변일 수 있다.

② Temperature(기온)

기온은 일정한 기온의 선을 나타내는 등온선(isotherms)으로 분석된다. 이들은 섭씨 5℃ 간격의 긴 점선으로 그려진다. 기온은 전체 섭씨 기온을 2-숫자 라벨로 표기하고 영상은 "+", 그리고 영하는 "-" 부호를 앞에 붙인다. 0℃ 등온선은 결빙층(freezing level)을 나타낸다. 등온선 경도(Isotherm gradients)는 지정된 거리에서 기온 변화의 양이다. 등온선 경도는 기온 변화의 크기를 알 수 있다. 강한 경도는 등온선이 밀집되어 있고 큰 기온 변화를 의미한다. 약한 경도는 넓은 등온선으로 그려지고 작은 기온 변화를 의미한다.

③ Wind Speed(풍속)

풍속은 일정한 풍속의 선을 나타내는 등풍속선(isotachs)으로 분석된다. 등풍속선은 10노트부터 20노트의 간격 짧은 점선으로 300-mb and 200-mb 차트에 그려진다. 이들은 2-숫자 또는 3-숫자로 표기되고 K-자를 붙인다. 강풍이 존재하는 지역은 70노트에서 시작해서 40노트 간격으로 음영과 무음영(bands of shading and no-shading)이 교차하는 띠로 눈에 띄게(highlighted) 표시된다. 제트기류 축(jet stream axis)은 제트기류에서 최대 풍속의 축을 나타낸다. 제트기류의 축은 명확하게 나타나지 않지만, 이들의 위치는 등풍속선 패턴과 도식된 바람(isotach pattern and plotted winds)을 이용해서 추론할 수 있다.

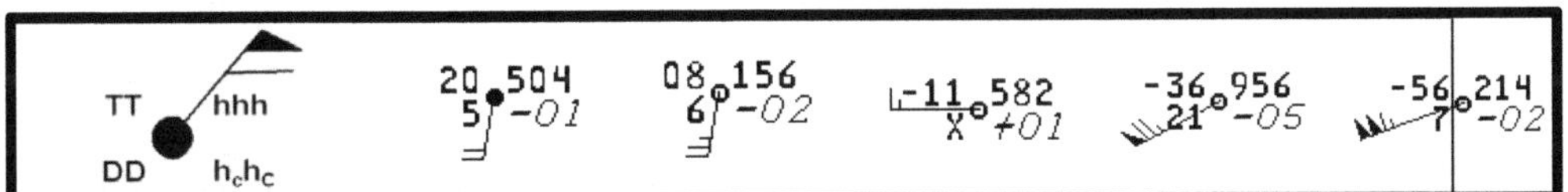

Plotting Model		850MB	700 MB	500MB	300MB	200MB
	Wind*	190°/20 kt	190°/25 kt	270°/15 kt	240°/75 kt	250°/115 kt
TT	Temperature	20°C	8°C	-11°C	-36°C	-56°C
hhh	Height	1,504 m	3,156 m	5,820 m	9,560 m	12,140 m
DD	Temperature -Dew Point Spread	5°C	6°C	Too dry to measure	21°C	7°C
h_ch_c	Height Change	-10 m	-20 m	+10 m	-50 m	-20 m

* Wind direction assumes that north is at the top of the page. Latitude and longitude lines, as well as other geographical references, must be used to determine actual compass direction.

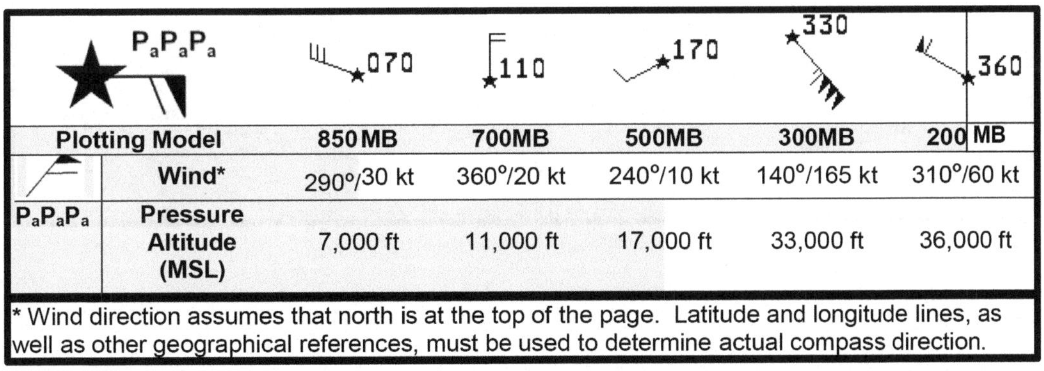

Plotting Model		850MB	700MB	500MB	300MB	200 MB
	Wind*	290°/30 kt	360°/20 kt	240°/10 kt	140°/165 kt	310°/60 kt
$P_aP_aP_a$	Pressure Altitude (MSL)	7,000 ft	11,000 ft	17,000 ft	33,000 ft	36,000 ft

* Wind direction assumes that north is at the top of the page. Latitude and longitude lines, as well as other geographical references, must be used to determine actual compass direction.

	Plotting Model	850MB	700MB	500MB	300MB	200MB
	Wind*	150°/90 kt	130°/35 kt	180° /60 kt	240°/30 kt	110°/30 kt
TT	Temperature	19°C	9°C	-5°C	-28°C	-53°C
hhh	Height	1,366 m	3,146 m	5,800 m	9,660 m	12,420 m
DD	Temperature -Dew Point Spread	1°C	1°C	2°C	3°C	Missing
R	RECCO Type	AA329A	AA921A	AA923A	AA924A	AA916A

* Wind direction assumes that north is at the top of the page. Latitude and longitude lines, as well as other geographical references, must be used to determine actual compass direction.

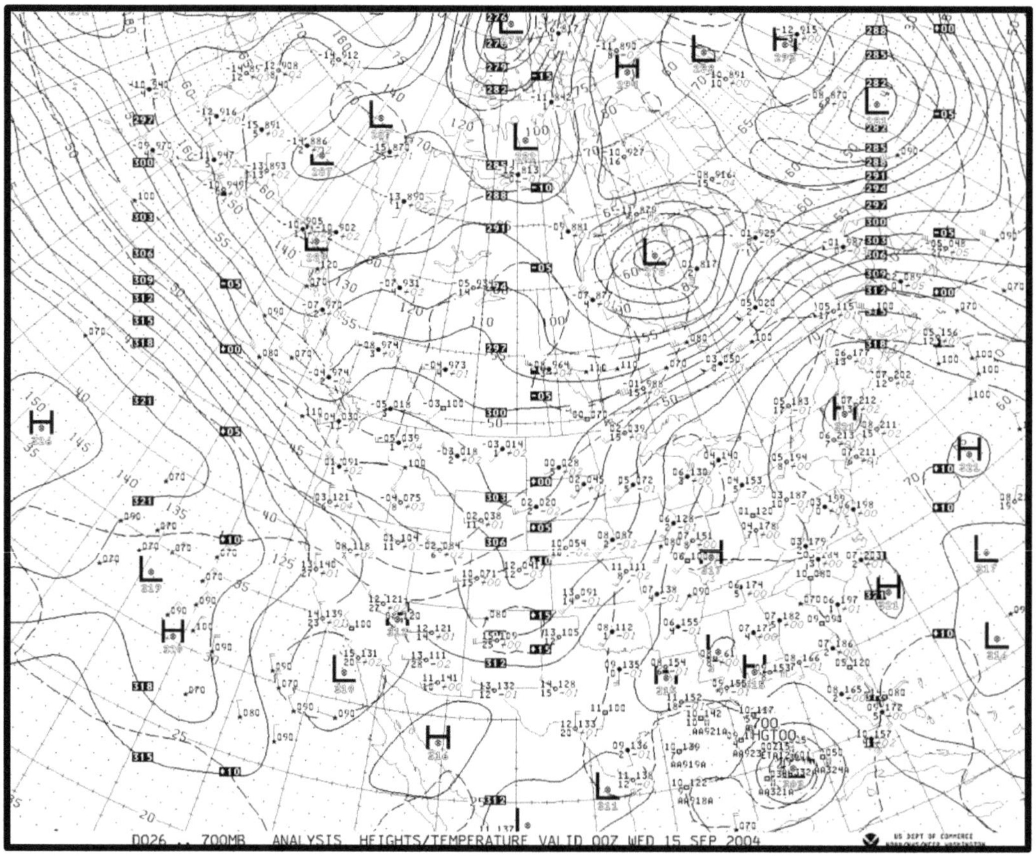

5.3 결빙층 그래픽

5.3.1 개 요

결빙층(freezing level)은 지정된 대기의 층에서 기온이 0℃에 도달하는 가장 낮은 고도이다. 이 고도는 0℃ 등온 표면(constant-temperature surface) 높이라고도 한다. 결빙층 차트는 0℃ 등온 표면 높이를 보여준다. 결빙층을 나타내는 차트는 0℃ 기온이 한 고도 이상에 존재할 때 약간 더 복잡해질 수 있다. 이들 "multiple freezing layers"는 지정된 결빙층 이상 고도에서 기온역전(temperature inversion)이 존재할 때 발생한다. 예를 들어 첫 번째 결빙층이 3,000피트(MSL)이고 두 번째 결빙층이 7,000피트(MSL)라면 기온역전은 이들 두 고도 사이에 존재한다. 이것은 3,000피트(MSL) 이상에서 기온이 상승한 후 7,000피트(MSL)에서 다시 결빙층이 된다는 것을 의미한다. ADDS Freezing Level 그래픽은 최초 분석을 제공하고 앞으로 3시간, 6시간, 9시간, 그리고 12시간 예보를 한다. 최초 분석(initial analysis)과 3시간 예보 그래픽은 매시 업데이트된다. 그리고 6시간, 9시간, 그리고 12시간 예보 그래픽은 3시간마다 업데이트된다. 결빙층 그래픽(freezing level graphics)은 가장 낮은 결빙층 높이와 비행경로(flight path)에 상대적인 이들 값을 결정하는 데 사용된다. 맑은 착빙, 거친 착빙, 그리고 혼합 착빙(clear, rime and mixed)은 영하 기온과 과냉각 물방울(super-cooled water droplets)이 있는 층에 존재할 가능성이 크다. 사용자는 공식 예보 결빙층 정보가 AIRMET Zulu Bulletins에 포함되어 있는지 특히 주의해서 한다. RUC(rapid update cycle) 예보 모델(forecast model)은 최상의 가용한 분석과 예보를 생산하기 위해서 가장 최근의 기상관측 모두를 통합한다.

5.3.2 형 식

컬러는 가장 낮은 결빙층을 백 단위 피트(MSL)의 높이로 표기된다.

- 지표면과 대기의 전체 깊이(entire depth)를 나타내는 백색 구역은 결빙층보다 낮은 지역을 나타낸다. (below freezing)
- 빗금 구역은 지표면 기온이 여러 개의 상층 결빙층과 함께 결빙층보다 낮은 지역을 나타낸다. (below freezing)
- 지표면 기온이 여러 상층 결빙층과 함께 결빙층보다 높은 지역은 컬러 스케일(예, orange to dark blue)이 상반되게 비교되었을 때 인접 픽셀(adjacent pixels)이 한 컬러 이상으로 변화하는 곳이다.

※ *Rapid Update Cycle(급속 업데이트 주기; RUC); 모델을 초기화하기 위해서 주로 수치예보모델(numerical forecast model)과 분석 시스템으로 구성된 대기 예측 시스템이다.*

※ *픽셀(pixel; 화소)은 디지털카메라 혹은 디스플레이 화상을 구성하는 최소 단위이고 점(dot)이라고도 한다. 어원은 Picture Element를 줄인 말이다. 디지털카메라로 찍은 사진이나 PC에서 작업한 컴퓨터 그래픽(computer graphics)을 확대해 보면 픽셀(화소)을 확인할 수 있다.*

다음 사례는 그래픽의 판독을 설명하고 있다. [그림5-8, 9, 컬러]

① Case 1

기온이 지표면과 지표면 상공 모든 층에서 결빙층 이하(below freezing)인 상태를 백색 픽셀로 나타낸다.

② Case 2

지표면 기온이 0℃ 미만 유지되는 동안 대기가 수직으로 2배 또는 그 이상 영상과 영하(above and below freezing)가 되는 상태를 나타낸다. 이들 구역은 백색 빗금으로 처리된다. 밑에 있는 컬러(underlying color)는 수직 기온 그래픽에서 청색 화살표로 표시되는 것과 같이 기온이 0℃ 라인을 가로지르는 가장 낮은 높이를 나타낸다.

③ Case 3

지표면 기온이 0℃ 이상 유지되는 동안 대기가 수직으로 3배 또는 그 이상 영상과 영하(above and below freezing)가 되는 상태를 나타낸다. 이들 구역은 컬러 스케일(예, orange to dark blue)이 상반되게 비교되었을 때 인접 픽셀(adjacent pixels)이 한 컬러 이상으로 변화하는 지역에 위치한다.

④ Case 4

상대적으로 단순하고 지표면에서 기온이 결빙 이상(above freezing)이고 일단 공기는 0℃ 라인을 가로지르면서 높이와 함께 냉각되는 상태를 나타낸다.

5.4 기상 묘사 차트

5.4.1 개 요

기상묘사차트(weather depiction chart)는 [그림5-10, 컬러]와 같이 지정 METAR 관측소에서 기상상태의 도식과 기상비행범주(weather flying category)의 분석이 포함되어 있다. 이 차트는 미대륙과 주변 육지에 있는 터미널 지역에서 매우 중요하거나 그에 근접한 운용상 최저치(critical or near-critical operational minimums)의 위치에 관해서 주로 항공사회에 경고하기 위한 브리핑 도구로써 사용된다. Weather depiction chart는 비행계획 수립과 기상 브리핑을 준비해야 하는 이상적인 차트이다. 이 차트는 유효시간 동안 비행기상범주와 다른 악기상 상태의 개요(overview; *전체를 대략 살피어 봄*)를 제공한다. 따라서 차트는 지형 변화 그리고 보고하고 있는 관측소 사이에 발생하고 있는 기상의 가능성 때문에 완전한 순항항로 상태를 나타내지 못할 수 있다. Weather depiction chart는 완전한 최근 비행 상태를 확인하기 위해서 최근 METAR 보고, 조종사 기상보고, 그리고 레이더와 위성 영상(satellite image) 외에 추가로 사용되어야 한다. Weather Depiction chart는 매일 8차례(01Z, 04Z, 07Z, 10Z, 13Z, 16Z, 19Z, 22Z) 발표된다.

5.4.2 Station Plot Model

관측소 도식 모델(station plot model)은 [그림5-11]과 같이 기상비행범주(weather flying

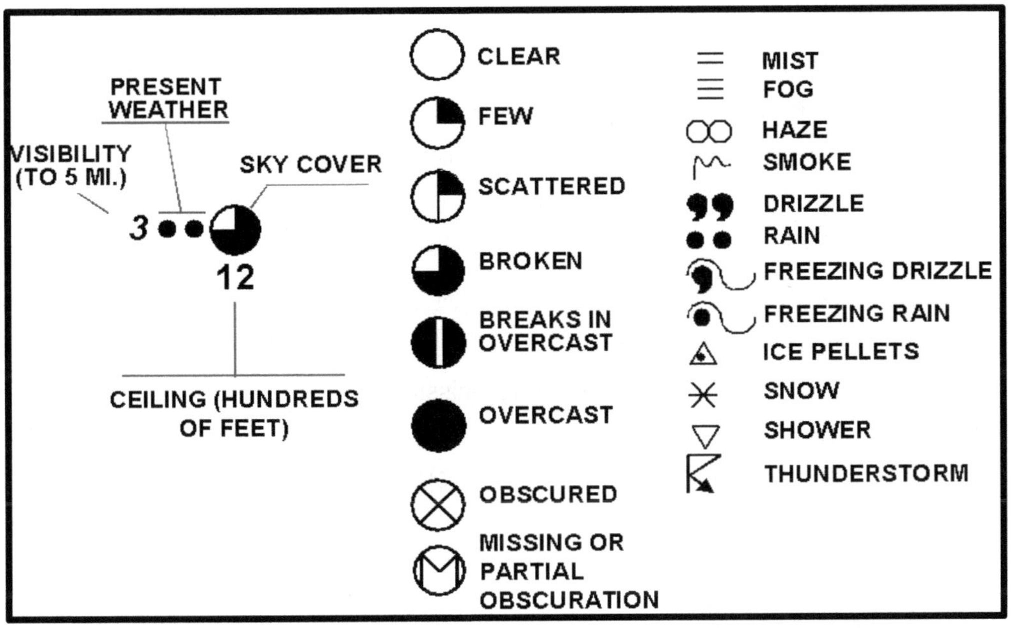

category; *시정, 현재 기상, 하늘 덮임, 그리고 실링*)와 관련이 있는 METAR 요소들이 차트의 각 관측소를 위해서 도식된다. 관측소는 하늘 덮임 부호의 중앙에 위치한다. 대부분 관측소는 공간의 제한 때문에 도식(*사물의 구조, 변화 상태 따위를 일정한 양식으로 나타낸 그림*)되지 않는다. 그러나 모든 보고하고 있는 관측소는 기상비행범주 분석에 사용된다.

① Visibility(시정)

시정이 5마일 미만일 때 관측소 부호의 왼쪽에 표기된다. 시정은 육상 마일(SM)과 소수점 이하까지 표기된다.

② Present Weather(현재 기상)

현재 기상 부호는 관측소 부호의 왼쪽에 표기된다. 만약 현재 기상정보가 자동 관측소로부터 얻어진 것이라면 관측소 부호의 오른쪽에 대괄호(right bracket symbol;])가 표기된다. 여러 종류의 기상 또는 시정 장애물이 보고되었을 때 가장 중요한 기상 요소만 도식된다. 이것은 METAR 보고에 코드화되는 첫 기상 요소이고 통상 Present Weather Symbols 가이드에 가장 큰 코드화된 숫자(highest coded number)이다.

③ Sky Cover(하늘 덮임)

하늘 덮임은 METAR 보고로부터 하늘 상태 요소를 더한 합계이다. 예를 들어 METAR 하늘 상태 요소가 "SCT030 BKN060 OVC090"라고 한다면 하늘 덮임은 오버캐스트가 된다.

④ Ceiling(실링)

실링은 하늘의 절반 이상을 덮고 있는 가장 낮은 층의 기저로부터 지상까지 높이이다. 이외에도 전체 지표면-기반 차폐(total surface-based obscuration)에서 수직 시정 역시 실링으로 정의된다. METAR 보고에서 첫 브로큰 또는 오버캐스트 층이 실링이다. 예를 들어 METAR에 하늘 상태가 SCT030 BKN060 OVC090와 같이 보고되었다면 실링은 6,000피트이다. 관측소가 브로큰에서 오버캐스트 층이라면 실링 높이는 관측소 부호 아래에 도식된다. 실링은 지상으로부터 백 단위 피트(AGL)로 보고된다. 지표면-기반 완전 차폐(total surface-based obscuration)의 경우 실링이 도식되지 않기 때문에 METAR를 확인해야 한다. 부분 차폐는 식별되지 않는다. 상층이 없는 부분 차폐의 경우 하늘 덮임 부호는 "missing"으로 표기될 것이다. 상층이 있는 부분 차폐의 경우 하늘 덮임과 실링 높이는 오직 구름층만 도식될 것이다. 부분 차폐를 확인하기 위해서 반드시 METAR 보고를 확인해야 한다. 만약 하늘 덮임이 "clear, few, or scattered"로 보고되었다면 실링은 도식되지 않는다.

5.4.3 기상비행범주 분석

(1) IFR

Weather Depiction Chart에 지시되는 실링 1,000피트 미만, 시정 3 SM 미만일 때 IFR을 준비해야 한다. IFR 운용이 필요한 지역은 차트에 실선과 음영(shaded)으로 그려진다. 컬러 차트 버전에서 IFR 지역은 적색 음영(shaded red)으로 그려진다. [그림5-10]

- 실링; 1,000피트 미만
- 시정; 3 SM 미만

(2) MVFR

MVFR(marginal VFR)은 VFR 비행을 할 수 있는 범주이다. MVFR 지역은 음영이 없는 실선으로 그려진다. 컬러 차트 버전에서 MVFR 지역은 음영 청색(shaded blue)으로 그려진다. [그림5-10]

- 실링; 1,000~3,000피트
- 시정; 3~5 SM

(3) VFR

VFR은 다음과 같은 기상 범주를 나타내고 VFR 비행을 수행할 수 있는 범주이다. VFR 비행범주는 어떠한 표시도 되지 않는다. 그렇다고 하늘이 반드시 맑다는 것을 의미하지 않는다. [그림5-10]

- 실링; 3,000피트 이상 또는 맑은 하늘
- 시정; 5 SM 이상

5.5 레이더 요약 차트

5.5.1 개 요

레이더 요약 차트(radar summary chart)는 레이더 기상보고(radar weather reports)를 기초로 레이더 에코 강도 등고선을 컴퓨터를 이용해서 생산한 모자이크(mosaics)이다. 이 차트에는 강수의 종류, 셀 이동, 최정상(maximum tops), 라인 에코의 위치, 그리고 비고가 도식된다. 이들 정보의 대부분은 공간 제한으로 인해서 도식되지 않을 수 있다. 만약 심한 뇌우와 토네이도 주의(tornado watches)가 차트의 유효기간 중 비행에 영향을 줄 수 있다면 이들이 도식된다. 레이더 요약 차트는 매시 발표된다.

Radar Summary Chart는 강수 지역을 식별하고 지역의 특성을 뚜렷하게 드러나게 함으로써 비행전 계획수립(in preflight planning)에 도움이 된다. 이 차트는 구름, 안개, 전선, 또는 다른 경계들은 보여주지 못하고 오직 강수만을 보여준다. 따라서 에코가 나타나지 않는다고 해서 맑은 기상이라고 볼 수 없다. 구름 정상(cloud tops)은 레이더에 탐지된 강수 정점보다 약간 더 높다. 따라서 이들 차트는 다른 차트, 보고, 그리고 예보 등과 관련해서 사용되어야 한다. 레이더 요약 차트는 오직 비행계획을 수립하기 위한 목적으로 사용되어야 하고 반드시 최근 WSR-88D 영상과 교차 확인하고 업데이트를 확인해야 한다. 일단 이륙한 후 조종사는 비행 중 관측된 독립적으로 발생하는 폭풍을 피해야 한다. 이것은 시각 관찰 혹은 탑재 레이더(airborne radar)를 이용하거나 Automated Flight Service Station(AFSS)에 기상 레이더 정보를 요청할 수 있다.

5.5.2 형 식

Radar Summary Chart는 [그림5-12]와 같이 강수 종류, 강도, 범위, 이동, 에코, 그리고 최정상(maximum tops)이 도식된다.

(1) Precipitation Type(강수 종류)

컴퓨터 모델로 결정된 강수 종류는 강수 지역 주변에 아래 [표5-6]과 같은 부호로 표시된다. 이들 부호는 METAR 형식에 사용되지 않는다. 어는강수(freezing precipitation)는 Radar Weather Reports에 보고되지 않기 때문에 Radar Summary Chart에 도식되지 않는다.

SYMBOL	MEANING
R	Rain
RW	Rain shower
S	Snow
SW	Snow shower
T	Thunderstorms

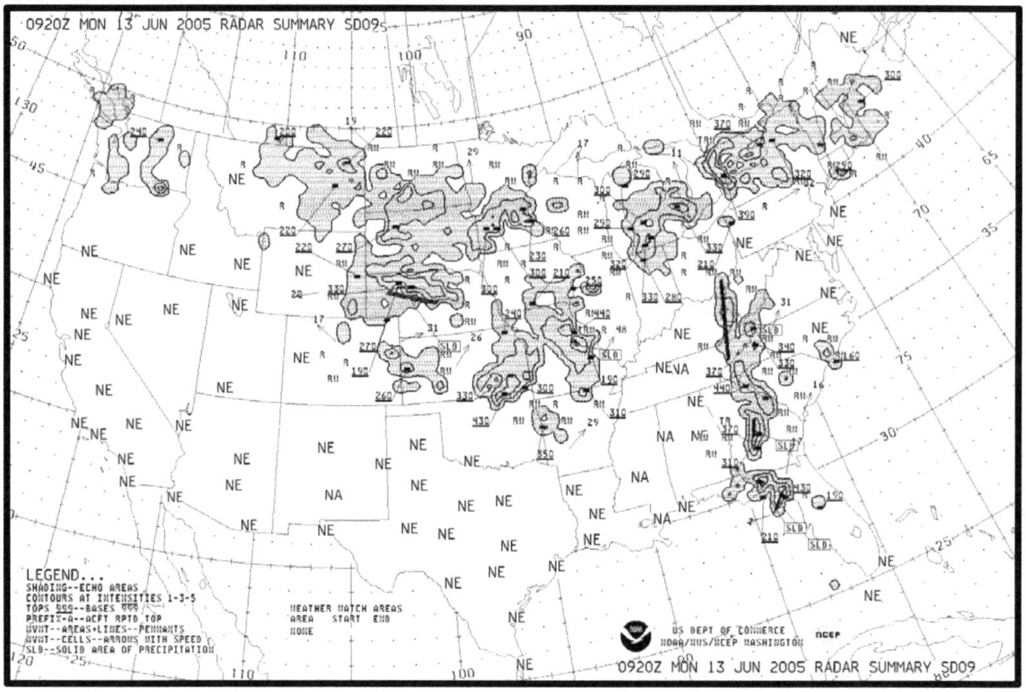

(2) Precipitation Intensity(강수 강도)

Radar Weather Report에 코드화된 6-Level의 강수 강도는 [그림5-13]과 같이 Radar Summary Chart에서 3개의 등고선 간격(contour intervals)으로 통합된다. 강수 강도는 눈과 같은 고체 강수가 아닌 액체 강수(liquid precipitation)와 관련된다.

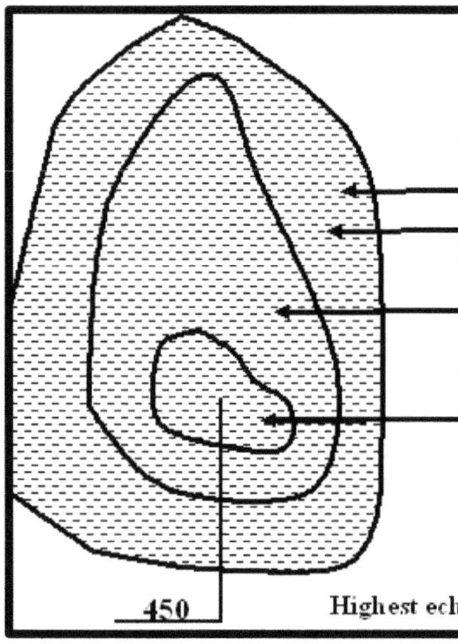

ATC Weather Radar Echo Terminology	Precipitation Description	Reflectivity (dBZ)
Light	Trace to light rain	<30 dBZ
Moderate	Light to moderate rain	30-40 dBZ
Heavy	Heavy rain; possible small granules	>40-50 dBZ
Extreme	Very heavy rain; hail; pea/marble or greater size hail	50+ dBZ

Highest echo top in area in hundreds of feet MSL (45,000 feet MSL).

SYMBOL	MEANING
SLD	8/10ths or greater coverage in a line.
	Line of echoes.
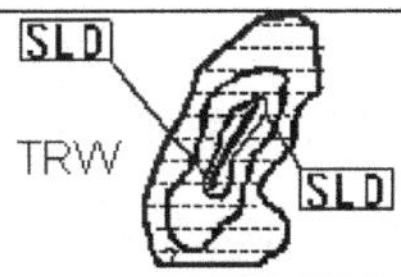	Solid line of thunderstorms with intense to extreme precipitation.

SYMBOL	MEANING
↗ 35	Cell movement to the northeast at 35 knots
→ 24	Cell movement to the east at 24 knots
↓ 18	Cell movement to the south at 18 knots
↙ 12	Cell movement to the southwest at 12 knots
LM	Little cell movement

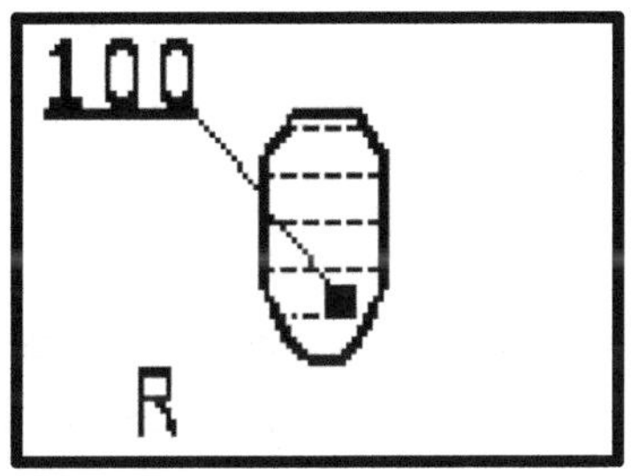

(3) Echo Coverage(에코 범위)

등고선 안에 있는 모든 음영 구역(shaded areas)은 강수를 포함한 것으로 가정한다. 그러나 실제 강수 범위는 작을 수 있다. 이것은 차트에 강수가 도식되어야 하는 전체 그리드 박스를 위한 에코로 덮는데 필요한 그리드 박스의 단편(fraction of a grid box) 때문이다.

(4) Line Echoes(선형 에코)

강수 에코가 LINE로 보고되었을 때 차트에 이들 라인이 그려진다. 강수 범위가 8/10 또는 그 이상인 곳에서 라인은 양쪽 끝에 "SLD(solid)"라는 라벨이 붙는다. [표5-7]

(5) Cell Movement(셀 이동)

셀 이동은 형상 내에서 모든 셀의 평균 이동(average movement)이다. 화살표는 셀 이동 방향을 나타낸다. 셀 이동 속도(knots)는 화살표 머리(arrow head) 근처에 표기된다. 용어 "LM"

은 약간 이동(little movement)을 나타낸다. 지역 또는 라인의 이동은 이들 형상을 포함하고 있는 개별 셀의 이동과 상당한 차이가 있다. [표5-8]

(6) Maximum Top(최정상)

최정상은 Weather Radar Report에 코드화된 가장 높은 강수 에코의 고도이다. 때때로 고도는 위성 데이터(satelite data)로 보강된다. 만약 위성 데이터가 강수 에코 정점을 위해서 사용되었다면 Individual Radar Weather Reports에 사용되어야 한다. 에코 최정상은 [그림5-14]와 같이 3-숫자로 백 단위 피트(MSL) 높이에 밑줄(예, 450)을 긋는다. 공간이 충분하지 않아 에코 최정상 표기는 주변 적절한 곳에서 밑줄 한쪽 끝에서 최정상 위치를 나타내는 작은 검정 사각(small black square)까지 선을 긋는다. 에코 최정상은 최대 구름 높이와 일치하지 않는다. 에코 최정상은 가장 높은 약한 강수 에코의 고도이지 가장 높은 구름 정상(cloud top)을 나타내는 것은 아니다. 또한, 모든 레이더 높이는 대기 상태에 따른 레이더 무선파의 변화로 인해서 대략적인 것이다.

(7) Weather Watch Areas(기상주의지역)

Weather Watch Areas에서 [그림5-15]와 같은 굵은 점선은 토네이도(tornado; WT)와 심한 뇌우 주의지역(severe thunderstorm watch; WS)의 대략적인 지역을 나타낸다. 주의보의 종류와 번호(type of watch and the watch number)는 직사각형 안에 표기되고 주의보의 북동 모서리에 가능한 한 가깝게 위치한다. 만약 주의보의 북동 모서리에 충분한 공간이 없다면 주의 정보는 약간 옮겨 표기되고 얇은 선(thin line)으로 주의에 연결된다. 또한, 주의 번호(watch number)는 "WEATHER WATCH AREAS"와 같은 라벨 아래에 발표시간과 종료시각(issuance time and expiration time)과 함께 하단에 표기된다. 기상 주의가 유효하지 않을 때 차트의 하단에 "NONE"이 표기된다.

SYMBOL	MEANING
	Severe Thunderstorm Watch number 210
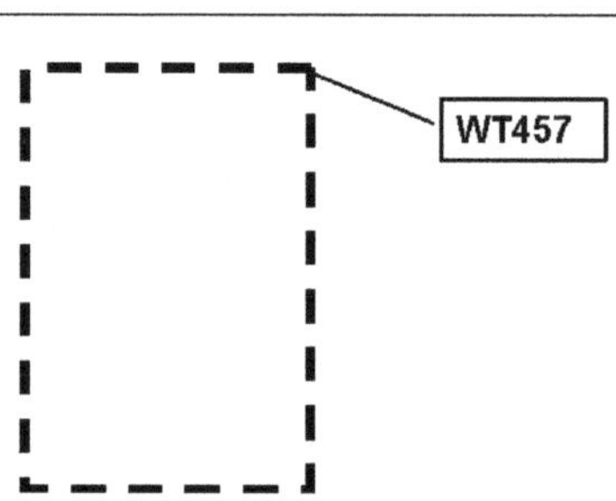	Tornado Thunderstorm Watch number 457

(8) 운용 관련 축약어

Weather Radar Reports에 PPINA, PPINE, and PPIOM으로 보고된 레이더 사이트는 각각 NA, NE, 그리고 OM과 같은 축약어를 사용하고 차트의 레이더 사이트 위에 도식된다.

SYMBOL	MEANING
NA	Not available
NE	No echoes
OM	Out for maintenance

6. 항공위험 기상 제작물

6.1 SIGMET

6.1.1 개 요

SIGMET은 항공기 운항에 중대한 영향을 줄 수 있는 특정 순항항로 기상 현상의 발생 혹은 발생이 예상되는 것을 간단하게 기술한 것이다. SIGMET 목적은 비행안전을 위해서 모든 비행 중인 항공기 조종사에게 전파하기 위함이다. SIGMET은 항공기 운용자 그리고 잠재적 위험 순항항로 상태에 있는 조종사에게 될 수 있는 대로 빠르게 주의(notice)를 전파하기 위해서 책임있는 Meteorological Watch Offices(MWO)에서 발표한다. 미국에는 3개의 MWOs가 있다.

- Aviation Weather Center(AWC)
- Alaska Aviation Weather Unit(AAWU)
- Weather Forecast Office (WFO) in Honolulu

※ SIGMET; Significant Meteorological Information

(1) SIGMET 식별

SIGMET이 발표될 때 일련의 고유 식별자가 부여된다.

- AWC for CONUS
  -NOVEMBER through YANKEE, excluding SIERRA and TANGO
- AWC for Oakland Oceanic FIR
  -ALFA through HOTEL
- Honolulu MWO for Oakland Oceanic FIR
  -NOVEMBER through ZULU
- AAWU for Anchorage FIR
  -INDIA through MIKE

숫자는 현상이 없어질 때까지 각 발표와 함께 순서에 따라 부여된다. 매일 0000 UTC에서 모든 연속 SIGMET은 현상의 연속과 관계없이 "1(one)"로 다시 번호가 부여된다.
(예, YANKEE 1, YANKEE 2, YANKEE 3, etc.)

6.1.2 SIGMET 표준

SIGMET은 다음과 같은 표준에 따른다.

① 모든 높이 또는 고도는 다르게 지시되지 않는 한 해수면 위(above mean sea level; AMSL)를 기준으로 하고, 3-숫자를 구성하도록 백 단위 피트로 표기된다. 18,000피트 또는 그 이상의 높이의 경우 FL(flight level; FL180)을 사용한다.

② 위도와 경도에 대한 기준은 다음 모델에 따라 전체 도와 분을 표기한다. 위도와 경도 사이에 여백을 두고 연속 지점 사이에 "-"를 붙인다.

Nnn[nn] or Snn[nn], Wnnn[nn] or Ennn[nn]

[Example] N3106W07118 - N3011W7209

③ 메시지(message)는 국내 제작물을 위한 (FAA) Order 7340.2 그리고 Oceanic FIR을 위해서 발행된 국제 제작물을 위한 (ICAO) document 8400으로부터 축약어를 이용한 평문으로 준비된다. 또한, 제한된 수의 단축되지 않은 단어, 설명이 필요 없는 지리적 명칭과 수치가 사용될 수 있다.

④ 기상과 시정 장애물은 지표면 기상관측(METAR/SPECI)을 위한 기상 축약어를 사용해서 기술된다.

6.1.3 SIGMET(Non-Convective)

(1) SIGMET(Non-Convective) 발표 기준

SIGMET은 다음 기상상태 중 어느 하나가 영향을 주고 있거나, 또는 예보관의 판단에 따라 최소 3,000제곱마일 또는 항공기 운항의 안전에 중대한 영향을 줄 것으로 판단되는 지역에 발표된다.

• Severe or greater Turbulence(SEV TURB)
• Severe Icing(SEV ICE)
• Widespread Duststorm(WDSPR DS)
• Widespread Sandstorm(WDSPR SS)
• Volcanic Ash(VA)

(2) SIGMET(Non-Convective) 발표시간과 유효시간

SIGMET은 기준에 맞는 상태가 발생하고 있거나 4시간 이내에 발생할 것으로 예측될 때 예보 없이 발표되는 기상 제작물(unscheduled product)이다. SIGMET은 4시간까지 유효하지만 초과하지는 않는다. 현상이 계속되고 있는 SIGMET은 책임 구역에서 현상이 발생하고 있는 한 최소 4시간마다 다시 발표될 것이다.

(3) SIGMET(Non-Convective) 형식

SIGMET에 있는 내용과 요소들은 다음과 같은 순서로 발표된다.

```
LINE
1 → SFOR UWS 100130
2 → SIGMET ROMEO 1 VALID UNTIL 100530
3 → OR WA
4 → FROM SEA TO PDT TO EUG TO SEA
5 → OCNL MOGR CAT BTN FL280 AND FL350 EXP DUE TO
    JTSTR.  CONDS BGNG AFT 0200Z CONTG BYD 0530Z AND
    SPRDG OVR CNTRL ID BY 0400Z.
```

- Series name and number (일련번호와 명칭)
- Valid beginning and ending time (유효시간의 시작과 종료시각; UTC)
- List of states affected by the phenomena(현상의 영향을 받는 지방(주)의 목록)
- Location of phenomena delineated by high-altitude VOR coordinates covering the affected area during the SIGMET valid time
  (유효시간 중 영향을 받는 지역을 덮고 있는 고고도 VOR 좌표로 지정된 현상의 위치)
- Phenomena description (현상에 대한 간단한 내용; SEV ICE)
- Vertical extent (base and top), if appropriate (수직 확장; 기저와 정상)
- Movement, if appropriate (이동)
- Intensity change (강도 변화)
  -INTSF; intensifying(강해짐)
  -WKN; weakening(약해짐)
  -NC; no change(변화 없음)
- Indication that the whether the condition will continue during the 4 hours beyond the valid time of the SIGMET
  (SIGMET의 유효시간을 초과해서 4시간 중 상태가 계속될 것인지에 대한 지시)

[그림6-1]의 SIGMET 내용은 다음과 같다.

(Line 1) *SIGMET ROMEO series issued for the San Francisco Area at 0130 UTC on the 10th day of the month.*

(Line 2) *This is the first issuance of the SIGMET ROMEO series and is valid until the 10th day of the month at 0530 UTC.*

(Line 3) *The affected states within the SFO area are Oregon and Washington.*

Line	Content	Description
1	SFO	SIGMET area identifier
	R	SIGMET series
	WS	Product identifier
	100130	Issuance date/time UTC
2	SIGMET	Product type
	ROMEO	SIGMET series name
	1	Series issuance number
	VALID UNTIL 100530	Ending valid date/time UTC
3	OR WA	Phenomenon location (states)
4	FROM SEA TO PDT TO EUG TO SEA	Phenomenon location (high-altitude VOR coordinates)
5	OCNL MOGR CAT BTN FL280 AND FL350 EXP DUE TO JTSTR. CONDS BGNG AFT 0200Z CONTG BYD 0530Z AND SPRDG OVR CNTRL ID BY 0400Z.	Phenomenon description

(Line 4) *From Seattle, WA; to Pendleton, OR; to Eugene,.OR; to Seattle, WA;*

(Line 5) *Occasional moderate or greater clear air turbulence between Flight Level 280 and Flight Level 350, expected due to jet stream. Conditions beginning after 0200Z continuing beyond 0530Z and spreading over central Idaho by 0400Z.*

(4) SIGMET 취소, 개정 그리고 수정

SIGMET은 관련 기상현상이 더 이상 발생하지 않거나 발생이 예상되지 않을 때 또는 책임구역에서 벗어났을 때 취소된다. SIGMET에 대한 개정(amendments)은 발표되지 않는다. 대신 새로운 SIGMET이 다음 일련번호(series number)를 이용해서 발표된다. SIGMET에 대한 수정(corrections)은 필요할 때 발표된다. 이때 수정된 SIGMET은 발표 날짜/시간(UTC) 다음 첫 줄의 끝부분에 있는 "COR"을 붙여 식별한다.

(5) SIGMET (Non-Convective) 사례

```
WSUS01 KKCI 050600 WS1R
BOSR WS 050600
SIGMET ROMEO 2 VALID UNTIL 051000 ME NH VT
FROM CAR TO YSJ TO CON TO MPV TO CAR
SEV TURB OBS AND FCST BLW 080. CONDS CONTG BYD 1000Z.
```

SIGMET (WSUS01) issued by the Meteorological Watch Office (WMO) (Aviation Weather Center) in Kansas City, Missouri (KKCI) on the 5th day of the month at 0600 UTC. The National Weather Service AWIPS communication header for this product is WS1R. SIGMET issued for the Boston Area Forecast region on the 5th day of the month at 0600 UTC. This is the second (2nd) issuance of SIGMET series Romeo and is valid until the 5th day of the month at 1000 UTC. The affected states are Maine (ME), New Hampshire (NH) and Vermont (VT). Within an area bounded from Caribou, Maine (CAR) to St. Johns, New Brunswick (YSJ); to Concord, New Hampshire (CON); to Montpelier, Vermont (MPV); to Caribou, Maine (CAR). Severe turbulence observed and forecast below 8,000 feet. Conditions continuing beyond 1000 UTC.

6.1.4 Convective SIGMET

Convective(대류) SIGMET은 뇌우(thunderstorm)를 위한 SIGMET을 대신해서 발표된다. 모든 Convective SIGMET은 심한 또는 그 이상 난기류(severe or greater turbulence), 심한 착빙(severe icing), 그리고 저고도 윈드시어를 포함한다.

(1) Convective SIGMET; 일상 발표 기준

Convective SIGMET은 다음과 같은 상태가 발생하고 있을 때 또는 예보관의 판단에 발생할 것으로 예측될 때 발표될 것이다.

① 뇌우 길이의 최소 40%에서 영향을 주고 있으며 최소 60마일 길이의 뇌우 선 (line of thunderstorm)

② 관련 지역의 최소 40%를 덮고 있으면서 최소 3,000제곱마일에서 영향을 미치고 있거나 매우 강한 레이더 반사율 강도 또는 중요한 위성이나 번개 징후를 보이는 활성 뇌우의 지역 (lightning signature)

③ 지역의 크기와 관계없이 유효기간 동안 30분 이상 발생할 것으로 예상하는 은폐 혹은 심한 뇌우(embedded or severe thunderstorm)

(2) Convective SIGMET; 특별 발표 기준

특별 Convective SIGMET은 다음 기준의 어느 하나가 발생하고 있거나, 예보관의 판단에 유효기간의 30분 이상 발생할 것으로 예측될 때 발표된다.

① 토네이도, 3/4인치 이상 우박(지상에서), 돌풍 50노트 또는 이상(than or equal) 보고되었을 때(greater than or equal)

② 만약 예보관의 판단에 이들 상태가 현존하고 있는 Convective SIGMET을 기술하기에 충분하지 않은 것으로 지시되는 급격한 상태의 변화

③ 특별 발표(special issuance)는 유효 Convective SIGMET을 위해서 필요로 하지 않는다.

(3) Convective SIGMET 발표시간과 유효시간

미국 동부, 중부와 서부 지역을 위한 Convective SIGMET bulletins은 매시 55(H+55)분에 정기적으로 발표되고, 지역 내의 모든 유효 Convective SIGMETs이 포함된다. Convective SIGMETs은 2시간 동안 유효하거나 다음 발표된 Convective SIGMETs으로 대체될 때까지 유효하다. Convective SIGMET 공보는 각 지역에 매시 전송된다. 상태에 적합하지 않거나 발표가 계획된 시간에 지역 내에서 Convective SIGMET 기준에 충족하지 못할 것으로 예상할 때 "CONVECTIVE SIGMET...NONE" 메시지로 전송된다.

(4) Convective SIGMET 형식

CONVECTIVE SIGMET bulletin은 지역을 위해서 하나 또는 그 이상의 개별적으로 번호를 부여한 Convective SIGMETs이 포함된다. Convective SIGMET 내용과 순서는 다음과 같다.

• CONVECTIVE SIGMET series number and region letter(E, W or C)
• Valid ending time(UTC; 종료시각)
• List of states affected by the phenomena(현상의 영향을 받는 지방(주)의 목록)
• Location of phenomena delineated by high-altitude VOR coordinates covering the affected area during the SIGMET valid time
  (유효시간 중 영향을 받는 지역을 덮고 있는 고고도 VOR 좌표로 지정된 현상의 위치)
• Phenomena description(e.g., AREA SEV EMBD TS)
• Movement(e.g. MOV FROM 26030KT)
• Cloud top(e.g., TOPS ABV FL450)
• Remarks(e.g., TORNADOES...HAIL TO 2.5 IN...WIND GUSTS TO 70KT POSS

[Note] 열대 사이클론 정보가 Convective SIGMETs의 비고 섹션에 추가될 수 있다.

[그림6-2]의 Convective SIGMET의 내용은 다음과 같다.

(Line 1) *Convective SIGMET issued for the central portion of the United States on the 22nd at 1855Z.*

(Line 2) *This is the 20th Convective SIGMET issued on the 22nd for the central United States as indicated by "20C."*

(Line 3) *Valid until 2055Z*

(Line 4) *The affected states are North and South Dakota.*

(Line 5) *From 90 nautical miles west of Minot, ND; to Grand Forks, ND; to Aberdeen, SD; to 90 nautical miles west of Minot, ND.*

(Line 6) *An intensifying area of severe thunderstorms moving from 240 degrees at 45 knots (to the northeast). Thunderstorm tops above Flight Level 450. Wind gusts to 60 knots reported. Tornadoes, hail to 2 inches in diameter, and wind gusts to 65 knots possible in the North Dakota portion.*

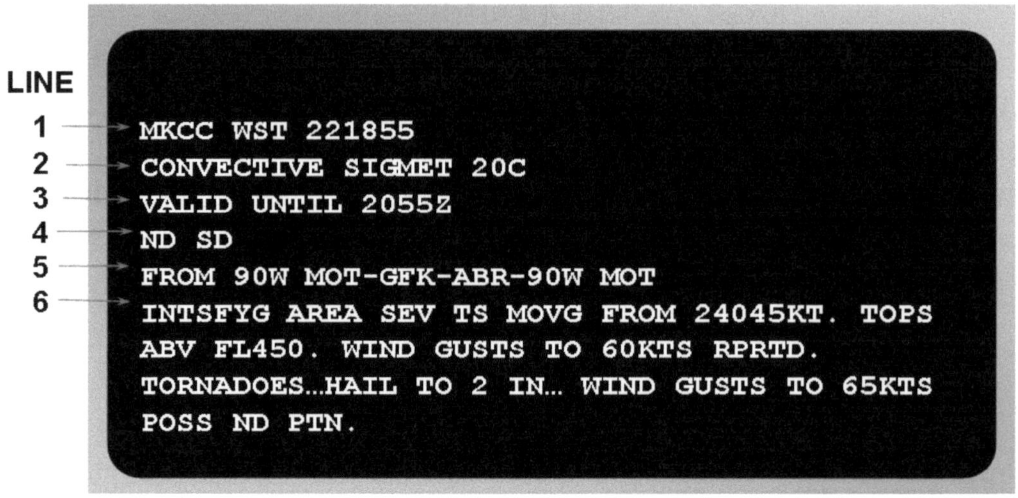

Line	Content	Description
1	MKC	Issuing Office (AWC)
	C	Region (East, Central or West)
	WST	Product Identifier
	221855	Issuance date/time (DDHHMM)
2	CONVECTIVE SIGMET	Product type
	20	Issuance number
	C	Region (East, Central or West)
3	VALID UNTIL 2055Z	Valid ending time (UTC)
4	ND SD	States/areas affected
5	FROM 90W MOT-GFK-ABR-90W MOT	Phenomenon location (high altitude VOR coordinates)
6	INTSFYG AREA SEV TS MOVG FROM 24045KT. TOPS ABV FL450. WIND GUSTS TO 60KTS RPRTD. TORNADOES…HAIL TO 2 IN… WIND GUSTS TO 65KTS POSS ND PTN	Phenomenon description, movement, cloud top, remarks

(5) Convective SIGMET Outlook(전망)

Convective SIGMET bulletin는 끝부분에 2시간에서 6시간 전망(outlook)이 포함되고, 내용과 순서는 다음과 같다.

- Beginning and ending valid times
- Location of expected Convective SIGMET issuances delineated by high-altitude VOR

coordinates for the outlook valid time
- Discussion of forecast

(6) Convective SIGMET 취소, 개정 그리고 수정

Convective SIGMET은 취소되지 않고 다음 SIGMET으로 대체된다. Convective SIGMET은 개정되어 발표되지 않는다. 대신 새로 발표된 Convective SIGMET이 그 지역을 위해서 발표된다. 필요하다면 Convective SIGMET은 수정되어 발표될 수 있다. 수정된 Convective SIGMET은 발표 UTC 날짜/시간 다음 첫 줄 끝에 있는 "COR"로 알 수 있다.

(7) Convective SIGMET 사례

[Example 1]

```
WSUS33 KKCI 091855 SIGW
CONVECTIVE SIGMET...NONE
.
OUTLOOK VALID 092055-100055 TS ARE NOT EXPD.
```

Convective SIGMET bulletin for the western region of the conterminous U.S.(WSUS33) issued by the Meteorological Watch Office (WMO) (Aviation Weather Center) in Kansas City, Missouri (KKCI) on the 9th day of the month at 1855 UTC. The National Weather Service AWIPS communication header for this product is SIGW.

No Convective SIGMETs are in effect.

The outlook portion of the Convective SIGMET bulletin is valid from the 9th day of the month at 2055 UTC to the 10th day of the month at 0055 UTC. Thunderstorms are not expected.

[Example 2]

```
WSUS32 KKCI 091855 SIGC
MKCC WST 091855 CONVECTIVE SIGMET 21C VALID UNTIL 2055Z
AR OK
FROM 20S RZC-40SSW FSM
DMSHG LINE TS 25 NM WIDE MOV FROM 27025KT. TOPS TO FL320.
.
OUTLOOK VALID 092055-100055
FROM 40NE BUM-60SE SGF-50WSW LIT-40W GGG-60ENE ABI-ADM-50WNW BUM-40NE BUM
```

WST ISSUANCES EXPD. REFER TO MOST RECENT ACUS01 KWNS FROM STORM PREDICTION CENTER FOR SYNOPSIS AND METEOROLOGICAL DETAILS.

Convective SIGMET bulletin for the central region of the conterminous U.S.(WSUS32) issued by the Meteorological Watch Office (Aviation Weather Center) in Kansas City, Missouri (KKCI) on the 9th day of the month at 1855 UTC. The National Weather Service AWIPS communication header for this product is SIGC.

Convective SIGMET (WST) for the central region of the conterminous U.S. issued by the Aviation Weather Center in Kansas City, Missouri (MKCC) on the 9th day of the month at 1855 UTC. Convective SIGMET 21C is the 21st Convective SIGMET issued for the central region of the conterminous US on the 9th day of the month. Valid until 2055 UTC. States affected are Arkansas (AR) and Oklahoma (OK). Bounded within an area from 20 nautical miles south of Razorback, Arkansas (RZC), to 40 nautical miles south-southwest of Fort Smith, Arkansas (FSM). A diminishing line of thunderstorms 25 nautical miles wide moving from 270 degrees (to the east) at 25 knots. Thunderstorms tops to FL320 (approximately 32,000 ft MSL).

The outlook portion of the Convective SIGMET bulletin is valid from the 9th day of the month at 2055 UTC to the 10th day of the month at 0055 UTC. Within an area bounded from 40 nautical miles northeast of Butler, Missouri (BUM), to 60 nautical miles southeast of Springfield, MO (SGF), to 50 nautical miles west-southwest of Little Rock, Arkansas (LIT), to 40 nautical miles west of Longview, Texas (GGG), to 60 nautical miles east-northeast of Abilene, Texas (ABI), to Ardmore, Oklahoma (ADM), to 50 nautical miles west-northwest of Butler, Missouri (BUM), to 40 nautical miles northeast of (BUM). Convective SIGMET issuances are expected. Refer to the most recent Day 1 Convective Outlook (ACUS01 KWNS) from the Storm Prediction Center (SPC) for a synopsis and meteorological details.

6.1.5 SIGMET(O-CONUS)

(1) SIGMET 발표 기준(O-CONUS)

SIGMET(O-CONUS)은 다음 중 어느 하나가 발생하거나 예보관의 판단에 3,000제곱마일 이상이 영향을 받을 것으로 예상하거나, 항공기 운항의 안전에 잠재적으로 중대한 영향을 줄 수 있는 지역에 발표된다. ※ Outside; Outside Continental United States(미국 본토 외 지역)

- Thunderstorm - of type below*
  - -Obscured (OBSC TS); 차폐(불분명한) 뇌우
  - -Embedded (EMBD TS); 은폐 뇌우
  - -Widespread (WDSPR TS); 광범위한 뇌우
  - -Squall line (SQL TS); 스콜라인
  - -Isolated severe (ISOL SEV TS); 독립적으로 발생하는 심한 뇌우
- Severe Turbulence (SEV TURB); 심한 난기류
- Severe Icing (SEV ICE); 심한 착빙
  - -With Freezing rain (SEV ICE FZRA);심한 착빙(어는비 동반)
- Widespread Duststorm (WDSPR DS); 광범위한 먼지폭풍
- Widespread Sandstorm (WDSPR SS); 광범위한 모래폭풍
- Volcanic Ash (VA); 화산재
- Tropical Cyclone (TC); 열대 사이클론

[NOTE] 차폐, 은폐, 또는 스콜라인 뇌우는 3,000제곱마일 기준에 도달하지 못한다.

** Tornado (TDO), Funnel Cloud (FC), Waterspout (WTSPT), and Heavy Hail (HVY GR)은 필요시 추가로 뇌우를 기술하는데 사용될 수 있다.*

(2) SIGMET(O-CONUS) 발표시간과 유효시간

SIGMET은 지정된 기준에 해당할 때 또는 4시간 안에 발생할 것으로 예상할 때 언제든지 발표되는 기상 제작물이다. SIGMET은 4시간까지 유효하지만 초과하지 않는다. 그러나 화산재(volcanic ash; VA)와 열대성 사이클론(tropical cyclone; TC)은 6시간까지 유효할 수 있다. SIGMET은 기상현상이 계속될 때 책임 지역에서 SIGMET 상태가 계속 발생하는 한 최소한 4(6)시간마다 다시 발표된다.

(3) SIGMET(O-CONUS) 형식

SIGMET은 특정 현상에 따른 내용과 순서에 따라 다음 정보를 포함한다.

- 기상현상과 그에 대한 서술(예, SEV TURB)
- 정보가 OBS(observation) 혹은 FCST(forecast)를 이용해서 관측되었는지에 대한 지시 그리고 관측시간을 UTC로 표기된다.
- SIGMET 유효시간 중 영향 지역을 덮고 있는 FL(비행고도), 관련 기상현상의 위치(위도와 경도)

```
LINE
1 → WSPA07 PHFO 010410
2 → SIGPAT
3 → KZOA SIGMET TANGO 2 VALID 010410/010800 PHFO-
4 → OAKLAND OCEANIC FIR FRQ TS OBS AND FCST WI 200NM
    N3006 W14012 - N2012 W15016 CB TOP FL400 MOV W
    10KT WKN.
```

Line	Content	Description
1	WSPA07	ICAO communication header
	PHFO	Issuance MWO
	010410	Issuance UTC date/time
2	SIGPAT	NWS AWIPS communication header
3	KZOA	Area Control Center
	SIGMET	Product type
	TANGO	SIGMET series
	2	Issuance number
	VALID 010410/010800	Valid period UTC date/time
	PHFO	Issuance office
4	OAKLAND OCEANIC FIR	Flight Information Region (FIR)
	FRQ TS OBS AND FCST WI 200NM N3006 W14012 - N2012 W15016 CB TOP FL400 MOV W 10KT WKN.	Phenomenon description

가 포함된다. 또한, 화산재 구름과 열대 사이클론을 위한 SIGMET은 SIGMET 유효시간의 시작에서 화산재 구름 위치, 열대 사이클론 중심과 대류 반경(radius of convection)이 포함된다.

- 나침반 16방위를 이용해서 현상이 향하고 있는 방향 또는 예상되는 이동 방향과 함께 필요할 때 속도(노트) 혹은 정체 여부가 함께 표기된다.
- 뇌우 최대 높이(FL)
- 적절한 축약어를 사용한 강도의 변화
  - Intensifying(INTSF); 강화됨
  - Weakening(WKN); 약화됨

-No Change(NC); 변화 없음

• SIGMET 메시지 유효시간의 종료에서 화산재 구름의 위치 또는 열대 사이클론 중심의 예보

[그림6-3]의 SIGMET 내용은 다음과 같다.

(Line 1) The WMO product header is WSPA07. Issued by the PHFO on the 1st day of the month at 0410 UTC.

(Line 2) The NWS AWIPS communication header is SIGPAT.

(Line 3) For the Oakland (KZOA) Area Control Center. This is the 2nd issuance of SIGMET Tango series, valid from the 1st day of the month at 0410 UTC until the 1st day of the month at 0800 UTC, issued by the Honolulu MeteorologicalWatch Office.

(Line 4) Concerning the Oakland Oceanic Flight Information Region (FIR), frequent thunderstorms observed and forecast within 200 nautical miles of 30 degrees and 6 minutes north; 140 degrees and 12 minutes west; to 20 degrees and 12 minutes north, 150 degrees and 16 minutes west, cumulonimbus tops to flight level 400 moving west at 10 knots, weakening.

(4) Volcanic Ash SIGMET

화산재 구름(volcanic ash cloud)을 위한 SIGMET은 화산폭발이 발생했을 때 발표된다. 화산폭발은 폭발(eruption)의 크기와 관계없이 화산재를 분출하고 있는 것을 포함한 모든 화산 활동(volcanic activity)이다. Initial Volcanic Ash SIGMET은 Volcanic Ash Advisory(VAA) 없이 신뢰할 수 있는 조종사 보고를 기초로 발표되지만 VAA가 발표된 후 업데이트된다. 화산재 SIGMET은 화산재 구름이 더 이상 발생하지 않거나 책임 지역 상공에 추가로 발생하지 않으리라고 예상할 때까지 발표는 계속될 것이다. 화산재 구름을 위한 SIGMET은 6시간까지 유효하고 SIGMET이 발표되는 시간에 관측되었거나 예보된 화산재 구름의 위치를 제공한다. 또한, SIGMET 메시지의 유효시간의 끝에 유효한 화산재 구름의 6시간 예보 위치가 포함된다. SIGMET은 화산재 구름 위험이 존재하거나 존재할 것으로 예상되는 한 최소 6시간마다 발표된다.

(5) Tropical Cyclone SIGMET

열대 사이클론(tropical cyclone)을 위한 SIGMET은 다음 기준에 충족하는 비전선성 종관규모(synoptic-scale; *시간 규모가 수일에서 수 주일까지이고, 공간 규모가 100~5000km 정도인 대기 운동이다. 저기압, 고기압 그리고 태풍 등이 여기에 속한다.*) 사이클론을 위해서 발표된다.

• 조직적 대류와 뚜렷한 사이클론 지상풍 순환(cyclonic surface wind circulation)과 함께 열대 혹은 아열대 수면(tropical or sub-tropical waters)에서 발원한다.
• 풍속이 Tropical Cyclone Advisory Center(TCAC)에서 사용된 독립된 바람 평균 시간에 35 노트에 도달해야 한다.

열대 사이클론 SIGMET의 유효시간은 6시간까지이고, SIGMETs은 2개의 위치가 포함될 수 있다. 첫 위치는 TCAC 조언 위치(advisory position)이고, 두 번째 위치는 SIGMET 유효시간의 끝에 유효한 예보 위치(forecast position)가 된다. 2개의 폭풍 위치 외에도 SIGMET은 관련 대류가 포함될 것이다. SIGMET은 열대 사이클론 바람이 그대로 남아 있거나 34노트 이상이 유지될 것으로 예상되는 한 최소 6시간마다 다시 발표될 것이다.

(6) SIGMET(O-CONUS) 취소, 개정, 그리고 수정

SIGMET은 책임 지역(area of responsibility) 안에서 관련 현상이 더 이상 발생하지 않거나 발생하지 않으리라고 예상할 때 취소(cancellation)된다. SIGMET 개정(amendments)은 발표되지 않는다. 다음 순서의 SIGMET은 업데이트를 완료하기 위해서 발표된다. 새로운 SIGMET의 유효시간은 새로운 4시간(6시간; VA and TC SIGMETs) 유효시간을 반영하기 위해서 조정된다. SIGMET의 수정(corrections)은 필요할 때 발표될 수 있다. 이것은 SIGMET 번호를 부여하여 진행되고 이전 SIGMET을 취소시키는 다음 순서의 새로운 SIGMET 발표로 이루어진다.

(9) SIGMET(O-CONUS) 사례

[Example 1]

```
WSPA07 PHFO 010358 SIGPAT
KZOA SIGMET TANGO 1 VALID 010400/010800 PHFO-
OAKLAND OCEANIC FIR. EMBD TS OBS BY SATELLITE WITHIN AREA BOUNDED BY N2055
W15000 - N1950 W14945 - N1922 W15130 - N2027 W15048 - N2055 W15000. CB TOP
FL400. MOV W 10KT. WKN.
```

SIGMET (SWPA07) issued by the Meteorological Watch Office (Weather Forecast Office) in Honolulu, Hawaii (PHFO) on the 1st day of the month at 0358 UTC. The National Weather Service AWIPS communication header for this product is SIGPAT.

This SIGMET concerns the Oakland Oceanic FIR. This is the first (1) issuance of SIGMET series Tango valid from the 1st day of the month at 0400 UTC until the 1st day of the month at 0800 UTC. Within the WFO Honolulu portion of the Oakland Oceanic FIR, embedded thunderstorms observed by satellite within an area bounded by 20 degrees/55 minutes north, 150 degrees/00 minutes west to 19 degrees/50 minutes north, 14 degrees/45 minutes west to 19 degrees/22 minutes north, 151 degrees/30 minutes west to 20 degrees/27 minutes north, 150 degrees/48 minutes west to 20 degrees/55 minutes north, 150 degrees/00 minutes west. Cumulonimbus tops to flight level 400 (approximately 40,000 feet MSL). The thunderstorms are moving west at 10 knots and weakening.

[Example 2]-Volcanic Ash

```
WVNT06 KKCI 082030
TJZS SIGMET FOXTROT 2 VALID 082030/090230 KKCI-
SAN JUAN FIR VA FROM SOUFRIERE HILLS LOC 1642N06210W
VA CLD OBS AT 2030Z SFC/060 WI N1730 W06400 - N1700 W06300 - N1650 W06300 -
N1710 W06400 - N1730 W06400. MOV W 15KT. FCST 0230Z VA CLD APRX N1730 W06500
- N1700 W06300 - N1650 W06300 - N1710 W06500 - N1730 W06500.
```

The ICAO communication header for this product is WVNT06. It is a SIGMET issued by the Aviation Weather Center (KKCI) in Kansas City, Missouri on the 8th day of the month at 2030 UTC. This is the second (2) issuance of SIGMET series Foxtrot valid from the 8th day of the month at 2030 UTC until the 9th day of the month at 0230 UTC. Within the San Juan Oceanic FIR, volcanic ash from Soufriere Hills volcano located at 16 degrees/42 minutes north, 62 degrees/10 minutes west. Volcanic ash cloud observed at 2030 UTC from the surface to 6,000 feet MSL within an area bounded by 17 degrees/30 minutes north, 64 degrees/00 minutes west to 17 degrees/00 minutes north, 63 degrees/00 minutes west to 16 degrees/50 minutes north, 63 degrees/00 minutes west to 17 degrees/10 minutes north, 64 degrees/00 minutes west to 17 degrees/30 minutes north, 64 degrees/00 minutes west. Moving to the west at 15 knots.
Forecast at 0230 UTC, volcanic ash cloud located approximately at 17 degrees/30 minutes north, 65 degrees/00 minutes west to 17 degrees/00 minutes north, 63 degrees/00 minutes west to 16 degrees/50 minutes north, 63 degrees/00 minutes west to 17 degrees/10 minutes north, 65 degrees/00 minutes west to 17 degrees/30 minutes north, 65 degrees/00 minutes west.

6.2 AIRMET

6.2.1 개 요

AIRMET은 항공기 운항의 안전에 영향을 줄 수 있는 지정 순항항로 기상현상이 발생했거나 발생이 예상되는 현상을 간결하게 기술(concise description)한 것이지만 SIGMET 기준보다 강도가 낮다. AIRMET은 비행 중 안전을 높이기 위해서 모든 조종사에게 전파하고 특히 서술된 현상에 민감한 영향을 받는 운용자와 조종사 그리고 계기한정(instrument rating)이 없는 조종사에게 각별한 관심(particular concern)을 제공하기 위함이다. AIRMET은 책임이 있는 Meteorological Watch Office(MWO)에서 운용자와 잠재적으로 위험한 순항항로 상태의 조종사에게 주의를 제공하기 위해서 발표한다.

※ AIRMET; Airmen's Meteorological Information

6.2.2 AIRMET 발표 기준

AIRMET은 다음과 같은 기상현상이 발생하고 있거나 최소 3,000제곱마일의 지역에서 발생할 것으로 예상할 때 발표될 것이다.

• 실링 1,000피트 미만, 시정 3 SM 미만(IFR), 그리고 다음과 같이 시정을 제한하고 있는 기상현상이지만 이들만으로 제한되는 것은 아니다.

-Precipitation(PCPN)	-Smoke(FU)
-Haze(HZ)	-Mist(BR)
-Fog(FG)	-Blowing snow(BS)

• 광범위한 산악 차폐(MTN OBSCN), 다음과 같은 차폐의 원인이 포함되지만, 이들로 한정하는 것은 아니다.

-Clouds(CLDS)	-Precipitation(PCPN)
-Smoke(FU)	-Haze(HZ)
-Mist(BR)	-Fog(FG)

• 보통강도 난기류(MOD TURB)
  -MOD TURB의 상층과 하층이 지정된다.

• 지상풍 30노트 이상이 지속될 때(STG SFCWND)

• 보통착빙(MOD ICE)
  -MOD ICE의 상층과 하층이 지정된다.
  -결빙층 고도의 범위는 MOD ICE의 하층 고도가 결빙층(freezing level; FRZLVL)일 때 지정된다.
  -여러 개의 결빙층이 있는 지역이 지정된다.
  -지역 상공 결빙층의 범위가 지정된다.
  -4,000피트(AMSL or SFC as appropriate) 간격에서 지표면으로부터 가장 낮은 결빙층이

지정된다.

- 2,000피트(AGL) 아래에 잠재적 비대류성 저고도 윈드시어(LLWS POTENTIAL)

6.2.3 AIRMET 표준화

모든 AIRMET은 다음과 같은 표준에 따른다.

① 모든 높이 또는 고도는 다르게 지시되지 않는 한 평균해수면 위(AMSL)를 기준으로 하고, 3-숫자를 구성하도록 백 단위 피트를 이용한다. (예, 040) 18,000피트 또는 그 이상의 높이는 비행고도(flight level; FL)를 사용한다. (예, FL180)

② 메시지는 축약어를 사용한 요약된 평문을 사용한다. 또한, 일부 제한 범위에서 축약되지 않은 단어, 지리적 명칭과 설명이 필요 없는(self-explanatory nature) 수치가 사용될 수 있다.

③ 기상과 시정 장애물은 지표면 기상관측(METAR/SPECI)에서 사용된 기상 축약어를 이용해서 기술된다.

6.2.4 AIRMET 발표시간과 유효시간

AIRMET은 다음과 같은 예정시간(scheduled)에 한 개 혹은 그 이상의 AIRMET 메시지가 포함된 공보(bulletin)를 발표한다. 수시/비정기(unscheduled) AIRMET은 예보되지 않았지만 발생하고 있거나 발생이 예상될 때 발표된다. AIRMET은 최소 6시간 동안 유효하다. AIRMET 메시지의 유효시간은 AIRMET 공보의 유효시간을 초과하지 않는다. 그러나 각 AIRMET은 AIRMET 종료시각 다음 6시간 중 기상현상이 계속되는 것에 관한 비고(remarks)가 포함되어 있다는 것에 유의해야 한다. 또한, AIRMET 공보는 AIRMET 공보의 유효시간 이후 6시간 동안에 AIRMET 기준에 맞는 상태가 발생할 것으로 예상할 때 별도의 전망(separate outlook)을 포함할 수 있다.

6.2.5 AIRMET 형식

AIRMET 메시지는 다음과 같은 정보를 포함하고 순서에 따라 코드화된다.

- AIRMET 발표시간에 해당 지역에 영향을 미치고 있는 적절한 활성 SIGMETs를 참고한다. (예, SEE SIGMET BRAVO SERIES)
- 만약 AIRMET이 시작되는 유효시간과 다르다면 AIRMET 현상이 시작되고 있는 시각
- AIRMET 명칭(SIERRA, TANGO or ZULU), 업데이트 번호, 기상현상, 그리고 유효 만료시각 (Note: the AIRMET number is reset to one (1) after 0000 UTC each day)
- AIRMET Sierra는 IFR 상태 또는 광범위한 산악 차폐를 기술한다.
- AIRMET Tango는 보통 난기류, 30노트 또는 그 이상 지속되는 지상풍과 비대류성 저고도 윈드시어가 기술된다.
- AIRMET Zulu는 보통 착빙을 서술하고 결빙층 높이를 제공한다.
- 영향을 받는 지방(혹은 주)
- VOR을 이용한 현상의 위치
- AIRMET 발표를 위한 현상의 서술

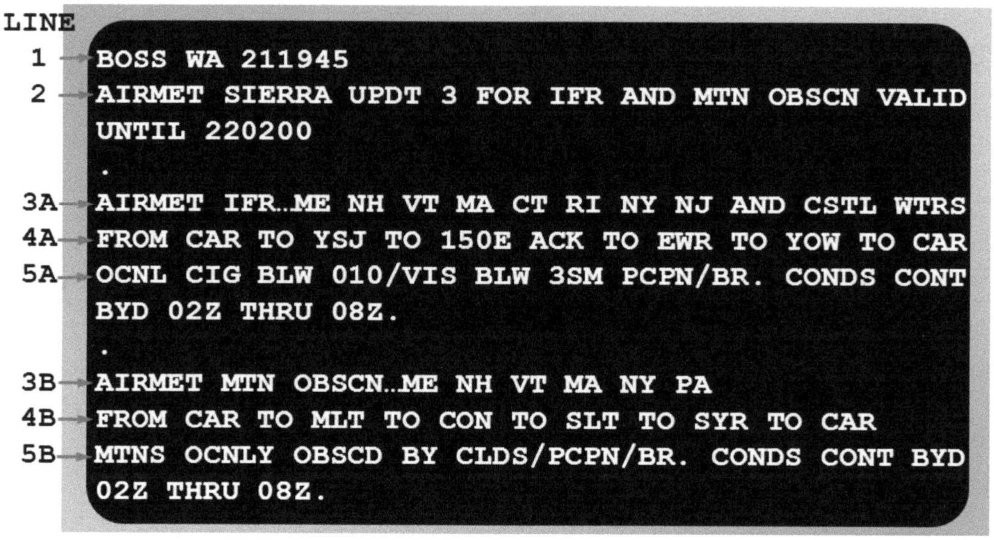

```
LINE
 1  → BOSS WA 211945
 2  → AIRMET SIERRA UPDT 3 FOR IFR AND MTN OBSCN VALID
      UNTIL 220200
      .
 3A → AIRMET IFR..ME NH VT MA CT RI NY NJ AND CSTL WTRS
 4A → FROM CAR TO YSJ TO 150E ACK TO EWR TO YOW TO CAR
 5A → OCNL CIG BLW 010/VIS BLW 3SM PCPN/BR. CONDS CONT
      BYD 02Z THRU 08Z.
      .
 3B → AIRMET MTN OBSCN..ME NH VT MA NY PA
 4B → FROM CAR TO MLT TO CON TO SLT TO SYR TO CAR
 5B → MTNS OCNLY OBSCD BY CLDS/PCPN/BR. CONDS CONT BYD
      02Z THRU 08Z.
```

Line	Content	Description
1	BOS	AIRMET area identifier
	S	AIRMET series
	WA	Product type
	211945	Issuance UTC date/time
2	AIRMET	Product type
	SIERRA	AIRMET series
	UPDT 3	Update number
	FOR IFR AND MTN OBSCN	Product description
	VALID UNTIL 220200	Ending UTC date/time
3A	AIRMET IFR..ME NH VT MA CT RI NY NJ AND CSTL WTRS	Product type/series… Phenomenon location (states)
3B	AIRMET MTN OBSCN..ME NH VT MA NY PA	
4A	FROM CAR TO YSJ TO 150E ACK TO EWR TO YOW TO CAR	Phenomenon location (VOR locations)
4B	FROM CAR TO MLT TO CON TO SLT TO SYR TO CAR	
5A	CIG BLW 010/VIS BLW 3SM PCPN/BR. CONDS CONT BYD 02Z THRU 08Z.	Phenomenon description
5B	MTNS OBSCD BY CLDS/PCPN/BR. CONDS CONT BYD 02Z THRU 08Z.	

- 적절한 수직 확장(bases and tops)
- AIRMET 종료시각과 다르다면 현상의 종료시각(ending time)
- AIRMET 종료시각 다음 6시간 중 기상현상이 계속되는 것에 관한 비고
- CONUS and Hawaii AIRMETs; AIRMET 기준에 적합한 상태가 AIRMET 공보의 유효시간 이후 6시간 중에 발생할 것으로 예상할 때 별도 AIRMET 전망이 AIRMET 공보에 포함된다.
- Alaska AIRMETs; AIRMET 기준에 적합한 상태가 AIRMET 공보의 유효시간 이후 6시간 중에 발생할 것으로 예상할 때 전망 정보(Outlook information)는 적절한 지대에 포함된다.

[그림6-4]의 AIRMET 공보 내용은 다음과 같다.

(Line 1) AIRMET SIERRA issued for the Boston area at 1945Z on the 21st day of the month. "SIERRA" contains information on Instrument Flight Rules (IFR) and/or mountain obscurations.

(Line 2) This is the third updated issuance of this Boston AIRMET series as indicated by "SIERRA UPDT 3" and is valid until 0200Z on the 22nd.

(Line 3A) The affected states within the BOS area are: Maine, New Hampshire, Vermont, Massachusetts, Connecticut, Rhode Island, New York, New Jersey, and coastal waters.

(Line 3B) The affected states within the BOS area are: Maine, New Hampshire, Vermont, Massachusetts, New York, and Pennsylvania.

(Line 4A) Within an area bounded by: Caribou, ME; to Saint Johns, New Brunswick; to 150 nautical miles east of Nantucket, MA; to Newark, NJ; to Ottawa, Ontario; to Caribou, ME

(Line 4B) Within an area bounded by: Caribou, ME to Millinocket, ME to Concord, NH to Slate Run, PA to Syracuse, NY to Caribou, ME

(Line 5A) Ceiling below 1,000 feet/visibility below 3 statute miles, precipitation/mist. Conditions continuing beyond 0200Z through 0800Z.

(Line 5B) Mountains Obscured by clouds, precipitation and mist. Conditions continuing beyond 0200Z through 0800Z.

(1) AIRMET 업데이트와 개정

AIRMET이 개정(amendments)되었다면 date/time group 다음에 "ADM"을 붙여 식별한다. 업데이트는 영향을 받는 지방(주)의 목록에 포함된 줄(line)의 끝에 "UPDT"를 붙이고 업데이트 번호가 증가하게 될 것이다. (CONUS only) AIRMET bulletin의 발표시간은 개정 시간을 반영하기 위해서 업데이트되지만, 종료시각은 변함이 없다.

(2) AIRMET 수정

AIRMETs에 포함된 오류는 date/time group 다음에 "COR"을 붙여서 수정(correction)된다. AIRMET bulletin의 발표시간은 수정시간을 반영하기 위해서 업데이트된다. 종료시각은 변화되지 않는다.

6.2.6 AIRMET 사례

```
WAUS43 KKCI 091445
CHIZ WA 091445
AIRMET ZULU UPDT 4 FOR ICE AND FRZLVL VALID UNTIL 092100
AIRMET ICE...KS IA MO IL
FROM 30WSW FOD TO DBQ TO 50NW DEC TO 50SW FAM TO OSW TO MKC
TO 30WSW FOD MOD ICE BTN FRZLVL AND FL200. FRZLVL 060-100.
CONDS ENDG BY 21Z.
.
OTLK VALID 2100-0300Z...ICE IA MO WI IL IN KY BOUNDED BY
BAE-BVT-PXV-50SW FAM-50NW DEC-DBQ-BAE
MOD ICE BTN FRZLVL AND FL200. FRZLVL 080-100. CONDS CONTG
THRU 03Z.
.
FRZLVL...RANGING FROM SFC-120 ACRS AREA
MULT FRZLVL 015-085 BOUNDED BY 40W INL-YQT-SSM-70NNE
ASP-YVV-DXO-40NE FWA-40SSE BJI-40W INL SFC ALG 50NNW
ISN-70W FAR-GFK-40NE ODI-40SW DXO 040 ALG ISN-70S BIS-30W
ABR-30E ABR-60S FAR-30SW BRD-30NE FWA 080 ALG GLD-SLN-30W
BDF-50S JOT-40SE IND-30SW CVG-40SW LOZ
```

AIRMET (WAUS43) issued by the Meteorological Watch Office (Aviation Weather Center) in Kansas City, Missouri on the 9th day of the month at 1445 UTC. This AIRMET (WA) is the Zulu series bulletin for the Chicago Area Forecast region (CHIZ) issued on the 9th day of the month at 1445 UTC. This is the 4th update to the Zulu series bulletin for icing and freezing levels and is valid until the 9th day of the month at 2100 UTC.

The first (and only) AIRMET noted within the bulletin is for icing affecting Kansas, Iowa, Missouri and Illinois. Within an area bounded from 30 nautical miles west-southwest of

Fort Dodge, Iowa (FOD) to Dubuque, Iowa (DBQ) to 50 nautical miles northwest of Decatur, Illinois (DEC) to 50 nautical miles southwest of Farmington, Missouri (FAM) to Oswego, Kansas (OSW) to Kansas City, Missouri (MKC) to 30 nautical miles west-southwest of Fort Dodge, Iowa (FOD). Moderate icing between the freezing level and flight level 200 (approximately 20,000 feet MSL). The freezing level is between 6,000 feet MSL and 10,000 feet MSL. Conditions ending by 2100 UTC.

An outlook for icing between 2100 UTC to 0300 UTC exists over: Iowa, Missouri, Wisconsin, Illinois, Indiana and Kentucky. Within an area bounded by Milwaukee, Wisconsin (BAE) to Lafayette, Indiana (BVT) to Pocket City, Indiana (PXV) to 50 nautical miles southwest of Farmington, Missouri (FAM) to 50 nautical miles northwest of Decatur, Illinois (DEC) to Dubuque, Iowa (DBQ) to Milwaukee, Wisconsin (BAE). Moderate icing between the freezing level and flight level 200 (approximately 20,000 feet MSL). The freezing level is between 8,000 feet MSL and 10,000 feet MSL. Conditions continuing through 0300 UTC.

The freezing level ranges from the surface to 12,000 feet MSL across the Chicago Area Forecast region. Multiple freezing levels exist between 1,500 feet MSL and 8,500 feet MSL within an area bounded by 40 nautical miles west of International Falls, Minnesota (INL) to Thunder Bay, Ontario, Canada to Sault Saint Marie, Michigan (SSM) to 70 nautical miles north- northeast of Oscoda, Michigan (ASP) to Wiarton, Ontario, Canada to Detroit, Michigan (DXO) to 40 nautical miles northeast of Fort Wayne, Indiana (FWA) to 40 nautical miles south-southeast of Bemidji, Minnesota (BJI) to 40 nautical miles west of International Falls, Minnesota (INL).

The freezing level is at the surface along a line from 50 nautical miles north-northwest of Williston, North Dakota (ISN) to 70 nautical miles west of Fargo, North Dakota (FAR) to Grand Forks, North Dakota (GFK) to 40 nautical miles northeast of Nodine, Minnesota (ODI) to 40 nautical miles southwest of Detroit, Michigan (DXO). The freezing level is at 4,000 feet MSL along a line fromWilliston, North Dakota (ISN) to 70 nautical miles south of Bismarck, North Dakota (BIS) to 30 nautical miles west of Aberdeen, South Dakota (ABR) to 30 nautical miles east of Aberdeen, South Dakota (ABR) to 60 nautical miles south of Fargo, North Dakota (FAR) to 30 nautical miles southwest of Brainerd, Minnesota (BRD) to 30 nautical miles northeast of Fort Wayne, Indiana. The freezing level is 8,000 feet MSL along a line from Goodland, Kansas (GLD) to Salina, Kansas (SLN) to 30 nautical miles west of Bradford, Illinois (BDF) to 50 nautical miles south of

Joliet, Illinois to 40 nautical miles southeast of Indianapolis, Indiana (IND) to 30 nautical miles southwest of Covington, Kentucky (CVG) to 40 nautical miles southwest of London, Kentucky (LOZ).

6.3 G-AIRMET

6.3.1 개 요

Graphical-AIRMET 제작물은 짧은 간격으로 나타내는 기상 스냅사진(snapshots; *재빠르게 순간적인 장면을 촬영하는 것으로 자연스러운 동작이나 표정을 잡을 수 있는 사진*)을 기초로 한 의사결정 도구(decision-making tool)이다. G-AIRMET은 순항항로 비행 중 문자형식 제작물보다 더욱 정밀한 공간과 시간에서 위험한 기상을 식별할 수 있게 함으로써 조종사는 더욱 높은 안전마진(safety margins)을 유지할 수 있다. NWS 목표는 정확하고 적시 적절한 기상정보를 제공함으로써 비행 전 그리고 비행 중 모두에서 의사결정 능력을 향상시켜 항공안전을 더욱 높이고 공역을 효율적으로 운용하는 데 있다. NWS는 수십 년간 위험기상에 대해서 광범위하게 제공하는 문자기반 AIRMETs을 발표해 왔다. 문자기반 AIRMET은 6시간 동안 지리적으로 광범위한 지역에 위험한 기상을 기술하기 위해서 기상전문가를 필요로 하고 시간이 지나면서 정보의 정확성이 떨어지는 경향이 있다.

G-AIRMET은 위험기상에 대해서 문자형식 AIRMET보다 더욱 정확하고 많은 정보를 제공한다. 항공기상 사용자는 그림을 이용해서 많은 의미가 함축되어(worth a thousand contractions) 있는 정보를 발견하게 될 것이다. G-AIRMETs은 그래픽 디스플레이를 이해할 수 있도록 정확하게 상호작용하도록 제공함으로써 항공 기상전문가에서부터 기상 사용자에 이르기까지 더욱 양호한 순항항로 기상정보를 제공한다. 전통적인 문자 AIRMET이 G-AIRMET 정보로부터 생산되는 동안 기상전문가는 그들의 에너지를 G-AIRMET 기상 그래픽을 생성하고 업데이팅(creating and updating)하는데 전념할 수 있다. G-AIRMET은 6시간마다(0255Z, 0855Z, 1455Z, 2055Z) Aviation Weather Center(AWC)에서 발표하고 문자형식 AIRMET 제작물과 내용이 일치하도록 하는 데 필요할 경우 업데이트 또는 개정된다.

6.3.2 G-AIRMET 내용

Graphical AIRMET Snapshot(G-AIRMET)은 앞으로 12시간까지의 기간에서 3시간 또는 그 이하에서(no more than; 00, 03, 06, 09, 12시간) 간격의 불연속 시간(discrete times)에 발표되는 유효한 순항항로 기상위험 그래픽 예보(graphical forecasts)이다. 00 시각은 최초 상태(initial conditions)를 나타내고 이후 3시간 간격의 그래픽은 해당 유효시간에 특정 위험으로부터 영향을 받는 지역을 묘사한다. G-AIRMET은 "AVIATION WEATHER CENTER" Web site에서 실시간으로 확인해 볼 수 있다. G-AIRMET은 [그림6-5, 6, 7, 컬러]와 같이 순항항로 항공기상 위험을 묘사한다. 일부 G-AIRMET은 기상현상이 발생하는 지역 전체를 해당 색으로 그려 나타내기도 한다. 관련 컬러의 의미는 범례에 설명되어 있고 경계선을 나타내는 컬러와 의미는 동일하다.

① Instrument flight Rule conditions(IFR)

실링 1,000피트(AGL) 미만과 지표면 시정 3 SM 미만(시정 장애물의 원인을 포함) 시정 장애물의 원인은 오직 PCPN, FU, HZ, BR, FG, 그리고 BLSN만 포함된다. G-AIRMET에는 purple boundary(solid line)로 그려진다.

② Mountain Obscuration(산악 차폐)

VMC를 유지할 수 없는 광범위한 산악 차례 지역(차폐의 원인이 되는 기상 포함). 차폐의 원인이 되는 기상은 오직 CLDS, PCPN, FU, HZ, BR, 그리고 FG만 포함된다. G-AIRMET에는 pink boundary(dashed)로 그려진다.

③ Icing(착빙)

지역 수직 확장(기저와 정상)을 포함한 대류로 인한 것 외에 중간 기체 착빙(airframe icing). 착빙 층의 기저에서 고도의 변화가 표기된다. (예, "080/060"은 고도가 평균해수면 위로 6,000피트에서 8,000피트 사이에 변화되는 것을 지시한다.) G-AIRMET에는 dark blue boundary (circle, line dashed)로 그려진다.

④ Freezing Level(결빙층)

결빙층은 지표면 상공 또는 적절한 SFC에서 가장 낮은 결빙층이라 할 수 있다. 지상 위의 결빙층은 4,000피트(AMSL) 간격으로 표기된다. 지상 위 여러 개의 결빙층은 수직 확장(base and top)을 포함해서 표기된다. G-AIRMET에는 blue boundary(zig-zag and tick marks)로 그려진다.

⑤ Turbulence(난기류)

지역 수직 확장(base and top)을 포함한 대류로 인한 것 외에 보통 난기류 지역이 표기된다. G-AIRMET에는 orange boundary(turbulence symbol)로 그려진다.

⑥ Low Level Wind Shear(LLWS; 저고도 윈드시어)

LLWS는 대류로 인한 것 외에 100피트 당 10노트를 초과하는 2,000피트 아래 윈드시어라고 정의한다. G-AIRMET에는 red boundary(turbulence symbol)로 그려진다.

⑦ Strong Surface Winds(강한 지상풍)

지상풍이 30노트를 초과하는 지역. 풍향풍속은 묘사되지 않고 오직 30노트 이상의 지속 지상풍이 발생할 수 있는 지역만 묘사된다. G-AIRMET에는 red brown boundary로 그려진다.

6.4 중앙 기상 조언

6.4.1 개 요

Center Weather Advisory(CWA)는 국가적 비행조언(AIRMET, SIGMET or Convective SIGMET) 기준에 충족하거나 근접한 상태를 위한 항공기상경고(aviation weather warning)이다. CWA 주로 조종사가 순항항로와 터미널 환경에서 악기상을 예측하고 회피하기 위해서 사용된다. CWA는 NWS Center Weather Service Unit(CWSU)에서 발표된다. CWA는 2시간까지 유효하고, 발표 2시간 이내 시작될 것으로 예측되는 상태의 예보가 포함될 수 있다. 만약 상태가 조언의 유효시간을 지나서 계속될 것으로 예상한다면 그 영향을 받는 상태는 문자의 마지막 줄에 포함된다. 추가 CWA는 적절할 때 이어서 발표될 것이다. CWA에 기술된 현상에서 중요한 변화의 고지는 그 현상을 위한 새로운 CWA 발표에서 제공된다. 만약 예보가 필요하다고 고려된다면 CWA는 대류 활동(convective activity)을 위해서 매시 발표될 수 있다.

6.4.2 CWA 기준

CWAs는 다음과 같은 4개의 상황에서 발표된다.

① Precede an Advisory
AWC에서 아직 조언을 발표되지 않았지만, 상태가 조언 기준(advisory criteria)에 충족하거나 곧 충족될 때

② Refine an existing Advisory
ARTCC의 책임 지역과 관련된 기상현상의 위치, 이동, 확대, 또는 강도를 다시 지정하고 업데이트하기(refining or updating) 위한 목적으로 기존 AWC 조언을 보충할 때

③ Highlight significant conditions not meeting Advisory criteria
기상상태가 조언 기준에는 미치지 못하지만 CWSU 기상전문가의 판단에 상태가 ARTCC의 책임 지역 안에서 항공교통에 악영향을 줄 수 있을 때

④ CWA에 기술된 현상이 더 이상 예상되지 않을 때 CWA를 취소시키기 위해서

6.4.3 CWA 형식

시간이 허용된다면 다른 센터 공역 속에 중첩되고 있는 CWA는 통합되고 텍스트에 서술이 포함된다. (예) SEE ZOB CWA 201 FOR TS CONDS IN ZOB CTA (CTA is control area) 만약 통합 전 발표가 꼭 필요하다면 영향을 받는 지역에 관한 서술(statement)은 문자에 포함된다.
(예) LINE TS EXTDS NW INTO ZOB CTA
CWA로 보강되고 있는 AIRMETs/SIGMETs는 문자 비고에 참고가 있을 수 있다.
(예) SEE CONVECTIVE SIGMET 8W

LINE

```
1 → ZDV2 CWA 032140
2 → ZDV CWA 202 VALID UNTIL 032340
3 → FROM FMN TO 10N FMN TO 20NE FMN TO 10E
    FMN TO FMN
4 → ISOLD SEV TS NR FMN MOVG NEWD 10KTS.
    TOP FL410. WND GSTS TO 55KTS. HAIL TO
    1 INCH RPRTD AT FMN. SEV TS CONTG BYD
    2340Z.
```

Line	Content	Description
1	ZDV	ARTCC Identification
	2	Phenomenon Number (single digit, 1-6)
	CWA	Product Type (UCWA/CWA)
	032140	Beginning and/or issuance UTC date/time
2	ZDV	ARTCC Identification
	CWA	Product Type
	2	Phenomenon Number (single digit, 1-6)
	02	Issuance Number (issued sequentially for each Phenomenon Number)
	VALID TIL 032340Z	Ending valid UTC date/time
3	FROM FMN TO 10N FMN TO 20NE FMN TO 10E FMN TO FMN	Phenomenon Location
4	ISOLD SEV TS NR FMN MOVG NEWD 10KTS. TOP FL410. WND GSTS TO 55KTS. HAIL TO 1 INCH RPRTD AT FMN. SEV TS CONTG BYD 2340Z	Phenomenon Description

[그림6-8]의 CWA의 내용은 다음과 같다.

(Line 1) Center Weather Advisory issued for the Denver ARTCC (ZDV) CWSU. The "2" after ZDV in the first line denotes this is the second meteorological event of the local calendar day. This CWA was issued/begins on the 3rd day of the month at 2140 UTC.

(Line 2) The Denver ARTCC (ZDV) is identified again. The "202" in the second line denotes the phenomena number again (2) and the issuance number (02) for this

phenomenon. This CWA is the valid until the 3rd day of the at 2340 UTC.

(Line 3) From Farmington, New Mexico to 10 nautical miles north of Farmington, New Mexico to 20 nautical miles northeast of Farmington, NM to 10 nautical mile east of Farmington, New Mexico to Farmington, New Mexico.

(Line 4) Isolated severe thunderstorms near Farmington moving northeastward at 10 knots. Tops to Flight Level 410. Wind gusts to 55 knots. Hail to one inch reported at Farmington. Severe thunderstorms continuing beyond 2340 UTC.

6.4.4 CWA 사례

[Example 1]

```
ZME1 CWA 081300
ZME CWA 101 VALID TIL 081500 FROM MEM TO JAN TO LIT TO MEM
OCNL TS MOV FM 26025KT. TOPS TO FL450.
```

Center Weather Advisory issued for the Memphis, Tennessee ARTCC on the 8th day of the month at 1300 UTC. The 1 after the ZME in the first line denotes this CWA has been issued for the first weather phenomenon to occur for the local calendar day. The 101 in the second line denotes the phenomenon number again (1) and the issuance number (01) for this phenomenon. The CWA is valid until the 8th of the month at 1500 UTC. From Memphis, Tennessee to Jackson, Mississippi to Little Rock, Arkansas to Memphis, Tennessee. Occasional thunderstorms moving from 260 degrees at 25 knots. Tops to flight level 450.

[Example 2]

```
ZLC3 CWA 271645
ZLC CWA 303 VALID TIL 271745
CNL CWA 302.
SEE CONVECTIVE SIGMET 8W.
```

Center Weather Advisory issued for the Salt Lake City, Utah ARTCC on the 27th day of the month at 1645 UTC. The 3 after the ZLC in the first line denotes this CWA has been issued for the third weather phenomenon to occur for the local calendar day. The 303 in the second line denotes the phenomenon number again (3) and the issuance number (03) for this phenomenon. The CWA is valid until the 27th day of the month at 1745 UTC. CWA number 302 has been cancelled. See Convective SIGMET 8W.

6.5 기타 대류 제작물

6.5.1 개 요

NWS에서는 SIGMET, Convective SIGMET, 그리고 CWA 외에 대류 기상의 잠재적 위험에 대해 항공사회에 알리기 위해서 다음과 같은 기상 제작물을 제공한다.

6.5.2 Convective Outlooks (AC)

NWS Storm Prediction Center(SPC)는 다음 3일 동안 NWS Weather Forecast Office (WFO), 공공, 매체와 비상 관리자에게 잠재적으로 심함과 일반 대류 그리고 특정 심한 기상 위협을 이야기체의 형식 그리고 그래픽 대류 전망(narrative and graphical convective outlooks)을 발표한다. [그림6-9, 컬러]

※ Severe; 토네이도, 돌풍 50노트 이상, 우박 직경 1인치 이상

※ non-severe (general) convection

(1) 발표

Convective Outlooks은 정시 제작물(scheduled products)이고 SPC는 양식과 문법적 오류가 있는 전망을 수정(corrects)하고 최근 예보가 다가오고 있거나 앞으로 발생하게 될 대류를 반영하지 않았거나 않을 것으로 예상할 때 전망을 개정(amends)한다. Convective Outlook(대류 전망)은 1200(Z)에 시작되어 24시간 동안을 위한 심한 뇌우는 다음과 같이 분류된다.

- Slight risk(약한 위험 지역; SLGT)
- Moderate risk(보통 위험 지역; MDT)
- High risk(고위험 지역; HIGH);

또한, Day 1 and Day 2 Convective Outlooks은 일반 뇌우(general thunderstorms; GEN TSTMS) 지역을 묘사하고, Day 1, Day 2, and Day 3 Convective Outlooks는 대류가 접근하거나 심함(severe) 기준을 약간 초과하는 지역을 위해서 SEE TEXT를 문구를 사용할 수 있다.

(2) 범주적 대류 전망 이야기체(Categorical Convective Outlook Narrative)

```
SPC AC ddhhmm
```

[SPC-issuing office, AC-product type, ddhhmm-date and time the product was issued]

```
DAY (ONE, TWO OR THREE) CONVECTIVE OUTLOOK NWS STORM
PREDICTION CENTER NORMAN OK time am/pm time zone day mon dd
yyyy
```

VALID DDHHMM - DDHHMMZ THERE IS A (SLIGHT, MODERATE, HIGH) RISK OF SEVERE THUNDERSTORMS TO THE RIGHT OF LINE
(LIST OF ANCHOR POINTS AND DIRECTION AND DISTANCE IN STATUTE MILES FROM THE LINE). THE LINE WILL ENCLOSE THE AREA OF RISK. THERE MAY BE ONE OR MORE AREAS OF RISK AT THE APPROPRIATE LEVEL OF RISK. WHEN A MODERATE OR HIGH RISK IS FORECAST, THE INDIVIDUAL STATES ARE ALSO LISTED WITH THE TWO LETTER POSTAL STATE IDENTIFIERS.

GEN TSTMS ARE FCST TO THE RIGHT OF A LINE FROM (LIST OF ANCHOR POINTS AND DIRECTION AND DISTANCE IN STATUTE MILES FROM THE LINE). THERE MAY BE ONE OR MORE AREAS OF GEN TSTMS LISTED.

...AREA OF CONCERN #1...
AREAS OF HIGHEST RISK ARE DISCUSSED FIRST (HIGH SEVERE RISK, MODERATE SEVERE RISK, SLIGHT SEVERE RISK, APPROACHING SEVERE LIMITS). THE FORECAST PROVIDES A NARRATIVE TECHNICAL DISCUSSION.

...AREA OF CONCERN #2...
NARRATIVE TECHNICAL DISCUSSION

$$

...FORECASTER NAME... MM/DD/YY

6.5.3 Watch Notification Messages

NWS Storm Prediction Center(SPC)는 토네이도 또는 심한 기상이 발생할 수 있는 조직적 뇌우 예보(organized thunderstorms forecast)를 항공사회, NWS office(WFO), 공공, 매체와 비상 관리자(emergency managers)에게 경고하기 위해서 Watch Notification Message를 발표한다. SPC는 3종류의 Watch Notification Message를 발표한다.

- Aviation Watch Notification Message
- Public Severe Thunderstorm Watch Notification Message
- Public Tornado Watch Notification Message

(1) Aviation Watch Notification Message

SPC는 Public Watch Notification Messages에 지시되는 것과 같은 토네이도 또는 심한 기상을 생산하기 위한 뇌우 예보를 항공사회에 경고하기 위해서 Aviation Watch Notification

```
LINE
1  SPC AWW 132101
2  WW568 TORNADO  OK 132130Z - 140300Z
3  AXIS..80 STATUTE MILES EAST AND WEST OF A LINE..
4  50SSE FSI/FORT SILL OK/ - 20NW PNC/PONCA CITY OK/
5  ..AVIATION COORDS.. 70NM E/W/ 21E  SPS - 43S ICT/
6  HAIL SURFACE AND ALOFT..3 INCHES.  WIND GUSTS..70
   KNOTS. MAX TOPS TO 550.  MEAN STORM MOTION VECTOR
   26030.
```

Line	Content	Description
1	SPC AWW 132101	Issuing office Product Type Issuance date/time
2	WW568 TORNADO OK 132130Z - 140300Z	Watch number Watch Type States affected Valid date/time period
3	AXIS..80 STATUTE MILES EAST AND WEST OF A LINE...	Watch axis
4	50SSE FSI/FORT SILL OK/ - 20NW PNC/PONCA CITY OK/	Anchor points
5	…AVIATION COORDS.. 70NM E/W/ 21E SPS - 43S ICT/	Aviation coordinates
6	HAIL SURFACE AND ALOFT…3 INCHES. WIND GUSTS..70 KNOTS. MAX TOPS TO 550. MEAN STORM MOTION VECTOR 26030.	Type, intensity, max tops, and mean storm motion using standard contractions.

Messages를 발표한다.

(2) 발표

Watch Notification Messages는 발표 시각부터 만료시각 또는 취소될 때까지 유효한 비정기, 이벤트성 제작물(event driven products)이다. 유효시간은 UTC로 표기된다. SPC는 양식과 문법적 오류에 관한 주의를 수정할 것이다. 토네이도 또는 심한 뇌우(tornadoes or severe thunderstorms)가 발달했을 때 지방(주) NWS Weather Forecast Office(WFO)는 폭풍 경고를 발표한다. SPC 예보관은 사각형 또는 다각형으로 주의 지역(watch area)의 경계를 지정한다. 축 좌표(axis coordinates)는 육상 마일로 측정된다. 항공 좌표는 해리(NM)로 측정되고 VOR 항법보조시설에 대한 위치를 기준으로 한다. 주의 절반-폭(watch half-width)은 육상 마일로 측정된다. Aviation Watch Notification Message는 지표면 또는 상층에서 인치 또는 하프-인치의 우박 크기, 지표면 대류성 돌풍(노트), 에코정점, 그리고 평균 폭풍 이동 벡터(mean storm motion vector)가 포함된다. 예보관은 허리케인과 관련된 토네이도 주의(tornado watches)에 포함되는 우박 크기에 관한 재량권(discretion; *자기 생각대로 헤아려서 처리함*)을 갖는다.

(3) Aviation Watch Notification Message의 형식

[그림6-10]의 Severe Weather Watch Bulletin의 내용은 다음과 같다.

(Line 1) *Alert Severe Weather Watch Bulletin (AWW), issued by the Storm Prediction Center on the 13th at 2101Z,*

(Line 2) *for Tornado Watch number 568 (WW568) for Oklahoma, valid from the 13th at 2130Z until the 14th at 0300Z.*

(Line 3) *The Tornado Watch area is along and 80 statute miles east and west of a line from*

(Line 4) *50 statute miles south southeast of Fort Sill (Lawton), OK to 20 statute miles northwest of Ponca City, OK.*

(Line 5) *Aviation coordinates for this Tornado Watch are 70 nautical miles east and west of a line from 21 nautical miles east of Sheppard AFB (Wichita Falls), TX to 43 nautical miles south of Wichita, KS.*

(Line 6) *Hail surface and aloft to 3 inches in diameter, wind gusts to 70 knots, max tops to Flight Level 550, mean storm motion from 260 degrees at 30 knots*

6.6 화산재 기상 제작물

6.6.1 개 요

화산재(volcanic ash)의 위험을 항공사회에 알리기 위해서 SIGMETs 외에도 NWS에서 관련 기상 제작물을 발표한다.

6.2.2 Volcanic Ash Advisory Center(VAAC)

화산재 조언센터(VAAC)는 화산폭발에 이어 대기에 있는 화산재의 가로와 수직 확장 그리고 예보에 관한 Meteorological Watch Offices(MWOs), World Area Forecast Centers(WAFCs), area control centers, flight information centers and international operational meteorological (OPMET) data banks에 화산재 조언 정보를 제공하기 위해서 ICAO의 지역 공중항법 협정(regional air navigation agreement)에 따라 지정된 기상 사무소이다. Volcanic Ash Advisory Statement(VAAS)는 화산폭발로 인한 항공기 운항에 위험한 정보를 제공한다. VAACs는 [그림 6-11]과 같이 전 세계에 9개소의 VAACs가 있고 이들의 임무는 다음과 같다.

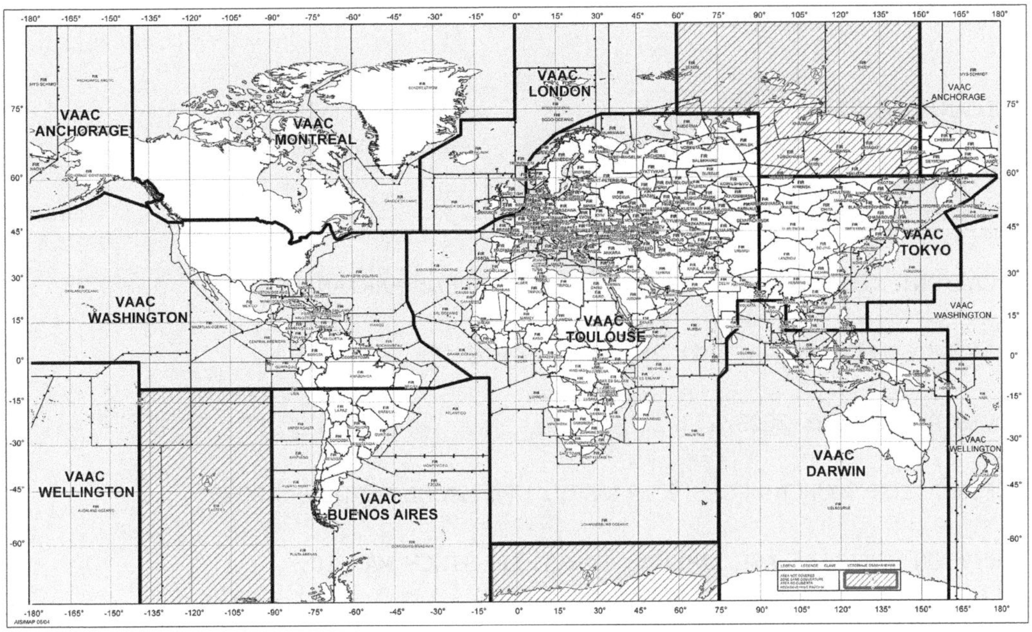

- 화산폭발이 예상되는 지역의 대기에 화산재가 존재하거나 확장을 탐지하기 위해서 관련 정지위성과 극궤도위성(polar-orbiting satellite) 데이터를 모니터링한다.
- 화산재가 탐지되었거나 보고되었을 때 화산재의 이동을 예보하기 위해서 화산재 수치분산모델(volcanic ash numerical trajectory/dispersion model)을 활성화한다.
- 화산재 구름의 확장과 예보 이동에 관한 조언 정보를 발표한다.

(1) 발표

VAACs는 Meteorological Watch Offices(MWOs) 그리고 인접해 있는 VAACs에 화산재 이동과 분산 가이던스를 제공할 책임이 있다. VAAC는 Volcanic Ash Advisory Statements를 발표하고 화산재가 포함된 SIGMETs 발표를 위해서 Meteorological Watch Offices(MWOs)에 가이던스를 제공한다. VAAS 화산폭발 후 6시간 이내에 발표될 것이고 그 후 6시간마다 발표된다. 그러나 화산폭발에 관한 새로운 정보가 입수되었을 때 더 자주 발표될 수 있다.

(2) 형식

VAAS는 화산폭발에 관한 지금까지 알려진 정보를 요약한 것이다. 이것은 화산폭발의 위치, 화산 정상(volcano summit)의 높이, 화산재 구름의 높이, 화산재 구름 분산의 위도와 경도 박스, 그리고 화산재 분산의 예보(forecast of ash dispersion)가 포함된다. 기상전문가는 화산재 구름의 높이를 다른 조종사 보고, 화산 관측 보고, 그리고 상층풍 보고 등을 참고해서 위성 이미지와 위성 구름 이동을 분석해서 예상한다.

(3) VAAC Example(Issued by the Washington)

```
VOLCANIC ASH ADVISORY
ISSUED: 2003JUL10/1300Z                 VAAC: WASHINGTON

VOLCANO: ANATAHAN 0804-20

LOCATION: N1621E14540                   AREA: MARIANA

ISLANDS SUMMIT ELEVATION: 2585 FT (788 M)

ADVISORY NUMBER: 2003/251

INFORMATION SOURCE: GOES 9 IMAGERY. GFS MODEL WINDS FORECAST

ERUPTION DETAILS: ASH AND GAS EMISSIONS SINCE MAY 10.

OBS ASH DATE/TIME: 09/1202Z.

OBS ASH CLOUD: ASH NOT IDENTIFIABLE FROM SATELLITE DATA.
   WINDS SFC/FL080 MOVING SW 10-15 KNOTS.

FCST ASH CLOUD +6H: SEE SIGMETS.

REMARKS: THE ASH PLUME OBSERVED IN VISIBLE IMAGERY IS TOO
   THIN AND DIFFUSE TO BE SEEN IN INFRARED AND
   MULTISPECTRAL IMAGAERY. ANY ASH UP TO FL080 SHOULD MOVE
   TOWARDS THE SW AT 10-15 KNOTS.

NEXT ADVISORY: WILL BE ISSUED BY 2003JUL10/1900Z.
```

7. 예보 문자 제작물

7.1 Area Forecasts(FA)

7.1.1 개 요

Area Forecast(FA)는 비행정보구역(flight information region; FIR) 또는 지정된 다른 지역에 발생할 수 있는 특정 기상현상에 대해서 평문으로 요약한 예보이다. Area Forecast(AIRMETs, SIGMETs, Convective SIGMETs, CWAs)는 순항항로 기상을 예보하고 Terminal Aerodrome Forecast(TAF)가 없는 공항에서 기상상태를 적절히 보간(*2개 혹은 그 이상 사이의 값에서 적절한 중간을 결정하는 것, 혹은 사이 채움을 뜻하기도 한다.*)하는데 사용된다. 따라서 FA는 일반항공 조종사의 비행계획 수립과 조종사 기상 브리핑의 보조뿐만 아니라 민간항공과 군용 항공기, 그리고 FAA 기상 브리퍼를 돕는 데도 사용된다. 그러나 FA가 TAF를 대신하는 것은 아니다.

[Note] 유효 AIRMETs and SIGMETs은 비행을 위한 위험 기상정보를 결정하기 위해서 FA와 함께 사용되어야 한다.

7.1.2 Area Forecast 표준

FA는 다음과 같은 표준에 따른다.

① 모든 높이 또는 고도는 다르게 지시되지 않는 한 평균해수면 위(AMSL)를 기준으로 하고, 3-숫자(예, 040)를 구성하도록 백 단위 피트를 사용한다. 18,000피트 또는 그 이상의 높이 또는 고도는 FL(flight level; FL180)을 앞에 붙인다. 정상은 항상 AMSL을 기준으로 한다.

② 위도와 경도에 대한 기준은 모델 다음에 전체 도와 분(in whole degrees and minutes)을 사용한다; 위도와 경도 사이 그리고 연속 지점들 사이 여백을 두고 "Nnn[nn] or Snn[nn], Wnnn[nn] or Ennn[nn]"과 같이 표기한다.

[Example] N3106 W07118 - N3011 W7209

③ 메시지는 국내(미국) 제작물의 경우 (FAA) Order 7340.2로부터 그리고 Oceanic FIRs을 위해서 발표된 국제 제작물의 경우는 (ICAO) document 8400에 따른 축약어를 이용한 요약 평문(abbreviated plain language)을 사용한다. 또한, 요약되지 않은 제한된 수의 단어, 지리적 명칭, 그리고 설명이 필요 없는 수치가 사용될 수 있다.

④ 기상과 시정 장애물은 지표면 기상 관측(METAR/SPECI)에서 사용된 기상 축약어를 사용해서 기술된다.

7.1.3 Area Forecast 개정

FA의 개정(amendments)은 예보관의 판단에 기상이 크게 좋아지거나 악화될 때마다 발표된다. 이들 업데이트는 현존하거나 예상되는 상태(existing or expected conditions)를 나타내는 *non-AIRMET* 상태의 예보를 유지하는데 필요한 것들이다. 제작물 줄에 있는 "date/time group" 다음에 "AMD"가 표기된다. WMO and FAA lines에 있는 "date/time group"은 개정 시간을 알리기 위해서 업데이트된다. 유효시간의 종료는 변함이 없다.

7.1.4 Area Forecast 수정

FA에 포함되는 오류는 수정될 수 있다. FAA product line에 있는 "date/time group" 다음에 첨부된 "COR"로 알 수 있다. WMO and FAA lines에 있는 "date/time group"은 수정시간을 알리기 위해서 업데이트된다. 종료 유효시간은 변함이 없다.

7.1.5 Area Forecast 형식

FA는 [그림7-1, 2]와 같이 지표면과 45,000피트(AMSL) 사이의 공역에서 다음과 같은 예보 섹션이 포함된다.

① Synopsis; 개황은 18시간 유효시간 중 지역에 영향을 주고 있는 중요한 기상체계에 관해서 요약한 내용이다. 이것은 기압체계와 전선의 위치 그리고 이동이 포함된다. 기단 묘사(air mass descriptions)는 중요 기상체계의 부재에 사용될 수 있다. 또한, 낮은 실링과 시정, 강풍, 또는 예보에 유용하다고 고려되는 다른 기상현상에 대한 참고가 포함될 수 있다.

② VFR Clouds/Weather: 12시간 특정 구름과 기상예보 다음에 6시간 범주적 전망이 포함되어 총 18시간의 예보 기간이 제공된다. 이 섹션은 3,000제곱마일 이상 지역을 덮고 있으면서 VFR 운항에 중요한 구름과 기상의 일반 묘사(general description)가 제공된다. 예보는 주(지방) 또는 지리적 지역을 기준으로 한다. 주(지방)는 FA 서두부 안에 순서대로 나열되지만, 인접 주(지방)가 유사한 기상상태가 예보될 때 인접 주(지방)의 부분이 한 그룹으로 통합될 수 있다. 다음과 같은 기상 요소들이 순서대로 각 12시간 특정 예보에 포함된다.

- Sky condition(coverage, cloud base, and tops)
  만약 기저가 1,000피트(AGL) 또는 더 높거나 FL180 또는 그 이하라면 하늘 상태가 예보된다. 높이는 AGL 또는 CIG가 붙지 않는 한 MSL이 기준이 된다. 하늘 상태는 예보가 변경되지 않는 한 각 새로운 시간 그룹에 반복되지 않는다.
- Surface visibilities and associated obstructions(지표면 시정과 시정 장애물)은 시정이 3~5 SM 사이이고 범위가 3,000제곱마일 또는 그 이상일 때 예보된다. 시정 값이 예보되지 않았을 때 시정은 5 SM 이상을 나타낸다.
- Weather(precipitation, including thunderstorms, fog, haze, blowing dust, etc.)는 기상이 시정 3~5 SM을 초래한다면 예보된다.
- Significant wind information(direction and speed)은 지상풍이 20노트 또는 그 이상으로

```
LINE
1 → DFWC FA 120945
2 → SYNOPSIS AND VFR CLDS/WX
3 → SYNOPSIS VALID UNTIL 130400
4 → CLDS/WX VALID UNTIL 122200...OTLK VALID
    122200-130400
5 → OK TX AR TN MS AL
```

Line	Content	Description
1	DFW	Area Forecast region identifier
	C	Indicates VFR clouds and weather forecast
	FA	Product type
	120945	Issuance and beginning of valid date/time (UTC)
2	SYNOPSIS AND VFR CLDS/WX	Statement of weather information contained in this forecast message
3	SYNOPSIS VALID UNTIL 130400	Synopsis valid date and time
4	CLDS/WX VALID UNTIL 122200···OTLK VALID 122200-130400	The clouds and weather section valid time. The valid date and time of the outlook.
5	OK TX AR TN MS AL	Description of the area for which the FA is valid.

유지되고(sustained) 돌풍이 25노트 또는 그 이상이라면 예보된다. 6시간 범주적 전망(categorical outlook)은 12시간 특정 구름과 기상예보 다음에 서술된다. 최소한으로 예상되는 우세 상태(prevailing condition; IFR, MVFR, VFR)의 범주 전망이 서술된다. 만약 IFR 또는 MVFR이라면 원인이 나열(예, CIG, FG, BR, etc.)된다. VFR은 바람(WND), 뇌우(TSRA)와 강수 종류(강도 없이)를 제외하고 분리된다. 대부분의 6시간 전망 기간 중 지속 지상풍이 20노트 또는 그 이상 예상되거나 지상 돌풍이 25노트 또는 그 이상을 초과할 것으로 예상한다면 축약어 "WND"가 범주에 첨부된다.

"Clouds and Weather" 섹션의 내용은 다음과 같다.

South central and southeast Texas:

Scattered to broken bases at 1,000 feet above ground level (AGL). Tops at 3,000 feet

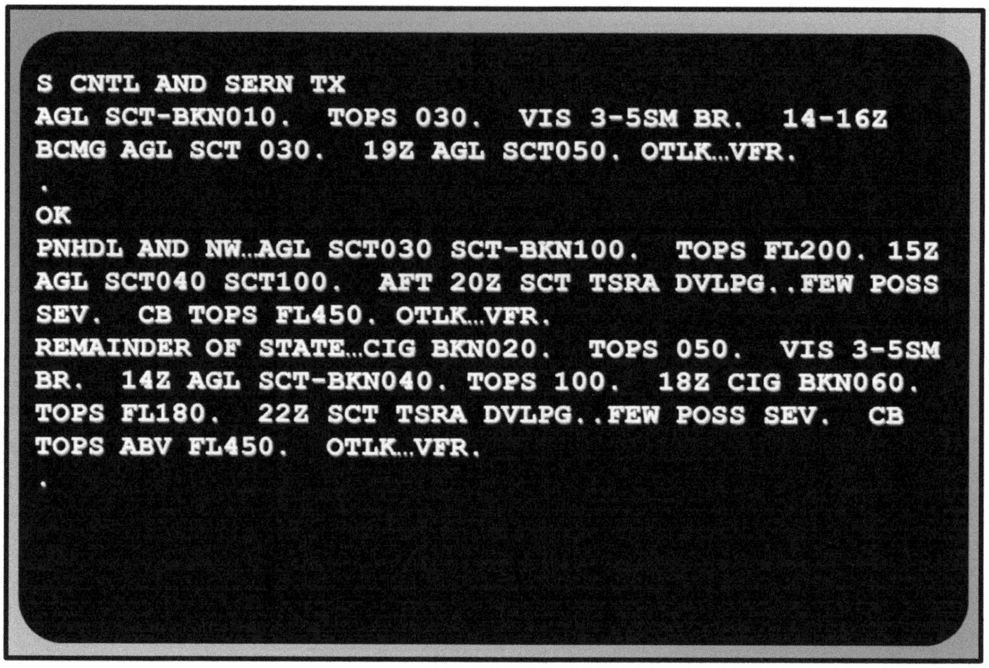

```
S CNTL AND SERN TX
AGL SCT-BKN010.  TOPS 030.  VIS 3-5SM BR.  14-16Z
BCMG AGL SCT 030.  19Z AGL SCT050. OTLK...VFR.
.
OK
PNHDL AND NW...AGL SCT030 SCT-BKN100.  TOPS FL200. 15Z
AGL SCT040 SCT100.  AFT 20Z SCT TSRA DVLPG..FEW POSS
SEV.  CB TOPS FL450. OTLK...VFR.
REMAINDER OF STATE...CIG BKN020.  TOPS 050.  VIS 3-5SM
BR.  14Z AGL SCT-BKN040. TOPS 100.  18Z CIG BKN060.
TOPS FL180.  22Z SCT TSRA DVLPG..FEW POSS SEV.  CB
TOPS ABV FL450.  OTLK...VFR.
.
```

above mean sea level (MSL). Visibility 3 to 5 statute miles in mist. Between 1400 and 1600 UTC…clouds bases becoming scattered at 3,000 feet AGL. 1900 UTC…scattered bases at 5,000 feet AGL. 12 to 18 hour categorical outlook…VFR.

Oklahoma:

Panhandle and northwest…scattered bases at 3,000 feet AGL, scattered to broken bases at 10,000 feet AGL. Tops at flight level 20,000 feet MSL. 1500 UTC…scattered bases at 4,000 feet AGL, scattered bases at 10,000 feet AGL. After 2000 UTC…scattered thunderstorms with rain showers developing…a few possible severe. Cumulonimbus tops to flight level 45,000 feet MSL. Outlook…VFR.

Remainder of the state…Ceilings broken at 2,000 feet AGL. Tops at 5,000 feet MSL. Visibilities 3 to 5 statute miles in mist. 1400 UTC…scattered to broken bases at 4,000 feet AGL. Tops at 10,000 feet MSL. 1800 UTC…ceilings broken 6,000 feet AGL. Tops to flight level 18,000 feet MSL. 2200 UTC…scattered thunderstorm with rain showers developing…a few possibly severe. Cumulonimbus tops above flight level 45,000 feet MSL. 12-18 hour categorical outlook…VFR.

7.2 Terminal Aerodrome Forecast(TAF)

7.2.1 개 요

TAF는 공항 활주로(터미널)의 중심으로부터 5 SM 이내에서 지정된 시간 동안 예상되는 항공에 중요한 기상상태를 간결하게 서술(concise statement)한 것이다. TAFs는 METAR 기상보고에서 사용될 것과 동일한 기상 코드를 사용하고 National Weather Service(NWS) Aviation Digital Data Service(ADDS) Web site에서 볼 수 있다.

7.2.2 TAF 형식

TAFs는 NWS Weather Forecast Offices(WFOs)에서 발표한다. 전형적인 TAF 형식은 [그림7-3]과 같다.

(1) Type of Report(TAF or TAF AMD or TAF COR)

보고종류 서두부(header)는 항상 TAF의 첫 요소에 표기되고 다음과 같은 3종류가 있다.

- 정시 예보(routine forecast); TAF
- 개정 예보(amended forecast); TAF AMD
- 수정 예보(corrected forecast); TAF COR

<table>
<tr><td colspan="4">TAF or TAF AMD or TAF COR</td></tr>
<tr><td colspan="4">Type of report</td></tr>
<tr><td>CCCC</td><td>YYGGggZ</td><td>Y1Y1G1G1/Y2Y2G2G2</td><td>dddffGfmfmKT</td></tr>
<tr><td>Location identifier</td><td>Date/time of forecast origin group</td><td>Valid period</td><td>Wind group</td></tr>
<tr><td>VVVV</td><td>w'w'
or
NSW</td><td>NsNsNshshshs or
VVhshshs or
SKC</td><td>WShwshwshws/dddftKT</td></tr>
<tr><td>Visibility group</td><td>Significant weather group</td><td>Cloud and vertical obscuration groups</td><td>Non-convective low-level wind shear (LLWS) group</td></tr>
<tr><td colspan="4">TTGGgg</td></tr>
<tr><td colspan="4">Forecast change indicator groups</td></tr>
<tr><td>FMY1Y1GGgg</td><td>TEMPO
Y1Y1GG/YeYeGe
Ge</td><td colspan="2">PROB30 Y1Y1GG/YeYeGeGe</td></tr>
<tr><td>From group</td><td>Temporary group</td><td colspan="2">Probability group</td></tr>
</table>

TAF는 예보관(forecaster)의 판단에 따라 항공기와 공항에 영향을 주는 중요한 요소들과 활동(elements and events)들에 관해서 비전형적(unrepresentative)으로 존재하거나 예상될 때 개정된다. 개정 예보는 예보 문자의 첫 줄에 TAF AMD(in place of TAF)를 첨부하여 식별한다.

(2) Location Identifier(CCCC)

TAF, TAF AMD, 또는 TAF COR 중 하나가 포함된 줄 다음에 각 TAF는 4-문자 ICAO 위치 식별자와 함께 시작된다.

[Examples]

- KDFW; Dallas-Fort Worth
- PANC; Anchorage, Alaska
- PHNL; Honolulu, Hawaii

(3) Date/Time of Forecast Origin Group(YYGGggZ)

터미널의 위치 식별자 다음에 예보 원본(origin) 그룹(YYGGggZ)의 날짜/시간이 표기된다. 이것은 해당 월의 2-숫자 날짜(YY) 그리고 4-숫자의 시간과 분(GGgg in hours and minutes)으로 구성하고 UTC를 나타내는 Z를 붙여 예보를 완성한다. 이 시간은 예보관이 입력한다. 정시 예보(TAF)는 유효시간 20~40분 전에 발표된다.

[Examples]

- 061737Z; TAF는 5일(해당 월) 1737 UTC에 발표되었다.
- 121123Z; TAF는 12일(해당 월) 1123 UTC에 발표되었다.

(4) Valid Period(Y1Y1G1G1/Y2Y2G2G2)

예보 원본 그룹의 date/time 다음에 TAF 유효기간(Y1Y1G1G1/Y2Y2G2G2)이 코드화된다. 정시(scheduled) 24시간과 30시간 TAFs는 일일 4회(0000, 0600, 1200, 그리고 1800Z) 발표된다. "/" 다음 첫 2-숫자(Y1Y1)는 TAF가 시작되는 월의 날짜이다. 다음 2-숫자(G1G1)는 TAF가 시작되는 시간(UTC)이다. 첫 2-숫자(Y2Y2)는 TAF가 종료되는 월의 날짜이다. 다음 2-숫자(G2G2)는 TAF의 유효시간이 종료되는 시간(UTC)이다. 자정(UTC)에 시작되는 예보시간은 "00"으로 표기된다. 만약 유효시간의 종료시각이 자정(midnight; UTC)이라면 "24"로 표기한다. 예를 들어 9일(해달 월)에 발표된 00Z TAF이고 24시간 동안 유효하다면 0900/0924와 같이 표기된다. 개정 TAF(TAF AMD)가 발표될 때마다 이것은 이전에 발표된 TAF를 대신하고 취소시킨다. 따라서 사용자는 유효시간의 시작이 TAF AMD 안에 지시된 유효시간의 시각까지 기다려서는 안 된다.

[Examples]

- 1512/1612; TAF는 해당 월의 15일 1200 UTC부터 16일 1200 UTC까지 유효하다.
- 2306/2412; TAF는 해당 월 23일 0600 UTC부터 24일 1200 UTC까지 유효한 30시간 TAF이다.

- 0121/0218; TAF는 해당 월 1일 2100 UTC부터 2일 1800 UTC까지 유효한 TAF AMD이다.
- 0600/0624; TAF는 해당 월 6일 0000 UTC부터 6일 2400 UTC(or 7th day of the month at 0000 UTC)까지 유효하다.

(5) Wind Group(dddffGfmfmKT)

최초 시간 기간과 후속(initial time period and any subsequent) FM 그룹은 그동안 평균 지상풍 예보(dddffGfmfmKT)와 함께 시작된다. 바람 예보는 바람이 불어오고 있는 방향으로부터 평균 3-숫자(ddd; 진북 기준) 그리고 그 기간 평균 풍속(ff; knots)을 표기한다. 만약 돌풍이 예보되었다면 평균 풍속 다음에 "G"를 붙이고 예상되는 최대풍속이 기재된다. 바람 그룹의 끝에 KT를 붙인다. 풍속이 100노트 또는 그 이상일 때 3-숫자로 코드화된다. 무풍은 "00000KT"로 코드화된다. 우세풍(prevailing wind)의 방향은 7노트 또는 그 이상일 때 예보된다. 우세풍 방향이 가변(variable; variations in wind direction of 30 degrees or more)일 때 예보 바람 방향은 VRBffKT와 같이 코드화된다. 이것이 발생할 수 있는 2개의 조건은 매우 약한 바람과 대류 활동(very light winds and convective activity)이다. 매우 약한 바람을 위한 가변 바람 방향(variable wind direction)은 풍속이 반드시 1~6노트가 포함되어야 한다. 대류 활동을 위한 바람 그룹은 VRBffGfmfmKT와 같이 코드화되고, Gfmfm는 최대 예상 돌풍이다. VRB는 비대류성 LLWS 그룹에 사용되지 않는다. 바람 그룹에서 스콜은 돌풍(gusts; G)과 같이 예보되지만, 주요 기상 그룹에서 코드 SQ를 이용해서 식별되어야 한다.

[Examples]

- 23010KT; Wind from 230 degrees "true" (southwest) at 10 knots.
- 28020G35KT; Wind from 280 degrees "true" (west) at 20 knots gusting to 35 knots.
- VRB05KT; Wind variable at 5 knots. This example depicts a forecast for light winds that are expected to variable in direction.
- VRB15G30KT; Wind variable at 15 knots gusting to 30 knots. This example depicts winds that are forecast to be variable with convective activity.
- 00000KT; Wind calm
- 090105KT; Wind from 90 degrees at 105 knots

(6) Visibility Group(VVVV)

최초 시간 동안(initial time period)과 후속 FM 그룹에서 육상 마일 SM이 첨부된 시정 예보(VVVV)를 포함한다. 우시정이 6 SM 또는 그 미만으로 예보되었을 때 한 개 혹은 그 이상 중요 기상 그룹이 TAF에 포함된다. 그러나 다음 요소들은 7 SM 또는 그 이상 우시정과 함께 예보될 수 있다.

- Drifting dust (DRDU)
- Drifting sand (DRSA)

- Drifting snow (DRSN)
- Shallow fog (MIFG)
- Partial fog (PRFG)
- Patchy fog (BCFG)

시정을 예보하는데 정수와 분수(whole number and a fraction)가 사용될 때 이들 사이에 여백을 두어야 한다. (예, 1 1/2SM) 시정이 6 SM 이상일 때 P6SM과 같이 코드화된다. 만약 시정이 다른 방향에서 동일하지 않은 것으로 예상한다면 우시정이 사용된다. 화산재(volcanic ash; VA)가 중요 기상 그룹에 예보되었을 때 시정이 무제한(unrestricted; P6SM)이라 할지라고 시정은 예보에 포함된다. 예를 들어 화산재로 인해서 예상되는 시정이 10 SM까지 감소하였다면 예보는 P6SM VA와 같이 코드화된다. National Weather Service TAFs에서 사용되지 않을지라도 만약 다음과 같은 모든 조건이 예보되었다면 축약어 "CAVOK"(Ceiling and Visibility OK)은 시정, 기상, 그리고 하늘 상태 그룹을 대체해서 사용된다.

- 시정 10km(6 SM) 또는 그 이상
- 1,500미터(5,000피트) 아래 또는 가장 높은 최저 섹터 고도(어느 것이든 더 높은 것) 아래 구름이 없음
- 적란운이 없고 중요 기상현상이 없음

[Examples]

- P6SM; Visibility unrestricted
- 1 1/2SM; Visibility 1 and $\frac{1}{2}$ statute miles
- 4SM; Visibility 4 statute miles

(7) Significant Weather Group(w'w' or NSW)

중요 기상 그룹(w'w' or NSW)은 적절한 수식어(qualifier)와 기상현상 축약어 또는 NSW(No significant weather)로 구성된다. 만약 최초 예보기간(initial forecast period)과 다음에 오는 FM 그룹에 명확한 중요 기상이 예보되지 않았다면 중요 기상 그룹은 생략된다. NSW는 최초 예보 기간 또는 FM 그룹에 사용되지 않는다. 한 개 혹은 그 이상 중요 기상 그룹은 시정이 6SM 또는 그 미만(6SM or less)으로 예보될 때 필요로 한다. 예외의 경우는 다음과 같다.

- Volcanic ash (VA)
- Low drifting dust (DRDU)
- Low drifting sand (DRSA)
- Low drifting snow (DRSN)
- Shallow fog (MIFG)
- Partial fog (PRFG)
- Patchy fog (BCFG).

시정 장애물(obstructions to vision)은 우시정이 7 SM 미만 또는 예보관의 판단에 따라 운용상 중요하다고 고려될 때만 예보된다. 화산재(volcanic ash; VA)가 예상될 때 항상 예보된다. 중요 기상 그룹에 VA가 포함되었을 때 시정이 무한이라(unrestricted; P6SM) 할지라도 시정은 예보에 포함된다. NSW는 이전에 하위분류 그룹(sub-divided group)에 포함된 중요 기상(근처에 있는 것 포함; VC)이 끝까지 예상될 때를 나타내기 위한 TEMPO 그룹에서만 중요 기상을 대신해서 사용된다. 여러 강수 요소들은 단일 그룹에 코드화된다. (예, -TSRASN) 만약 한 종류 이상 강수가 예보되었다면 우세한 강수 종류부터 시작해서 3개의 적절한 강수 축약어까지 단일 그룹(여백 없이)에 조합될 수 있다. 이 단일 그룹에서 강도는 총 강수(total precipitation)로 고려되고 하나 또는 강도 없는 수식어(no intensity qualifier)가 적절하게 사용될 수 있다. TAFs에서 강도 수식어(qualifiers; light, moderate, and heavy)는 강수의 강도로 고려되고 강수와 관련된 뇌우의 강도를 나타내는 것이 아니다. 강도는 뇌우와 관련된 것들 그리고 소니기성(showery nature; SH)의 것들을 포함하는 빙정과 우박을 제외하고 강수 종류와 함께 코드화된다. 다음과 같은 경우 강도는 표기되지 않는다.

• Blowing dust (BLDU)
• Blowing sand (BLSA)
• Blowing snow (BLSN)

보통 또는 강함 강도(moderate or heavy intensity)의 경우는 모래폭풍(sandstorm; SS) 그리고 먼지폭풍(duststorm; DS)으로 인한 것만 코드화된다.

① 여러 강수 종류의 엔코딩 예외

예보 기간에 하나 이상의 강수 종류가 예보되었을 때 서술자(descriptor; 예, FZRA)와 관련된 강수 종류는 다른 강수 종류의 강도 또는 우세함(predominance or intensity)에 관계없이 강수 그룹에 먼저 코드화된다. 서술자는 그룹에서 두 번째 또는 세 번째 강수 종류와 코드화되지 않는다. 강도는 여러 강수 종류 그룹의 첫 강수 종류와 관련이 있다. 예들 들어 눈의 강도가 어는비(freezing rain)보다 강할지라도 보통 눈과 약한 어는비(moderate snow and light freezing rain)의 예보는 -FZRASN와 같이 코드화된다.

[Examples]

1개의 강수와 1개의 비강수 기상현상의 조합은 다음과 같다.

• -DZ FG; Light drizzle and fog
(obstruction which reduces visibility to less than 5/8 SM)
• RA BR; Moderate rain and mist
• -SHRA FG; Light rain showers and fog
• +SN FG; Heavy snow and fog

한 종류 이상의 강수 결합은 다음과 같다.

- -RASN FG HZ; Light rain and snow (light rain predominant), fog and haze
- TSSNRA; Thunderstorm with moderate snow and rain (moderate snow predominant)
- FZRASNPL; Moderate freezing rain, snow, and ice pellets (freezing rain mentioned first due to the descriptor, followed by other precipitation types in order of predominance)
- SHSNPL; Moderate snow showers and ice pellets

② Thunderstorm Descriptor

뇌우 서술자(TS descriptor)는 다음과 같은 경우에 다른 서술자와 다르게 처리된다.

- 비강수성 뇌우가 예보되었을 때 TS는 단독 중요 기상현상으로 코드화된다.
- 어는 강수(FZRA or FZDZ)와 함께 뇌우가 예보되었을 때 TS 서술자가 먼저 포함되고 이어서 강도와 기상현상이 코드화된다.

[Example]

- TS -FZRA; 뇌우가 중요 기상 그룹에 포함되었을 때(even using vicinity -VCTS) 구름 그룹(NsNsNshshshs)은 CB의 예보 구름 종류에 포함된다. 다음은 엔코딩 VCTS를 위한 사례이다.
- -FZRA VCTS BKN010CB

③ Fog Forecast

안개예보가 TAF에 포함되기 전 시정 한계(visibility threshold)가 충족되어야 한다. 안개로 인해서 제한된 시정이 5/8 SM부터 6 SM까지 예보되었을 때 현상은 BR(mist)로 코드화된다. 안개로 인해서 제한된 시정이 5/8 SM 미만을 초래하는 시정이 되었을 때 코드 FG를 사용한다. 예보 시정이 6 SM(P6SM) 이상일 때 예보에는 mist(BR)와 같은 기상 장애물은 코드화되지 않는다. 다음 안개 관련 용어는 아래와 같이 기술하는 데 사용된다. [표7-2]

[Examples]

- 1/2SM FG; Fog is reducing visibilities to less than 5/8 SM, therefore FG is used to encode the fog.
- 3SM BR; Fog is reducing visibilities to between 5/8 and 6SM, therefore BR is used to encode the fog.

(8) Vicinity(VC)

근처(vicinity; VC)는 공항 활주로 콤플렉스(airport's runway complex)의 중심으로부터 5~10 SM 사이 도넛 모양 지역으로 지정된다. 공항으로 입출항하는 항공기에 직접 영향을 줄 수 있는 특정 기상현상을 포함하는 TAFs를 필요로 한다. 따라서 NWS TAFs는 공항의 주변에서 발생하는 우세한 안개, 소나기와 뇌우에 대한 상태의 예보가 포함될 수 있다. 우세한 상태는 하위분류 예보 시간 기간(sub-divided forecast time period)의 1/2 이상에서 발생 확률이 50% 또는 그 이상이 되어야 한다. VC는 TEMPO or PROB 그룹에 포함되지 않는다. [표7-3]에 있는

TERM	DESCRIPTION
Freezing Fog (FZFG)	Any fog (visibility less than 5/8 SM) consisting predominantly of water droplets at temperatures less than or equal to 32°F/0℃, whether or not rime ice is expected to be deposited. FZBR is not a valid significant weather combination and will not be used in TAFs.
Shallow Fog (MIFG)	The visibility at 6 feet above ground level is greater than or equal to 5/8 SM and the apparent visibility in the fog layer is less than 5/8 SM.
Patchy Fog (BCFG)	Fog patches covering part of the airport. The apparent visibility in the fog patch or bank is less than 5/8 SM, with the foggy patches extending to at least 6 feet above ground level.
Partial Fog (PRFG)	A substantial part of the airport is expected to be covered by fog while the remainder is expected to be clear of fog (e.g., a fog bank). NOTE: MIFG, PRFG and BCFG may be forecast with prevailing visibility of P6SM.

Phenomenon	Coded
Fog*	VCFG
Shower(s)**	VCSH
Thunderstorm	VCTS
* Always coded as VCFG regardless of visibility in the obstruction, and without qualification as to intensity or type (frozen or liquid) ** The VC group, if used, should be the last entry in any significant weather group (w'w')	

중요 기상현상은 VC와 결합해서 NWS TAFs의 우세 부분에서 사용된다.

(9) 구름과 수직 차폐 그룹(NsNsNshshshs or VVhshshs or SKC)

최초 시간 기간과 다음에 오는 FM 그룹은 구름 또는 장애물 그룹(NsNsNshshshs or VVhshshs or SKC)이 포함된다. 오름차순에서 모든 구름층의 축적 양(cumulative amount; NsNsNs)과 높이(hshshs), 지표면 기반 차폐 속으로 수직시정(vertical visibility; VVhshshs), 또는 맑은 하늘(clear sky; SKC)을 나타내기 위해서 적절한 용어를 사용한다. 모든 구름층과 차폐는 불투명(opaque)으로 고려된다.

① Cloud Group(NsNsNshshshs)

구름 그룹에서 운량은 [표7-4]와 같은 용어를 사용해서 예보된다. 구름 덮임의 제로 옥타(zero (0) oktas)가 예보되었을 때 구름 그룹은 SKC로 대체된다. 축약어 CLR는 METAR에서 사용되지

SKY COVER CONTRACTION	SKY COVERAGE
SKC	0 oktas
FEW	0 to 2 oktas
SCT	3 to 4 oktas
BKN	5 to 7 oktas
OVC	8 oktas
※ Okta; 8등분	

만 TAFs에서는 사용되지 않는다. ASOS/AWOS가 있는 사이트를 위한 TAFs는 ASOS/AWOS에서 보고된 것으로 예상하는 것이 아닌 예보관이 예상한 운량과 차폐(cloud amount and/or obscuration)를 포함한다. 구름 높이(Heights of clouds; hshshs)는 백 단위 피트(AGL)로 예보된다. 하늘의 5/8를 덮고 있는 또는 그 이상을 덮고 있는 가장 낮은 층은 예보 실링(ceiling)으로 이해되어야 한다. 예를 들어 VV008, BKN008 or OVC008 모두는 실링 800피트를 나타낸다.

② Vertical Obscuration Group(VVhshshs)

수직 차폐 그룹(VVhshshs)은 지표면-기반 차폐 속으로 수직시정(vertical visibility; VV)을 백 단위 피트(AGL)로 예보하는 데 사용된다. VVhshshs는 예보에 지시된 높이에서 실링이다. TAFs는 부분 차폐(partial obscuration) 예보를 포함하지 않는다.
(예, FEW000, SCT000, or BKN000)

[Example]

• 1SM BR VV008; Ceiling is 800 feet due to vertical visibility into fog

③ Cloud Type(CB)

TAF에 포함되는 유일한 구름 종류는 적란운(CB)이다. CB는 구름 또는 차폐 높이 다음에 여백 없이 코드화된다. 뇌우가 vicinity(VCTS)와 함께 예보되었을지라도 CB는 뇌우가 중요 기상 그룹(w'w')에 포함될 때마다 코드화된다. CB는 중요 기상 그룹(w'w')에 뇌우를 언급함이 없이 구름 그룹(NsNsNshshshs) 또는 수직 차폐 그룹(VVhshshs)에 포함될 수 있다. 따라서 예보 구름 종류에서 CB의 추가 또는 제거되는 변화만 있는 거의 동일한 NsNsNshshshs or VVhshshs가 연속 시간 기간(consecutive time periods)에 나타나는 상황이 발생할 수 있다.

[Examples]

• 1/2SM TSRA OVC010CB; Thunderstorms are forecast at the airport

(10) Non-Convective Low-Level Wind Shear (LLWS) Group(WShwshwshws/dddffKT)

윈드시어(wind shear; WS)는 수평과 수직으로 풍속과 풍향이 급격하게 변하는 기상현상이다. 특히 항공기가 고도 2,000피트(AGL) 이하에서 풍속, 풍향, 그리고 풍향풍속 모두에서 큰 변동은 제한된 수직 공역으로 인해서 접근 중인 항공기에 심각한 영향을 줄 수 있다. TAF에서 LLWS의 예보는 지표면부터 고도 2,000피트(AGL)를 포함하는 오직 비대류성 LLWS로만 고려된다. LLWS는 항상 대류 활동이 있는 곳에 존재하는 것으로 가정해야 한다. TAFs에서 LLWS는 최근 존재하거나 예상되는 LLWS 문제에서 조종사의 주의(aircrew's attention)를 집중하게 하도록 "as-needed(*필요로 하는 한*)"를 바탕으로 TAFs에 포함된다. 비대류성 LLWS는 다음 현상과 관련이 있을 수 있다.

- Frontal passage(전선 통과)
- Inversion(기온역전)
- Low-level jet(저고도 제트기류)
- Lee side mountain effect(산 후사면 효과)
- Sea breeze front(해풍 전선)
- Santa Ana winds(산타아나 바람)
  (남부 캘리포니아 부근에서 늦가을과 초겨울 사이에 부는 무척 건조하고 강력한 하강풍)

LLWS 상태가 예상될 때 비대류성 LLWS 코드 WS는 마지막 그룹(after cloud forecast)에 포함된다. 일단 TAF에 포함되었다면 WS 그룹은 다음 FM 그룹이 없다면 이어지는 FM change group 또는 TAF 유효기간의 종료까지 우세한 상태로 남아 있다. 비대류성 LLWS의 예보는 TEMPO or PROB groups에 포함되지 않는다. 비대류성 LLWS 그룹의 형식은 다음과 같다; WShwshwshws/dddffKT

- WS; Indicator for non-convective LLWS
- hwshwshws; Height of the top of the WS layer in hundreds of feet AGL
- ddd; True direction in ten degree increments at the indicated height
- --; VRB is not used for direction in the non-convective LLWS forecast group.
- ff; Speed in knots of the forecast wind at the indicated height
- KT; Unit indicator for wind

[Example]

- TAF…13012KT…WS020/27055KT
  Wind shear from the surface to 2,000 feet. Surface winds from 130 (southeast) at 12 knots changes to 270 (west) at 55 knots at 2,000 feet.

이 사례에서 지시자(indicator) WS 다음 윈드시어 층의 정상(top of the wind shear layer)이 3-숫자로 표기된다. LLWS는 지표면부터 이 층까지 나타내기 위해서 예보된다. "/" 다음에 5-숫자 바람 그룹은 윈드시어 층에서 풍향과 풍속이다. 이것은 윈드시어의 양을 위한 값이 아니다. 비대류성 LLWS 예보는 다음과 같은 상황이 존재할 때마다 TAF에 있는 초기 시간 기간(initial time period) 또는 FM 그룹에 포함된다.

- TAF 공항 혹은 근처에서 지시대기속도 감소 또는 증가가 20노트 또는 그 이상을 초래하는 지표면 2,000피트 이내에서 비대류성 LLWS를 하나 또는 그 이상의 PIREPs을 접수했을 때, 또는 예보관의 판단에 조종사 보고가 장애물로 인한 난기류(mechanical turbulence)라기보다 유효 비대류성 LLWS라고 판단했을 때
- 200피트 이상의 두께를 갖는 층에서 100피트 당 10노트 또는 그 이상의 비대류성 수직 WS가 예상될 때 또는 공항, 혹은 공항 근처에서 지표면의 2,000피트 이내에서 신뢰성이 보고일 때

(11) Forecast Change Indicator Groups

예보 변경 지시자 그룹은 중요한 기상의 변화에 따라 예보 기간(정기 TAF는 24시간, 개정 또는 지연 예보는 그 미만)을 다시 나누기 위해서 사용되는 축약어이다. 예보의 어느 한 요소 또는 전체의 변경이 예상될 때 예보 변경 지시자 그룹에는 FM, TEMPO, 그리고 PROB이 사용된다.

① From (FM) Group(FMYYGGgg)

변경 그룹 FMYYGGgg (voiced as "from")은 우세한 상태가 1시간 이내에 크게 변화할 것으로 예상할 때 이를 나타내기 위해서 사용된다. 이들의 경우에 예보는 축약어 FM을 사용해서 여백 없이 6-숫자 시간 기간으로 다시 나누어진다. 이것은 예보의 변경이 발생할 것으로 예상하는 날짜와 시간으로 구성되고 첫 2-숫자는 해당 월의 날짜, 그리고 마지막 4-숫자는 시간과 분(in hours and minutes Z)이 표기된다. 또한, 4-숫자의 시간이 전체 시간(예, 2100Z)의 사용이 허용되지만, 예보관이 더 정밀하게 분석을 할 수 있다면 분(minute)까지 더 정밀한 변경 타이밍이 지시될 수 있다.

FMYYGGgg 다음 모든 예보 요소들은 지시된 날짜와 시간부터(YYGGgg) 터미널 예보의 유효 기간의 종료까지, 또는 터미널 예보 유효기간이 추가 기간으로 나누어졌다면 다음 FM까지 시간 기간(period of time)과 관련이 있다.

FM 그룹은 기상의 완전한 자체서술(self-contained) 다음에 배열될 것이고 FM 그룹 전에 제공된 모든 예보 상태는 그룹 다음의 것들로 대체된다. TAF(surface wind, visibility, significant weather, clouds, obscurations, and when expected, non-convective LLWS)의 모든 요소는 변경이 예보되었거나 예보되지 않은 것(to change or not)과 관계없이 각 FM 그룹에 포함될 것이다. 예를 들어 예보 구름과 시정 변경이 새로운 FM 그룹을 보장하지만 바람은 그렇지 않다면 새로운 FM 그룹은 가장 최근 예보 바람과 같을지라도 바람 예보가 포함될 것이다. 이에 대한 유일한 예외는 중요 기상 그룹이 포함된다. 만약 중요 기상이 없는(no significant weather) 것으로 FM 시간 기간 그룹에 예상된다면 중요 기상 그룹은 생략된다. TAF는 예상되는 우세 기상상태에 따라 한 개 또는 그 이상의 FM 그룹을 포함한다. 이를 좀 더 명확하게 구분하기 위해서 각 FM 그룹은 대략 5칸 정도 들여쓰기를 적용하여 예보 문자의 새로운 줄로 시작된다.

[Examples]

```
TAF
KDSM 022336Z 0300/0324 20015KT P6SM BKN015
FM030230 29020G35KT 1SM +SHRA OVC005
    TEMPO 0303/0304 30030G45KT 3/4SM -SHSN
    FM030500 31010G20KT P6SM SCT025...
```

우세한 기상의 변화가 (해당 월) 3일 0230 UTC 그리고 3일 0500 UTC에 예상된다.

```
TAF
KAPN 312330Z 0100/0124 13008KT P6SM SCT030
FM010320 31010KT 3SM -SHSN BKN015
FM010500 31010KT 1/4SM +SHSN VV007...
```

FM010500 그룹에 있는 바람이 이전 FM 그룹과 동일하지만 모든 요소가 FM 그룹에 포함되어야 하므로 반복되고 있다는 점에 유의하라.

② TEMPO(YYGG/YeYeGeGe) Group

변경-지시자-그룹 TEMPO YYGG/YeYeGeGe은 다음과 같은 예보 기상상태에 대한 일시적 변동(temporary fluctuations)을 나타내기 위해서 사용된다.

- 발생 확률이 높을 때(greater than 50%)
- 각각의 경우에 1시간 또는 미만 지속
  (Last for one hour or less in each instance)
- 전체적으로 기간 YYGG to YeYeGeGe의 절반 미만을 덮을 때(해당할 때)
  (in the aggregate, cover less than half of the period YYGG to YeYeGeGe)

첫 2-숫자(YY)는 TEMPO의 시작을 위한 해당 월의 날짜이다. 다음 2-숫자(GG)는 시작 시각(starting hour; UTC)이다. "/" 다음 2-숫자(YeYe)는 해당 월의 종료 날짜이고 마지막 2-숫자(GeGe)는 TEMPO 기간의 종료 시각(UTC)이다. 각 TEMPO 그룹은 TAF에서 다음 줄로 시작된다. TEMPO 식별자는 일시적 변화가 예보되는 모든 기상 요소들의 서술이 앞에 표기된다. TEMPO 기간 중 변화하지 않는 이전 예보 요소는 동일한 것으로 이해해야 하고 TEMPO 그룹에 포함되지 않는다. 일시적으로 변화가 예보되는 기상 요소들만 TEMPO 그룹에 포함된다. TEMPO 그룹은 주변 혹은 대류성 LLWS에서(vicinity (VC) or non-convective LLWS) 중요 기상의 예보는 포함되지 않는다.

[Examples]

```
TAF
KDDC 221130Z 2212/2312 29010G25KT P6SM SCT025
TEMPO 2215/2217 30025G35KT 1 1/2SM SHRA BKN010...
```

이 사례에서 TEMPO 그룹에 있는 모든 예보 요소들은 우세한 기상상태와 다르다는 것을 예상할 수 있다. TEMPO 그룹은 22일 1500 UTC부터 1700 UTC까지 유효하다.

```
TAF
KSEA 091125Z 0912/1012 19008KT P6SM SCT010 BKN020 OVC090
TEMPO 0912/0915 -RA SCT010 BKN015 OVC040...
```

이 사례에서 시정은 TEMPO 그룹에서 예보되지 않았다. 따라서 시정은 우세 상태 그룹에서 예보된 것과 동일한(P6SM) 것으로 예상할 수 있다. 또한, TEMPO 0912/0915 그룹에는 비록 가장 낮은 층이 최초 시간 기간(initial time period)으로부터 변화될 것으로 예보되지 않았을지라도 3개의 모든 구름층이 포함되어 있다는 점에 유의하라.

③ PROB30(YYGG/YeYeGeGe) Group

확률 그룹(probability group) PROB30 YYGG/YeYeGeGe은 공항에서 뇌우와 강수 발생의 낮은 발생 확률(low probability occurrence; 30% chance) 그리고 그와 관련된 기상과 차폐 요소(wind, visibility and/or sky condition)들을 예보하기 위해서 오직 NWS 예보관만 사용한다. PROB30 그룹은 기상이 발생할 수 있는 확률을 예보관이 평가한 것이다. 첫 2-숫자(YY)는 PROB30의 시작을 위한 해당 월의 날짜이다. 다음 2-숫자(GG)는 시작시각(UTC)이다. "/" 다음 2-숫자(YeYe)는 해당 월의 종료 날짜이고 마지막 2-숫자(GeGe)는 PROB30 기간의 종료시각(UTC)이다. PROB30은 NWS TAFs에서 사용하는 유일한 PROB 그룹이다. 미군과 국제 TAFs는 PROB40 (40% chance) 그룹을 사용한다. PROB30 group은 우세 상태 그룹의 동일 줄 안에 표기되고 필요할 때 아래 줄에서 계속된다. PROB30 group은 TAF의 유효기간의 첫 9시간에는 사용되지 않는다. 또한, 오직 하나의 PROB30 group만이 최초 예보 기간과 후속(subsequent) FM 그룹에 사용될 것이다. 미군과 국제 TAFs는 이 같은 제한을 받지 않는다는 것에 유의하라. PROB30 groups은 주변(VC) 또는 비대류성 LLWS에서 중요 기상의 예보가 포함되지 않는다.

[Example]

```
FM012100 18015KT P6SM SCT050 PROB30 0123/0201 2SM TSRA
OVC020CB
```

이 사례에서 PROB30 group은 해당 월의 1일 2300 UTC에서 2일 0100 UTC까지 유효하다.

7.2.3 TAF 사례

[사례 1]

```
TAF
KPIR 111140Z 1112/1212 13012KT P6SM BKN100 WS020/35035KT
TEMPO 1112/1114 5SM BR
FM111500 16015G25KT P6SM SCT040 BKN250
FM120000 14012KT P6SM BKN080 OVC150 PROB30 1200/1204 3SM TSRA
BKN030CB
FM120400 14008KT P6SM SCT040 OVC080 TEMPO 1204/1208 3SM TSRA
OVC030CB
```

- *TAF; Terminal Aerodrome Forecast*
- *KPIR; Pierre, South Dakota*
- *111140; prepared on the 11th at 1140 UTC*
- *1112/1212; valid from the 11th at 1200 UTC until the 12th at 1200 UTC*
- *13012KT; wind 130 at 12 knots*
- *P6SM; visibility greater than 6 statute miles*
- *BKN100; ceiling 10,000 broken*
- *WS020/35035KT; wind shear at 2,000 feet, wind from 350 at 35 knots*
- *TEMPO 1112/1114; temporary conditions between the 11th day of the month at 1200 UTC and the 11th day of the month at 1400 UTC*
- *5SM; visibility 5 statute miles*
- *BR; mist*
- *FM111500; from the 11th day of the month at 1500 UTC*
- *16015G25KT; wind 160 at 15 knots gusting to 25 knots*
- *P6SM; visibility greater than 6 statute miles*
- *SCT040 BKN250; 4,000 scattered, ceiling 25,000 broken*
- *FM120000; from the 12th day of the month at 0000Z*
- *14012KT; wind 140 at 12 knots*
- *P6SM; visibility greater than 6 statute miles*
- *BKN080 OVC150; ceiling 8,000 broken, 15,000 overcast*
- *PROB30 1200/1204; 30% probability between the 12th day of the month at 0000 UTC and the 12th day of the month at 0400 UTC*
- *3SM; visibility 3 statute miles*
- *TSRA; thunderstorm with moderate rain showers*
- *BKN030CB; ceiling 3,000 broken with cumulonimbus*

- *FM120400; from the 12th day of the month at 0400 UTC*
- *14008KT; wind 140 at 8 knots*
- *P6SM; visibility greater than 6 statute miles*
- *SCT040 OVC080; 4,000 scattered, ceiling 8,000 overcast*
- *TEMPO 1204/1208; temporary conditions between the 12th day of the month at 0400 UTC and the 12th day of the month at 0800 UTC*
- *3SM; visibility 3 statute miles*
- *TSRA; thunderstorms with moderate rain showers*
- *OVC030CB; ceiling 3,000 overcast with cumulonimbus*

[사례 2]

```
TAF AMD
KEYW 131555Z 1316/1412 VRB03KT P6SM VCTS SCT025CB BKN250
TEMPO 1316/1318 2SM TSRA BKN020CB
FM131800 VRB03KT P6SM SCT025 BKN250 TEMPO 1320/1324 1SM TSRA
OVC010CB
FM140000 VRB03KT P6SM VCTS SCT020CB BKN120 TEMPO 1408/1412
BKN020CB
```

- *TAF AMD; Amended Terminal Aerodrome Forecast*
- *KEYW; Key West, Florida*
- *131555Z; prepared on the 13th at 1555 UTC*
- *1316/1412; valid from the 13th at 1600 UTC until the 14th at 1200 UTC*
- *VRB03KT; wind variable at 3 knots*
- *P6SM; visibility greater than 6 statute miles*
- *VCTS; thunderstorms in the vicinity*
- *SCT025CB BKN250; 2,500 scattered with cumulonimbus, ceiling 25,000 broken*
- *TEMPO; 1316/1318 temporary conditions between the 13th day of the month at 1600 UTC and the 13th day of the month at 1800 UTC*
- *2SM; visibility 2 statute miles*
- *TSRA; thunderstorms with moderate rain showers*
- *BKN020CB; ceiling 2,000 broken with cumulonimbus*
- *FM131800; from the 13th day of the month at 1800 UTC*
- *VRB03KT; wind variable at 3 knots*
- *P6SM; visibility greater than 6 statute miles*
- *SCT025 BKN250; 2,500 scattered, ceiling 25,000 broken*

- *TEMPO 1320/1324; temporary conditions between the 13th day of the month at 2000 UTC and the 14th day of the month at 0000 UTC*
- *1SM; visibility 1 statute mile*
- *TSRA; thunderstorms with moderate rain showers*
- *OVC010CB; ceiling 1,000 overcast with cumulonimbus*
- *FM140000; from the 14th day of the month at 0000 UTC*
- *VRB03KT; variable wind at 3 knots*
- *P6SM; visibility greater than 6 statute miles*
- *VCTS; thunderstorms in the vicinity*
- *SCT020CB BKN120; 2,000 scattered with cumulonimbus, ceiling 12,000 broken*
- *TEMPO 1408/1412; temporary conditions between the 14th day of the month at 0800 UTC and the 14th day of the month at 1200 UTC*
- *BKN020CB; ceiling 2,000 broken with cumulonimbus*

[사례 3]

```
TAF
KCRP 111730Z 1118/1218 19007KT P6SM SCT030
TEMPO 1118/1120 BKN040
FM112000 16011KT P6SM VCTS FEW030CB SCT250
FM120200 14006KT P6SM FEW025 SCT250
FM120800 VRB03KT 5SM BR SCT012
FM121500 17007KT P6SM SCT025
```

- *TAF; Terminal Aerodrome Forecast*
- *KCRP; Corpus Christi, Texas*
- *111730Z; prepared on the 11th at 1730 UTC*
- *1118/1218; valid from the 11th at 1800 UTC until the 12th at 1800 UTC*
- *19007KT; wind 190 at 7 knots*
- *P6SM; visibility greater than 6 statute miles*
- *SCT030; 3,000 scattered*
- *TEMPO 1118/1120; temporary conditions between 1800 UTC and 2000 UTC on the 11th.*
- *BKN040; ceiling 4,000 broken*
- *FM112000; from the 11th day of the month at 2000 UTC*
- *16011KT; wind 160 at 11 knots*
- *P6SM; visibility greater than 6 statute miles*

- *VCTS; thunderstorms in the vicinity*
- *FEW030CB SCT250; 3,000 few with cumulonimbus, 25,000 scattered*
- *FM120200; from the 12th day of the month at 0200 UTC*
- *14006KT; wind 140 at 6 knots*
- *P6SM; visibility greater than 6 statute miles*
- *FEW025 SCT250; 2,500 few, 25,000 scattered*
- *FM120800; from the 12th day of the month at 0800 UTC*
- *VRB03KT; wind variable at 3 knots*
- *5SM; visibility 5 statute miles*
- *BR; mist*
- *SCT012; 1,200 scattered*
- *FM121500; from the 12th day of the month at 1500 UTC*
- *17007KT; wind 170 at 7 knots*
- *P6SM; visibility greater than 6 statute miles*
- *SCT025; 2,500 scattered*

7.2.4 TAF 발표

NWS offices에서 작성한 정시(scheduled) TAFs는 다음과 같은 계획표에 따라 하루 4차례 6시간마다 발표된다.

SCHEDULED ISSUANCE	VALID PERIOD	ISSUANCE WINDOW
0000 UTC	0000 to 2400 UTC	2320 to 2340 UTC
0600 UTC	0600 to 0600 UTC	0520 to 0540 UTC
1200 UTC	1200 to 1200 UTC	1120 to 1140 UTC
1800 UTC	1800 to 1800 UTC	1720 to 1740 UTC

(1) 정시 TAF 발표와 연속을 위한 최저 관측 요건

NWS WFO 항공 예보관은 개별 TAF의 작성과 정시(routine) 발표를 위한 특정 정보를 갖추고 있어야 한다. 비록 TAF 작성 과정(writing process)에 통합될지라도 완전한 지표면 관측(METAR/SPECI)이 필요하지 않다. 예보관은 인접 지표면 관측, 레이더, 위성, 라디오존데(radiosonde; *대기 상층의 기상(기압·온도·습도 등)을 관측하여 지상에 송신하는 측정 장치. 기구에 장치한 기압계, 온도계, 습도계 등으로 측정한 상층의 기상상태를 소형 무선발신기를 통해 발신한다*), 모델 데이터, 항공기, 그리고 다른 출처들을 포함한 데이터와 함께 TAFs를 작성하기 위한 "전체관측개념(total observation concept)"을 적용해야 한다. 만약 정보 출처가 미상(missing), 신뢰할 수 없거나, 또는 불완전하다면 예보관은 TAF의 끝에 AMD NOT SKED를 첨부한다. AMD NOT SKED을 사용하는 것은 예보관이 예보를 발표하기 위해서 전체관측개념을 이용한 충분한 데이

터를 갖고 있지만, 업데이트를 제공하지 않을 것을 나타낸다. 이것은 유효 TAF를 지속 활용하기 위한 공항 운용을 허용한다. 관측이 연장된 시간 기간(6시간의 한 TAF 주기 이상) 동안 미상(missing) 되었고 전체관측개념이 충분한 정보를 제공하지 못하는 드문 상황에서 TAF는 NIL TAF의 사용으로 중지될 수 있다.

※ SKED(Schedule or scheduled)

※ NIL(None or I have nothing to send to you.)

(2) 시간제 정시 관측 사이트

24시간 관측된 시간 범위 미만의 TAF를 위해서 TAF는 관측이 그 시간 전에 중지될지라도 정시 예보 기간(routine scheduled forecast period)의 종료시각까지 유효하게 될 것이다. 종료되거나 재개가 계획되어 있는 관측 시간은 AMD NOT SKED 발표문(statement)을 덧붙여 지시될 것이다. 확대 발표문(expanded statements)은 관측 종료시각(AFT Y1Y1HHmm, 예, AFT 120200), 계획된 관측 재개시각(TIL Y1Y1HHmm, 예, TIL 171200Z) 또는 관측 불가용(observation unavailability) 기간(Y1Y1HH/YeYehh, 예, 2502-2512)이 포함될 것이다.

※ observation ending time(관측종료시각)

※ scheduled observation resumption time(계획된 관측 재개시각)

※ period of observation unavailability(관측 불가용 기간)

TIL(until)은 계획된 TAF 유효기간의 시작이 마지막 관측 시간과 일치하거나 관측이 다음 계획된 발표 시간 전에 재개(resumption)될 때만 사용될 것이다. 이것이 사용될 때 이들 비고는 마지막 예보 그룹 바로 다음에 와야 한다. 만약 정시 TAF 발표(routine TAF issuance)가 관측이 중지된 후 이루어지는 것으로 예정되었지만 이들이 재개되기 전이라면 비고 AMD NOT SKED는 예정된 발표(scheduled issuance)의 유효시간 그룹 바로 다음에 와야 한다. 전체관측개념을 적용하면서 충분한 데이터를 접수한 후 AMD NOT SKED 비고는 삭제된다.

① Examples of Scheduled Part-Time Observations TAFs

```
TAF AMD
KRWF 150202Z 1502/1524  {TAF text}
AMD NOT SKED 1505Z-1518Z=
```

15일 0500 UTC와 15일 1800 UTC 사이에 완전한 관측 세트의 부족으로 인해서 개정되지 않을 것이다.

```
TAF AMD
KPSP 190230Z 1903/1924  {TAF text}
AMD NOT SKED=
```

개정이 예정되어 있지 않다.

(3) 시간제로 보강되어야 하는 자동 관측소

시간제로 보강(part-time augmentation)되는 AWOS-III 사이트를 위한 TAF는 한 가지 예외와 함께 이전 섹션에서 다룬 시간제 수동 관측소(part-time manual observation sites)를 위한 절차를 이용해서 작성된다. 이 예외는 자동 시스템이 동반되지 않을 때 사용되는 비고이다. 특별히 자동 시스템으로 보강되는 시간은 비동반 운용(unattended operation)에 들어갈 예정이거나 또는 시간 보강 재개는 자동 관측 사이트에 특별하게(unique to) 비고에 포함된다.

AMD LTD TO CLD VIS AND WIND (AFT YYHHmm, or TIL YYhhmm, or YYHH-YYhh)

여기서 YY는 날짜, HHmm은 마지막 보강 관측의 시각(시간과 분) 그리고 hhmm은 시각(시간과 분), 두 번째 완전한 관측은 접수될 것으로 예상한다. 다른 예보 요소를 위한 개정이 제외되는 비고는 마지막 보강 관측(last augmented observation) 전에 발표된 마지막 예정된 TAF에 첨부된다. 또한, 이것은 보강이 재개될 때까지(until augmentation resumes) 모든 후속 개정에 첨부될 것이다. AMD LTD TO (elements specified) 비고는 사용자를 위한 깃발(flag)이고 시간제 수동 관측소를 위한 AMD NOT SKED AFT Z 비고와 다르다. AMD LTD TO (elements specified)는 사용자가 이들 요소와 지정된 시간에서만 개정을 예상해야 한다는 것을 의미한다.

[Example]

```
TAF AMD
KCOE 150202Z 1502/1524 text
AMD LTD TO CLD VIS AND WIND 1505-1518=
```

개정 예보는 15일 0500Z와 15일 1800Z 사이에 개정은 오직 구름, 시정 그리고 바람을 위해서만 발표되었다는 것을 나타내고 있다.

개정(TAF AMD)은 자동 사이트가 보강되지 않았을 때 보고되지 않은 것들일지라도 모든 해당 TAF 요소들을 위한 예보가 포함된다. 만약 보고되지 않은 요소들이 TAF에 중요하다고 판단되고 적절하게 결정될 수 없다면(예, 안개 대비 보통 눈) TAF는 중지될 것이다. (예, 개정 TAF에는 "AMD NOT SKED"와 같이 서술될 것이다.) 예보관이 시간제로 보강되는 AWOS-III 시스템이 보강되지 않았을 때 신뢰할 수 없는 정보를 제공하는 것으로 의심될 때 정비를 위해서 보고되고 시간제 수동 관측소와 동일하게 처리될 것이다. 이 같은 경우 AMD NOT SKED AFT YY/aaZ 비고가 사용될 것이다.

(4) 비보강 자동 관측소

비보강(non-augmented) ASOS 사이트를 위해서 발표된 TAF는 정전 혹은 비전형적인 데이터(outage or unrepresentative data)임을 인지했거나 확실하게 의심될 때 중지될 것이다. 또한, 예보관 역시 TAF 개정을 중지할 것이다. 예보관의 판단에 중요한 요소가 관측에서 빠졌고(missing) 전체관측개념을 적용해서 얻을 수 없을 때 TAF 개정은 중지될 것이다. 이것이 해당할 때 현존하는 TAF의 개정 끝부분에 용어 AMD NOT SKED를 분리 줄과 5칸 들여쓰기로 첨부될 것이다.

7.4 상층풍과 기온 예보(FB)

7.4.1 개 요

상층풍과 기온 예보(Wind and Temperature Aloft Forecasts; FB)는 지정된 시간, 고도, 그리고 위치에서 풍향풍속, 그리고 기온에 관한 컴퓨터 예보 제작물이다.

7.4.2 Forecast Altitudes

[표7-6]은 바람이 예보되는 고도/층(layer)을 보여주고 있다. 고도 15,000피트까지는 평균해수면(MSL)을 기준으로 하고, 고도 18,000피트 이상은 비행고도(FL)를 적용한다. 바람 예보는 지역 표고의 1,500피트 이내의 고도에는 발표되지 않는다. 기온 예보는 지역 표고의 2,500피트 이내의 고도에는 발표되지 않는다. 중간층을 위한 고도는 사이의 중간값을 결정해야 한다.

Actual Altitudes (MSL)	Pressure Altitudes (Hectopascals)
1,000 feet*	18,000 feet (500 Hectopascals)
1,500 feet*	24,000 feet (400 Hectopascals)
2,000 feet*	30,000 feet (300 Hectopascals)
3,000 feet	34,000 feet (250 Hectopascals)
6,000 feet	39,000 feet (200 Hectopascals)
9,000 feet	45,000 feet (150 Hectopascals)#
12,000 feet	53,000 feet (100 Hectopascals)#
15,000 feet*	
* Hawaii and Western Pacific only. # Not available for selected locations in the Contiguous US.	

7.4.3 FB 형식

FB 예보의 부호 형식(symbolic form)은 DDff+ TT이고, DD는 풍향, ff는 풍속, 그리고 TT는 기온이다. 풍향은 진북(true)을 기준으로 2-숫자 그리고 풍속(knots)은 2-숫자로 조합된다. 미풍과 가변풍 또는 5노트 미만의 바람은 9900으로 표기된다. 풍속이 100~199노트 사이일 때 풍속에서 100을 빼주고 풍향에 50을 더해서 코드화한다. 예를 들어 250° 방향에서 145노트가 예보되었다면 7545와 같이 코드화된다. 풍속이 200노트 또는 그 이상 예보 바람은 199노트의 예보 풍속으로 지시된다. 예를 들어 7799는 270°에서 199노트 이상이라고 해석할 수 있다. 기온은 2-숫자 섭씨로 표기되고 고도 6,000~24,000피트까지는 적절한 영상 혹은 영하(+ or -) 부호를 앞에 붙인다. 고도 24,000피트 이상에서는 이들 고도에서 기온은 항상 영하이기 때문에 부호가 생략된다. 제작물 서두부(product header)는 관측이 수집된 날짜와 시간, 예보 유효 날짜와 시간, 그리고 예보가 사용되어야 하는 시간 기간(time period)이 포함된다.

[Examples]

- 1312+05; 풍향 130°(남동), 풍속 12노트, 그리고 기온은 섭씨 영상 5°이다.
- 9900+10; Wind light and variable, temperature +10 degrees.
- 7735-07; The wind direction is from 270 degrees (i.e. west), the wind speed is 135 knots and the temperature is minus 7 degrees Celsius.

다음은 FB 문자 메시지의 사례이다.

```
DATA BASED ON 010000Z
VALID 010600Z FOR USE 0500-0900Z. TEMPS NEG ABV 24000
FT 3000 6000 9000 12000 18000 24000 30000 34000 39000
MKC 9900 1709+06 2018+00 2130-06 2242-18 2361-30 247242 258848 550252
```

위의 내용은 다음과 같다.

(Line 1) DATA BASED ON 010000Z

Forecast data is based on computer forecasts generated the first day of the month at 0000 UTC.

(Line 2) VALID 010600Z FOR USE 0500-0900Z. TEMPS NEG ABV 24000

The valid time of the forecast is the 1st day of the month at 0600 UTC. The forecast winds and temperature are to be used between 0500 and 0900 UTC. Temperatures are negative above 24,000 feet.

(Line 3)

FT 3000 6000 9000 12000 18000 24000 30000 34000 39000

FT indicates the altitude of the forecast.

(Line 4)

MKC 9900 1709+06 2018+00 2130-06 2242-18 2361-30 247242 258848 550252

MKC indicates the location of the forecast. The rest of the data is the winds and temperature aloft forecast for the respective altitudes.

FT 3000 6000 9000 12000 18000 24000 30000 34000 39000 MKC 9900 1709+06 2018+00 2130-06 2242-18 2361-30 247242 258848 550252			
Altitude (feet)	Coded	Wind	Temperature (℃)
3,000 FT	9900	Light and variable	Not forecast
6,000 FT	1709+06	170 degrees at 9 knots	+06 degrees Celsius
9,000 FT	2018+00	200 degrees at 18 knots	Zero degrees Celsius
12,000 FT	2130-06	210 degrees at 30 knots	-06 degrees Celsius
18,000 FT	2242-18	220 degrees at 42 knots	-18 degrees Celsius
24,000 FT	2361-30	230 degrees at 61 knots	-30 degrees Celsius
30,000 FT	247242	240 degrees at 72 knots	-42 degrees Celsius
34,000 FT	258848	250 degrees at 88 knots	-48 degrees Celsius
39,000 FT	750252	250 degrees at 102 knots	-52 degrees Celsius

[표7-7]은 MKC(Kansas City, MO)를 위한 데이터를 보여주고 있다.

7.4.4 FB 사례

```
DATA BASED ON 091200Z
VALID 091800Z FOR USE 1400-2100Z. TEMPS NEG ABV 24000
FT 3000 6000 9000 12000 18000 24000 30000 34000 39000
ABI 1931+10 1929+10 2024+06 2331-10 2448-23 235239 246348 256056
ABQ 2213+03 2327-04 2253-17 2263-27 227242 236946 245749
ABR 2017 2312+14 2308+09 2615+02 2724-13 2527-26 273641 274051 274562
AGC (etc.)

FT 45000 53000
ABI 301049 281149
ABQ 235061 244859
ABR 224559 243756
AGC (etc.)
```

7.4.5 FB 발표와 지연 예보

FB는 지정된 장소를 위한 일일 4차례(0000Z 0600Z 1200Z 1800Z) 정기 FB를 제작한다. 개정(amendments)은 예보에 발표되지 않는다. 만약 예정된 예보 전송이 지연(delayed forecasts)된다면 이전 6시간 데이터를 바탕으로 한 기존 유효 예보는 새로운 예보가 전송될 때까지 사용될 수 있다.

8. 예보 차트

8.1 저고도 중요 기상도(SIGWX)

8.1.1 개 요

Low-Level Significant Weather(SIGWX) Charts는 [그림8-1]과 같이 비행 전 브리핑을 위한 가이던스 제작물(guidance products)로 사용하려는 의도로 주로 항공기상위험의 예보를 제공한다. 예보 영역(forecast domain)은 24,000피트(MSL; Flight Level 240 or 400 millibars)와 그 이하에서 48개 주와 연안해역(coastal waters)을 포함한다. 각 차트는 지정된 유효시간에서 예측되는 스냅사진 기상을 묘사한다. 이 차트는 앞으로 12시간과 24시간에서 24,000피트(MSL; FL240 or 400 millibars)까지 선택된 항공기상위험의 개요(overview)를 제공한다.

8.1.2 내 용

Low-Level Significant Weather(SIGWX) Charts는 기상비행범주(weather flying categories), 난기류(turbulence), 그리고 결빙층(freezing levels)이 묘사된다. 착빙(icing)은 특별하게 예보되지 않는다.

(1) Flying Categories(비행범주)

IFR 지역은 굵은 적색 선으로 윤곽이 그려지고, MVFR은 꾸불꾸불한 청록색(scalloped cyan) 선으로 윤곽이 그려지고, VFR은 아무것도 그려지지 않는다. [그림8-1]

(2) Turbulence(난기류)

보통 난기류 이상의 지역은 굵은 노란색 점선으로 테두리가 그려진다. 난기류 강도는 표준부호로 나타낸다. 난기류 층의 수직 확장은 "/"로 분리해서 정상과 기저 높이(top and base heights)로 구분된다. 강도 부호와 높이 정보는 난기류의 예보 지역 안 또는 주변에 표기된다. 만약 해당 지역 주변에 표기된다면 관련 지역을 화살표로 지시한다. 난기류 높이는 "/"로 분리해서 2개의 숫자 그룹으로 표기된다. 예를 들어 차트에 240/100과 같이 지시된 난기류가 있는 지역에서 난기류 정상은 FL240부터 기저는 10,000피트(MSL)까지 예상된다. 기저 높이가 생략될 때 난기류는 지표면에 도달한 것으로 예보된다. 예를 들어 "080/"는 난기류 층은 지표면부터 8,000피트(MSL)까지이다. 뇌우와 관련된 난기류는 차트에 그려지지 않는다.

(3) Freezing Levels(결빙층)

지표면에 결빙층(freezing level)은 [그림8-2, 컬러]와 같이 청색 톱니바퀴 모양 부호로 그려진다. 지표면 결빙층은 지구 표면에서 영하(below-freezing)로부터 영상(above-freezing) 기온을 분리한다. 지표면 상공 결빙층(Freezing levels above the surface)은 4,000피트에서 시작해서 4,000피트 간격 백 단위 피트(MSL)로 얇은 녹색 점선으로 그려진다. 만약 여러 결빙층이 있다면 이들 선은 가장 높은 결빙층까지 그려진다. 예를 들어 "80"은 8,000피트 결빙층 등고선을 나타낸다. 이들이 지표면에 교차하는 곳에서 선은 중단된다. 이들 선 사이에 있는 결빙층은 중간값을 적절히 보간해서 결정해야 한다. 예를 들어 4,000피트와 8,000피트 선 사이의 결빙층은 6,000피트를 적용하면 된다. 기온이 한 상층 고도(one altitude aloft) 이상에서 0℃일 때 여러 결빙층이 발생한다. 여러 결빙층은 기온이 여러 상층 결빙층(multiple freezing levels aloft)이 있는 지표면에서 영하인 곳의 상황에서 Low-Level Significant Weather Prog Charts에 예보될 수 있다. 차트에서 여러 결빙층이 있는 지역은 지표면 결빙층 등고선의 영하 측면에 위치하고 4,000피트 결빙층으로 경계가 그려진다. 여러 결빙층은 4,000피트 결빙층(예, below 4,000 feet MSL)을 초과해서 있을 가능성이 있지만 정확한 컷오프(cutoff)는 결정할 수 없다.

8.1.3 발 표

Low-Level Significant Weather(SIGWX) Charts는 Aviation Weather Center(AWC)에서 하루 4차례 발표된다. 2개의 차트는 "12-hour and a 24-hour prog"가 발표된다. 이들 모두는 AWC Web site에서 볼 수 있다. [그림8-1, 2, 3, 컬러]

8.2 중고도 중요 기상도(SIGWX)

8.2.1 개 요

Mid-Level Significant Weather(SIGWX) Chart는 고도 10,000피트(MSL)부터 FL450까지 그리고 비행고도(FL) 범위에 대한 중요한 순항항로 기상현상의 예보와 관련 지표면 기상 특성(associated surface weather features)을 제공한다. 차트는 지정된 유효시간에 예상되는 기상 스냅사진을 제공한다. Aviation Weather Center(AWC)는 중요한 기상현상에 대한 글로벌 기상 예보를 제공할 책임을 갖는다. AWC는 24-hour Mid-Level Significant Weather 차트를 하루 4차례 발표한다. 에어라인 운항관리사는 출발 전 비행계획을 수립하고 기상 브리핑을 위해서 사용할 수 있고 비행 중 운항승무원이 적절하게 활용할 수 있다.

8.2.2 내 용

Mid-Level Significant Weather(SIGWX) Chart는 항공기 운항에 위험을 초래할 수 있는 다수의 기상 요소들을 묘사한다. [그림8-4, 5, 6, 컬러]

(1) Thunderstorms(뇌우)

약어 CB는 거대한 적란운(widespread cumulonimbus clouds)의 발생이 예상되는 지역, 산발적 구름 사이 약간의 공간 또는 공간 없이 선을 따라서 발생할 것으로 예상하는 적란운, 구름층에 숨어 있는 적란운(cumulonimbus embedded in cloud layers), 또는 연무로 인해서 보이지 않는 적란운이 발생할 것으로 예상하는 곳만 포함된다. 이것은 구름층 속에 은폐되어 있지 않거나 연무로 가려져 있지 않은 산발적으로 발생하는 적란운(isolated or scattered cumulonimbus)은 고려되지 않는다. 각 적란운 지역은 약어 CB를 붙여 식별하고 범위, 기저 그리고 정상으로 특징이 묘사된다.

Coded	Characterization	Meaning
ISOL	Isolated	Less than 1/8th coverage
OCNL	Occasional	1/8th to 4/8th coverage
FRQ	Frequent	More than 4/8th coverage
EMBD	Embedded	CBs concealed by other cloud layers, haze, dust, etc.

[표8-1]은 적란운의 범위(coverage)에 대한 구분으로 각각 다음과 같다.

- Isolated (ISOL) meaning less than 1/8th
- Occasional (OCNL) meaning 1/8th to 4/8ths
- Frequent (FRQ) meaning more than 4/8ths coverage
- Embedded (EMBD); Isolated and occasional CBs are further characterized

차트에는 산발적(isolated or scattered) 적란운은 이들이 다른 구름, 연무, 또는 먼지 등으로 가려져 있지 않은 한 묘사되지 않는다. 적란운 층의 수직 확장은 정상과 기저(top and base) 높이로 지정된다. 고도 10,000피트(차트의 가장 낮은 고도 한계) 아래로 확장되는 기저는 XXX로 코드화한다. 차트에 적란운(CB)은 적색 꾸불꾸불한 선으로 둘러싼다. 각 적란운 지역의 식별과 특성은 윤곽이 그려진 구역 내부 혹은 주변에 표기된다. 만약 식별과 특성 윤곽으로 그려진 주변이라면 화살표를 이용해서 해당 적란운 지역을 지시한다. Significant weather(SIGWX) charts에서 용어 CB 또는 뇌우 부호는 통상 보통 또는 심한 착빙(moderate or severe icing), 보통 또는 심한 난기류와 우박이 존재하는 적란운 또는 뇌우와 관련이 있는 모든 기상현상을 포함하고 있는 것으로 이해해야 한다.

(2) Jet Streams(제트기류)

풍속이 80노트 이상인 제트기류 축(jet stream axis)은 굵은 녹색 선으로 그려진다. 풍향은 화살표 머리가 지시하는 방향이다. 제트기류 축을 따라서 위치한 복선 빗금(double-hatched), 밝은 녹색 선은 20노트 풍속 변화를 나타낸다. 제트기류 축을 더 세부적으로 특성을 묘사하기 위해서 부호와 고도가 사용된다. 표준 바람 부호(wind symbol; light green)는 풍속을 식별하기 위해서 각각 해당 위치에 배열된다. 비행고도(FL)는 백 단위 피트(MSL)에서 제트기류 축의 고도를 식별하기 위한 각 바람 부호 근처에 표기된다. 제트기류 수직 깊이(Jet stream vertical depth; jet depth) 예보는 최대풍속이 120노트 또는 그 이상일 때 포함된다. 제트기류 깊이는 비행고도(FL)를 이용한 제트기류 축의 위 또는 아래 80노트 바람장(wind field; *어떤 바람이 일정한 공간 영역에 걸쳐 그 공간 내의 위치의 함수로서 주어지는 분포 상태*)까지 수직 깊이(vertical depth)로 정의한다.

(3) Tropopause Heights(대류권계면 높이)

차트에서 대류권계면 높이(tropopause heights)는 선택된 장소에 도식된다. 이들은 직사각형으로 둘러싸고 백 단위 피트(MSL)로 표기된다. 대류권계면 높이 고기압 중심(H)과 저기압 중심(L)은 다각형으로 둘러싸고 백 단위 피트(MSL)로 도식된다.

(4) Tropical Cyclones(열대 사이클론)

열대성 사이클론(tropical cyclones)은 부호 옆에 폭풍 명칭과 함께 적절한 부호로 묘사된다. 차트 기준에 맞는 적란운은 각 폭풍에 상대적으로 식별되고 특징이 묘사된다.

(5) Moderate or Severe Icing(보통 또는 심한 착빙)

보통 또는 심한 착빙 지역(areas of moderate or severe icing)은 적색 꾸불꾸불한 선으로 둘러싸 그려진다. 각 지역의 식별과 특성은 윤곽 지역의 안에 혹은 주변에 묘사된다. 만약 식별과 특성은 윤곽이 그려진 지역 주변이라면 화살표를 이용해서 해당 지역을 지시한다. 식별 박스는 표준 착빙 부호를 사용한다. 착빙 층의 수직 확장은 정상과 기저 높이로 지정된다. 차트의 층 아래로 확장되는 기저는 XXX와 같이 코드화된다.

(6) Moderate or Severe Turbulence(구름 속 또는 맑은 하늘)

윈드시어 지대(with wind shear zones) 또는 산악파(mountain waves)와 관련된 보통 또는 심한 난기류의 예보 지역은 굵은 노란색 점선으로 둘러싸서 표시한다. 강도는 표준 부호를 사용한다. 난기류 층의 수직 확장은 수평선으로 분리된 정상과 기저 높이로 지정된다. 차트의 층 아래로 확장되는 난기류 기저는 XXX와 같이 코드화된다. 뇌우와 관련된 난기류는 식별되지 않는다. 보통 또는 심한 난기류 지역 역시 적색 꾸불꾸불한 선으로 둘러싸 그려진다. 각 지역의 식별과 특성은 윤곽이 그려진 지역 안에 혹은 주변에 표기된다. 만약 식별과 특성은 윤곽이 그려진 주변에 표기되었다면 화살표를 이용해서 해당 지역을 지시해야 한다. 표준 난기류 부호를 사용한다. 난기류 측의 수직 확장은 정상과 기저 높이로 지정된다. 차트의 층 아래로 확장된 기저는 XXX와 같이 코드화된다.

(7) Cloud Coverage(운량, 적란운 외)

구름은 적색 꾸불꾸불한 선 안에 둘러싸 그려진다. 적란운 외 구름 덮임(cloud coverage)은 윤곽이 그려진 지역 안에 혹은 주변에 표기된다. 만약 구름 범위가 윤곽이 그려진 지역 주변이라

Coded	Meaning	Coverage
SKC	Sky Clear	0/8th
FEW	Few clouds	1/8th to 2/8th
SCT	Scattered	3/8th to 4/8th
BKN	Broken	5/8th to 7/8th
OVC	Overcast	8/8th

Coded	Meaning
CI	Cirrus
CC	Cirrocumulus
CS	Cirrostratus
AC	Altocumulus
AS	Altostratus
NS	Nimbostratus
SC	Stratocumulus
ST	Stratus
CU	Cumulus
CB	Cumulonimbus

면 화살표를 이용해서 해당 지역을 지시해야 한다. [표8-2]는 구름 범위 부호를 보여주고 있다.

(8) Cloud Type(구름 종류)

[표8-2]는 구름 종류를 식별하는데 사용되는 축약어이다.

(9) Volcanic Eruptions(화산폭발)

화산폭발(volcanic eruption) 지점은 사다리꼴 부호(trapezoidal symbol)로 식별된다. 사다리꼴의 바닥에 있는 한 점(dot)은 화산의 위치를 식별한다. 위도와 경도와 함께 화산의 명칭은 부호 옆에 표기된다.

(10) Release of Radioactive Materials(방사성 물질의 방출)

대기에 있는 방사성 물질(radioactive materials)은 표준 부호를 이용해서 묘사된다. 차트에 그려지는 방사성 물질에 관한 정보는 사고 장소의 위도/경도, 사고가 발생한 날짜와 시간, 그리고 추가 정보를 확인하는 데 필요한 NOTAM에 포함된다.

8.3 고고도 중요 기상도(SIGWX)

High-Level Significant Weather(SIGWX) Charts는 [그림8-7, 8, 컬러] FL250부터 FL630까지 비행고도 범위에서 중요한 순항항로 기상현상의 예보 그리고 관련된 지표면 기상 특징(associated surface weather features)을 제공한다. High-Level Significant Weather(SIGWX) Charts는 국제비행의 순항항로 부분을 위해서 제공된다. 이들 제작물은 에어라인 운항관리사가 출발 전 비행계획을 수립하고 기상 브리핑을 위해서 사용하거나 비행 중 운항승무원이 직접 사용할 수 있다. 각 차트는 지정된 유효시간에 다음과 같이 예상되는 기상 스냅사진을 묘사한다.

- Thunderstorms and Cumulonimbus Clouds
- Moderate or Severe Turbulence
- Moderate or Severe Icing; 보통 또는 심한 착빙(outside of thunderstorms)은 FL240 이상에서 드물고 통상 High-Level Significant Weather Prog charts에 예보되지 않는다.
- Jet Streams
- Tropopause Heights
- Tropical Cyclones
- Severe Squall Lines
- Volcanic Eruption Sites
- Widespread Sandstorms and Dust storms; 광범위한 모래폭풍과 먼지폭풍은 해당 부호로 표시된다. 이들의 수직 확장은 수평선으로 분리된 정상과 기저 높이로 지정된다. 차트의 하부 한계(FL240) 이하로 확장된 이들 폭풍은 XXX로 코드화된다.

8.4 그래픽 난기류 가이던스(GTG2)

8.4.1 개 요

Graphical Turbulence Guidance(GTG) 제작물 세트는 3차원 진단과 잠재적 CAT(clear air turbulence) 예보를 제공한다. GTG는 컴퓨터 모델 출력과 난기류 관측을 조합해서 제작된다. GTG 분석과 예보 그리고 복합 분석과 예보(composite analysis and forecast)로 구성된 GTG 제작물 세트는 인간의 개입 없이 자동으로 생산된다. 이것은 AIRMET과 SIGMET에 포함된 정보와 함께 사용되어야 한다. GTG는 미국 48개 주와 캐나다 대부분과 멕시코 그리고 이들의 해안수역에서 가용하다. [그림8-9, 컬러]

8.4.2 발 표

GTG 분석(analysis)은 매시 발표된다. 3시간, 6시간, 9시간, 그리고 12시간 예보는 00Z에서 시작해서 매 3시간 간격으로 발표된다. 예를 들어 0600Z에 발표된 예보 세트는 각각 0900Z, 1200Z, 1500Z, 그리고 1800Z에서 유효시간을 갖는다. 복합 제작물과 함께 GTG Analysis and Forecasts는 AWC에서 발표하고 Aviation Digital Data Service(ADDS) Web site에서 볼 수 있다.

8.4.3 내 용

(1) GTG Analysis and Forecast

GTG Analysis and Forecast 그래픽은 잠재적 CAT의 위치와 강도를 보여준다. 표준 강도 전문용어가 사용된다. GTG 출력은 10,000피트(MSL)에서 FL450 사이 1,000피트 수직 간격으로 발행된다.

(2) GTG Composite Analysis and Forecast

GTG Composite 제작물은 10,000피트(MSL)와 FL450 사이 잠재적 난기류의 최대 강도를 보여주기 때문에 어느 주어진 고도에서 시현된 값은 10,000피트(MSL)와 FL450 사이에서 최대 잠재적 난기류를 나타낸다. 단일 고도 그래픽은 잠재적 난기류의 고도를 결정하기 위해서 평가된다.

8.4.4 장점과 제한

GTG는 10,000피트(MSL) 또는 그 이상에서 청천 와동 소산률(clear-air eddy dissipation rate; EDR)을 매시간, 고해상도 분석과 예보를 제공한다. 그러나 이 제작물은 다른 알려진 난기류 원인은 예보되지 않고 오직 상층 전선과 제트기류(upper level fronts and jet streams)와 관련된 난기류를 위한 것이다.

① 장점

- 제작물은 매시간 발표된다.
- 난기류는 고해상도(high resolution)로 도식된다.

② 제한

- 분석의 정밀도는 가용한 PIREPs의 수에 달려있다. 일반적으로 야간비행 조종사 보고가 많지 않아 정확성이 떨어질 수 있다.
- GTG 예보를 위해서 제작물은 이들 제작에 사용된 컴퓨터 모델 출력 정밀도에 달려있다.
- 제작물은 상층 전선과 제트기류를 위한 CAT만을 보여준다. 다른 알려진 난기류 원인은 제작물에 포함되지 않는다.
- 데이터와 예보는 오직 11,000피트(MSL)와 그 이상에서만 가용하다.

8.4.5 활 용

Composite 제작물은 주어진 위치에서 가장 큰 잠재적 현재 또는 예보 난기류가 얼마인지 신속하게 결정하는 방법을 제공한다. 그러나 어느 주어진 고도에서 잠재적 난기류를 결정하기 위해서 각 고도에 따른 제작물을 참고해야 한다. 사용자는 ADDS Web site에서 난기류 PIREPs을 단일 고도 그래픽 위에 중첩(overlay)할 수 있도록 허용한다. 단일 고도 제작물에 도식된 PIREP의 경우 수직으로 고도 1,000피트 이내에서 위치해야 하고 차트 시간의 90분 이내에 보고된 것이어야 한다. 예를 들어 PIREPs에 있는 유효시간 1400Z인 FL240 GTG 제작물을 검토하고 있는 사용자는 FL230 and FL250 사이에 위치해야 하고 1230Z and 1400Z 사이에 보고된 것이어야 한다.

CONTRACTIONS AND ACRONYMS

[A]

AAA (or AAB, AAC···etc., in sequence) Amended meteorological message (message type designator)
AAWU Alaskan Aviation Weather Unit
ABNDT Abundant
ABNML Abnormal
ABT About
ABV Above
AC Altocumulus or Convective Outlook
ACARS Aircraft communication and addressing system
ACC Altocumulus Castellanus
ACCID Notification of an aircraft accident
ACCUM Accumulate
ACFT Aircraft
ACPY Accompany
ACRS Across
ACSL Altocumulus Standing Lenticular
ACT Active or activated or activity
ACYC Anticyclone
ADA Advisory area
ADDN Addition or additional
ADJ Adjacent
ADQT Adequate
ADQTLY Adequately
ADRNDCK Adirondack
ADVCT Advect
ADVCTD Advected
ADVCTG Advecting
ADVCTN Advection
ADVCTS Advects
ADVN Advance
ADVNG Advancing
ADVY Advisory
ADVYS Advisories
AFCT Affect
AFCTD Affected
AFCTG Affecting
AFT After···(time or place)
AFTN Afternoon
AFSS Automated Flight Service Station
AGL Above ground level
AGN Again
AGRD Agreed
AGRS Agrees
AGRMT Agreement
AHD Ahead
AIREP Air-report
AIRMET Airman's Meteorological Information(Information concerning en-route weather phenomena which may affect the safety of low-level aircraft operations)
AK Alaska
AL Alabama
ALF Aloft
ALG Along
ALGHNY Allegheny
ALQDS All quadrants
ALSTG Altimeter setting
ALT Altitude
ALTA Alberta
ALTHO Although
ALTM Altimeter
ALUTN Aleutian
AMD Amend or amended (used to indicate amended meteorological message; message type designator)
AMDG Amending
AMDT Amendment
AMP Amplify
AMPG Amplifying
AMPLTD Amplitude
AMS Above mean sea level
AMSL Above mean sea level
AMT Amount
ANLYS Analysis
ANS Answer
AOA At or above
AOB At or below
AP Airport or anomalous propagation
APCH Approach
APCHG Approaching
APCHS Approaches
APLCN Appalachian
APLCNS Appalachians
APPR Appear

APPRG Appearing
APPRS Appears
APR April
APRNT Apparent
APRX Approximate or approximately
AR Arkansas
ARFOR Area Forecast (in aeronautical meteorological code)
ARND Around
AS Altostratus
ASC Ascend to or ascending to
ASSOCD Associated
ASSOCN Association
AT··· At (followed by time at which weather change is forecast to occur)
ATLC Atlantic
ATP At···(time or place)
ATTM At this time
ATTN Attention
AUG August
AVBL Available or availability
AVG Average
AWC Aviation Weather Center
AWT Awaiting
AZ Arizona
AZM Azimuth

[B]

BACLIN Baroclinic
BAJA Baja, California
BASE Cloud base
BATROP Barotropic
BC British Columbia
BCFG Fog patches
BCH Beach
BCKG Backing
BDA Bermuda
BDRY Boundary
BECMG Becoming
BFR Before
BGN Begin
BGNG Beginning
BGN Begins
BHND Behind
BINOVC Breaks in overcast
BKN Broken
BL··· Blowing (followed by DU = dust, SA = sand or SN = snow)
BLD Build
BLDG Building
BLDUP Buildup
BLKHLS Black Hills
BLKT Blanket
BLKTG Blanketing
BLKTS Blankets
BLO Below clouds
BLW Below···
BLZD Blizzard
BND Bound
BNTH Beneath
BR Mist
BRF Brief
BRK Break
BRKG Breaking
BRKHIC Breaks in higher clouds
BRKS Breaks
BRKSHR Berkshire
BRM Barometer
BLDU Blowing Dust
BLSA Blowing Sand
BLSN Blowing Snow
BTL Between layers
BTN Between
BYD Beyond

[C]

C Degrees Celsius (Centigrade) or centre (runway identification)
CA California
CAA Cold air advection
CAPE Convective Available Potential Energy
CARIB Caribbean
CASCDS Cascades
CAT Category or Clear air turbulence
CAVO Visibility, cloud and present weather better than prescribed values or conditions
CB Cumulonimbus
CC Cirrocumulus
CCA (or CCB, CCC···etc., in sequence) Corrected meteorological message
CCLDS Clear of clouds
CC Counterclockwise
CCSL Cirrocumulus Standing Lenticular

CDFNT	Cold front
CDN	Coordination
CFP	Cold front passage
CHC	Chance
CHCS	Chances
CHG	Modification (message type designator)
CHGD	Changed
CHGG	Changing
CHGS	Changes
CHSPK	Chesapeake
CI	Cirrus
CIG	Ceiling
CIGS	Ceilings
CIT	Near or over large towns
CLA	Clear type of ice formation
CLD	Cloud
CLDNS	Cloudiness
CLDS	Clouds
CLKWS	Clockwise
CLR	Clear(s) or cleared to…or clearance
CLRG	Clearing
CLRS	Clears
CLSD	Close or closed or closing
CM	Centimeter
CMPLX	Complex
CNL	Cancel or cancelled
CNDN	Canadian
CNTR	Center
CNTRD	Centered
CNTRL	Central
CNTY	County
CNTYS	Counties
CNVG	Converge
CNVGG	Converging
CNVGNC	Convergence
CNVTN	Convection
CNVTV	Convective
CNVTVLY	Convectively
CONFDC	Confidence
CO	Colorado
COMPR	Compare
COMPRG	Comparing
COMPRD	Compared
COMPRS	Compares
COND	Condition
CONS	Continuous
CONT	Continue(s) or continued
CONTLY	Continually
CONTG	Continuing
CONTRAILS	Condensation trails
CONTDVD	Continental Divide
CONUS	Continental U.S.
COORD	Coordinates
COR	Correct or correction or corrected (used to indicate corrected meteorological message; message type designator
COT	At the coast
COV	Cover or covered or covering
CPBL	Capable
CPC	Climate Prediction Center
CRLC	Circulate
CRLN	Circulation
CRNR	Corner
CRNRS	Corners
CRS	Course
CS	Cirrostratus
CSDR	Consider
CSDRBL	Considerable
CST	Coast
CSTL	Coastal
CT	Connecticut
CTSKLS	Catskills
CU	Cumulus
CUFRA	Cumulus Fractus
COV	Cover or covered or covering
CWSU	Center Weather Service Unit
CYC	Cyclonic
CYCLGN	Cyclogenesis

[D]

D	Downward (tendency in RVR during previous 10 minutes)
DABRK	Daybreak
DALGT	Daylight
DBL	Double
DC	District of Columbia
DCR	Decrease
DCRD	Decreased
DCRG	Decreasing
DCRGLY	Decreasingly
DCRS	Decreases
DE	Delaware or from (used to precede the call sign of the calling

	station) (to be used in AFS as a procedure signal)
DEC	December
DEG	Degrees
DELMARVA	Delaware-Maryland-Virginia
DFCLT	Difficult
DFCLTY	Difficulty
DFNT	Definite
DFNTLY	Definitely
DFRS	Differs
DGNL	Diagonal
DGNLLY	Diagonally
DIF	Diffuse
DIGG	Digging
DIR	Direction
DISC	Discontinue
DISCD	Discontinued
DISCG	Discontinuing
DISRE	Disregard
DISRED	Disregarded
DISREG	Disregarding
DIST	Distance
DKTS	Dakotas
DLA	Delay or delayed or delay (message type designator)
DLT	Delete
DLTD	Deleted
DLTG	Deleting
DLY	Daily
DMG	Damage
DMGD	Damaged
DMGG	Damaging
DMNT	Dominant
DMSH	Diminish
DMSHD	Diminished
DMSHG	Diminishing
DMSHS	Diminishes
DNG	Danger or dangerous
DNS	Dense
DNSLP	Downslope
DNSTRM	Downstream
DNWND	Downwind
DOM	Domestic
DP	Dew point temperature
DPND	Deepened
DPNG	Deepening
DPNS	Deepens
DPR	Deeper
DPT	Depth
DR…	Low drifting (followed by DU =dust, SA = sand or SN = snow)
DRFT	Drift
DRFTD	Drifted
DRFTG	Drifting
DRFTS	Drift
DRG	During
DS	Duststorm
DSCNT	Descent
DSIPT	Dissipate
DSIPTD	Dissipated
DSIPTG	Dissipating
DSIPTN	Dissipation
DSIPTS	Dissipates
DSND	Descend
DSNDG	Descending
DSNDS	Descends
DSNT	Distant
DSTBLZ	Destabilize
DSTBLZD	Destabilized
DSTBLZG	Destabilizing
DSTBLZS	Destabilizes
DSTBLZN	Destabilization
DTG	Date-time group
DTRT	Deteriorate or deteriorating
DU	Dust
DUC	Dense upper cloud
DUR	Duration
DURC	During climb
DURD	During descent
DVLP	Develop
DVLPD	Developed
DVLPG	Developing
DVLPMT	Development
DVLPS	Develops
DVRG	Diverge
DVRGG	Diverging
DVRGNC	Divergence
DVRGS	Diverges
DVV	Downward vertical velocity
DWNDFTS	Downdrafts
DZ	Drizzle

[E]

E	East or eastern longitude
EB	Eastbound
EFCT	Effect

ELEV	Elevation
ELNGT	Elongate
ELNGTD	Elongated
ELSW	Elsewhere
EMBD	Embedded in a layer (to indicate cumulonimbus embedded in layers of clouds)
EMC	Environmental Modeling Center
EMERG	Emergency
ENCTR	Encounter
ENDG	Ending
ENE	East-northeast
ENELY	East-northeasterly
ENERN	East-northeastern
ENEWD	East-northeastward
ENHNC	Enhance
ENHNCD	Enhanced
ENHNCG	Enhancing
ENHNCS	Enhances
ENHNCMNT	Enhancement
ENR	En route
ENTR	Entire
EQPT	Equipment
ERN	Eastern
ERY	Early
ERYR	Earlier
ESE	East-southeast
ESELY	East-southeasterly
ESERN	East-southeastern
ESEWD	East-southeastward
ESNTL	Essential
ESTAB	Establish
EST	Estimate or estimated or estimate (message type designator)
ETA	Estimated time of arrival or estimating arrival
ETC	Et cetera
ETD	Estimated time of departure or estimating departure
ETIM	Elapsed time
EV	Every
EVE	Evening
EWD	Eastward
EXCLV	Exclusive
EXCLVLY	Exclusively
EXC	Except
EXP	Expect or expected or expecting
EXTD	Extend or extending
EXTRAP	Extrapolate
EXTRAPD	Extrapolated
EXTRM	Extreme
EXTRMLY	Extremely
EXTSV	Extensive

[F]

F	Degrees Fahrenheit or fixed
FA	Area Forecast (U.S. domestic)
FAA	Federal Aviation Administration
FAM	Familiar
FAX	Facsimile transmission
FBL	Light (used to indicate the intensity of weather phenomena, interference or static reports, e.g. FBL RA = light rains)
FC	Funnel cloud (tornado or waterspout)
FCST	Forecast
FEB	February
FEW	Few
FG	Fog
FIG	Figure
FILG	Filling
FIR	Flight information region
FIRAV	First available
FL	Florida or Flight Level
FLD	Field
FLRY	Flurry
FLRYS	Flurries
FLT	Flight
FLUC	Fluctuating or fluctuation or fluctuated
FLW	Follow(s) or following
FLY	Fly or flying
FM	From
FM···	From (followed by time weather change is forecast to begin)
FMT	Format
FNCTN	Function
FNTGNS	Frontogenesis
FNTLYS	Frontolysis
FORNN	Forenoon
FPM	Feet per minute
FQTLY	Frequently
FRI	Friday
FRM	Form
FRMG	Forming
FRMN	Formation

FRNG Firing
FRONT Front (relating to weather)
FROPA Frontal passage
FROSFC Frontal surface
FRQ Frequent
FRST Frost
FRWF Forecast wind factor
FSS Flight Service Station
FST First
FT Feet (dimensional unit)
FTHR Further
FU Smoke
FVRBL Favorable
FWD Forward
FYI For your information
FZ Freezing
FZ LVL Freezing level
FZDZ Freezing drizzle
FZFG Freezing fog
FZRA Freezing rain

[G]

G Gust or green
GA Georgia
GAMET Area forecast for low level flights
GEN General
GENLY Generally
GEO Geographic or true
GEOREF Geographical reference
GFS Global Forecast System (model)
GLFALSK Gulf of Alaska
GLFCAL Gulf of California
GLFMEX Gulf of Mexico
GLFSTLAWR Gulf of St. Lawrence
GND Ground
GR Hail
GRAD Gradient
GRDL Gradual
GRDLY Gradually
GRIB Processed meteorological data in the form of grid point values expressed in binary form (aeronautical meteorological code)
GRT Great
GRTLY Greatly
GRTLKS Great Lakes
GS Small hail and/or snow pellets
GSTS Gusts
GSTY Gusty
GTS Global Telecommunication System

[H]

HAZ Hazard
HDFRZ Hard freeze
HDSVLY Hudson Valley
HDWND Head wind
HGT Height
HI Hawaii or high
HIFOR High level forecast
HJ Sunrise to sunset
HLDG Holding
HLF Half
HLTP Hilltop
HN Sunset to sunrise
HND Hundred
HOL Holiday
HPA Hectopascal
HPC Hydrometeorological Prediction Center
HR Hours
HRZN Horizon
HTG Heating
HURCN Hurricane
HUREP Hurricane report
HVY Heavy or heavy (used to indicate the intensity of weather phenomena, e.g. heavy rain = HVY RA)
HVYR Heavier
HVYST Heaviest
HWVR However
HWY Highway
HYR Higher
HZ Haze

[I]

IA Iowa
IAO In and out of clouds
IC Icing (PIREPs only) or ice crystals (very small ice crystals in suspension, also known as diamond dust)
ICAO International Civil Aviation Organization
ICE Icing
ICGIC Icing in clouds

ICGICIP	Icing in clouds and in precipitation
ICGIP	Icing in precipitation
ID	Idaho or identifier or identity
IDENT	Identification
IFR	Instrument flight rules
IGA	International general aviation
IL	Illinois
ILS	Instrument landing system
IMC	Instrument meteorological conditions
IMD	Immediate or immediately
IMPL	Impulse
IMPLS	Impulses
IMPR	Improve or improving
IMT	Immediate or immediately
IMPT	Important
INC	In cloud
INCL	Include
INCLD	Included
INCLG	Including
INCLS	Includes
INCR	Increase
INCRD	Increased
INCRG	Increasing
INCRGLY	Increasingly
INCRS	Increases
INDC	Indicate
INDCD	Indicated
INDCG	Indicating
INDCS	Indicates
INDEF	Indefinite
INFO	Information
INOP	Inoperative
INPR	In progress
INSTR	Instrument
INSTBY	Instability
INTCNTL	Intercontinental
INTL	International
INTMD	Intermediate
INTMT	Intermittent
INTMTLY	Intermittently
INTR	Interior
INTRP	Interrupt or interruption or interrupted
INTRMTRGN	Intermountain region
INT	Intersection
INTS	Intense
INTSFCN	Intensification
INTSF	Intensify or intensifying
INTST	Intensity
INTVL	Interval
INVRN	Inversion
IOVC	In overcast
INVOF	In vicinity of
IPV	Improve
IPVG	Improving
ISA	International standard atmosphere
ISOL	Isolated

[J]

JAN	January
JCTN	Junction
JTST	Jet stream
JUL	July
JUN	June

[K]

KFRST	Killing frost
KG	Kilograms
KLYR	Smoke layer aloft
KM	Kilometers
KMH	Kilometers per hour
KOCTY	Smoke over city
KPA	Kilopascals
KS	Kansas
KT	Knots
KY	Kentucky

[L]

L	Left (runway identification)
LA	Louisiana
LABRDR	Labrador
LAN	Inland
LAT	Latitude
LAWRS	Limited aviation weather reporting station
LCTMP	Little change in temperature
LFTG	Lifting
LGT	Light or lighting
LGWV	Long wave
LI	Lifted Index
LIS	Lifted indices
LK	Lake
LKS	Lakes
LKLY	Likely
LLJ	Low level jet

LLWAS Low-level wind shear alert system
LLWS Low-level wind shear
LN Line
LOC Local or locally or location or located
LONG Longitude
LONGL Longitudinal
LRG Long range
LRGLY Largely
LRGR Larger
LRGST Largest
LST Local standard time
LTD Limited
LTG Lightning
LTGCC Lightning cloud-to-cloud
LTGCG Lightning cloud-to-ground
LTGCCCG Lightning cloud-to-cloud, cloud-to-ground
LTGCW Lightning cloud-to-water
LTGIC Lightning in cloud
LTL Little
LTLCG Little change
LTR Later
LTST Latest
LV Light and variable (relating to wind)
LVE Leave or Leaving
LVL Level
LWR Lower
LWRD Lowered
LWRG Lowering
LRY Layer or layered

[M]

M Meters (preceded by figures) or Mach number (followed by figures)
MA Massachusetts
MAG Magnetic
MAINT Maintenance
MAN Manitoba
MAR March
MAX Maximum
MAY May
MB Millibar
MBST Microburst
MCD Mesoscale discussion
MD Maryland
MDFY Modify
MDFYD Modified
MDFYG Modifying
MDL Model
MDLS Models
MDTLY Moderately
ME Maine
MED Medium
MEGG Merging
MESO Mesoscale
MET Meteorological or meteorology
METAR Aviation routine weather report (in aeronautical meteorological code)
METRO Metropolitan
MEX Mexico
MHKVLY Mohawk Valley
MI Michigan
MID Mid-point (related to RVR)
MIDN Midnight
MIFG Shallow fog
MIL Military
MIN Minutes
MISG Missing
MLTLVL Melting level
MN Minnesota
MNLD Mainland
MNM Minimum
MNLY Mainly
MNT Monitor or monitoring or monitored
MNTN Maintain
MO Missouri
MOD Moderate (used to indicate the intensity of weather phenomena, interference or static reports, e.g. moderate rain = MOD RA)
MOGR Moderate or greater
MON Monday or above mountains
MOPS Minimum operational performance standards
MOV Move or moving or movement
MPH Miles per hour
MPS Meters per second
MRG Medium range
MRGL Marginal
MRGLLY Marginally
MRNG Morning
MRTM Maritime
MS Mississippi or minus

MSG	Message
MSL	Mean sea level
MST	Most
MSTLY	Mostly
MSTR	Moisture
MT	Montana or mountain
MTW	Mountain waves
MULT	Multiple
MULTILVL	Multilevel
MWO	Meteorological watch office
MX	Mixed type of ice formation (white and clear)

[N]

N	North or northern latitude or no distinct tendency (in RVR during previous 10 minutes)
NAB	Not above
NAM	North American Mesoscale(model)
NAT	North Atlantic
NAV	Navigation
NB	New Brunswick or northbound
NBFR	Not before
NBRHD	Neighborhood
NC	North Carolina or no change
NCEP	National Center of Environmental Prediction
NCO	NCEP Central Operations
NCWX	No change in weather
ND	North Dakota
NE	Nebraska or northeast
NEB	Northeast bound
NEC	Necessary
NEG	No or negative or permission not granted or that is not correct
NEGLY	Negatively
NELY	Northeasterly
NERN	Northeastern
NEWD	Northeastward
NEW ENG	New England
NFLD	Newfoundland
NGT	Night
NH	New Hampshire
NHC	National Hurricane Center
NIL	None or I have nothing to send to you
NJ	New Jersey
NL	No layers
NLT	Not later than
NLY	Northerly
NM	New Mexico or nautical miles
NMBRS	Numbers
NML	Normal
NMRS	Numerous
NNE	North-northeast
NNELY	North-northeasterly
NNERN	North-northeastern
NNEWD	North-northeastward
NNW	North-northwest
NNWLY	North-northwesterly
NNWRN	North-northwestern
NNWWD	North-northwestward
NNNN	End of message
NOAA	National Oceanic and Atmospheric Administration
NOPAC	Northern Pacific
NOSIG	No significant change (used in trend-type landing forecasts)
NOV	November
NPRS	Non-persistent
NR	Number
NRLY	Nearly
NRN	Northern
NRW	Narrow
NS	Nova Scotia or nimbostratus
NSC	Nil significant cloud
NSW	Nil significant weather
NTFY	Notify
NTFYD	Notified
NTL	National
NV	Nevada
NVA	Negative vorticity advection
NW	Northwest
NWB	Northwest bound
NWD	Northward
NWLY	Northwesterly
NWRN	Northwestern
NWS	National Weather Service
NY	New York
NXT	Next

[O]

OAT	Outside air temperature
OBS	Observe or observed or observation
OBSC	Obscure or obscured or obscuring

OCFNT	Occluded front
OCLD	Occlude
OCLDS	Occludes
OCLDD	Occluded
OCLDG	Occluding
OCLN	Occlusion
OCNL	Occasional or occasionally
OCR	Occur
OCRD	Occurred
OCRG	Occurring
OCRS	Occurs
OCT	October
OFC	Office
OFP	Occluded frontal passage
OFSHR	Offshore
OH	Ohio
OHD	Overhead
OK	Oklahoma or we agree or it is correct
OMTNS	Over mountains
ONSHR	On shore
OPA	Opaque, white type of ice formation
OPC	Ocean Prediction Center
OPN	Open or opening or opened
OPR	Operator or operate or operative or operating or operational
OR	Oregon
ORGPHC	Orographic
ORIG	Original
OSV	Ocean station vessel
OTLK	Outlook (used in SIGMET messages for volcanic ash and tropical cyclones)
OTP	On top
OTR	Other
OTRW	Otherwise
OUBD	Outbound
OUTFLO	Outflow
OVC	Overcast
OVNGT	Overnight
OVR	Over
OVRN	Overrun
OVRNG	Overrunning
OVTK	Overtake
OVTKG	Overtaking
OVTKS	Overtakes

[P]

PA	Pennsylvania
PAC	Pacific
PATWAS	Pilot's automatic telephone weather answering service
PBL	Planetary boundary layer
PCPN	Precipitation
PD	Period
PDMT	Predominant
PEN	Peninsula
PERM	Permanent
PGTSND	Puget Sound
PHYS	Physical
PIBAL	Pilot balloon observation
PIREP	Pilot weather report
PL	Ice pellets
PLNS	Plains
PLS	Please
PLTO	Plateau
PLVL	Present level
PM	Postmeridian
PNHDL	Panhandle
PO	Dust/sand whirls (dust devils)
POS	Positive
POSLY	Positively
POSS	Possible
PPI	Plan position indicator
PPINA	Plan position indicator not available (U.S.Weather Radar Report)
PPINE	Plan position indicator no echoes (U.S.Weather Radar Report)
PPSN	Present position
PRBL	Probable
PRBLY	Probably
PRBLTY	Probability
PRECD	Precede
PRECDD	Preceded
PRECDG	Preceding
PRECDS	Precedes
PRES	Pressure
PRESFR	Pressure falling rapidly
PRESRR	Pressure rising rapidly
PRFG	Aerodrome partially covered by fog
PRI	Primary
PRIN	Principal
PRIND	Present indications are
PRJMP	Pressure jump

PROB Probability
PROC Procedure
PROD Produce
PRODG Producing
PROG Forecast
PROGD Forecasted
PROGS Forecasts
PRSNT Present
PRSNTLY Presently
PRST Persist
PRSTS Persists
PRSTNC Persistence
PRSTNT Persistent
PRVD Provide
PRVDD Provided
PRVDG Providing
PRVDS Provides
PS Plus
PSG Passing
PSN Position
PSND Positioned
PSR Primary surveillance radar
PTCHY Patchy
PTLY Partly
PTNL Potential
PTNLY Potentially
PTNS Portions
PUGET Puget Sound
PVA Positive vorticity advection
PVL Prevail
PVLD Prevailed
PVLG Prevailing
PVLS Prevails
PVLT Prevalent
PWB Pilot weather briefing
PWR Power

[Q]

QFE Atmospheric pressure at aerodrome elevation
QN Question
QNH Altimeter sub-scale setting to obtain elevation when on the ground
QSTNRY Quasistationary
QTR Quarter
QUAD Quadrant
QUE Quebec

[R]

R Right (runway identification) or rain (U.S.Weather Radar Reports)
RA Rain
RADAT Radiosonde additional data
RAFC Regional area forecast centre
RAG Ragged
RAOB Radiosonde observation
RCH Reach or reaching
RCKY Rocky
RCKYS Rockies
RCMD Recommend
RCMDD Recommended
RCMDG Recommending
RCMDS Recommends
RCRD Record
RCRDS Records
RDC Reduce
RDGG Ridging
RDL Radial
RDVLP Redevelop
RDVLPG Redeveloping
RDVLPMT Redevelopment
RE··· Recent (used to qualify weather phenomena, e.g. RERA = recent rain)
REC Receive or receiver
RECON Reconnaissance
REF Reference to···or refer to···
REP Report or reporting or reporting point
RES Reserve
REQ Request or requested
RESP Response
RESTR Restrict
RGLR Regular
RGN Region
RGNS Regions
RH Relative humidity
RI Rhode Island
RITE Right (direction of turn)
RIOGD Rio Grande
RLBL Reliable
RLTV Relative
RLTVLY Relatively
RMK Remark
RMN Remain
RMND Remained

RMNDR	Remainder
RMNG	Remaining
RMNS	Remains
RNFL	Rainfall
ROFOR	Route forecast (in aeronautical meteorological code)
ROT	Rotate
ROTD	Rotated
ROTG	Rotating
ROTS	Rotates
RPD	Rapid
RPDLY	Rapidly
RPLC	Replace or replaced
RPT	Repeat or I repeat (to be used in AFS as a procedure signal)
RPTG	Repeating
RPTS	Repeats
RQMNTS	Requirements
RQR	Require
RQRD	Required
RQRG	Requiring
RQRS	Requires
RRA	(or RRB, RRC…etc., in sequence) Delayed meteorological message (message type designator)
RSG	Rising
RSN	Reason
RSNG	Reasoning
RSNS	Reasons
RSTR	Restrict
RSTRD	Restricted
RSTRG	Restricting
RSTRS	Restricts
RTD	Delayed (used to indicate delayed meteorological message; message type designator)
RTE	Route
RTN	Return or returned or returning
RTS	Return to service
RUC	Rapid Update Cycle (model)
RUF	Rough
RUFLY	Roughly
RVR	Runway visual range
RVS	Revise
RVSD	Revised
RVSG	Revising
RVSS	Revises
RWY	Runway

[S]

S	South or southern latitude
SA	Sand
SAP	As soon as possible
SARPS	Standards and Recommended Practices (ICAO)
SASK	Saskatchewan
SAT	Saturday
SATFY	Satisfactory
SB	Southbound
SBSD	Subside
SBSDD	Subsided
SBSDNC	Subsidence
SBSDS	Subsides
SC	South Carolina or stratocumulus
SCND	Second
SCSL	Stratocumulus Standing Lenticular
SCT	Scattered
SD	South Dakota
SE	Southeast
SEB	Southeast bound
SEC	Seconds
SECT	Sector
SELY	Southeasterly
SEP	September
SEPN	Separation
SEQ	Sequence
SER	Service or servicing or served
SERN	Southeastern
SEV	Severe (used to qualify icing and turbulence reports)
SEWD	Southeastward
SFC	Surface
SG	Snow grains
SGFNT	Significant
SGFNTLY	Significantly
SH…	Showers (followed by RA = rain, SN = snow, PL = ice pellets, GR = hail, GS = small hail and/or snow pellets or combinations thereof, e.g. SHRASN = showers of rain and snow)
SHFT	Shift
SHFTD	Shifted
SHFTG	Shifting
SHFTS	Shifts
SHLD	Shield
SHLW	Shallow

SHRT	Short
SHRTLY	Shortly
SHRTWV	Shortwave
SHUD	Should
SIERNEV	Sierra Nevada
SIG	Signature
SIGMET	Significant Meteorological Information (Information concerning en-route weather phenomena which may affect the safety of aircraft operations)
SIGWX	Significant weather
SIMUL	Simultaneous or simultaneously
SKC	Sky clear
SKED	Schedule or scheduled
SLD	Solid
SLGT	Slight
SLGTLY	Slightly
SLP	Slope
SLPG	Sloping
SLW	Slow
SLY	Southerly
SM	Statute mile
SML	Small
SMLR	Smaller
SMRY	Summary
SMTH	Smooth
SMTHR	Smoother
SMTHST	Smoothest
SMTM	Sometime
SMWHT	Somewhat
SN	Snow
SNBNK	Snow bank
SNFLK	Snowflake
SNGL	Single
SNOINCR	Snow increase
SNOINCRG	Snow increasing
SOP	Standard operating procedure
SPC	Storm Prediction Center
SPCLY	Especially
SPD	Speed
SPECI	Aviation selected special weather Report (in aeronautical meteorological code)
SPECIAL	Special meteorological report (in abbreviated plain language)
SPKL	Sprinkle
SPLNS	Southern Plains
SPRD	Spread
SPRDG	Spreading
SPRDS	Spreads
SPRL	Spiral
SQ	Squall
SQL	Squall line
SR	Sunrise
SRG	Short range
SRN	Southern
SRND	Surround
SRNDD	Surrounded
SRNDG	Surrounding
SRNDS	Surrounds
SRY	Secondary
SS	Sunset or sandstorm
SSE	South-southeast
SSELY	South-southeasterly
SSERN	South-southeastern
SSEWD	South-southeastward
SSW	South-southwest
SSWLY	South-southwesterly
SSWRN	South-southwestern
SSWWD	South-southwestward
ST	Stratus
STAGN	Stagnation
STBL	Stable
STBLTY	Stability
STD	Standard
STDY	Steady
STFR	Stratus Fractus
STF	Stratiform
STG	Strong
STGLY	Strongly
STGR	Stronger
STGST	Strongest
STM	Storm
STMS	Storms
STN	Station
STNR	Stationary
STS	Status
SUB	Substitute
SUBTRPCL	Subtropical
SUF	Sufficient
SUFLY	Sufficiently
SUG	Suggest
SUGG	Suggesting
SUGS	Suggests
SUN	Sunday

SUPG Supplying
SUPR Superior
SUPSD Supersede
SUPSDG Superseding
SUPSDS Supersedes
SVC Service message
SVRL Several
SW Southwest
SWB Southwest bound
SWD Southward
SWWD Southwestward
SWLY Southwesterly
SWRN Southwestern
SX Stability index
SXN Section
SYNOP Synoptic
SYNS Synopsis
SYS System

[T]

T Temperature
TAF Terminal aerodrome forecast
TAIL Tail wind
TB Turbulence (PIREPs only)
TC Tropical Cyclone
TCNTL Transcontinental
TCU Towering cumulus
TDA Today
TDO Tornado
TEMPO Temporary or temporarily
TEND Trend forecast
THK Thick
THKNG Thickening
THKNS Thickness
THKR Thicker
THKST Thickest
THN Thin
THNG Thinning
THNR Thinner
THNST Thinnest
THR Threshold
THRFTR Thereafter
THRU Through
THRUT Throughout
THSD Thousand
THTN Threaten
THTND Threatened
THTNG Threatening
THTNS Threatens
THU Thursday
TIL Until
TL··· Till (followed by time by which weather change is forecast to end)
TMW Tomorrow
TN Tennessee
TNDCY Tendency
TNDCYS Tendencies
TNGT Tonight
TNTV Tentative
TNTVLY Tentatively
TO To···(place)
TOC Top of climb
TOP Cloud top
TOPS Tops
TOVC Top of overcast
TPC Tropical Prediction Center
TPG Topping
TR Track
TRBL Trouble
TRIB Tributary
TRKG Tracking
TRML Terminal
TRMT Terminate
TRMTD Terminated
TRMTG Terminating
TRMTS Terminates
TRNSP Transport
TRNSPG Transporting
TROF Trough
TROFS Troughs
TROP Tropopause
TRPCD Tropical continental air mass
TRPCL Tropical
TRRN Terrain
TRSN Transition
TS Thunderstorm (in aerodrome reports and forecasts, TS used alone means thunder heard but no precipitation at the aerodrome)
TS··· Thunderstorm (followed by RA = rain, SN = snow, PL = ice pellets, GR = hail, GS = small hail and/or snow pellets or combinations thereof, e.g. TSRASN = thunderstorm with rain and snow)

TSFR Transfer
TSFRD Transferred
TSFRG Transferring
TSFRS Transfers
TSNT Transient
TUE Tuesday
TURB Turbulence
TURBT Turbulent
TWD Toward
TWDS Towards
TWI Twilight
TWR Aerodrome control tower or aerodrome control
TWRG Towering
TX Texas
TYP Type of aircraft
TYPH Typhoon

[U]

U Upward (tendency in RVR during previous 10 minutes)
UA Pilot weather report (U.S.)
UDDF Up- and downdrafts
UFN Until further notice
UNA Unable
UNAVBL Unavailable
UNEC Unnecessary
UNKN Unknown
UNL Unlimited
UNREL Unreliable
UNRSTD Unrestricted
UNSATFY Unsatisfactory
UNSBL Unseasonable
UNSTBL Unstable
UNSTDY Unsteady
UNSTL Unsettle
UNSTLD Unsettled
UNUSBL Unusable
UPDFTS Updrafts
UPR Upper
UPSLP Upslope
UPSTRM Upstream
URG Urgent
USBL Usable
UT Utah
UTC Coordinated Universal Time
UVV Upward vertical velocity
UWNDS Upper winds

[V]

VA Virginia or volcanic ash
VAAC Volcanic Ash Advisory Center
VAAS Volcanic Ash Advisory Statement
VAL In valleys
VARN Variation
VC Vicinity of the aerodrome (followed by FG = fog, FC = funnel cloud, SH = showers, PO = dust/sand whirls, BLDU = blowing dust, BLSA = blowing sand or BLSN = blowing snow, e.g. VC FG = vicinity fog)
VCOT VFR conditions on top
VCTR Vector
VCY Vicinity
VER Vertical
VFR Visual flight rules
VFY Verify
VFYD Verified
VFYG Verifying
VFYS Verifies
VIS Visibility
VLCTY Velocity
VLCTYS Velocities
VLNT Violent
VLNTLY Violently
VLY Valley
VMC Visual meteorological conditions
VOL Volume
VOLMT Meteorological information for aircraft in flight
VORT Vorticity
VR Veer
VRB Variable
VRG Veering
VRISL Vancouver Island, BC
VRS Veers
VRT Vertical motion
VRY Very
VT Vermont
VV Vertical velocity

[W]

W West or western longitude
WA Washington
WAA Warm air advection
WAFC World area forecast centre

WAFS	Word area forecast system
WB	Westbound
WDI	Wind direction indicator
WDLY	Widely
WDSPR	Widespread
WED	Wednesday
WEF	With effect from or effective from
WFO	Weather Forecast Office
WFP	Warm front passage
WI	Wisconsin or within
WIBIS	Will be issued
WID	Width
WIE	With immediate effect or effective immediately
WINT	Winter
WINTEM	Forecast upper wind and temperature for aviation
WK	Weak
WKDAY	Weekday
WKEND	Weekend
WKN	Weaken or weakening
WL	Will
WLY	Westerly
WND	Wind
WNDS	Winds
WNW	West-northwest
WNWLY	West-northwesterly
WNWRN	West-northwestern
WNWWD	West-northwestward
WO	Without
WPLTO	Western Plateau
WRM	Warm
WRMG	Warming
WRN	Western
WRMR	Warmer
WRMST	Warmest
WRMFNT	Warm front
WRMFNTL	Warm frontal
WRNG	Warning
WRS	Worse
WS	Wind shear
WSPD	Wind speed
WSHFT	Wind shift
WSTCH	Wasatch Range
WSW	West-southwest
WSWLY	West-southwesterly
WSWRN	West-southwestern
WSWWD	West-southwestward
WTR	Water
WTSPT	Waterspout
WUD	Would
WV	West Virginia
WVS	Waves
WW	Watch notification message
WWD	Westward
WWW	World wide web
WX	Weather
WY	Wyoming

[X]

X	Cross
XCP	Except
XNG	Crossing
XPC	Expect
XPCD	Expected
XPCG	Expecting
XPCS	Expects
XPLOS	Explosive
XS	Atmospherics
XTND	Extend
XTNDD	Extended
XTNDG	Extending
XTRM	Extreme
XTRMLY	Extremely

[Y]

YDA	Yesterday
YKN	Yukon
YLSTN	Yellowstone

[Z]

Z	Coordinated Universal Time (in meteorological messages)
ZN	Zone
ZNS	Zones

【컬러 그래픽】

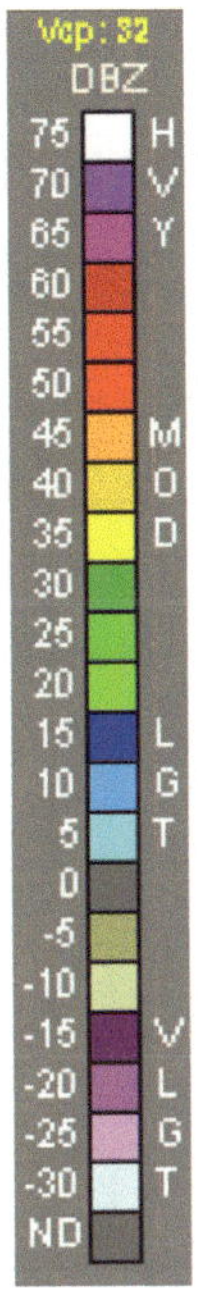
Vcp: 32
DBZ
75 H
70 V
65 Y
60
55
50
45 M
40 O
35 D
30
25
20
15 L
10 G
5 T
0
-5
-10
-15 V
-20 L
-25 G
-30 T
ND

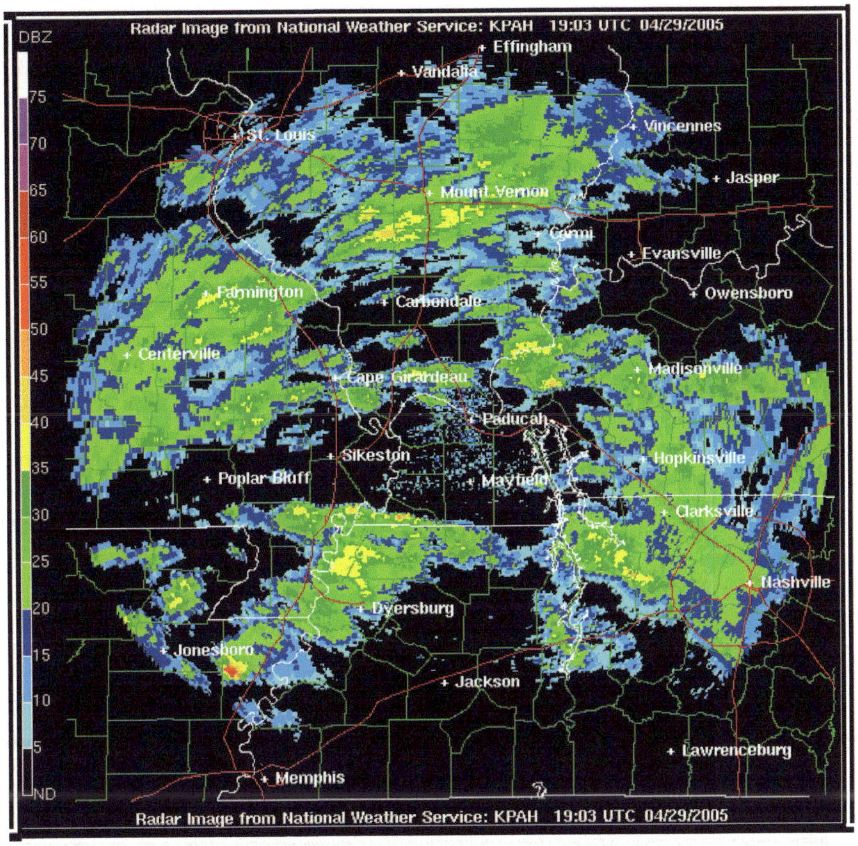
Radar Image from National Weather Service: KPAH 19:03 UTC 04/29/2005
DBZ
75
70
65
60
55
50
45
40
35
30
25
20
15
10
5
ND
Effingham
Vandalia
St. Louis
Vincennes
Jasper
Mount Vernon
Carmi
Evansville
Owensboro
Farmington
Carbondale
Centerville
Madisonville
Cape Girardeau
Paducah
Sikeston
Hopkinsville
Poplar Bluff
Mayfield
Clarksville
Nashville
Dyersburg
Jonesboro
Jackson
Lawrenceburg
Memphis
Radar Image from National Weather Service: KPAH 19:03 UTC 04/29/2005

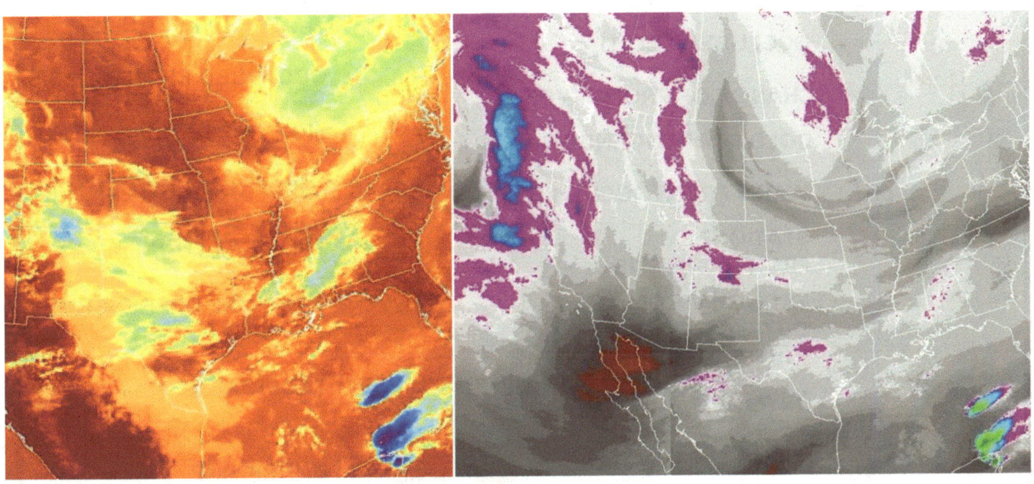

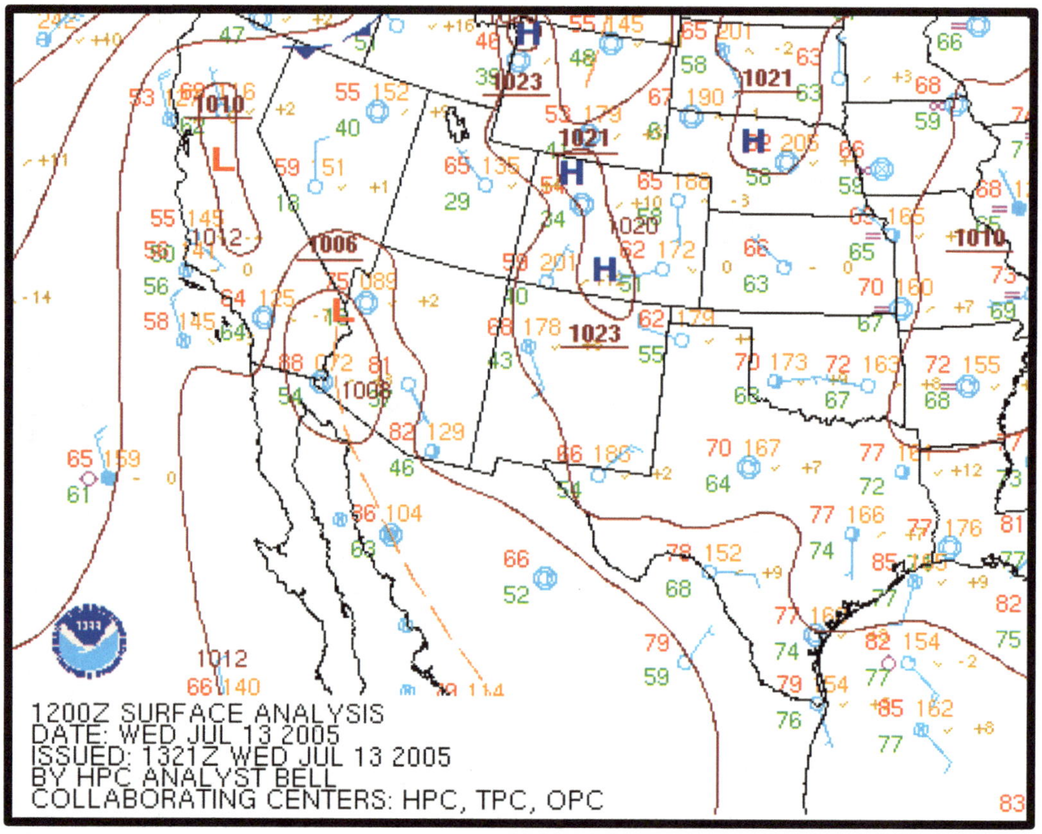
1200Z SURFACE ANALYSIS
DATE: WED JUL 13 2005
ISSUED: 1321Z WED JUL 13 2005
BY HPC ANALYST BELL
COLLABORATING CENTERS: HPC, TPC, OPC

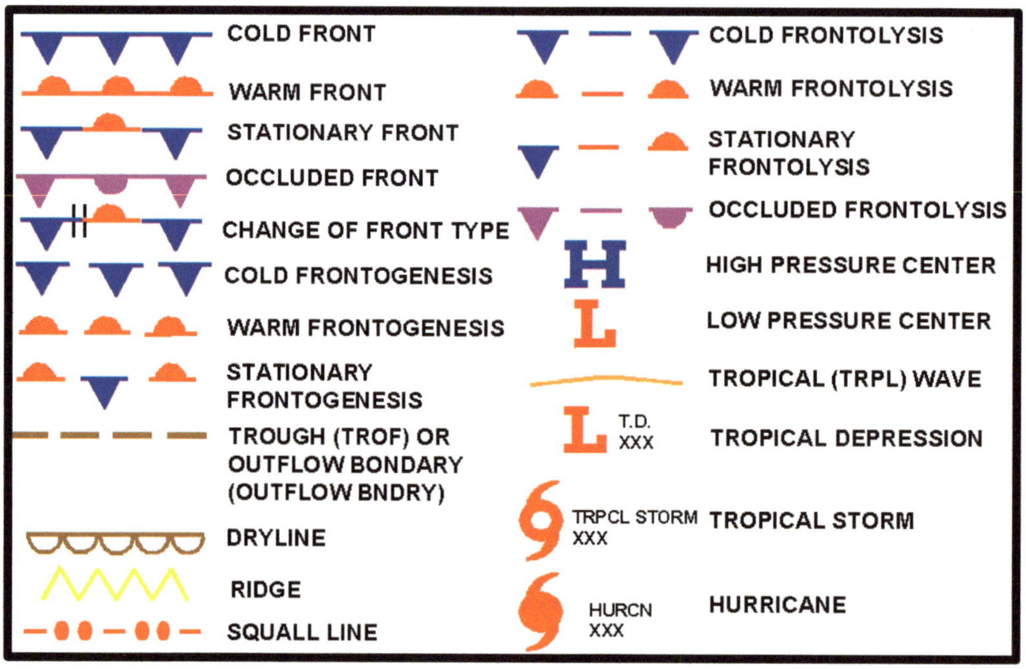
COLD FRONT
WARM FRONT
STATIONARY FRONT
OCCLUDED FRONT
CHANGE OF FRONT TYPE
COLD FRONTOGENESIS
WARM FRONTOGENESIS
STATIONARY FRONTOGENESIS
TROUGH (TROF) OR OUTFLOW BONDARY (OUTFLOW BNDRY)
DRYLINE
RIDGE
SQUALL LINE
COLD FRONTOLYSIS
WARM FRONTOLYSIS
STATIONARY FRONTOLYSIS
OCCLUDED FRONTOLYSIS
HIGH PRESSURE CENTER
LOW PRESSURE CENTER
TROPICAL (TRPL) WAVE
T.D. XXX
TROPICAL DEPRESSION
TRPCL STORM XXX
TROPICAL STORM
HURCN XXX
HURRICANE

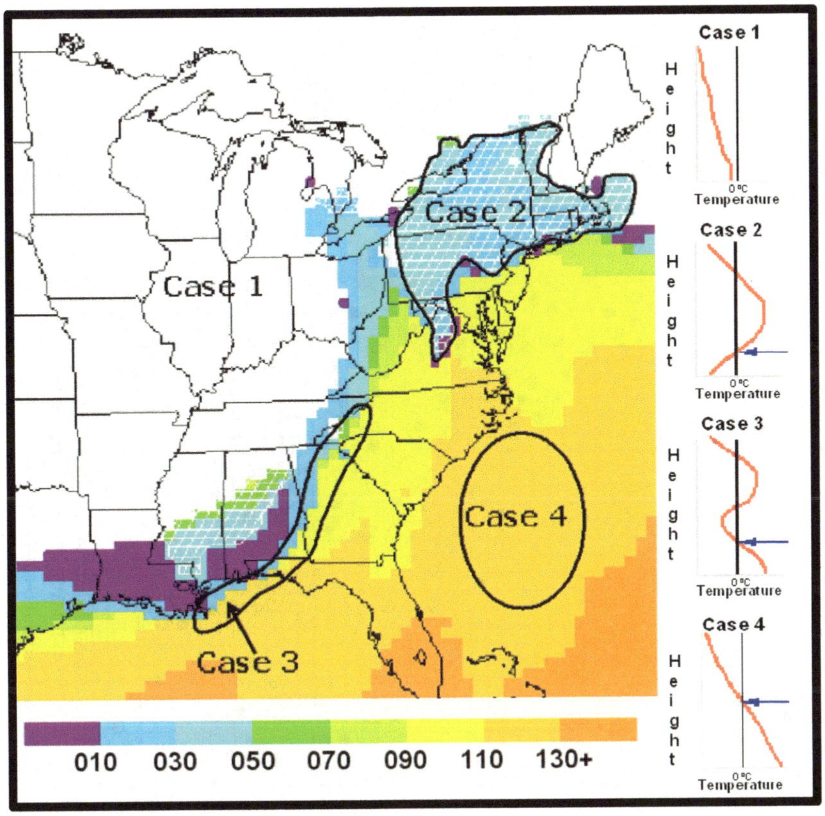
Case 1
Case 2
Case 3
Case 4
010 030 050 070 090 110 130+
Height
0°C
Temperature

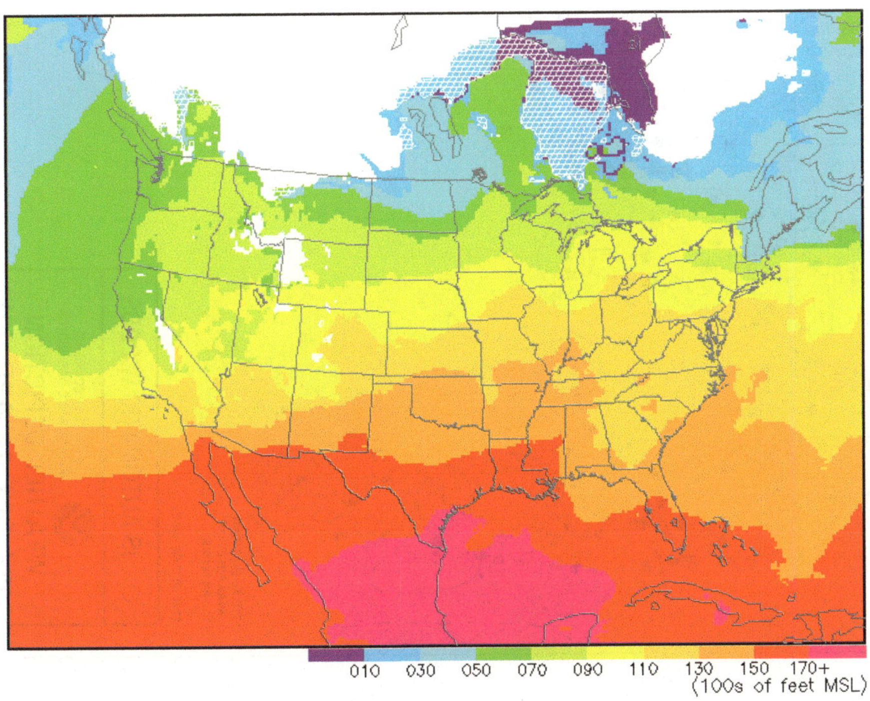
010 030 050 070 090 110 130 150 170+
(100s of feet MSL)

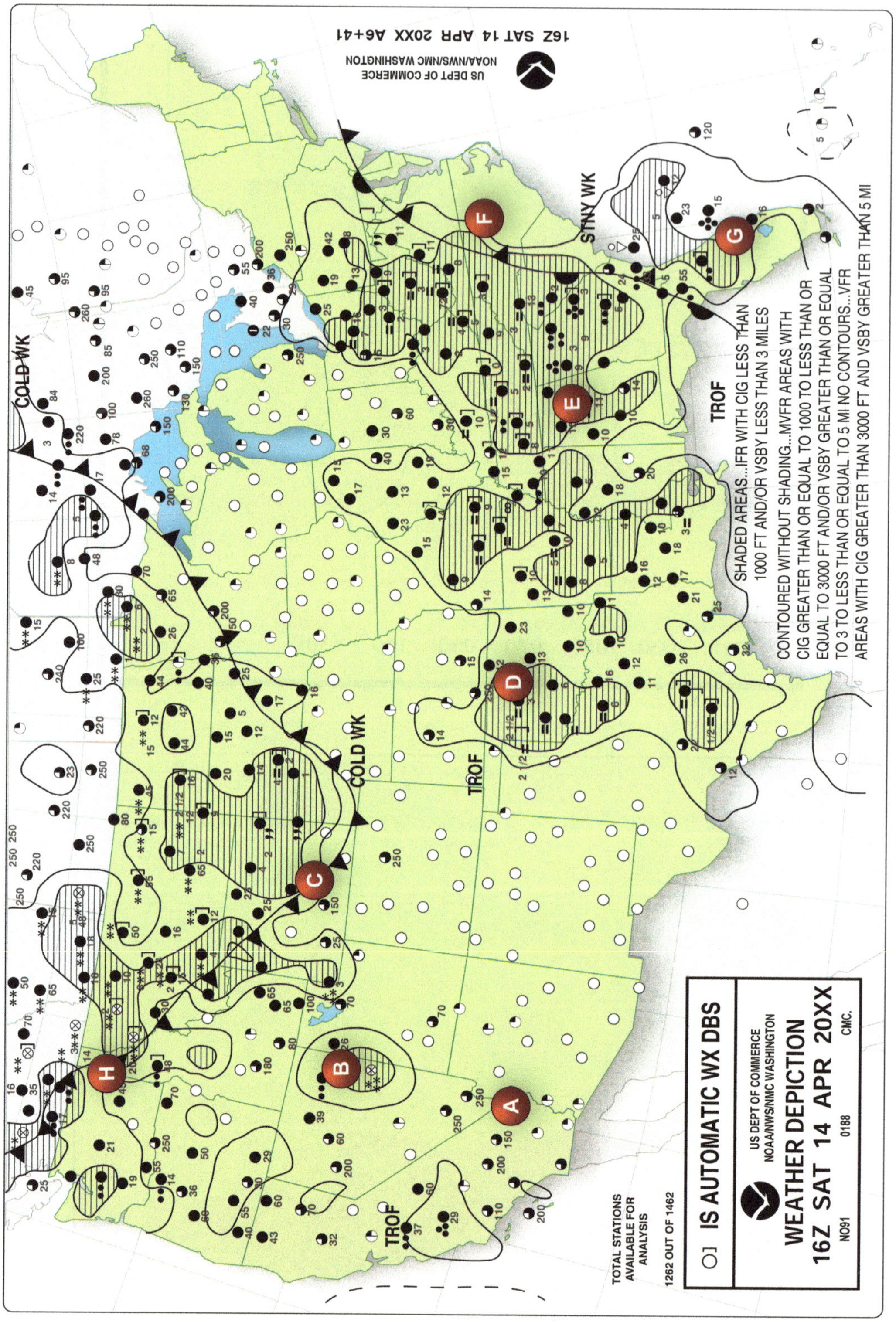
16Z SAT 14 APR 20XX A6+41
US DEPT OF COMMERCE
NOAA/NWS/NMC WASHINGTON
COLD WK
STNY WK
TROF
COLD WK
TROF
TROF
SHADED AREAS...IFR WITH CIG LESS THAN 1000 FT AND/OR VSBY LESS THAN 3 MILES
CONTOURED WITHOUT SHADING...MVFR AREAS WITH CIG GREATER THAN OR EQUAL TO 1000 TO LESS THAN OR EQUAL TO 3000 FT AND/OR VSBY GREATER THAN OR EQUAL TO 3 TO LESS THAN OR EQUAL TO 5 MI NO CONTOURS...VFR AREAS WITH CIG GREATER THAN 3000 FT AND VSBY GREATER THAN 5 MI
TOTAL STATIONS AVAILABLE FOR ANALYSIS
1262 OUT OF 1462
IS AUTOMATIC WX DBS
US DEPT OF COMMERCE
NOAA/NWS/NMC WASHINGTON
WEATHER DEPICTION
16Z SAT 14 APR 20XX
NO91
0188
CMC.

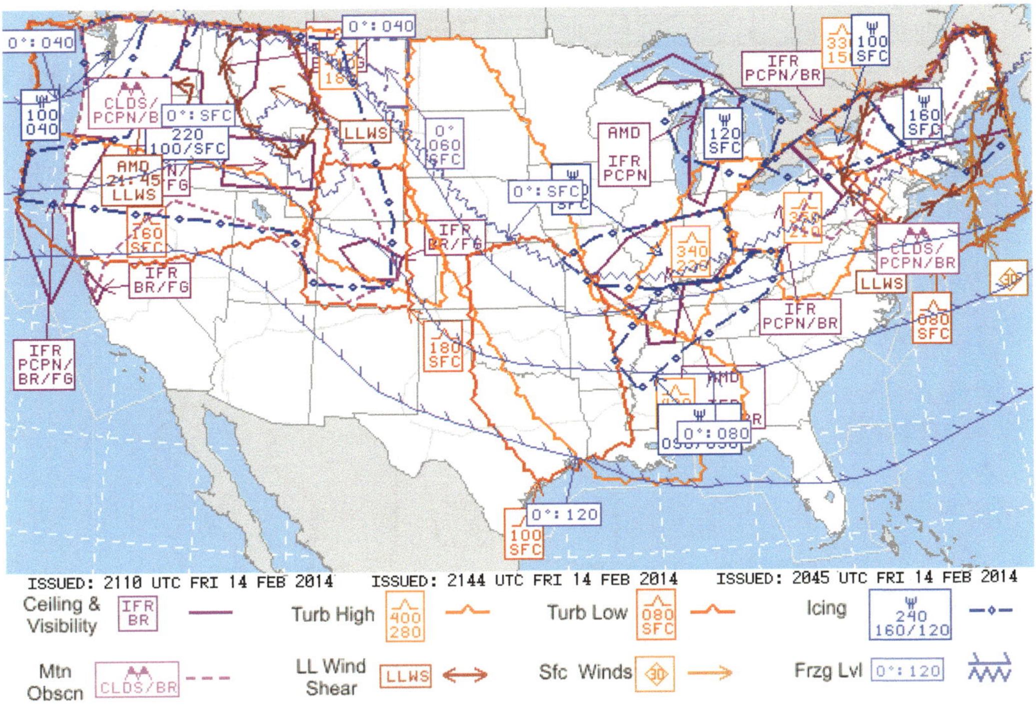
ISSUED: 2110 UTC FRI 14 FEB 2014
ISSUED: 2144 UTC FRI 14 FEB 2014
ISSUED: 2045 UTC FRI 14 FEB 2014
Ceiling & Visibility
IFR BR
Turb High
400 280
Turb Low
080 SFC
Icing
240 160/120
Mtn Obscn
CLDS/BR
LL Wind Shear
LLWS
Sfc Winds
30
Frzg Lvl
0°:120

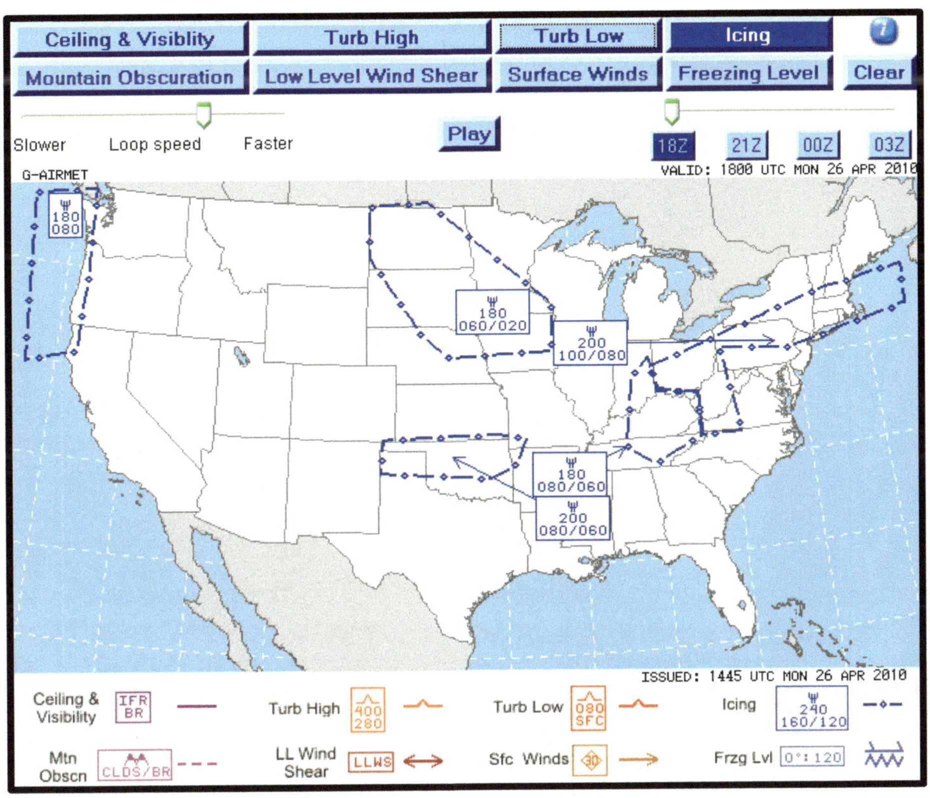
Ceiling & Visiblity
Turb High
Turb Low
Icing
Mountain Obscuration
Low Level Wind Shear
Surface Winds
Freezing Level
Clear
Slower
Loop speed
Faster
Play
18Z
21Z
00Z
03Z
VALID: 1800 UTC MON 26 APR 2010
G-AIRMET
ISSUED: 1445 UTC MON 26 APR 2010
Ceiling & Visibility
IFR BR
Turb High
400 280
Turb Low
080 SFC
Icing
240 160/120
Mtn Obscn
CLDS/BR
LL Wind Shear
LLWS
Sfc Winds
30
Frzg Lvl
0°:120

Ceiling & Visiblity
Turb High
Turb Low
Icing
Mountain Obscuration
Low Level Wind Shear
Surface Winds
Freezing Level
Clear
Slower
Loop speed
Faster
Play
18Z
21Z
00Z
03Z
G-AIRMET
VALID: 1800 UTC MON 26 APR 2010
080 SFC
100 SFC
100 SFC
ISSUED: 1445 UTC MON 26 APR 2010
Ceiling & Visibility
IFR BR
Turb High
400 280
Turb Low
080 SFC
Icing
240 160/120
Mtn Obscn
CLDS/BR
LL Wind Shear
LLWS
Sfc Winds
30
Frzg Lvl
0°:120

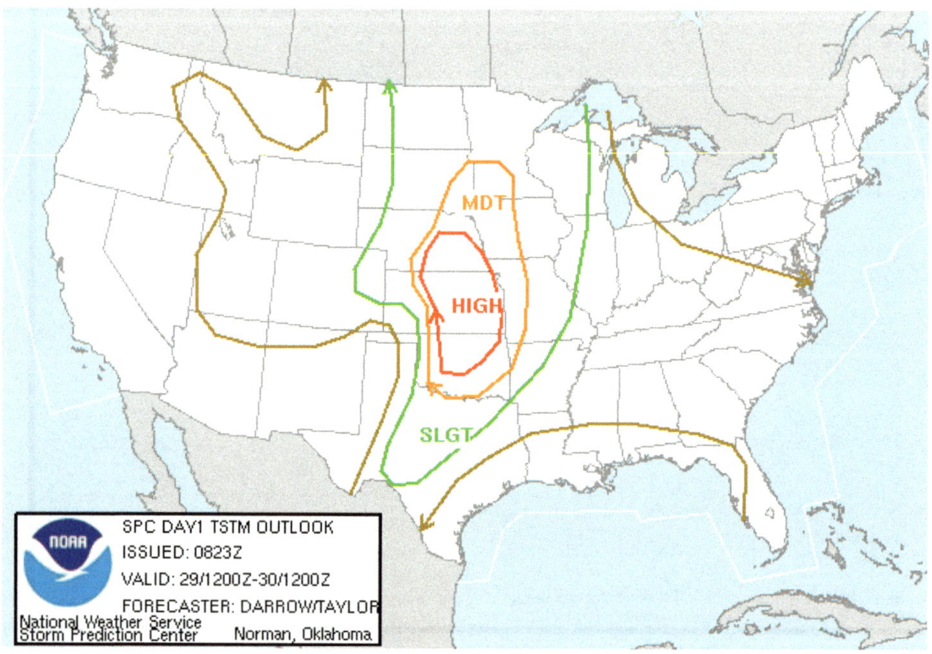
MDT
HIGH
SLGT
SPC DAY1 TSTM OUTLOOK
ISSUED: 0823Z
VALID: 29/1200Z-30/1200Z
FORECASTER: DARROW/TAYLOR
National Weather Service
Storm Prediction Center
Norman, Oklahoma

VT 06Z
Sun Apr 15 2012
24 HR SIG WX PROG
LOW LVL SFC-400MB
VT 06Z
Sun Apr 15 2012
24 HR SIG WX PROG
VT 18Z
Sat Apr 14 2012
12 HR SIG WX PROG
LOW LVL SFC-400MB
VT 18Z
Sat Apr 14 2012
12 HR SIG WX PROG
Flight planning only
see TAF & for specific terminal forecast
Ceiling less than 1,000 feet and/or visibility less than 3 miles
Ceiling 1,000-3,000 feet inclusive and/or visibility 3-5 miles incl.
Moderate or greater turbulence
Freezing level at surface
Freezing level above mean sea level
Moderate turbulence
Severe turbulence
Extreme turbulence
Top (hundreds of feet MSL)
100/070
Base (hundreds of feet MSL)
TROF

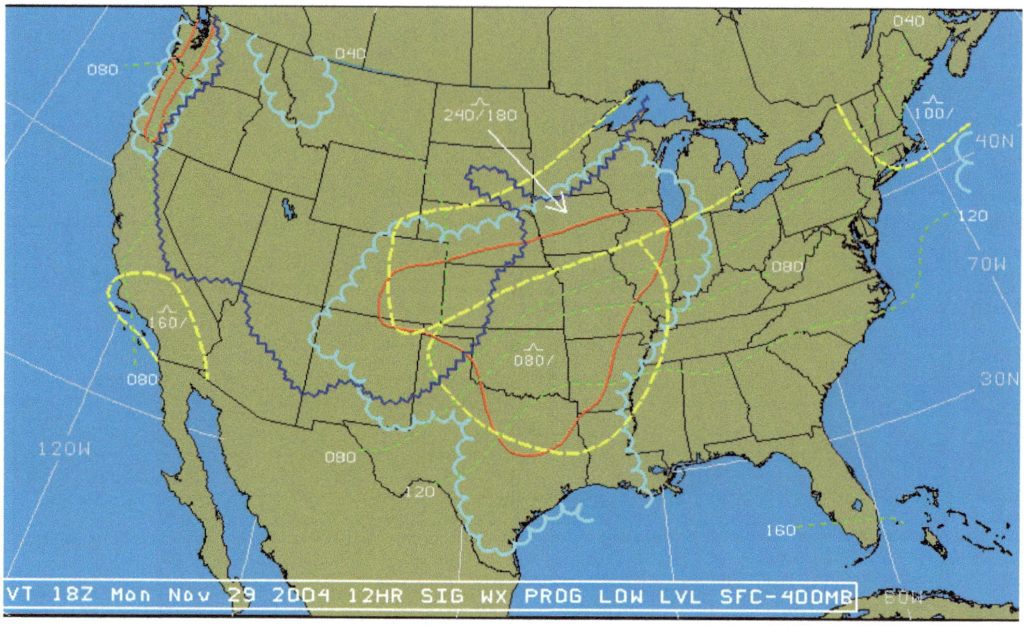
080
040
240/180
040
100/
40N
120
70W
080
160/
080/
30N
080
120W
080
120
160
VT 18Z Mon Nov 29 2004 12HR SIG WX PROG LOW LVL SFC-400MB

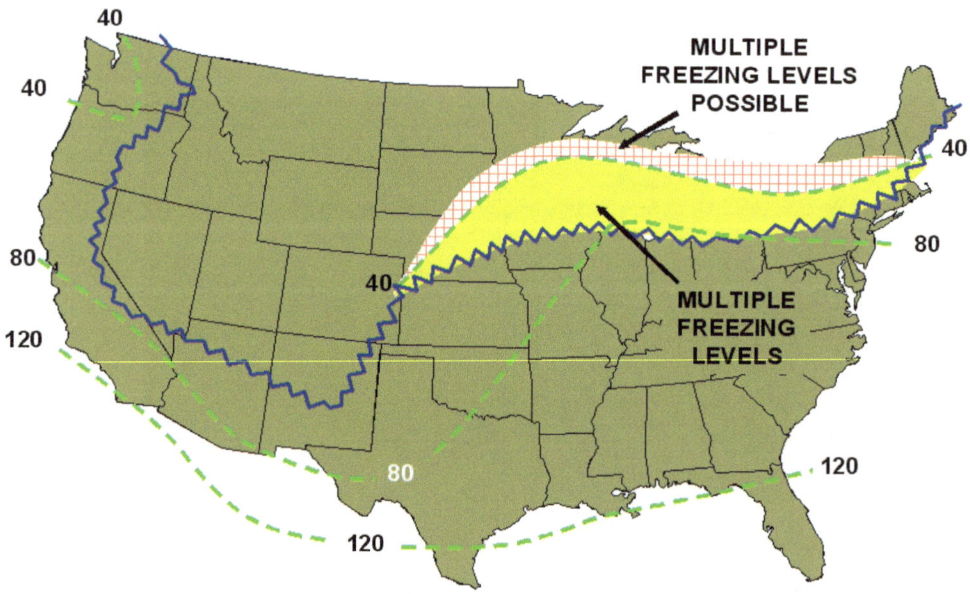
40
40
MULTIPLE
FREEZING LEVELS
POSSIBLE
40
80
40
80
MULTIPLE
FREEZING
LEVELS
120
80
120
120

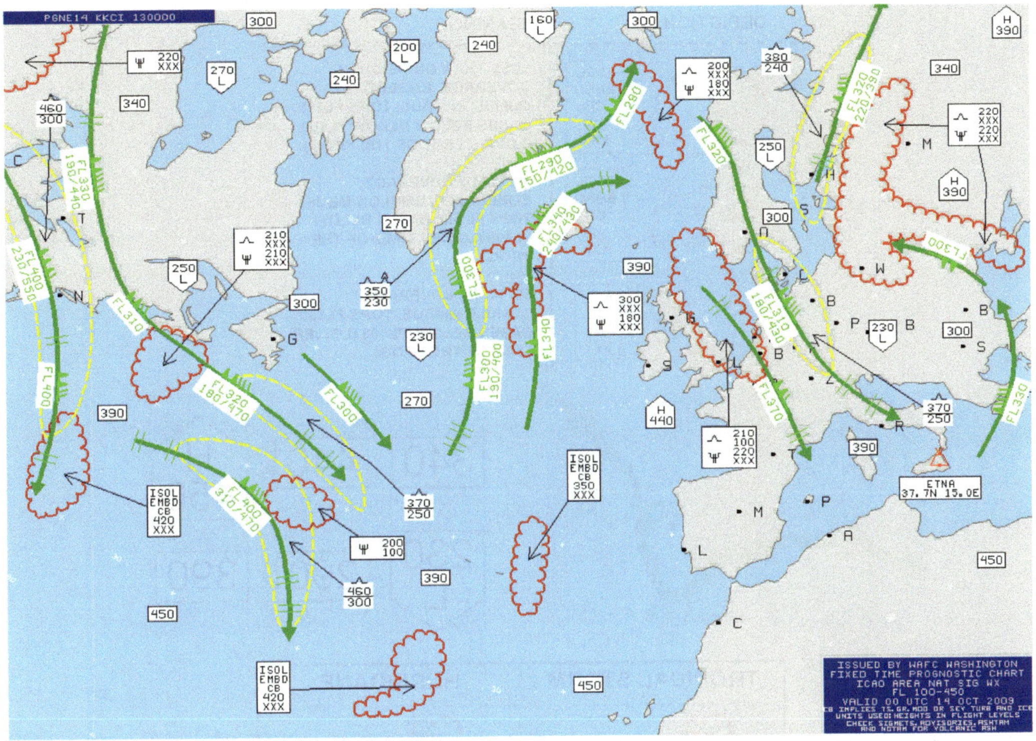
PGNE14 KKCI 130000
ETNA
37.7N 15.0E
ISSUED BY WAFC WASHINGTON
FIXED TIME PROGNOSTIC CHART
ICAO AREA NAT SIG WX
FL 100-450
VALID 00 UTC 14 OCT 2009
CB IMPLIES TS,GR,MOD OR SEV TURB AND ICE
UNITS USED: HEIGHTS IN FLIGHT LEVELS
CHECK SIGMETS,ADVISORIES,ASHTAM
AND NOTAM FOR VOLCANIC ASH

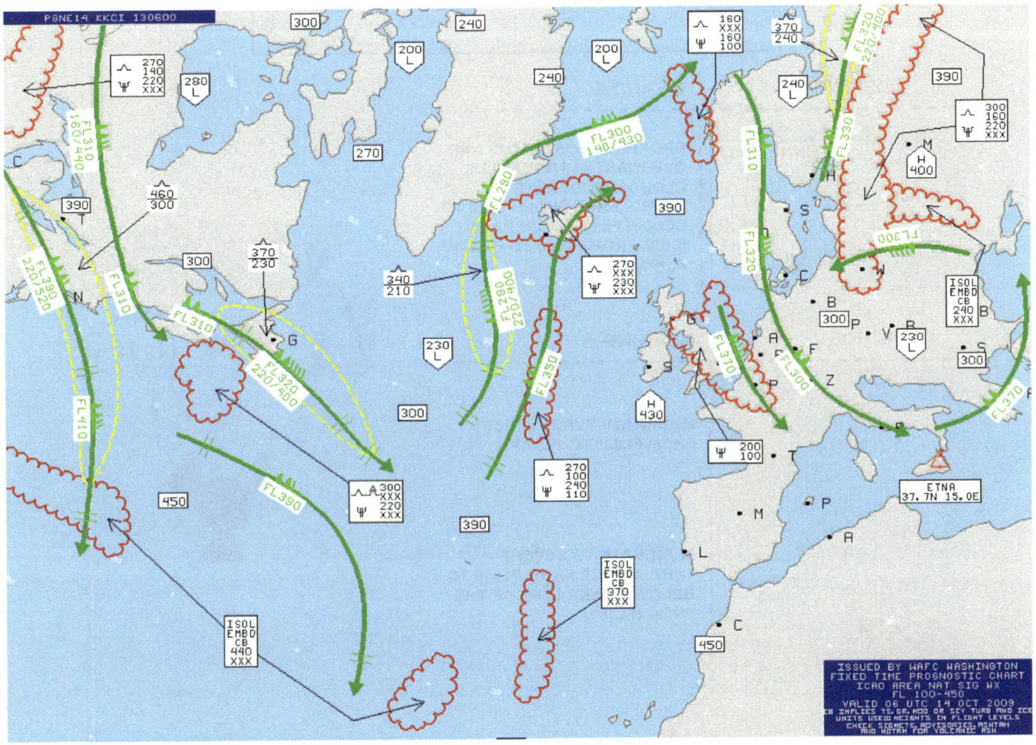
PGNE14 KKCI 130600
ETNA
37.7N 15.0E
ISSUED BY WAFC WASHINGTON
FIXED TIME PROGNOSTIC CHART
ICAO AREA NAT SIG WX
FL 100-450
VALID 06 UTC 14 OCT 2009
CB IMPLIES TS,GR,MOD OR SEV TURB AND ICE
UNITS USED: HEIGHTS IN FLIGHT LEVELS
CHECK SIGMETS,ADVISORIES,ASHTAM
AND NOTAM FOR VOLCANIC ASH

DEPICTION	MEANING
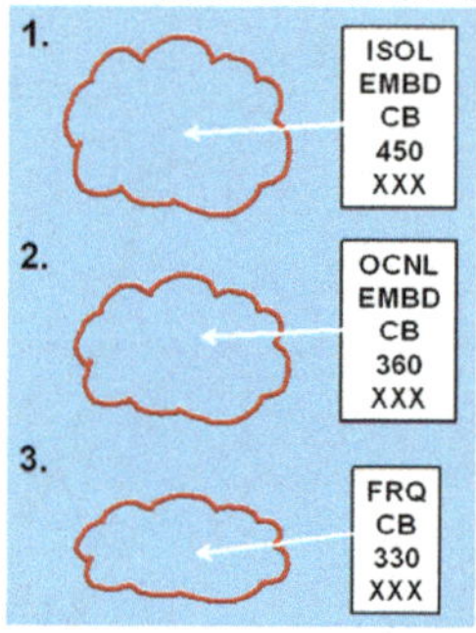	1. LESS THAN ONE-EIGHTH COVERAGE, EMBEDDED CUMULONIMBUS, TOPS FL450, BASES BELOW BELOW FL100 (LOWER LIMIT OF THE PROG). 2. 1/8 TO 4/8 COVERAGE, EMBEDDED CUMULONIMBUS, TOPS FL360, BASES BELOW FL100 (LOWER LIMIT OF THE PROG). 3. 5/8 TO 8/8 COVERAGE CUMULONIMBUS, TOPS FL330, BASES BELOW FL100 (LOWER LIMIT OF THE PROG).

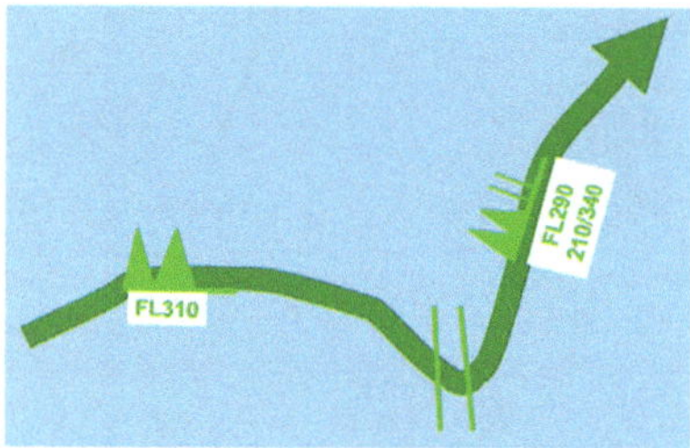

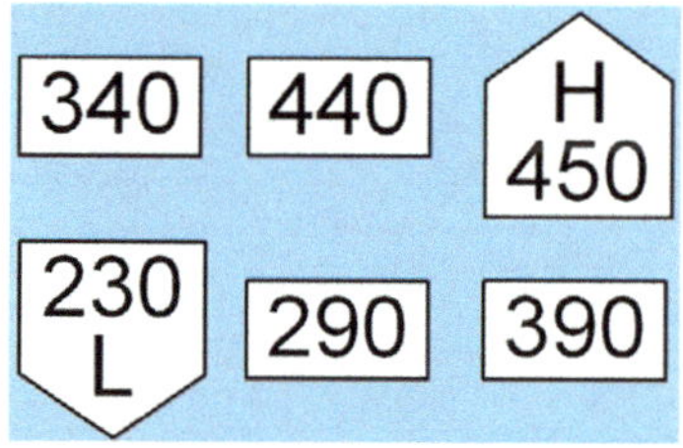

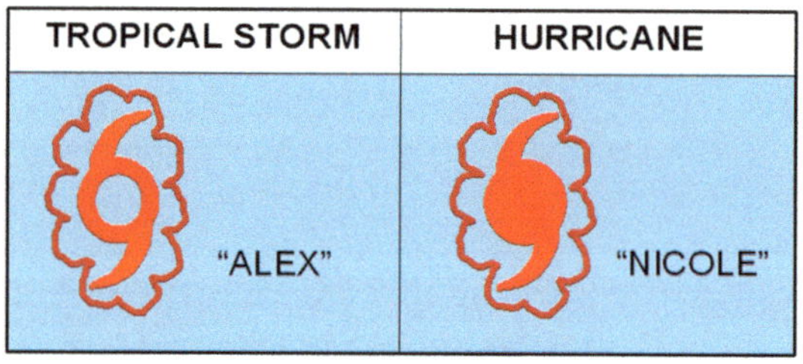

DEPICTION	MEANING
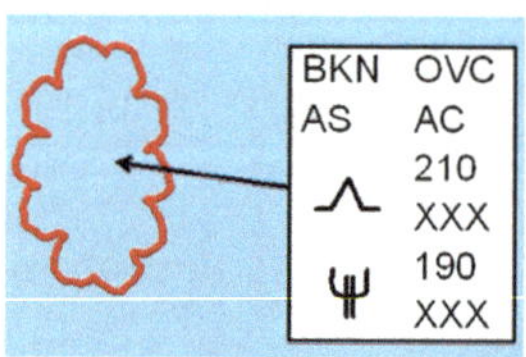	BROKEN ALTOSTRATUS AND OVERCAST ALTOCUMULUS CLOUDS. MODERATE TURBULENCE FROM FL210 TO BELOW FL100. MODERATE ICING FROM FL190 TO BELOW FL100.

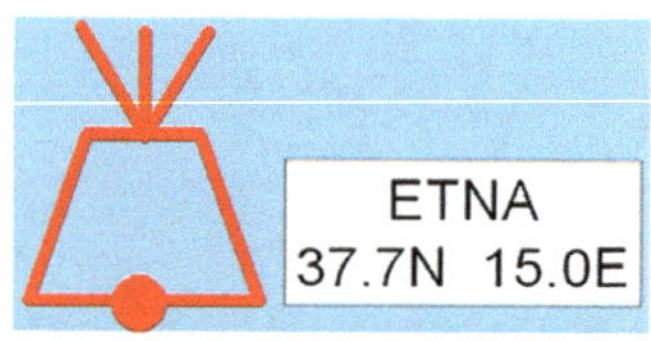

DEPICTION	MEANING
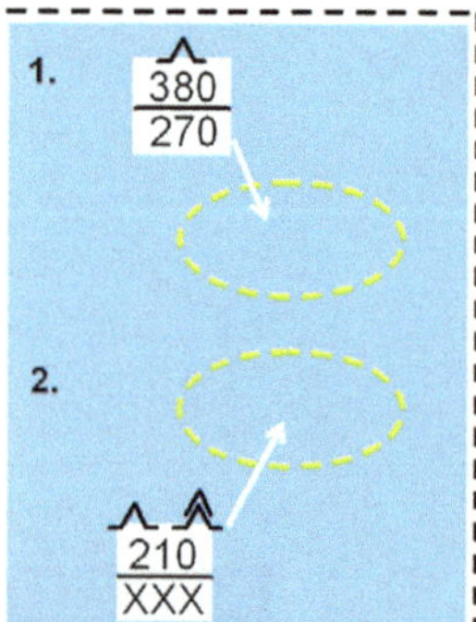	1. MODERATE TURBULENCE FROM FL380 TO FL270. 2. MODERATE TO SEVERE TURBULENCE FROM FL210 TO BELOW LOWER LIMIT OF THE PROG (FL100).

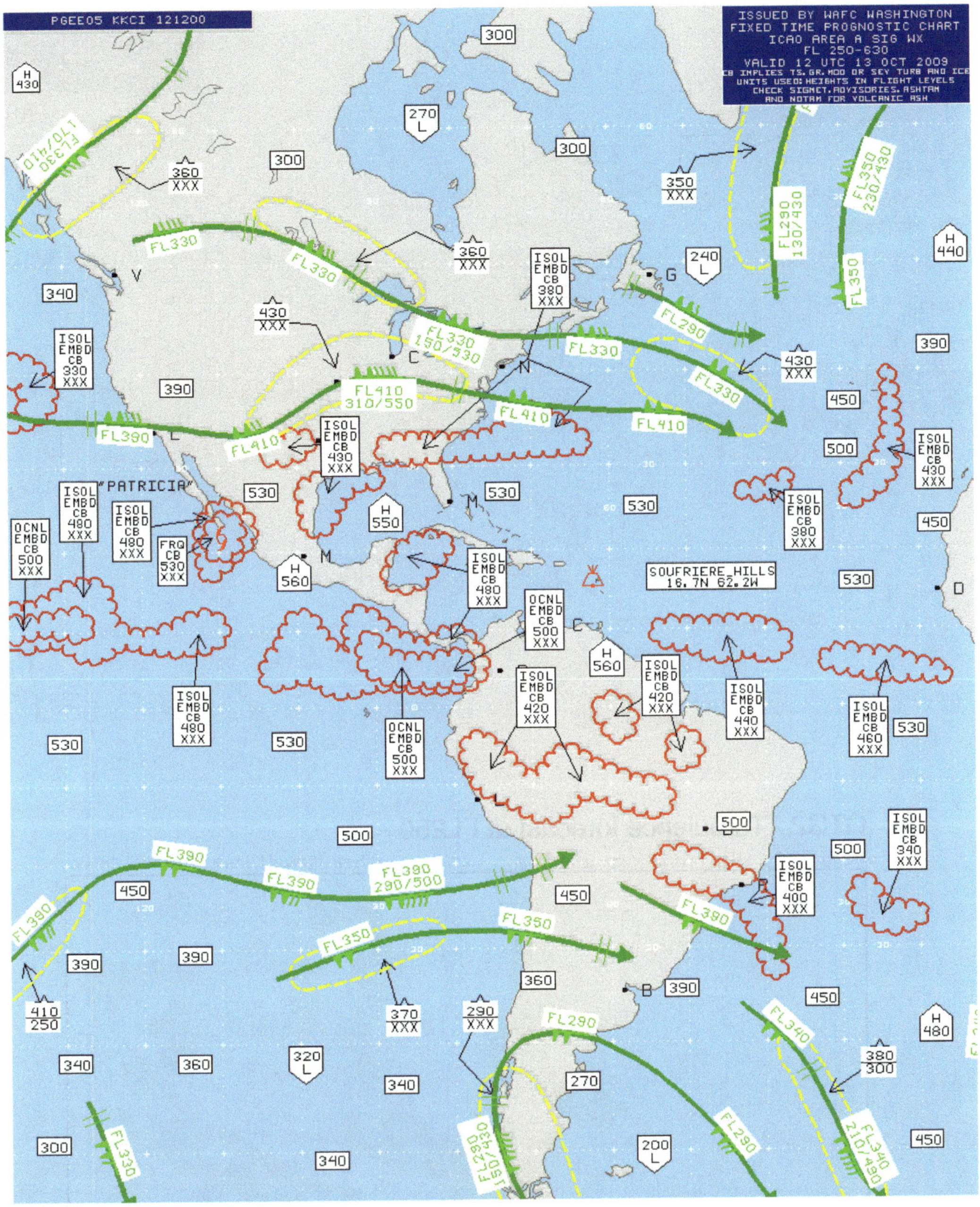
PGEE05 KKCI 121200
ISSUED BY WAFC WASHINGTON
FIXED TIME PROGNOSTIC CHART
ICAO AREA A SIG WX
FL 250-630
VALID 12 UTC 13 OCT 2009
CB IMPLIES TS. GR. MOD OR SEV TURB AND ICE
UNITS USED: HEIGHTS IN FLIGHT LEVELS
CHECK SIGMET. ADVISORIES. ASHTAM
AND NOTAM FOR VOLCANIC ASH
"PATRICIA"
SOUFRIERE HILLS
16.7N 62.2W
FL330
FL410
310/550
FL390
FL290
FL350
FL330
150/530
ISOL
EMBD
CB
OCNL
FRQ
XXX

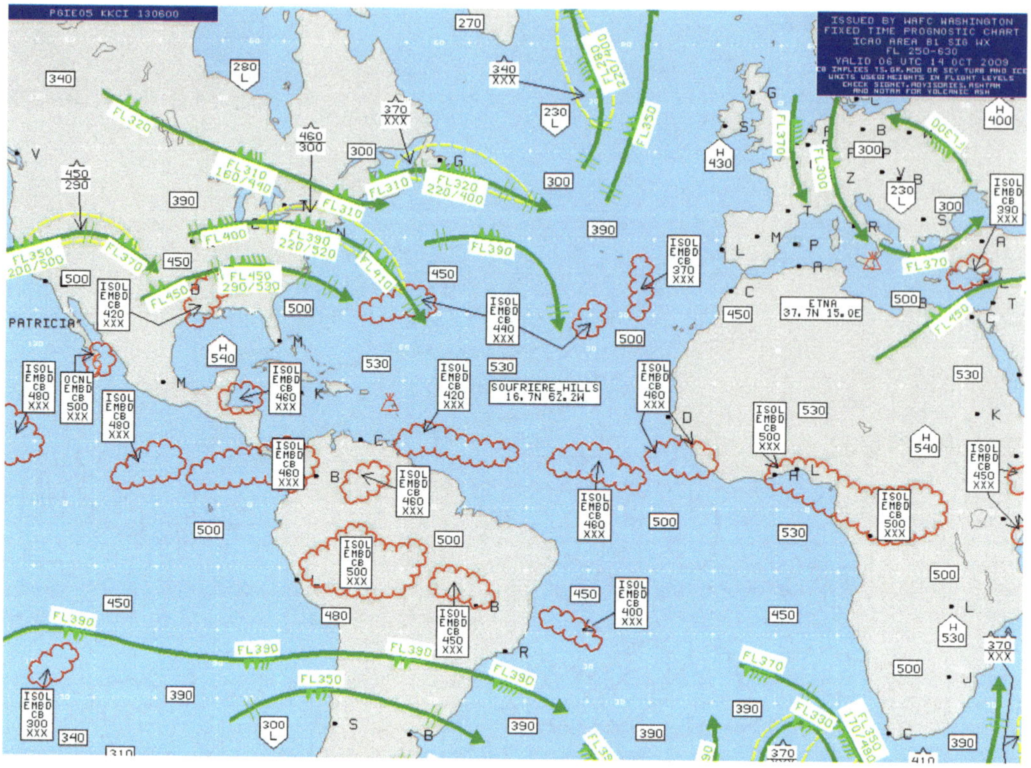
PGIE05 KKCI 130600
ISSUED BY WAFC WASHINGTON
FIXED TIME PROGNOSTIC CHART
ICAO AREA B1 SIG WX
FL 250-630
VALID 06 UTC 14 OCT 2009
CB IMPLIES TS.GR.MOD OR SEV TURB AND ICE
UNITS USED: HEIGHTS IN FLIGHT LEVELS
CHECK SIGMET.ADVISORIES.ASHTAM
AND NOTAM FOR VOLCANIC ASH
ETNA
37.7N 15.0E
SOUFRIERE HILLS
16.7N 62.2W
PATRICIA
ISOL
EMBD
CB
OCNL

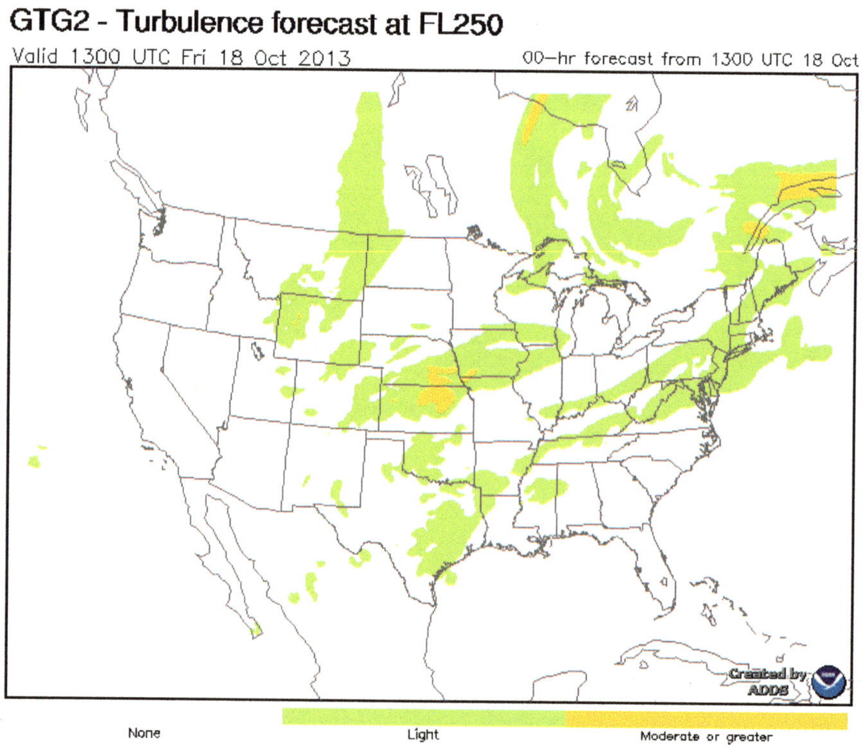
GTG2 - Turbulence forecast at FL250
Valid 1300 UTC Fri 18 Oct 2013
00-hr forecast from 1300 UTC 18 Oct
Created by ADDS
None
Light
Moderate or greater

【참고서적】

- 『Airmen Information Manual』, FAA, 2017.
- 『Aviation Weather Service』, FAA, 2016.
- 『Aviation Weather』, FAA, 2006.
- 『Aviation Weather』, JEPPESEN, 2005.
- Ahrens, C. Donald. 『Meteorology Today』, Brooks Publishing Co., 2003.
- Battan, Louis J. 『Harvesting the Clouds』, Anchor Books, Doubleday and Co., 1961.
- Brian Cosgrove. 『Pilot's Weather』, Plymouth Press, 1999.
- Cotton, W R., and R. A. Anthes. 『Storm and Cloud Dynamic』, Academic Press, 1989.
- Dennis W. Newton. 『Severe Weather Flying』, Aviation Supplies & Academics, Inc., 1991.
- Fujta, T.T. The Downburst-Microburst and Macroburst, University of Chicago Press, 1985.
- Holton, James R. 『An Introduction to Dynamic Meteorology』, Academic Press, 1979.
- Peter F. Lester. 『Turbulence』, JEPPESEN, 1998.
- Richard L. Collins. 『Flying the Weather Map』, Aviation Supplies & Academics, Inc., 1979.
- Richard L. Taylor. 『Fair-Weather Flying』, Thomasson-Grant, Inc, 1981.
- 『Microburst for Visual Identification』, NOAA/Forecast System Lab.

[웹사이트]
- en.Wikipedia.org; the free encyclopedia
- WW2010 University of Illinois
- www.fema.gov
- www.noaanews.noaa.nov
- www.tornadoproject.com
- www.WeatherQuestions.com

- 김광식. 『기상학사전』, 향문사, 1992.
- 김광식. 『생활기상과 일기속담』, 향문사, 1979.
- 이강희. 『항공사전』, 비행연구원, 2005.
- 이보희. 『항공기상학』, 한국항공대학교 출판부, 1999.
- 홍성길. 『기상분석과 일기예보』, 교학연구사, 1995.